CAMBRIDGE LIBRARY COLLECTION

Books of enduring scholarly value

Mathematical Sciences

From its pre-historic roots in simple counting to the algorithms powering modern desktop computers, from the genius of Archimedes to the genius of Einstein, advances in mathematical understanding and numerical techniques have been directly responsible for creating the modern world as we know it. This series will provide a library of the most influential publications and writers on mathematics in its broadest sense. As such, it will show not only the deep roots from which modern science and technology have grown, but also the astonishing breadth of application of mathematical techniques in the humanities and social sciences, and in everyday life.

Oeuvres complètes

Augustin-Louis, Baron Cauchy (1789-1857) was the pre-eminent French mathematician of the nineteenth century. He began his career as a military engineer during the Napoleonic Wars, but even then was publishing significant mathematical papers, and was persuaded by Lagrange and Laplace to devote himself entirely to mathematics. His greatest contributions are considered to be the Cours d'analyse de l'École Royale Polytechnique (1821), Résumé des leçons sur le calcul infinitésimal (1823) and Leçons sur les applications du calcul infinitésimal à la géométrie (1826-8), and his pioneering work encompassed a huge range of topics, most significantly real analysis, the theory of functions of a complex variable, and theoretical mechanics. Twenty-six volumes of his collected papers were published between 1882 and 1958. The first series (volumes 1–12) consists of papers published by the Académie des Sciences de l'Institut de France; the second series (volumes 13–26) of papers published elsewhere.

Oeuvres complètes

Series 2

VOLUME 9

AUGUSTIN LOUIS CAUCHY

CAMBRIDGE
UNIVERSITY PRESS

CAMBRIDGE UNIVERSITY PRESS

Cambridge New York Melbourne Madrid Cape Town Singapore São Paolo Delhi

Published in the United States of America by Cambridge University Press, New York

www.cambridge.org
Information on this title: www.cambridge.org/9781108003223

This edition first published 1891
This digitally printed version 2009

ISBN 978-1-108-00322-3

ŒUVRES

COMPLÈTES

D'AUGUSTIN CAUCHY

PARIS. — IMPRIMERIE GAUTHIER-VILLARS ET FILS,
Quai des Augustins, 55.

ŒUVRES

COMPLÈTES

D'AUGUSTIN CAUCHY

PUBLIÉES SOUS LA DIRECTION SCIENTIFIQUE

DE L'ACADÉMIE DES SCIENCES

ET SOUS LES AUSPICES

DE M. LE MINISTRE DE L'INSTRUCTION PUBLIQUE.

IIᴱ SÉRIE. — TOME IX.

PARIS,

GAUTHIER-VILLARS ET FILS, IMPRIMEURS-LIBRAIRES

DU BUREAU DES LONGITUDES, DE L'ÉCOLE POLYTECHNIQUE,

Quai des Augustins, 55.

MDCCCXCI

SECONDE SÉRIE.

I. — MÉMOIRES PUBLIÉS DANS DIVERS RECUEILS
AUTRES QUE CEUX DE L'ACADÉMIE.

II. — OUVRAGES CLASSIQUES.

III. — MÉMOIRES PUBLIÉS EN CORPS D'OUVRAGE.

IV. — MÉMOIRES PUBLIÉS SÉPARÉMENT.

III.

MÉMOIRES

PUBLIÉS EN CORPS D'OUVRAGE.

EXERCICES

DE

MATHÉMATIQUES

(ANCIENS EXERCICES).

ANNÉES 1829 ET 1830.

DEUXIÈME ÉDITION

RÉIMPRIMÉE

D'APRÈS LA PREMIÈRE ÉDITION

EXERCICES

DE

MATHÉMATIQUES,

PAR M. AUGUSTIN-LOUIS CAUCHY,

INGÉNIEUR EN CHEF DES PONTS ET CHAUSSÉES, PROFESSEUR A L'ÉCOLE ROYALE POLYTECHNIQUE, PROFESSEUR ADJOINT A LA FACULTÉ DES SCIENCES, MEMBRE DE L'ACADÉMIE DES SCIENCES, CHEVALIER DE LA LÉGION D'HONNEUR.

QUATRIÈME ANNÉE.

A PARIS,

CHEZ DE BURE FRÈRES, LIBRAIRES DU ROI ET DE LA BIBLIOTHÈQUE DU ROI,

RUE SERPENTE, N.° 7.

1829.

EXERCICES

DE

MATHÉMATIQUES.

SUR L'ÉQUILIBRE

ET LE

MOUVEMENT D'UNE PLAQUE ÉLASTIQUE

DONT L'ÉLASTICITÉ N'EST PAS LA MÊME DANS TOUS LES SENS.

Nous avons donné, dans le troisième Volume des *Exercices mathématiques* [p. 328 et suivantes (¹)], les équations qui expriment l'équilibre ou le mouvement d'une plaque solide élastique ou non élastique, d'épaisseur constante, ou d'épaisseur variable, mais en nous bornant à l'égard de la plaque élastique au cas où l'élasticité restait la même dans toutes les directions. Alors les projections algébriques sur les axes coordonnés des pressions p', p'', p''' supportées en un point quelconque (x, y, z) par trois plans perpendiculaires à ces mêmes axes, ou, en d'autres termes, les six quantités

(1) $$\mathrm{A},\quad \mathrm{B},\quad \mathrm{C},\quad \mathrm{D},\quad \mathrm{E},\quad \mathrm{F}$$

se trouvaient liées aux déplacements ξ, η, ζ du point dont il s'agit par les formules (58) de la page 339 (²). Considérons maintenant une plaque élastique dont l'élasticité ne soit pas la même dans tous les sens. On devra aux formules que nous venons de rappeler substituer

(¹) *Œuvres de Cauchy*, S. II, T. VIII, p. 381 et suiv.
(²) *Ibid.*, p. 394.

les équations (36), (37) des pages 226, 227 ([1]), dans lesquelles m désigne une molécule d'un corps élastique, a, b, c les coordonnées primitives de cette molécule, c'est-à-dire celles qui se rapportent à l'état naturel du corps, r le rayon vecteur mené primitivement de la molécule m à une molécule voisine, α, β, γ les angles formés par le rayon r avec les demi-axes des coordonnées positives, $f(r)$ une fonction qui dépend de la loi de l'attraction, et ρ la densité du corps au point (x, y, z). D'ailleurs, si, en supposant toujours que les déplacements ξ, η, ζ restent très petits, on veut prendre pour variables indépendantes, au lieu des coordonnées primitives a, b, c, les coordonnées x, y, z relatives à l'état d'équilibre ou de mouvement du corps élastique, il suffira, comme on l'a prouvé à la page 207 du troisième Volume ([2]), d'écrire partout x au lieu de a, y au lieu de b, z au lieu de c. Donc, si l'on fait, pour abréger,

$$(2)\quad \mathrm{a}=\rho\,\mathrm{S}\left[\frac{mr}{2}\cos^4\alpha\, f(r)\right],\quad \mathrm{b}=\rho\,\mathrm{S}\left[\frac{mr}{2}\cos^4\beta\, f(r)\right],\quad \mathrm{c}=\rho\,\mathrm{S}\left[\frac{mr}{2}\cos^4\gamma\, f(r)\right],$$

$$(3)\quad \mathrm{d}=\rho\,\mathrm{S}\left[\frac{mr}{2}\cos^2\beta\cos^2\gamma\, f(r)\right],\quad \mathrm{e}=\rho\,\mathrm{S}\left[\frac{mr}{2}\cos^2\gamma\cos^2\alpha\, f(r)\right],\quad \mathrm{f}=\rho\,\mathrm{S}\left[\frac{mr}{2}\cos^2\alpha\cos^2\beta\, f(r)\right]:$$

$$(4)\quad \left\{\begin{aligned}
\mathrm{u}&=\rho\,\mathrm{S}\left[\frac{mr}{2}\cos^2\alpha\cos\beta\cos\gamma\, f(r)\right], & \mathrm{v}&=\rho\,\mathrm{S}\left[\frac{mr}{2}\cos^3\alpha\cos\gamma\, f(r)\right], & \mathrm{w}&=\rho\,\mathrm{S}\left[\frac{mr}{2}\cos^3\alpha\cos\beta\, f(r)\right],\\
\mathrm{u}'&=\rho\,\mathrm{S}\left[\frac{mr}{2}\cos^3\beta\cos\gamma\, f(r)\right], & \mathrm{v}'&=\rho\,\mathrm{S}\left[\frac{mr}{2}\cos\alpha\cos^2\beta\cos\gamma\, f(r)\right], & \mathrm{w}'&=\rho\,\mathrm{S}\left[\frac{mr}{2}\cos\alpha\cos^3\beta\, f(r)\right],\\
\mathrm{u}''&=\rho\,\mathrm{S}\left[\frac{mr}{2}\cos\beta\cos^3\gamma\, f(r)\right], & \mathrm{v}''&=\rho\,\mathrm{S}\left[\frac{mr}{2}\cos\alpha\cos^3\gamma\, f(r)\right], & \mathrm{w}''&=\rho\,\mathrm{S}\left[\frac{mr}{2}\cos\alpha\cos\beta\cos^2\gamma\, f(r)\right]
\end{aligned}\right.$$

les valeurs de A, B, C, D, E, F relatives à un corps élastique dont l'élasticité n'est pas la même dans tous les sens deviendront

$$(5)\quad \left\{\begin{aligned}
\mathrm{A}&=\mathrm{a}\frac{\partial\xi}{\partial x}+\mathrm{f}\frac{\partial\eta}{\partial y}+\mathrm{e}\frac{\partial\zeta}{\partial z}+\mathrm{u}\left(\frac{\partial\eta}{\partial z}+\frac{\partial\zeta}{\partial y}\right)+\mathrm{v}\left(\frac{\partial\zeta}{\partial x}+\frac{\partial\xi}{\partial z}\right)+\mathrm{w}\left(\frac{\partial\xi}{\partial y}+\frac{\partial\eta}{\partial x}\right),\\
\mathrm{B}&=\mathrm{f}\frac{\partial\xi}{\partial x}+\mathrm{b}\frac{\partial\eta}{\partial y}+\mathrm{d}\frac{\partial\zeta}{\partial z}+\mathrm{u}'\left(\frac{\partial\eta}{\partial z}+\frac{\partial\zeta}{\partial y}\right)+\mathrm{v}'\left(\frac{\partial\zeta}{\partial x}+\frac{\partial\xi}{\partial z}\right)+\mathrm{w}'\left(\frac{\partial\xi}{\partial y}+\frac{\partial\eta}{\partial x}\right),\\
\mathrm{C}&=\mathrm{e}\frac{\partial\xi}{\partial x}+\mathrm{d}\frac{\partial\eta}{\partial y}+\mathrm{c}\frac{\partial\zeta}{\partial z}+\mathrm{u}''\left(\frac{\partial\eta}{\partial z}+\frac{\partial\zeta}{\partial y}\right)+\mathrm{v}''\left(\frac{\partial\zeta}{\partial x}+\frac{\partial\xi}{\partial z}\right)+\mathrm{w}''\left(\frac{\partial\xi}{\partial y}+\frac{\partial\eta}{\partial x}\right);
\end{aligned}\right.$$

([1]) *Œuvres de Cauchy*, S. II, T. VIII, p. 267.
([2]) *Ibid.*, p. 246.

$$(6)\quad \begin{cases} D = u\dfrac{\partial\xi}{\partial x} + u'\dfrac{\partial\eta}{\partial y} + u''\dfrac{\partial\zeta}{\partial z} + d\left(\dfrac{\partial\eta}{\partial z} + \dfrac{\partial\zeta}{\partial y}\right) + w''\left(\dfrac{\partial\zeta}{\partial x} + \dfrac{\partial\xi}{\partial z}\right) + v'\left(\dfrac{\partial\xi}{\partial y} + \dfrac{\partial\eta}{\partial x}\right), \\ E = v\dfrac{\partial\xi}{\partial x} + v'\dfrac{\partial\eta}{\partial y} + v''\dfrac{\partial\zeta}{\partial z} + w''\left(\dfrac{\partial\eta}{\partial z} + \dfrac{\partial\zeta}{\partial y}\right) + e\left(\dfrac{\partial\zeta}{\partial x} + \dfrac{\partial\xi}{\partial z}\right) + u\left(\dfrac{\partial\xi}{\partial y} + \dfrac{\partial\eta}{\partial x}\right), \\ F = w\dfrac{\partial\xi}{\partial x} + w'\dfrac{\partial\eta}{\partial y} + w''\dfrac{\partial\zeta}{\partial z} + v'\left(\dfrac{\partial\eta}{\partial z} + \dfrac{\partial\zeta}{\partial y}\right) + u\left(\dfrac{\partial\zeta}{\partial x} + \dfrac{\partial\xi}{\partial z}\right) + f\left(\dfrac{\partial\xi}{\partial y} + \dfrac{\partial\eta}{\partial x}\right). \end{cases}$$

Lorsque le corps élastique est homogène, les quinze coefficients

$$(7)\quad a,\ b,\ c,\ d,\ e,\ f,\quad u,\ v,\ w,\quad u',\ v',\ w',\quad u'',\ v'',\ w''$$

se réduisent à des quantités constantes, et l'on peut en dire autant de la densité ρ, qui, pour de très petits déplacements des molécules, ne diffère pas sensiblement de la densité primitive. Alors les valeurs de A, B, C, D, E, F, fournies par les équations (5), (6), dépendent des six quantités

$$(8)\quad \frac{\partial\xi}{\partial x},\quad \frac{\partial\eta}{\partial y},\quad \frac{\partial\zeta}{\partial z},\qquad \frac{\partial\eta}{\partial z} + \frac{\partial\zeta}{\partial y},\quad \frac{\partial\zeta}{\partial x} + \frac{\partial\xi}{\partial z},\quad \frac{\partial\xi}{\partial y} + \frac{\partial\eta}{\partial x},$$

qui varient seules dans ces mêmes équations avec les ordonnées x, y, z. On peut remarquer que ces six quantités sont aussi les seules fonctions de x, y, z qui entrent dans la valeur générale de la dilatation ou condensation linéaire mesurée suivant une droite menée par le point (x, y, z) de manière à former les angles α, β, γ avec les demi-axes des coordonnées positives. En effet, si l'on nomme ε cette dilatation linéaire prise avec le signe + ou cette condensation linéaire prise avec le signe −, on aura, comme on l'a prouvé dans le deuxième Volume des *Exercices* (page 66) (¹),

$$(9)\quad \begin{cases} \varepsilon = \dfrac{\partial\xi}{\partial x}\cos^2\alpha + \dfrac{\partial\eta}{\partial y}\cos^2\beta + \dfrac{\partial\zeta}{\partial z}\cos^2\gamma \\ \qquad + \left(\dfrac{\partial\eta}{\partial z} + \dfrac{\partial\zeta}{\partial y}\right)\cos\beta\cos\gamma + \left(\dfrac{\partial\zeta}{\partial x} + \dfrac{\partial\xi}{\partial z}\right)\cos\gamma\cos\alpha + \left(\dfrac{\partial\xi}{\partial y} + \dfrac{\partial\eta}{\partial x}\right)\cos\alpha\cos\beta. \end{cases}$$

Dans le cas particulier où le corps élastique offre trois axes d'élas-

(¹) *Œuvres de Cauchy*, S. II, T. VII, p. 89.

ticité rectangulaires entre eux et parallèles aux axes des x, y, z, les neuf coefficients

$$\text{(10)}\qquad \mathrm{u},\ \mathrm{v},\ \mathrm{w},\quad \mathrm{u}',\ \mathrm{v}',\ \mathrm{w}',\quad \mathrm{u}'',\ \mathrm{v}'',\ \mathrm{w}''$$

s'évanouissent, et les formules (5), (6), réduites aux suivantes

$$\text{(11)}\qquad \mathrm{A} = \mathrm{a}\frac{\partial\xi}{\partial x} + \mathrm{f}\frac{\partial\eta}{\partial y} + \mathrm{e}\frac{\partial\zeta}{\partial z},\qquad \mathrm{B} = \mathrm{f}\frac{\partial\xi}{\partial x} + \mathrm{b}\frac{\partial\eta}{\partial y} + \mathrm{d}\frac{\partial\zeta}{\partial z},\qquad \mathrm{C} = \mathrm{e}\frac{\partial\xi}{\partial x} + \mathrm{d}\frac{\partial\eta}{\partial y} + \mathrm{c}\frac{\partial\zeta}{\partial z},$$

$$\text{(12)}\qquad \mathrm{D} = \mathrm{d}\left(\frac{\partial\eta}{\partial z} + \frac{\partial\zeta}{\partial y}\right),\qquad \mathrm{E} = \mathrm{e}\left(\frac{\partial\zeta}{\partial x} + \frac{\partial\xi}{\partial z}\right),\qquad \mathrm{F} = \mathrm{f}\left(\frac{\partial\xi}{\partial y} + \frac{\partial\eta}{\partial x}\right),$$

coïncident avec les équations (63), (64) des pages 233, 234 du troisième Volume des *Exercices* [1].

Les formules (5) et (6) ou (11) et (12) étant une fois établies, il suffirait de les combiner avec les formules (2) ou (25) et (28) des pages 161 et 166 du troisième Volume [2], pour obtenir les équations générales de l'équilibre ou du mouvement d'un corps élastique, dont les molécules s'écartent très peu des positions qu'elles occupaient dans l'état naturel. Donc, si l'on désigne par φ la force accélératrice appliquée au point (x, y, z) de ce corps élastique, et par X, Y, Z les projections algébriques de la force φ sur les axes coordonnés, les équations propres à déterminer le mouvement de ce même corps seront généralement

$$\text{(13)}\quad \left\{\begin{aligned}
\rho\frac{\partial^2\xi}{\partial t^2} &= \rho\mathrm{X} + \mathrm{a}\frac{\partial^2\xi}{\partial x^2} + \mathrm{f}\frac{\partial^2\xi}{\partial y^2} + \mathrm{e}\frac{\partial^2\xi}{\partial z^2} + \mathrm{w}\frac{\partial^2\eta}{\partial x^2} + \mathrm{w}'\frac{\partial^2\eta}{\partial y^2} + \mathrm{w}''\frac{\partial^2\eta}{\partial z^2} + \mathrm{v}\frac{\partial^2\zeta}{\partial x^2} + \mathrm{v}'\frac{\partial^2\zeta}{\partial y^2} + \mathrm{v}''\frac{\partial^2\zeta}{\partial z^2}\\
&\quad + 2\left(\mathrm{u}\frac{\partial^2\xi}{\partial y\,\partial z} + \mathrm{v}\frac{\partial^2\xi}{\partial z\,\partial x} + \mathrm{w}\frac{\partial^2\xi}{\partial x\,\partial y} + \mathrm{v}'\frac{\partial^2\eta}{\partial y\,\partial z} + \mathrm{u}\frac{\partial^2\eta}{\partial z\,\partial x} + \mathrm{f}\frac{\partial^2\eta}{\partial x\,\partial y} + \mathrm{w}''\frac{\partial^2\zeta}{\partial y\,\partial z} + \mathrm{e}\frac{\partial^2\zeta}{\partial z\,\partial x} + \mathrm{u}\frac{\partial^2\zeta}{\partial x\,\partial y}\right),\\
\rho\frac{\partial^2\eta}{\partial t^2} &= \rho\mathrm{Y} + \mathrm{w}\frac{\partial^2\xi}{\partial x^2} + \mathrm{w}'\frac{\partial^2\xi}{\partial y^2} + \mathrm{w}''\frac{\partial^2\xi}{\partial z^2} + \mathrm{f}\frac{\partial^2\eta}{\partial x^2} + \mathrm{b}\frac{\partial^2\eta}{\partial y^2} + \mathrm{d}\frac{\partial^2\eta}{\partial z^2} + \mathrm{u}\frac{\partial^2\zeta}{\partial x^2} + \mathrm{u}'\frac{\partial^2\zeta}{\partial y^2} + \mathrm{u}''\frac{\partial^2\zeta}{\partial z^2}\\
&\quad + 2\left(\mathrm{v}'\frac{\partial^2\xi}{\partial y\,\partial z} + \mathrm{u}\frac{\partial^2\xi}{\partial z\,\partial x} + \mathrm{f}\frac{\partial^2\xi}{\partial x\,\partial y} + \mathrm{u}'\frac{\partial^2\eta}{\partial y\,\partial z} + \mathrm{v}'\frac{\partial^2\eta}{\partial z\,\partial x} + \mathrm{w}'\frac{\partial^2\eta}{\partial x\,\partial y} + \mathrm{d}\frac{\partial^2\zeta}{\partial y\,\partial z} + \mathrm{w}''\frac{\partial^2\zeta}{\partial z\,\partial x} + \mathrm{v}'\frac{\partial^2\zeta}{\partial x\,\partial y}\right)\\
\rho\frac{\partial^2\zeta}{\partial t^2} &= \rho\mathrm{Z} + \mathrm{v}\frac{\partial^2\xi}{\partial x^2} + \mathrm{v}'\frac{\partial^2\xi}{\partial y^2} + \mathrm{v}''\frac{\partial^2\xi}{\partial z^2} + \mathrm{u}\frac{\partial^2\eta}{\partial x^2} + \mathrm{u}'\frac{\partial^2\eta}{\partial y^2} + \mathrm{u}''\frac{\partial^2\eta}{\partial z^2} + \mathrm{e}\frac{\partial^2\zeta}{\partial x^2} + \mathrm{d}\frac{\partial^2\zeta}{\partial y^2} + \mathrm{c}\frac{\partial^2\zeta}{\partial z^2}\\
&\quad + 2\left(\mathrm{w}''\frac{\partial^2\xi}{\partial y\,\partial z} + \mathrm{e}\frac{\partial^2\xi}{\partial z\,\partial x} + \mathrm{u}\frac{\partial^2\xi}{\partial x\,\partial y} + \mathrm{d}\frac{\partial^2\eta}{\partial y\,\partial z} + \mathrm{w}''\frac{\partial^2\eta}{\partial z\,\partial x} + \mathrm{v}'\frac{\partial^2\eta}{\partial x\,\partial y} + \mathrm{u}''\frac{\partial^2\zeta}{\partial y\,\partial z} + \mathrm{v}''\frac{\partial^2\zeta}{\partial z\,\partial x} + \mathrm{w}''\frac{\partial^2\zeta}{\partial x\,\partial y}\right)
\end{aligned}\right.$$

(1) *OEuvres de Cauchy*, S. II, T. VIII, p. 274.

(2) *Ibid.*, p. 196, 202 et 203.

Si le corps élastique offre trois axes d'élasticité rectangulaires et parallèles aux axes des x, y, z, les coefficients u, v, w; u', v', w'; u'', v'', w'' s'évanouiront, et les équations (13), réduites aux suivantes

$$(14)\quad \left\{\begin{aligned} &\mathrm{a}\frac{\partial^2\xi}{\partial x^2}+\mathrm{f}\frac{\partial^2\xi}{\partial y^2}+\mathrm{e}\frac{\partial^2\xi}{\partial z^2}+2\,\mathrm{f}\frac{\partial^2\eta}{\partial x\,\partial y}+2\,\mathrm{e}\frac{\partial^2\zeta}{\partial z\,\partial x}+\rho\mathrm{X}=\rho\frac{\partial^2\xi}{\partial t^2},\\ &\mathrm{f}\frac{\partial^2\eta}{\partial x^2}+\mathrm{b}\frac{\partial^2\eta}{\partial y^2}+\mathrm{d}\frac{\partial^2\eta}{\partial z^2}+2\,\mathrm{d}\frac{\partial^2\zeta}{\partial y\,\partial z}+2\,\mathrm{f}\frac{\partial^2\xi}{\partial x\,\partial y}+\rho\mathrm{Y}=\rho\frac{\partial^2\eta}{\partial t^2},\\ &\mathrm{e}\frac{\partial^2\zeta}{\partial x^2}+\mathrm{d}\frac{\partial^2\zeta}{\partial y^2}+\mathrm{c}\frac{\partial^2\zeta}{\partial z^2}+2\,\mathrm{e}\frac{\partial^2\xi}{\partial z\,\partial x}+2\,\mathrm{d}\frac{\partial^2\eta}{\partial y\,\partial z}+\rho\mathrm{Z}=\rho\frac{\partial^2\zeta}{\partial t^2}, \end{aligned}\right.$$

coïncideront avec les formules (68) de la page 235 du troisième Volume (¹). Enfin, si des formules (13) et (14) on veut tirer celles qui expriment l'équilibre d'un corps élastique, il suffira d'annuler les trois expressions

$$(15)\qquad \frac{\partial^2\xi}{\partial t^2},\quad \frac{\partial^2\eta}{\partial t^2},\quad \frac{\partial^2\zeta}{\partial t^2}.$$

Concevons à présent que le corps élastique se réduise à une plaque élastique naturellement plane et d'une épaisseur constante. Désignons par $2i$ l'épaisseur naturelle de la plaque, et prenons pour plan des x, y celui qui divisait primitivement cette épaisseur en deux parties égales. La surface moyenne, après avoir coïncidé dans l'état naturel avec le plan des x, y, se courbera, en vertu du changement de forme de la plaque, mais son ordonnée restera très petite. Désignons par $f(x, y)$ cette ordonnée, et faisons, de plus,

$$(16)\qquad s=z-f(x, y),$$

z étant l'ordonnée d'une molécule quelconque m prise au hasard dans l'épaisseur de la plaque. Enfin soient

$$(17)\quad \mathrm{A}=\mathrm{A}_0+\mathrm{A}_1 s+\ldots,\qquad \mathrm{F}=\mathrm{F}_0+\mathrm{F}_1 s+\ldots,\qquad \mathrm{B}=\mathrm{B}_0+\mathrm{B}_1 s+\ldots,$$

$$(18)\quad \xi=\xi_0+\xi_1 s+\ldots,\qquad \eta=\eta_0+\eta_1 s+\ldots,\qquad \zeta=\zeta_0+\zeta_1 s+\ldots,$$

$$(19)\quad \mathrm{X}=\mathrm{X}_0+\mathrm{X}_1 s+\ldots,\qquad \mathrm{Y}=\mathrm{Y}_0+\mathrm{Y}_1 s+\ldots,\qquad \mathrm{Z}=\mathrm{Z}_0+\mathrm{Z}_1 s+\mathrm{Z}_2\frac{s_2}{2}+\ldots$$

(¹) *OEuvres de Cauchy*, S. II, T. VIII, p. 275.

les développements de A, F, B; ξ, η, ζ; X, Y, Z suivant les puissances ascendantes de s, dans le cas où l'on prend x, y et s pour variables indépendantes. En supposant que la plaque élastique se meuve et soit extérieurement soumise à une pression normale désignée par P, on établira, comme nous l'avons fait dans le troisième Volume (pages 337 et 338) (¹), les trois équations

$$(20)\qquad \frac{\partial A_0}{\partial x} + \frac{\partial F_0}{\partial y} + \rho X_0 = \rho \frac{d^2\xi_0}{\partial t^2}, \qquad \frac{\partial F_0}{\partial x} + \frac{\partial B_0}{\partial y} + \rho Y_0 = \rho \frac{\partial^2 \eta_0}{\partial t^2},$$

$$(21)\qquad \frac{i^2}{3}\left(\frac{\partial^2 A_1}{\partial x^2} + 2\frac{\partial^2 F_1}{\partial x\,\partial y} + \frac{\partial^2 B_1}{\partial y^2}\right) + \rho\left[Z_0 + \frac{i^2}{6}\left(Z_2 + 2\frac{\partial X_1}{\partial x} + 2\frac{\partial Y_1}{\partial y}\right)\right] = \rho\frac{\partial^2 \zeta_0}{\partial t^2}.$$

Seulement, pour obtenir les valeurs des fonctions A_0, F_0, B_0; A_1, F_1, B_1 exprimées à l'aide des dérivées partielles de ξ_0, η_0, ζ_0, il faudra combiner les équations (9) de la page 331 (²), c'est-à-dire les trois formules

$$(22)\qquad E = 0, \qquad D = 0, \qquad C = -P,$$

qui subsisteront encore pour $s = -i$ et pour $s = i$, non plus avec les équations (58) de la page 339 (³), mais avec les équations (5) et (6). On aura donc, pour $s = -i$ et pour $s = i$,

$$(23)\quad \begin{cases} v\dfrac{\partial\xi}{\partial x} + v'\dfrac{\partial\eta}{\partial y} + v''\dfrac{\partial\zeta}{\partial z} + w''\left(\dfrac{\partial\eta}{\partial z} + \dfrac{\partial\zeta}{\partial y}\right) + e\left(\dfrac{\partial\zeta}{\partial x} + \dfrac{\partial\xi}{\partial z}\right) + u\left(\dfrac{\partial\xi}{\partial y} + \dfrac{\partial\eta}{\partial x}\right) = 0, \\ u\dfrac{\partial\xi}{\partial x} + u'\dfrac{\partial\eta}{\partial y} + u''\dfrac{\partial\zeta}{\partial z} + d\left(\dfrac{\partial\eta}{\partial z} + \dfrac{\partial\zeta}{\partial y}\right) + w''\left(\dfrac{\partial\zeta}{\partial x} + \dfrac{\partial\xi}{\partial z}\right) + v'\left(\dfrac{\partial\xi}{\partial y} + \dfrac{\partial\eta}{\partial x}\right) = 0, \\ e\dfrac{\partial\xi}{\partial x} + d\dfrac{\partial\eta}{\partial y} + c\dfrac{\partial\zeta}{\partial z} + u''\left(\dfrac{\partial\eta}{\partial z} + \dfrac{\partial\zeta}{\partial y}\right) + v''\left(\dfrac{\partial\zeta}{\partial x} + \dfrac{\partial\xi}{\partial z}\right) + w''\left(\dfrac{\partial\xi}{\partial y} + \dfrac{\partial\eta}{\partial x}\right) = -P; \end{cases}$$

puis, en substituant les valeurs des fonctions

$$(24)\qquad \frac{\partial\zeta}{\partial x} + \frac{\partial\xi}{\partial z}, \quad \frac{\partial\zeta}{\partial y} + \frac{\partial\eta}{\partial z}, \quad \frac{\partial\zeta}{\partial z},$$

(¹) *OEuvres de Cauchy*, S. II, T. VIII, p. 393.
(²) *Ibid.*, p. 385.
(³) *Ibid.*, p. 394.

tirées des formules (23), dans celles des équations (5), (6) qui déterminent les pressions A, F, B, on trouvera

$$(25)\qquad \begin{cases} A = \mathfrak{a}\dfrac{\partial\xi}{\partial x} + \mathfrak{f}\dfrac{\partial\eta}{\partial y} + \mathfrak{e}\left(\dfrac{\partial\xi}{\partial y} + \dfrac{\partial\eta}{\partial x}\right) - P\mathfrak{u}, \\[2ex] B = \mathfrak{f}\dfrac{\partial\xi}{\partial x} + \mathfrak{b}\dfrac{\partial\eta}{\partial y} + \mathfrak{d}\left(\dfrac{\partial\xi}{\partial y} + \dfrac{\partial\eta}{\partial x}\right) - P\mathfrak{v}, \\[2ex] F = \mathfrak{e}\dfrac{\partial\xi}{\partial x} + \mathfrak{d}\dfrac{\partial\eta}{\partial y} + \mathfrak{c}\left(\dfrac{\partial\xi}{\partial y} + \dfrac{\partial\eta}{\partial x}\right) - P\mathfrak{w}, \end{cases}$$

$\mathfrak{a}$, $\mathfrak{b}$, $\mathfrak{c}$, $\mathfrak{d}$, $\mathfrak{e}$, $\mathfrak{f}$, $\mathfrak{u}$, $\mathfrak{v}$, $\mathfrak{w}$ désignant de nouveaux coefficients dont les valeurs seront

$$(26)\quad \mathfrak{a} = a - \frac{v^2(dc - u''^2) + u^2(ec - v''^2) + e^2(ed - w''^2) + 2ue(v''w'' - eu'') + 2ev(u''w'' - dv'') + 2vu(u''v'' - cw'')}{edc - eu''^2 - dv''^2 - cw''^2 + 2u''v''w''},$$

$$(27)\quad \mathfrak{b} = b - \frac{v'^2(dc - u''^2) + u'^2(ec - v''^2) + d^2(ed - w''^2) + 2u'd(v''w'' - eu'') + 2dv'(u''w'' - dv'') + 2u'v'(u''v'' - cw'')}{edc - eu''^2 - dv''^2 - cw''^2 + 2u''v''w''}$$

$$(28)\quad \mathfrak{c} = f - \frac{u^2(dc - u''^2) + v'^2(ec - w''^2) + w''^2(ed - w''^2) + 2v'w''(v''w'' - eu'') + 2w''u(u''w'' - dv'') + 2uv'(u''v'' - cw'')}{edc - eu''^2 - dv''^2 - cw''^2 + 2u''v''w''}$$

$$(29)\quad \mathfrak{d} = w' - \frac{v'u(dc - u''^2) + u'v'(ec - v''^2) + dw''(ed - w''^2) + (u'w'' + dv')(v''w'' - eu'') + (du + v'w'')(u''w'' - dv'') + (v'^2 + uu')(u''v'' - cw'')}{edc - eu''^2 - dv''^2 - cw''^2 + 2u''v''w''}$$

$$(30)\quad \mathfrak{e} = w - \frac{uv(dc - u''^2) + v'u(ec - v''^2) + w''e(ed - w''^2) + (v'e + w''u)(v''w'' - eu'') + (w''v + ue)(u''w'' - dv'') + (u^2 + vv')(u''v'' - cw'')}{edc - eu''^2 - dv''^2 - cw''^2 + 2u''v''w''}$$

$$(31)\quad \mathfrak{f} = f - \frac{vv'(dc - u''^2) + uu'(ec - v''^2) + ed(ed - w''^2) + (ud + eu')(v''w'' - eu'') + (ev' + vd)(u''w'' - dv'') + (vu' + uv')(u''v'' - cw'')}{edc - eu''^2 - dv''^2 - cw''^2 + 2u''v''w''}$$

$$(32)\qquad \begin{cases} \mathfrak{u} = \dfrac{v(u''w'' - dv'') + u(v''w'' - eu'') + e(ed - w''^2)}{edc - eu''^2 - dv''^2 - cw''^2 + 2u''v''w''}, \\[2ex] \mathfrak{v} = \dfrac{v'(u''w'' - dv'') + u'(v''w'' - eu'') + d(ed - w''^2)}{edc - eu''^2 - dv''^2 - cw''^2 + 2u''v''w''}, \\[2ex] \mathfrak{w} = \dfrac{u(u''w'' - dv'') + v'(v''w'' - eu'') + w''(ed - w''^2)}{edc - eu''^2 - dv''^2 - cw''^2 + 2u''v''w''}. \end{cases}$$

Or, si, après avoir développé les deux membres des formules (25) suivant les puissances ascendantes de s, on pose successivement dans ces formules $s = -i$, $s = i$, on en conclura, en négligeant les termes proportionnels au carré de i,

$$
(33)\quad \begin{cases}
A_0 = \mathfrak{a}\dfrac{\partial\xi_0}{\partial x} + \mathfrak{f}\dfrac{\partial\eta_0}{\partial y} + \mathfrak{e}\left(\dfrac{\partial\xi_0}{\partial y} + \dfrac{\partial\eta_0}{\partial x}\right) - P\mathfrak{u}, \\
B_0 = \mathfrak{f}\dfrac{\partial\xi_0}{\partial x} + \mathfrak{b}\dfrac{\partial\eta_0}{\partial y} + \mathfrak{d}\left(\dfrac{\partial\xi_0}{\partial y} + \dfrac{\partial\eta_0}{\partial x}\right) - P\mathfrak{v}, \\
F_0 = \mathfrak{e}\dfrac{\partial\xi_0}{\partial x} + \mathfrak{d}\dfrac{\partial\eta_0}{\partial y} + \mathfrak{e}\left(\dfrac{\partial\xi_0}{\partial y} + \dfrac{\partial\eta_0}{\partial x}\right) - P\mathfrak{w};
\end{cases}
$$

$$
(34)\quad \begin{cases}
A_1 = \mathfrak{a}\dfrac{\partial\xi_1}{\partial x} + \mathfrak{f}\dfrac{\partial\eta_1}{\partial y} + \mathfrak{e}\left(\dfrac{\partial\xi_1}{\partial y} + \dfrac{\partial\eta_1}{\partial x}\right), \\
B_1 = \mathfrak{f}\dfrac{\partial\xi_1}{\partial x} + \mathfrak{b}\dfrac{\partial\eta_1}{\partial y} + \mathfrak{d}\left(\dfrac{\partial\xi_1}{\partial y} + \dfrac{\partial\eta_1}{\partial x}\right), \\
F_1 = \mathfrak{e}\dfrac{\partial\xi_1}{\partial x} + \mathfrak{d}\dfrac{\partial\eta_1}{\partial y} + \mathfrak{e}\left(\dfrac{\partial\xi_1}{\partial y} + \dfrac{\partial\eta_1}{\partial x}\right).
\end{cases}
$$

D'autre part, si l'on nomme U, V, W des fonctions de x, y, z propres à vérifier les formules

$$
(35)\quad \begin{cases}
eU + w''V + v''W = -v\dfrac{\partial\xi}{\partial x} - v'\dfrac{\partial\eta}{\partial y} - u\left(\dfrac{\partial\xi}{\partial y} + \dfrac{\partial\eta}{\partial x}\right), \\
w''U + dV + u''W = -u\dfrac{\partial\xi}{\partial x} - u'\dfrac{\partial\eta}{\partial y} - v'\left(\dfrac{\partial\xi}{\partial y} + \dfrac{\partial\eta}{\partial x}\right), \\
v''U + u''V + cW = -e\dfrac{\partial\xi}{\partial x} - d\dfrac{\partial\eta}{\partial y} - w''\left(\dfrac{\partial\xi}{\partial y} + \dfrac{\partial\eta}{\partial x}\right) - P,
\end{cases}
$$

on aura, pour $s = -i$ et pour $s = i$, en vertu des équations (23) et (35),

$$
(36)\quad \frac{\partial\xi}{\partial z} + \frac{\partial\zeta}{\partial x} = U, \qquad \frac{\partial\eta}{\partial z} + \frac{\partial\zeta}{\partial y} = V, \qquad \frac{\partial\zeta}{\partial z} = W,
$$

puis on en conclura, en prenant pour variables indépendantes x, y, s au lieu de x, y, z,

$$
(37)\quad \frac{\partial\xi}{\partial s} + \frac{\partial\zeta}{\partial x} = U, \qquad \frac{\partial\eta}{\partial s} + \frac{\partial\zeta}{\partial y} = V, \qquad \frac{\partial\zeta}{\partial s} = W.
$$

Cela posé, soient

$$
(38)\quad U_0, \quad V_0, \quad W_0
$$

les valeurs de U, V, W correspondantes à $s = 0$. On tirera des formules (35) et (37), en développant les deux membres de chacune d'elles suivant les puissances ascendantes de s,

$$(39)\quad \begin{cases} \mathrm{e}\,U_0 + \mathrm{w}''\,V_0 + \mathrm{v}''\,W_0 = -\mathrm{v}\dfrac{\partial\xi_0}{\partial x} - \mathrm{v}'\dfrac{\partial\eta_0}{\partial y} - \mathrm{u}\left(\dfrac{\partial\xi_0}{\partial y} + \dfrac{\partial\eta_0}{\partial x}\right), \\ \mathrm{w}''\,U_0 + \mathrm{d}\,V_0 + \mathrm{u}''\,W_0 = -\mathrm{u}\dfrac{\partial\xi_0}{\partial x} - \mathrm{u}'\dfrac{\partial\eta_0}{\partial y} - \mathrm{v}\left(\dfrac{\partial\xi_0}{\partial y} + \dfrac{\partial\eta_0}{\partial x}\right), \\ \mathrm{v}''\,U_0 + \mathrm{u}''\,V_0 + \mathrm{c}\,W_0 = -\mathrm{e}\dfrac{\partial\xi_0}{\partial x} - \mathrm{d}\dfrac{\partial\eta_0}{\partial y} - \mathrm{w}''\left(\dfrac{\partial\xi_0}{\partial y} + \dfrac{\partial\eta_0}{\partial x}\right) - P, \end{cases}$$

et

$$(40)\qquad \xi_1 = U_0 - \frac{\partial\zeta_0}{\partial x}, \qquad \eta_1 = V_0 - \frac{\partial\zeta_0}{\partial y}, \qquad \zeta_1 = W_0.$$

Par suite les équations (34) donneront

$$(41)\quad \begin{cases} A_1 = \mathfrak{a}\dfrac{\partial U_0}{\partial x} + \mathfrak{f}\dfrac{\partial V_0}{\partial y} + \mathfrak{e}\left(\dfrac{\partial U_0}{\partial y} + \dfrac{\partial V_0}{\partial x}\right) - \mathfrak{a}\dfrac{\partial^2\zeta_0}{\partial x^2} - \mathfrak{f}\dfrac{\partial^2\zeta_0}{\partial y^2} - 2\mathfrak{e}\dfrac{\partial^2\zeta_0}{\partial x\,\partial y}, \\ B_1 = \mathfrak{f}\dfrac{\partial U_0}{\partial x} + \mathfrak{b}\dfrac{\partial V_0}{\partial y} + \mathfrak{d}\left(\dfrac{\partial U_0}{\partial y} + \dfrac{\partial V_0}{\partial x}\right) - \mathfrak{f}\dfrac{\partial^2\zeta_0}{\partial x^2} - \mathfrak{b}\dfrac{\partial^2\zeta_0}{\partial y^2} - 2\mathfrak{d}\dfrac{\partial^2\zeta_0}{\partial x\,\partial y}, \\ F_1 = \mathfrak{e}\dfrac{\partial U_0}{\partial x} + \mathfrak{d}\dfrac{\partial V_0}{\partial y} + \mathfrak{e}\left(\dfrac{\partial U_0}{\partial y} + \dfrac{\partial V_0}{\partial x}\right) - \mathfrak{e}\dfrac{\partial^2\zeta_0}{\partial x^2} - \mathfrak{d}\dfrac{\partial^2\zeta_0}{\partial y^2} - 2\mathfrak{e}\dfrac{\partial^2\zeta_0}{\partial x\,\partial y}. \end{cases}$$

Si maintenant on substitue, dans les formules (20) et (21), les valeurs de A_0, B_0, F_0, A_1, B_1, F_1, fournies par les équations (33) et (41), on trouvera

$$(42)\quad \begin{cases} \mathfrak{a}\dfrac{\partial^2\xi_0}{\partial x^2} + 2\mathfrak{e}\dfrac{\partial^2\xi_0}{\partial x\,\partial y} + \mathfrak{e}\dfrac{\partial^2\xi_0}{\partial y^2} + \mathfrak{e}\dfrac{\partial^2\eta_0}{\partial x^2} + (\mathfrak{f}+\mathfrak{e})\dfrac{\partial^2\eta_0}{\partial x\,\partial y} + \mathfrak{d}\dfrac{\partial^2\eta_0}{\partial y^2} + \rho X_0 = \rho\dfrac{\partial^2\xi_0}{\partial t^2}, \\ \mathfrak{e}\dfrac{\partial^2\eta_0}{\partial x^2} + 2\mathfrak{d}\dfrac{\partial^2\eta_0}{\partial x\,\partial y} + \mathfrak{b}\dfrac{\partial^2\eta_0}{\partial y^2} + \mathfrak{e}\dfrac{\partial^2\xi_0}{\partial x^2} + (\mathfrak{f}+\mathfrak{e})\dfrac{\partial^2\xi_0}{\partial x\,\partial y} + \mathfrak{d}\dfrac{\partial^2\xi_0}{\partial y^2} + \rho Y_0 = \rho\dfrac{\partial^2\eta_0}{\partial t^2} \end{cases}$$

et

$$(43)\quad \begin{cases} \dfrac{i^2}{3}\left[\mathfrak{a}\dfrac{\partial^4\zeta_0}{\partial x^4} + 4\mathfrak{e}\dfrac{\partial^4\zeta_0}{\partial x^3\,\partial y} + (4\mathfrak{e}+2\mathfrak{f})\dfrac{\partial^4\zeta_0}{\partial x^2\,\partial y^2} + 4\mathfrak{d}\dfrac{\partial^4\zeta_0}{\partial x\,\partial y^3} + \mathfrak{b}\dfrac{\partial^4\zeta_0}{\partial y^4}\right] + \rho\dfrac{\partial^2\zeta_0}{\partial t^2} \\ \quad = \dfrac{i^2}{3}\left[\mathfrak{a}\dfrac{\partial^3 U_0}{\partial x^3} + 3\mathfrak{e}\dfrac{\partial^3 U_0}{\partial x^2\,\partial y} + (2\mathfrak{e}+\mathfrak{f})\dfrac{\partial^3 U_0}{\partial x\,\partial y^2} + \mathfrak{d}\dfrac{\partial^3 U_0}{\partial y^3}\right. \\ \qquad \left. + \mathfrak{e}\dfrac{\partial^3 V_0}{\partial x^3} + (2\mathfrak{e}+\mathfrak{f})\dfrac{\partial^3 V_0}{\partial x^2\,\partial y} + 3\mathfrak{d}\dfrac{\partial^3 V_0}{\partial x\,\partial y^2} + \mathfrak{b}\dfrac{\partial^3 V_0}{\partial y^3}\right] \\ \qquad + \rho\left[Z_0 + \dfrac{i^2}{6}\left(Z_2 + 2\dfrac{\partial X_1}{\partial x} + 2\dfrac{\partial Y_1}{\partial y}\right)\right], \end{cases}$$

U_0, V_0, W_0 désignant des fonctions de x et y déterminées par les formules (39).

Les équations (42) et (43) sont les seules qui subsistent, pendant le mouvement d'une plaque élastique naturellement plane et d'une épaisseur constante, pour tous les points de la surface moyenne. Supposons d'ailleurs cette plaque terminée dans son état naturel par des plans perpendiculaires au plan des x, y ou par une surface cylindrique dont les génératrices soient parallèles à l'axe des z. Si cette surface cylindrique est soumise à une pression normale $\mathfrak{P}$ différente de P, et si l'on désigne par

$$\alpha, \quad \beta \quad \text{et} \quad \gamma = \frac{\pi}{2}$$

les angles que forme avec les demi-axes des x, y et z positives la normale à la surface cylindrique, prolongée en dehors de la plaque, les conditions (34), (35) et (52) des pages 336 et 338 du IIIe Volume (¹), savoir

$$(44)\qquad (A_0 + \mathfrak{P})\cos\alpha + F_0\cos\beta = 0, \qquad F_0\cos\alpha + (B_0 + \mathfrak{P})\cos\beta = 0,$$

$$(45)\qquad A_1\cos\alpha + F_1\cos\beta = 0, \qquad F_1\cos\alpha + B_1\cos\beta = 0,$$

$$(46)\qquad \left\{ \begin{aligned} &\left(\frac{\partial A_1}{\partial x} + \frac{\partial F_1}{\partial y} + \rho X_1\right)\cos\alpha + \left(\frac{\partial F_1}{\partial x} + \frac{\partial B_1}{\partial y} + \rho Y_1\right)\cos\beta \\ &\quad = \rho\left(\frac{\partial^2 \xi_1}{\partial t^2}\cos\alpha + \frac{\partial^2 \eta_1}{\partial t^2}\cos\beta\right), \end{aligned} \right.$$

devront être remplies pour tous les points de la surface moyenne situés sur des portions libres du contour de la plaque. Au contraire, les formules (40) et (41) des pages 336 et 337 du même Volume (²), savoir

$$(47)\qquad \xi_0 = 0, \qquad \eta_0 = 0, \qquad \zeta_0 = 0,$$

$$(48)\qquad \xi_1 = 0, \qquad \eta_1 = 0$$

devront être vérifiées pour les points de la surface moyenne situés sur des portions fixes du contour de la plaque. Il est bon d'observer :

(¹) *OEuvres de Cauchy*, S. II, T. VIII, p. 390 et 393.

(²) *Ibid.*, p. 391 et 392.

1° que, en vertu des équations (40), les formules (46) et (48) pourront être réduites aux suivantes

$$(49)\quad \left\{\begin{aligned} &\left(\frac{\partial A_1}{\partial x}+\frac{\partial F_1}{\partial y}+\rho X_1\right)\cos\alpha+\left(\frac{\partial F_1}{\partial x}+\frac{\partial B_1}{\partial y}+\rho Y_1\right)\cos\beta+\rho\left(\frac{\partial^3\zeta_0}{\partial x\,\partial t^2}\cos\alpha+\frac{\partial^3\zeta_0}{\partial y\,\partial t^2}\cos\beta\right)\\ &=\rho\left(\frac{\partial^2 U_0}{\partial t^2}\cos\alpha+\frac{\partial^2 V_0}{\partial t^2}\cos\beta\right)\end{aligned}\right.$$

et

$$(50)\qquad \frac{\partial\zeta_0}{\partial x}=U_0,\qquad \frac{\partial\zeta_0}{\partial y}=V_0;$$

2° que des formules (43) et (49) combinées entre elles on conclura, en négligeant les termes proportionnels au carré de i,

$$(51)\quad \left[\frac{\partial A_1}{\partial x}+\frac{\partial F_1}{\partial y}+\rho\left(X_1+\frac{\partial Z_0}{\partial x}-\frac{\partial^2 U_0}{\partial t^2}\right)\right]\cos\alpha+\left[\frac{\partial F_1}{\partial x}+\frac{\partial B_1}{\partial y}+\rho\left(Y_1+\frac{\partial Z_0}{\partial y}-\frac{\partial^2 V_0}{\partial t^2}\right)\right]\cos\beta=0$$

Il ne reste plus qu'à substituer, dans les formules (44), (45) et (49) ou (51), les valeurs de A_0, F_0, B_0, A_1, F_1, B_1 fournies par les équations (33) et (41).

Si l'on voulait considérer une plaque élastique, non plus dans l'état de mouvement, mais dans l'état d'équilibre, il suffirait de supprimer, dans les équations (42), (43) et (49), tous les termes qui renferment des dérivées relatives à t.

Revenons au cas où la plaque élastique se meut. Alors les deux inconnues ξ_0, η_0, qui mesurent les déplacements parallèles aux axes des x et y pour un point quelconque de la surface moyenne, pourront être déterminées à l'aide des équations (42) réunies aux conditions (44) ou aux deux premières des conditions (47); en sorte que les valeurs générales de ces inconnues seront indépendantes de la valeur initiale de ζ_0, et par conséquent de la forme de la surface moyenne à l'origine du mouvement. De plus, après avoir déterminé ξ_0 et η_0, on déduira des formules (39) les valeurs de U_0, V_0, et de l'équation (43), réunie aux conditions (45) et (51), ou à la dernière des conditions (47) et aux formules (50), la valeur générale de ζ_0. Si l'on suppose en particulier que, pendant la durée du mouvement, les déplacements ξ_0, η_0, mesurés parallèlement au plan des x, y, restent très petits relativement à l'ordonnée ζ_0 de la surface moyenne, ce qui exige que les valeurs initiales de ξ_0, η_0 soient elles-mêmes très petites relativement à la valeur initiale de ζ_0; alors, en négligeant tous les termes qui renferment ξ_0 ou η_0, on tirera des formules (39)

$$U_0 = 0, \qquad V_0 = 0. \tag{52}$$

Par suite, les équations (41), (43) deviendront respectivement

$$\left\{\begin{aligned} A_1 &= -\mathfrak{a}\frac{\partial^2\zeta_0}{\partial x^2} - \mathfrak{f}\frac{\partial^2\zeta_0}{\partial y^2} - 2\mathfrak{e}\frac{\partial^2\zeta_0}{\partial x\,\partial y},\\ B_1 &= -\mathfrak{f}\frac{\partial^2\zeta_0}{\partial x^2} - \mathfrak{b}\frac{\partial^2\zeta_0}{\partial y^2} - 2\mathfrak{d}\frac{\partial^2\zeta_0}{\partial x\,\partial y},\\ F_1 &= -\mathfrak{e}\frac{\partial^2\zeta_0}{\partial x^2} - \mathfrak{d}\frac{\partial^2\zeta_0}{\partial y^2} - 2\mathfrak{c}\frac{\partial^2\zeta_0}{\partial x\,\partial y}; \end{aligned}\right. \tag{53}$$

$$\left\{\begin{aligned} &\frac{i^2}{3}\left[\mathfrak{a}\frac{\partial^4\zeta_0}{\partial x^4} + 4\mathfrak{e}\frac{\partial^4\zeta_0}{\partial x^3\,\partial y} + (4\mathfrak{c} + 2\mathfrak{f})\frac{\partial^4\zeta_0}{\partial x^2\,\partial y^2} + 4\mathfrak{d}\frac{\partial^4\zeta_0}{\partial x\,\partial y^3} + \mathfrak{b}\frac{\partial^4\zeta_0}{\partial y^4}\right] + \rho\frac{\partial^2\zeta_0}{\partial t^2}\\ &= \rho\left[Z_0 + \frac{i^2}{6}\left(Z_2 + 2\frac{\partial X_1}{\partial x} + 2\frac{\partial Y_1}{\partial y}\right)\right], \end{aligned}\right. \tag{54}$$

et les équations (50), (51) se réduiront aux suivantes :

$$\frac{\partial\zeta_0}{\partial x} = 0, \qquad \frac{\partial\zeta_0}{\partial y} = 0, \tag{55}$$

$$\left[\frac{\partial A_1}{\partial x} + \frac{\partial F_1}{\partial y} + \rho\left(X_1 + \frac{\partial Z_0}{\partial x}\right)\right]\cos\alpha + \left[\frac{\partial F_1}{\partial x} + \frac{\partial B_1}{\partial y} + \rho\left(Y_1 + \frac{\partial Z_0}{\partial y}\right)\right]\cos\beta = 0. \tag{56}$$

Les diverses formules que nous venons d'établir se simplifient, lorsqu'on suppose la plaque élastique extraite d'un corps solide qui offrait trois axes d'élasticité rectangulaires et parallèles aux axes des x, y, z. Alors les coefficients u, v, w, u′, v′, w′, u″, v″, w″ s'évanouissent, et les formules (26), (27), (28), (29), (30), (31), (32) se réduisent à

$$\mathfrak{a} = \mathrm{a} - \frac{\mathrm{e}^2}{\mathrm{c}}, \quad \mathfrak{b} = \mathrm{b} - \frac{\mathrm{d}^2}{\mathrm{c}}, \quad \mathfrak{c} = \mathrm{f}, \quad \mathfrak{d} = 0, \quad \mathfrak{e} = 0, \quad \mathfrak{f} = \mathrm{f} - \frac{\mathrm{de}}{\mathrm{c}}, \tag{57}$$

$$\mathfrak{u} = \frac{\mathrm{e}}{\mathrm{c}}, \qquad \mathfrak{v} = \frac{\mathrm{d}}{\mathrm{c}}, \qquad \mathfrak{w} = 0. \tag{58}$$

Alors aussi on tire des formules (39)

$$(59)\qquad U_0=0,\qquad V_0=0,\qquad W_0=-\frac{e}{c}\frac{d\xi_0}{dx}-\frac{d}{c}\frac{d\eta_0}{dy}-\frac{P}{c}.$$

Par suite, les valeurs de A_0, B_0, F_0, A_1, B_1, F_1, déterminées à l'aide des équations (33), (41), deviennent

$$(60)\qquad \begin{cases} A_0=\dfrac{1}{c}\left[(ac-e^2)\dfrac{\partial\xi_0}{\partial x}+(fc-de)\dfrac{\partial\eta_0}{\partial y}-Pe\right],\\ B_0=\dfrac{1}{c}\left[(fc-de)\dfrac{\partial\xi_0}{\partial x}+(bc-d^2)\dfrac{\partial\eta_0}{\partial y}-Pd\right],\\ F_0=f\left(\dfrac{\partial\xi_0}{\partial y}+\dfrac{\partial\eta_0}{\partial x}\right); \end{cases}$$

$$(61)\qquad \begin{cases} A_1=-\dfrac{1}{c}\left[(ac-e^2)\dfrac{\partial^2\zeta_0}{\partial x^2}+(fc-de)\dfrac{\partial^2\zeta_0}{\partial y^2}\right],\\ B_1=-\dfrac{1}{c}\left[(fc-de)\dfrac{\partial^2\zeta_0}{\partial x^2}+(bc-d^2)\dfrac{\partial^2\zeta_0}{\partial y^2}\right],\\ F_1=-2f\dfrac{\partial^2\zeta_0}{\partial x\,\partial y}; \end{cases}$$

et les formules (42), (43) donnent, pour un point quelconque de la plaque élastique,

$$(62)\qquad \begin{cases} \dfrac{ac-e^2}{c}\dfrac{\partial^2\xi_0}{\partial x^2}+f\dfrac{\partial^2\xi_0}{\partial y^2}+\dfrac{2fc-de}{c}\dfrac{\partial^2\eta_0}{\partial x\,\partial y}+\rho X_0=\rho\dfrac{\partial^2\xi_0}{\partial t^2},\\ f\dfrac{\partial^2\eta_0}{\partial x^2}+\dfrac{bc-d^2}{c}\dfrac{\partial^2\eta_0}{\partial y^2}+\dfrac{2fc-de}{c}\dfrac{\partial^2\xi_0}{\partial x\,\partial y}+\rho Y_0=\rho\dfrac{\partial^2\eta_0}{\partial t^2}; \end{cases}$$

$$(63)\qquad \begin{cases} \dfrac{i^2}{3c}\left[(ac-e^2)\dfrac{\partial^4\zeta_0}{\partial x^4}+2(3fc-de)\dfrac{\partial^4\zeta_0}{\partial x^2\partial y^2}+(bc-d^2)\dfrac{\partial^4\zeta_0}{\partial y^4}\right]+\rho\dfrac{\partial^2\zeta_0}{\partial t^2}\\ \quad=\rho\left[Z_0+\dfrac{i^2}{6}\left(Z_2+2\dfrac{\partial X_1}{\partial x}+2\dfrac{\partial Y_1}{\partial y}\right)\right]. \end{cases}$$

Quant aux conditions qui devront être vérifiées, dans l'hypothèse admise, pour les points situés sur le contour de la surface moyenne, on les obtiendra immédiatement, si les bords de la plaque sont libres, en substituant les valeurs de A_0, B_0, F_0, A_1, B_1, F_1 dans les formules (44), (45), (56), et elles coïncideront, si les bords de la plaque deviennent fixes, avec les formules (47) et (55).

On peut encore remarquer la forme que prennent les équations (42) et (54) dans le cas où l'on suppose la force accélératrice φ et les pressions P, $\mathfrak{P}$ réduites à zéro. Alors ces équations deviennent respectivement

$$(64)\quad \begin{cases} \mathfrak{a}\dfrac{\partial^2\xi_0}{\partial x^2} + 2\mathfrak{e}\dfrac{\partial^2\xi_0}{\partial x\,\partial y} + \mathfrak{c}\dfrac{\partial^2\xi_0}{\partial y^2} + \mathfrak{e}\dfrac{\partial^2\eta_0}{\partial x^2} + (\mathfrak{f}+\mathfrak{c})\dfrac{\partial^2\eta_0}{\partial x\,\partial y} + \mathfrak{d}\dfrac{\partial^2\eta_0}{\partial y^2} = \rho\dfrac{\partial^2\xi_0}{\partial t^2}, \\[2ex] \mathfrak{c}\dfrac{\partial^2\eta_0}{\partial x^2} + 2\mathfrak{d}\dfrac{\partial^2\eta}{\partial x\,\partial y} + \mathfrak{b}\dfrac{\partial^2\eta_0}{\partial y^2} + \mathfrak{e}\dfrac{\partial^2\xi_0}{\partial x^2} + (\mathfrak{f}+\mathfrak{c})\dfrac{\partial^2\xi_0}{\partial x\,\partial y} + \mathfrak{d}\dfrac{\partial^2\xi_0}{\partial y^2} = \rho\dfrac{\partial^2\eta_0}{\partial t^2}, \end{cases}$$

$$(65)\quad \frac{i^2}{3}\left[\mathfrak{a}\frac{\partial^4\zeta_0}{\partial x^4} + 4\mathfrak{e}\frac{\partial^4\zeta_0}{\partial x^3\,\partial y} + (4\mathfrak{c}+2\mathfrak{f})\frac{\partial^4\zeta_0}{\partial x^2\,\partial y^2} + 4\mathfrak{d}\frac{\partial^4\zeta_0}{\partial x\,\partial y^3} + \mathfrak{b}\frac{\partial^4\zeta_0}{\partial y^4}\right] + \rho\frac{\partial^2\zeta_0}{\partial t^2} = 0$$

On voit par ce qui précède comment les variations de l'élasticité influent sur la forme des équations qui déterminent les mouvements d'une plaque élastique. Les formules qu'on avait obtenues en supposant que l'élasticité restait la même dans tous les sens ne renfermaient qu'un seul coefficient dépendant de la nature de la plaque. Mais cette supposition ne s'accorde pas avec les phénomènes observés par les physiciens; et, pour obtenir des résultats comparables à l'expérience, il faudra généralement recourir aux formules (42), (54), (64), etc., après avoir déterminé les six coefficients qu'elles renferment, et qui tiennent la place des quinze coefficients compris dans les équations générales du mouvement d'un corps élastique.

SUR L'ÉQUILIBRE

ET LE

MOUVEMENT D'UNE VERGE RECTANGULAIRE

EXTRAITE D'UN CORPS SOLIDE

DONT L'ÉLASTICITÉ N'EST PAS LA MÊME EN TOUS SENS.

Quand une plaque élastique naturellement plane, et semblable à celle que nous avons considérée dans l'article précédent, se trouve latéralement terminée par deux surfaces cylindriques très rapprochées l'une de l'autre, elle devient ce que nous nommons une *verge rectangulaire*. L'axe de cette verge, qui en général est une courbe plane, se réduira simplement à une droite, si les deux surfaces cylindriques se transforment en deux plans parallèles. Supposons d'ailleurs que l'on choisisse pour plan des x, y celui qui divise l'épaisseur de la plaque, prise dans l'état naturel, en deux parties égales, et pour axe des x l'axe de la verge. Enfin soient $2i$ l'épaisseur primitive de la plaque, et $2h$ la distance comprise entre les plans parallèles qui la terminent latéralement, c'est-à-dire l'épaisseur de la verge mesurée dans le plan des x, y. Les épaisseurs $2h$, $2i$ seront précisément les deux côtés du rectangle qu'on obtiendra en coupant la verge par un plan perpendiculaire à son axe. D'autre part, si l'on adopte les notations et les principes exposés dans l'article précédent, les déplacements ξ_0, η_0 relatifs à un point situé sur la surface moyenne de la plaque élastique, et mesurés parallèlement aux axes des x et y, devront, pendant le mouvement de la plaque, acquérir des valeurs telles que les formules (20) de la page 14, savoir

$$(1) \qquad \frac{\partial A_0}{\partial x} + \frac{\partial F_0}{\partial y} + \rho X_0 = \rho \frac{\partial^2 \xi_0}{\partial t^2}, \qquad \frac{\partial F_0}{\partial x} + \frac{\partial B_0}{\partial y} + \rho Y_0 = \rho \frac{\partial^2 \eta_0}{\partial t^2},$$

et les formules (44) de la page 18, savoir

$$(2) \qquad (A_0 + \mathfrak{P}) \cos\alpha + F_0 \cos\beta = 0, \qquad F_0 \cos\alpha + (B_0 + \mathfrak{P}) \cos\beta = 0,$$

soient vérifiées, les deux premières pour tous les points de la surface moyenne, et les deux dernières pour tous les points situés sur le contour de cette surface, A_0, F_0, B_0 étant des fonctions de x, y déterminées par les équations (33) de la page 16, c'est-à-dire par les suivantes :

$$(3) \qquad \begin{cases} A_0 = \mathfrak{a} \dfrac{\partial \xi_0}{\partial x} + \mathfrak{f} \dfrac{\partial \eta_0}{\partial y} + \mathfrak{e}\left(\dfrac{\partial \xi_0}{\partial y} + \dfrac{\partial \eta_0}{\partial x}\right) - P\mathfrak{u}, \\ B_0 = \mathfrak{f} \dfrac{\partial \xi_0}{\partial x} + \mathfrak{b} \dfrac{\partial \eta_0}{\partial y} + \mathfrak{d}\left(\dfrac{\partial \xi_0}{\partial y} + \dfrac{\partial \eta_0}{\partial x}\right) - P\mathfrak{v}, \\ F_0 = \mathfrak{e} \dfrac{\partial \xi_0}{\partial x} + \mathfrak{d} \dfrac{\partial \eta_0}{\partial y} + \mathfrak{c}\left(\dfrac{\partial \xi_0}{\partial y} + \dfrac{\partial \eta_0}{\partial x}\right) - P\mathfrak{w}. \end{cases}$$

Il est essentiel de rappeler que, dans les équations (1), (2), (3), ρ désigne la densité de la plaque, regardée comme constante; P, $\mathfrak{P}$ les pressions supportées : 1° par les plans qui terminent la plaque du côté des z positives et du côté des z négatives, 2° par les plans ou surfaces cylindriques qui la terminent latéralement; X_0, Y_0 les projections algébriques sur les axes des x et y de la force accélératrice appliquée à un point quelconque de la surface moyenne; et α, β les angles formés avec les demi-axes des x et y positives par la normale élevée dans le plan des x, y sur le contour de cette surface.

Concevons maintenant que, la plaque élastique étant réduite à une verge rectangulaire, on désigne, comme dans l'article précédent, par ξ, η, ζ les déplacements parallèles aux axes d'une molécule quelconque m qui correspond, dans l'état de mouvement, aux coordonnées x, y, z; par X, Y, Z les projections algébriques de la force accélératrice appliquée à cette molécule; et par A, F, E; F, B, D; E, D, C les projections algébriques des pressions ou tensions exercées au point (x, y, z) contre trois plans parallèles aux plans coordonnés. Soient de plus r, r' les distances comprises dans l'état de mouvement : 1° entre l'axe de la verge et la droite menée par la molécule m parallèlement à l'axe des z; 2° entre la molécule m et le point de la même droite qui se trouvait primitivement renfermé dans le plan des x, y. Enfin, supposons que l'on développe les quantités ξ, η, ζ, X, Y, Z, A, B, C, D, E, F, considérées comme fonctions de x, r et r', suivant les puissances ascendantes de r, r'; et joignons en conséquence à la formule

$$(4) \qquad \xi = \xi_{0,0} + \xi_{1,0} r + \xi_{0,1} r' + \tfrac{1}{2}(\xi_{2,0} r^2 + 2\xi_{1,1} r r' + \xi_{0,2} r'^2) + \ldots$$

toutes celles qu'on en déduit quand on y remplace la lettre ξ par l'une des lettres η, ζ, X, Y, Z, A, B, C, D, E, F. Les fonctions de x et de y, désignées dans les formules (1), (2), (3) par ξ_0, η_0, X_0, Y_0, A_0, F_0, B_0 se confondront avec les valeurs de ξ, η, X, Y, A, F, B correspondantes à $r' = 0$. Donc elles seront données par des équations de la forme

$$(5) \qquad \xi_0 = \xi_{0,0} + \xi_{1,0} r + \xi_{2,0} \frac{r^2}{2} + \ldots, \qquad \eta_0 = \eta_{0,0} + \eta_{1,0} r + \eta_{2,0} \frac{r^2}{2} + \ldots.$$

Remarquons d'ailleurs que les deux quantités désignées par $\xi_{0,0}$, $\eta_{0,0}$ dans les équations (4) et (5) sont précisément les valeurs de ξ et de η correspondantes à un point situé sur l'axe de la verge.

En résumé, l'on voit que, pendant le mouvement d'une verge droite et rectangulaire, les déplacements ξ_0, η_0 d'une molécule primitivement renfermée dans le plan des x, y, et les déplacements $\xi_{0,0}$, $\eta_{0,0}$ d'un point primitivement situé sur l'axe, se déduiront des formules (1), (2), (3), (5), dont la première et les deux dernières devront être vérifiées pour tous les points de la section faite dans la verge par le plan des x, y, tandis que la seconde devra être vérifiée pour tous les points situés sur le contour de cette même section. Or les formules (1), (2), (5) sont entièrement semblables aux formules (2), (4), (22) des pages 246, 247, 250 du IIIe Volume ([1]); et, pour tirer les unes des autres, il suffit de remplacer A, F, B, X, Y, ξ, η par A_0, F_0, B_0, X_0, Y_0, ξ_0, η_0, P par $\mathfrak{P}$, $\mathfrak{X} = \frac{\partial^2 \xi}{\partial t^2}$ par $\frac{\partial^2 \xi_0}{\partial t^2}$, $\mathfrak{Y} = \frac{\partial^2 \eta}{\partial t^2}$ par $\frac{\partial^2 \eta_0}{\partial t^2}$, enfin $\xi_0, \xi_1, \xi_2, \ldots$, $\eta_0, \eta_1, \eta_2, \ldots$ par $\xi_{0,0}, \xi_{1,0}, \xi_{2,0}, \ldots, \eta_{0,0}, \eta_{1,0}, \eta_{2,0}, \ldots$. Cela posé, on pourra immédiatement transformer les équations qui expriment le mouvement d'une lame élastique droite et d'épaisseur constante, c'est-à-dire les équations (46) de la page 255 du IIIe Volume ([2]), de manière à obtenir les équations du mouvement de la verge droite et rectangulaire qui, étant coupée par le plan des x, y, offrirait la même section que la lame élastique. En effet, pour opérer la transformation dont il s'agit, il suffira, dans les équations (46) de la page 255 du IIIe Volume ([3]), de substituer aux quantités

$$\xi_0,\quad \xi_1,\quad X_0,\quad X_1,\quad \eta_0,\quad \eta_2,\quad Y_0,\quad Y_2,\quad A_0,\quad A_1$$

les quantités

$$\xi_{0,0},\quad \xi_{1,0},\quad X_{0,0},\quad X_{1,0},\quad \eta_{0,0},\quad \eta_{2,0},\quad Y_{0,0},\quad Y_{2,0},\quad A_{0,0},\quad A_{1,0};$$

et alors, en réduisant le polynôme

$$\frac{3}{h^2}\frac{\partial^2 \eta_{0,0}}{\partial t^2} + \frac{1}{2}\frac{\partial^2 \eta_{2,0}}{\partial t^2} + \frac{\partial^2 \xi_{1,0}}{\partial t^2}$$

au seul terme $\frac{3}{h^2}\frac{\partial^2 \eta_{0,0}}{\partial t^2}$, vis-à-vis duquel les deux autres peuvent être négligés, on trouvera

$$\frac{dA_{0,0}}{dx} + \rho X_{0,0} = \rho \frac{\partial^2 \xi_{0,0}}{\partial t^2}, \tag{6}$$

$$\frac{h^2}{3}\frac{d^2 A_{1,0}}{dx^2} + \rho\left[Y_{0,0} + \frac{h^2}{6}\left(Y_{2,0} + 2\frac{dX_{1,0}}{dx}\right)\right] = \rho \frac{\partial^2 \eta_{0,0}}{\partial t^2}. \tag{7}$$

Il ne reste plus qu'à exprimer les quantités $A_{0,0}$, $A_{1,0}$, produites par le développement de A_0 suivant les puissances ascendantes de r, à l'aide

([1]) *Œuvres de Cauchy*, S. II, T. VIII, p. 290 et 294.
([2]) *Ibid.*, p. 299.
([3]) *Ibid.*, p. 299.

des dérivées partielles de $\xi_{0,0}$, $\eta_{0,0}$. Pour y parvenir, on observera d'abord que la section primitivement faite dans la verge par le plan des x, y était comprise entre deux droites parallèles à l'axe des x et représentée par les équations

$$(8) \qquad y = -h, \qquad y = h.$$

Or les deux courbes, dans lesquelles ces deux droites se transforment en vertu des déplacements infiniment petits des molécules, diffèrent infiniment peu de ces mêmes droites. Donc, si l'on désigne par α, β les angles que forme la trace du plan normal à l'une de ces courbes sur le plan des x, y avec les demi-axes des x et y positives, on aura sensiblement, c'est-à-dire en négligeant les quantités infiniment petites,

$$(9) \qquad \cos\alpha = 0, \qquad \cos\beta = \mp 1;$$

et les équations (2) donneront à très peu près, pour les points situés sur les courbes dont il s'agit,

$$(10) \qquad F_0 = 0, \qquad B_0 = -\mathfrak{P}.$$

De plus, comme une droite primitivement parallèle à l'axe des y, et propre à mesurer la demi-épaisseur h de la verge dans l'état naturel, changera très peu de longueur et de direction en raison des déplacements infiniment petits des molécules, il est clair que, pendant la durée du mouvement, $-h$, $+h$ seront à très peu près les valeurs de r correspondantes aux deux courbes déjà mentionnées. Donc, en vertu des formules (10) réunies aux équations (3), on aura, sans erreur sensible, pour $r = -h$ et pour $r = h$,

$$(11) \qquad \begin{cases} \mathfrak{f}\dfrac{\partial\xi_0}{\partial x} + \mathfrak{b}\dfrac{\partial\eta_0}{\partial y} + \mathfrak{d}\left(\dfrac{\partial\xi_0}{\partial y} + \dfrac{\partial\eta_0}{\partial x}\right) = P\mathfrak{v} - \mathfrak{P}, \\[2ex] \mathfrak{e}\dfrac{\partial\xi_0}{\partial x} + \mathfrak{d}\dfrac{\partial\eta_0}{\partial y} + \mathfrak{c}\left(\dfrac{\partial\xi_0}{\partial y} + \dfrac{\partial\eta_0}{\partial x}\right) = P\mathfrak{w}; \end{cases}$$

puis en substituant, dans la première des équations (3), les valeurs des fonctions

$$\frac{\partial \eta_0}{\partial y},\quad \frac{\partial \xi_0}{\partial y} + \frac{\partial \eta_0}{\partial x}, \tag{12}$$

tirées des formules (11), savoir,

$$\left\{ \begin{aligned} \frac{\partial \xi_0}{\partial y} + \frac{\partial \eta_0}{\partial x} &= \frac{(\mathfrak{b}\mathfrak{w} - \mathfrak{d}\mathfrak{v})\mathrm{P} + \mathfrak{d}\mathfrak{P}}{\mathfrak{b}\mathfrak{c} - \mathfrak{d}^2} + \frac{\mathfrak{d}\mathfrak{f} - \mathfrak{b}\mathfrak{e}}{\mathfrak{b}\mathfrak{c} - \mathfrak{d}^2} \frac{\partial \xi_0}{\partial x}, \\ \frac{\partial \eta_0}{\partial y} &= \frac{(\mathfrak{c}\mathfrak{v} - \mathfrak{d}\mathfrak{w})\mathrm{P} - \mathfrak{c}\mathfrak{P}}{\mathfrak{b}\mathfrak{c} - \mathfrak{d}^2} + \frac{\mathfrak{e}\mathfrak{d} - \mathfrak{c}\mathfrak{f}}{\mathfrak{b}\mathfrak{c} - \mathfrak{d}^2} \frac{\partial \xi_0}{\partial x}, \end{aligned} \right. \tag{13}$$

et faisant, pour abréger,

$$\frac{\mathfrak{d}\mathfrak{f} - \mathfrak{b}\mathfrak{e}}{\mathfrak{b}\mathfrak{c} - \mathfrak{d}^2} = \mathfrak{k}, \qquad \frac{\mathfrak{e}\mathfrak{d} - \mathfrak{c}\mathfrak{f}}{\mathfrak{b}\mathfrak{c} - \mathfrak{d}^2} = \mathfrak{l}, \tag{14}$$

$$\frac{\mathfrak{a}\mathfrak{b}\mathfrak{c} - \mathfrak{a}\mathfrak{d}^2 - \mathfrak{b}\mathfrak{e}^2 - \mathfrak{c}\mathfrak{f}^2 + 2\,\mathfrak{d}\mathfrak{e}\mathfrak{f}}{\mathfrak{b}\mathfrak{c} - \mathfrak{d}^2} = \rho\,\Omega^2, \tag{15}$$

$$\mathfrak{l}\,\mathfrak{P} - (\mathfrak{u} + \mathfrak{k}\mathfrak{w} + \mathfrak{l}\mathfrak{v})\mathrm{P} = \Pi, \tag{16}$$

on trouvera

$$\mathrm{A}_0 = \rho\,\Omega^2 \frac{\partial \xi_0}{\partial x} + \Pi. \tag{17}$$

Concevons à présent que, en ayant égard à la première des équations (5) et à l'équation analogue

$$\mathrm{A}_0 = \mathrm{A}_{0,0} + \mathrm{A}_{1,0}\, r + \mathrm{A}_{2,0} \frac{r^2}{2} + \ldots, \tag{18}$$

on développe les deux membres de la formule (17) suivant les puissances ascendantes de r. Si l'on y pose ensuite successivement $r = -h$, $r = h$, on en conclura, en négligeant les termes proportionnels au carré de h,

$$\mathrm{A}_{0,0} = \rho\,\Omega^2 \frac{\partial \xi_{0,0}}{\partial x} + \Pi, \tag{19}$$

$$\mathrm{A}_{1,0} = \rho\,\Omega^2 \frac{\partial \xi_{1,0}}{\partial x}. \tag{20}$$

D'autre part, en prenant x et r pour variables indépendantes au lieu de x, y, et faisant

$$(21)\qquad \frac{(\mathfrak{b}\mathfrak{w}-\mathfrak{d}\mathfrak{v})\mathrm{P}+\mathfrak{d}\mathfrak{P}}{\mathfrak{b}\mathfrak{c}-\mathfrak{d}^2}=\Pi', \qquad \frac{(\mathfrak{c}\mathfrak{v}-\mathfrak{d}\mathfrak{w})\mathrm{P}-\mathfrak{c}\mathfrak{P}}{\mathfrak{b}\mathfrak{c}-\mathfrak{d}^2}=\Pi'',$$

on tirera des équations (13) réunies aux formules (14)

$$(22)\qquad \frac{\partial\xi_0}{\partial r}+\frac{\partial\eta_0}{\partial x}=\mathfrak{k}\frac{\partial\xi_0}{\partial x}+\Pi', \qquad \frac{\partial\eta_0}{\partial r}=\mathfrak{l}\frac{\partial\xi_0}{\partial x}+\Pi'';$$

puis, en développant les deux membres suivant les puissances ascendantes de r, posant $r=\pm h$, et négligeant les termes de l'ordre de h, on trouvera

$$(23)\qquad \xi_{1,0}+\frac{\partial\eta_{0,0}}{\partial x}=\mathfrak{k}\frac{\partial\xi_{0,0}}{\partial x}+\Pi', \qquad \eta_{1,0}=\mathfrak{l}\frac{\partial\xi_{0,0}}{\partial x}+\Pi''.$$

Par suite, l'équation (20) donnera

$$(24)\qquad \mathrm{A}_{1,0}=\rho\Omega^2\left(\mathfrak{k}\frac{\partial^2\xi_{0,0}}{\partial x^2}-\frac{\partial^2\eta_{0,0}}{\partial x^2}\right).$$

Si maintenant on substitue dans les formules (6) et (7) les valeurs de $\mathrm{A}_{0,0}$, $\mathrm{A}_{1,0}$ fournies par les équations (19) et (24), on obtiendra les suivantes :

$$(25)\qquad \Omega^2\frac{\partial^2\xi_{0,0}}{\partial x^2}+\mathrm{X}_{0,0}=\frac{\partial^2\xi_{0,0}}{\partial t^2},$$

$$(26)\qquad \Omega^2\frac{h^2}{3}\left(\frac{\partial^4\eta_{0,0}}{\partial x^4}-\mathfrak{k}\frac{\partial^4\xi_{0,0}}{\partial x^4}\right)+\frac{\partial^2\eta_{0,0}}{\partial t^2}=\mathrm{Y}_{0,0}+\frac{h^2}{6}\left(\mathrm{Y}_{2,0}+2\frac{d\mathrm{X}_{1,0}}{dx}\right).$$

Les équations (25) et (26) sont les seules qui, pendant le mouvement d'une verge élastique naturellement droite, subsistent, pour tous les points de l'axe, entre les variables indépendantes x, t, et les déplacements $\xi_{0,0}$, $\eta_{0,0}$ mesurés parallèlement au plan des x, y. Ajoutons que, les fonctions $\xi_{0,0}$, $\eta_{0,0}$ étant supposées connues, on déterminera sans peine les valeurs approchées des pressions A_0, F_0, B_0 et des déplacements ξ_0, η_0 relatifs à un point pris au hasard dans le plan des x, y. En effet, les équations

$$(27)\qquad \xi_0=\xi_{0,0}+\xi_{1,0}r, \qquad \eta_0=\eta_{0,0}+\eta_{1,0}r,$$

$$(28)\qquad \mathrm{A}_0=\mathrm{A}_{0,0}+\mathrm{A}_{1,0}r,$$

réunies aux formules (19), (23) et (24), fourniront les valeurs de ξ_0, η_0, A_0, aux quantités près de l'ordre de h^2. Quant aux valeurs approchées de F_0, B_0, elles seront déterminées par des équations semblables aux formules (47) de la page 255 du IIIe Volume ([1]), et que l'on déduira immédiatement de ces formules en écrivant

$$F_0,\quad B_0,\quad \xi_{1,0},\quad \eta_{1,0},\quad X_{1,0},\quad Y_{1,0},\quad A_{1,0}\quad \text{et}\quad \mathfrak{P}$$

au lieu de

$$F,\quad B,\quad \xi_1,\quad \eta_1,\quad X_1,\quad Y_1,\quad A_1\quad \text{et}\quad P.$$

On trouvera ainsi, en négligeant les termes proportionnels au cube de h,

$$(29)\qquad \left\{\begin{aligned} F_0 &= \frac{1}{2}\left[\frac{dA_{1,0}}{dx} + \rho\left(X_{1,0} - \frac{\partial^2 \xi_{1,0}}{\partial t^2}\right)\right](h^2 - r^2),\\ B_0 &= -\mathfrak{P} + \frac{1}{2}\rho\left(Y_{1,0} - \frac{\partial^2 \eta_{1,0}}{\partial t^2}\right)(h^2 - r^2). \end{aligned}\right.$$

Il est maintenant facile d'établir les conditions particulières auxquelles doivent satisfaire les deux fonctions $\xi_{0,0}$, $\eta_{0,0}$ pour les points situés aux extrémités de l'axe de la verge. Effectivement, si l'on suppose la verge terminée du côté des x positives et du côté des x négatives par des plans perpendiculaires à l'axe, et qui supportent en chacun de leurs points une nouvelle pression désignée par $\mathfrak{p}$, on aura, pour ces mêmes points,

$$(30)\qquad A = -\mathfrak{p},\qquad F = 0;$$

puis, en posant dans les formules (30) $r' = 0$, on trouvera

$$(31)\qquad A_0 = -\mathfrak{p},\qquad F_0 = 0.$$

Enfin, après avoir substitué dans ces dernières les valeurs de A_0, F_0 tirées des équations (28) et (29), on en conclura

$$(32)\qquad A_{0,0} = -\mathfrak{p},$$

$$(33)\qquad A_{1,0} = 0,\qquad \frac{dA_{1,0}}{dx} + \rho\left(X_{1,0} - \frac{\partial^2 \xi_{1,0}}{\partial t^2}\right) = 0$$

([1]) *OEuvres de Cauchy*, S. II, t. VIII, p. 299.

ou, ce qui revient au même, eu égard aux formules (19), (23), (24), (25) et (26),

$$\Omega^2 \frac{\partial \xi_{0,0}}{\partial x} + \frac{\Pi + \mathfrak{p}}{\rho} = 0, \tag{34}$$

$$\frac{\partial^2 \eta_{0,0}}{\partial x^2} = \mathrm{k} \frac{\partial^2 \xi_{0,0}}{\partial x^2}, \qquad \Omega^2 \frac{\partial^3 \eta_{0,0}}{\partial x^3} = \mathrm{X}_{1,0} + \frac{d\mathrm{Y}_{0,0}}{dx} - \mathrm{k} \frac{d\mathrm{X}_{0,0}}{dx}. \tag{35}$$

Les conditions (34) et (35) devront être remplies pour chacune des deux extrémités de la verge élastique, si ces deux extrémités sont libres. Au contraire, si ces extrémités deviennent fixes, ou plutôt, si, les extrémités de l'axe étant fixes, les points renfermés dans les plans qui terminent la verge du côté des x positives ou négatives sont assujettis de manière à n'en point sortir, on aura, pour les abscisses correspondantes aux plans dont il s'agit, non seulement

$$\xi_{0,0} = 0, \tag{36}$$

$$\eta_{0,0} = 0, \tag{37}$$

mais encore

$$\xi = \xi_{0,0} + \xi_{1,0} r + \xi_{0,1} r' = 0,$$

quelles que soient les valeurs de r, r', et par conséquent

$$\xi_{1,0} = 0 \tag{38}$$

ou, ce qui revient au même,

$$\frac{\partial \eta_{0,0}}{\partial x} = \mathrm{k} \frac{\partial \xi_{0,0}}{\partial x} + \Pi'. \tag{39}$$

Si la verge élastique offrait une extrémité libre et une extrémité fixe, les conditions (34), (35) devraient être vérifiées pour la première extrémité, et les conditions (36), (37), (39) pour la seconde.

Les équations et conditions ci-dessus établies suffisent à la détermination complète des inconnues $\xi_{0,0}$, $\eta_{0,0}$ qui représentent, pour un point quelconque situé sur l'axe de la verge, les déplacements mesurés parallèlement au plan des x, y. Si l'on voulait déterminer en outre le déplacement $\zeta_{0,0}$ de ce point dans le sens de la coordonnée z, on y parviendrait sans peine en échangeant entre elles, dans les calculs qui précèdent, les quantités qui correspondent à l'axe des y et à l'axe des z. Alors on retrouverait toujours les équations (6), (19) et (25), ainsi que les conditions (34), (36). Mais les équations (7), (20), (23), (24), (26) seraient remplacées par d'autres équations de la forme

$$(40)\qquad \frac{i^2}{3}\frac{d^2 A_{0,1}}{dx^2} + \rho\left[Z_{0,0} + \frac{i^2}{6}\left(Z_{0,2} + 2\frac{dX_{0,1}}{dx}\right)\right] = \rho\frac{\partial^2 \zeta_{0,0}}{\partial t^2},$$

$$(41)\qquad A_{0,1} = \rho\Omega^2\frac{\partial \xi_{0,1}}{\partial x},$$

$$(42)\qquad \xi_{0,1} + \frac{\partial \zeta_{0,0}}{\partial x} = \mathfrak{K}\frac{\partial \xi_{0,0}}{\partial x} + \Pi_1, \qquad \zeta_{0,1} = \mathfrak{L}\frac{\partial \xi_{0,0}}{\partial x} + \Pi_2,$$

$$(43)\qquad A_{0,1} = \rho\Omega^2\left(\mathfrak{K}\frac{\partial^2 \xi_{0,0}}{\partial x^2} - \frac{\partial^2 \zeta_{0,0}}{\partial x^2}\right),$$

$$(44)\qquad \Omega^2\frac{i^2}{3}\left(\frac{\partial^4 \zeta_{0,0}}{\partial x^4} - \mathfrak{K}\frac{\partial^4 \xi_{0,0}}{\partial x^4}\right) + \frac{\partial^2 \zeta_{0,0}}{\partial t^2} = Z_{0,0} + \frac{i^2}{6}\left(Z_{0,2} + 2\frac{dX_{0,1}}{dx}\right),$$

$\mathfrak{K}$, $\mathfrak{L}$, Π_1, Π_2 désignant quatre nouveaux coefficients dont les valeurs seraient données par des formules semblables aux équations (14) ou (21), et i l'épaisseur de la verge mesurée parallèlement à l'axe des z. Pareillement, à la place des conditions (35), (37), (39) on trouverait celles-ci :

$$(45)\qquad \frac{\partial^2 \zeta_{0,0}}{\partial x^2} = \mathfrak{K}\frac{\partial^2 \xi_{0,0}}{\partial x^2}, \qquad \Omega^2\frac{\partial^3 \zeta_{0,0}}{\partial x^3} = X_{0,1} + \frac{dZ_{0,0}}{dx} - \mathfrak{K}\frac{dX_{0,0}}{dx};$$

$$(46)\qquad \zeta_{0,0} = 0, \qquad \frac{\partial \zeta_{0,0}}{\partial x} = \mathfrak{K}\frac{\partial \xi_{0,0}}{\partial x} + \Pi_1.$$

En résumé, pour obtenir la valeur de l'inconnue $\xi_{0,0}$, il suffira d'intégrer l'équation (25) de manière à remplir, pour chaque extrémité libre de la verge, la condition (34), et pour chaque extrémité fixe la condition (36). De même, on obtiendra la valeur de l'inconnue $\eta_{0,0}$ à l'aide de l'équation (26) réunie aux conditions (35), ou bien aux conditions (37) et (39), et la valeur de l'inconnue $\zeta_{0,0}$ à l'aide de l'équation (44) réunie aux conditions (45), ou aux conditions (46). Ajoutons que, les inconnues $\xi_{0,0}$, $\eta_{0,0}$, $\zeta_{0,0}$ étant une fois déterminées, on pourra fixer la valeur approchée de ξ à l'aide des formules (23) et (42) réunies à la suivante

$$\xi = \xi_{0,0} + \xi_{1,0}\, r + \xi_{0,1}\, r', \tag{47}$$

ou, ce qui revient au même, à l'aide de la formule

$$\xi = \xi_{0,0} + \left(k \frac{\partial \xi_{0,0}}{\partial x} - \frac{\partial \eta_{0,0}}{\partial x} + \Pi'\right) r + \left(\mathfrak{K} \frac{\partial \xi_{0,0}}{\partial x} - \frac{\partial \zeta_{0,0}}{\partial x} + \Pi_1\right) r'. \tag{48}$$

Effectivement, si l'on regarde les épaisseurs $2h$ et $2i$ comme des quantités infiniment petites du premier ordre, la valeur générale de ξ, ou le déplacement d'un point quelconque de la verge élastique, mesuré parallèlement à l'axe des x, sera déterminé par l'équation (48) avec une approximation qui ne comportera qu'une erreur du second ordre seulement.

Si l'on voulait considérer une verge élastique, non plus dans l'état de mouvement, mais dans l'état d'équilibre, il suffirait de supprimer, dans les équations (25), (26), (44), les dérivées relatives à t, savoir :

$$\frac{\partial^2 \xi_{0,0}}{\partial t^2}, \quad \frac{\partial^2 \eta_{0,0}}{\partial t^2}, \quad \frac{\partial^2 \zeta_{0,0}}{\partial t^2},$$

et dans la seconde des formules (35) ou (45), le terme

$$\frac{dY_{0,0}}{dx} \quad \text{ou} \quad \frac{dZ_{0,0}}{dx},$$

qui, en vertu de l'équation (26) ou (44), diffère très peu de l'expression

$$\frac{\partial^3 \eta_{0,0}}{\partial x\, \partial t^2} \quad \text{ou} \quad \frac{\partial^3 \zeta_{0,0}}{\partial x\, \partial t^2}.$$

Revenons au cas où la verge élastique se meut. Si l'on suppose cette verge extraite d'un corps solide qui offrait trois axes d'élasticité rectangulaires et parallèles aux axes des x, y, z, les neuf coefficients désignés dans l'article précédent par

$$\mathrm{u},\ \mathrm{v},\ \mathrm{w},\quad \mathrm{u}',\ \mathrm{v}',\ \mathrm{w}',\quad \mathrm{u}'',\ \mathrm{v}'',\ \mathrm{w}''$$

s'évanouiront, et les constantes $\mathfrak{a}, \mathfrak{b}, \mathfrak{c}, \mathfrak{d}, \mathfrak{e}, \mathfrak{f}; \mathfrak{u}, \mathfrak{v}, \mathfrak{w}$ seront déterminées par les formules (57), (58) du même article. En conséquence, les formules (14), (15), (16) et (21) donneront

$$(49) \qquad \mathfrak{k} = 0, \qquad \mathfrak{l} = \frac{de - cf}{bc - d^2},$$

$$(50) \qquad \rho\Omega^2 = \frac{abc - ad^2 - be^2 - cf^2 + 2def}{bc - d^2},$$

$$(51) \qquad \Pi = \frac{de - cf}{bc - d^2}\mathfrak{P} + \frac{df - be}{bc - d^2}P,$$

$$(52) \qquad \Pi' = 0, \qquad \Pi'' = \frac{d}{bc - d^2}P - \frac{c}{bc - d^2}\mathfrak{P}.$$

On trouvera, de même, en substituant aux quantités $\mathfrak{k}, \mathfrak{l}; \Pi', \Pi''$ les quantités $\mathfrak{K}, \mathfrak{L}; \Pi_1, \Pi_2$, et en changeant entre elles : 1° les deux lettres b et c, 2° les deux lettres e et f, 3° les pressions P et $\mathfrak{P}$,

$$(53) \qquad \mathfrak{K} = 0, \qquad \mathfrak{L} = \frac{df - be}{bc - d^2},$$

$$(54) \qquad \Pi_1 = 0, \qquad \Pi_2 = \frac{d}{bc - d^2}\mathfrak{P} - \frac{b}{bc - d^2}P.$$

Cela posé, dans l'hypothèse admise, les équations (26), (44), qui fournissent les valeurs de $\eta_{0,0}$, $\zeta_{0,0}$ relatives à un point quelconque de l'axe de la verge, deviendront respectivement

$$(55) \qquad \Omega^2\frac{h^2}{3}\frac{\partial^4\eta_{0,0}}{\partial x^4} + \frac{\partial^2\eta_{0,0}}{\partial t^2} = X_{0,0} + \frac{h^2}{6}\left(Y_{2,0} + 2\frac{dX_{1,0}}{dx}\right),$$

$$(56) \qquad \Omega^2\frac{i^2}{3}\frac{\partial^4\zeta_{0,0}}{\partial x^4} + \frac{\partial^2\zeta_{0,0}}{\partial t^2} = Z_{0,0} + \frac{i^2}{6}\left(Z_{0,2} + 2\frac{dX_{0,1}}{dx}\right);$$

tandis que l'on aura, pour une extrémité libre,

$$(57) \qquad \frac{\partial^2\eta_{0,0}}{\partial x^2} = 0, \qquad \Omega^2\frac{\partial^3\eta_{0,0}}{\partial x^3} = X_{1,0} + \frac{dY_{0,0}}{dx},$$

$$(58) \qquad \frac{\partial^2\zeta_{0,0}}{\partial x^2} = 0, \qquad \Omega^2\frac{\partial^3\zeta_{0,0}}{\partial x^3} = X_{0,1} + \frac{dZ_{0,0}}{dx},$$

et, pour une extrémité fixe,

(59) $$\eta_{0,0} = 0, \qquad \frac{\partial \eta_{0,0}}{\partial x} = 0,$$

(60) $$\zeta_{0,0} = 0, \qquad \frac{\partial \zeta_{0,0}}{\partial x} = 0.$$

Au reste, il n'est pas nécessaire de recourir à l'hypothèse dont il s'agit pour obtenir les équations (55), (56) avec les conditions (57), (58), (59), (60), et l'on retrouvera encore ces diverses formules, si l'on suppose les valeurs de $\xi_{0,0}$, $X_{0,0}$ constamment nulles, pendant le mouvement de la verge élastique, ainsi que les deux pressions extérieures P, $\mathfrak{P}$.

Concevons à présent que la force accélératrice φ devienne constante et constamment parallèle à elle-même. Admettons, en outre, que les trois pressions extérieures P, $\mathfrak{P}$, $\mathfrak{p}$ s'évanouissent. Alors on aura

$$X_{0,0} = X, \quad X_{1,0} = 0, \quad X_{0,1} = 0; \qquad Y_{0,0} = Y, \quad Y_{2,0} = 0; \qquad Z_{0,0} = Z, \quad Z_{0,2} = 0.$$

Par suite, les équations (25), (55), (56) donneront

(61) $$\Omega^2 \frac{\partial^2 \xi_{0,0}}{\partial x^2} + X = \frac{\partial^2 \xi_{0,0}}{\partial t^2},$$

(62) $$\Omega^2 \frac{h^2}{6} \frac{\partial^4 \eta_{0,0}}{\partial x^4} + \frac{\partial^2 \eta_{0,0}}{\partial t^2} = Y,$$

(63) $$\Omega^2 \frac{i^2}{3} \frac{\partial^4 \zeta_{0,0}}{\partial x^4} + \frac{\partial^2 \zeta_{0,0}}{\partial t^2} = Z.$$

Dans le même cas, les conditions (36), (59), (60) devront être remplies pour une extrémité fixe de la verge élastique. Mais les conditions (34), (57), (58), relatives à une extrémité libre, devront être remplacées par les formules

(64) $$\frac{\partial \xi_{0,0}}{\partial x} = 0,$$

(65) $$\frac{\partial^2 \eta_{0,0}}{\partial x^2} = 0, \qquad \frac{\partial^3 \eta_{0,0}}{\partial x^3} = 0,$$

(66) $$\frac{\partial^2 \zeta_{0,0}}{\partial x^2} = 0, \qquad \frac{\partial^3 \zeta_{0,0}}{\partial x^3} = 0.$$

Enfin, si l'on suppose que la force accélératrice φ s'évanouisse, les équations (61), (62), (63) deviendront respectivement

$$\Omega^2 \frac{\partial^2 \xi_{0,0}}{\partial x^2} = \frac{\partial^2 \xi_{0,0}}{\partial t^2}, \tag{67}$$

$$\Omega^2 \frac{h^2}{3} \frac{\partial^4 \eta_{0,0}}{\partial x^4} + \frac{\partial^2 \eta_{0,0}}{\partial t^2} = 0, \tag{68}$$

$$\Omega^2 \frac{i^2}{3} \frac{\partial^4 \zeta_{0,0}}{\partial x^4} + \frac{\partial^2 \zeta_{0,0}}{\partial t^2} = 0. \tag{69}$$

La constante Ω, comprise dans la plupart des formules que nous avons obtenues, représente évidemment la vitesse du son dans une verge élastique droite, d'une longueur indéfinie. C'est du moins ce que l'on prouvera sans peine, à l'aide de l'équation (67), en raisonnant comme nous l'avons fait à la page 269 du IIIe Volume ([1]). D'autre part, si l'on nomme ε la dilatation linéaire de la verge élastique mesurée en un point quelconque x, y, z suivant une droite parallèle à l'axe des x, il suffira, pour déterminer ε, de réduire, dans la formule (9) de l'article précédent, l'angle α à zéro, et chacun des angles β, γ à $\frac{\pi}{2}$; en sorte que l'on trouvera

$$\varepsilon = \frac{\partial \xi}{\partial x}. \tag{70}$$

Donc l'équation

$$A = \rho \Omega^2 \frac{\partial \xi}{\partial x} + \Pi, \tag{71}$$

qui subsistera, en vertu de la formule (19), pour chacune des extrémités de l'axe de la verge élastique, pourra s'écrire comme il suit

$$A = \rho \Omega^2 \varepsilon + \Pi. \tag{72}$$

Ajoutons que les quantités Ω et Π, dont la première est déterminée par la formule (15), pourront être facilement exprimées en fonction des pressions P, $\mathfrak{P}$, et des quinze coefficients a, b, c, d, e, f, u, v, w,

([1]) *OEuvres de Cauchy*, S. II, T. VIII, p. 316.

u′, v′, w′, u″, v″, w″ renfermés dans les équations (5), (6) de l'article précédent. En effet, l'équation (17) étant le résultat de l'élimination des expressions (12) entre les formules (3) et (10), et les formules (3) se confondant avec les formules (25) ou (33) de l'article précédent, c'est-à-dire avec celles que produit l'élimination des quantités

$$\frac{\partial\zeta}{\partial x}+\frac{\partial\xi}{\partial z},\quad \frac{\partial\zeta}{\partial y}+\frac{\partial\eta}{\partial z},\quad \frac{\partial\zeta}{\partial z}$$

entre les équations (5), (6) et (22) du même article, il est clair que l'équation (71) pourra être immédiatement fournie par l'élimination des cinq quantités

$$(73)\qquad \frac{\partial\eta}{\partial y},\quad \frac{\partial\zeta}{\partial z},\quad \frac{\partial\eta}{\partial z}+\frac{\partial\zeta}{\partial y},\quad \frac{\partial\zeta}{\partial x}+\frac{\partial\xi}{\partial z},\quad \frac{\partial\xi}{\partial y}+\frac{\partial\eta}{\partial x}$$

entre les formules (5), (6) des pages 10 et 11 et les suivantes

$$(74)\qquad \mathrm{B}=-\mathfrak{P},\quad \mathrm{C}=-\mathrm{P},\quad \mathrm{D}=0,\quad \mathrm{E}=0,\quad \mathrm{F}=0.$$

Dans le cas particulier où les pressions P, $\mathfrak{P}$ s'évanouissent, la formule (71), réduite à

$$(75)\qquad \mathrm{A}=\rho\Omega^2\frac{\partial\xi}{\partial x},$$

est celle que l'on trouve quand on élimine les expressions (73) entre les formules

$$(76)\qquad \mathrm{B}=0,\quad \mathrm{C}=0,\quad \mathrm{D}=0,\quad \mathrm{E}=0,\quad \mathrm{F}=0$$

et les équations (5), (6) de l'article précédent. Alors aussi on tire de la formule (72)

$$(77)\qquad \Omega^2=\frac{\mathrm{A}}{\rho\varepsilon}.$$

Donc, pour obtenir le carré de la vitesse du son dans une verge élastique qui a pour axe l'axe des x, il suffit de chercher ce que deviennent la quantité A, c'est-à-dire la projection algébrique sur l'axe des x de la pression ou tension p' supportée par un plan perpendiculaire à cet axe, et la condensation ou dilatation $\mp \varepsilon$ mesurée parallèlement au même axe, tandis que les deux autres composantes de la pression p', et les pressions p'', p''' supportées par des plans perpendiculaires aux axes des y et z s'évanouissent; puis de diviser la quantité $A = \mp p'$ par la condensation ou dilatation $\mp \varepsilon$ et par la densité ρ. Cette proposition subsistant d'ailleurs, quel que soit l'axe des x, peut être remplacée par le théorème suivant :

Théorème. — *Une verge élastique étant extraite d'un corps solide homogène qui n'offre pas la même élasticité dans tous les sens, pour obtenir le carré de la vitesse du son dans cette verge indéfiniment prolongée, il suffit de chercher ce que deviennent, en un point quelconque du corps solide, la dilatation ou condensation linéaire* $\pm \varepsilon$, *mesurée parallèlement à l'axe de la verge, et la pression ou tension* p' *supportée par un plan perpendiculaire à cet axe, tandis que les pressions ou tensions principales se réduisent l'une à* p', *les deux autres à zéro, puis de diviser la dilatation ou condensation* $\pm \varepsilon$ *par le facteur* p' *et par la densité* ρ.

Le rapport qui existe pour une verge élastique et rectangulaire, dont les faces latérales sont soumises à des pressions extérieures nulles, et dont l'épaisseur ou les épaisseurs sont très petites, entre la pression ou tension supportée par un plan perpendiculaire à l'axe et la condensation ou dilatation mesurée suivant cet axe, est ce que nous nommerons désormais l'*élasticité de la verge*. Cela posé, il résulte du théorème précédent que, dans une verge élastique, extraite d'un corps homogène, et indéfiniment prolongée, la vitesse de propagation du son est proportionnelle à la racine carrée de l'élasticité.

Nous terminerons cet article en indiquant quelques applications des formules qu'il renferme.

Observons d'abord que, si la force accélératrice φ et les pressions extérieures P, $\mathfrak{P}$, $\mathfrak{P}$ s'évanouissent, les valeurs des inconnues $\xi_{0,0}$, $\eta_{0,0}$, $\zeta_{0,0}$, déterminées à l'aide des équations (67), (68), (69) et des conditions (36), (59), (60) ou (64), (65), (66), dépendront uniquement de la vitesse Ω, des trois dimensions de la verge élastique et de son état initial. Donc ces valeurs ne différeront pas de celles qu'on obtiendrait en considérant une verge élastique extraite d'un corps solide dont l'élasticité resterait la même dans tous les sens; et elles seront semblables [*voir* la p. 365 du IIIe Volume (1)] aux valeurs de ξ_0, η_0 relatives à une lame élastique droite. On doit en conclure que les relations trouvées dans le IIIe Volume [p. 270 et suivantes (2)] entre la vitesse Ω, la longueur ou l'épaisseur d'une lame élastique, et les sons produits par les vibrations longitudinales ou transversales de cette lame, continueront de subsister pour une verge élastique homogène, lors même que l'élasticité de cette verge deviendra variable avec la direction de son axe. Ainsi, par exemple, si l'on nomme a la longueur de la verge élastique, et N le plus petit nombre de vibrations longitudinales que cette verge, supposée libre, puisse exécuter pendant l'unité de temps, on aura

$$N = \frac{\Omega}{2a}. \tag{78}$$

De plus, le nombre des vibrations transversales exécutées par la même verge parallèlement à l'axe des y, ou parallèlement à l'axe des z, sera l'une des valeurs de $\frac{1}{t}$ fournies par l'équation (124) [p. 270 du IIIe Volume (3)] ou par celle qu'on en déduit, quand on substitue l'épaisseur i à l'épaisseur h. Donc, si les deux épaisseurs h et i deviennent égales, les vibrations transversales exécutées parallèlement aux axes des y et z produiront toujours les mêmes sons. Il était important de voir si cette conclusion, qui peut paraître singulière quand on suppose la verge extraite d'un corps solide dont l'élasticité n'est pas la même dans tous les sens, serait confirmée par l'observation. Ayant consulté, à ce sujet, M. Savart, j'ai eu la satisfaction d'apprendre que des expériences qu'il avait entreprises, sans connaître mes formules, l'avaient précisément conduit au même résultat.

(1) *Œuvres de Cauchy*, S. II, T. VIII, p. 422.
(2) *Ibid.*, p. 316 et suiv.
(3) *Ibid.*, p. 317.

En considérant, dans cet article et dans le précédent, des plaques ou des verges élastiques extraites de corps solides qui n'offraient pas la même élasticité en tous sens, j'ai supposé que ces plaques ou verges étaient naturellement planes ou naturellement droites et douées d'une épaisseur constante. Mais on pourrait, par des calculs du même genre, établir les équations d'équilibre ou de mouvement de plaques ou de verges naturellement courbes ou d'une épaisseur variable, et l'on obtiendrait alors des formules analogues à celles que j'ai données dans les derniers articles du IIIe Volume ([1]).

([1]) *Œuvres de Cauchy*, S. II, T. VIII, p. 288 et suiv.

SUR LES PRESSIONS OU TENSIONS

SUPPORTÉES

EN UN POINT DONNÉ D'UN CORPS SOLIDE

PAR TROIS PLANS PERPENDICULAIRES ENTRE EUX.

Rapportons la position d'un corps solide à trois axes rectangulaires des x, y, z. Soit O le point qui correspond aux coordonnées (x, y, z). Supposons que par le point O on mène : 1° trois plans parallèles aux plans coordonnés; 2° trois autres plans perpendiculaires entre eux. Soient d'ailleurs

$\alpha_1, \beta_1, \gamma_1$; $\alpha_2, \beta_2, \gamma_2$; $\alpha_3, \beta_3, \gamma_3$ les angles formés avec les demi-axes des coordonnées positives par trois autres demi-axes OL, OM, ON, perpendiculaires aux trois derniers plans, et partant du point O;

p_1, p_2, p_3 les pressions ou tensions supportées au point O par les faces des mêmes plans qui regardent les trois demi-axes OL, OM, ON;

λ_1, μ_1, ν_1; λ_2, μ_2, ν_2; λ_3, μ_3, ν_3 les angles formés avec les demi-axes des coordonnées positives par les pressions ou tensions p_1, p_2, p_3;

p', p'', p''' les pressions ou tensions supportées au point O par les plans perpendiculaires aux axes coordonnés;

A, F, E; F, B, D; E, D, C les projections algébriques des pressions ou tensions p', p'', p''';

$\mathcal{A}, \mathcal{F}, \mathcal{E}$; $\mathcal{F}, \mathcal{B}, \mathcal{D}$; $\mathcal{E}, \mathcal{D}, \mathcal{C}$ ce que deviennent les projections algébriques des forces p_1, p_2, p_3, quand on prend pour demi-axes des coordonnées positives les trois demi-axes OL, OM, ON.

On aura, en vertu des formules (3) de la page 162 du IIIe Volume (¹),

$$(1)\quad \begin{cases} p_1 \cos\lambda_1 = \text{A} \cos\alpha_1 + \text{F} \cos\beta_1 + \text{E} \cos\gamma_1, \\ p_1 \cos\mu_1 = \text{F} \cos\alpha_1 + \text{B} \cos\beta_1 + \text{D} \cos\gamma_1, \\ p_1 \cos\nu_1 = \text{E} \cos\alpha_1 + \text{D} \cos\beta_1 + \text{C} \cos\gamma_1; \end{cases}$$

$$(2)\quad \begin{cases} p_2 \cos\lambda_2 = \text{A} \cos\alpha_2 + \text{F} \cos\beta_2 + \text{E} \cos\gamma_2, \\ p_2 \cos\mu_2 = \text{F} \cos\alpha_2 + \text{B} \cos\beta_2 + \text{D} \cos\gamma_2, \\ p_2 \cos\nu_2 = \text{E} \cos\alpha_2 + \text{D} \cos\beta_2 + \text{C} \cos\gamma_2; \end{cases}$$

$$(3)\quad \begin{cases} p_3 \cos\lambda_3 = \text{A} \cos\alpha_3 + \text{F} \cos\beta_3 + \text{E} \cos\gamma_3, \\ p_3 \cos\mu_3 = \text{F} \cos\alpha_3 + \text{B} \cos\beta_3 + \text{D} \cos\gamma_3, \\ p_3 \cos\nu_3 = \text{E} \cos\alpha_3 + \text{D} \cos\beta_3 + \text{C} \cos\gamma_3. \end{cases}$$

De plus, comme la direction de la force p_1 formera évidemment avec les demi-axes OL, OM, ON des angles qui auront pour cosinus les trois expressions

$$\cos\lambda_1 \cos\alpha_1 + \cos\mu_1 \cos\beta_1 + \cos\nu_1 \cos\gamma_1,$$
$$\cos\lambda_1 \cos\alpha_2 + \cos\mu_1 \cos\beta_2 + \cos\nu_1 \cos\gamma_2,$$
$$\cos\lambda_1 \cos\alpha_3 + \cos\mu_1 \cos\beta_3 + \cos\nu_1 \cos\gamma_3,$$

on trouvera

$$(4)\quad \begin{cases} \mathcal{A} = p_1(\cos\lambda_1 \cos\alpha_1 + \cos\mu_1 \cos\beta_1 + \cos\nu_1 \cos\gamma_1), \\ \mathcal{F} = p_1(\cos\lambda_1 \cos\alpha_2 + \cos\mu_1 \cos\beta_2 + \cos\nu_1 \cos\gamma_2), \\ \mathcal{E} = p_1(\cos\lambda_1 \cos\alpha_3 + \cos\mu_1 \cos\beta_3 + \cos\nu_1 \cos\gamma_3). \end{cases}$$

On trouvera de même

$$(5)\quad \begin{cases} \mathcal{F} = p_2(\cos\lambda_2 \cos\alpha_1 + \cos\mu_2 \cos\beta_1 + \cos\nu_2 \cos\gamma_1), \\ \mathcal{B} = p_2(\cos\lambda_2 \cos\alpha_2 + \cos\mu_2 \cos\beta_2 + \cos\nu_2 \cos\gamma_2), \\ \mathcal{D} = p_2(\cos\lambda_2 \cos\alpha_3 + \cos\mu_2 \cos\beta_3 + \cos\nu_2 \cos\gamma_3) \end{cases}$$

et

$$(6)\quad \begin{cases} \mathcal{E} = p_3(\cos\lambda_3 \cos\alpha_1 + \cos\mu_3 \cos\beta_1 + \cos\nu_3 \cos\gamma_1), \\ \mathcal{D} = p_3(\cos\lambda_3 \cos\alpha_2 + \cos\mu_3 \cos\beta_2 + \cos\nu_3 \cos\gamma_2), \\ \mathcal{C} = p_3(\cos\lambda_3 \cos\alpha_3 + \cos\mu_3 \cos\beta_3 + \cos\nu_3 \cos\gamma_3). \end{cases}$$

(¹) *OEuvres de Cauchy*, S. II, T. VIII, p. 197.

Si maintenant on substitue, dans les équations (4), (5), (6), les valeurs de $p_1 \cos\lambda_1$, $p_1 \cos\mu_1$, ..., tirées des équations (1), (2), (3), on obtiendra les six formules

$$(7) \left\{ \begin{aligned} \mathcal{A} &= A\cos^2\alpha_1 + B\cos^2\beta_1 + C\cos^2\gamma_1 \\ &\quad + 2D\cos\beta_1\cos\gamma_1 + 2E\cos\gamma_1\cos\alpha_1 + 2F\cos\alpha_1\cos\beta_1, \\ \mathcal{B} &= A\cos^2\alpha_2 + B\cos^2\beta_2 + C\cos^2\gamma_2 \\ &\quad + 2D\cos\beta_2\cos\gamma_2 + 2E\cos\gamma_2\cos\alpha_2 + 2F\cos\alpha_2\cos\beta_2, \\ \mathcal{C} &= A\cos^2\alpha_3 + B\cos^2\beta_3 + C\cos^2\gamma_3 \\ &\quad + 2D\cos\beta_3\cos\gamma_3 + 2E\cos\gamma_3\cos\alpha_3 + 2F\cos\alpha_3\cos\beta_3; \end{aligned} \right.$$

$$(8) \left\{ \begin{aligned} \mathcal{D} &= A\cos\alpha_2\cos\alpha_3 + B\cos\beta_2\cos\beta_3 + C\cos\gamma_2\cos\gamma_3 \\ &\quad + D(\cos\beta_2\cos\gamma_3 + \cos\beta_3\cos\gamma_2) \\ &\quad + E(\cos\gamma_2\cos\alpha_3 + \cos\gamma_3\cos\alpha_2) \\ &\quad + F(\cos\alpha_2\cos\beta_3 + \cos\alpha_3\cos\beta_2), \\ \mathcal{E} &= A\cos\alpha_3\cos\alpha_1 + B\cos\beta_3\cos\beta_1 + C\cos\gamma_3\cos\gamma_1 \\ &\quad + D(\cos\beta_3\cos\gamma_1 + \cos\beta_1\cos\gamma_3) \\ &\quad + E(\cos\gamma_3\cos\alpha_1 + \cos\gamma_1\cos\alpha_3) \\ &\quad + F(\cos\alpha_3\cos\beta_1 + \cos\alpha_1\cos\beta_3), \\ \mathcal{F} &= A\cos\alpha_1\cos\alpha_2 + B\cos\beta_1\cos\beta_2 + C\cos\gamma_1\cos\gamma_2 \\ &\quad + D(\cos\beta_1\cos\gamma_2 + \cos\beta_2\cos\gamma_1) \\ &\quad + E(\cos\gamma_1\cos\alpha_2 + \cos\gamma_2\cos\alpha_1) \\ &\quad + F(\cos\alpha_1\cos\beta_2 + \cos\alpha_2\cos\beta_1). \end{aligned} \right.$$

Ces six formules fournissent le moyen de calculer les projections algébriques des pressions p_1, p_2, p_3, supportées par trois plans perpendiculaires entre eux, sur trois demi-axes perpendiculaires à ces mêmes plans, quand on connaît les projections algébriques des pressions supportées par trois plans parallèles aux plans coordonnés sur les axes des x, y, z.

Observons encore que, les demi-axes OL, OM, ON étant perpendiculaires l'un à l'autre, on aura, en vertu de formules connues,

$$(9) \left\{ \begin{aligned} &\cos^2\alpha_1 + \cos^2\alpha_2 + \cos^2\alpha_3 = 1, &\quad &\cos\beta_1\cos\gamma_1 + \cos\beta_2\cos\gamma_2 + \cos\beta_3\cos\gamma_3 = 0, \\ &\cos^2\beta_1 + \cos^2\beta_2 + \cos^2\beta_3 = 1, &\quad &\cos\gamma_1\cos\alpha_1 + \cos\gamma_2\cos\alpha_2 + \cos\gamma_3\cos\alpha_3 = 0, \\ &\cos^2\gamma_1 + \cos^2\gamma_2 + \cos^2\gamma_3 = 1, &\quad &\cos\alpha_1\cos\beta_1 + \cos\alpha_2\cos\beta_2 + \cos\alpha_3\cos\beta_3 = 0. \end{aligned} \right.$$

Par suite, on tirera des équations (4), (5), (6)

$$(10)\quad \begin{cases} \mathcal{A}\cos\alpha_1 + \mathcal{F}\cos\alpha_2 + \mathcal{E}\cos\alpha_3 = p_1\cos\lambda_1 = \mathbf{A}\cos\alpha_1 + \mathbf{F}\cos\beta_1 + \mathbf{E}\cos\gamma_1, \\ \mathcal{F}\cos\alpha_1 + \mathcal{B}\cos\alpha_2 + \mathcal{D}\cos\alpha_3 = p_2\cos\lambda_2 = \mathbf{A}\cos\alpha_2 + \mathbf{F}\cos\beta_2 + \mathbf{E}\cos\gamma_2, \\ \mathcal{E}\cos\alpha_1 + \mathcal{D}\cos\alpha_2 + \mathcal{C}\cos\alpha_3 = p_3\cos\lambda_3 = \mathbf{A}\cos\alpha_3 + \mathbf{F}\cos\beta_3 + \mathbf{E}\cos\gamma_3; \end{cases}$$

$$(11)\quad \begin{cases} \mathcal{A}\cos\beta_1 + \mathcal{F}\cos\beta_2 + \mathcal{E}\cos\beta_3 = p_1\cos\mu_1 = \mathbf{F}\cos\alpha_1 + \mathbf{B}\cos\beta_1 + \mathbf{D}\cos\gamma_1, \\ \mathcal{F}\cos\beta_1 + \mathcal{B}\cos\beta_2 + \mathcal{D}\cos\beta_3 = p_2\cos\mu_2 = \mathbf{F}\cos\alpha_2 + \mathbf{B}\cos\beta_2 + \mathbf{D}\cos\gamma_2, \\ \mathcal{E}\cos\beta_1 + \mathcal{D}\cos\beta_2 + \mathcal{C}\cos\beta_3 = p_3\cos\mu_3 = \mathbf{F}\cos\alpha_3 + \mathbf{B}\cos\beta_3 + \mathbf{D}\cos\gamma_3; \end{cases}$$

$$(12)\quad \begin{cases} \mathcal{A}\cos\gamma_1 + \mathcal{F}\cos\gamma_2 + \mathcal{E}\cos\gamma_3 = p_1\cos\nu_1 = \mathbf{E}\cos\alpha_1 + \mathbf{D}\cos\beta_1 + \mathbf{C}\cos\gamma_1, \\ \mathcal{F}\cos\gamma_1 + \mathcal{B}\cos\gamma_2 + \mathcal{D}\cos\gamma_3 = p_2\cos\nu_2 = \mathbf{E}\cos\alpha_2 + \mathbf{D}\cos\beta_2 + \mathbf{C}\cos\gamma_2, \\ \mathcal{E}\cos\gamma_1 + \mathcal{D}\cos\gamma_2 + \mathcal{C}\cos\gamma_3 = p_3\cos\nu_3 = \mathbf{E}\cos\alpha_3 + \mathbf{D}\cos\beta_3 + \mathbf{C}\cos\gamma_3; \end{cases}$$

puis on conclura des formules (10), (11), (12)

$$(13)\quad \begin{cases} \mathbf{A} = \mathcal{A}\cos^2\alpha_1 + \mathcal{B}\cos^2\alpha_2 + \mathcal{C}\cos^2\alpha_3 \\ \qquad + 2\mathcal{D}\cos\alpha_2\cos\alpha_3 + 2\mathcal{E}\cos\alpha_3\cos\alpha_1 + 2\mathcal{F}\cos\alpha_1\cos\alpha_2, \\ \mathbf{B} = \mathcal{A}\cos^2\beta_1 + \mathcal{B}\cos^2\beta_2 + \mathcal{C}\cos^2\beta_3 \\ \qquad + 2\mathcal{D}\cos\beta_2\cos\beta_3 + 2\mathcal{E}\cos\beta_3\cos\beta_1 + 2\mathcal{F}\cos\beta_1\cos\beta_2, \\ \mathbf{C} = \mathcal{A}\cos^2\gamma_1 + \mathcal{B}\cos^2\gamma_2 + \mathcal{C}\cos^2\gamma_3 \\ \qquad + 2\mathcal{D}\cos\gamma_2\cos\gamma_3 + 2\mathcal{E}\cos\gamma_3\cos\gamma_1 + 2\mathcal{F}\cos\gamma_1\cos\gamma_2; \end{cases}$$

$$(14)\quad \begin{cases} \mathbf{D} = \mathcal{A}\cos\beta_1\cos\gamma_1 + \mathcal{B}\cos\beta_2\cos\gamma_2 + \mathcal{C}\cos\beta_3\cos\gamma_3 \\ \qquad + \mathcal{D}(\cos\beta_2\cos\gamma_3 + \cos\beta_3\cos\gamma_2) \\ \qquad + \mathcal{E}(\cos\beta_3\cos\gamma_1 + \cos\beta_1\cos\gamma_3) \\ \qquad + \mathcal{F}(\cos\beta_1\cos\gamma_2 + \cos\beta_2\cos\gamma_1), \\ \mathbf{E} = \mathcal{A}\cos\gamma_1\cos\alpha_1 + \mathcal{B}\cos\gamma_2\cos\alpha_2 + \mathcal{C}\cos\gamma_3\cos\alpha_3 \\ \qquad + \mathcal{D}(\cos\gamma_2\cos\alpha_3 + \cos\gamma_3\cos\alpha_2) \\ \qquad + \mathcal{E}(\cos\gamma_3\cos\alpha_1 + \cos\gamma_1\cos\alpha_3) \\ \qquad + \mathcal{F}(\cos\gamma_1\cos\alpha_2 + \cos\gamma_2\cos\alpha_1), \\ \mathbf{F} = \mathcal{A}\cos\alpha_1\cos\beta_1 + \mathcal{B}\cos\alpha_2\cos\beta_2 + \mathcal{C}\cos\alpha_3\cos\beta_3 \\ \qquad + \mathcal{D}(\cos\alpha_2\cos\beta_3 + \cos\alpha_3\cos\beta_2) \\ \qquad + \mathcal{E}(\cos\alpha_3\cos\beta_1 + \cos\alpha_1\cos\beta_3) \\ \qquad + \mathcal{F}(\cos\alpha_1\cos\beta_2 + \cos\alpha_2\cos\beta_1). \end{cases}$$

On pourrait, au reste, déduire les équations (13) et (14) des équations (7) et (8) à l'aide d'un échange opéré entre le système des demi-axes des x, y, z positives et le système des demi-axes OL, OM, ON.

Concevons, à présent, que les pressions ou tensions principales soient précisément celles qui ont été désignées par p_1, p_2, p_3, et que, de ces trois pressions ou tensions, les deux dernières s'évanouissent. On aura

$$(15)\qquad \mathcal{A} = \pm p_1, \quad \mathcal{B} = 0, \quad \mathcal{C} = 0, \quad \mathcal{D} = 0, \quad \mathcal{E} = 0, \quad \mathcal{F} = 0.$$

Par suite, les formules (13) et (14) donneront

$$(16)\qquad \begin{cases} A = \mathcal{A}\cos^2\alpha_1, & B = \mathcal{A}\cos^2\beta_1, & C = \mathcal{A}\cos^2\gamma_1, \\ D = \mathcal{A}\cos\beta_1\cos\gamma_1, & E = \mathcal{A}\cos\gamma_1\cos\alpha_1, & F = \mathcal{A}\cos\alpha_1\cos\beta_1. \end{cases}$$

De même, si, en attribuant des valeurs nulles à deux des pressions ou tensions principales qui correspondent au point (x, y, z), on supposait la troisième pression ou tension principale dirigée suivant la droite qui forme avec les demi-axes des coordonnées positives, non plus les angles α_1, β_1, γ_1, mais les angles α, β, γ, on trouverait, en désignant par $\mathcal{A}$ cette pression prise avec le signe $-$, ou cette tension prise avec le signe $+$,

$$(17)\qquad \begin{cases} A = \mathcal{A}\cos^2\alpha, & B = \mathcal{A}\cos^2\beta, & C = \mathcal{A}\cos^2\gamma, \\ D = \mathcal{A}\cos\beta\cos\gamma, & E = \mathcal{A}\cos\gamma\cos\alpha, & F = \mathcal{A}\cos\alpha\cos\beta. \end{cases}$$

D'autre part, si l'on nomme ρ la densité naturelle du corps solide supposé élastique et homogène, ε la dilatation linéaire mesurée au point (x, y, z) suivant la droite dont il s'agit, et Ω la vitesse de propagation du son dans une verge rectangulaire infiniment mince, qui aurait pour axe cette même droite, on trouvera, en vertu de la formule (77) de l'article précédent,

$$(18)\qquad \Omega^2 = \frac{\mathcal{A}}{\rho\varepsilon}.$$

Enfin, si l'on désigne par ξ, η, ζ les déplacements infiniment petits du point (x, y, z) mesurés parallèlement aux axes coordonnés, on aura [*voir* la formule (9) de la page 11]

$$(19)\quad \begin{cases} \varepsilon = \dfrac{\partial\xi}{\partial x}\cos^2\alpha + \dfrac{\partial\eta}{\partial y}\cos^2\beta + \dfrac{\partial\zeta}{\partial z}\cos^2\gamma \\ \quad + \left(\dfrac{\partial\eta}{\partial z} + \dfrac{\partial\zeta}{\partial y}\right)\cos\beta\cos\gamma + \left(\dfrac{\partial\zeta}{\partial x} + \dfrac{\partial\xi}{\partial z}\right)\cos\gamma\cos\alpha + \left(\dfrac{\partial\xi}{\partial y} + \dfrac{\partial\eta}{\partial x}\right)\cos\alpha\cos\beta; \end{cases}$$

puis on conclura des équations (17) et (18), combinées avec les formules (5) et (6) des pages 10 et 11,

$$(20)\quad \begin{cases} \mathrm{a}\dfrac{\partial\xi}{\partial x} + \mathrm{f}\dfrac{\partial\eta}{\partial y} + \mathrm{e}\dfrac{\partial\zeta}{\partial z} + \mathrm{u}\left(\dfrac{\partial\eta}{\partial z} + \dfrac{\partial\zeta}{\partial y}\right) + \mathrm{v}\left(\dfrac{\partial\zeta}{\partial x} + \dfrac{\partial\xi}{\partial z}\right) + \mathrm{w}\left(\dfrac{\partial\xi}{\partial y} + \dfrac{\partial\eta}{\partial x}\right) = \rho\Omega^2\varepsilon\cos^2\alpha, \\ \mathrm{f}\dfrac{\partial\xi}{\partial x} + \mathrm{b}\dfrac{\partial\eta}{\partial y} + \mathrm{d}\dfrac{\partial\zeta}{\partial z} + \mathrm{u}'\left(\dfrac{\partial\eta}{\partial z} + \dfrac{\partial\zeta}{\partial y}\right) + \mathrm{v}'\left(\dfrac{\partial\zeta}{\partial x} + \dfrac{\partial\xi}{\partial z}\right) + \mathrm{w}'\left(\dfrac{\partial\xi}{\partial y} + \dfrac{\partial\eta}{\partial x}\right) = \rho\Omega^2\varepsilon\cos^2\beta, \\ \mathrm{e}\dfrac{\partial\xi}{\partial x} + \mathrm{d}\dfrac{\partial\eta}{\partial y} + \mathrm{c}\dfrac{\partial\zeta}{\partial z} + \mathrm{u}''\left(\dfrac{\partial\eta}{\partial z} + \dfrac{\partial\zeta}{\partial y}\right) + \mathrm{v}''\left(\dfrac{\partial\zeta}{\partial x} + \dfrac{\partial\xi}{\partial z}\right) + \mathrm{w}''\left(\dfrac{\partial\xi}{\partial y} + \dfrac{\partial\eta}{\partial x}\right) = \rho\Omega^2\varepsilon\cos^2\gamma; \end{cases}$$

$$(21)\quad \begin{cases} \mathrm{u}\dfrac{\partial\xi}{\partial x} + \mathrm{u}'\dfrac{\partial\eta}{\partial y} + \mathrm{u}''\dfrac{\partial\zeta}{\partial z} + \mathrm{d}\left(\dfrac{\partial\eta}{\partial z} + \dfrac{\partial\zeta}{\partial y}\right) + \mathrm{w}''\left(\dfrac{\partial\zeta}{\partial x} + \dfrac{\partial\xi}{\partial z}\right) + \mathrm{v}'\left(\dfrac{\partial\xi}{\partial y} + \dfrac{\partial\eta}{\partial x}\right) = \rho\Omega^2\varepsilon\cos\beta\cos\gamma, \\ \mathrm{v}\dfrac{\partial\xi}{\partial x} + \mathrm{v}'\dfrac{\partial\eta}{\partial y} + \mathrm{v}''\dfrac{\partial\zeta}{\partial z} + \mathrm{w}''\left(\dfrac{\partial\eta}{\partial z} + \dfrac{\partial\zeta}{\partial y}\right) + \mathrm{e}\left(\dfrac{\partial\zeta}{\partial x} + \dfrac{\partial\xi}{\partial z}\right) + \mathrm{u}\left(\dfrac{\partial\xi}{\partial y} + \dfrac{\partial\eta}{\partial x}\right) = \rho\Omega^2\varepsilon\cos\gamma\cos\alpha, \\ \mathrm{w}\dfrac{\partial\xi}{\partial x} + \mathrm{w}'\dfrac{\partial\eta}{\partial y} + \mathrm{w}''\dfrac{\partial\zeta}{\partial z} + \mathrm{v}'\left(\dfrac{\partial\eta}{\partial z} + \dfrac{\partial\zeta}{\partial y}\right) + \mathrm{u}\left(\dfrac{\partial\zeta}{\partial x} + \dfrac{\partial\xi}{\partial z}\right) + \mathrm{f}\left(\dfrac{\partial\xi}{\partial y} + \dfrac{\partial\eta}{\partial x}\right) = \rho\Omega^2\varepsilon\cos\alpha\cos\beta. \end{cases}$$

Cela posé, l'élimination des six quantités

$$(22)\qquad \frac{\partial\xi}{\partial x},\quad \frac{\partial\eta}{\partial y},\quad \frac{\partial\zeta}{\partial z},\quad \frac{\partial\eta}{\partial z} + \frac{\partial\zeta}{\partial y},\quad \frac{\partial\zeta}{\partial x} + \frac{\partial\xi}{\partial z},\quad \frac{\partial\xi}{\partial y} + \frac{\partial\eta}{\partial x}$$

entre les équations (19), (20) et (21) produira évidemment une autre équation de la forme

$$(23)\quad \begin{cases} \dfrac{1}{\rho\Omega^2} = \mathfrak{A}\cos^4\alpha + \mathfrak{B}\cos^4\beta + \mathfrak{C}\cos^4\gamma \\ \quad + 2\mathfrak{D}\cos^2\beta\cos^2\gamma + 2\mathfrak{E}\cos^2\gamma\cos^2\alpha + 2\mathfrak{F}\cos^2\alpha\cos^2\beta \\ \quad + 2\mathfrak{U}\cos^2\alpha\cos\beta\cos\gamma + 2\mathfrak{V}\cos^3\alpha\cos\gamma + 2\mathfrak{W}\cos^3\alpha\cos\beta \\ \quad + 2\mathfrak{U}'\cos^3\beta\cos\gamma + 2\mathfrak{V}'\cos\alpha\cos^2\beta\cos\gamma + 2\mathfrak{W}'\cos\alpha\cos^3\beta \\ \quad + 2\mathfrak{U}''\cos\beta\cos^3\gamma + 2\mathfrak{V}''\cos\alpha\cos^3\gamma + 2\mathfrak{W}''\cos\alpha\cos\beta\cos^2\gamma, \end{cases}$$

$\mathfrak{A}$, $\mathfrak{B}$, $\mathfrak{C}$, $\mathfrak{D}$, $\mathfrak{E}$, $\mathfrak{F}$, $\mathfrak{U}$, $\mathfrak{V}$, $\mathfrak{W}$, $\mathfrak{U}'$, $\mathfrak{V}'$, $\mathfrak{W}'$, $\mathfrak{U}''$, $\mathfrak{V}''$, $\mathfrak{W}''$ désignant de nouvelles constantes qui seront exprimées à l'aide des quinze coefficients a, b, c, d, e, f, u, v, w, u′, v′, w′, u″, v″, w″. L'équation (23) fait voir comment la vitesse de propagation du son, dans une verge rectangulaire infiniment mince, extraite d'un corps élastique, varie avec les angles α, β, γ qui déterminent la direction que prenait dans ce même corps l'axe de la verge.

Concevons maintenant que, à partir du point (x, y, z), on porte sur la droite qui forme avec les demi-axes des coordonnées positives les angles α, β, γ, une longueur dont le carré représente le produit $\Omega\sqrt{\rho}$, et désignons par $x + \mathrm{x}$, $y + \mathrm{y}$, $z + \mathrm{z}$ les coordonnées de l'extrémité de cette longueur. On aura

$$(24) \qquad \frac{\mathrm{x}}{\cos\alpha} = \frac{\mathrm{y}}{\cos\beta} = \frac{\mathrm{z}}{\cos\gamma} = \pm \rho^{\frac{1}{4}}\Omega^{\frac{1}{2}},$$

et l'on tirera de la formule (23)

$$(25) \quad \left\{ \begin{aligned} &\mathfrak{A}\mathrm{x}^4 + \mathfrak{B}\mathrm{y}^4 + \mathfrak{C}\mathrm{z}^4 + 2\mathfrak{D}\mathrm{y}^2\mathrm{z}^2 + 2\mathfrak{E}\mathrm{z}^2\mathrm{x}^2 + 2\mathfrak{F}\mathrm{x}^2\mathrm{y}^2 \\ &\qquad + 2\mathrm{x}^2(\mathfrak{U}\mathrm{yz} + \mathfrak{V}\mathrm{zx} + \mathfrak{W}\mathrm{xy}) \\ &\qquad + 2\mathrm{y}^2(\mathfrak{U}'\mathrm{yz} + \mathfrak{V}'\mathrm{zx} + \mathfrak{W}'\mathrm{xy}) \\ &\qquad + 2\mathrm{z}^2(\mathfrak{U}''\mathrm{yz} + \mathfrak{V}''\mathrm{zx} + \mathfrak{W}''\mathrm{xy}) = 1. \end{aligned} \right.$$

Cette dernière équation appartient à une surface du quatrième degré qui a pour centre le point (x, y, z); et, comme le rayon vecteur mené de ce centre à un point de la surface est d'autant plus grand que la vitesse Ω est plus petite, on peut affirmer que la vitesse Ω acquiert une valeur minimum quand ce rayon vecteur devient un maximum, et une valeur maximum quand ce rayon vecteur devient un minimum. Dans l'un et l'autre cas, les coordonnées x, y, z de l'extrémité du rayon vecteur vérifient la formule

$$(26) \quad \left\{ \begin{aligned} &\mathfrak{A}\mathrm{x}^2 + \mathfrak{F}\mathrm{y}^2 + \mathfrak{E}\mathrm{z}^2 + \mathfrak{U}\mathrm{yz} + \mathfrak{V}\mathrm{zx} + \mathfrak{W}\mathrm{xy} + \frac{\mathrm{y}}{2\mathrm{x}}(\mathfrak{W}\mathrm{x}^2 + \mathfrak{W}'\mathrm{y}^2 + \mathfrak{W}''\mathrm{z}^2) + \frac{\mathrm{z}}{2\mathrm{x}}(\mathfrak{V}\mathrm{x}^2 + \mathfrak{V}'\mathrm{y}^2 + \mathfrak{V}''\mathrm{z}^2) \\ &= \mathfrak{F}\mathrm{x}^2 + \mathfrak{B}\mathrm{y}^2 + \mathfrak{D}\mathrm{z}^2 + \mathfrak{U}'\mathrm{yz} + \mathfrak{V}'\mathrm{zx} + \mathfrak{W}'\mathrm{xy} + \frac{\mathrm{z}}{2\mathrm{y}}(\mathfrak{U}\mathrm{x}^2 + \mathfrak{U}'\mathrm{y}^2 + \mathfrak{U}''\mathrm{z}^2) + \frac{\mathrm{x}}{2\mathrm{y}}(\mathfrak{W}\mathrm{x}^2 + \mathfrak{W}'\mathrm{y}^2 + \mathfrak{W}''\mathrm{z}^2) \\ &= \mathfrak{E}\mathrm{x}^2 + \mathfrak{D}\mathrm{y}^2 + \mathfrak{C}\mathrm{z}^2 + \mathfrak{U}''\mathrm{yz} + \mathfrak{V}''\mathrm{zx} + \mathfrak{W}''\mathrm{xy} + \frac{\mathrm{x}}{2\mathrm{z}}(\mathfrak{V}\mathrm{x}^2 + \mathfrak{V}'\mathrm{y}^2 + \mathfrak{V}''\mathrm{z}^2) + \frac{\mathrm{y}}{2\mathrm{z}}(\mathfrak{U}\mathrm{x}^2 + \mathfrak{U}'\mathrm{y}^2 + \mathfrak{U}''\mathrm{z}^2). \end{aligned} \right.$$

Donc par suite, lorsque la vitesse Ω deviendra un maximum ou un minimum, on aura

$$
(27)\quad \left\{
\begin{aligned}
&\mathfrak{A}\cos^2\alpha + \mathfrak{F}\cos^2\beta + \mathfrak{E}\cos^2\gamma + \mathfrak{U}\cos\beta\cos\gamma + \mathfrak{V}\cos\gamma\cos\alpha + \mathfrak{W}\cos\alpha\cos\beta \\
&\quad + \frac{\cos\beta}{2\cos\alpha}(\mathfrak{W}\cos^2\alpha + \mathfrak{W}'\cos^2\beta + \mathfrak{W}''\cos^2\gamma) + \frac{\cos\gamma}{2\cos\alpha}(\mathfrak{V}\cos^2\alpha + \mathfrak{V}'\cos^2\beta + \mathfrak{V}''\cos^2\gamma) \\
&= \mathfrak{F}\cos^2\alpha + \mathfrak{B}\cos^2\beta + \mathfrak{D}\cos^2\gamma + \mathfrak{U}'\cos\beta\cos\gamma + \mathfrak{V}'\cos\gamma\cos\alpha + \mathfrak{W}'\cos\alpha\cos\beta \\
&\quad + \frac{\cos\gamma}{2\cos\beta}(\mathfrak{U}\cos^2\alpha + \mathfrak{U}'\cos^2\beta + \mathfrak{U}''\cos^2\gamma) + \frac{\cos\alpha}{2\cos\beta}(\mathfrak{W}\cos^2\alpha + \mathfrak{W}'\cos^2\beta + \mathfrak{W}''\cos^2\gamma) \\
&= \mathfrak{E}\cos^2\alpha + \mathfrak{D}\cos^2\beta + \mathfrak{C}\cos^2\gamma + \mathfrak{U}''\cos\beta\cos\gamma + \mathfrak{V}''\cos\gamma\cos\alpha + \mathfrak{W}''\cos\alpha\cos\beta \\
&\quad + \frac{\cos\alpha}{2\cos\gamma}(\mathfrak{V}\cos^2\alpha + \mathfrak{V}'\cos^2\beta + \mathfrak{V}''\cos^2\gamma) + \frac{\cos\beta}{2\cos\gamma}(\mathfrak{U}\cos^2\alpha + \mathfrak{U}'\cos^2\beta + \mathfrak{U}''\cos^2\gamma) \\
&= \frac{1}{\rho\Omega^2}.
\end{aligned}
\right.
$$

Si le corps solide que l'on considère offre trois axes d'élasticité rectangulaires entre eux et parallèles aux axes des x, y, z, les neuf coefficients

$$\mathrm{u},\quad \mathrm{v},\quad \mathrm{w},\quad \mathrm{u}',\quad \mathrm{v}',\quad \mathrm{w}',\quad \mathrm{u}'',\quad \mathrm{v}'',\quad \mathrm{w}''$$

s'évanouiront; et les formules (20), réduites aux suivantes

$$
(28)\quad \left\{
\begin{aligned}
\mathrm{a}\frac{\partial\xi}{\partial x} + \mathrm{f}\frac{\partial\eta}{\partial y} + \mathrm{e}\frac{\partial\zeta}{\partial z} &= \rho\Omega^2\varepsilon\cos^2\alpha, \\
\mathrm{f}\frac{\partial\xi}{\partial x} + \mathrm{b}\frac{\partial\eta}{\partial y} + \mathrm{d}\frac{\partial\zeta}{\partial z} &= \rho\Omega^2\varepsilon\cos^2\beta, \\
\mathrm{e}\frac{\partial\xi}{\partial x} + \mathrm{d}\frac{\partial\eta}{\partial y} + \mathrm{c}\frac{\partial\zeta}{\partial z} &= \rho\Omega^2\varepsilon\cos^2\gamma,
\end{aligned}
\right.
$$

donneront

$$
(29)\quad \left\{
\begin{aligned}
\frac{\partial\xi}{\partial x} &= \rho\Omega^2\varepsilon\frac{(\mathrm{bc}-\mathrm{d}^2)\cos^2\alpha + (\mathrm{de}-\mathrm{cf})\cos^2\beta + (\mathrm{fd}-\mathrm{be})\cos^2\gamma}{\mathrm{abc}-\mathrm{ad}^2-\mathrm{be}^2-\mathrm{cf}^2+2\mathrm{def}}, \\
\frac{\partial\eta}{\partial y} &= \rho\Omega^2\varepsilon\frac{(\mathrm{de}-\mathrm{cf})\cos^2\alpha + (\mathrm{ca}-\mathrm{e}^2)\cos^2\beta + (\mathrm{ef}-\mathrm{ad})\cos^2\gamma}{\mathrm{abc}-\mathrm{ad}^2-\mathrm{be}^2-\mathrm{cf}^2+2\mathrm{def}}, \\
\frac{\partial\zeta}{\partial z} &= \rho\Omega^2\varepsilon\frac{(\mathrm{fd}-\mathrm{be})\cos^2\alpha + (\mathrm{ef}-\mathrm{ad})\cos^2\beta + (\mathrm{ab}-\mathrm{f}^2)\cos^2\gamma}{\mathrm{abc}-\mathrm{ad}^2-\mathrm{be}^2-\mathrm{cf}^2+2\mathrm{def}};
\end{aligned}
\right.
$$

tandis que l'on tirera des formules (21)

$$(30)\quad \begin{cases} \dfrac{\partial\eta}{\partial z}+\dfrac{\partial\zeta}{\partial y}=\rho\,\Omega^2\varepsilon\,\dfrac{\cos\beta\cos\gamma}{\mathrm{d}}, \\[2ex] \dfrac{\partial\zeta}{\partial x}+\dfrac{\partial\xi}{\partial z}=\rho\,\Omega^2\varepsilon\,\dfrac{\cos\gamma\cos\alpha}{\mathrm{e}}, \\[2ex] \dfrac{\partial\xi}{\partial y}+\dfrac{\partial\eta}{\partial x}=\rho\,\Omega^2\varepsilon\,\dfrac{\cos\alpha\cos\beta}{\mathrm{f}}. \end{cases}$$

Par suite, l'équation (23) deviendra

$$(31)\quad \begin{cases} \dfrac{1}{\rho\,\Omega^2}=\mathfrak{A}\cos^4\alpha+\mathfrak{B}\cos^4\beta+\mathfrak{C}\cos^4\gamma \\ \qquad +2\mathfrak{D}\cos^2\beta\cos^2\gamma+2\mathfrak{E}\cos^2\gamma\cos^2\alpha+2\mathfrak{F}\cos^2\alpha\cos^2\beta, \end{cases}$$

les valeurs de $\mathfrak{A}$, $\mathfrak{B}$, $\mathfrak{C}$, $\mathfrak{D}$, $\mathfrak{E}$, $\mathfrak{F}$ étant respectivement

$$(32)\quad \begin{cases} \mathfrak{A}=\dfrac{\mathrm{bc}-\mathrm{d}^2}{\mathrm{abc}-\mathrm{ad}^2-\mathrm{be}^2-\mathrm{cf}^2+2\,\mathrm{def}}, \\[2ex] \mathfrak{B}=\dfrac{\mathrm{ca}-\mathrm{e}^2}{\mathrm{abc}-\mathrm{ad}^2-\mathrm{be}^2-\mathrm{cf}^2+2\,\mathrm{def}}, \\[2ex] \mathfrak{C}=\dfrac{\mathrm{ab}-\mathrm{f}^2}{\mathrm{abc}-\mathrm{ad}^2-\mathrm{be}^2-\mathrm{cf}^2+2\,\mathrm{def}}; \end{cases}$$

$$(33)\quad \begin{cases} \mathfrak{D}=\dfrac{\mathrm{ef}-\mathrm{ad}}{\mathrm{abc}-\mathrm{ad}^2-\mathrm{be}^2-\mathrm{cf}^2+2\,\mathrm{def}}+\dfrac{1}{2\,\mathrm{d}}, \\[2ex] \mathfrak{E}=\dfrac{\mathrm{fd}-\mathrm{be}}{\mathrm{abc}-\mathrm{ad}^2-\mathrm{be}^2-\mathrm{cf}^2+2\,\mathrm{def}}+\dfrac{1}{2\,\mathrm{e}}, \\[2ex] \mathfrak{F}=\dfrac{\mathrm{de}-\mathrm{cf}}{\mathrm{abc}-\mathrm{ad}^2-\mathrm{be}^2-\mathrm{cf}^2+2\,\mathrm{def}}+\dfrac{1}{2\,\mathrm{f}}; \end{cases}$$

et les diverses valeurs du produit $\Omega\sqrt{\rho}$ auront pour mesure les divers rayons vecteurs menés du point (x, y, z) à la surface représentée par l'équation

$$(34)\quad \mathfrak{A}\mathrm{x}^4+\mathfrak{B}\mathrm{y}^4+\mathfrak{C}\mathrm{z}^4+2\mathfrak{D}\mathrm{y}^2\mathrm{z}^2+2\mathfrak{E}\mathrm{z}^2\mathrm{x}^2+2\mathfrak{F}\mathrm{x}^2\mathrm{y}^2=1.$$

Alors aussi, en désignant par Ω', Ω'', Ω''' et par Ω_1, Ω_2, Ω_3 les valeurs de Ω correspondantes à des verges dont les axes seraient parallèles aux axes coordonnés, ou diviseraient les angles formés par ces derniers axes en parties égales, on trouverait : 1°

$$(35) \qquad \frac{1}{\Omega'^2} = \rho\mathfrak{A}, \qquad \frac{1}{\Omega''^2} = \rho\mathfrak{B}, \qquad \frac{1}{\Omega'''^2} = \rho\mathfrak{C};$$

2°

$$(36) \qquad \left\{ \begin{aligned} \frac{1}{\Omega_1^2} &= \frac{1}{2}\rho\left(\frac{\mathfrak{B}+\mathfrak{C}}{2} + \mathfrak{D}\right), \\ \frac{1}{\Omega_2^2} &= \frac{1}{2}\rho\left(\frac{\mathfrak{C}+\mathfrak{A}}{2} + \mathfrak{E}\right), \\ \frac{1}{\Omega_3^2} &= \frac{1}{2}\rho\left(\frac{\mathfrak{A}+\mathfrak{B}}{2} + \mathfrak{F}\right). \end{aligned} \right.$$

A l'aide des équations (35) et (36), on peut fixer les valeurs des coefficients $\mathfrak{A}$, $\mathfrak{B}$, $\mathfrak{C}$, $\mathfrak{D}$, $\mathfrak{E}$, $\mathfrak{F}$, lorsqu'on a déduit de l'expérience celles des vitesses Ω', Ω'', Ω''', Ω_1, Ω_2, Ω_3. Ajoutons que, si l'on pose

$$\cos\alpha = \cos\beta = \cos\gamma = \pm\frac{1}{\sqrt{3}},$$

la formule (31) donnera

$$(37) \qquad \frac{1}{\Omega^2} = \frac{\rho}{9}(\mathfrak{A}+\mathfrak{B}+\mathfrak{C}+2\mathfrak{D}+2\mathfrak{E}+2\mathfrak{F}),$$

et, par conséquent,

$$(38) \qquad \frac{1}{\Omega^2} = \frac{4}{9}\left(\frac{1}{\Omega_1^2}+\frac{1}{\Omega_2^2}+\frac{1}{\Omega_3^2}\right) - \frac{1}{9}\left(\frac{1}{\Omega'^2}+\frac{1}{\Omega''^2}+\frac{1}{\Omega'''^2}\right).$$

Telle est la relation qui existe entre les vitesses Ω', Ω'', Ω'''; Ω_1, Ω_2, Ω_3 et la vitesse Ω relative à une verge dont l'axe forme trois angles égaux avec les trois axes des x, y et z.

Si l'on suppose les molécules du corps élastique primitivement distribuées de la même manière par rapport aux trois plans menés par l'une d'entre elles et parallèles aux plans coordonnés, on aura

$$(39) \qquad \mathrm{a} = \mathrm{b} = \mathrm{c}, \qquad \mathrm{d} = \mathrm{e} = \mathrm{f},$$

$$(40) \qquad \mathfrak{A} = \mathfrak{B} = \mathfrak{C} = \frac{\mathrm{a}+\mathrm{f}}{\mathrm{a}^2+\mathrm{af}-2\mathrm{f}^2}, \qquad \mathfrak{D} = \mathfrak{E} = \mathfrak{F} = \frac{1}{2\mathrm{f}} - \frac{\mathrm{f}}{\mathrm{a}^2+\mathrm{af}-2\mathrm{f}^2};$$

et l'équation (31), combinée avec la formule connue

$$\cos^2\alpha + \cos^2\beta + \cos^2\gamma = 1,$$

donnera

$$(41)\quad \left\{ \begin{aligned} \frac{1}{\rho\Omega^2} &= \mathfrak{A}(\cos^4\alpha + \cos^4\beta + \cos^4\gamma) + 2\mathfrak{F}(\cos^2\beta\cos^2\gamma + \cos^2\gamma\cos^2\alpha + \cos^2\alpha\cos^2\beta) \\ &= \mathfrak{F} + (\mathfrak{A} - \mathfrak{F})(\cos^4\alpha + \cos^4\beta + \cos^4\gamma). \end{aligned} \right.$$

Alors aussi, en comparant la première des formules (2) et la dernière des formules (3) de la page 10 à la première des formules (38) et à la dernière des formules (39) de la page 199 du IIIe Volume des *Exercices* (1), on trouvera

$$(42)\qquad \mathrm{a} = \rho L, \qquad \mathrm{f} = \rho R,$$

et, par suite, on tirera des équations (40),

$$(43)\qquad \mathfrak{A} = \frac{1}{\rho}\,\frac{L+R}{L^2+LR-2R^2}, \qquad \mathfrak{F} = \frac{1}{\rho}\left(\frac{1}{2R} - \frac{R}{L^2+LR-2R^2}\right).$$

Enfin, si l'élasticité du corps est la même dans tous les sens, la condition (45) de la page 201 du IIIe Volume (2), savoir

$$(44)\qquad L = 3R,$$

sera remplie, et les formules (43) donneront

$$(45)\qquad \mathfrak{A} = \mathfrak{F} = \frac{2}{5}\,\frac{1}{\rho R} = \frac{2}{5}\,\frac{1}{\mathrm{f}}.$$

Cela posé, l'équation (41) pourra être réduite à

$$(46)\qquad \Omega^2 = \frac{5}{2} R = \frac{5}{2}\,\frac{\mathrm{f}}{\rho},$$

(1) *OEuvres de Cauchy*, S. II, T. VIII, p. 238.
(2) *Ibid.*, p. 241.

ou, ce qui revient au même, à

$$\Omega = \left(\frac{5R}{2}\right)^{\frac{1}{2}} = \left(\frac{5f}{2\rho}\right)^{\frac{1}{2}}. \tag{47}$$

Cette dernière formule coïncide, comme on devait s'y attendre, avec l'équation (53) de la page 365 du IIIe Volume des *Exercices* (¹).

(¹) *Œuvres de Cauchy*, S. II, T. VIII, p. 423.

SUR LA RELATION

QUI EXISTE

ENTRE LES PRESSIONS OU TENSIONS

SUPPORTÉES

PAR DEUX PLANS QUELCONQUES EN UN POINT DONNÉ D'UN CORPS SOLIDE.

Nous avons prouvé, dans le IIe Volume des *Exercices* (p. 48) (¹) que, si par un point donné d'un corps solide on mène deux axes qui se coupent à angles droits, la projection sur le premier axe de la pression ou tension supportée par un plan perpendiculaire au second sera équivalente à la projection sur ce second axe de la pression ou tension supportée par un plan perpendiculaire au premier. Nous allons maintenant faire voir que la même proposition s'étend au cas où les deux axes forment entre eux un angle quelconque. Effectivement, soient OL, OM deux axes ou plutôt deux demi-axes menés arbitrairement par un point donné d'un corps solide. Rapportons d'ailleurs tous les points du corps à trois axes rectangulaires des x, y, z; et nommons

$$\alpha_1, \quad \beta_1, \quad \gamma_1; \quad \alpha_2, \quad \beta_2, \quad \gamma_2$$

les angles formés par les demi-axes OL, OM avec ceux des coordonnées positives.

Soient enfin

p_1, p_2 les pressions ou tensions supportées au point O, et du côté des demi-axes OL, OM, par des plans perpendiculaires à ces demi-axes ;

(¹) *Œuvres de Cauchy*, S. II, T. VII, p. 67.

λ_1, μ_1, ν_1; λ_2, μ_2, ν_2 les angles formés avec les demi-axes des coordonnées positives par les pressions ou tensions p_1, p_2;

ϖ_1 l'angle formé par la direction de la force p_1 avec le demi-axe OM;

ϖ_2 l'angle formé par la direction de la force p_2 avec le demi-axe OL;

A, F, E; F, B, D; E, D, C les projections algébriques des pressions ou tensions supportées au point O, et du côté des coordonnées positives par trois plans perpendiculaires aux axes des x, y, z.

On trouvera

$$(1)\qquad \begin{cases} p_1 \cos\lambda_1 = \mathrm{A} \cos\alpha_1 + \mathrm{F} \cos\beta_1 + \mathrm{E} \cos\gamma_1, \\ p_1 \cos\mu_1 = \mathrm{F} \cos\alpha_1 + \mathrm{B} \cos\beta_1 + \mathrm{D} \cos\gamma_1, \\ p_2 \cos\nu_1 = \mathrm{E} \cos\alpha_1 + \mathrm{D} \cos\beta_1 + \mathrm{C} \cos\gamma_1, \end{cases}$$

$$(2)\qquad \cos\varpi_1 = \cos\lambda_1 \cos\alpha_2 + \cos\mu_1 \cos\beta_2 + \cos\nu_1 \cos\gamma_2,$$

et, par suite,

$$(3)\qquad \begin{cases} p_1 \cos\varpi_1 = \mathrm{A} \cos\alpha_1 \cos\alpha_2 + \mathrm{B} \cos\beta_1 \cos\beta_2 + \mathrm{C} \cos\gamma_1 \cos\gamma_2 \\ \qquad + \mathrm{D}(\cos\beta_1 \cos\gamma_2 + \cos\beta_2 \cos\gamma_1) \\ \qquad + \mathrm{E}(\cos\gamma_1 \cos\alpha_2 + \cos\gamma_2 \cos\alpha_1) \\ \qquad + \mathrm{F}(\cos\alpha_1 \cos\beta_2 + \cos\alpha_2 \cos\beta_1). \end{cases}$$

Cela posé, concevons que l'on vienne à échanger entre eux les demi-axes OL, OM. En vertu de cet échange, le premier membre de l'équation (3) se transformera dans le produit $p_2 \cos\varpi_2$, tandis que le second membre restera invariable. On aura, en conséquence,

$$(4)\qquad p_2 \cos\varpi_2 = p_1 \cos\varpi_1.$$

Or les produits $p_1 \cos\varpi_1$, $p_2 \cos\varpi_2$ représenteront, au signe près, les projections de la force p_1 sur la droite OM, et de la force p_2 sur la droite OL. On pourra donc énoncer la proposition suivante :

Théorème. — *Si, par un point donné d'un corps solide, on mène deux axes qui forment entre eux un angle quelconque, la projection sur le premier axe de la pression ou tension supportée par un plan perpendiculaire au second sera équivalente à la projection sur ce second axe de la pression ou tension supportée par un plan perpendiculaire au premier.*

Il est bon d'observer que de ce théorème, ou de l'équation (3) qui le renferme, on peut immédiatement déduire les formules (7), (8), (10), (11), (12), (13) et (14) de l'article précédent.

SUR LES VIBRATIONS LONGITUDINALES

D'UNE

VERGE CYLINDRIQUE OU PRISMATIQUE

A BASE QUELCONQUE.

Considérons une verge élastique qui se confonde, dans l'état naturel, avec un prisme ou un cylindre droit, dont la base, renfermée dans un contour de forme arbitraire, offre des dimensions très petites. Rapportons tous les points de l'espace à trois axes rectangulaires des x, y, z, en prenant pour axe des x une droite comprise dans l'épaisseur de la verge et parallèle aux arêtes du prisme ou aux génératrices du cylindre dont il s'agit. Supposons d'ailleurs la verge soumise à une pression extérieure, mais constante, désignée par P; et soient, pendant le mouvement de la verge,

$$\text{A, F, E; F, B, D; E, D, C} \tag{1}$$

les projections algébriques des pressions ou tensions que les plans, menés par le point (x, y, z) parallèlement aux plans des y, z, des z, x et des x, y, supportent du côté des coordonnées positives. Soient enfin Q et R deux points correspondants à la même abscisse x, et situés, l'un sur l'axe des x, l'autre sur la surface latérale de la verge élastique. Si l'on nomme α, β, γ les angles formés par la normale à cette surface avec les demi-axes des coordonnées positives, on aura

$$\cos\alpha = 0, \qquad \cos^2\beta + \cos^2\gamma = 1, \tag{2}$$

et, par suite,

$$\cos\gamma = \pm \sin\beta; \tag{3}$$

puis, en faisant coïncider le point (x, y, z) avec le point R, on tirera, des formules (4) de la page 329 du IIIe Volume [1],

$$(4)\quad \left\{\begin{array}{l} \mathrm{F}\cos\beta + \mathrm{E}\cos\gamma = 0,\\ (\mathrm{B}+\mathrm{P})\cos\beta + \mathrm{D}\cos\gamma = 0, \qquad \mathrm{D}\cos\beta + (\mathrm{C}+\mathrm{P})\cos\gamma = 0. \end{array}\right.$$

Il y a plus, comme les valeurs de A, B, C, D, E, F ne varient pas sensiblement lorsqu'on déplace le point (x, y, z) d'une quantité très petite, les formules (4) seront encore à très peu près exactes, si l'on substitue au point R le point Q. Ajoutons que cette conclusion restera vraie, quelle que soit la position du point R sur le contour de la section faite dans la verge par un plan perpendiculaire à l'axe des x et correspondant à l'abscisse x. Donc, si ce contour présente une courbe continue, et dans laquelle la direction de la normale varie d'un point à un autre par degrés insensibles, on pourra considérer les formules (4) comme devant être vérifiées, pour un point Q choisi arbitrairement sur l'axe des x, quel que soit l'angle β, ou, ce qui revient au même, quel que soit le rapport de $\cos\beta$ à $\cos\gamma$. On aura donc alors, pour tous les points de la verge situés sur l'axe des x,

$$(5)\qquad \mathrm{F}=0,\qquad \mathrm{E}=0,\qquad \mathrm{B}+\mathrm{P}=0,\qquad \mathrm{D}=0,\qquad \mathrm{C}+\mathrm{P}=0$$

et, par conséquent,

$$(6)\qquad \mathrm{B}=\mathrm{C}=-\mathrm{P},\qquad \mathrm{D}=\mathrm{E}=\mathrm{F}=0.$$

Il est d'ailleurs facile de s'assurer, *a posteriori*, que les valeurs de B, C, D, E, F, fournies par les équations (6), vérifient les formules (4), quels que soient les angles β et γ.

Si le contour de la section faite dans la verge par un plan perpendiculaire à l'axe des x offrait un polygone rectiligne ou curviligne, alors aux diverses positions, que pourrait prendre le point R, correspondraient au moins deux valeurs différentes du rapport $\frac{\cos\beta}{\cos\gamma}$; d'où il est

[1] *OEuvres de Cauchy*, S. II, T. VIII, p. 383.

aisé de conclure que les formules (4) entraîneraient toujours les formules (6).

Soient maintenant

φ la force accélératrice appliquée au point (x, y, z);
ξ le déplacement de ce point dans le sens des x positives;
X la projection algébrique de la force φ sur l'axe des abscisses;
ρ la densité naturelle de la verge élastique.

On aura [*voir* les formules (25) et (28) de la page 166 du IIIe Volume (1)]

$$\frac{\partial A}{\partial x} + \frac{\partial F}{\partial y} + \frac{\partial E}{\partial z} + \rho X = \rho \frac{\partial^2 \xi}{\partial t^2}. \tag{7}$$

D'ailleurs, quand on réduira les deux coordonnées y et z à zéro, les valeurs de B, C, D, E, F seront celles que déterminent les formules (6). Donc alors l'équation (7) donnera

$$\frac{\partial A}{\partial x} + \rho X = \rho \frac{\partial^2 \xi}{\partial t^2}. \tag{8}$$

De plus, comme les formules (6) coïncident avec les formules (74) de la page 37, quand on suppose dans ces dernières $\mathfrak{P} = P$, les équations (5), (6) des pages 10 et 11, réunies aux formules (6) de la page 57, fourniront une valeur de A semblable à celle que nous avons précédemment obtenue (p. 36), en sorte qu'on aura encore

$$A = \rho \Omega^2 \frac{\partial \xi}{\partial x} + \Pi. \tag{9}$$

Seulement on devra remplacer $\mathfrak{P}$ par P dans la seconde des formules (15) et (16) de la page 28, à l'aide desquelles on pourra toujours déterminer les deux coefficients Ω et Π. Cela posé, on trouvera, pour tous les points de la verge situés sur l'axe des x,

$$\Omega^2 \frac{\partial^2 \xi}{\partial x^2} + X = \frac{\partial^2 \xi}{\partial t^2}. \tag{10}$$

Ajoutons que, si la verge est terminée par deux plans perpendiculaires

(1) *Œuvres de Cauchy*, S. II, T. VIII, p. 202 et 203.

à l'axe des x et dont chacun supporte une pression extérieure $\mathfrak{P}$ différente de P, on aura, pour les deux extrémités de cette verge, supposées libres,

$$A = -\mathfrak{p}, \tag{11}$$

ou, ce qui revient au même,

$$\Omega^2 \frac{\partial \xi}{\partial x} + \frac{\Pi + \mathfrak{p}}{\rho} = 0. \tag{12}$$

Au contraire, si l'une des extrémités devient fixe, il faudra, pour cette extrémité, remplacer la condition (12) par la suivante

$$\xi = 0. \tag{13}$$

Dans le cas particulier où la force accélératrice φ et les pressions extérieures P, $\mathfrak{P}$ s'évanouissent, l'équation (10) se réduit simplement à

$$\Omega^2 \frac{\partial^2 \xi}{\partial x^2} = \frac{\partial^2 \xi}{\partial t^2}, \tag{14}$$

et la condition (12) à

$$\frac{\partial \xi}{\partial x} = 0. \tag{15}$$

L'équation (10) ou (14), réunie aux conditions (12), (13) ou (15), suffit évidemment pour déterminer le déplacement ξ d'un point quelconque de la verge élastique dans le sens de l'abscisse x, et, par conséquent, les vibrations longitudinales de cette verge. Or ces équations et conditions sont absolument indépendantes de la forme de la section faite dans la verge élastique par un plan perpendiculaire à l'axe des x, et entièrement semblables aux formules qui déterminent les vibrations longitudinales d'une verge rectangulaire, c'est-à-dire aux formules (25), (67), (34), (36), (64) des pages 29, 31, 35 et 36. Donc les vibrations longitudinales d'une verge prismatique ou cylindrique à base quelconque seront les mêmes que celles d'une verge rectangulaire. Ainsi, en désignant par a la longueur d'une verge prismatique ou cylindrique, et par N le plus petit nombre de vibrations longitudinales que cette verge, supposée libre, puisse exécuter pendant l'unité de temps, on aura toujours [*voir* la formule (78) de la page 39]

$$N = \frac{\Omega}{2a}. \tag{16}$$

De plus, quelle que soit la forme de la section transversale, Ω représentera la vitesse de propagation du son dans la verge indéfiniment prolongée, et $\rho\Omega^2$ le rapport qui existe entre la pression A supportée par la section transversale et la dilatation longitudinale $\frac{\partial\xi}{\partial x}$, dans le cas où les pressions extérieures s'évanouissent. Donc, en prenant ce rapport pour mesure de l'élasticité de la verge, on pourra encore affirmer que la vitesse de propagation du son dans la verge est proportionnelle à la racine carrée de son élasticité.

Les résultats que nous venons d'exposer subsistent, de quelque manière que l'élasticité du corps, d'où l'on suppose la verge extraite, varie quand on passe d'une direction à une autre. Ils coïncident d'ailleurs avec ceux que M. Poisson a obtenus, en considérant une verge extraite d'un corps solide dont l'élasticité reste la même en tous sens. Seulement, dans ce cas particulier, le coefficient Ω devient indépendant de la direction que présentait, avant l'extraction, l'axe de la verge élastique.

SUR LA TORSION

ET LES

VIBRATIONS TOURNANTES D'UNE VERGE RECTANGULAIRE.

Considérons, comme ci-dessus (p. 23), une verge rectangulaire qui, dans l'état naturel, ait pour axe l'axe des x, pour densité la constante ρ, et pour section transversale un rectangle dont les côtés $2h$, $2i$ soient respectivement parallèles aux axes des y et z. Supposons d'ailleurs que, cette verge venant à se mouvoir, on désigne, au bout du temps t, par x, y, z les coordonnées de l'un de ses points, par X, Y, Z les projections algébriques de la force accélératrice appliquée au point (x, y, z), et par A, F, E; F, B, D; E, D, C les projections algébriques des pressions que supportent au même point, du côté des coordonnées positives, trois plans perpendiculaires aux axes des x, y, z. Soient encore $x-\xi$, $y-\eta$, $z-\zeta$ les coordonnées initiales du point (x, y, z), et concevons que les faces latérales de la verge, primitivement parallèles aux plans des x, y et des x, z, soient soumises aux pressions extérieures et constantes P, $\mathfrak{P}$. Enfin, désignons par

$$\xi_{0,0}, \quad \eta_{0,0}, \quad \zeta_{0,0}$$

les valeurs des déplacements ξ, η, ζ, relatives au point qui, étant situé sur l'axe de la verge, correspond à l'abscisse x; et posons généralement

$$y = \eta_{0,0} + r, \qquad z = \zeta_{0,0} + r'. \tag{1}$$

Si l'on prend x, y, z pour variables indépendantes, les formules (8) et (9) de la page 331 du IIIe Volume ([1]), savoir

$$(2)\quad \begin{cases} \dfrac{\partial A}{\partial x}+\dfrac{\partial F}{\partial y}+\dfrac{\partial E}{\partial z}+\rho X=\rho\dfrac{\partial^2\xi}{\partial t^2}, \\ \dfrac{\partial F}{\partial x}+\dfrac{\partial B}{\partial y}+\dfrac{\partial D}{\partial z}+\rho Y=\rho\dfrac{\partial^2\eta}{\partial t^2}, \\ \dfrac{\partial E}{\partial x}+\dfrac{\partial D}{\partial y}+\dfrac{\partial C}{\partial z}+\rho Z=\rho\dfrac{\partial^2\zeta}{\partial t^2}, \end{cases}$$

et

$$(3)\qquad E=0,\qquad D=0,\qquad C=-P,$$

subsisteront, les trois premières pour un point quelconque de la verge en mouvement, les trois dernières pour $r'=-i$, $r'=i$, tandis que l'on aura, pour $r=-h$ et pour $r=h$,

$$(4)\qquad F=0,\qquad B=-\mathfrak{P},\qquad D=0.$$

Quant aux pressions A, B, C, D, E, F, elles seront déterminées par les formules (11) et (12) de la page 12, si la verge élastique est extraite d'un corps solide qui offre trois axes d'élasticité parallèles aux axes coordonnés, et, dans le cas contraire, par les formules (5), (6) des pages 10 et 11. De plus, on prouvera, par des raisonnements semblables à ceux dont nous avons fait usage à la page 248 du IIIe Volume ([2]), que, si l'on veut prendre pour variables indépendantes r et r' à la place des deux coordonnées y, z, il suffira d'écrire partout r au lieu de y, et r' au lieu de z, dans les formules dont il s'agit et dans les équations (2). On aura donc alors, pour tous les points de la verge élastique,

$$(5)\quad \begin{cases} \dfrac{\partial A}{\partial x}+\dfrac{\partial F}{\partial r}+\dfrac{\partial E}{\partial r'}+\rho X=\rho\dfrac{\partial^2\xi}{\partial t^2}, \\ \dfrac{\partial F}{\partial x}+\dfrac{\partial B}{\partial r}+\dfrac{\partial D}{\partial r'}+\rho Y=\rho\dfrac{\partial^2\eta}{\partial t^2}, \\ \dfrac{\partial E}{\partial x}+\dfrac{\partial D}{\partial r}+\dfrac{\partial C}{\partial r'}+\rho Z=\rho\dfrac{\partial^2\zeta}{\partial t^2}. \end{cases}$$

([1]) *OEuvres de Cauchy*, S. II, T. VIII, p. 385.
([2]) *Ibid.*, p. 292.

Ajoutons que, pour tout point situé sur l'axe de la verge, on aura évidemment

$$y-\eta=y-\eta_{0,0}=0, \qquad z-\zeta=z-\zeta_{0,0}=0,$$

et, par suite,

$$r=0, \qquad r'=0.$$

Cela posé, si l'on développe les quantités

$$\xi,\ \eta,\ \zeta;\ X,\ Y,\ Z;\ A,\ B,\ C;\ D,\ E,\ F,$$

considérées comme fonctions de x, r, r' et t, suivant les puissances ascendantes de r, r', et si l'on joint, en conséquence, à la formule

$$(6) \qquad \xi=\xi_{0,0}+\xi_{1,0}r+\xi_{0,1}r'+\tfrac{1}{2}(\xi_{2,0}r^2+2\xi_{1,1}rr'+\xi_{0,2}r'^2)+\ldots,$$

toutes celles qu'on en tire quand on y remplace la lettre ξ par l'une des lettres η, ζ; X, Y, Z; A, B, C, D, E, F, on déduira sans peine des équations (5), réunies aux conditions (3) et (4), celles qui serviront à déterminer, pendant le mouvement de la verge élastique, les valeurs des fonctions

$$\xi_{0,0},\quad \eta_{0,0},\quad \zeta_{0,0},$$

c'est-à-dire les déplacements d'un point de l'axe mesurés dans le sens des coordonnées x, y, z. En opérant de cette manière, on se trouvera immédiatement ramené aux formules (25), (26) et (44) des pages 29 et 32. De plus, lorsqu'on connaîtra les valeurs des fonctions $\xi_{0,0}$, $\eta_{0,0}$, $\zeta_{0,0}$, on pourra fixer les valeurs correspondantes de

$$\xi_{1,0},\quad \xi_{0,1},\quad \eta_{1,0},\quad \zeta_{0,1}$$

à l'aide des formules (23) et (42) des pages 29 et 32, et la valeur approchée de ξ à l'aide de l'équation

$$(7) \qquad \xi=\xi_{0,0}+\xi_{1,0}r+\xi_{0,1}r'.$$

Quant aux valeurs approchées des déplacements η, ζ, que l'on peut considérer comme devant être fournies par les équations

$$(8) \qquad \eta=\eta_{0,0}+\eta_{1,0}r+\eta_{0,1}r', \qquad \zeta=\zeta_{0,0}+\zeta_{1,0}r+\zeta_{0,1}r',$$

elles dépendront non seulement des quantités $\eta_{0,0}$, $\zeta_{0,0}$, $\eta_{1,0}$, $\zeta_{0,1}$, ..., mais encore des suivantes :

(9) $$\eta_{0,1}, \quad \zeta_{1,0}.$$

Il est important d'observer que, si, les pressions P, $\mathfrak{P}$ étant nulles, la verge élastique se meut de manière que chaque point de son axe demeure immobile, les trois fonctions

$$\xi_{0,0}, \quad \eta_{0,0}, \quad \zeta_{0,0}$$

s'évanouiront, ainsi que les valeurs de $\xi_{1,0}$, $\eta_{1,0}$, $\xi_{0,1}$, $\zeta_{0,1}$ déterminées par les formules (23) et (42) des pages 29 et 32. Alors les vibrations de la verge seront du genre de celles que l'on nomme *tournantes;* et la valeur approchée de ξ sera nulle, tandis que les valeurs approchées de η, ζ, réduites à

(10) $$\eta = \eta_{0,1} r', \qquad \zeta = \zeta_{1,0} r,$$

dépendront des quantités (9). Il y a plus, si l'on désigne généralement par $\imath$ le rayon vecteur mené, au bout du temps t, du point $(x, \eta_{0,0}, \zeta_{0,0})$ au point (x, y, z), et par ϖ l'angle que forme ce rayon vecteur avec le demi-axe des y positives, on aura

(11) $$y - \eta_{0,0} = r = \imath \cos\varpi, \qquad z - \zeta_{0,0} = r' = \imath \sin\varpi;$$

tandis que, en nommant $\imath - \delta$ la perpendiculaire primitivement abaissée du point $(x - \xi, y - \eta, z - \zeta)$ sur l'axe de la verge, et $\varpi - \psi$ l'un des angles formés par cette perpendiculaire avec l'axe des y, on trouvera

(12) $$y - \eta = (\imath - \delta)\cos(\varpi - \psi), \qquad z - \zeta = (\imath - \delta)\sin(\varpi - \psi).$$

D'ailleurs on tirera, des formules (8), (11) et (12) combinées entre elles,

(13) $$\left\{\begin{aligned} \left(1 - \frac{\delta}{\imath}\right)\cos(\varpi - \psi) &= (1 - \eta_{1,0})\cos\varpi - \eta_{0,1}\sin\varpi, \\ \left(1 - \frac{\delta}{\imath}\right)\sin(\varpi - \psi) &= -\zeta_{1,0}\cos\varpi + (1 - \zeta_{0,1})\sin\varpi; \end{aligned}\right.$$

puis, on en conclura, en considérant les quantités $\frac{\delta}{\imath}$, ψ comme infiniment petites du premier ordre, et négligeant les termes du second ordre,

$$(14)\qquad \begin{cases} \dfrac{\delta}{\imath}\cos\varpi - \psi\sin\varpi = \eta_{1,0}\cos\varpi + \eta_{0,1}\sin\varpi, \\ \dfrac{\delta}{\imath}\sin\varpi + \psi\cos\varpi = \zeta_{1,0}\cos\varpi + \zeta_{0,1}\sin\varpi, \end{cases}$$

ou, ce qui revient au même,

$$(15)\qquad \begin{cases} \dfrac{\delta}{\imath} = \dfrac{\eta_{1,0}+\zeta_{0,1}}{2} + \dfrac{\eta_{1,0}-\zeta_{0,1}}{2}\cos 2\varpi + \dfrac{\eta_{0,1}+\zeta_{1,0}}{2}\sin 2\varpi, \\ \psi = \dfrac{\zeta_{1,0}-\eta_{0,1}}{2} + \dfrac{\zeta_{1,0}+\eta_{0,1}}{2}\cos 2\varpi + \dfrac{\zeta_{0,1}-\eta_{1,0}}{2}\sin 2\varpi. \end{cases}$$

Donc, lorsque la fonction $\xi_{0,0}$ et, par suite, les quantités $\eta_{1,0}$, $\zeta_{0,1}$ s'évanouiront, on aura simplement

$$(16)\qquad \frac{\delta}{\imath} = \frac{\eta_{0,1}+\zeta_{1,0}}{2}\sin 2\varpi, \qquad \psi = \frac{\zeta_{1,0}-\eta_{0,1}}{2} + \frac{\zeta_{1,0}+\eta_{0,1}}{2}\cos 2\varpi.$$

Enfin, si δ s'évanouit, les équations (16) donneront

$$(17)\qquad \eta_{0,1}+\zeta_{1,0}=0$$

et

$$(18)\qquad \psi = \frac{\zeta_{1,0}-\eta_{0,1}}{2} = \zeta_{1,0} = -\eta_{0,1}.$$

D'autre part, il est facile de reconnaître que, dans les diverses formules qui précèdent, $\frac{\delta}{\imath}$ et ψ représentent à très peu près la dilatation linéaire mesurée suivant le rayon $\imath$, et l'angle de torsion de la verge élastique autour du point situé sur l'axe des x à la distance x de l'origine. Donc, pour évaluer cet angle, ainsi que pour découvrir les lois des vibrations tournantes, il est nécessaire de fixer les valeurs des quantités $\eta_{0,1}$, $\zeta_{1,0}$ que renferment les formules (10) et (18). Tel est l'objet dont nous allons nous occuper.

Considérons d'abord le cas où l'on suppose la verge élastique extraite d'un corps solide qui offre trois axes d'élasticité rectangulaires et parallèles aux axes des x, y, z. Dans ce cas particulier, on tirera des formules (11) et (12) de la page 12, en y remplaçant y, z par r, r', et en développant les quantités ξ, η, ζ, A, B, C, D, E, F suivant les puissances ascendantes de r, r', à l'aide d'équations semblables à l'équation (6),

$$(19)\quad \left\{\begin{aligned} &A_{0,0} = a\frac{\partial\xi_{0,0}}{\partial x} + f\eta_{1,0} + e\zeta_{0,1}, && B_{0,0} = f\frac{\partial\xi_{0,0}}{\partial x} + b\eta_{1,0} + d\zeta_{0,1}, && C_{0,0} = e\frac{\partial\xi_{0,0}}{\partial x} + d\eta_{1,0} + c\zeta_{0,1},\\ &D_{0,0} = d(\eta_{0,1} + \zeta_{1,0}), && E_{0,0} = e\left(\frac{\partial\zeta_{0,0}}{\partial x} + \xi_{0,1}\right), && F_{0,0} = f\left(\frac{\partial\eta_{0,0}}{\partial x} + \xi_{1,0}\right);\end{aligned}\right.$$

$$(20)\quad \left\{\begin{aligned} &A_{0,1} = a\frac{\partial\xi_{0,1}}{\partial x} + f\eta_{1,1} + e\zeta_{0,2}, && B_{0,1} = f\frac{\partial\xi_{0,1}}{\partial x} + b\eta_{1,1} + d\zeta_{0,2}, && C_{0,1} = e\frac{\partial\xi_{0,1}}{\partial x} + d\eta_{1,1} + c\zeta_{0,2},\\ &D_{0,1} = d(\eta_{0,2} + \zeta_{1,1}), && E_{0,1} = e\left(\frac{\partial\zeta_{0,1}}{\partial x} + \xi_{0,2}\right), && F_{0,1} = f\left(\frac{\partial\eta_{0,1}}{\partial x} + \xi_{1,1}\right);\end{aligned}\right.$$

$$(21)\quad \left\{\begin{aligned} &A_{1,0} = a\frac{\partial\xi_{1,0}}{\partial x} + f\eta_{2,0} + e\zeta_{1,1}, && B_{1,0} = f\frac{\partial\xi_{1,0}}{\partial x} + b\eta_{2,0} + d\zeta_{1,1}, && C_{1,0} = e\frac{\partial\xi_{1,0}}{\partial x} + d\eta_{2,0} + c\zeta_{1,1},\\ &D_{1,0} = d(\eta_{1,1} + \zeta_{2,0}), && E_{1,0} = e\left(\frac{\partial\zeta_{1,0}}{\partial x} + \xi_{1,1}\right), && F_{1,0} = f\left(\frac{\partial\eta_{1,0}}{\partial x} + \xi_{2,0}\right);\end{aligned}\right.$$

....

Donc alors, parmi les fonctions

$$(22)\qquad A_{0,0},\quad B_{0,0},\quad C_{0,0},\quad D_{0,0},\quad E_{0,0},\quad F_{0,0};$$

$$(23)\qquad \left\{\begin{aligned} &A_{1,0}, && B_{1,0}, && C_{1,0}, && D_{1,0}, && E_{1,0}, && F_{1,0};\\ &A_{0,1}, && B_{0,1}, && C_{0,1}, && D_{0,1}, && E_{0,1}, && F_{0,1},\end{aligned}\right.$$

les trois suivantes

$$(24)\qquad D_{0,0} = d(\eta_{0,1} + \zeta_{1,0}),$$

$$(25)\qquad E_{1,0} = e\left(\frac{\partial\zeta_{1,0}}{\partial x} + \xi_{1,1}\right),\qquad F_{0,1} = f\left(\frac{\partial\eta_{0,1}}{\partial x} + \xi_{1,1}\right)$$

seront celles qui dépendront des quantités

$$\eta_{0,1},\quad \zeta_{1,0}.$$

D'ailleurs, si l'on développe, suivant les puissances ascendantes de r, r', les deux membres de chacune des formules (3) et (4), en observant que les formules (4) subsistent pour $r = \pm h$, et les formules (3) pour $r' = \pm i$, on trouvera : 1° quel que soit r',

$$(26)\quad \begin{cases} F_{0,0} + F_{0,1} r' + F_{0,2} \dfrac{r'^2}{2} + \ldots + \dfrac{h^2}{2}\left(F_{2,0} + F_{2,1} r' + F_{2,2} \dfrac{r'^2}{2} + \ldots\right) + \ldots = 0, \\ B_{0,0} + B_{0,1} r' + B_{0,2} \dfrac{r'^2}{2} + \ldots + \dfrac{h^2}{2}\left(B_{2,0} + B_{2,1} r' + B_{2,2} \dfrac{r'^2}{2} + \ldots\right) + \ldots = -\mathfrak{P}, \\ D_{0,0} + D_{0,1} r' + D_{0,2} \dfrac{r'^2}{2} + \ldots + \dfrac{h^2}{2}\left(D_{2,0} + D_{2,1} r' + D_{2,2} \dfrac{r'^2}{2} + \ldots\right) + \ldots = 0, \end{cases}$$

et

$$(27)\quad \begin{cases} F_{1,0} + F_{1,1} r' + \ldots\ldots\ldots\ldots + \dfrac{h^2}{6}\left(F_{3,0} + F_{3,1} r' + \ldots\ldots\ldots\ldots\right) + \ldots = 0, \\ B_{1,0} + B_{1,1} r' + \ldots\ldots\ldots\ldots + \dfrac{h^2}{6}\left(B_{3,0} + B_{3,1} r' + \ldots\ldots\ldots\ldots\right) + \ldots = 0, \\ D_{1,0} + D_{1,1} r' + \ldots\ldots\ldots\ldots + \dfrac{h^2}{6}\left(D_{3,0} + D_{3,1} r' + \ldots\ldots\ldots\ldots\right) + \ldots = 0; \end{cases}$$

2° quel que soit r,

$$(28)\quad \begin{cases} E_{0,0} + E_{1,0}\, r + E_{2,0} \dfrac{r^2}{2} + \ldots + \dfrac{i^2}{2}\left(E_{0,2} + E_{1,2}\, r + E_{2,2} \dfrac{r^2}{2} + \ldots\right) + \ldots = 0, \\ D_{0,0} + D_{1,0}\, r + D_{2,0} \dfrac{r^2}{2} + \ldots + \dfrac{i^2}{2}\left(D_{0,2} + D_{1,2}\, r + D_{2,2} \dfrac{r^2}{2} + \ldots\right) + \ldots = 0, \\ C_{0,0} + C_{1,0}\, r + C_{2,0} \dfrac{r^2}{2} + \ldots + \dfrac{i^2}{2}\left(C_{0,2} + C_{1,2}\, r + C_{2,2} \dfrac{r^2}{2} + \ldots\right) + \ldots = -P, \end{cases}$$

et

$$(29)\quad \begin{cases} E_{0,1} + E_{1,1}\, r + \ldots\ldots\ldots\ldots + \dfrac{i^2}{6}\left(E_{0,3} + E_{1,3}\, r + \ldots\ldots\ldots\ldots + \ldots = 0, \right. \\ D_{0,1} + D_{1,1}\, r + \ldots\ldots\ldots\ldots + \dfrac{i^2}{6}\left(D_{0,3} + D_{1,3}\, r + \ldots\ldots\ldots\ldots + \ldots = 0, \right. \\ C_{0,1} + C_{1,1}\, r + \ldots\ldots\ldots\ldots + \dfrac{i^2}{6}\left(C_{0,3} + C_{1,3}\, r + \ldots\ldots\ldots\ldots + \ldots = 0. \right. \end{cases}$$

Donc, par suite, en regardant les épaisseurs $2h$, $2i$ comme des quantités très petites du premier ordre, et négligeant, dans les formules (26), (27), (28), (29), les termes du quatrième ordre, on aura, non seulement

$$(30)\quad \begin{cases} F_{0,0}+\frac{h^2}{2}F_{2,0}=0, & B_{0,0}+\frac{h^2}{2}B_{2,0}=-\mathfrak{P}, & D_{0,0}+\frac{h^2}{2}D_{2,0}=0, \\ E_{0,0}+\frac{i^2}{2}E_{0,2}=0, & D_{0,0}+\frac{i^2}{2}D_{0,2}=0, & C_{0,0}+\frac{i^2}{2}C_{0,2}=-P, \end{cases}$$

$$(31)\quad \begin{cases} F_{0,1}+\frac{h^2}{2}F_{2,1}=0, & B_{0,1}+\frac{h^2}{2}B_{2,1}=0, & D_{0,1}+\frac{h^2}{2}D_{2,1}=0, \\ E_{0,1}+\frac{i^2}{6}E_{0,3}=0, & D_{0,1}+\frac{i^2}{6}D_{0,3}=0, & C_{0,1}+\frac{i^2}{6}C_{0,3}=0, \end{cases}$$

$$(32)\quad \begin{cases} F_{1,0}+\frac{h^2}{6}F_{3,0}=0, & B_{1,0}+\frac{h^2}{6}B_{3,0}=0, & D_{1,0}+\frac{h^2}{6}D_{3,0}=0, \\ E_{1,0}+\frac{i^2}{2}E_{1,2}=0, & D_{1,0}+\frac{i^2}{2}D_{1,2}=0, & C_{1,0}+\frac{i^2}{2}C_{1,2}=0, \end{cases}$$

mais encore

$$(33)\qquad D_{0,2}+\frac{h^2}{2}D_{2,2}=0, \qquad D_{2,0}+\frac{i^2}{2}D_{2,2}=0,$$

et

$$(34)\qquad B_{1,1}+\frac{h^2}{6}B_{3,1}=0, \qquad C_{1,1}+\frac{i^2}{6}C_{1,3}=0;$$

puis on tirera des équations (30) et (33)

$$(35)\qquad D_{0,0}=-\frac{h^2}{2}D_{2,0}=-\frac{i^2}{2}D_{0,2}=\frac{h^2i^2}{4}D_{2,2}.$$

On aura donc, aux quantités près du quatrième ordre,

$$(36)\qquad D_{0,0}=0,$$

ou, ce qui revient au même,

$$(37)\qquad \eta_{0,1}+\zeta_{1,0}=0;$$

puis, en posant comme ci-dessus

$$(38)\qquad \psi=\zeta_{1,0}=-\eta_{0,1},$$

on en conclura

(39) $$\mathrm{E}_{1,0}=\mathrm{e}\left(\xi_{1,1}+\frac{\partial\psi}{\partial x}\right),\qquad \mathrm{F}_{0,1}=\mathrm{f}\left(\xi_{1,1}-\frac{\partial\psi}{\partial x}\right).$$

Il reste à former deux équations qui soient propres à déterminer les valeurs des deux inconnues ψ et $\xi_{1,1}$, ou, ce qui revient au même, les valeurs des deux fonctions $\mathrm{E}_{1,0}$, $\mathrm{F}_{0,1}$. Or on a déjà, en vertu des formules (31) et (32),

(40) $$\mathrm{F}_{0,1}=-\frac{h^2}{2}\mathrm{F}_{2,1},\qquad \mathrm{E}_{1,0}=-\frac{i^2}{2}\mathrm{E}_{1,2}.$$

De plus, si l'on développe, suivant les puissances ascendantes de r, r', les premiers et seconds membres des équations (5), on en tirera

(41) $$\frac{d\mathrm{A}_{1,1}}{dx}+\mathrm{F}_{2,1}+\mathrm{E}_{1,2}+\rho\mathrm{X}_{1,1}=\rho\frac{\partial^2\xi_{1,1}}{\partial t^2};$$

(42) $$\left\{\begin{aligned}&\frac{d\mathrm{F}_{0,1}}{dx}+\mathrm{B}_{1,1}+\mathrm{D}_{0,2}+\rho\mathrm{Y}_{0,1}=\rho\frac{\partial^2\eta_{0,1}}{\partial t^2},\\&\frac{d\mathrm{F}_{2,1}}{dx}+\mathrm{B}_{3,1}+\mathrm{D}_{2,2}+\rho\mathrm{Y}_{2,1}=\rho\frac{\partial^2\eta_{2,1}}{\partial t^2};\end{aligned}\right.$$

(43) $$\left\{\begin{aligned}&\frac{d\mathrm{E}_{1,0}}{dx}+\mathrm{D}_{2,0}+\mathrm{C}_{1,1}+\rho\mathrm{Z}_{1,0}=\rho\frac{\partial^2\zeta_{1,0}}{\partial t^2},\\&\frac{d\mathrm{E}_{1,2}}{dx}+\mathrm{D}_{2,2}+\mathrm{C}_{1,3}+\rho\mathrm{Z}_{1,2}=\rho\frac{\partial^2\zeta_{1,2}}{\partial t^2};\end{aligned}\right.$$

et, en éliminant $\mathrm{B}_{1,1}$, $\mathrm{C}_{1,1}$ entre ces dernières, après y avoir substitué les valeurs de

(44) $$\mathrm{B}_{3,1},\quad \mathrm{C}_{1,3},\quad \mathrm{D}_{0,2},\quad \mathrm{D}_{2,0},\quad \mathrm{D}_{2,2},\quad \mathrm{F}_{2,1},\quad \mathrm{E}_{1,2}$$

déduites des formules (34), (35) et (40), on trouvera

(45) $$\frac{d\mathrm{A}_{1,1}}{dx}-2\left(\frac{\mathrm{F}_{0,1}}{h^2}+\frac{\mathrm{E}_{1,0}}{i^2}\right)+\rho\mathrm{X}_{1,1}=\rho\frac{\partial^2\xi_{1,1}}{\partial t^2},$$

(46) $$\frac{2}{3}\frac{d\mathrm{F}_{0,1}}{dx}-\frac{4}{3}\frac{\mathrm{D}_{0,0}}{i^2}+\rho\left(\mathrm{Y}_{0,1}+\frac{h^2}{6}\mathrm{Y}_{2,1}\right)=\rho\left(\frac{\partial^2\eta_{0,1}}{\partial t^2}+\frac{h^2}{6}\frac{\partial^2\eta_{2,1}}{\partial t^2}\right),$$

(47) $$\frac{2}{3}\frac{d\mathrm{E}_{1,0}}{dx}-\frac{4}{3}\frac{\mathrm{D}_{0,0}}{h^2}+\rho\left(\mathrm{Z}_{1,0}+\frac{i^2}{6}\mathrm{Z}_{1,2}\right)=\rho\left(\frac{\partial^2\zeta_{1,0}}{\partial t^2}+\frac{i^2}{6}\frac{\partial^2\zeta_{1,2}}{\partial t^2}\right).$$

Enfin, si l'on néglige les termes du quatrième ordre par rapport aux épaisseurs $2h$ et $2i$: 1° dans l'équation (45) multipliée par $h^2 i^2$; 2° dans celle que produit l'élimination de $D_{0,0}$ entre les formules (46) et (47), on obtiendra les deux suivantes :

$$h^2 E_{1,0} + i^2 F_{0,1} = 0, \tag{48}$$

$$\frac{2}{3}\frac{d(h^2 E_{1,0} - i^2 F_{0,1})}{dx} + \rho(h^2 Z_{1,0} - i^2 Y_{0,1}) = \rho \frac{\partial^2(h^2 \zeta_{1,0} - i^2 \eta_{0,1})}{\partial t^2}. \tag{49}$$

Les équations (48) et (49), étant réunies aux formules (38) et (39), fourniront évidemment le moyen de déterminer, avec la fonction de x désignée par $\xi_{1,1}$, l'angle ψ, et, par conséquent, les inconnues $\eta_{0,1}$, $\zeta_{1,0}$. En effet, on tirera des formules (38), (39) et (48)

$$h^2 \zeta_{1,0} - i^2 \eta_{0,1} = (h^2 + i^2)\psi, \tag{50}$$

$$\frac{E_{1,0}}{i^2} = \frac{-F_{0,1}}{h^2} = \frac{\frac{E_{1,0}}{\mathrm{e}} - \frac{F_{0,1}}{\mathrm{f}}}{\frac{i^2}{\mathrm{e}} + \frac{h^2}{\mathrm{f}}} = \frac{2\frac{\partial\psi}{\partial x}}{\frac{i^2}{\mathrm{e}} + \frac{h^2}{\mathrm{f}}}, \tag{51}$$

$$h^2 E_{1,0} - i^2 F_{0,1} = h^2 i^2 \left(\frac{E_{1,0}}{i^2} - \frac{F_{0,1}}{h^2}\right) = \frac{4h^2 i^2}{\frac{i^2}{\mathrm{e}} + \frac{h^2}{\mathrm{f}}}\frac{\partial\psi}{\partial x}. \tag{52}$$

Donc l'équation (49) pourra être réduite à

$$\frac{8}{3}\frac{h^2 i^2}{\frac{i^2}{\mathrm{e}} + \frac{h^2}{\mathrm{f}}}\frac{\partial^2\psi}{\partial x^2} + \rho(h^2 Z_{1,0} - i^2 Y_{0,1}) = \rho(h^2 + i^2)\frac{\partial^2\psi}{\partial t^2}, \tag{53}$$

ou, ce qui revient au même, à

$$\frac{8}{3}\frac{1}{\frac{i^2}{\mathrm{e}} + \frac{h^2}{\mathrm{f}}}\frac{\partial^2\psi}{\partial x^2} + \rho\left(\frac{Z_{1,0}}{i^2} - \frac{Y_{0,1}}{h^2}\right) = \rho\left(\frac{1}{i^2} + \frac{1}{h^2}\right)\frac{\partial^2\psi}{\partial t^2}. \tag{54}$$

Ajoutons que, après avoir fixé la valeur de ψ à l'aide de l'équation (54), on conclura des formules (39) et (48)

$$\xi_{1,1} = \frac{\frac{i^2}{\mathrm{e}} - \frac{h^2}{\mathrm{f}}}{\frac{i^2}{\mathrm{e}} + \frac{h^2}{\mathrm{f}}}\frac{\partial\psi}{\partial x}. \tag{55}$$

Concevons à présent que la verge élastique soit extraite d'un corps solide qui cesse d'offrir trois axes d'élasticité rectangulaires et parallèles aux axes des x, y, z. En raisonnant comme ci-dessus, on établira encore les équations (36), (48), (49). Seulement les valeurs de $D_{0,0}$, $E_{1,0}$, $F_{0,1}$ ne seront plus fournies par les équations (24) et (25), auxquelles on devra substituer de nouvelles formules que nous allons indiquer.

Si, dans les équations (30) et dans celles des équations (31), (32) qui ne renferment pas les fonctions $E_{1,0}$, $F_{0,1}$, on néglige les termes proportionnels au carré de h ou de i, on obtiendra non seulement la formule (36), mais encore les suivantes :

$$(56)\qquad B_{0,0} = -\mathfrak{P}, \qquad C_{0,0} = -P, \qquad E_{0,0} = 0, \qquad F_{0,0} = 0;$$

$$(57)\qquad B_{0,1} = 0, \qquad C_{0,1} = 0, \qquad D_{0,1} = 0, \qquad E_{0,1} = 0;$$

$$(58)\qquad B_{1,0} = 0, \qquad C_{1,0} = 0, \qquad D_{1,0} = 0, \qquad F_{1,0} = 0.$$

De plus, si, après avoir remplacé, dans les formules (5), (6) des pages 10 et 11, les variables y, z par r, r', on y développe les quantités ξ, η, ζ, A, B, C, D, E, F suivant les puissances ascendantes de r et r', on en conclura

$$(59)\qquad \left\{ \begin{aligned}
A_{0,0} &= a\frac{\partial \xi_{0,0}}{\partial x} + f\eta_{1,0} + e\zeta_{0,1} + u(\eta_{0,1}+\zeta_{1,0}) + v\left(\frac{\partial \zeta_{0,0}}{\partial x} + \xi_{0,1}\right) + w\left(\frac{\partial \eta_{0,0}}{\partial x} + \xi_{1,0}\right),\\
B_{0,0} &= f\frac{\partial \xi_{0,0}}{\partial x} + b\eta_{1,0} + d\zeta_{0,1} + u'(\eta_{0,1}+\zeta_{1,0}) + v'\left(\frac{\partial \zeta_{0,0}}{\partial x} + \xi_{0,1}\right) + w'\left(\frac{\partial \eta_{0,0}}{\partial x} + \xi_{1,0}\right),\\
C_{0,0} &= e\frac{\partial \xi_{0,0}}{\partial x} + d\eta_{1,0} + c\zeta_{0,1} + u''(\eta_{0,1}+\zeta_{1,0}) + v''\left(\frac{\partial \zeta_{0,0}}{\partial x} + \xi_{0,1}\right) + w''\left(\frac{\partial \eta_{0,0}}{\partial x} + \xi_{1,0}\right),\\
D_{0,0} &= u\frac{\partial \xi_{0,0}}{\partial x} + u'\eta_{1,0} + u''\zeta_{0,1} + d(\eta_{0,1}+\zeta_{1,0}) + w''\left(\frac{\partial \zeta_{0,0}}{\partial x} + \xi_{0,1}\right) + v'\left(\frac{\partial \eta_{0,0}}{\partial x} + \xi_{1,0}\right),\\
E_{0,0} &= v\frac{\partial \xi_{0,0}}{\partial x} + v'\eta_{1,0} + v''\zeta_{0,1} + w''(\eta_{0,1}+\zeta_{1,0}) + e\left(\frac{\partial \zeta_{0,0}}{\partial x} + \xi_{0,1}\right) + u\left(\frac{\partial \eta_{0,0}}{\partial x} + \xi_{1,0}\right),\\
F_{0,0} &= w\frac{\partial \xi_{0,0}}{\partial x} + w'\eta_{1,0} + w''\zeta_{0,1} + v'(\eta_{0,1}+\zeta_{1,0}) + u\left(\frac{\partial \zeta_{0,0}}{\partial x} + \xi_{0,1}\right) + f\left(\frac{\partial \eta_{0,0}}{\partial x} + \xi_{1,0}\right);
\end{aligned} \right.$$

$$(60)\quad\begin{cases}
A_{0,1}= a\dfrac{\partial\xi_{0,1}}{\partial x}+f\eta_{1,1}+e\zeta_{0,2}+u(\eta_{0,2}+\zeta_{1,1})+v\left(\dfrac{\partial\zeta_{0,1}}{\partial x}+\xi_{0,2}\right)+w\left(\dfrac{\partial\eta_{0,1}}{\partial x}+\xi_{1,1}\right),\\
B_{0,1}= f\dfrac{\partial\xi_{0,1}}{\partial x}+b\eta_{1,1}+d\zeta_{0,2}+u'(\eta_{0,2}+\zeta_{1,1})+v'\left(\dfrac{\partial\zeta_{0,1}}{\partial x}+\xi_{0,2}\right)+w'\left(\dfrac{\partial\eta_{0,1}}{\partial x}+\xi_{1,1}\right),\\
C_{0,1}= e\dfrac{\partial\xi_{0,1}}{\partial x}+d\eta_{1,1}+c\zeta_{0,2}+u''(\eta_{0,2}+\zeta_{1,1})+v''\left(\dfrac{\partial\zeta_{0,1}}{\partial x}+\xi_{0,2}\right)+w''\left(\dfrac{\partial\eta_{0,1}}{\partial x}+\xi_{1,1}\right),\\
D_{0,1}= u\dfrac{\partial\xi_{0,1}}{\partial x}+u'\eta_{1,1}+u''\zeta_{0,2}+d(\eta_{0,2}+\zeta_{1,1})+w''\left(\dfrac{\partial\zeta_{0,1}}{\partial x}+\xi_{0,2}\right)+v'\left(\dfrac{\partial\eta_{0,1}}{\partial x}+\xi_{1,1}\right),\\
E_{0,1}= v\dfrac{\partial\xi_{0,1}}{\partial x}+v'\eta_{1,1}+v''\zeta_{0,2}+w''(\eta_{0,2}+\zeta_{1,1})+e\left(\dfrac{\partial\zeta_{0,1}}{\partial x}+\xi_{0,2}\right)+u\left(\dfrac{\partial\eta_{0,1}}{\partial x}+\xi_{1,1}\right),\\
F_{0,1}= w\dfrac{\partial\xi_{0,1}}{\partial x}+w'\eta_{1,1}+w''\zeta_{0,2}+v'(\eta_{0,2}+\zeta_{1,1})+u\left(\dfrac{\partial\zeta_{0,1}}{\partial x}+\xi_{0,2}\right)+f\left(\dfrac{\partial\eta_{0,1}}{\partial x}+\xi_{1,1}\right);
\end{cases}$$

$$(61)\quad\begin{cases}
A_{1,0}= a\dfrac{\partial\xi_{1,0}}{\partial x}+f\eta_{2,0}+e\zeta_{1,1}+u(\eta_{1,1}+\zeta_{2,0})+v\left(\dfrac{\partial\zeta_{1,0}}{\partial x}+\xi_{1,1}\right)+w\left(\dfrac{\partial\eta_{1,0}}{\partial x}+\xi_{2,0}\right),\\
B_{1,0}= f\dfrac{\partial\xi_{1,0}}{\partial x}+b\eta_{2,0}+d\zeta_{1,1}+u'(\eta_{1,1}+\zeta_{2,0})+v'\left(\dfrac{\partial\zeta_{1,0}}{\partial x}+\xi_{1,1}\right)+w'\left(\dfrac{\partial\eta_{1,0}}{\partial x}+\xi_{2,0}\right),\\
C_{1,0}= e\dfrac{\partial\xi_{1,0}}{\partial x}+d\eta_{2,0}+c\zeta_{1,1}+u''(\eta_{1,1}+\zeta_{2,0})+v''\left(\dfrac{\partial\zeta_{1,0}}{\partial x}+\xi_{1,1}\right)+w''\left(\dfrac{\partial\eta_{1,0}}{\partial x}+\xi_{2,0}\right),\\
D_{1,0}= u\dfrac{\partial\xi_{1,0}}{\partial x}+u'\eta_{2,0}+u''\zeta_{1,1}+d(\eta_{1,1}+\zeta_{2,0})+w''\left(\dfrac{\partial\zeta_{1,0}}{\partial x}+\xi_{1,1}\right)+v'\left(\dfrac{\partial\eta_{1,0}}{\partial x}+\xi_{2,0}\right),\\
E_{1,0}= v\dfrac{\partial\xi_{1,0}}{\partial x}+v'\eta_{2,0}+v''\zeta_{1,1}+w''(\eta_{1,1}+\zeta_{2,0})+e\left(\dfrac{\partial\zeta_{1,0}}{\partial x}+\xi_{1,1}\right)+u\left(\dfrac{\partial\eta_{1,0}}{\partial x}+\xi_{2,0}\right),\\
F_{1,0}= w\dfrac{\partial\xi_{1,0}}{\partial x}+w'\eta_{2,0}+w''\zeta_{1,1}+v'(\eta_{1,1}+\zeta_{2,0})+u\left(\dfrac{\partial\zeta_{1,0}}{\partial x}+\xi_{1,1}\right)+f\left(\dfrac{\partial\eta_{1,0}}{\partial x}+\xi_{2,0}\right).
\end{cases}$$

Cela posé, admettons que l'on substitue les valeurs des fonctions

$$(62)\qquad B_{0,0},\quad C_{0,0},\quad D_{0,0},\quad E_{0,0},\quad F_{0,0},$$

tirées des formules (59) dans les cinq équations (36) et (56). On pourra de ces cinq équations déduire les valeurs des cinq quantités

$$(63)\qquad \eta_{1,0},\quad \zeta_{0,1},\quad \eta_{0,1}+\zeta_{1,0},\quad \frac{\partial\zeta_{0,0}}{\partial x}+\xi_{0,1},\quad \frac{\partial\eta_{0,0}}{\partial x}+\xi_{1,0},$$

exprimées en fonction de

$$(64)\qquad \frac{\partial\xi_{0,0}}{\partial x},\quad P\quad \text{et}\quad \mathfrak{P}.$$

En opérant de cette manière, on retrouvera nécessairement les formules (23) et (42) des pages 29 et 32, savoir,

$$(65)\qquad \xi_{1,0}+\frac{\partial\eta_{0,0}}{\partial x}=\mathfrak{k}\,\frac{\partial\xi_{0,0}}{\partial x}+\Pi',\qquad \eta_{1,0}=\mathfrak{l}\,\frac{\partial\xi_{0,0}}{\partial x}+\Pi'',$$

$$(66)\qquad \xi_{0,1}+\frac{\partial\zeta_{0,0}}{\partial x}=\mathfrak{K}\,\frac{\partial\xi_{0,0}}{\partial x}+\Pi_1,\qquad \zeta_{0,1}=\mathfrak{L}\,\frac{\partial\xi_{0,0}}{\partial x}+\Pi_2;$$

Π', Π'', Π_1, Π_2 étant des fonctions linéaires de P et de $\mathfrak{P}$ déterminées par des équations semblables aux formules (21) de la page 29; et, pour fixer ensuite la valeur de

$$\eta_{0,1}+\zeta_{1,0},$$

il suffira de combiner les équations (65), (66) avec l'équation (36) présentée sous la forme

$$(67)\qquad \left\{\begin{aligned} &\mathrm{u}\,\frac{\partial\xi_{0,0}}{\partial x}+\mathrm{u}'\eta_{1,0}+\mathrm{u}''\zeta_{0,1}+\mathrm{d}(\eta_{0,1}+\zeta_{1,0})\\ &\qquad +\mathrm{w}''\left(\frac{\partial\zeta_{0,0}}{\partial x}+\xi_{0,1}\right)+\mathrm{v}'\left(\frac{\partial\eta_{0,0}}{\partial x}+\xi_{1,0}\right)=0,\end{aligned}\right.$$

en sorte qu'on aura

$$(68)\qquad \left\{\begin{aligned} \eta_{0,1}+\zeta_{1,0}=&-\frac{\mathrm{u}+\mathrm{u}'\mathfrak{l}+\mathrm{u}''\mathfrak{L}+\mathrm{v}'\mathfrak{k}+\mathrm{w}''\mathfrak{K}}{\mathrm{d}}\,\frac{\partial\xi_{0,0}}{\partial x}\\ &-\frac{\mathrm{u}'\Pi''+\mathrm{u}''\Pi_2+\mathrm{v}'\Pi'+\mathrm{w}''\Pi_1}{\mathrm{d}}.\end{aligned}\right.$$

L'équation (68) est celle qui, dans l'hypothèse admise, devra remplacer le système des formules (24) et (36). D'autre part, si, après avoir substitué les valeurs de

$$(69)\qquad \mathrm{B}_{0,1},\quad \mathrm{C}_{0,1},\quad \mathrm{D}_{0,1},\quad \mathrm{E}_{0,1}$$

tirées des équations (60), dans les formules (57), on déduit de ces formules les valeurs de

$$(70)\qquad \eta_{1,1},\quad \zeta_{0,2},\quad \eta_{0,2}+\zeta_{1,1},\quad \frac{\partial\zeta_{0.1}}{\partial x}+\xi_{0,2},$$

pour les substituer à leur tour dans la dernière des équations (60), on obtiendra un résultat de la forme

$$(71) \qquad \mathrm{F}_{0,1} = \mathrm{g}\frac{\partial \xi_{0,1}}{\partial x} + \mathrm{h}\left(\frac{\partial \eta_{0,1}}{\partial x} + \xi_{1,1}\right),$$

g, h désignant des coefficients qui dépendront des constantes a, b, c, d, e, f, u, v, w, u′, v′, w′, u″, v″, w″. Pareillement les formules (58) et (61) donneront

$$(72) \qquad \mathrm{E}_{1,0} = \mathrm{j}\frac{\partial \xi_{1,0}}{\partial x} + \mathrm{i}\left(\frac{\partial \zeta_{1,0}}{\partial x} + \xi_{1,1}\right),$$

j, i désignant de nouveaux coefficients analogues à ceux que renferme l'équation (71). Si maintenant on combine les formules (71), (72) avec les formules (48) et (49), on trouvera successivement

$$(73) \qquad \frac{\mathrm{E}_{1,0}}{i^2} = \frac{-\mathrm{F}_{0,1}}{h^2} = \frac{\frac{\mathrm{E}_{1,0}}{\mathrm{i}} - \frac{\mathrm{F}_{0,1}}{\mathrm{h}}}{\frac{i^2}{\mathrm{i}} + \frac{h^2}{\mathrm{h}}} = \frac{\frac{\mathrm{j}}{\mathrm{i}}\frac{\partial \xi_{1,0}}{\partial x} - \frac{\mathrm{g}}{\mathrm{h}}\frac{\partial \xi_{0,1}}{\partial x} + \frac{\partial(\xi_{1,0} - \eta_{0,1})}{\partial x}}{\frac{i^2}{\mathrm{i}} + \frac{h^2}{\mathrm{h}}},$$

$$(74) \qquad h^2\mathrm{E}_{1,0} - i^2\mathrm{F}_{0,1} = \frac{2h^2 i^2}{\frac{i^2}{\mathrm{i}} + \frac{h^2}{\mathrm{h}}}\left[\frac{\mathrm{j}}{\mathrm{i}}\frac{\partial \xi_{1,0}}{\partial x} - \frac{\mathrm{g}}{\mathrm{h}}\frac{\partial \xi_{0,1}}{\partial x} + \frac{\partial(\zeta_{1,0} - \eta_{0,1})}{\partial x}\right],$$

$$(75) \quad \left\{ \begin{aligned} &\frac{4}{3}\frac{h^2 i^2}{\frac{i^2}{\mathrm{i}} + \frac{h^2}{\mathrm{h}}}\left[\frac{\partial^2(\zeta_{1,0} - \eta_{0,1})}{\partial x^2} + \frac{\mathrm{j}}{\mathrm{i}}\frac{\partial^2 \xi_{1,0}}{\partial x^2} - \frac{\mathrm{g}}{\mathrm{h}}\frac{\partial^2 \xi_{0,1}}{\partial x^2}\right] + \rho(h^2\mathrm{Z}_{1,0} - i^2\mathrm{Y}_{0,1}) \\ &= \rho\frac{\partial^2(h^2\zeta_{1,0} - i^2\eta_{0,1})}{\partial t^2}; \end{aligned} \right.$$

puis on en conclura, en ayant égard à la première des équations (65) et à la première des équations (66)

$$(76) \quad \left\{ \begin{aligned} &\frac{4}{3}\frac{h^2 i^2}{\frac{i^2}{\mathrm{i}} + \frac{h^2}{\mathrm{h}}}\left[\frac{\partial^2(\zeta_{1,0} - \eta_{0,1})}{\partial x^2} + \left(\frac{\mathrm{j}}{\mathrm{i}}\mathfrak{k} - \frac{\mathrm{g}}{\mathrm{h}}\mathfrak{K}\right)\frac{\partial^3 \xi_{0,0}}{\partial x^3} - \frac{\mathrm{j}}{\mathrm{i}}\frac{\partial^3 \eta_{0,0}}{\partial x^3} + \frac{\mathrm{g}}{\mathrm{h}}\frac{\partial^3 \zeta_{0,0}}{\partial x^3}\right] + \rho(h^2\mathrm{Z}_{1,0} - i^2\mathrm{Y}_{0,1}) \\ &= \rho\frac{\partial^2(h^2\zeta_{1,0} - i^2\eta_{0,1})}{\partial t^2}. \end{aligned} \right.$$

Les formules (68) et (76) serviront à déterminer les deux inconnues $\eta_{0,1}$, $\zeta_{1,0}$, quand on aura fixé, à l'aide des méthodes exposées dans l'un des derniers articles, les valeurs de $\xi_{0,0}$, $\eta_{0,0}$, $\zeta_{0,0}$, c'est-à-dire les déplacements d'un point situé sur l'axe de la verge élastique. Ajoutons que l'on tirera des formules (48), (71) et (72)

$$(77)\qquad \xi_{1,1} = -\frac{1}{\frac{h^2}{\mathrm{h}}+\frac{i^2}{\mathrm{i}}}\left[\frac{h^2}{\mathrm{h}}\left(\frac{\partial\zeta_{1,0}}{\partial x}+\frac{\mathrm{j}}{\mathrm{i}}\frac{\partial\xi_{1,0}}{\partial x}\right)+\frac{i^2}{\mathrm{i}}\left(\frac{\partial\eta_{0,1}}{\partial x}+\frac{\mathrm{g}}{\mathrm{h}}\frac{\partial\xi_{0,1}}{\partial x}\right)\right],$$

ou, ce qui revient au même,

$$(78)\qquad \xi_{1,1} = -\frac{\frac{h^2}{\mathrm{h}}\left(\frac{\partial\zeta_{1,0}}{\partial x}-\frac{\mathrm{j}}{\mathrm{i}}\frac{\partial^2\eta_{0,0}}{\partial x^2}\right)+\frac{i^2}{\mathrm{i}}\left(\frac{\partial\eta_{0,1}}{\partial x}-\frac{\mathrm{g}}{\mathrm{h}}\frac{\partial^2\zeta_{0,0}}{\partial x^2}\right)+\left(\frac{\mathrm{j}}{\mathrm{i}}\frac{h^2}{\mathrm{h}}\mathrm{k}-\frac{\mathrm{g}}{\mathrm{h}}\frac{i^2}{\mathrm{i}}\mathfrak{k}\right)\frac{\partial^2\xi_{0,0}}{\partial x^2}}{\frac{h^2}{\mathrm{h}}+\frac{i^2}{\mathrm{i}}},$$

et que l'équation (78), étant jointe aux formules (68), (76), fournira le moyen de déterminer l'inconnue $\xi_{1,1}$.

Les formules (68), (76), (78) se simplifient lorsqu'on suppose chaque point de l'axe des x immobile pendant la durée du mouvement, et les pressions P, $\mathfrak{P}$ réduites à zéro. Alors, en effet, les quantités

$$\xi_{0,0},\quad \eta_{0,0},\quad \zeta_{0,0},\quad \Pi',\quad \Pi'',\quad \Pi_1,\quad \Pi_2$$

étant nulles aussi bien que les pressions P, $\mathfrak{P}$, l'équation (68) se réduira simplement à la formule (37); et, en posant de nouveau

$$\psi = \zeta_{1,0} = -\eta_{0,1},$$

on tirera : 1° de la formule (76)

$$(79)\qquad \frac{8}{3}\frac{h^2 i^2}{\frac{i^2}{\mathrm{i}}+\frac{h^2}{\mathrm{h}}}\frac{\partial^2\psi}{\partial x^2}+\rho(h^2 Z_{1,0}-i^2 Y_{0,1}) = \rho(h^2+i^2)\frac{\partial^2\psi}{\partial t^2},$$

ou, ce qui revient au même,

$$(80)\qquad \frac{8}{3}\frac{1}{\frac{i^2}{\mathrm{i}}+\frac{h^2}{\mathrm{h}}}\frac{\partial^2\psi}{\partial x^2}+\rho\left(\frac{Z_{1,0}}{i^2}-\frac{Y_{0,1}}{h^2}\right) = \rho\left(\frac{1}{i^2}+\frac{1}{h^2}\right)\frac{\partial^2\psi}{\partial t^2};$$

2° de la formule (78)

$$\xi_{1,1} = \frac{\frac{i^2}{\mathrm{i}} - \frac{h^2}{\mathrm{h}}}{\frac{i^2}{\mathrm{i}} + \frac{h^2}{\mathrm{h}}} \frac{\partial\psi}{\partial x}. \tag{81}$$

Dans la même hypothèse, on aura encore

$$\xi_{0,1} = 0, \qquad \xi_{1,0} = 0, \qquad \eta_{1,0} = 0, \qquad \zeta_{0,1} = 0. \tag{82}$$

Par suite, les formules (71), (72) donneront

$$\mathrm{F}_{0,1} = \mathrm{h}\left(\xi_{1,1} - \frac{\partial\psi}{\partial x}\right), \qquad \mathrm{E}_{1,0} = \mathrm{i}\left(\xi_{1,1} + \frac{\partial\psi}{\partial x}\right), \tag{83}$$

et les formules (8) se réduiront aux formules (10).

Il est maintenant facile d'apprécier le motif qui nous a déterminés à conserver les termes proportionnels au carré de h ou de i, dans les formules (40), c'est-à-dire dans celles des formules (31), (32) qui renferment les fonctions $\mathrm{E}_{1,0}$, $\mathrm{F}_{0,1}$. Effectivement, si l'on négligeait sans exception tous les termes dépendants de h et de i dans les formules (31), (32), on en déduirait, non-seulement les équations (57), (58), mais encore les deux suivantes

$$\mathrm{F}_{0,1} = 0, \qquad \mathrm{E}_{1,0} = 0;$$

et l'on conclurait de ces dernières, combinées avec les formules (83),

$$\xi_{1,1} = 0, \qquad \frac{\partial\psi}{\partial x} = 0.$$

Or l'équation

$$\frac{\partial\psi}{\partial x} = 0$$

exprime que l'angle ψ est indépendant de l'abscisse x, et cette circonstance ne peut s'accorder avec le mouvement d'une verge tordue, mais seulement avec le mouvement d'une verge qui tourne sur elle-même. Donc, pour découvrir, dans tous les cas, les phénomènes qui résultent de la torsion d'une verge élastique, il est nécessaire de conserver les termes proportionnels au carré de h ou de i dans les formules (40); ce qui revient à supposer que les fonctions

$$F_{2,1}, \quad E_{1,2}$$

acquièrent des valeurs numériques très considérables relativement à celles des quantités

$$\xi_{1,1}, \quad \frac{\partial\psi}{\partial x}$$

que renferment les fonctions $F_{0,1}$, $E_{1,0}$.

Lorsque les forces accélératrices Y, Z deviennent constantes, les quantités $Y_{0,1}$, $Z_{1,0}$ s'évanouissent; et alors, en faisant, pour abréger,

$$(84) \qquad \frac{1}{\rho\Omega^2} = \frac{3}{8}\left(\frac{i^2}{\mathrm{i}} + \frac{h^2}{\mathrm{h}}\right)\left(\frac{1}{i^2} + \frac{1}{h^2}\right),$$

on tire de la formule (80)

$$(85) \qquad \Omega^2 \frac{\partial^2\psi}{\partial x^2} = \frac{\partial^2\psi}{\partial t^2}.$$

Dans le cas particulier où la verge est extraite d'un corps solide qui offre trois axes d'élasticité rectangulaires et parallèles aux axes des x, y, z, les formules (71), (72) se réduisent aux formules (25), et l'on a, par suite,

$$(86) \qquad \mathrm{i} = \mathrm{e}, \qquad \mathrm{h} = \mathrm{f},$$

$$(87) \qquad \frac{1}{\rho\Omega^2} = \frac{3}{8}\left(\frac{i^2}{\mathrm{e}} + \frac{h^2}{\mathrm{f}}\right)\left(\frac{1}{i^2} + \frac{1}{h^2}\right).$$

Enfin, si l'élasticité du corps solide est la même dans tous les sens, on trouvera

$$(88) \qquad \mathrm{e} = \mathrm{f},$$

et la formule (87) donnera simplement

$$(89) \qquad \frac{1}{\rho\Omega^2} = \frac{3}{8\mathrm{f}}\,\frac{(i^2 + h^2)^2}{i^2 h^2}.$$

Les équations (68), (76), (80), etc., subsistent pour une valeur quelconque de l'abscisse x. Mais, lorsqu'on veut effectuer la détermination complète des inconnues $\eta_{0,1}$, $\zeta_{1,0}$, ψ, il faut à ces équations en joindre d'autres qui se rapportent aux deux extrémités de la verge élastique. Concevons, pour fixer les idées, cette verge terminée, dans son état naturel, par deux plans perpendiculaires à l'axe des x, et qui supportent en chacun de leurs points une nouvelle pression désignée par $\mathfrak{P}$. On aura, pour ces mêmes points,

(90) $$A = -\mathfrak{p}, \qquad F = 0, \qquad E = 0,$$

quelles que soient les valeurs de r, r'; et, par suite,

(91) $$F_{0,1} = 0, \qquad E_{1,0} = 0;$$

puis on tirera des formules (91) combinées avec l'équation (74)

(92) $$\frac{\mathrm{j}}{\mathrm{i}}\frac{\partial \xi_{1,0}}{\partial x} - \frac{\mathrm{g}}{\mathrm{h}}\frac{\partial \xi_{0,1}}{\partial x} + \frac{\partial(\zeta_{1,0} - \eta_{0,1})}{\partial x} = 0.$$

Ajoutons que, si, les pressions extérieures étant nulles, l'axe de la verge reste immobile, la condition (92) pourra être, en vertu des formules (38) et (82), réduite à la condition plus simple

(93) $$\frac{\partial \psi}{\partial x} = 0.$$

Les formules (92) et (93) sont relatives au cas où l'on suppose libres les deux extrémités de la verge élastique. Si ces deux extrémités devenaient fixes, ou plutôt si, les extrémités de l'axe étant fixes, chacun des points renfermés dans les plans qui terminent la verge était assujetti de manière à rester toujours placé sur une même droite parallèle à l'axe, on aurait, pour les abscisses correspondantes aux plans dont il s'agit, non seulement

(94) $$\xi_{0,0} = 0, \qquad \eta_{0,0} = 0, \qquad \zeta_{0,0} = 0,$$

mais encore

(95) $$\eta = 0, \qquad \zeta = 0,$$

quelles que fussent les valeurs de r, r', et par conséquent

(96) $$\eta_{0,1} = 0, \qquad \zeta_{1,0} = 0.$$

Donc, en supposant l'axe immobile et les pressions extérieures nulles, on trouverait, pour les deux extrémités de la verge,

$$\psi = 0. \tag{97}$$

Si l'on voulait découvrir les phénomènes produits par la torsion d'une verge élastique, non plus dans l'état de mouvement, mais dans l'état d'équilibre, il suffirait de supprimer les dérivées relatives à t, savoir

$$\frac{\partial^2(h^2\zeta_{1,0} - i^2\eta_{0,1})}{\partial t^2} \quad \text{et} \quad \frac{\partial^2\psi}{\partial t^2},$$

dans les équations (76), (80), (85), dont la dernière se réduirait à

$$\frac{\partial^2\psi}{\partial x^2} = 0. \tag{98}$$

Nous ajouterons ici une remarque importante. Si, après avoir coupé la verge, prise dans l'état d'équilibre ou de mouvement, par un plan perpendiculaire à l'axe des x, et correspondant à l'abscisse x, on considère le système des pressions ou tensions supportées par les divers éléments de la section ainsi formée, à ce système correspondra une force principale dont les projections algébriques sur les axes des x, y, z seront évidemment représentées par les intégrales

$$\int_{-h}^{h}\int_{-i}^{i} \mathrm{A}\,dr\,dr', \quad \int_{-h}^{h}\int_{-i}^{i} \mathrm{F}\,dr\,dr', \quad \int_{-h}^{h}\int_{-i}^{i} \mathrm{E}\,dr\,dr', \tag{99}$$

et un moment linéaire principal dont la projection algébrique sur l'axe des x sera exprimée par l'intégrale

$$\int_{-h}^{h}\int_{-i}^{i} (r\mathrm{E} - r'\mathrm{F})\,dr\,dr', \tag{100}$$

pourvu que l'on fasse coïncider le centre des moments avec le point où le plan sécant rencontrera l'axe de la verge. En d'autres termes, l'expression (100) représentera, au signe près, ce qu'on peut nommer le moment du système des pressions ou tensions ci-dessus mentionnées par rapport à l'axe de la verge; le moment d'une force par rapport à un axe (¹) n'étant autre chose que le produit de cette force projetée sur un plan perpendiculaire à l'axe par la plus courte distance entre l'axe et la droite suivant laquelle elle agit. D'autre part, si, dans les intégrales (99) et (100), on substitue, pour A, F, E, leurs valeurs approchées fournies par les équations

$$(101)\qquad \begin{cases} \mathrm{A} = \mathrm{A}_{0,0} + \mathrm{A}_{1,0}\, r + \mathrm{A}_{0,1}\, r', \\ \mathrm{F} = \mathrm{F}_{0,0} + \mathrm{F}_{1,0}\, r + \mathrm{F}_{0,1}\, r', \\ \mathrm{E} = \mathrm{E}_{0,0} + \mathrm{E}_{1,0}\, r + \mathrm{E}_{0,1}\, r', \end{cases}$$

ces intégrales deviendront respectivement

$$(102)\qquad 4\mathrm{A}_{0,0}\, hi, \quad 4\mathrm{F}_{0,0}\, hi, \quad 4\mathrm{E}_{0,0}\, hi$$

et

$$(103)\qquad \int_{-h}^{h}\int_{-i}^{i} (r^2 \mathrm{E}_{1,0} - r'^2 \mathrm{F}_{0,1})\, dr\, dr' = \frac{4}{3}(h^2 \mathrm{E}_{1,0} - i^2 \mathrm{F}_{0,1})\, hi.$$

Donc, en vertu de la formule (74), l'expression (100) pourra être remplacée par le produit

$$(104)\qquad \frac{\frac{8}{3} h^3 i^3}{\frac{i^2}{\mathrm{i}} + \frac{h^2}{\mathrm{h}}} \left[\frac{\mathrm{j}}{\mathrm{i}} \frac{\partial \xi_{1,0}}{\partial x} - \frac{\mathrm{g}}{\mathrm{h}} \frac{\partial \xi_{0,1}}{\partial x} + \frac{\partial(\zeta_{1,0} - \eta_{0,1})}{\partial x} \right].$$

Dans le cas particulier où les déplacements des points situés sur l'axe de la verge sont nuls, ainsi que les pressions extérieures, le produit (104) se réduit à

$$(105)\qquad \frac{\frac{16}{3} h^3 i^3}{\frac{i^2}{\mathrm{i}} + \frac{h^2}{\mathrm{h}}} \frac{\partial \psi}{\partial x}.$$

Dans le même cas, si l'on applique à une extrémité libre de la verge une force dont la direction soit comprise dans un plan perpendiculaire

(¹) La définition de ce moment, placée au bas de la page 256 du IIIᵉ Volume (ᵃ), convient seulement au cas où la force est comprise dans un plan perpendiculaire à l'axe.

(ᵃ) *Œuvres de Cauchy*, S. II, T. VIII, p. 301.

à l'axe, et dont le moment, par rapport à cet axe, soit désigné par $\mathfrak{X}$, si d'ailleurs on suppose le point d'application de la force lié invariablement avec les autres points du plan, ou du moins avec ceux qui se trouvent placés sur la base de la verge élastique, on aura, pour l'extrémité dont il s'agit,

$$\frac{\frac{16}{3} h^3 i^3}{\frac{i^2}{\mathrm{i}} + \frac{h^2}{\mathrm{h}}} \frac{\partial \psi}{\partial x} = \mathfrak{X}. \tag{106}$$

Pour montrer une application des formules précédentes, considérons d'abord l'équilibre d'une verge rectangulaire qui, dans l'état naturel, ait pour axe l'axe des x, et qui offre une extrémité fixe, l'autre extrémité étant sollicitée, comme on vient de le dire, par une force comprise dans un plan perpendiculaire à l'axe. Si l'on suppose les pressions extérieures nulles, ainsi que la valeur de x correspondante à l'extrémité fixe, et les déplacements d'un point quelconque de l'axe, si de plus on nomme a la longueur de cet axe, on devra intégrer l'équation (98) de manière à vérifier pour $x = 0$ la condition (97), et pour $x = a$ la condition (106). Or on tirera de l'équation (98) réunie à la condition (106)

$$\frac{\partial \psi}{\partial x} = \frac{3}{16} \frac{\mathfrak{X}}{h^3 i^3} \left(\frac{i^2}{\mathrm{i}} + \frac{h^2}{\mathrm{h}} \right), \tag{107}$$

et de l'équation (107) réunie à la condition (97)

$$\psi = \frac{3}{16} \frac{\mathfrak{X}}{h^3 i^3} \left(\frac{i^2}{\mathrm{i}} + \frac{h^2}{\mathrm{h}} \right) x. \tag{108}$$

Il suit de cette dernière formule : 1° que l'inconnue ψ, ou l'angle de torsion de la verge rectangulaire, mesuré dans un plan quelconque perpendiculaire à l'axe, est en raison directe, non seulement de la distance qui sépare ce plan de l'extrémité fixe, mais encore du moment de la force appliquée à l'extrémité libre; 2° que, si la section transversale de la verge varie en demeurant semblable à elle-même, l'angle ψ variera en raison inverse du carré de l'aire de cette section, ou, ce qui revient au même, en raison inverse de la quatrième puissance de l'épaisseur $2h$ ou $2i$. Ces résultats, semblables à ceux que M. Poisson a obtenus, en considérant la torsion d'une verge cylindrique à base circulaire, subsisteraient pareillement pour une verge cylindrique ou prismatique à base quelconque. Lorsque les épaisseurs $2h$, $2i$ deviennent égales entre elles, la formule (108) se réduit à

$$(109) \qquad \psi = \frac{3\mathcal{K}}{(2h)^4}\left(\frac{1}{\mathrm{i}} + \frac{1}{\mathrm{h}}\right) x.$$

Ajoutons que, si l'épaisseur $2i$ devient très petite relativement à l'épaisseur $2h$, on aura sensiblement

$$(110) \qquad \psi = \frac{3}{16}\,\frac{\mathcal{K}}{\mathrm{h}}\,\frac{x}{hi^3}.$$

Donc alors l'angle de torsion sera en raison inverse de la plus grande épaisseur et du cube de la plus petite.

Concevons à présent qu'après avoir tordu la verge élastique, en laissant à sa place chaque point de l'axe, on abandonne cette verge à elle-même sans lui appliquer aucune force. Les variables $\xi_{0,0}$, $\eta_{0,0}$, $\zeta_{0,0}$ conserveront des valeurs nulles pendant toute la durée du mouvement, et la verge exécutera des vibrations tournantes dont les lois se trouveront exprimées par l'intégrale de l'équation (85). De plus, les vitesses initiales des différents points de la verge étant supposées nulles, les valeurs de $\frac{\partial \eta}{\partial t}$ et de $\frac{\partial \zeta}{\partial t}$, tirées des formules (10) et (38), savoir

$$r' \frac{d\eta_{0,1}}{dt} = -r' \frac{\partial \psi}{\partial t}, \qquad r \frac{\partial \zeta_{1,0}}{\partial t} = r \frac{\partial \psi}{\partial t},$$

devront s'évanouir à l'origine du mouvement, quels que soient r et r'. Par conséquent, la valeur initiale de $\frac{\partial \psi}{\partial t}$ devra se réduire à zéro. Soit d'ailleurs $f(x)$ la valeur initiale de l'angle ψ. Si les deux extrémités de la verge élastique restent libres, l'équation (85), intégrée de manière que la condition (93) soit remplie pour $x = 0$ et pour $x = a$, donnera [*voir*, dans le IIIe Volume, la formule (118) de la page 268] (¹)

$$(111) \qquad \psi = \frac{1}{a} \mathbf{S} \cos \frac{n\pi\Omega t}{a} \cos \frac{n\pi x}{a} \int_0^a \cos \frac{n\pi\mu}{a} \mathrm{f}(\mu)\, d\mu,$$

le signe $\mathbf{S}$ s'étendant à toutes les valeurs entières positives, nulles ou négatives de n. Si, au contraire, les deux extrémités de la verge deviennent fixes, il faudra substituer la condition (97) à la condition (93), et, par suite, la valeur générale de ψ sera semblable à la valeur de ξ_0 fournie par l'équation (114) de la page 268 du IIIe Volume (²), en sorte qu'on aura

$$(112) \qquad \psi = \frac{1}{a} \mathbf{S} \cos \frac{n\pi\Omega t}{a} \sin \frac{n\pi x}{a} \int_0^a \sin \frac{n\pi\mu}{a} \mathrm{f}(\mu)\, d\mu.$$

Il est facile d'assigner la nature de la fonction $\mathrm{f}(x)$ qui réduit la valeur de ψ fournie par l'équation (111) à un seul terme de la forme

$$(113) \qquad \psi = \frac{\mathfrak{C}}{a} \cos \frac{\mathfrak{n}\pi\Omega t}{a} \cos \frac{\mathfrak{n}\pi x}{a},$$

$\mathfrak{n}$ désignant une valeur particulière de n, et $\mathfrak{C}$ une quantité constante. En effet, pour y parvenir, il suffit de poser $t = 0$ dans l'équation (113), qui donne alors

$$(114) \qquad \mathrm{f}(x) = \frac{\mathfrak{C}}{a} \cos \frac{\mathfrak{n}\pi x}{a};$$

et l'on peut d'ailleurs s'assurer *a posteriori* que, si l'on substitue dans l'équation (111) la valeur de $\mathrm{f}(\mu)$ tirée de la formule (114), savoir

$$\frac{\mathfrak{C}}{a} \cos \frac{\mathfrak{n}\pi\mu}{a},$$

on retrouvera précisément l'équation (113). Ajoutons que l'équation (113) exprime un mouvement régulier de la verge élastique, dans lequel les mêmes vibrations tournantes se reproduisent périodique-

(¹) *Œuvres de Cauchy*, S. II, T. VIII, p. 315.
(²) *Ibid.*, p. 314.

ment, la durée d'une vibration étant la valeur de t donnée par la formule

$$\frac{\mathrm{n}\pi\Omega t}{a} = 2\pi. \tag{115}$$

Le son correspondant à un mouvement de cette espèce a pour mesure le nombre $\mathcal{N}$ des vibrations exécutées pendant l'unité de temps, ou, ce qui revient au même, la valeur de $\frac{1}{t}$ déduite de la formule (115). Or on tirera de cette formule, en écrivant n au lieu de n,

$$\mathcal{N} = \frac{1}{t} = \frac{n\Omega}{2a}. \tag{116}$$

Si l'on veut maintenant déterminer les nombres de vibrations tournantes correspondants aux sons les plus graves que la verge élastique puisse rendre, il suffira de prendre successivement $n = 1$, $n = 2$, $n = 3$, ...; et l'on trouvera en conséquence

$$\mathcal{N} = \frac{\Omega}{2a}, \qquad \mathcal{N} = \frac{\Omega}{a}, \qquad \mathcal{N} = \frac{3\Omega}{2a}, \qquad \ldots. \tag{117}$$

On arriverait encore aux mêmes résultats en partant de l'équation (112), c'est-à-dire en considérant les vibrations tournantes d'une verge dont les deux extrémités seraient fixes.

Si, dans la première des formules (117), on substitue la valeur de Ω tirée de l'équation (84), on trouvera, pour le nombre des vibrations tournantes qui correspondent au son le plus grave,

$$\mathcal{N} = \left(\frac{2}{3\rho}\right)^{\frac{1}{2}} \frac{1}{a\left(\frac{i^2}{\mathrm{i}} + \frac{h^2}{\mathrm{h}}\right)^{\frac{1}{2}}\left(\frac{1}{i^2} + \frac{1}{h^2}\right)^{\frac{1}{2}}}. \tag{118}$$

Donc le son dont il s'agit est réciproquement proportionnel à la longueur de la verge élastique, et il ne change pas, lorsque les épaisseurs $2h$, $2i$ croissent ou diminuent dans le même rapport, c'est-à-dire lorsque la section transversale de la verge varie en demeurant semblable à elle-même. Ces conclusions se trouvent confirmées par des expériences de M. Savart. Lorsque les épaisseurs $2h$, $2i$ deviennent égales entre elles, la formule (118) se réduit à

$$(119)\qquad \mathfrak{M} = \left[\frac{\mathrm{hi}}{3\rho(\mathrm{h}+\mathrm{i})}\right]^{\frac{1}{2}} \frac{1}{a}.$$

D'autre part, si l'on suppose la verge extraite d'un corps solide dont l'élasticité soit la même en tous sens, on aura

$$\mathrm{h} = \mathrm{i} = \mathrm{e} = \mathrm{f};$$

et par conséquent les formules (118), (119) donneront respectivement

$$(120)\qquad \mathfrak{M} = \left(\frac{2\mathrm{f}}{3\rho}\right)^{\frac{1}{2}} \frac{hi}{a(h^2+i^2)},$$

$$(121)\qquad \mathfrak{M} = \left(\frac{\mathrm{f}}{6\rho}\right)^{\frac{1}{2}} \frac{1}{a}.$$

D'ailleurs, si, dans la même hypothèse, on fait vibrer la verge élastique longitudinalement, et de manière que le son produit soit le plus grave possible, le nombre N des vibrations longitudinales sera déterminé par la formule (78) de la page 52 et la formule (47) de la page 39, c'est-à-dire que l'on aura

$$(122)\qquad \mathrm{N} = \left(\frac{5\mathrm{f}}{2\rho}\right)^{\frac{1}{2}} \frac{1}{2a}.$$

Donc, par suite, on trouvera, en prenant $h = i$,

$$(123)\qquad \frac{\mathrm{N}}{\mathfrak{M}} = \frac{1}{2}\sqrt{15} = 1,9364\ldots$$

Enfin, si l'épaisseur $2i$ devient très petite relativement à l'épaisseur $2h$, l'équation (118) donnera sensiblement

$$(124)\qquad \mathfrak{M} = \left(\frac{2\mathrm{h}}{3\rho}\right)^{\frac{1}{2}} \frac{i}{ah},$$

et l'on en conclura, en supposant que l'élasticité du corps reste la même en tous sens,

$$\mathfrak{N} = \left(\frac{2\mathrm{f}}{3\rho}\right)^{\frac{1}{2}} \frac{i}{ah}. \tag{125}$$

Donc le son le plus grave produit par les vibrations tournantes d'une verge plate et rectangulaire, ou, en d'autres termes, d'une plaque dont la largeur est peu considérable, varie en raison directe de l'épaisseur de cette plaque, et en raison inverse du produit de deux autres dimensions, ou, ce qui revient au même, en raison inverse de la superficie de la plaque. La loi que nous venons d'énoncer est précisément celle que M. Savart a découverte, et à laquelle il a été conduit par l'expérience, ainsi qu'on peut le voir dans le tome XXV des *Annales de Physique et de Chimie*.

SUR LA

RÉSOLUTION DES ÉQUATIONS NUMÉRIQUES

ET SUR LA

THÉORIE DE L'ÉLIMINATION.

CONSIDÉRATIONS GÉNÉRALES.

On a beaucoup écrit sur la résolution des équations numériques et sur l'élimination. On sait en particulier que la première de ces deux questions est l'objet spécial d'un Ouvrage de Lagrange, dans lequel cet illustre géomètre a présenté, pour la détermination des racines réelles d'une équation de degré quelconque, une méthode fondée sur la considération d'une équation auxiliaire, dont le degré est généralement plus élevé, et dont l'inconnue a pour valeurs les carrés des différences entre les diverses racines de la proposée. On se sert de cette équation auxiliaire pour calculer une limite inférieure à la plus petite différence entre deux racines réelles. J'ai fait voir dans l'*Analyse algébrique* [Note III (1)] qu'on pouvait arriver au même but, en considérant seulement le produit de toutes les différences des racines. Mais, pour tirer un parti avantageux de cette remarque, il restait à indiquer un moyen facile de former le même produit. Au reste, dès que l'on connaît une limite inférieure à la plus petite différence entre deux racines réelles, on parvient sans peine, non seulement à calculer le nombre de ces racines, mais encore à en obtenir des valeurs de plus en plus approchées.

(1) *OEuvres de Cauchy,* S. II, T. III.

Une autre méthode, également applicable à l'évaluation des racines réelles et des racines imaginaires, a été donnée par M. Legendre, dans la seconde édition de la *Théorie des nombres*. En suivant cette dernière méthode, on réduit la recherche de l'une des racines de l'équation proposée à la résolution d'une équation binôme, résolution que l'on opère à l'aide des propriétés bien connues des fonctions trigonométriques. D'ailleurs, en s'appuyant sur la même méthode, on prouve directement que l'on peut satisfaire à une équation de degré quelconque par une valeur réelle ou imaginaire de la variable. A la vérité, la démonstration que M. Legendre a donnée de cette proposition, et qu'il considère comme s'étendant à toutes sortes d'équations algébriques ou transcendantes, paraît sujette à quelques difficultés; mais on peut les surmonter, lorsque l'équation est algébrique, dans tous les cas possibles, et, lorsqu'elle devient transcendante, en apportant quelques restrictions à la proposition dont il s'agit, comme je l'ai fait voir dans les *Leçons sur le Calcul différentiel* ([1]).

On pourrait citer encore diverses méthodes relatives à la résolution des équations numériques et développées ou seulement indiquées dans les Ouvrages de Newton, de Hallé, d'Euler, de Lagrange, de M. Budan, de M. Legendre, de M. Fourier, etc. Mais ces méthodes, dont quelques-unes supposent déjà connue la valeur approchée d'une racine de l'équation que l'on veut résoudre, ou sont appuyées sur des théories étrangères aux éléments d'Algèbre, par exemple, sur la considération des séries récurrentes, n'offrent pas de règles certaines pour la détermination *a priori* du nombre des racines réelles. On doit toutefois excepter les méthodes qui ont été annoncées par M. Fourier, dans le Tome VII des *Mémoires de l'Académie des Sciences*, et que le nom de l'auteur recommande à l'attention des géomètres, mais dont on ne pourra se former une idée précise qu'au moment où il aura publié l'Ouvrage qu'il prépare sur cette matière.

Quoi qu'il en soit, j'ai pensé qu'il serait utile, pour ceux qui se pro-

([1]) *OEuvres de Cauchy*, S. II, T. IV.

posent de cultiver les sciences mathématiques, d'offrir ici des méthodes simples et générales, à l'aide desquelles on puisse déterminer le nombre des racines, soit réelles, soit imaginaires, d'une équation de degré quelconque, et les calculer approximativement, sans recourir à l'équation auxiliaire dont l'inconnue a pour valeurs les carrés des différences entre ces racines, et sans employer des notations étrangères à ceux qui ne possèdent que les premiers principes de l'Algèbre. Ces méthodes, qui seront développées dans les paragraphes suivants, fourniront en même temps les moyens de simplifier la théorie de l'élimination, et de lever les difficultés qu'elle présente.

§ I. — *Sur la résolution des équations du premier et du second degré à coefficients réels, et sur les expressions imaginaires.*

Considérons l'équation du premier degré

$$a_0 x + a_1 = 0, \tag{1}$$

dans laquelle a_0, a_1 désignent deux constantes réelles. Si l'on fait, pour abréger,

$$A = \frac{a_1}{a_0}, \tag{2}$$

l'équation (1), divisée par a_0, deviendra

$$x + A = 0, \tag{3}$$

et l'on en tirera

$$x = -A. \tag{4}$$

Considérons maintenant l'équation du second degré

$$a_0 x^2 + a_1 x + a_2 = 0, \tag{5}$$

a_0, a_1, a_2 désignant trois constantes réelles. Si l'on fait, pour abréger,

$$A = \frac{a_1}{a_0}, \qquad B = \frac{a_2}{a_0}, \tag{6}$$

l'équation (5), divisée par a_0, deviendra

$$(7) \qquad x^2 + Ax + B = 0.$$

Avant de résoudre généralement cette dernière, examinons d'abord le cas particulier où l'on aurait

$$(8) \qquad A = 0.$$

Dans ce cas, l'équation (7), ou plutôt l'équation binôme

$$(9) \qquad x^2 + B = 0$$

donnera

$$(10) \qquad x^2 = -B,$$

et on la vérifiera, si B est négatif, en prenant

$$(11) \qquad x = \pm\sqrt{-B}.$$

Donc alors l'équation (9) admettra deux racines réelles, savoir

$$(12) \qquad x = -\sqrt{-B},$$

$$(13) \qquad x = \sqrt{-B}.$$

Ainsi, par exemple, l'équation binôme

$$(14) \qquad x^2 - 1 = 0$$

offrira les deux racines réelles

$$(15) \qquad x = -1,$$

$$(16) \qquad x = 1.$$

Mais, si B devient positif, si l'on suppose, par exemple, $B = 1$, l'équation (9), réduite à

$$(17) \qquad x^2 + 1 = 0,$$

ne sera plus vérifiée par aucune valeur réelle de x, puisqu'une semblable valeur rendra toujours la somme $x^2 + 1$ égale ou supérieure à l'unité, et par conséquent positive. Dans le même cas, les valeurs de x, données par les formules (12) et (13), savoir

$$(18)\qquad x = -\sqrt{-1},$$

$$(19)\qquad x = \sqrt{-1},$$

ne seront plus que des expressions algébriques qui ne signifieront rien par elles-mêmes, et qui, pour cette raison, sembleraient devoir être exclues de l'Algèbre. Néanmoins, il peut être utile de les conserver dans le calcul. C'est en effet ce qui résulte des observations suivantes.

En Analyse, on appelle *expression symbolique* ou *symbole* toute combinaison de signes algébriques qui ne signifie rien par elle-même, ou à laquelle on attribue une valeur différente de celle qu'elle doit naturellement avoir. On nomme de même *équations symboliques* toutes celles qui, prises à la lettre et interprétées d'après les conventions généralement établies, sont inexactes ou n'ont pas de sens, mais desquelles on peut déduire des résultats exacts en modifiant et altérant, selon des règles fixes, ou ces équations elles-mêmes, ou les symboles qu'elles renferment. L'emploi de ces symboles ou de ces équations est souvent un moyen de simplifier les calculs, et d'écrire sous forme abrégée des résultats assez compliqués en apparence. Or, parmi les expressions ou équations symboliques dont la considération est de quelque importance en Analyse, on doit surtout distinguer celles que l'on a nommées *imaginaires*. Nous allons montrer comment l'on peut être conduit à en faire usage.

Soient

$$\alpha,\ \alpha',\ \alpha'',\ \ldots,\ \beta,\ \beta',\ \beta'',\ \ldots$$

plusieurs quantités réelles positives ou négatives. Si l'on multiplie les unes par les autres les expressions symboliques

$$(20)\qquad \alpha + \beta\sqrt{-1},\quad \alpha' + \beta'\sqrt{-1},\quad \alpha'' + \beta''\sqrt{-1},\quad \ldots,$$

en opérant d'après les règles connues de la multiplication algébrique, comme si $\sqrt{-1}$ était une quantité réelle dont le carré fût égal à -1, le produit obtenu se composera de deux parties, l'une toute réelle, l'autre ayant pour coefficient $\sqrt{-1}$, et restera le même, quel que soit l'ordre dans lequel on aura effectué les diverses multiplications. Or cette simple remarque peut être employée fort utilement dans la recherche des propriétés générales des nombres ou des quantités réelles, et fournit, par exemple, le moyen d'établir la proposition suivante :

Théorème I. — *Si l'on multiplie l'un par l'autre deux nombres entiers dont chacun soit la somme de deux carrés, le produit sera encore la somme de deux carrés.*

Démonstration. — Soient

$$\alpha^2+\beta^2, \quad \gamma^2+\delta^2 \tag{21}$$

les deux nombres entiers dont il s'agit, α^2, β^2, γ^2, δ^2 désignant des carrés parfaits. Ces deux nombres pourront être considérés comme résultants, le premier de la multiplication des facteurs symboliques

$$\alpha+\beta\sqrt{-1}, \quad \alpha-\beta\sqrt{-1}, \tag{22}$$

le second de la multiplication des facteurs symboliques

$$\gamma+\delta\sqrt{-1}, \quad \gamma-\delta\sqrt{-1}. \tag{23}$$

Donc le produit

$$(\alpha^2+\beta^2)(\gamma^2+\delta^2) \tag{24}$$

pourra être considéré comme résultant de la multiplication des quatre facteurs symboliques

$$\alpha+\beta\sqrt{-1}, \quad \alpha-\beta\sqrt{-1}, \quad \gamma+\delta\sqrt{-1}, \quad \gamma-\delta\sqrt{-1}. \tag{25}$$

D'ailleurs, si l'on multiplie : 1° le premier facteur par le troisième; 2° le deuxième par le quatrième, les produits ainsi formés seront respectivement

$$\alpha\gamma-\beta\delta+(\alpha\delta+\beta\gamma)\sqrt{-1}, \quad \alpha\gamma-\beta\delta-(\alpha\delta+\beta\gamma)\sqrt{-1}; \tag{26}$$

puis, en multipliant l'une par l'autre les expressions (26), on trouvera pour résultat définitif la quantité positive

$$(\alpha\gamma - \beta\delta)^2 + (\alpha\delta + \beta\gamma)^2.$$

On aura donc

$$(27) \qquad (\alpha\gamma - \beta\delta)^2 + (\alpha\delta + \beta\gamma)^2 = (\alpha^2 + \beta^2)(\gamma^2 + \delta^2).$$

Or cette dernière formule comprend évidemment le théorème I.

Corollaire I. — Si, dans la formule (27), on échange entre elles les lettres δ et γ, on en tirera

$$(28) \qquad (\alpha\gamma + \beta\delta)^2 + (\alpha\delta - \beta\gamma)^2 = (\alpha^2 + \beta^2)(\gamma^2 + \delta^2).$$

Il y a donc en général deux manières de décomposer en deux carrés le produit de deux nombres entiers dont chacun est la somme de deux carrés. Ainsi, par exemple, on tire des équations (27) et (28)

$$(2^2 + 1)(3^2 + 2^2) = 4^2 + 7^2 = 1^2 + 8^2.$$

Corollaire II. — Les formules (27), (28) subsistent évidemment dans le cas même où les lettres α, β, γ, δ cessent de représenter des nombres entiers, et désignent des quantités réelles quelconques, positives ou négatives.

On voit, par ce qui précède, qu'il peut être utile, dans la recherche des propriétés générales des quantités réelles, de considérer des expressions symboliques de la forme

$$(29) \qquad \alpha + \beta\sqrt{-1}.$$

Une semblable expression, dans laquelle α, β désignent deux quantités réelles, est ce qu'on nomme une *expression imaginaire;* et l'on dit que deux expressions imaginaires

$$\alpha + \beta\sqrt{-1}, \qquad \gamma + \delta\sqrt{-1}$$

sont *égales* entre elles, lorsqu'il y a égalité de part et d'autre : 1° entre les parties réelles α et γ; 2° entre les coefficients de $\sqrt{-1}$, savoir β et δ. L'égalité de deux expressions imaginaires s'indique comme celle de deux quantités réelles par le signe $=$; et il en résulte ce qu'on appelle une *équation imaginaire*. Cela posé, toute équation imaginaire n'est que la représentation symbolique de deux équations entre quantités réelles. Par exemple, l'équation symbolique

$$\alpha+\beta\sqrt{-1}=\gamma+\delta\sqrt{-1}$$

équivaut seule aux deux équations réelles

$$\alpha=\gamma, \qquad \beta=\delta.$$

Lorsque, dans l'expression imaginaire

$$\alpha+\beta\sqrt{-1},$$

le coefficient β de $\sqrt{-1}$ s'évanouit, le terme $\beta\sqrt{-1}$ est censé réduit à zéro, et l'expression elle-même à la quantité réelle α. En vertu de cette convention, les expressions imaginaires comprennent comme cas particuliers les quantités réelles.

Les expressions imaginaires peuvent être soumises, aussi bien que les quantités réelles, aux diverses opérations de l'Algèbre. Si l'on effectue, en particulier, l'addition, la soustraction ou la multiplication de deux ou de plusieurs expressions imaginaires, on obtiendra pour résultat une nouvelle expression imaginaire qui sera ce qu'on appelle la *somme*, la *différence*, ou le *produit* des expressions données; et l'on se servira des notations ordinaires pour indiquer cette somme, cette différence ou ce produit. Par exemple, si l'on donne seulement deux expressions imaginaires

$$\alpha+\beta\sqrt{-1}, \quad \gamma+\delta\sqrt{-1},$$

on trouvera

$$(30) \qquad (\alpha+\beta\sqrt{-1})+(\gamma+\delta\sqrt{-1})=\alpha+\gamma+(\beta+\delta)\sqrt{-1},$$

$$(31) \qquad (\alpha+\beta\sqrt{-1})-(\gamma+\delta\sqrt{-1})=\alpha-\gamma+(\beta-\delta)\sqrt{-1},$$

$$(32) \qquad (\alpha+\beta\sqrt{-1})\times(\gamma+\delta\sqrt{-1})=\alpha\gamma-\beta\delta+(\alpha\delta+\beta\gamma)\sqrt{-1}.$$

Diviser une première expression imaginaire par une deuxième, c'est trouver une troisième expression imaginaire qui, multipliée par la deuxième, reproduise la première. Le résultat de cette opération est le quotient des deux expressions données. On se sert, pour l'indiquer, du signe ordinaire de la division. Ainsi

$$\frac{\alpha + \beta\sqrt{-1}}{\gamma + \delta\sqrt{-1}}$$

représente le quotient des deux expressions imaginaires

$$\alpha + \beta\sqrt{-1}, \quad \gamma + \delta\sqrt{-1}.$$

Élever une expression imaginaire à la puissance du degré m (m désignant un nombre entier), c'est former le produit de m facteurs égaux à cette expression. On indique la *puissance* $m^{\text{ième}}$ de $\alpha + \beta\sqrt{-1}$ par la notation

$$(\alpha + \beta\sqrt{-1})^m.$$

Ainsi, en particulier, la notation

$$(\alpha + \beta\sqrt{-1})^2$$

représente le produit de l'expression $\alpha + \beta\sqrt{-1}$ par elle-même.

On dit que deux expressions imaginaires sont conjuguées l'une à l'autre, lorsque ces deux expressions ne diffèrent entre elles que par le signe du coefficient de $\sqrt{-1}$. La somme de deux semblables expressions est toujours réelle, ainsi que leur produit. En effet, les deux expressions imaginaires conjuguées

$$(22) \qquad \alpha + \beta\sqrt{-1}, \quad \alpha - \beta\sqrt{-1}$$

donnent pour somme 2α, et pour produit $\alpha^2 + \beta^2$. La racine carrée de ce produit, ou

$$(33) \qquad \sqrt{\alpha^2 + \beta^2},$$

est ce qu'on nomme le *module* de chacune des expressions (22). Pour que le module (33) s'évanouisse, il est nécessaire et il suffit que l'on ait en même temps $\alpha = 0$, $\beta = 0$, c'est-à-dire, en d'autres termes, que les expressions (22) se réduisent l'une et l'autre à zéro.

Remarquons encore que, en vertu des principes ci-dessus établis, *l'égalité de deux expressions imaginaires entraîne toujours l'égalité de leurs modules.*

Quelquefois on représente une expression imaginaire par une seule lettre. Cela posé, soit

$$(34) \qquad x = p + q\sqrt{-1}$$

une semblable expression, p et q étant deux quantités réelles quelconques. On pourra se proposer d'assigner à ces deux quantités des valeurs telles que la valeur correspondante de x vérifie une équation donnée du second degré, par exemple, l'équation (7) ou (9). Alors la valeur de x deviendra ce qu'on nomme une *racine imaginaire* de l'équation (7) ou (9). Ajoutons que cette racine imaginaire se transformera en une racine réelle, dans les cas où la valeur de q sera nulle. Si l'on suppose en particulier l'équation (9) réduite à l'équation (14) ou (17), on la vérifiera évidemment en attribuant à x l'une des valeurs réelles (15), (16), ou l'une des valeurs imaginaires (18), (19). Donc ces valeurs représentent des racines réelles de l'équation (14) et des racines imaginaires de l'équation (17).

Revenons maintenant à l'équation (9) ou (10). Pour la résoudre généralement, c'est-à-dire pour trouver toutes les valeurs réelles ou imaginaires de x qui peuvent la vérifier, posons comme ci-dessus $x = p + q\sqrt{-1}$. Elle donnera

$$(35) \qquad p^2 - q^2 + 2pq\sqrt{-1} = -B,$$

et se partagera en deux équations réelles, savoir

$$(36) \qquad p^2 - q^2 = -B, \qquad 2pq = 0.$$

Or on ne peut satisfaire aux équations (36), par des valeurs réelles de p et de q, qu'en supposant

$$(37) \qquad q = 0, \qquad p^2 = -B$$

ou

$$(38) \qquad p = 0, \qquad q^2 = B.$$

La première supposition n'est admissible que dans le cas où l'on a

$$(39) \qquad B < 0,$$

et l'on tire alors des formules (37)

$$q = 0, \qquad p = \pm\sqrt{-B},$$

$$(40) \qquad x = p + q\sqrt{-1} = \pm\sqrt{-B}.$$

Au contraire, la seconde supposition n'est admissible que dans le cas où l'on a

$$(41) \qquad B > 0,$$

et l'on tire alors des formules (38)

$$p = 0, \qquad q = \pm B^{\frac{1}{2}},$$

$$(42) \qquad x = p + q\sqrt{-1} = \pm B^{\frac{1}{2}}\sqrt{-1}.$$

Donc, dans tous les cas possibles, l'équation (10) admettra seulement deux racines, savoir, deux racines réelles fournies par les formules (12) et (13), si B est négatif, et deux racines imaginaires, mais conjuguées, fournies par les formules

$$(43) \qquad x = -B^{\frac{1}{2}}\sqrt{-1},$$

$$(44) \qquad x = B^{\frac{1}{2}}\sqrt{-1},$$

si B devient positif. Si la quantité B s'évanouissait, les deux racines de l'équation (10) seraient égales entre elles, et chacune des formules (12), (13), (43), (44) donnerait

$$(45) \qquad x = 0.$$

Passons maintenant à l'équation (7). Cette équation pouvant s'écrire comme il suit

$$(46) \qquad \left(x + \frac{A}{2}\right)^2 + B - \frac{A^2}{4} = 0,$$

on en tirera

$$(47) \qquad \left(x + \frac{A}{2}\right)^2 = \frac{A^2}{4} - B.$$

Cette dernière, étant semblable à l'équation (10), se résoudra de la même manière; et d'abord, si l'on suppose

(48) $$\frac{A^2}{4} = \text{ ou } > B,$$

elle donnera

(49) $$x + \frac{A}{2} = \pm\sqrt{\frac{A^2}{4} - B},$$

et par conséquent

(50) $$x = -\frac{A}{2} \pm \sqrt{\frac{A^2}{4} - B}.$$

Donc alors l'équation (7) admettra deux racines réelles, savoir

(51) $$x = -\frac{A}{2} - \sqrt{\frac{A^2}{4} - B},$$

(52) $$x = -\frac{A}{2} + \sqrt{\frac{A^2}{4} - B}.$$

Si l'on suppose, au contraire,

(53) $$\frac{A^2}{4} < B,$$

la formule (47) donnera

(54) $$x + \frac{A}{2} = \pm\left(B - \frac{A^2}{4}\right)^{\frac{1}{2}}\sqrt{-1},$$

et par conséquent

(55) $$x = -\frac{A}{2} \pm \left(B - \frac{A^2}{4}\right)^{\frac{1}{2}}\sqrt{-1}.$$

Donc alors l'équation (7) admettra deux racines imaginaires, mais conjuguées l'une à l'autre, savoir

(56) $$x = -\frac{A}{2} - \left(B - \frac{A^2}{4}\right)^{\frac{1}{2}}\sqrt{-1},$$

(57) $$x = -\frac{A}{2} + \left(B - \frac{A^2}{4}\right)^{\frac{1}{2}}\sqrt{-1}.$$

Nous terminerons ce paragraphe en indiquant quelques propriétés des expressions imaginaires. Ces propriétés sont comprises dans les théorèmes que nous allons énoncer.

Théorème II. — *La somme de deux expressions imaginaires offre, ainsi que leur différence, un module compris entre la somme et la différence de leurs modules.*

Démonstration. — En effet, soient

$$(58)\qquad \alpha+\beta\sqrt{-1},\quad \gamma+\delta\sqrt{-1}$$

les expressions imaginaires proposées. Leur somme et leur différence

$$(59)\qquad \alpha+\gamma+(\beta+\delta)\sqrt{-1},\quad \alpha-\gamma+(\beta-\delta)\sqrt{-1}$$

offriront pour modules les deux quantités

$$(60)\quad [\alpha^2+\beta^2+2(\alpha\gamma+\beta\delta)+\gamma^2+\delta^2]^{\frac{1}{2}},\quad [\alpha^2+\beta^2-2(\alpha\gamma+\beta\delta)+\gamma^2+\delta^2]^{\frac{1}{2}}.$$

Comme on aura d'ailleurs, en vertu de la formule (28),

$$(61)\qquad (\alpha\gamma+\beta\delta)^2 = \text{ ou } < (\alpha^2+\beta^2)(\gamma^2+\delta^2),$$

il est clair que la valeur numérique de la somme

$$(62)\qquad \alpha\gamma+\beta\delta$$

sera inférieure ou tout au plus égale au produit

$$(\alpha^2+\beta^2)^{\frac{1}{2}}(\gamma^2+\delta^2)^{\frac{1}{2}}.$$

Donc cette somme sera renfermée entre les deux limites

$$(63)\qquad -(\alpha^2+\beta^2)^{\frac{1}{2}}(\gamma^2+\delta^2)^{\frac{1}{2}},\quad +(\alpha^2+\beta^2)^{\frac{1}{2}}(\gamma^2+\delta^2)^{\frac{1}{2}}.$$

Donc, par suite, chacune des quantités (60) sera comprise entre les deux limites

$$(64)\quad \left\{\begin{array}{l}\left(\alpha^2+\beta^2-2\sqrt{\alpha^2+\beta^2}\sqrt{\gamma^2+\delta^2}+\gamma^2+\delta^2\right)^{\frac{1}{2}}=\pm\left(\sqrt{\alpha^2+\beta^2}-\sqrt{\gamma^2+\delta^2}\right),\\ \left(\alpha^2+\beta^2+2\sqrt{\alpha^2+\beta^2}\sqrt{\gamma^2+\delta^2}+\gamma^2+\delta^2\right)^{\frac{1}{2}}=\sqrt{\alpha^2+\beta^2}+\sqrt{\gamma^2+\delta^2},\end{array}\right.$$

c'est-à-dire entre la somme et la différence des modules des expressions (58).

Corollaire. — La somme de plusieurs expressions imaginaires offre un module inférieur à la somme de leurs modules.

THÉORÈME III. — *Le produit de deux expressions imaginaires a pour module le produit de leurs modules.*

Démonstration. — En effet, le produit des expressions imaginaires

$$(58) \qquad \alpha + \beta\sqrt{-1}, \quad \gamma + \delta\sqrt{-1}$$

étant lui-même une expression imaginaire conjuguée à celle qui représente le produit des deux suivantes

$$(65) \qquad \alpha - \beta\sqrt{-1}, \quad \gamma - \delta\sqrt{-1},$$

chacun des produits en question aura pour module la racine carrée de la quantité

$$(\alpha^2 + \beta^2)(\gamma^2 + \delta^2),$$

qui résulte de la multiplication des quatre facteurs (58) et (65). Donc ce module sera équivalent à

$$(66) \qquad (\alpha^2 + \beta^2)^{\frac{1}{2}}(\gamma^2 + \delta^2)^{\frac{1}{2}},$$

c'est-à-dire au produit des modules des expressions (58).

Corollaire I. — Le produit de plusieurs facteurs imaginaires

$$\alpha + \beta\sqrt{-1}, \quad \alpha' + \beta'\sqrt{-1}, \quad \alpha'' + \beta''\sqrt{-1}, \quad \ldots$$

a pour module le produit de leurs modules.

Corollaire II. — Si, dans le corollaire qui précède, on suppose les divers facteurs imaginaires égaux entre eux, et leur nombre égal à m, on reconnaîtra que la $m^{\text{ième}}$ puissance d'une expression imaginaire a pour module la $m^{\text{ième}}$ puissance de son module.

Corollaire III. — Comme le produit de plusieurs modules ne peut devenir nul, sans que l'un de ces modules s'évanouisse, et qu'une expression imaginaire dont le module s'évanouit se réduit nécessairement à zéro, il est clair que le corollaire I entraînera encore la proposition suivante :

Théorème IV. — *Le produit de plusieurs facteurs imaginaires ne peut s'évanouir avec son module qu'autant que l'un des facteurs se réduit à zéro.*

On établit encore sans difficulté les théorèmes suivants :

Théorème V. — *Pour diviser une expression imaginaire par une quantité réelle, il suffit de diviser par cette quantité, dans l'expression dont il s'agit, la partie réelle et le coefficient de* $\sqrt{-1}$.

Démonstration. — En effet, diviser l'expression imaginaire

$$\alpha + \beta\sqrt{-1}$$

par une quantité réelle γ, c'est chercher une seconde expression imaginaire

$$x = p + q\sqrt{-1},$$

qui, étant multipliée par γ, reproduise la première, en sorte que l'on ait

$$\gamma(p + q\sqrt{-1}) = \alpha + \beta\sqrt{-1}. \tag{67}$$

Or l'équation symbolique (67) équivaut aux deux équations réelles

$$\gamma p = \alpha, \qquad \gamma q = \beta,$$

desquelles on tire

$$p = \frac{\alpha}{\gamma}, \qquad q = \frac{\beta}{\gamma}$$

et, par suite,

$$x = p + q\sqrt{-1} = \frac{\alpha}{\gamma} + \frac{\beta}{\gamma}\sqrt{-1}. \tag{68}$$

Donc, pour obtenir le quotient de l'expression imaginaire $\alpha + \beta\sqrt{-1}$ par la quantité réelle γ, il suffit, dans cette expression, de diviser par γ la partie réelle et le coefficient de $\sqrt{-1}$.

Théorème VI. — *Pour diviser une expression imaginaire* $\alpha+\beta\sqrt{-1}$ *par une expression semblable* $\gamma+\delta\sqrt{-1}$, *il suffit de multiplier la première par une troisième expression imaginaire* $\gamma-\delta\sqrt{-1}$ *qui soit conjuguée à la seconde, et de diviser le produit obtenu par le carré du module de* $\gamma+\delta\sqrt{-1}$.

Démonstration. — En effet, diviser $\alpha+\beta\sqrt{-1}$ par $\gamma+\delta\sqrt{-1}$, c'est chercher une expression imaginaire

$$x=p+q\sqrt{-1}$$

qui soit propre à vérifier la formule

$$(\gamma+\delta\sqrt{-1})x=\alpha+\beta\sqrt{-1}. \tag{69}$$

D'ailleurs, si l'on multiplie par $\gamma-\delta\sqrt{-1}$ les deux membres de l'équation (69), elle deviendra

$$(\gamma^2+\delta^2)x=(\alpha+\beta\sqrt{-1})(\gamma-\delta\sqrt{-1}), \tag{70}$$

et l'on en tirera

$$x=\frac{(\alpha+\beta\sqrt{-1})(\gamma-\delta\sqrt{-1})}{\gamma^2+\delta^2}. \tag{71}$$

Or cette dernière formule comprend évidemment le théorème VI.

Scolie. — Si l'on développe le second membre de la formule (71), en ayant égard au théorème V, on trouvera

$$x=\frac{\alpha\gamma+\beta\delta}{\gamma^2+\delta^2}+\frac{\beta\gamma-\alpha\delta}{\gamma^2+\delta^2}\sqrt{-1}. \tag{72}$$

Théorème VII. — *Les deux polynômes*

$$\begin{cases} a_0x^n+a_1x^{n-1}+\ldots+a_{n-1}x+a_n, \\ c_0x^n+c_1x^{n-1}+\ldots+c_{n-1}x+c_n, \end{cases} \tag{73}$$

dans lesquels $a_0, a_1, \ldots, a_{n-1}, a_n$; $c_0, c_1, \ldots, c_{n-1}, c_n$ *désignent des coefficients réels ou imaginaires, ne peuvent rester égaux entre eux, quelle que soit la valeur réelle ou imaginaire de* x, *à moins que l'on n'ait*

$$a_0=c_0, \quad a_1=c_1, \quad \ldots, \quad a_{n-1}=c_{n-1}, \quad a_n=c_n. \tag{74}$$

Demonstration. — En effet, si deux polynômes (73) restent égaux, quel que soit n, leur différence sera toujours nulle, et l'on aura constamment

$$(75)\qquad (a_0 - c_0)x^n + (a_1 - c_1)x^{n-1} + \ldots + (a_{n-1} - c_{n-1})x + a_n - c_n = 0.$$

Or on tirera de l'équation (75) : 1° en posant $x = 0$,

$$a_n - c_n = 0, \qquad a_n = c_n;$$

2° en divisant le premier membre par x, et posant de nouveau $x = 0$,

$$a_{n-1} - c_{n-1} = 0, \qquad a_{n-1} = c_{n-1},$$

et ainsi de suite.

Nous remarquerons encore que, étant donnée l'équation algébrique

$$(76)\qquad a_0 x^n + a_1 x^{n-1} + a_2 x^{n-2} + \ldots + a_{n-1} x + a_n = 0,$$

dans laquelle n désigne un nombre entier quelconque, et a_0, a_1, ..., a_{n-1}, a_n des coefficients constants réels ou imaginaires, on peut toujours réduire à l'unité le coefficient du premier terme. En effet, si l'on pose

$$(77)\qquad \frac{a_1}{a_0} = \mathrm{A}, \qquad \frac{a_2}{a_0} = \mathrm{B}, \qquad \ldots, \qquad \frac{a_{n-1}}{a_0} = \mathrm{I}, \qquad \frac{a_n}{a_0} = \mathrm{K}$$

ou, ce qui revient au même,

$$(78)\qquad a_1 = a_0\mathrm{A}, \qquad a_2 = a_0\mathrm{B}, \qquad \ldots, \qquad a_{n-1} = a_0\mathrm{I}, \qquad a_n = a_0\mathrm{K},$$

l'équation (76) pourra s'écrire ainsi qu'il suit

$$(79)\qquad a_0(x^n + \mathrm{A}x^{n-1} + \mathrm{B}x^{n-2} + \ldots + \mathrm{I}x + \mathrm{K}) = 0;$$

et, comme a_0 diffère nécessairement de zéro, lorsque $a_0 x^n$ est le premier terme de l'équation (76), on tirera de la formule (79), réunie au théorème IV,

$$(80)\qquad x^n + \mathrm{A}x^{n-1} + \mathrm{B}x^{n-2} + \ldots + \mathrm{I}x + \mathrm{K} = 0.$$

Dans le cas particulier où l'équation (76) est *binôme* ou du second degré, c'est-à-dire de l'une des formes

(81) $$a_0 x^n + a_n = 0,$$

(82) $$a_0 x^2 + a_1 x + a_2 = 0,$$

alors, après la réduction du coefficient de son premier terme à l'unité, elle devient

(83) $$x^n + K = 0$$

ou

(84) $$x^2 + Ax + B = 0.$$

§ II. — *Sur la résolution des équations du premier et du second degré à coefficients quelconques, réels ou imaginaires.*

Considérons d'abord une équation du premier degré à coefficients réels ou imaginaires. Si l'on réduit à l'unité le coefficient du premier terme, cette équation se présentera sous la forme

(1) $$x + A = 0,$$

A désignant une constante réelle ou imaginaire, et l'on en tirera

(2) $$x = -A.$$

Considérons maintenant une équation quelconque du second degré. Si l'on réduit à l'unité le coefficient du premier terme, cette équation se présentera sous la forme

(3) $$x^2 + Ax + B = 0,$$

A, B désignant deux constantes réelles ou imaginaires. Si, de plus, la constante A s'évanouit, l'équation (3) deviendra

(4) $$x^2 + B = 0$$

ou

(5) $$x^2 = -B.$$

Donc alors, en écrivant, au lieu de $-B$, $\alpha + \beta\sqrt{-1}$, et attribuant aux lettres α, β des valeurs réelles, on aura simplement à résoudre l'équation binôme

$$x^2 = \alpha + \beta\sqrt{-1}. \tag{6}$$

Or, on y parviendra sans peine, en opérant comme il suit.

Désignons par p, q deux quantités réelles tellement choisies que

$$x = p + q\sqrt{-1} \tag{7}$$

soit une valeur de x propre à vérifier l'équation (6). Cette équation donnera

$$p^2 - q^2 + 2pq\sqrt{-1} = \alpha + \beta\sqrt{-1} \tag{8}$$

et, par conséquent,

$$p^2 - q^2 = \alpha, \tag{9}$$

$$2pq = \beta; \tag{10}$$

puis on tirera des formules (7) et (10)

$$x = p + \frac{\beta}{2p}\sqrt{-1} \tag{11}$$

ou, ce qui revient au même,

$$x = \frac{\beta}{2q} + q\sqrt{-1}. \tag{12}$$

D'ailleurs les formules (9) et (10) entraîneront la suivante

$$p^2 + q^2 = (\alpha^2 + \beta^2)^{\frac{1}{2}}, \tag{13}$$

que l'on peut aussi déduire immédiatement de l'équation (6) jointe au corollaire II du théorème III. Enfin l'on conclura des formules (9) et (13)

$$p^2 = \frac{(\alpha^2 + \beta^2)^{\frac{1}{2}} + \alpha}{2}, \tag{14}$$

$$q^2 = \frac{(\alpha^2 + \beta^2)^{\frac{1}{2}} - \alpha}{2} \tag{15}$$

et, par suite,

$$(16)\qquad p=\pm\left(\frac{\sqrt{\alpha^2+\beta^2}+\alpha}{2}\right)^{\frac{1}{2}},$$

$$(17)\qquad q=\pm\left(\frac{\sqrt{\alpha^2+\beta^2}-\alpha}{2}\right)^{\frac{1}{2}};$$

puis, en substituant la valeur de p dans la formule (11), ou là valeur de q dans la formule (12), on trouvera

$$(18)\qquad x=\pm\left[\frac{\left(\sqrt{\alpha^2+\beta^2}+\alpha\right)^{\frac{1}{2}}}{2^{\frac{1}{2}}}+\frac{\beta}{2^{\frac{1}{2}}\left(\sqrt{\alpha^2+\beta^2}+\alpha\right)^{\frac{1}{2}}}\sqrt{-1}\right],$$

ou, ce qui revient au même,

$$(19)\qquad x=\pm\left[\frac{\beta}{2^{\frac{1}{2}}\left(\sqrt{\alpha^2+\beta^2}-\alpha\right)^{\frac{1}{2}}}+\frac{\left(\sqrt{\alpha^2+\beta^2}-\alpha\right)^{\frac{1}{2}}}{2^{\frac{1}{2}}}\sqrt{-1}\right].$$

Donc l'équation (6) admettra deux racines dont les valeurs seront respectivement

$$(20)\qquad x=-\frac{\left(\sqrt{\alpha^2+\beta^2}+\alpha\right)^{\frac{1}{2}}}{2^{\frac{1}{2}}}-\frac{\beta}{2^{\frac{1}{2}}\left(\sqrt{\alpha^2+\beta^2}+\alpha\right)^{\frac{1}{2}}}\sqrt{-1},$$

$$(21)\qquad x=\frac{\left(\sqrt{\alpha^2+\beta^2}+\alpha\right)^{\frac{1}{2}}}{2^{\frac{1}{2}}}+\frac{\beta}{2^{\frac{1}{2}}\left(\sqrt{\alpha^2+\beta^2}+\alpha\right)^{\frac{1}{2}}}\sqrt{-1},$$

ou, ce qui revient au même,

$$(22)\qquad x=-\frac{\beta}{2^{\frac{1}{2}}\left(\sqrt{\alpha^2+\beta^2}-\alpha\right)^{\frac{1}{2}}}-\frac{\left(\sqrt{\alpha^2+\beta^2}-\alpha\right)^{\frac{1}{2}}}{2^{\frac{1}{2}}}\sqrt{-1},$$

$$(23)\qquad x=\frac{\beta}{2^{\frac{1}{2}}\left(\sqrt{\alpha^2+\beta^2}-\alpha\right)^{\frac{1}{2}}}+\frac{\left(\sqrt{\alpha^2+\beta^2}-\alpha\right)^{\frac{1}{2}}}{2^{\frac{1}{2}}}\sqrt{-1}.$$

Dans le cas où β s'évanouit, l'équation (6) se réduit à

$$(24)\qquad x^2=\alpha.$$

Dans le même cas, on tire de la formule (18), en supposant α positif,

$$x = \pm \alpha^{\frac{1}{2}}, \tag{25}$$

et de la formule (19), en supposant α négatif,

$$x = \pm (-\alpha)^{\frac{1}{2}} \sqrt{-1}. \tag{26}$$

Ces dernières s'accordent, comme on devait s'y attendre, avec les formules (40) et (42) du § I.

Dans le cas où α s'évanouit, l'équation (6) se réduit à

$$x^2 = \beta \sqrt{-1}, \tag{27}$$

et l'on tire de la formule (18) ou (19) : 1° en supposant β positif,

$$x = \pm \left[\left(\frac{\beta}{2}\right)^{\frac{1}{2}} + \left(\frac{\beta}{2}\right)^{\frac{1}{2}} \sqrt{-1} \right]; \tag{28}$$

2° en supposant β négatif,

$$x = \pm \left[\left(-\frac{\beta}{2}\right)^{\frac{1}{2}} - \left(-\frac{\beta}{2}\right)^{\frac{1}{2}} \sqrt{-1} \right]. \tag{29}$$

Ainsi, en particulier, les deux racines de l'équation

$$x^2 = \sqrt{-1} \tag{30}$$

seront données par la formule

$$x = \pm \frac{1 + \sqrt{-1}}{\sqrt{2}} = \pm \left(\frac{1}{\sqrt{2}} + \frac{1}{\sqrt{2}} \sqrt{-1} \right), \tag{31}$$

et celles de l'équation

$$x^2 = -\sqrt{-1} \tag{32}$$

par la formule

$$x = \pm \frac{1 - \sqrt{-1}}{\sqrt{2}} = \pm \left(\frac{1}{\sqrt{2}} - \frac{1}{\sqrt{2}} \sqrt{-1} \right). \tag{33}$$

Revenons maintenant à l'équation (3), et supposons que le coefficient A cesse de s'évanouir. Cette équation pouvant s'écrire comme il suit

$$\left(x+\frac{A}{2}\right)^2+B-\frac{A^2}{4}=0, \tag{34}$$

on en tirera

$$\left(x+\frac{A}{2}\right)^2=\frac{A^2}{4}-B. \tag{35}$$

Or l'équation (35), étant de la même forme que l'équation (6), se résoudra de la même manière, et fournira pour $x+\frac{A}{2}$ des valeurs semblables aux valeurs de x déterminées par la formule (18) ou (19).

Exemple. — Soit donnée l'équation du second degré

$$x^2-(5+4\sqrt{-1})x+6+8\sqrt{-1}=0. \tag{36}$$

On en tirera

$$\left\{\begin{aligned}&\left[x-\left(\frac{5}{2}+2\sqrt{-1}\right)\right]^2\\&\quad=\left(\frac{5}{2}+2\sqrt{-1}\right)^2-(6+8\sqrt{-1})=-\frac{15}{4}+2\sqrt{-1}.\end{aligned}\right. \tag{37}$$

D'ailleurs, si l'on remplace x par $x-\left(\frac{5}{2}+2\sqrt{-1}\right)$ dans le premier membre de la formule (18), et si l'on pose en outre $\alpha=-\frac{15}{4}$, $\beta=2$, on tirera de cette formule

$$x-\left(\frac{5}{2}+2\sqrt{-1}\right)=\pm\left(\frac{1}{2}+2\sqrt{-1}\right) \tag{38}$$

et, par suite,

$$x=\frac{5}{2}+2\sqrt{-1}\pm\left(\frac{1}{2}+2\sqrt{-1}\right). \tag{39}$$

Donc, les deux racines de l'équation (36) seront respectivement

$$\left\{\begin{aligned}x&=\frac{5}{2}+2\sqrt{-1}-\left(\frac{1}{2}+2\sqrt{-1}\right)=2,\\x&=\frac{5}{2}+2\sqrt{-1}+\left(\frac{1}{2}+2\sqrt{-1}\right)=3+4\sqrt{-1}.\end{aligned}\right. \tag{40}$$

§ III. — *Sur la résolution des équations binômes.*

Considérons une équation binôme du degré n, la lettre n désignant un nombre entier quelconque. Si l'on réduit le coefficient du premier terme à l'unité, cette équation se présentera sous la forme

$$x^n + \mathrm{K} = 0, \tag{1}$$

K étant une constante réelle ou imaginaire, et l'on en tirera

$$x^n = -\mathrm{K}. \tag{2}$$

Donc, en écrivant, au lieu de $-\mathrm{K}$, $\alpha + \beta\sqrt{-1}$, et attribuant aux lettres α, β des valeurs réelles, on ramènera l'équation (1) à la forme

$$x^n = \alpha + \beta\sqrt{-1}. \tag{3}$$

Or on prouvera facilement que cette dernière peut toujours être résolue par des valeurs réelles ou imaginaires de la variable x. C'est, en effet, ce qui résulte des principes que nous allons établir.

Supposons d'abord que le degré n se réduise à une puissance de 2, c'est-à-dire à l'un des nombres 2, 4, 8, 16, ... Alors l'équation (3) se trouvera réduite à l'une des suivantes :

$$x^2 = \alpha + \beta\sqrt{-1}, \tag{4}$$

$$x^4 = \alpha + \beta\sqrt{-1}, \tag{5}$$

$$x^8 = \alpha + \beta\sqrt{-1}, \tag{6}$$

$$x^{16} = \alpha + \beta\sqrt{-1}, \tag{7}$$

$$\ldots\ldots\ldots\ldots\ldots$$

Or l'équation (4) a déjà été résolue dans le paragraphe précédent, où l'on a fait voir qu'elle admet deux racines de la forme $p + q\sqrt{-1}$. De plus, il suffira de poser

$$x^2 = y, \qquad y^2 = z, \qquad z^2 = u, \qquad \ldots$$

pour obtenir, à la place de la formule (5), le système des équations binômes

$$(8) \qquad x^2 = y, \quad y^2 = \alpha + \beta\sqrt{-1};$$

à la place de la formule (6), le système des trois équations binômes

$$(9) \qquad x^2 = y, \quad y^2 = z, \quad z^2 = \alpha + \beta\sqrt{-1};$$

à la place de la formule (7), le système des quatre équations binômes

$$(10) \qquad x^2 = y, \quad y^2 = z, \quad z^2 = u, \quad u^2 = \alpha + \beta\sqrt{-1};$$

etc.

D'ailleurs, la dernière des formules (8) étant semblable à l'équation (4), on en tirera deux valeurs réelles ou imaginaires de y; et, après avoir substitué successivement ces deux valeurs dans le second membre de l'équation $x^2 = y$, on déduira de celle-ci quatre valeurs réelles ou imaginaires de x qui seront propres à vérifier l'équation (5). Pareillement, on tirera des formules (9) deux valeurs de z, quatre valeurs de y, et, en définitive, huit valeurs de x propres à vérifier l'équation (6). De même encore, on tirera des formules (10) seize valeurs de x propres à vérifier l'équation (7), etc. Donc, chacune des équations (4), (5), (6), etc. offrira autant de racines que son degré renferme d'unités. On voit, en outre, que la détermination exacte de ces racines ne présentera aucune difficulté.

Supposons maintenant que le degré n soit un nombre impair. Dans cette hypothèse, l'équation (3) admettra certainement une ou plusieurs racines réelles ou imaginaires, si l'une des quantités α, β s'évanouit. En effet, soit $2m + 1$ une valeur impaire de n. On vérifiera évidemment l'équation

$$(11) \qquad x^n = \alpha$$

ou

$$(12) \qquad x^{2m+1} = \alpha,$$

en prenant

$$(13) \qquad x = \alpha^{\frac{1}{2m+1}}$$

ou bien

$$(14) \qquad x = -(-\alpha)^{\frac{1}{2m+1}},$$

suivant que α sera positif ou négatif; et l'équation

$$(15) \qquad x^n = \beta\sqrt{-1}$$

ou

$$(16) \qquad x^{2m+1} = \beta\sqrt{-1},$$

en prenant

$$(17) \qquad x = (-1)^m \beta^{\frac{1}{2m+1}}\sqrt{-1}$$

ou bien

$$(18) \qquad x = (-1)^{m+1}(-\beta)^{\frac{1}{2m+1}}\sqrt{-1},$$

suivant que β sera positif ou négatif. J'ajoute que, si, n étant impair, les quantités α et β ne s'évanouissent ni l'une ni l'autre, on pourra encore trouver une valeur réelle ou imaginaire de x propre à vérifier l'équation (3) ou

$$(19) \qquad x^n - (\alpha + \beta\sqrt{-1}) = 0.$$

C'est ce que l'on démontrera sans peine en raisonnant comme il suit.

Représentons par $p + q\sqrt{-1}$ une valeur imaginaire quelconque attribuée à la variable x; par

$$(20) \qquad P + Q\sqrt{-1} = (p + q\sqrt{-1})^n - (\alpha + \beta\sqrt{-1})$$

la valeur correspondante du binôme

$$(21) \qquad x^n - (\alpha + \beta\sqrt{-1}),$$

et par r, ρ, R les modules des trois expressions imaginaires

$$p + q\sqrt{-1},\quad \alpha + \beta\sqrt{-1},\quad P + Q\sqrt{-1},$$

en sorte qu'on ait

$$(22) \qquad r = (p^2 + q^2)^{\frac{1}{2}},$$

$$(23) \qquad \rho = (\alpha^2 + \beta^2)^{\frac{1}{2}},$$

$$(24) \qquad R = (P^2 + Q^2)^{\frac{1}{2}}.$$

Le module R de l'expression (20) deviendra, en vertu du théorème II, supérieur à la différence

$$(25) \qquad r^n - \rho,$$

si l'on suppose $r^n > \rho$, $r > \rho^{\frac{1}{n}}$; et, par conséquent, il surpassera le module ρ, si l'on a

$$(26) \qquad r > (2\rho)^{\frac{1}{n}}.$$

Au contraire, R sera équivalent à la valeur numérique de β ou de α et, par conséquent, inférieur à ρ, si l'on suppose

$$(27) \qquad q = 0, \qquad x^n = p^n = \alpha$$

ou bien

$$(28) \qquad p = 0, \qquad x^n = (q\sqrt{-1})^n = \beta\sqrt{-1}.$$

Donc, la plus petite valeur que puisse acquérir le module R de l'expression (20) ou (21), tandis que x varie, est inférieure au module ρ de $\alpha + \beta\sqrt{-1}$, et correspond à une valeur de x différente de zéro, mais dont le module r ne surpasse pas $(2\rho)^{\frac{1}{n}}$. D'ailleurs, si l'on attribue à la variable x une valeur distincte de $p + q\sqrt{-1}$, et représentée par

$$p + q\sqrt{-1} + z,$$

lè binôme (21) se transformera en une fonction entière de z du degré n, savoir

$$(29)^{(1)} \quad \left\{ \begin{aligned} &(p+q\sqrt{-1}+z)^n - (\alpha+\beta\sqrt{-1}) \\ &\quad = \mathrm{P}+\mathrm{Q}\sqrt{-1}+n(p+q\sqrt{-1})^{n-1}z+\ldots \\ &\qquad + n(p+q\sqrt{-1})z^{n-1}+z^n. \end{aligned} \right.$$

Or, dans la formule (29), la somme des deux premiers termes du second membre s'évanouira si l'on prend

$$(30) \qquad z = -\frac{\mathrm{P}+\mathrm{Q}\sqrt{-1}}{n(p+q\sqrt{-1})^{n-1}}.$$

Mais si l'on prend

$$(31) \qquad z = -\varepsilon\frac{\mathrm{P}+\mathrm{Q}\sqrt{-1}}{n(p+q\sqrt{-1})^{n-1}},$$

ε désignant une quantité positive très peu différente de zéro, ce second membre deviendra une fonction entière de ε qui offrira pour premiers termes les deux expressions imaginaires

$$\mathrm{P}+\mathrm{Q}\sqrt{-1}, \quad -\varepsilon(\mathrm{P}+\mathrm{Q}\sqrt{-1}).$$

Donc, si l'on divise cette fonction de ε par $\mathrm{P}+\mathrm{Q}\sqrt{-1}$, le quotient sera de la forme

$$(32) \qquad 1-\varepsilon+c_1\varepsilon^2+c_2\varepsilon^3+\ldots+c_{n-1}\varepsilon_n,$$

(1) La formule (29) se déduit immédiatement de l'équation (20) jointe à celle qu'on obtient en remplaçant y par $p+q\sqrt{-1}$ dans l'équation connue

$$(a) \qquad (y+z)^n = y^n + ny^{n-1}z+\ldots+nyz^{n-1}+z^n.$$

Au reste, l'emploi que nous faisons ici de la formule (21) n'exige pas que l'on détermine les coefficients de toutes les puissances de z qui entrent dans le second membre de cette formule ou de la formule (a). On peut même, à la rigueur, calculer seulement le coefficient de z. Or, pour s'assurer que ce coefficient se réduit, dans la formule (a), à ny^{n-1}, il suffit d'observer que l'on a généralement

$$(b) \quad (y+z_1)(y+z_2)\ldots(y+z_n) = y^n+(z_1+z_2+\ldots+z_n)y^{n-1}+\ldots+z_1z_2\ldots z_n$$

et, par suite, en supposant $z_1=z_2=\ldots=z_n=z$,

$$(y+z)^n = y^n+ny^{n-1}z+\ldots+z^n.$$

$c_1, c_2, \ldots, c_{n-1}$ désignant des coefficients réels ou imaginaires, et l'on trouvera, en supposant la variable z déterminée par l'équation (31),

$$(33)\quad \left\{ \begin{aligned} &(p+q\sqrt{-1}+z)^n-(\alpha+\beta\sqrt{-1}) \\ &\quad =(P+Q\sqrt{-1})(1-\varepsilon+c_1\varepsilon^2+c_2\varepsilon^3+\ldots+c_{n-1}\varepsilon^n). \end{aligned} \right.$$

Observons maintenant que, si R n'est pas nul, le second membre de l'équation (33) offrira, pour de très petites valeurs de ε, un module inférieur à R. En effet, si l'on nomme

$$\varkappa_1,\quad \varkappa_2,\quad \ldots,\quad \varkappa_{n-1}$$

les modules des expressions imaginaires

$$c_1,\quad c_2,\quad \ldots,\quad c_{n-1},\ .$$

la somme des expressions

$$1-\varepsilon,\quad c_1\varepsilon^2,\quad c_2\varepsilon^3,\quad \ldots,\quad c_{n-1}\varepsilon^n,$$

ou le polynôme (32), aura pour module (en vertu des théorèmes II, III et de leurs corollaires) un nombre θ inférieur à la somme des quantités

$$1-\varepsilon,\quad \varkappa_1\varepsilon^2,\quad \varkappa_2\varepsilon^3,\quad \ldots,\quad \varkappa_{n-1}\varepsilon^n,$$

en sorte qu'on trouvera

$$(34)\qquad \theta<1-\varepsilon(1-\varkappa_1\varepsilon-\varkappa_2\varepsilon^2-\ldots-\varkappa_{n-1}\varepsilon^{n-1}).$$

D'ailleurs, pour de très petites valeurs de ε, le polynôme

$$(35)\qquad 1-\varkappa_1\varepsilon-\varkappa_2\varepsilon^2-\ldots-\varkappa_{n-1}\varepsilon^{n-1}$$

étant très peu différent de l'unité, on conclura de la formule (34)

$$(36)\qquad \theta<1,$$

$$(37)\qquad \theta R<R.$$

Donc, lorsque R ne sera pas nul, on pourra choisir ε de manière que le module θR de l'expression (33) devienne inférieur à R. Il suit évidemment de cette remarque que le plus petit module de l'expression (21) ne saurait différer de zéro. Donc, puisque ce plus petit module correspond à une valeur de r inférieure à $(2\rho)^{\frac{1}{n}}$, et que l'expression (21) s'évanouit avec son module, l'équation (19) ou (3) admet une ou plusieurs racines dont les modules sont renfermés entre les limites 0, $(2\rho)^{\frac{1}{n}}$.

Les principes que nous venons d'exposer ne servent pas seulement à prouver que, dans le cas où n est impair, l'équation (3) admet une ou plusieurs racines réelles ou imaginaires; ils fournissent encore le moyen de déterminer numériquement au moins l'une de ces racines. En effet, supposons que, n étant égal à $2m+1$, on désigne par x_1 la valeur de x donnée par l'une des équations (13), (14), (17), (18). Après avoir calculé les valeurs correspondantes des nombres $\varkappa_1$, $\varkappa_2$, ..., $\varkappa_{n-1}$, on trouvera sans peine une valeur de ε propre à rendre positive la quantité (35), c'est-à-dire à vérifier la condition

$$(38)\qquad \varkappa_1\varepsilon+\varkappa_2\varepsilon^2+\ldots+\varkappa_{n-1}\varepsilon^{n-1}<1.$$

Car il suffira, pour y parvenir, d'attribuer à ε des valeurs décroissantes, par exemple

$$1,\quad \frac{1}{10},\quad \frac{1}{100},\quad \frac{1}{1000},\quad \ldots,$$

jusqu'à ce que le polynôme

$$(39)\qquad \varkappa_1\varepsilon+\varkappa_2\varepsilon^2+\ldots+\varkappa_{n-1}\varepsilon^{n-1},$$

qui décroît constamment et indéfiniment avec ε, devienne inférieur à l'unité. Or, ε étant choisi de manière à vérifier la condition (38), il suffira d'ajouter à x_1 le second membre de la formule (31), pour obtenir une nouvelle valeur de x, à laquelle réponde une valeur de R plus petite que le module de l'expression $x_1^n+\alpha+\beta\sqrt{-1}$. Soit x_2 cette nouvelle valeur de x. L'opération par laquelle on a déduit x_2 de x_1, étant plusieurs fois répétée, fournira une suite de valeurs de x, auxquelles correspondront des valeurs de plus en plus petites de la quantité positive R, qui représente le module de l'expression

$$x^n+\alpha+\beta\sqrt{-1}.$$

Cela posé, soit

$$(40) \qquad x_1, \quad x_2, \quad x_3, \quad x_4, \quad \ldots$$

la suite des valeurs de x dont il est ici question. Tandis que les modules des expressions

$$(41) \quad x_1^n+\alpha+\beta\sqrt{-1}, \quad x_2^n+\alpha+\beta\sqrt{-1}, \quad x_3^n+\alpha+\beta\sqrt{-1}, \quad x_4^n+\alpha+\beta\sqrt{-1}, \ldots$$

deviendront de plus en plus petits, les termes de la série (40) convergeront vers une certaine limite qui sera nécessairement une valeur de x propre à vérifier l'équation (3).

Il reste à examiner le cas où le degré n de l'équation (3) ne se réduit ni à un nombre impair ni à une puissance de 2. Soit, dans cette hypothèse, 2^l la plus haute puissance de 2 qui puisse diviser le degré n. Ce degré sera le produit de 2^l par un nombre impair $2m+1$, et l'équation (3) ou

$$(42) \qquad x^{2^l(2m+1)} = \alpha + \beta\sqrt{-1}$$

pourra être remplacée par le système des deux formules

$$(43) \qquad x^{2^l} = y, \qquad y^{2m+1} = \alpha + \beta\sqrt{-1}.$$

Or la seconde des équations (43), étant semblable à l'équation (3), mais d'un degré impair, pourra toujours être vérifiée, d'après ce qu'on vient de dire, par des valeurs réelles ou imaginaires de y; et, pour chacune de ces valeurs de y, l'équation

$$x^{2^l} = y,$$

dont le degré se réduit à une puissance du nombre 2, fournira autant de valeurs de x que son degré renferme d'unités.

On peut donc affirmer que, dans tous les cas, une équation binôme admet des racines réelles ou imaginaires.

Au reste, on s'assurera facilement que le module de chacune des racines de l'équation (3) se réduit toujours à $\rho^{\frac{1}{n}}$. Car, si l'on nomme r

le module d'une de ces racines, on aura, en vertu de ce qui a été dit ci-dessus (p. 96),

$$r^n = \rho \tag{44}$$

et, par suite,

$$r = \rho^{\frac{1}{n}}. \tag{45}$$

§ IV. — *Sur la résolution des équations de degré quelconque à coefficients réels.*

Si, dans une équation du degré n, on réduit à l'unité le coefficient du premier terme, elle se présentera sous la forme

$$x^n + A x^{n-1} + B x^{n-2} + \ldots + I x + K = 0. \tag{1}$$

Si d'ailleurs les coefficients A, B, ..., I, K sont réels et donnés en nombres, on pourra, lorsque certaines conditions seront remplies, affirmer que l'équation (1) admet des racines réelles, et l'on établira sans peine les propositions suivantes :

Théorème VIII. — *Si, en substituant l'une après l'autre, dans le premier membre de l'équation* (1), *deux valeurs réelles et finies de* x, *par exemple* $x = a$, $x = b$, *on obtient deux résultats de signes contraires, on pourra en conclure que l'équation admet au moins une racine réelle comprise entre* a *et* b.

Démonstration. — En effet, concevons que l'on fasse varier x par degrés insensibles depuis la limite $x = a$ jusqu'à la limite $x = b$. Le premier membre de l'équation (1), ou le polynôme

$$x^n + A x^{n-1} + B x^{n-2} + \ldots + I x + K \tag{2}$$

variera lui-même par degrés insensibles, en conservant une valeur finie, mais de manière à changer de signe; et il est clair qu'il s'évanouira au moment où il passera du positif au négatif, ou du négatif au positif.

Corollaire I. — Il est bon d'observer que le polynôme (2) peut être considéré comme le produit des deux facteurs

(3) $$x^n$$

et

(4) $$1 + \frac{A}{x} + \frac{B}{x^2} + \ldots + \frac{I}{x^{n-1}} + \frac{K}{x^n},$$

dont le second diffère très peu de l'unité, et par suite reste positif, quand on attribue à la variable x une très grande valeur numérique. Cela posé, comme l'autre facteur x^n change de signe avec x, dans le cas où le degré n est un nombre impair, il suffira évidemment, dans ce cas, d'attribuer à la variable x deux valeurs de la forme

$$x = -a, \qquad x = a,$$

a désignant une quantité positive très considérable, pour que les valeurs correspondantes du polynôme (2) soient affectées de signes contraires. Donc alors l'équation (1) admettra au moins une racine réelle.

Corollaire II. — Si, le degré n étant un nombre pair, on désigne toujours par a une quantité positive très considérable, le polynôme (2), ou le produit des facteurs (3) et (4), sera évidemment positif pour $x = -a$. Si d'ailleurs la quantité K est négative, le polynôme (2) deviendra positif pour $x = 0$. Donc alors ce polynôme changera de signe tandis que l'on fera varier x, soit entre les limites $x = -a$, $x = 0$, soit entre les limites $x = 0$, $x = a$. Donc, par suite, l'équation (1) admettra au moins deux racines réelles, l'une positive, l'autre négative.

Théorème IX. — *Supposons que, dans le polynôme* (2), *le dernier terme étant négatif, les termes positifs, s'il en existe, suivent immédiatement le premier terme. L'équation* (1) *admettra une racine réelle et positive, et n'en aura qu'une de cette espèce.*

Démonstration. — Soient

$$\rho_1, \quad \rho_2, \quad \ldots, \quad \rho_{n-1}, \quad \rho_n$$

les valeurs numériques des coefficients

$$A,\quad B,\quad \ldots,\quad I,\quad K.$$

En vertu de l'hypothèse admise, l'équation (1) sera de la forme

$$(5)\qquad x^n + \rho_1 x^{n-1} + \rho_2 x^{n-2} + \ldots + \rho_m x^{n-m} - \rho_{m+1} x^{n-m-1} - \ldots - \rho_{n-1} x - \rho_n = 0,$$

m étant un nombre entier inférieur à n. D'ailleurs le polynôme

$$(6)\qquad x^n + \rho_1 x^{n-1} + \rho_2 x^{n-2} + \ldots + \rho_m x^{n-m} - \rho_{m+1} x^{n-m-1} - \ldots - \rho_{n-1} x - \rho_n$$

est le produit des deux facteurs

$$(7)\qquad x^{n-m},$$

$$(8)\qquad x^m + \rho_1 x^{m-1} + \ldots + \rho_m - \left(\frac{\rho_{m+1}}{x} + \ldots + \frac{\rho_{n-1}}{x^{n-m-1}} + \frac{\rho_n}{x^{n-m}}\right);$$

et il est clair que, si l'on fait croître x par degrés insensibles, mais indéfiniment, à partir de $x = 0$, l'expression

$$(9)\qquad x^m + \rho_1 x^{m-1} + \ldots + \rho_m$$

croîtra en passant de la limite ρ_m à l'infini positif, tandis que l'expression

$$(10)\qquad \frac{\rho^{m+1}}{x} + \ldots + \frac{\rho_{n-1}}{x^{n-m-1}} + \frac{\rho_n}{x^{n-m}}$$

décroîtra en passant de l'infini positif à zéro. Donc alors la différence (8) croîtra sans cesse, en passant de l'infini positif à l'infini négatif. Donc cette différence s'évanouira, mais une fois seulement, pour une valeur positive de x, et l'on pourra en dire autant du polynôme (6) qui forme le premier membre de l'équation (5).

Corollaire. — Lorsqu'on suppose $m = 0$, l'équation (5) se réduit à

$$(11)\qquad x^n - \rho_1 x^{n-1} - \rho_2 x^{n-2} - \ldots - \rho_{n-1} x - \rho_n = 0.$$

Donc cette dernière admet une racine réelle positive, et n'en a qu'une de cette espèce.

Lorsque les coefficients de l'équation (5) ou (11) sont donnés en nombres, on peut aisément déterminer la racine positive de cette équation, avec une approximation aussi grande qu'on le juge convenable, à l'aide de procédés semblables à ceux auxquels on a recours dans l'extraction des racines carrées et cubiques. Il est d'ailleurs facile de trouver une limite supérieure à la racine dont il s'agit. On y parviendra en particulier pour l'équation (11), en suivant l'une des méthodes que nous allons exposer.

Soient ρ le plus grand des coefficients $\rho_1, \rho_2, \ldots, \rho_{n-1}, \rho_n$, et ε la racine positive de l'équation (11). On aura

$$\varepsilon^n = \rho_1 \varepsilon^{n-1} + \rho_2 \varepsilon^{n-2} + \ldots + \rho_{n-1}\varepsilon + \rho_n, \tag{12}$$

et, par suite,

$$\varepsilon^n < \rho(\varepsilon^{n-1} + \varepsilon^{n-2} + \ldots + \varepsilon + 1), \qquad \varepsilon^n < \rho\frac{\varepsilon^n - 1}{\varepsilon - 1},$$

ou, ce qui revient au même,

$$\varepsilon - 1 < \rho\frac{\varepsilon^n - 1}{\varepsilon^n} < \rho,$$

$$\varepsilon < \rho + 1. \tag{13}$$

Donc la racine positive de l'équation (11) sera inférieure au plus grand des nombres

$$\rho_1 + 1, \quad \rho_2 + 1, \quad \ldots, \quad \rho_{n-1} + 1, \quad \rho_n + 1. \tag{14}$$

De l'équation (12), présentée sous la forme

$$1 = \frac{\rho_1}{\varepsilon} + \frac{\rho_2}{\varepsilon^2} + \ldots + \frac{\rho_{n-1}}{\varepsilon^{n-1}} + \frac{\rho_n}{\varepsilon^n}, \tag{15}$$

on conclut encore que les rapports

$$\frac{\rho_1}{\varepsilon}, \quad \frac{\rho_2}{\varepsilon^2}, \quad \ldots, \quad \frac{\rho_{n-1}}{\varepsilon^{n-1}}, \quad \frac{\rho_n}{\varepsilon^n} \tag{16}$$

doivent être ou égaux entre eux et à $\frac{1}{n}$, ou les uns supérieurs, les autres inférieurs à $\frac{1}{n}$. Donc, par suite, les rapports

$$\frac{n\rho_1}{\varepsilon}, \quad \frac{n\rho_2}{\varepsilon^2}, \quad \ldots, \quad \frac{n\rho_{n-1}}{\varepsilon^{n-1}}, \quad \frac{n\rho_n}{\varepsilon^n} \tag{17}$$

doivent être, ou égaux, ou les uns supérieurs, les autres inférieurs à l'unité; et l'on pourra en dire autant des expressions

$$\frac{n\rho_1}{\text{ι}}, \quad \left(\frac{n\rho_2}{\text{ι}^2}\right)^{\frac{1}{2}} = \frac{(n\rho_2)^{\frac{1}{2}}}{\text{ι}}, \quad \ldots,$$
$$\left(\frac{n\rho_{n-1}}{\text{ι}^{n-1}}\right)^{\frac{1}{n-1}} = \frac{(n\rho_{n-1})^{\frac{1}{n-1}}}{\text{ι}}, \quad \left(\frac{n\rho_n}{\text{ι}^n}\right)^{\frac{1}{n}} = \frac{(n\rho_n)^{\frac{1}{n}}}{\text{ι}}.$$

Or il en résulte évidemment que la racine ι sera comprise entre le plus petit et le plus grand des nombres

$$(18) \qquad n\rho_1, \quad (n\rho_2)^{\frac{1}{2}}, \quad \ldots, \quad (n\rho_{n-1})^{\frac{1}{n-1}}, \quad (n\rho_n)^{\frac{1}{n}}.$$

Observons maintenant que, si, dans le premier membre de l'équation (11), on attribue à la variable x une valeur positive quelconque désignée par r, la valeur correspondante de ce premier membre sera

$$(19) \qquad r^n - \rho_1 r^{n-1} - \rho_2 r^{n-2} - \ldots - \rho_{n-1} r - \rho_n$$

ou, ce qui revient au même,

$$(20) \qquad r^n\left(1 - \frac{\rho_1}{r} - \frac{\rho_2}{r^2} - \ldots - \frac{\rho_{n-1}}{r^{n-1}} - \frac{\rho_n}{r^n}\right).$$

Or le produit (20) est composé de deux facteurs qui, pour des valeurs croissantes de r, croissent l'un et l'autre, et convergent, le premier vers la limite ∞, le second vers la limite 1. Donc ce produit, qui s'évanouit pour $r = \text{ι}$, deviendra positif dès que l'on aura $r > \text{ι}$, par exemple, lorsqu'on supposera $r = \rho + 1$, ou lorsqu'on prendra pour r le plus grand des nombres (18); de plus, le produit dont il s'agit ou le polynôme (19) deviendra infini pour des valeurs infinies de r.

§ V. — *Sur la résolution des équations de degré quelconque à coefficients imaginaires.*

Considérons, comme dans le § IV, une équation du degré n, mais à coefficients imaginaires. En réduisant le coefficient du premier terme à l'unité, on ramènera encore cette équation à la forme

$$(1) \qquad x^n + Ax^{n-1} + Bx^{n-2} + \ldots + Ix + K = 0.$$

Seulement les constantes A, B, ..., I, K et les valeurs de x propres à vérifier l'équation (1) pourront être imaginaires. D'ailleurs, si l'on désigne par $p + q\sqrt{-1}$ une valeur imaginaire quelconque attribuée à la variable x, et par

$$\rho_1, \quad \rho_2, \quad \ldots, \quad \rho_{n-1}, \quad \rho_n, \quad r$$

les modules des expressions imaginaires

$$A, \quad B, \quad \ldots, \quad I, \quad K, \quad p + q\sqrt{-1},$$

le module du polynôme

$$(2) \qquad Ax^{n-1} + Bx^{n-2} + \ldots + Ix + K$$

sera (en vertu des théorèmes II et III) égal ou inférieur à la somme

$$(3) \qquad \rho_1 r^{n-1} + \rho_2 r^{n-2} + \ldots + \rho_{n-1} r + \rho_n,$$

et, par suite, le module du polynôme

$$(4) \qquad x^n + Ax^{n-1} + Bx^{n-2} + \ldots + Ix + K$$

(*voir* encore le théorème II) sera égal ou supérieur à la différence

$$(5) \qquad r^n - \rho_1 r^{n-1} - \rho_2 r^{n-2} - \ldots - \rho_{n-1} r - \rho_n,$$

lorsqu'elle sera positive, c'est-à-dire lorsque le module r^n de x^n surpassera celui du polynôme (2). Or l'expression (5) acquerra une valeur positive et différente de zéro (*voir* le § IV), dès que le module r deviendra supérieur à la quantité positive ι qui vérifie l'équation

$$(6) \qquad \iota^n = \rho_1 \iota^{n-1} + \rho_2 \iota^{n-2} + \ldots + \rho_{n-1} \iota + \rho_n,$$

par exemple, lorsqu'on prendra pour r le plus grand des nombres

$$(7) \qquad \rho_1 + 1, \quad \rho_2 + 1, \quad \ldots, \quad \rho_{n-1} + 1, \quad \rho_n + 1$$

ou le plus grand terme de la suite

$$(8) \qquad n\rho_1, \quad (n\rho_2)^{\frac{1}{2}}, \quad \ldots, \quad (n\rho_{n-1})^{\frac{1}{n-1}}, \quad (n\rho_n)^{\frac{1}{n}}.$$

Donc alors le module du polynôme (4), étant égal ou supérieur à l'expression (5), acquerra lui-même une valeur différente de zéro. Donc l'équation (1) ne peut être vérifiée par aucune valeur de x dont le module surpasse la quantité ι. Ajoutons que, si le module r, devenant supérieur à ι, croît au delà de toute limite, on pourra en dire autant de l'expression (5), et, à plus forte raison, du module du polynôme (4).

Concevons maintenant que l'on désigne par $P + Q\sqrt{-1}$ la valeur du polynôme (4) correspondante à $x = p + q\sqrt{-1}$, et par R le module de l'expression imaginaire $P + Q\sqrt{-1}$. D'après ce qu'on vient de dire, le module R croîtra indéfiniment avec r. Donc les plus petites valeurs de ce module correspondront, non à des valeurs infinies, mais à des valeurs finies de r et de x. D'ailleurs, si l'on attribue à la variable x une valeur distincte de $p + q\sqrt{-1}$, et représentée par

$$p + q\sqrt{-1} + z,$$

le polynôme (4) se transformera en une fonction entière de z du degré n, savoir

$$(9)\quad \left\{\begin{aligned} &(p + q\sqrt{-1} + z)^n + A(p + q\sqrt{-1} + z)^{n-1}\\ &\qquad + B(p + q\sqrt{-1} + z)^{n-2} + \ldots + I(p + q\sqrt{-1} + z) + K,\end{aligned}\right.$$

qui pourra être présentée sous la forme

$$(10)\quad \left\{\begin{aligned} &P + Q\sqrt{-1} + (P_1 + Q_1\sqrt{-1})z\\ &\qquad + (P_2 + Q_2\sqrt{-1})z^2 + \ldots + (P_{n-1} + Q_{n-1}\sqrt{-1})z^{n-1} + z^n,\end{aligned}\right.$$

P_1, P_2, ..., P_{n-1}; Q_1, Q_2, ..., Q_{n-1} désignant encore des quantités réelles. Cela posé, admettons d'abord que l'expression imaginaire $P_1 + Q_1\sqrt{-1}$ ne soit pas nulle. Alors, dans le polynôme (10), la somme des deux premiers termes s'évanouira, si l'on prend

$$(11)\qquad z = -\frac{P + Q\sqrt{-1}}{P_1 + Q_1\sqrt{-1}}.$$

Mais, si l'on prend

$$(12)\qquad z = -\varepsilon\frac{P + Q\sqrt{-1}}{P_1 + Q_1\sqrt{-1}},$$

ε désignant une quantité positive très peu différente de zéro, la même expression deviendra une fonction entière de ε qui offrira pour premiers termes les deux expressions imaginaires

$$P + Q\sqrt{-1}, \quad -\varepsilon(P + Q\sqrt{-1}).$$

Donc, si l'on divise cette fonction de ε par $P + Q\sqrt{-1}$, le quotient sera de la forme

$$1 - \varepsilon + c_1\varepsilon^2 + c_2\varepsilon^3 + \ldots + c_{n-1}\varepsilon^n,$$

$c_1, c_2, \ldots, c_{n-1}$ désignant des coefficients réels ou imaginaires, et l'on trouvera, en supposant la variable z déterminée par la formule (12),

$$(13) \quad \left\{ \begin{aligned} &(p + q\sqrt{-1} + z)^n + A(p + q\sqrt{-1} + z)^{n-1} + B(p + q\sqrt{-1} + z)^{n-2} + \ldots \\ &\qquad + I(p + q\sqrt{-1} + z) + K \\ &= (P + Q\sqrt{-1})(1 - \varepsilon + c_1\varepsilon^2 + c_2\varepsilon^3 + \ldots + c_{n-1}\varepsilon^n). \end{aligned} \right.$$

D'autre part, si l'on nomme

$$x_1, \quad x_2, \quad \ldots, \quad x_{n-1}$$

les modules des expressions imaginaires

$$c_1, \quad c_2, \quad \ldots, \quad c_{n-1},$$

on prouvera, en raisonnant comme ci-dessus (p. 114), que le module θ du polynôme

$$(14) \qquad 1 - \varepsilon + c_1\varepsilon^2 + c_2\varepsilon^3 + \ldots + c_{n-1}\varepsilon^n$$

est inférieur à la somme

$$1 - \varepsilon + x_1\varepsilon^2 + x_2\varepsilon^3 + \ldots + x_{n-1}\varepsilon^n$$

et vérifie, en conséquence, la formule

$$(15) \qquad \theta < 1 - \varepsilon(1 - x_1\varepsilon - x_2\varepsilon^2 - \ldots - x_{n-1}\varepsilon^{n-1}),$$

dès que l'on suppose $\varepsilon < 1$. Enfin la formule (15) donnera évidemment, pour de très petites valeurs de ε,

$$(16) \qquad \theta < 1,$$

$$(17) \qquad \theta R < R.$$

Par conséquent, lorsque R ne sera pas nul, on pourra choisir ε de manière que le module θR de l'expression (13) demeure inférieur à R. Donc, si l'expression imaginaire $P_1 + Q_1\sqrt{-1}$ ne s'évanouit pas, la plus petite valeur de R ou le plus petit module du polynôme (4) ne pourra différer de zéro.

Admettons à présent que $P_1 + Q_1\sqrt{-1}$ s'évanouisse, et supposons que, parmi les expressions imaginaires

$$P_1 + Q_1\sqrt{-1},\quad P_2 + Q_2\sqrt{-1},\quad \ldots,\quad P_{n-1} + Q_{n-1}\sqrt{-1},\quad P_n + Q_n\sqrt{-1} = 1,$$

la première de celles qui ne sont pas nulles corresponde à l'indice m. Alors, dans le polynôme (10) réduit à la forme

$$(18)\quad \begin{cases} P + Q\sqrt{-1} + (P_m + Q_m\sqrt{-1})z^m \\ \qquad + (P_{m+1} + Q_{m+1}\sqrt{-1})z^{m+1} + \ldots + (P_{n-1} + Q_{n-1}\sqrt{-1})z^{n-1} + z^n, \end{cases}$$

la somme des deux premiers termes s'évanouira, si l'on prend

$$(19)\qquad z = \zeta,$$

ζ désignant une valeur de z propre à vérifier l'équation binôme

$$(20)\qquad z^m = -\frac{P + Q\sqrt{-1}}{P_m + Q_m\sqrt{-1}}.$$

Mais, si l'on prend

$$(21)\qquad z = \varepsilon\zeta,$$

ε étant une quantité positive différente de zéro, le polynôme (18) deviendra une fonction entière de ε, qui offrira pour premiers termes les deux expressions imaginaires

$$P + Q\sqrt{-1},\quad -\varepsilon^m(P + Q\sqrt{-1}).$$

Donc, si l'on divise cette fonction de ε par $P + Q\sqrt{-1}$, le quotient sera de la forme

$$(22)\qquad 1 - \varepsilon^m + c_1\varepsilon^{m+1} + c_2\varepsilon^{m+2} + \ldots + c_{n-m}\varepsilon^n,$$

$c_1, c_2, \ldots, c_{n-m}$ désignant des coefficients réels ou imaginaires, et l'on trouvera, en supposant la variable z déterminée par l'équation (21),

$$(23)\quad \left\{\begin{array}{l}(p+q\sqrt{-1}+z)^n+A(p+q\sqrt{-1}+z)^{n-1}+B(p+q\sqrt{-1}+z)^{n-2}+\ldots\\ \qquad\qquad\qquad\qquad\qquad\qquad\qquad +I(p+q\sqrt{-1}+z)+K\\ \quad=(P+Q\sqrt{-1})(1-\varepsilon^m+c_1\varepsilon^{m+1}+c_2\varepsilon^{m+2}+\ldots+c_{n-m}\varepsilon^n).\end{array}\right.$$

D'autre part, si l'on nomme

$$\varkappa_1,\quad \varkappa_2,\quad \ldots,\quad \varkappa_{n-m}$$

les modules des expressions imaginaires

$$c_1,\quad c_2,\quad \ldots,\quad c_{n-m},$$

on s'assurera, en raisonnant comme à la page 114, que le module θ du polynôme

$$(24)\qquad 1-\varepsilon^m+c_1\varepsilon^{m+1}+c_2\varepsilon^{m+2}+\ldots+c_{n-m}\varepsilon^m$$

vérifie la formule

$$(25)\qquad \theta<1-\varepsilon^m(1-\varkappa_1\varepsilon-\varkappa_2\varepsilon^2-\ldots-\varkappa_{n-m}\varepsilon^{n-m}),$$

lorsqu'on suppose $\varepsilon<1$, et devient par suite inférieur à l'unité, lorsque ε diffère très peu de zéro. Donc, si R n'est pas nul, le module θR de l'expression (23) sera, pour de très petites valeurs de ε, inférieur à R. Par conséquent, dans l'hypothèse admise, la plus petite valeur de R ou le plus petit module du polynôme (4) se réduira encore à zéro.

Il est donc prouvé que, dans tous les cas, les valeurs finies de r et de x, pour lesquelles le module R devient le plus petit possible, font évanouir ce module et, par suite, le polynôme (4). Donc il existe une ou plusieurs valeurs finies de x propres à vérifier l'équation (1). En d'autres termes, cette équation admet nécessairement une ou plusieurs racines soit réelles, soit imaginaires.

La méthode par laquelle on vient d'établir l'existence des racines réelles ou imaginaires des équations de degré quelconque peut encore servir au calcul numérique de ces racines. En effet, nommons

x_1, x_2 les deux valeurs de x ci-dessus désignées par $p+q\sqrt{-1}$ et $p+q\sqrt{-1}+z$. Pour que le module du polynôme (4) diminue tandis que la variable x passera de la valeur $x=x_1$ à la valeur $x=x_2$, il suffira de choisir le nombre ε de manière que le second membre de la formule (15) ou (25) devienne inférieur à l'unité, et par conséquent de manière que l'on ait

$$\varkappa_1\varepsilon+\varkappa_2\varepsilon^2+\ldots+\varkappa_{n-1}\varepsilon^{n-1}<1 \tag{26}$$

ou

$$\varkappa_1\varepsilon+\varkappa_2\varepsilon^2+\ldots+\varkappa_{n-m}\varepsilon^{n-m}<1. \tag{27}$$

Or la condition (26) sera remplie, si l'on prend pour ε un nombre inférieur à la racine positive unique de l'équation

$$\varkappa_1\varepsilon+\varkappa_2\varepsilon^2+\ldots+\varkappa_{n-1}\varepsilon^{n-1}=1. \tag{28}$$

D'ailleurs cette équation, pouvant s'écrire comme il suit

$$\left(\frac{1}{\varepsilon}\right)^{n-1}=\varkappa_1\left(\frac{1}{\varepsilon}\right)^{n-2}+\varkappa_2\left(\frac{1}{\varepsilon}\right)^{n-3}+\ldots+\varkappa_{n-1}, \tag{29}$$

fournira une valeur positive de $\frac{1}{\varepsilon}$ inférieure au plus grand des nombres

$$\varkappa_1+1,\quad \varkappa_2+1,\quad \ldots,\quad \varkappa_{n-1}+1,$$

ainsi qu'à la plus grande des quantités

$$(n-1)\varkappa_1,\quad [(n-1)\varkappa_2]^{\frac{1}{2}},\quad \ldots,\quad [(n-1)\varkappa_{n-1}]^{\frac{1}{n-1}}$$

(*voir* le § IV), et par conséquent une valeur positive de ε inférieure au plus petit des rapports

$$\frac{1}{\varkappa_1+1},\quad \frac{1}{\varkappa_2+1},\quad \ldots,\quad \frac{1}{\varkappa_{n-1}+1}, \tag{30}$$

ainsi qu'à la plus petite des quantités

$$\frac{1}{(n-1)\varkappa_1},\quad \left[\frac{1}{(n-1)\varkappa_2}\right]^{\frac{1}{2}},\quad \ldots,\quad \left[\frac{1}{(n-1)\varkappa_{n-1}}\right]^{\frac{1}{n-1}}. \tag{31}$$

Donc le plus petit terme de la suite (30) ou (31), étant pris pour ε, vérifiera la condition (26). De même, on vérifiera la condition (27) en prenant pour ε un nombre inférieur à la racine positive unique de l'équation binôme

$$(32)\qquad \varkappa_1 \varepsilon + \varkappa_2 \varepsilon^2 + \ldots + \varkappa_{n-m} \varepsilon^{n-m} = 1,$$

ou le plus petit terme de l'une quelconque des deux suites

$$(33)\qquad \frac{1}{\varkappa_1 + 1}, \quad \frac{1}{\varkappa_2 + 1}, \quad \ldots, \quad \frac{1}{\varkappa_{n-m} + 1},$$

$$(34)\qquad \frac{1}{(n-m)\varkappa_1}, \quad \left[\frac{1}{(n-m)\varkappa_2}\right]^{\frac{1}{2}}, \quad \ldots, \quad \left[\frac{1}{(n-m)\varkappa_{n-m}}\right]^{\frac{1}{n-m}}.$$

Ainsi, dans tous les cas, après avoir choisi arbitrairement la valeur de x ci-dessus représentée par x_1 ou $p + q\sqrt{-1}$, on pourra, de cette première valeur, en déduire une seconde x_2 qui fournisse un moindre module du polynôme (4). Cela posé, si l'on répète plusieurs fois de suite l'opération par laquelle on déduit x_2 de x_1, on obtiendra évidemment une série de valeurs finies de x, auxquelles correspondront des modules de plus en plus petits du même polynôme, et, si l'on désigne ces valeurs par

$$(35)\qquad x_1, \quad x_2, \quad x_3, \quad x_4, \quad \ldots,$$

la limite vers laquelle elles convergeront, tandis que le polynôme (4) s'approchera indéfiniment de zéro, sera certainement une racine de l'équation (1).

Soit maintenant a une racine réelle ou imaginaire de l'équation (1). On aura identiquement

$$(36)\qquad a^n + A a^{n-1} + B a^{n-2} + \ldots + I a + K = 0$$

ou, ce qui revient au même,

$$K = -a^n - A a^{n-1} - B a^{n-2} - \ldots - I a$$

et, par suite,

$$(37)\quad \left\{\begin{aligned} & x^n + A x^{n-1} + B x^{n-2} + \ldots + I x + K \\ & = x^n - a^n + A(x^{n-1} - a^{n-1}) + B(x^{n-2} - a^{n-2}) + \ldots + I(x - a). \end{aligned}\right.$$

Comme on a d'ailleurs, en désignant par m un nombre entier quelconque,

$$(38) \qquad x^m - a^m = (x-a)(x^{m-1} + a x^{m-2} + \ldots + a^{m-2}x + a^{m-1}),$$

la formule (37) donnera évidemment

$$(39) \qquad \left\{ \begin{aligned} & x^n + \mathrm{A}x^{n-1} + \mathrm{B}x^{n-2} + \ldots + \mathrm{I}x + \mathrm{K} \\ & \quad = (x-a)[x^{n-1} + (a+\mathrm{A})x^{n-2} + (a^2 + \mathrm{A}a + \mathrm{B})x^{n-3} + \ldots \\ & \qquad\qquad + (a^{n-1} + \mathrm{A}a^{n-2} + \mathrm{B}a^{n-3} + \ldots + \mathrm{I})]. \end{aligned} \right.$$

Donc le polynôme (4), qui est du degré n par rapport à x, peut toujours être décomposé en deux facteurs, dont l'un soit linéaire et de la forme

$$(40) \qquad x - a,$$

l'autre étant un nouveau polynôme du degré $n - 1$ et de la forme

$$(41) \qquad \left\{ \begin{aligned} & x^{n-1} + (a+\mathrm{A})x^{n-2} + (a^2 + \mathrm{A}a + \mathrm{B})x^{n-3} + \ldots \\ & \qquad + (a^{n-1} + \mathrm{A}a^{n-2} + \mathrm{B}a^{n-3} + \ldots + \mathrm{I}). \end{aligned} \right.$$

De plus, en désignant par b une racine réelle ou imaginaire de l'équation

$$(42) \qquad \left\{ \begin{aligned} & x^{n-1} + (a+\mathrm{A})x^{n-2} + (a^2 + \mathrm{A}a + \mathrm{B})x^{n-3} + \ldots \\ & \qquad + (a^{n-1} + \mathrm{A}a^{n-2} + \mathrm{B}a^{n-3} + \ldots + \mathrm{I}) = 0, \end{aligned} \right.$$

on prouvera encore que le polynôme (41) peut être décomposé en deux facteurs dont l'un soit $x - b$, l'autre étant un polynôme du degré $n - 2$ et de la forme

$$(43) \qquad x^{n-2} + (b + a + \mathrm{A})x^{n-3} + [b^2 + ab + a^2 + \mathrm{A}(b+a) + \mathrm{B}]x^{n-4} + \ldots.$$

Donc le polynôme (4) sera le produit des facteurs linéaires $x - a$, $x - b$ par un polynôme du degré $n - 2$. En continuant de la même manière, on prouvera définitivement que le polynôme (4) est le produit de n facteurs linéaires et de la forme

$$(44) \qquad x - a, \quad x - b, \quad \ldots,$$ [illegible]

par un polynôme du degré zéro, c'est-à-dire par une constante; et, comme cette constante devra se réduire au coefficient de x^n dans le polynôme (4), par conséquent à l'unité, on trouvera

$$(45)\quad x^n+Ax^{n-1}+Bx^{n-2}+\ldots+Ix+K=(x-a)(x-b)\ldots(x-i)(x-k).$$

Donc l'équation (1) pourra toujours être présentée sous la forme

$$(46)\qquad (x-a)(x-b)\ldots(x-i)(x-k)=0,$$

$a, b, \ldots, i, k$ désignant n constantes réelles ou imaginaires. Mais on a démontré (*voir* le théorème IV) que le produit de plusieurs facteurs imaginaires ne peut s'évanouir qu'autant que l'un de ces facteurs se réduit à zéro. Donc toute valeur réelle ou imaginaire de x, propre à vérifier l'équation (46), coïncidera nécessairement avec l'une des valeurs de x déterminées par les formules

$$(47)\quad x-a=0,\qquad x-b=0,\qquad \ldots,\qquad x-i=0,\qquad x-k=0,$$

c'est-à-dire avec l'une des constantes $a, b, \ldots, i, k$; et, comme chacune de ces constantes est évidemment racine de l'équation (46), on pourra énoncer la proposition suivante :

Théorème X. — *Quelles que soient les valeurs réelles ou les valeurs imaginaires des coefficients* A, B, ..., I, K, *l'équation* (1) *a toujours n racines réelles ou imaginaires, et n'en saurait avoir un plus grand nombre.*

De plus, on déduira immédiatement de la formule (45) cet autre théorème :

Théorème XI. — *Si l'on désigne par $a, b, c, \ldots, i, k$ les n racines de l'équation* (1), *le premier membre de cette équation ou le polynôme* (4) *sera le produit des facteurs linéaires*

$$(48)\qquad x-a,\quad x-b,\quad \ldots,\quad x-i,\quad x-k.$$

Observons encore que, si l'on développe le second membre de l'équation (45), elle deviendra

$$(49)\quad \left\{\begin{aligned} & x^n+Ax^{n-1}+Bx^{n-2}+\ldots+Ix+K \\ & \quad = x^n-(a+b+\ldots+i+k)x^{n-1}+\ldots\pm ab\ldots ik, \end{aligned}\right.$$

et que l'on tirera de la formule (49), en ayant égard au théorème VII,

$$(50)\quad \left\{\begin{array}{l} a+b+c+\ldots+i+k=-\mathrm{A},\\ ab+ac+\ldots+ai+ak+bc+\ldots+bi+bk+\ldots+ik=\mathrm{B},\\ \ldots\ldots\ldots\ldots\ldots\ldots\ldots\ldots\ldots\ldots\ldots\ldots,\\ abc\ldots i+abc\ldots k+\ldots+bc\ldots ik=\mp\mathrm{I},\\ abc\ldots ik=\pm\mathrm{K}. \end{array}\right.$$

Or ces dernières équations comprennent évidemment un théorème que l'on peut énoncer comme il suit :

THÉORÈME XII. — *Lorsque, dans une équation du degré n, le coefficient du premier terme est réduit à l'unité, les coefficients du deuxième, du troisième, du quatrième, ..., du dernier terme, étant pris alternativement avec le signe — et avec le signe +, sont respectivement égaux à la somme des racines, ou aux sommes des produits qu'on obtient en multipliant ces racines deux à deux, trois à trois, etc., ou enfin au produit de toutes les racines.*

Lorsque deux ou plusieurs des constantes a, b, c, ... sont égales entre elles, les facteurs linéaires correspondants deviennent égaux, et l'on dit que l'équation (1) a des racines égales.

Lorsque, dans le polynôme (4), les coefficients A, B, ..., I, K sont réels, alors, en substituant successivement dans ce polynôme deux valeurs de x imaginaires, mais conjuguées l'une à l'autre, par exemple,

$$(51)\qquad x=p+q\sqrt{-1},\qquad x=p-q\sqrt{-1},$$

on obtient évidemment pour résultats deux nouvelles expressions imaginaires, qui sont encore conjuguées l'une à l'autre ou de la forme

$$(52)\qquad \mathrm{P}+\mathrm{Q}\sqrt{-1},\quad \mathrm{P}-\mathrm{Q}\sqrt{-1},$$

P, Q étant des quantités réelles. D'ailleurs, pour que chacune des expressions (52) s'évanouisse, il sera nécessaire et il suffira que l'on ait

$$(53)\qquad \mathrm{P}=0,\qquad \mathrm{Q}=0.$$

Donc ces deux expressions ne pourront s'évanouir l'une sans l'autre, et si l'équation (1) offre, dans l'hypothèse admise, une racine imaginaire de la forme $p + q\sqrt{-1}$, elle en offrira une seconde conjuguée à la première ou de la forme $p - q\sqrt{-1}$. Dans le même cas, ceux des facteurs linéaires $x - a$, $x - b$, ..., qui correspondront à deux racines imaginaires conjuguées, seront eux-mêmes conjugués entre eux ou de la forme

$$x - p - q\sqrt{-1}, \qquad x - p + q\sqrt{-1}, \tag{54}$$

et donneront pour produit un facteur réel du second degré, savoir

$$(x - p)^2 + q^2. \tag{55}$$

Ces remarques fournissent les propositions suivantes :

Théorème XIII. — *Si, dans l'équation* (1), *les coefficients* A, B, ..., I, K *sont tous réels, cette équation n'admettra qu'un nombre pair de racines imaginaires qui, prises deux à deux, seront conjuguées l'une à l'autre.*

Théorème XIV. — *Si, dans le polynôme* (4), *les coefficients* A, B, ..., I, K *sont tous réels, ce polynôme sera décomposable en facteurs réels du premier ou du second degré.*

Les deux théorèmes qui précèdent s'étendent évidemment à l'équation (76) du § I et au polynôme qui forme le premier membre de cette équation, c'est-à-dire à tous les polynômes dont les coefficients sont réels, et aux équations qu'on obtient en égalant ces polynômes à zéro.

§ VI. — *Sur la détermination des fonctions symétriques des racines d'une équation donnée*

$$x^n + A x^{n-1} + B x^{n-2} + \ldots + I x + K = 0, \tag{1}$$

dans laquelle A, B, ..., I, K désignent des constantes réelles ou imaginaires. Si l'on nomme $a, b, c, \ldots, h, i, k$ les racines de cette équation, l'on aura, comme on l'a prouvé dans le § V,

$$(2)\quad \begin{cases} a+b+c+\ldots+i+k=-\mathrm{A}, \\ ab+ac+\ldots+ai+ak+bc+\ldots+bi+bk+\ldots+ik=\mathrm{B}, \\ \ldots\ldots\ldots\ldots\ldots\ldots\ldots\ldots\ldots\ldots\ldots\ldots\ldots\ldots, \\ abc\ldots i+abc\ldots k+\ldots+bc\ldots ik=\mp\mathrm{I}, \\ abc\ldots ik=\pm\mathrm{K}. \end{cases}$$

Soit maintenant U une fonction entière de chacune des racines a, b, c, ..., i, k, qui, comme les premiers membres des équations (2), ne change pas de valeur, quand on échange entre elles ces mêmes racines. U sera ce qu'on appelle une *fonction symétrique* des racines de l'équation (1), et l'on pourra, sans résoudre cette équation, déduire la valeur de U des valeurs supposées connues des coefficients A, B, C, ..., I, K. On y parviendra en effet très aisément à l'aide de la proposition suivante :

Théorème XV. — *Soient a, b, c, ... les racines supposées inégales de l'équation* (1). *Concevons de plus que* U *représente une fonction symétrique de ces racines, et que, par un moyen quelconque, on ait transformé* U *en une fonction entière de a, du degré m, savoir*

$$(3)\qquad \mathcal{L}a^m+\mathcal{M}a^{m-1}+\ldots+\mathcal{S}a+\mathcal{T}=\mathrm{U},$$

$\mathcal{L}$, $\mathcal{M}$, ..., $\mathcal{S}$, $\mathcal{T}$ *étant de nouveaux coefficients dont les valeurs se déduisent de celles des coefficients* A, B, ..., I, K. *Si l'équation* (3) *subsiste tandis qu'on y remplace la racine a par l'une quelconque des racines b, c, d, ..., le polynôme*

$$(4)\qquad \mathcal{L}a^m+\mathcal{M}a^{m-1}+\ldots+\mathcal{S}a+\mathcal{T},$$

divisé par la fonction

$$(5)\qquad a^n+\mathrm{A}a^{n-1}+\mathrm{B}a^{n-2}+\ldots+\mathrm{I}a+\mathrm{K},$$

fournira un reste indépendant de a, et ce reste sera précisément la valeur de U.

Démonstration. — En effet, dans l'hypothèse admise, chacune des racines a, b, c, d, ... de l'équation (1) vérifiera encore la formule

$$\mathcal{L}x^m + \mathcal{M}x^{m-1} + \ldots + \mathcal{S}x + \mathcal{T} = \mathrm{U}. \tag{6}$$

D'ailleurs, si l'on désigne par

$$\lambda x^{n-1} + \mu x^{n-2} + \ldots + \varsigma x + \tau \tag{7}$$

le reste de la division du premier membre de la formule (6) par le premier membre de l'équation (1), la formule (6) se réduira simplement à la suivante

$$\lambda x^{n-1} + \mu x^{n-2} + \ldots + \varsigma x + \tau = \mathrm{U}. \tag{8}$$

Or cette dernière ne pourra être qu'une équation identique, en sorte qu'on aura nécessairement

$$\lambda = 0, \qquad \mu = 0, \qquad \ldots, \qquad \varsigma = 0 \tag{9}$$

et

$$\tau = \mathrm{U}. \tag{10}$$

Car, s'il en était autrement, la formule (8) serait une équation d'un degré inférieur à n, et pourtant elle admettrait n racines a, b, c, d, ..., ce qui serait contraire au théorème X. Donc, en divisant le premier membre de l'équation (6) par le premier membre de l'équation (1) et, par conséquent, le polynôme (4) par le polynôme (5), on obtiendra un reste τ indépendant de x ou de a, et ce reste, en vertu de la formule (10), sera précisément la valeur de U.

Pour montrer le parti qu'on peut tirer du théorème XV, concevons d'abord que l'équation (1) soit du second degré, et se réduise à

$$x^2 + \mathrm{A}x + \mathrm{B} = 0. \tag{11}$$

Les deux racines a et b de cette équation vérifieront la formule

$$a + b = -\mathrm{A}; \tag{12}$$

et, si l'on désigne par U une fonction symétrique de ces racines, il suffira de substituer à la racine b sa valeur tirée de la formule (12), savoir

$$(13)\qquad b = -a - A,$$

pour changer U en une fonction entière de la seule racine a. Soit

$$(3)\qquad \mathcal{L}a^m + \mathfrak{M}a^{m-1} + \ldots + \mathcal{S}a + \mathfrak{E} = U$$

la fonction entière dont il s'agit. L'équation (3) continuera évidemment de subsister, ainsi que la formule (12), tandis que l'on échangera entre elles les racines a et b. Donc, si ces racines sont inégales, le polynôme (4), divisé par le trinôme

$$(14)\qquad a^2 + pa + q,$$

fournira (en vertu du théorème XV) un reste indépendant de a, et ce reste sera précisément la valeur de U.

Il est bon d'observer que, en substituant dans U la valeur de b tirée de la formule (12), on obtient pour résultat le reste auquel on parviendrait en divisant U considéré comme fonction de b par le trinôme

$$(15)\qquad b + a + p.$$

Donc, pour calculer la valeur d'une fonction symétrique U des racines a, b de l'équation (11), supposées inégales, il suffit de diviser : 1° U considéré comme fonction de b par le trinôme (15); 2° le reste de la division considéré comme fonction de a par le trinôme (14). Le nouveau reste, ainsi déterminé, sera précisément la valeur cherchée de U.

Concevons maintenant que l'équation (1), étant du troisième degré, se réduise à

$$(16)\qquad x^3 + Ax^2 + Bx + C = 0;$$

et soient a, b, c les trois racines de cette équation supposées inégales entre elles. On aura identiquement

$$(17)\qquad a^3 + Aa^2 + Ba + C = 0$$

ou, ce qui revient au même,

$$C = -a^3 - Aa^2 - Ba$$

et, par suite,

$$x^3 + Ax^2 + Bx + C = x^3 - a^3 + A(x^2 - a^2) + B(x - a)$$
$$= (x - a)[x^2 + (a + A)x + (a^2 + Aa + B)].$$

Donc, l'équation (16) pourra être présentée sous la forme

$$(18) \qquad (x - a)[x^2 + (a + A)x + (a^2 + Aa + B)] = 0,$$

et celle qu'on obtiendra en la divisant par $x - a$, savoir

$$(19) \qquad x^2 + (a + A)x + (a^2 + Aa + B) = 0,$$

aura pour racines b et c. Cela posé, soit U une fonction symétrique des racines a, b, c de l'équation (16). Puisque l'équation (19) est du second degré seulement, on déterminera sans peine la valeur de U considéré comme fonction symétrique des racines b et c, par la méthode que nous avons appliquée à la détermination des fonctions symétriques des racines de l'équation (11). On y parviendra, en effet, en divisant U considéré comme fonction de c par le polynôme

$$(20) \qquad c + b + a + A,$$

puis le reste considéré comme fonction de b par le polynôme

$$(21) \qquad b^2 + (a + A)b + a^2 + Aa + B.$$

Le reste de la nouvelle division sera une fonction entière de a, qui, divisée elle-même par le polynôme

$$(22) \qquad a^3 + Aa^2 + Ba + C,$$

fournira un troisième reste indépendant de a; et ce troisième reste sera la valeur cherchée de U.

Il est important d'observer que, pour obtenir les polynômes (22), (21), (20), il suffit : 1° de poser $x = a$ dans le premier membre de l'équation proposée, c'est-à-dire dans la fonction

$$(23) \qquad x^3 + Ax^2 + Bx + C;$$

2° de retrancher le résultat ou le polynôme (22) de la fonction (23), de diviser le reste par $x - a$, et de remplacer, dans le quotient ainsi formé, savoir

$$(24) \qquad x^2 + (a + A)x + a^2 + Aa + B,$$

la variable x par la lettre b; 3° de retrancher le nouveau résultat ou le polynôme (21) de la fonction (24), de diviser le reste par $x - b$, et de remplacer, dans le quotient ainsi formé, savoir

$$(25) \qquad x + b + a + A,$$

la variable x par la lettre c.

Concevons encore que l'équation (1), étant du quatrième degré, se réduise à

$$(26) \qquad x^4 + Ax^3 + Bx^2 + Cx + D = 0,$$

et soient a, b, c, d les quatre racines de cette équation, supposées inégales entre elles. On aura identiquement

$$(27) \qquad a^4 + Aa^3 + Ba^2 + Ca + D = 0$$

ou, ce qui revient au même,

$$D = -a^4 - Aa^3 - Ba^2 - Ca,$$

et, par suite,

$$\begin{aligned} & x^4 + Ax^3 + Bx^2 + Cx + D \\ & \quad = x^4 - a^4 + A(x^3 - a^3) + B(x^2 - a^2) + C(x - a) \\ & \quad = (x - a)[x^3 + (a + A)x^2 + (a^2 + Aa + B)x + (a^3 + Aa^2 + Ba + C)]. \end{aligned}$$

Donc l'équation (26) pourra être présentée sous la forme

$$(28) \quad (x - a)[x^3 + (a + A)x^2 + (a^2 + Aa + B)x + (a^3 + Aa^2 + Ba + C)] = 0,$$

et celle qu'on obtiendra, en la divisant par $x - a$, savoir

$$(29) \quad x^3 + (a + A)x^2 + (a^2 + Aa + B)x + (a^3 + Aa^2 + Ba + C) = 0,$$

aura pour racines b, c et d. Cela posé, soit U une fonction symétrique des racines a, b, c, d de l'équation (26). Puisque l'équation (29) est du troisième degré seulement, on déterminera sans peine les valeurs de U considéré comme fonction symétrique des racines b, c, d par la méthode que nous avons appliquée à la détermination des fonctions symétriques des racines de l'équation (16). On y parviendra, en effet, en divisant U considéré comme fonction de d par le polynôme

$$d + c + b + a + \mathrm{A}, \tag{30}$$

puis le reste considéré comme fonction de c par le polynôme

$$c^2 + (b + a + \mathrm{A})c + b^2 + ab + a^2 + \mathrm{A}(b + a) + \mathrm{B}, \tag{31}$$

puis le nouveau reste considéré comme fonction de b par le polynôme

$$b^3 + (a + \mathrm{A})b^2 + (a^2 + \mathrm{A}a + \mathrm{B})b + (a^3 + \mathrm{A}a^2 + \mathrm{B}a + \mathrm{C}). \tag{32}$$

Le troisième reste, que l'on trouvera en opérant comme on vient de le dire, sera une fonction entière de a, qui, divisée elle-même par le polynôme

$$a^4 + \mathrm{A}a^3 + \mathrm{B}a^2 + \mathrm{C}a + \mathrm{D}, \tag{33}$$

fournira un quatrième reste indépendant de a; et ce quatrième reste sera la valeur cherchée de U.

Il est important d'observer que, pour obtenir les polynômes (33), (32), (31), (30), il suffit : 1° de poser $x = a$ dans le premier membre de l'équation proposée, c'est-à-dire dans la fonction

$$x^4 + \mathrm{A}x^3 + \mathrm{B}x^2 + \mathrm{C}x + \mathrm{D}; \tag{34}$$

2° de retrancher le résultat ou le polynôme (33) de la fonction (34), de diviser le reste par $x - a$, et de remplacer, dans le quotient ainsi formé, savoir

$$x^3 + (a + \mathrm{A})x^2 + (a^2 + \mathrm{A}a + \mathrm{B})x + (a^3 + \mathrm{A}a^2 + \mathrm{B}a + \mathrm{C}), \tag{35}$$

la variable x par la lettre b; 3° de retrancher le nouveau résultat ou le polynôme (32) de la fonction (35), de diviser le reste par $x - b$, et de remplacer dans le quotient ainsi formé, savoir

$$x^2 + (b + a + \mathrm{A})x + b^2 + ab + a^2 + \mathrm{A}(a + b) + \mathrm{B}, \tag{36}$$

la variable x par la lettre c; 4° de retrancher le dernier résultat ou le polynôme (31) de la fonction (36), de diviser le reste par $x - c$, et de remplacer, dans le quotient ainsi formé, savoir

$$x + c + b + a + \mathrm{A}, \tag{37}$$

la variable x par la lettre d.

En continuant de la même manière, on parviendra généralement à déterminer les fonctions symétriques des racines d'une équation de degré quelconque, et l'on établira sans peine, à ce sujet, le théorème que nous allons énoncer :

Théorème XVI. — *Soient $a, b, c, d, \ldots, h, i, k$ les racines de l'équation* (1),

$$\mathrm{P} = x^n + \mathrm{A}x^{n-1} + \mathrm{B}x^{n-2} + \ldots + \mathrm{I}x + \mathrm{K} \tag{38}$$

le premier membre de cette équation, et U *une fonction symétrique des racines $a, b, c, \ldots, h, i, k$. Soient de plus*

$$\mathcal{A}, \quad \mathcal{B}, \quad \mathcal{C}, \quad \ldots, \quad \mathcal{H}, \quad \mathcal{I}, \quad \mathcal{K} \tag{39}$$

les polynômes dans lesquels se transforment : 1° la fonction P *quand on pose $x = a$; 2° la fonction*

$$\mathrm{Q} = \frac{\mathrm{P} - \mathcal{A}}{x - a} \tag{40}$$

quand on pose $x = b$; 3° la fonction

$$\mathrm{R} = \frac{\mathrm{Q} - \mathcal{B}}{x - b} \tag{41}$$

quand on pose $x = c$; 4° la fonction

$$\mathrm{S} = \frac{\mathrm{R} - \mathcal{C}}{x - c} \tag{42}$$

quand on pose $x = d$, etc. Pour déterminer la valeur de la fonction symétrique U, *il suffira de diviser : 1°* U *considéré comme fonction de k par le polynôme*

$$\mathcal{K} = k + i + h + \ldots + c + b + a + \mathrm{A}; \tag{43}$$

2° *le reste considéré comme fonction de i par le polynôme*

$$(44)\quad \left\{\begin{aligned} \mathcal{I} = i^2 + (h + \ldots + b + a)i + h^2 + \ldots + b^2 + a^2 + \ldots \\ + hb + ha + \ldots + ba + \mathrm{A}(i + h + \ldots + b + a) + \mathrm{B}; \end{aligned}\right.$$

3° *le nouveau reste considéré comme fonction de h par le polynôme*

$$\mathcal{H} = h^3 + \ldots,$$

etc. Les différents restes ainsi obtenus seront indépendants, le premier de la racine k, le second de la racine i, le troisième de la racine h, etc., et le dernier de tous sera précisément la valeur cherchée de U.

D'après ce qui a été dit ci-dessus, il semble, au premier abord, qu'on devrait restreindre le théorème XVI au cas où les racines de l'équation (1) sont inégales entre elles. Mais on doit observer que, en dernière analyse, la valeur de U, déduite de ce théorème, sera une fonction des coefficients A, B, ..., I, K; et même une fonction entière, puisque, dans chacun des polynômes $\mathcal{K}$, $\mathcal{I}$, $\mathcal{H}$, ..., le premier terme a pour coefficient l'unité. Désignons par $\mathcal{V}$ cette fonction entière. La formule

$$\mathrm{U} = \mathcal{V}$$

subsistera lorsque les racines a, b, c, ..., h, i, k seront inégales, quelque petites que soient d'ailleurs les différences de ces racines. D'autre part, on pourra faire varier les coefficients A, B, ..., I, K par degrés insensibles, et de telle manière que deux ou plusieurs de ces différences s'approchent indéfiniment de la limite zéro; et, comme la formule $\mathrm{U} = \mathcal{V}$ continuera de subsister dans cette hypothèse, il est clair qu'elle sera encore vraie au moment où les différences dont il s'agit s'évanouiront, c'est-à-dire au moment où des racines de l'équation (1) deviendront égales entre elles. Donc le théorème XVI s'étend au cas même où cette équation offre des racines égales.

Il est bon d'observer encore que les polynômes $\mathcal{K}$, $\mathcal{I}$, $\mathcal{H}$, ..., $\mathcal{C}$, $\mathcal{B}$, $\mathcal{A}$ sont précisément ce que deviennent les premiers membres des équations (2) présentées sous les formes

$$(45)\quad \begin{cases} A + a + b + c + \ldots + i + k = 0, \\ B - ab - ac - \ldots - ai - ak - bc - \ldots - bi - bk - \ldots - ik = 0, \\ \ldots\ldots\ldots\ldots\ldots\ldots\ldots\ldots\ldots\ldots\ldots\ldots, \\ I \pm (abc\ldots i + abc\ldots k + \ldots + bc\ldots ik) = 0, \\ K \mp abc\ldots ik = 0, \end{cases}$$

quand on substitue dans la seconde la valeur de k tirée de la première, dans la troisième les valeurs de k et de i tirées des deux premières, dans la quatrième les valeurs de k, i, h tirées des trois premières, etc. Ainsi, en particulier, si l'on suppose $x = 4$, les équations (45) deviendront

$$(46)\quad \begin{cases} A + a + b + c + d = 0, \\ B - (ab + ac + ad + bc + bd + cd) = 0, \\ C + abc + abd + acd + bcd = 0, \\ C - abcd = 0; \end{cases}$$

et l'on tirera de ces équations, en opérant comme on vient de le dire,

$$(47)\quad \begin{cases} A + a + b + c + d = 0, \\ B + A(a + b + c) + a^2 + b^2 + c^2 + ab + ac + bc = 0, \\ C + B(a + b) + A(a^2 + ab + b^2) + a^3 + a^2 b + ab^2 + b^3 = 0, \\ D + Ca + Ba^2 + Aa^3 + a^4 = 0. \end{cases}$$

Or les premiers membres des formules (47) se réduisent évidemment aux polynômes (30), (31), (32) et (33). Ajoutons que, au lieu de diviser successivement la fonction symétrique U par les polynômes

$$\mathcal{K},\quad \mathcal{I},\quad \mathcal{H},\quad \ldots,\quad \mathcal{C},\quad \mathcal{B},\quad \mathcal{A},$$

on peut éliminer l'une après l'autre les lettres k, i, h, ..., c, b, a de cette même fonction à l'aide des formules

$$(48)\quad \mathcal{K} = 0,\quad \mathcal{I} = 0,\quad \mathcal{H} = 0,\quad \ldots,\quad \mathcal{C} = 0,\quad \mathcal{B} = 0,\quad \mathcal{A} = 0,$$

ou, ce qui revient au même, à l'aide des formules (45).

Pour montrer une application des principes que nous venons d'établir, prenons

(49) $$U = b^2c + bc^2 + c^2a + ca^2 + a^2b + ab^2,$$

a, b, c étant les trois racines de l'équation (16) que nous réduirons à

(50) $$x^3 + Bx + C = 0,$$

en supposant, pour abréger, $A = 0$. Alors, pour déterminer la valeur de la fonction symétrique U, il faudra diviser successivement le second membre de l'équation (49) par les polynômes (20), (21), (22), ou plutôt par les suivants

(51) $$c + b + a, \quad b^2 + ab + a^2 + B, \quad a^3 + Ba + C,$$

considérés, le premier comme fonction de c, le second comme fonction de b, le troisième comme fonction de a. En d'autres termes, il faudra poser, dans l'équation (49) : 1°

(52) $$c = -b - a;$$

2°

(53) $$b^2 + ab = -a^2 - B;$$

3°

(54) $$a^3 + Ba = -C.$$

Or, en opérant de cette manière, on trouvera

(55) $$U = 3ab(a + b) = -3a(a^2 + B) = 3C.$$

On aura donc

(56) $$b^2c + bc^2 + c^2a + ca^2 + a^2b + ab^2 = 3C,$$

ce qui est exact.

Prenons encore

(57) $$U = (a + b)(a + c)(a + d)(b + c)(b + d)(c + d),$$

a, b, c, d étant les quatre racines de l'équation (26) que nous réduirons à

(58) $$x^4 + Bx^2 + Cx + D = 0,$$

en supposant, pour abréger, $A = 0$. Alors, pour déterminer la valeur de la fonction symétrique U, il faudra diviser successivement le second membre de l'équation (57) par les polynômes (30), (31), (32), (33), ou plutôt par les suivants

(59) $$\left\{\begin{array}{l} d + c + b + a, \quad c^2 + (b+a)c + b^2 + ab + a^2 + B, \\ b^3 + ab^2 + a^2 b + a^3 + B(a+b) + C, \quad a^4 + Ba^2 + Ca + D, \end{array}\right.$$

considérés, le premier comme fonction de d, le second comme fonction de c, le troisième comme fonction de b, le quatrième comme fonction de a. En d'autres termes, il faudra éliminer successivement de l'équation (57) les quatre lettres d, c, b, a, à l'aide des formules

(60) $$\left\{\begin{array}{c} d + c + b + a = 0, \\ c^2 + b^2 + a^2 + bc + ca + ab + B = 0, \\ (b+a)(b^2 + a^2 + B) + C = 0, \\ a^4 + Ba^2 + Ca + D = 0. \end{array}\right.$$

Or, en opérant ainsi, on trouvera

(61) $$U = -[(a+b)(a+c)(b+c)]^2 = -[(a+b)(a^2+b^2+B)]^2 = -C^2.$$

On aura donc

(62) $$(a+b)(a+c)(a+d)(b+c)(b+d)(c+d) = -C^2;$$

ce qui est exact. Nous remarquerons que, dans cet exemple, l'opération se termine après la troisième division, en sorte qu'on est dispensé de recourir à la dernière des formules (60). Des simplifications du même genre se présentent dans un grand nombre de cas, et il peut même arriver que l'opération se termine après la première ou la seconde division. Ainsi, en particulier, si l'on suppose

(63) $$U = a^2 + b^2 + c^2 + \ldots + h^2 + i^2 + k^2,$$

$a, b, c, \ldots, h, i, k$ étant les racines de l'équation (1), il suffira de diviser successivement U par les polynômes (43) et (44), ou, ce qui revient au même, d'éliminer les deux lettres k et i de la fonction U à l'aide des deux formules

$$\mathcal{H} = 0, \qquad \mathfrak{J} = 0, \tag{64}$$

pour obtenir la valeur de cette fonction. On trouvera, en effet,

$$\begin{aligned} \mathrm{U} &= a^2 + b^2 + c^2 + \ldots + h^2 + i^2 + (\mathrm{A} + a + b + c + \ldots + h + i)^2 \\ &= \mathrm{A}^2 + 2(\mathfrak{J} - \mathrm{B}) = \mathrm{A}^2 - 2\mathrm{B}, \end{aligned}$$

et, par conséquent,

$$a^2 + b^2 + c^2 + \ldots + h^2 + i^2 + k^2 = \mathrm{A}^2 - 2\mathrm{B}; \tag{65}$$

ce qui est exact.

Le produit des carrés des différences entre les racines de l'équation (1), combinées deux à deux de toutes les manières possibles, est évidemment une fonction symétrique de ces racines. Or il est facile de déterminer la valeur de cette fonction par les méthodes ci-dessus développées. En effet, supposons d'abord $n = 2$, et

$$\mathrm{U} = (a - b)^2, \tag{66}$$

a, b étant les deux racines de l'équation (11). Alors, pour déterminer U, il suffira d'éliminer successivement de la formule (66) les deux lettres a et b à l'aide des deux équations

$$b + a + \mathrm{A} = 0, \qquad a^2 + \mathrm{A}a + \mathrm{B} = 0. \tag{67}$$

Or on trouvera ainsi

$$\mathrm{U} = (2a + \mathrm{A})^2 = \mathrm{A}^2 + 4(a^2 + \mathrm{A}a) = \mathrm{A}^2 - 4\mathrm{B}. \tag{68}$$

On aura donc

$$(a - b)^2 = \mathrm{A}^2 - 4\mathrm{B}; \tag{69}$$

ce qui est exact.

Supposons, en second lieu, $n = 3$ et

(70) $$U = (a-b)^2(a-c)^2(b-c)^2.$$

Comme b et c seront les deux racines de l'équation (19), on aura identiquement

(71) $$(x-b)(x-c) = x^2 + (a+A)x + a^2 + Aa + B$$

et, par suite,

(72) $$(a-b)(a-c) = 3a^2 + 2Aa + B;$$

puis on conclura de la formule (69), en y remplaçant : 1° a et b par b et c; 2° A et B par $a + A$ et $a^2 + Aa + B$,

(73) $$(b-c)^2 = (a+A)^2 - 4(a^2+Aa+B) = A^2 - 4B - 2Aa - 3a^2.$$

Cela posé, la formule (70) donnera

(74) $$U = (3a^2 + 2Aa + B)^2(A^2 - 4B - 2Aa - 3a^2).$$

Si, maintenant, on divise le second membre de l'équation (74) par le polynôme

$$a^3 + Aa^2 + Ba + C,$$

le reste sera indépendant de a et offrira la valeur cherchée de U. On peut aussi obtenir cette valeur, en éliminant la lettre a de la formule (74), à l'aide de l'équation

(17) $$a^3 + Aa^2 + Ba + C = 0.$$

Or, en ayant égard à l'équation (17), on trouvera

$$(3a^2 + 2Aa + B)^2 = (A^2 - 3B)a^2 + (AB - 9C)a + B^2 - 3AC$$

et, par suite,

(75) $$U = [B^2 - 3AC + (AB - 9C)a + (A^2 - 3B)a^2](A^2 - 4B - 2Aa - 3a^2);$$

puis, en développant le second membre de la formule (75), et remplaçant a^3 par $-Aa^2 - Ba - C$, a^4 par

$$-Aa^3 - Ba^2 - Ca = (A^2 - B)a^2 + (AB - C)a + AC$$

ou, ce qui revient au même, a^4 par AC, a^3 par $-$ C, a^2 et a par zéro, on aura

$$(76)\quad \begin{cases} U=(B^2-3AC)(A^2-4B)+(AB-9C)3C-AC(A^2-3B) \\ =A^2B^2-4A^3C-4B^3-27C^2+18ABC. \end{cases}$$

On trouvera donc définitivement

$$(77)\quad (a-b)^2(a-c)^2(b-c)^2=A^2B^2-4A^3C-4B^3-27C^2+18ABC.$$

Dans le cas particulier où l'on a $A=0$, l'équation (75) se réduit à

$$U=(3Ba^2+9Ca-B^2)(3a^2+4B);$$

puis on en tire, en développant le second membre, et remplaçant a^3 par $-$ C, a, a^2 et a^4 par zéro,

$$(78)\qquad U=-4B^3-27C^2$$

ou, ce qui revient au même,

$$(79)\qquad (a-b)^2(a-c)^2(b-c)^2=-4B^3-27C^2.$$

Cette dernière équation détermine le produit du carré des différences entre les racines de l'équation (50). On peut d'ailleurs très aisément revenir de la formule (79) à la formule (77). En effet, si, dans l'équation (16), on pose

$$(80)\qquad x=z-\frac{A}{3},$$

elle deviendra

$$(81)\qquad z^3+\left(B-\frac{A^2}{3}\right)z+C-\frac{BA}{3}+\frac{2A^3}{27}=0.$$

Or, les racines de cette dernière étant évidemment $a+\frac{A}{3}$, $b+\frac{A}{3}$, $c+\frac{A}{3}$, le produit des carrés des différences entre ces racines sera toujours

$$(a-b)^2(a-c)^2(b-c)^2;$$

et, comme l'équation (81) est semblable à l'équation (50), on tirera de la formule (79), en remplaçant dans le second membre B par $B - \frac{A^2}{3}$, et C par $C - \frac{BA}{3} + \frac{2A^3}{27}$,

$$(82) \quad (a-b)^2(a-c)^2(b-c)^2 = -4\left(B - \frac{A^2}{3}\right)^3 - 27\left(C - \frac{BA}{3} + \frac{2A^3}{27}\right)^2.$$

Il est d'ailleurs facile de s'assurer que les formules (77) et (82) sont identiques.

Des calculs semblables à ceux qu'on vient de faire fourniraient généralement la valeur de la fonction symétrique

$$(83) \quad U = (a-b)^2(a-c)^2 \ldots (a-i)^2(a-k)^2(b-c)^2 \ldots (b-i)^2(b-k)^2 \ldots (i-k)^2,$$

c'est-à-dire le produit des carrés des différences entre les racines a, b, c, ..., h, i, k de l'équation (1). On doit même remarquer que ce produit pourra être immédiatement exprimé en fonction de a, si l'on sait déjà former le produit des carrés des différences entre les racines d'une équation du degré $n-1$. En effet, comme, en divisant par $x-a$ l'équation (1) présentée sous la forme

$$(84) \quad x^n - a^n + A(x^{n-1} - a^{n-1}) + B(x^{n-2} + a^{n-2}) + \ldots + I(x-a) = 0,$$

on obtient la suivante

$$(85) \quad \left\{ \begin{array}{l} x^{n-1} + (a+A)x^{n-2} + (a^2 + Aa + B)x^{n-3} + \ldots \\ \qquad + a^{n-1} + Aa^{n-2} + Ba^{n-3} + \ldots + I = 0, \end{array} \right.$$

dont les racines sont b, c, ..., i, k, on aura identiquement

$$(86) \quad \left\{ \begin{array}{l} (x-b)(x-c)\ldots(x-i)(x-k) \\ = x^{n-1} + (a+A)x^{n-2} + (a^2+Aa+B)x^{n-3} + \ldots + a^{n-1} + Aa^{n-2} + Ba^{n-3} + \ldots + I \end{array} \right.$$

et, par suite,

$$(87) \quad \left\{ \begin{array}{l} (a-b)(a-c)\ldots(a-i)(a-k) \\ = na^{n-1} + (n-1)Aa^{n-2} + (n-2)Ba^{n-3} + \ldots + I. \end{array} \right.$$

D'autre part, si, étant donnée une équation du degré $n-1$, on sait calculer la fonction entière des coefficients qui représente le produit du carré des différences entre les racines, on aura encore

$$(88) \qquad (b-c)^2\ldots(b-i)^2(b-k)^2\ldots(i-k)^2 = \mathrm{V},$$

V désignant une fonction entière des coefficients que renferme l'équation (85), et par conséquent une fonction entière de a. Cela posé, l'équation (83) donnera

$$(89) \quad \mathrm{U} = \mathrm{V}[na^{n-1} + (n-1)\mathrm{A}a^{n-2} + (n-2)\mathrm{B}a^{n-3} + \ldots + 2\mathrm{H}a + \mathrm{I}]^2.$$

Si maintenant on divise le second membre de la formule (89) par le polynôme

$$(5) \qquad a^n + \mathrm{A}a^{n-1} + \mathrm{B}a^{n-2} + \ldots + \mathrm{H}a^2 + \mathrm{I}a + \mathrm{K},$$

le reste sera indépendant de a et offrira la valeur cherchée de U. On peut aussi obtenir cette valeur en éliminant la lettre a de la formule (89) à l'aide de l'équation

$$(90) \qquad a^n + \mathrm{A}a^{n-1} + \mathrm{B}a^{n-2} + \ldots + \mathrm{H}a^2 + \mathrm{I}a + \mathrm{K} = 0.$$

Il est bon d'observer que le produit des carrés des différences entre les racines de l'équation (1) ne peut s'évanouir à moins que cette équation n'admette des racines égales. Dans le cas contraire, ce produit se réduira toujours à une fonction entière des coefficients A, B, C, ..., I, K; par conséquent, si ces coefficients offrent des valeurs numériques entières, celle du produit en question sera elle-même un nombre entier, et, si on la désigne par $\mathfrak{M}^2$, $\mathfrak{M}$ étant une quantité positive, on aura

$$(91) \qquad \mathfrak{M} \geqq 1.$$

On peut encore, à l'aide des principes que nous venons d'exposer, calculer aisément le premier membre d'une équation qui aurait pour racines les diverses valeurs d'une fonction entière des racines $a, b, c, \ldots, i, k$ de l'équation (1), puisque ce premier membre sera toujours une fonction symétrique de $a, b, c, \ldots, i, k$. Cela posé, si l'équation (1) est du troisième ou du quatrième degré, on ramènera facilement sa résolution, dans le premier cas, à celle d'une équation du troisième degré, dans le second cas, à la résolution d'une équation binôme du même degré. Supposons, par exemple, que l'équation (1), étant du quatrième degré, se réduise à la formule (58). Pour la résoudre, il suffira, comme l'on sait, de déterminer les trois valeurs que peut acquérir la fonction $(a+b-c-d)^2$ lorsqu'on échange entre elles les quatre lettres a, b, c, d. Or ces trois valeurs, savoir

$$(92)\qquad (a+b-c-d)^2,\quad (a-b+c-d)^2,\quad (a-b-c+d)^2,$$

seront les trois racines de l'équation auxiliaire

$$(93)\qquad [z-(a+b-c-d)^2][z-(a-b+c-d)^2][z-(a-b-c+d)^2]=0,$$

qui offrira pour premier membre une fonction symétrique de a, b, c, d. Désignons par

$$(94)\qquad z^3+Uz^2+Vz+W$$

le polynôme que l'on obtient en développant ce premier membre. Le polynôme (94) et, par suite, ses trois coefficients U, V, W seront des fonctions symétriques de a, b, c, d. On trouvera d'ailleurs, en ayant égard aux formules (60),

$$(95)\qquad \left\{\begin{aligned} &z^3+Uz^2+Vz+W\\ &\quad=[z-(a+b-c-d)^2][z-(a-b+c-d)^2][z-(a-b-c+d)^2]\\ &\quad=[z-4(a+b)^2][z-4(a+c)^2][z-4(b+c)^2],\end{aligned}\right.$$

puis on en conclura

$$(96)\qquad \left\{\begin{aligned} U&=-4[(a+b)^2+(a+c)^2+(b+c)^2]\\ &=-8(c^2+b^2+a^2+bc+ca+ab)=8B,\end{aligned}\right.$$

$$(97)\qquad \left\{\begin{aligned} V&=16\{(a+b)^2[(a+c)^2+(b+c)^2]+[(a+c)(b+c)]^2\}\\ &=16\{-(a+b)^2[(a+b)^2+2B]+(a^2+b^2+B)^2\}\\ &=16[B^2-4ab(b^2+ab+a^2+B)]\\ &=16[B^2+4(a^4+Ba^2+Ca)]=16(B^2-4D),\end{aligned}\right.$$

$$(98)\qquad \left\{\begin{aligned} W&=-64[(a+b)(a+c)(b+c)]^2\\ &=-64[(a+b)(a^2+b^2+B)]^2=-64C^2.\end{aligned}\right.$$

Donc l'équation auxiliaire deviendra

$$(99)\qquad z^3+8Bz^2+16(B^2-4D)z-64C^2=0.$$

Supposons cette dernière équation résolue, et désignons par z_1, z_2, z_3 ses trois racines. Soient de plus u, v, w trois expressions propres à vérifier, non seulement les formules

$$(100)\qquad u^2 = z_1,$$

$$(101)\qquad v^2 = z_2,$$

$$(102)\qquad w^2 = z_3,$$

desquelles on tire $u^2 v^2 w^2 = z_1 z_2 z_3 = 64\mathrm{C}^2$, $uvw = \pm 8\mathrm{C}$, mais encore la condition

$$(103)\qquad uvw = 8\mathrm{C}.$$

Alors, si l'on prend

$$(104)\qquad a + b - c - d = u,$$

$$(105)\qquad a - b + c - d = v,$$

on devra prendre aussi

$$(106)\qquad a - b - c + d = w,$$

attendu que l'on aura

$$(107)\quad \left\{ \begin{aligned} &(a+b-c-d)(a-b+c-d)(a-b-c+d) \\ &\quad = 8(a+b)(a+c)(b+c) = -8(a+b)(a^2+b^2+\mathrm{B}) = 8\mathrm{C}, \end{aligned} \right.$$

et, par conséquent,

$$(108)\qquad (a+b-c-d)(a-b+c-d)(a-b-c+d) = uvw.$$

Si maintenant on combine les formules (104), (105), (106) avec la première des formules (60), on en déduira

$$(109)\quad a = \frac{u+v+w}{4},\quad b = \frac{u-v-w}{4},\quad c = \frac{v-w-u}{4},\quad d = \frac{w-u-v}{4}.$$

Observons, au reste : 1° que des valeurs de u, v, w, tirées des équations (100), (101) et (103), satisferont toujours à l'équation (102); 2° que ces quatre équations continueraient d'être vérifiées, si deux des valeurs dont il s'agit venaient à changer de signe. Mais alors les valeurs des racines a, b, c, d, déterminées par les formules (109), seraient simplement échangées entre elles.

§ VII. — *Sur la détermination des racines réelles d'une équation de degré quelconque.*

On a vu, dans le cinquième paragraphe, comment on pouvait constater l'existence, et même déterminer les valeurs des racines réelles ou imaginaires d'une équation de degré quelconque. Toutefois, lorsqu'on calculera l'une après l'autre ces diverses racines, à l'aide de la méthode indiquée dans le paragraphe dont il s'agit, il arrivera souvent que les racines imaginaires se présenteront les premières; et comme, dans beaucoup de questions, il importe surtout de connaître les racines réelles d'équations à coefficients réels, il ne sera pas inutile d'exposer ici une méthode simple à l'aide de laquelle on puisse évaluer directement ces mêmes racines. Tel est l'objet dont nous allons maintenant nous occuper.

Soit toujours

$$x^n + Ax^{n-1} + Bx^{n-2} + \ldots + Ix + K = 0 \tag{1}$$

l'équation proposée du degré n, A, B, ..., I, K désignant des coefficients réels.

Soient encore $a, b, c, \ldots, h, i, k$ les racines de cette équation, et

$$\rho_1, \quad \rho_2, \quad \ldots, \quad \rho_{n-1}, \quad \rho_n$$

les valeurs numériques des coefficients

$$A, \quad B, \quad \ldots, \quad I, \quad K.$$

D'après ce qui a été dit dans le § V, le module de chacune des racines $a, b, c, \ldots, h, i, k$ ne pourra surpasser la racine positive $\mathfrak{r}$ de l'équation

$$\mathfrak{r}^n = \rho_1 \mathfrak{r}^{n-1} + \rho_2 \mathfrak{r}^{n-2} + \ldots + \rho_{n-1}\mathfrak{r} + \rho_n, \tag{2}$$

ni le plus grand des nombres

$$\rho_1 + 1, \quad \rho_2 + 1, \quad \ldots, \quad \rho_{n-1} + 1, \quad \rho_n + 1, \tag{3}$$

ni le plus grand terme de la suite

$$(4)\qquad n\rho_1,\quad (n\rho_2)^{\frac{1}{2}},\quad \ldots,\quad (n\rho_{n-1})^{\frac{1}{n-1}},\quad (n\rho_n)^{\frac{1}{n}}.$$

Il sera donc très facile de trouver un nombre supérieur aux modules de toutes les racines réelles de l'équation (1). Désignons par r ce même nombre. Le module de chacune des différences

$$(5)\quad a-b,\ a-c,\ \ldots,\ a-i,\ a-k,\ b-c,\ \ldots,\ b-i,\ b-k,\ \ldots,\ i-k$$

sera, en vertu du théorème II, inférieur à $2r$; et comme leur nombre est précisément égal au nombre de combinaisons que l'on peut former avec n lettres prises deux à deux, c'est-à-dire à

$$\frac{n(n-1)}{2},$$

si l'on met de côté l'une de ces différences, par exemple $a-b$, le produit de toutes les autres offrira, en vertu du théorème III (corollaire I), un module inférieur à l'expression

$$(6)\qquad (2r)^{\frac{n(n-1)}{2}-1}.$$

D'ailleurs, on pourra aisément déterminer, par les méthodes exposées dans le § VI, le produit des carrés de toutes les différences dont il s'agit. Soit $\mathfrak{N}^2$ la valeur numérique de ce produit, $\mathfrak{N}$ désignant une quantité positive. Cette quantité sera évidemment égale au produit des modules de toutes les différences; et par suite le module ou la valeur numérique d'une seule différence $a-b$ surpassera le quotient qu'on obtient en divisant le nombre $\mathfrak{N}$ par l'expression (6). Donc, si l'on pose

$$(7)\qquad \Delta = \frac{\mathfrak{N}}{(2r)^{\frac{n(n-1)}{2}-1}},$$

Δ sera un nombre inférieur à la plus petite différence entre les racines réelles de l'équation (1).

Il est bon d'observer que le nombre Δ, déterminé par la formule (7), ne pourrait s'évanouir que dans le cas où l'équation proposée admettrait des racines égales. Nous exclurons dorénavant ce dernier cas; ce qui sera sans inconvénient, attendu qu'on peut toujours débarrasser une équation des racines égales qui la vérifient.

Lorsque les coefficients A, B, ..., I, K de l'équation (1) se réduisent à des nombres entiers, on a, comme nous l'avons déjà remarqué,

$$\mathfrak{N} \overline{\overline{>}} 1, \tag{8}$$

et par conséquent la plus petite différence entre deux racines réelles est supérieure au nombre Δ déterminé par la formule

$$\Delta = \frac{1}{(2r)^{\frac{n(n-1)}{2}-1}}. \tag{9}$$

Lorsque, à l'aide de la formule (7) ou (9), on a calculé un nombre Δ inférieur à la plus petite différence entre deux quelconques des racines de l'équation (1), il devient facile de constater l'existence de toutes les racines de cette espèce, et d'évaluer chacune d'elles avec une approximation aussi grande qu'on le juge convenable. En effet, soit m le nombre entier immédiatement supérieur au rapport $\frac{r}{\Delta}$. Il est clair que toutes les racines réelles de l'équation (1) seront renfermées entre les limites $-m\Delta$, $+m\Delta$, et que deux termes consécutifs de la progression arithmétique

$$\left\{\begin{array}{l} -m\Delta,\quad -(m-1)\Delta,\quad \ldots,\quad -3\Delta,\quad -2\Delta,\quad -\Delta, \\ 0,\quad \Delta,\quad 2\Delta,\quad 3\Delta,\quad \ldots,\quad (m-1)\Delta,\quad m\Delta \end{array}\right. \tag{10}$$

ne comprendront jamais entre eux plus d'une racine réelle. D'ailleurs, lorsque, dans le polynôme

$$x^n + Ax^{n-1} + Bx^{n-2} + \ldots + Ix + K, \tag{11}$$

on substitue successivement, à la place de x, deux quantités entre lesquelles une seule racine réelle au plus se trouve renfermée, les résultats obtenus sont de même signe ou de signes contraires; pour parler autrement, la comparaison de ces deux résultats offre une permanence de signe ou une variation de signe, suivant qu'il n'existe pas de racine réelle ou qu'il en existe une entre les deux quantités dont il s'agit. Par conséquent, si l'on prend les termes de la progression (10) pour des valeurs successives de la variable x, et que l'on forme la suite des valeurs correspondantes du polynôme (11), cette nouvelle suite offrira précisément autant de variations de signe que l'équation (1) a de racines réelles, et chacune de ces racines sera comprise entre deux valeurs consécutives de x qui, substituées dans le polynôme (11), donneront des résultats de signes contraires. Soient x_1 et $x_2 = x_1 + \Delta$ deux semblables valeurs, et supposons

$$\xi = \frac{x_1 + x_2}{2} = x_1 + \frac{1}{2}\Delta. \tag{12}$$

La racine réelle comprise entre x_1 et x_2 sera évidemment renfermée entre x_1 et ξ, si la substitution de ξ au lieu de x, dans le polynôme (11), fournit un résultat de même signe que la substitution de x_2; mais elle sera renfermée entre ξ et x_2 dans le cas contraire. On pourra donc remplacer les limites x_1, x_2, qui diffèrent entre elles de la quantité Δ, par les limites x_1 et ξ ou ξ et x_2, qui différeront entre elles de la quantité $\frac{1}{2}\Delta$. En continuant de la même manière, on finira par resserrer une quelconque des racines réelles entre deux limites dont la différence, représentée par un terme de la progression géométrique

$$\Delta,\quad \frac{1}{2}\Delta,\quad \frac{1}{4}\Delta,\quad \frac{1}{8}\Delta,\quad \ldots, \tag{13}$$

sera aussi petite qu'on le voudra; et par conséquent on pourra calculer cette racine avec une approximation aussi grande qu'on le jugera convenable.

Il est bon d'observer que, dans la progression (10), on pourrait sans inconvénient remplacer la valeur de Δ, tirée de la formule (7) ou (9), par une valeur plus petite.

Pour montrer une application de la méthode que nous venons d'exposer, considérons l'équation

$$x^3 - 2x - 5 = 0, \tag{14}$$

traitée par Lagrange et plus anciennement par Newton. On aura, dans ce cas,

$$n = 3, \qquad \frac{n(n-1)}{2} = 3,$$

et l'équation (2), réduite à

$$(15) \qquad \iota^3 - 2\iota - 5 = 0,$$

offrira une racine positive ι inférieure à $\sqrt{5}$, puisque, en supposant $\iota < \sqrt{5}$, on trouverait

$$\iota^2 > 5 > 2 + \frac{5}{\sqrt{5}} > 2 + \frac{5}{\iota}.$$

Donc chacune des racines de l'équation (14) aura pour module ou pour valeur numérique un nombre inférieur à

$$(16) \qquad r = \sqrt{5} = 2{,}236\ldots.$$

D'autre part, si l'on désigne par U le produit des carrés des différences entre les racines de l'équation (14), et par $\mathfrak{N}^2$ la valeur numérique de ce produit, on aura, en vertu de la formule (78) du sixième paragraphe,

$$(17) \qquad U = 4.8 - 27.25 = -643,$$

$$(18) \qquad \mathfrak{N}^2 = 643.$$

Par suite, on tirera de l'équation (7), en prenant $n = 3$ et $r = \sqrt{5}$,

$$(19) \qquad \Delta = \frac{\sqrt{643}}{4.5} > \frac{25}{20} > 1.$$

Donc, si l'équation (14) a plusieurs racines réelles, la différence entre deux de ces racines ne pourra être inférieure à l'unité. D'ailleurs, si l'on remplace Δ par l'unité, les différents termes de la progression (10) deviendront respectivement

$$(20) \qquad -3, \quad -2, \quad -1, \quad 0, \quad 1, \quad 2, \quad 3;$$

et, comme les valeurs correspondantes du premier membre de l'équation (14) seront

$$(21) \qquad -26, \quad -9, \quad -4, \quad -5, \quad -6, \quad -1, \quad +16,$$

il est clair que l'équation (14) offrira une seule racine réelle comprise entre les limites 2 et 3. Ajoutons que, d'après ce qui a été dit plus haut, on peut, à la limite 3, substituer le nombre 2,236.... Si maintenant on resserre de plus en plus les limites entre lesquelles la racine réelle de l'équation (14) est comprise, on trouvera

$$x = 2{,}0945514.... \tag{22}$$

Il ne sera pas inutile de remarquer que, dans beaucoup de cas, on peut, à l'aide de diverses considérations, faciliter la recherche des racines réelles d'une équation donnée. Ainsi, en particulier, on conclut immédiatement des principes établis dans le paragraphe IV que l'équation (14) admet une racine positive, mais une seule, inférieure à $\sqrt{5}$. D'ailleurs, en remplaçant x par $-x$, on tire de l'équation (14)

$$x^3 - 2x + 5 = 0, \tag{23}$$

et, comme les deux binômes

$$x^3 - 2x, \quad 5 - 2x$$

sont toujours positifs pour des valeurs positives de x, savoir, le premier tant que l'on a $x > \sqrt{2} > 1{,}414$, et le second tant que l'on a $x < 2{,}5$, il est clair que le premier membre de l'équation (23) ne pourra jamais devenir nul pour des valeurs positives de x. Donc, par suite, l'équation (14) n'admettra point de racines négatives et n'offrira qu'une seule racine réelle.

§ VIII. — *Sur la théorie de l'élimination.*

Soient

$$x^n + Ax^{n-1} + Bx^{n-2} + \ldots + Ix + K = 0 \tag{1}$$

et

$$x^m + Px^{m-1} + Qx^{m-2} + \ldots + Sx + T = 0 \tag{2}$$

deux équations algébriques, la première du degré n, la seconde du degré m. Si l'on élimine entre elles la variable x, l'équation résultante de l'élimination exprimera la condition à laquelle les coefficients

$$(3)\qquad A,\ B,\ \ldots,\ I,\ K,\quad \text{et}\quad P,\ Q,\ \ldots,\ S,\ T$$

doivent satisfaire, pour qu'une seule et même valeur de x vérifie tout à la fois les équations (1) et (2). Soient d'ailleurs

$$(4)\qquad a,\ b,\ \ldots,\ i,\ k$$

les valeurs distinctes de x qui sont propres à vérifier l'équation (1). Soient, de même,

$$(5)\qquad p,\ q,\ \ldots,\ s,\ t$$

les valeurs distinctes de x qui sont propres à vérifier l'équation (2), et faisons

$$(6)\quad \left\{\begin{aligned} U = (a-p)(a-q)\ldots(a-s)(a-t)\times(b-p)(b-q)\ldots(b-s)(b-t)\times\ldots\\ \times(k-p)(k-q)\ldots(k-s)(k-t).\end{aligned}\right.$$

Pour que les équations (1) et (2) subsistent simultanément, il sera nécessaire et il suffira que l'un des facteurs du produit U s'évanouisse, ou, en d'autres termes, que ce produit lui-même se réduise à zéro. Donc l'équation de condition

$$(7)\qquad U = 0$$

pourra être substituée à celle que produirait l'élimination de x entre les équations (1) et (2). J'ajoute que, si chacune de ces dernières offre seulement des racines inégales, il sera facile de transformer le produit U en une fonction entière des coefficients A, B, ..., I, K; P, Q, ..., S, T. C'est ce que l'on démontrera sans peine à l'aide des considérations suivantes.

Les racines de l'équation (2) étant inégales entre elles et représentées par $p, q, \ldots, s, t$, on aura identiquement

$$(8)\quad (x-p)(x-q)\ldots(x-s)(x-t) = x^m + Px^{m-1} + Qx^{m-2} + \ldots + Sx + T,$$

et, par suite,

$$(9)\quad\begin{cases}(a-p)(a-q)\ldots(a-s)(a-t)=a^m+\mathrm{P}a^{m-1}+\mathrm{Q}a^{m-2}+\ldots+\mathrm{S}a+\mathrm{T},\\(b-p)(b-q)\ldots(b-s)(b-t)=b^m+\mathrm{P}b^{m-1}+\mathrm{Q}b^{m-2}+\ldots+\mathrm{S}b+\mathrm{T},\\\ldots\ldots\ldots\ldots\ldots\ldots\ldots\ldots\ldots\ldots\ldots\ldots\ldots\ldots,\\(k-p)(k-q)\ldots(k-s)(k-t)=k^m+\mathrm{P}k^{m-1}+\mathrm{Q}k^{m-2}+\ldots+\mathrm{S}k+\mathrm{T}.\end{cases}$$

Cela posé, la formule (6) donnera

$$(10)\quad\begin{cases}\mathrm{U}=\quad(a^m+\mathrm{P}a^{m-1}+\mathrm{Q}a^{m-2}+\ldots+\mathrm{S}a+\mathrm{T})\\\qquad\times(b^m+\mathrm{P}b^{m-1}+\mathrm{Q}b^{m-2}+\ldots+\mathrm{S}b+\mathrm{T})\\\qquad\times\ldots\ldots\ldots\ldots\ldots\ldots\ldots\ldots\ldots\ldots\\\qquad\times(k^m+\mathrm{P}k^{m-1}+\mathrm{Q}k^{m-2}+\ldots+\mathrm{S}k+\mathrm{T}).\end{cases}$$

D'ailleurs, les racines de l'équation (1) étant supposées inégales, le second membre de la formule (10) sera évidemment une fonction symétrique de ces racines, qui pourra être transformée par la méthode exposée dans le paragraphe précédent en une fonction entière des coefficients A, B, ..., I, K et P, Q, ..., S, T.

On arriverait encore aux mêmes conclusions en observant que la valeur de U, donnée par l'équation (6), peut s'écrire comme il suit :

$$(11)\quad\begin{cases}\mathrm{U}=(-1)^{mn}(p-a)(p-b)\ldots(p-i)(p-k)\\\qquad\times(q-a)(q-b)\ldots(q-i)(q-k)\\\qquad\times\ldots\ldots\ldots\ldots\ldots\ldots\ldots\ldots\ldots\\\qquad\times(t-a)(t-b)\ldots(t-i)(t-k).\end{cases}$$

Or, si chacune des équations (1) et (2) n'offre que des racines inégales, on aura identiquement

$$(12)\quad(x-a)(x-b)\ldots(x-i)(x-k)=x^n+\mathrm{A}x^{n-1}+\mathrm{B}x^{n-2}+\ldots+\mathrm{I}x+\mathrm{K},$$

puis on en conclura

$$(13)\quad\begin{cases}(p-a)(p-b)\ldots(p-i)(p-k)=p^n+\mathrm{A}p^{n-1}+\mathrm{B}p^{n-2}+\ldots+\mathrm{I}p+\mathrm{K},\\(q-a)(q-b)\ldots(q-i)(q-k)=q^n+\mathrm{A}q^{n-1}+\mathrm{B}q^{n-2}+\ldots+\mathrm{I}q+\mathrm{K},\\\ldots\ldots\ldots\ldots\ldots\ldots\ldots\ldots\ldots\ldots\ldots\ldots\ldots\ldots,\\(t-a)(t-b)\ldots(t-i)(t-k)=t^n+\mathrm{A}t^{n-1}+\mathrm{B}t^{n-2}+\ldots+\mathrm{I}t+\mathrm{K};\end{cases}$$

et la valeur de U, réduite à

$$(14)\quad \left\{\begin{aligned} U = (-1)^{mn}&(p^n + Ap^{n-1} + Bp^{n-2} + \ldots + Ip + K)\\ &\times (q^n + Aq^{n-1} + Bq^{n-2} + \ldots + Iq + K)\\ &\times \ldots\ldots\ldots\ldots\ldots\ldots\ldots\ldots\\ &\times (t^n + At^{n-1} + Bt^{n-2} + \ldots + It + K),\end{aligned}\right.$$

pourra être facilement transformée par la méthode ci-dessus mentionnée en une fonction entière des coefficients A, B, ..., I, K; P, Q, ..., S, T.

Si les équations (1) et (2) offraient des racines égales, il serait facile de les en débarrasser et de les remplacer par deux équations nouvelles, dont chacune aurait pour racines les valeurs distinctes de x propres à vérifier l'équation (1) ou l'équation (2). Alors le premier membre de l'équation (7) pourrait être transformé en une fonction entière des coefficients renfermés dans les deux nouvelles équations. Ajoutons que, si, dans la même hypothèse, on désigne par $a, b, \ldots, i, k$ et par $p, q, \ldots, s, t$, non plus les valeurs distinctes propres à vérifier l'équation (1) ou l'équation (2), mais les racines égales ou inégales des équations (1) et (2), on pourra encore substituer l'équation (7) à celle que produirait l'élimination de x entre les deux premières, et transformer le produit U en une fonction entière des coefficients A, B, ..., I, K; P, Q, ..., S, T.

Considérons maintenant deux équations algébriques dont les premiers membres soient des fonctions entières des deux variables x et y, et supposons que la somme des exposants de ces variables soit égale ou inférieure au nombre n dans chaque terme de la première fonction, au nombre m dans chaque terme de la seconde. n et m seront les *degrés* des deux fonctions, et si chacune d'elles renferme tous les termes qu'elle peut contenir, les équations proposées seront ce qu'on nomme des *équations complètes* du *degré* n et du *degré* m. Cela posé, si l'on divise la première équation par le coefficient constant de x^n, et la seconde par le coefficient constant de x^m, elles se présenteront sous les formes

$$x^n + Ax^{n-1} + Bx^{n-2} + \ldots + Ix + K = 0, \tag{1}$$

$$x^m + Px^{m-1} + Qx^{m-2} + \ldots + Sx + T = 0, \tag{2}$$

A, B, ..., I, K désignant des fonctions entières de y dont les degrés seront respectivement égaux aux nombres 1, 2, ..., $n-1$, n, et P, Q, ..., S, T d'autres fonctions entières de y dont les degrés seront respectivement égaux aux nombres 1, 2, ..., $m-1$, m. Concevons à présent que l'on cherche les divers systèmes de valeurs de x et de y propres à vérifier simultanément les équations (1) et (2). Il est clair que, dans chacun de ces systèmes, la valeur de y sera nécessairement une racine de l'équation (7), U désignant une fonction entière des coefficients A, B, ..., I, K; P, Q, ..., S, T, et par conséquent une fonction entière de y, savoir celle dans laquelle peut se transformer le second membre de la formule (10), quand on représente par a, b, ..., i, k les racines égales ou inégales de l'équation (1). D'ailleurs, pour opérer la transformation dont il s'agit, il suffira, conformément au théorème XVI, de diviser successivement le second membre de la formule (10), considéré comme fonction de k, par le polynôme

$$k + i + \ldots + b + a + A;$$

puis le reste, considéré comme fonction de i, par le polynôme

$$\begin{gathered} i^2 + (h + \ldots + b + a)i + h^2 + \ldots + b^2 + a^2 \\ + hb + ha + \ldots + ba + A(i + h + \ldots + b + a) + B, \\ \ldots\ldots\ldots\ldots\ldots\ldots\ldots\ldots\ldots\ldots\ldots\ldots \end{gathered}$$

La fonction U étant ainsi déterminée, toutes les valeurs de y qui permettront de vérifier simultanément les équations (1) et (2) devront satisfaire à l'équation (7).

Il est facile de s'assurer que la fonction entière de y, désignée par U, est d'un degré inférieur ou tout au plus égal à mn. En effet, comme les degrés des fonctions

$$A, \; B, \; \ldots, \; I, \; K; \; P, \; Q, \; \ldots, \; S, \; T$$

sont représentés par les nombres

$$1,\quad 2,\quad \ldots,\quad n-1,\quad n;\quad 1,\quad 2,\quad \ldots,\quad m-1,\quad m,$$

les valeurs des rapports

$$\frac{A}{y},\quad \frac{B}{y^2},\quad \ldots,\quad \frac{I}{y^{n-1}},\quad \frac{K}{y^n};\quad \frac{P}{y},\quad \frac{Q}{y^2},\quad \ldots,\quad \frac{S}{y^{m-1}},\quad \frac{T}{y^m}$$

resteront finies pour des valeurs infinies de y, et l'on pourra en dire autant des valeurs de z propres à vérifier les deux équations

$$z^n + \frac{A}{y} z^{n-1} + \frac{B}{y^2} z^{n-2} + \ldots + \frac{I}{y^{n-1}} z + \frac{K}{y^n} = 0, \tag{15}$$

$$z^m + \frac{P}{y} z^{m-1} + \frac{Q}{y^2} z^{m-2} + \ldots + \frac{S}{y^{m-1}} z + \frac{T}{y^m} = 0, \tag{16}$$

c'est-à-dire des rapports

$$\frac{a}{y},\quad \frac{b}{y},\quad \ldots,\quad \frac{i}{y},\quad \frac{k}{y};\quad \frac{p}{y},\quad \frac{q}{y},\quad \ldots,\quad \frac{s}{y},\quad \frac{t}{y}. \tag{17}$$

Donc le produit

$$(18)\quad \left\{ \begin{array}{l} \left(\frac{a}{y}-\frac{p}{y}\right)\left(\frac{a}{y}-\frac{q}{y}\right)\cdots\left(\frac{a}{y}-\frac{t}{y}\right)\times\left(\frac{b}{y}-\frac{p}{y}\right)\left(\frac{b}{y}-\frac{q}{y}\right)\cdots\left(\frac{b}{y}-\frac{t}{y}\right)\times\cdots \\ \qquad\qquad\qquad \times\left(\frac{k}{y}-\frac{p}{y}\right)\left(\frac{k}{y}-\frac{q}{y}\right)\cdots\left(\frac{k}{y}-\frac{t}{y}\right), \end{array} \right.$$

qui, en vertu de la formule (6), sera équivalent au rapport

$$\frac{U}{y^{mn}},$$

conservera lui-même une valeur finie pour des valeurs infinies de y; ce qui exige que le degré de la fonction de y, désignée par U, ne surpasse pas mn. On se trouve ainsi ramené à un théorème connu, et que l'on peut énoncer comme il suit :

Théorème XVII. — *Étant données deux équations algébriques en x et y, l'une du degré n, l'autre du degré m, on peut en déduire, par l'élimination de x, une équation en y dont le degré soit tout au plus égal au produit mn.*

SUR LES

ÉQUATIONS DIFFÉRENTIELLES D'ÉQUILIBRE

OU

DE MOUVEMENT POUR UN SYSTÈME DE POINTS MATÉRIELS

SOLLICITÉS

PAR DES FORCES D'ATTRACTION OU DE RÉPULSION MUTUELLE.

J'ai fait voir, dans le troisième Volume des *Exercices de Mathématiques* [p. 188 et suiv. (1)], comment on pouvait établir les équations d'équilibre ou de mouvement d'un système de molécules qui s'attirent ou se repoussent, en supposant ces molécules très peu écartées des positions qu'elles occupaient dans l'état naturel du système. Pour obtenir les équations dont il s'agit, il suffit de substituer, dans les formules (32) ou (34) des pages 197 et 198 (2), les valeurs de $\mathfrak{X}$, $\mathfrak{Y}$, $\mathfrak{Z}$ déduites des formules (25), (26), (30) et (31). Ces valeurs se simplifient et se réduisent aux quantités $\mathfrak{X}_2$, $\mathfrak{Y}_2$, $\mathfrak{Z}_2$ déterminées par les formules (31), toutes les fois que les seconds membres des équations (26) et (30) s'évanouissent. C'est ce qui arrivera, par exemple, si les masses m, m', m'', ... des diverses molécules sont deux à deux égales entre elles, et distribuées symétriquement de part et d'autre d'une molécule quelconque $\mathfrak{m}$, sur des droites menées par le point avec lequel cette molécule coïncide. Cela posé, soient, dans l'état naturel du système,

a, b, c les coordonnées d'une molécule quelconque $\mathfrak{m}$, rapportées à trois axes rectangulaires des x, y, z;

(1) *Œuvres de Cauchy*, S. II, T. VIII, p. 227 et suiv.
(2) *Ibid.*, p. 236 et 237.

r le rayon vecteur mené de cette molécule à une autre molécule m très voisine;

α, β, γ les angles formés par le rayon vecteur r avec les demi-axes des coordonnées positives;

$\mathfrak{f}(r)$ la force accélératrice qui mesure l'action de m sur $\mathfrak{m}$;

$\pm\, \mathfrak{m} m \mathfrak{f}(r)$ la force motrice correspondante, prise avec le signe $+$ ou le signe $-$, suivant que cette force est attractive ou répulsive;

$f(r)$ une fonction de r, distincte de $\mathfrak{f}(r)$, et déterminée par l'équation

$$f(r) = \pm [r \mathfrak{f}'(r) - \mathfrak{f}(r)]. \tag{1}$$

Soient de plus

$$x = a + \xi, \qquad y = b + \eta, \qquad z = c + \zeta \tag{2}$$

les coordonnées de la molécule $\mathfrak{m}$, relatives à un état d'équilibre ou de mouvement dans lequel on suppose appliquée à cette molécule une force accélératrice φ dont les projections algébriques sur les axes coordonnés sont désignées par X, Y, Z. Les quantités ξ, η, ζ représenteront les déplacements très petits de la molécule $\mathfrak{m}$ mesurés parallèlement aux axes des x, y, z, et, si, en réduisant les valeurs de $\mathfrak{X}$, $\mathfrak{Y}$, $\mathfrak{Z}$ à celles de $\mathfrak{X}_2$, $\mathfrak{Y}_2$, $\mathfrak{Z}_2$, on fait, pour abréger,

$$\left\{\begin{aligned} \mathfrak{A} &= \mathrm{S}\left[\pm \frac{mr}{2} \cos^2\alpha\, \mathfrak{f}(r)\right], \\ \mathfrak{B} &= \mathrm{S}\left[\pm \frac{mr}{2} \cos^2\beta\, \mathfrak{f}(r)\right], \\ \mathfrak{C} &= \mathrm{S}\left[\pm \frac{mr}{2} \cos^2\gamma\, \mathfrak{f}(r)\right]; \end{aligned}\right. \tag{3}$$

$$\left\{\begin{aligned} \mathfrak{D} &= \mathrm{S}\left[\pm \frac{mr}{2} \cos\beta \cos\gamma\, \mathfrak{f}(r)\right], \\ \mathfrak{E} &= \mathrm{S}\left[\pm \frac{mr}{2} \cos\gamma \cos\alpha\, \mathfrak{f}(r)\right], \\ \mathfrak{F} &= \mathrm{S}\left[\pm \frac{mr}{2} \cos\alpha \cos\beta\, \mathfrak{f}(r)\right]; \end{aligned}\right. \tag{4}$$

$$(5)\qquad \left\{\begin{aligned} L &= \mathbf{S}\left[\frac{mr}{2}\cos^4\alpha\, f(r)\right],\\ M &= \mathbf{S}\left[\frac{mr}{2}\cos^4\beta\, f(r)\right],\\ N &= \mathbf{S}\left[\frac{mr}{2}\cos^4\gamma\, f(r)\right]; \end{aligned}\right.$$

$$(6)\qquad \left\{\begin{aligned} P &= \mathbf{S}\left[\frac{mr}{2}\cos^2\beta\cos^2\gamma\, f(r)\right],\\ Q &= \mathbf{S}\left[\frac{mr}{2}\cos^2\gamma\cos^2\alpha\, f(r)\right],\\ R &= \mathbf{S}\left[\frac{mr}{2}\cos^2\alpha\cos^2\beta\, f(r)\right]; \end{aligned}\right.$$

$$(7)\qquad \left\{\begin{aligned} U &= \mathbf{S}\left[\frac{mr}{2}\cos^2\alpha\cos\beta\cos\gamma\, f(r)\right],\\ U' &= \mathbf{S}\left[\frac{mr}{2}\cos^3\beta\cos\gamma\, f(r)\right],\\ U'' &= \mathbf{S}\left[\frac{mr}{2}\cos\beta\cos^3\gamma\, f(r)\right],\\ V &= \mathbf{S}\left[\frac{mr}{2}\cos^3\alpha\cos\gamma\, f(r)\right],\\ V' &= \mathbf{S}\left[\frac{mr}{2}\cos\alpha\cos^2\beta\cos\gamma\, f(r)\right],\\ V'' &= \mathbf{S}\left[\frac{mr}{2}\cos\alpha\cos^3\gamma\, f(r)\right],\\ W &= \mathbf{S}\left[\frac{mr}{2}\cos^3\alpha\cos\beta\, f(r)\right],\\ W' &= \mathbf{S}\left[\frac{mr}{2}\cos\alpha\cos^3\beta\, f(r)\right],\\ W'' &= \mathbf{S}\left[\frac{mr}{2}\cos\alpha\cos\beta\cos^2\gamma\, f(r)\right], \end{aligned}\right.$$

on aura, en vertu de la formule (31) de la page 196 du troisième Volume ([1]),

$$
(8)\quad \left\{
\begin{aligned}
\mathfrak{X} = {} & \mathfrak{A}\frac{\partial^2\xi}{\partial a^2} + \mathfrak{B}\frac{\partial^2\xi}{\partial b^2} + \mathfrak{C}\frac{\partial^2\xi}{\partial c^2} + 2\mathfrak{D}\frac{\partial^2\xi}{\partial b\,\partial c} + 2\mathfrak{E}\frac{\partial^2\xi}{\partial c\,\partial a} + 2\mathfrak{F}\frac{\partial^2\xi}{\partial a\,\partial b} \\
& + \mathrm{L}\frac{\partial^2\xi}{\partial a^2} + \mathrm{R}\frac{\partial^2\xi}{\partial b^2} + \mathrm{Q}\frac{\partial^2\xi}{\partial c^2} + \mathrm{W}\frac{\partial^2\eta}{\partial a^2} + \mathrm{W}'\frac{\partial^2\eta}{\partial b^2} + \mathrm{W}''\frac{\partial^2\eta}{\partial c^2} + \mathrm{V}\frac{\partial^2\zeta}{\partial a^2} + \mathrm{V}'\frac{\partial^2\zeta}{\partial b^2} + \mathrm{V}''\frac{\partial^2\zeta}{\partial c^2} \\
& + 2\left(\mathrm{U}\frac{\partial^2\xi}{\partial b\,\partial c} + \mathrm{V}\frac{\partial^2\xi}{\partial c\,\partial a} + \mathrm{W}\frac{\partial^2\xi}{\partial a\,\partial b} + \mathrm{V}'\frac{\partial^2\eta}{\partial b\,\partial c} + \mathrm{U}\frac{\partial^2\eta}{\partial c\,\partial a} + \mathrm{R}\frac{\partial^2\eta}{\partial a\,\partial b} + \mathrm{W}''\frac{\partial^2\zeta}{\partial b\,\partial c} + \mathrm{Q}\frac{\partial^2\zeta}{\partial c\,\partial a} + \mathrm{U}\frac{\partial^2\zeta}{\partial a\,\partial b}\right), \\
\mathfrak{Y} = {} & \ldots\ldots\ldots\ldots\ldots\ldots, \\
\mathfrak{Z} = {} & \ldots\ldots\ldots\ldots\ldots\ldots
\end{aligned}
\right.
$$

Dans les équations (8), les coordonnées primitives a, b, c sont considérées comme variables indépendantes. Si l'on voulait prendre pour variables indépendantes x, y, z au lieu de a, b, c, il suffirait, comme on l'a prouvé à la page 207 du troisième Volume ([2]), d'écrire partout x au lieu de a, y au lieu de b, z au lieu de c. On aurait donc alors

$$
(9)\quad \left\{
\begin{aligned}
\mathfrak{X} = {} & \mathfrak{A}\frac{\partial^2\xi}{\partial x^2} + \mathfrak{B}\frac{\partial^2\xi}{\partial y^2} + \mathfrak{C}\frac{\partial^2\xi}{\partial z^2} + 2\mathfrak{D}\frac{\partial^2\xi}{\partial y\,\partial z} + 2\mathfrak{E}\frac{\partial^2\xi}{\partial z\,\partial x} + 2\mathfrak{F}\frac{\partial^2\xi}{\partial x\,\partial y} \\
& + \mathrm{L}\frac{\partial^2\xi}{\partial x^2} + \mathrm{R}\frac{\partial^2\xi}{\partial y^2} + \mathrm{Q}\frac{\partial^2\xi}{\partial z^2} + \mathrm{W}\frac{\partial^2\eta}{\partial x^2} + \mathrm{W}'\frac{\partial^2\eta}{\partial y^2} + \mathrm{W}''\frac{\partial^2\eta}{\partial z^2} + \mathrm{V}\frac{\partial^2\zeta}{\partial x^2} + \mathrm{V}'\frac{\partial^2\zeta}{\partial y^2} + \mathrm{V}''\frac{\partial^2\zeta}{\partial z^2} \\
& + 2\left(\mathrm{U}\frac{\partial^2\xi}{\partial y\,\partial z} + \mathrm{V}\frac{\partial^2\xi}{\partial z\,\partial x} + \mathrm{W}\frac{\partial^2\xi}{\partial x\,\partial y} + \mathrm{V}'\frac{\partial^2\eta}{\partial y\,\partial z} + \mathrm{U}\frac{\partial^2\eta}{\partial z\,\partial x} + \mathrm{R}\frac{\partial^2\eta}{\partial x\,\partial y} + \mathrm{W}''\frac{\partial^2\zeta}{\partial y\,\partial z} + \mathrm{Q}\frac{\partial^2\zeta}{\partial z\,\partial x} + \mathrm{U}\frac{\partial^2\zeta}{\partial x\,\partial y}\right), \\
\mathfrak{Y} = {} & \ldots\ldots\ldots\ldots\ldots\ldots, \\
\mathfrak{Z} = {} & \ldots\ldots\ldots\ldots\ldots\ldots
\end{aligned}
\right.
$$

En substituant ces dernières valeurs de $\mathfrak{X}$, $\mathfrak{Y}$, $\mathfrak{Z}$ dans les formules (34) de la page 198 ([3]), savoir

$$
(10)\qquad \mathfrak{X} + \mathrm{X} = \frac{\partial^2\xi}{\partial t^2}, \qquad \mathfrak{Y} + \mathrm{Y} = \frac{\partial^2\eta}{\partial t^2}, \qquad \mathfrak{Z} + \mathrm{Z} = \frac{\partial^2\zeta}{\partial t^2},
$$

on obtiendra les équations différentielles propres à représenter le

([1]) *OEuvres de Cauchy*, S. II, T. VIII, p. 235.
([2]) *Ibid.*, p. 246.
([3]) *Ibid.*, p. 237.

mouvement du système des molécules $m, m', m'', \ldots,$ et l'on trouva

$$(11)\quad \left\{\begin{aligned}
\frac{\partial^2\xi}{\partial t^2} &= \mathrm{X} + \mathfrak{A}\frac{\partial^2\xi}{\partial x^2} + \mathfrak{B}\frac{\partial^2\xi}{\partial y^2} + \mathfrak{C}\frac{\partial^2\xi}{\partial z^2} + 2\mathfrak{D}\frac{\partial^2\xi}{\partial y\,\partial z} + 2\mathfrak{E}\frac{\partial^2\xi}{\partial z\,\partial x} + 2\mathfrak{F}\frac{\partial^2\xi}{\partial x\,\partial y}\\
&\quad + \mathrm{L}\frac{\partial^2\xi}{\partial x^2} + \mathrm{R}\frac{\partial^2\xi}{\partial y^2} + \mathrm{Q}\frac{\partial^2\xi}{\partial z^2} + \mathrm{W}\frac{\partial^2\eta}{\partial x^2} + \mathrm{W}'\frac{\partial^2\eta}{\partial y^2} + \mathrm{W}''\frac{\partial^2\eta}{\partial z^2} + \mathrm{V}\frac{\partial^2\zeta}{\partial x^2} + \mathrm{V}'\frac{\partial^2\zeta}{\partial y^2} + \mathrm{V}''\frac{\partial^2\zeta}{\partial z^2}\\
&\quad + 2\left(\mathrm{U}\frac{\partial^2\xi}{\partial y\,\partial z} + \mathrm{V}\frac{\partial^2\xi}{\partial z\,\partial x} + \mathrm{W}\frac{\partial^2\xi}{\partial x\,\partial y} + \mathrm{V}'\frac{\partial^2\eta}{\partial y\,\partial z} + \mathrm{U}\frac{\partial^2\eta}{\partial z\,\partial x} + \mathrm{R}\frac{\partial^2\eta}{\partial x\,\partial y} + \mathrm{W}''\frac{\partial^2\zeta}{\partial y\,\partial z} + \mathrm{Q}\frac{\partial^2\zeta}{\partial z\,\partial x} + \mathrm{U}\frac{\partial^2\zeta}{\partial x\,\partial y}\right),\\
\frac{\partial^2\eta}{\partial t^2} &= \mathrm{Y} + \mathfrak{A}\frac{\partial^2\eta}{\partial x^2} + \mathfrak{B}\frac{\partial^2\eta}{dy^2} + \mathfrak{C}\frac{\partial^2\eta}{\partial z^2} + 2\mathfrak{D}\frac{\partial^2\eta}{\partial y\,\partial z} + 2\mathfrak{E}\frac{\partial^2\eta}{\partial z\,\partial x} + 2\mathfrak{F}\frac{\partial^2\eta}{\partial x\,\partial y}\\
&\quad + \mathrm{W}\frac{\partial^2\xi}{\partial x^2} + \mathrm{W}'\frac{\partial^2\xi}{\partial y^2} + \mathrm{W}''\frac{\partial^2\xi}{\partial z^2} + \mathrm{R}\frac{\partial^2\eta}{\partial x^2} + \mathrm{M}\frac{\partial^2\eta}{\partial y^2} + \mathrm{P}\frac{\partial^2\eta}{\partial z^2} + \mathrm{U}\frac{\partial^2\zeta}{\partial x^2} + \mathrm{U}'\frac{\partial^2\zeta}{\partial y^2} + \mathrm{U}''\frac{\partial^2\zeta}{\partial z^2}\\
&\quad + 2\left(\mathrm{V}'\frac{\partial^2\xi}{\partial y\,\partial z} + \mathrm{U}\frac{\partial^2\xi}{\partial z\,\partial x} + \mathrm{R}\frac{\partial^2\xi}{\partial x\,\partial y} + \mathrm{U}'\frac{\partial^2\eta}{\partial y\,\partial z} + \mathrm{V}'\frac{\partial^2\eta}{\partial z\,\partial x} + \mathrm{W}'\frac{d^2\eta}{\partial x\,\partial y} + \mathrm{P}\frac{\partial^2\zeta}{\partial y\,\partial z} + \mathrm{W}''\frac{\partial^2\zeta}{\partial z\,\partial x} + \mathrm{V}'\frac{\partial^2\zeta}{\partial x\,\partial y}\right),\\
\frac{\partial^2\zeta}{\partial t^2} &= \mathrm{Z} + \mathfrak{A}\frac{\partial^2\zeta}{\partial x^2} + \mathfrak{B}\frac{\partial^2\zeta}{\partial y^2} + \mathfrak{C}\frac{\partial^2\zeta}{\partial z^2} + 2\mathfrak{D}\frac{\partial^2\zeta}{\partial y\,\partial z} + 2\mathfrak{E}\frac{\partial^2\zeta}{\partial z\,\partial x} + 2\mathfrak{F}\frac{\partial^2\zeta}{\partial x\,\partial y}\\
&\quad + \mathrm{V}\frac{\partial^2\xi}{\partial x^2} + \mathrm{V}'\frac{\partial^2\xi}{\partial y^2} + \mathrm{V}''\frac{\partial^2\xi}{\partial z^2} + \mathrm{U}\frac{\partial^2\eta}{\partial x^2} + \mathrm{U}'\frac{\partial^2\eta}{\partial y^2} + \mathrm{U}''\frac{\partial^2\eta}{\partial z^2} + \mathrm{Q}\frac{\partial^2\zeta}{\partial x^2} + \mathrm{P}\frac{\partial^2\zeta}{\partial y^2} + \mathrm{N}\frac{\partial^2\zeta}{\partial z^2}\\
&\quad + 2\left(\mathrm{W}''\frac{\partial^2\xi}{\partial y\,\partial z} + \mathrm{Q}\frac{\partial^2\xi}{\partial z\,\partial x} + \mathrm{U}\frac{\partial^2\xi}{\partial x\,\partial y} + \mathrm{P}\frac{\partial^2\eta}{\partial y\,\partial z} + \mathrm{W}''\frac{\partial^2\eta}{\partial z\,\partial x} + \mathrm{V}'\frac{\partial^2\eta}{\partial x\,\partial y} + \mathrm{U}''\frac{\partial^2\zeta}{\partial y\,\partial z} + \mathrm{V}''\frac{\partial^2\zeta}{\partial z\,\partial x} + \mathrm{W}''\frac{\partial^2\zeta}{\partial x\,\partial y}\right)
\end{aligned}\right.$$

Si le système n'était pas en mouvement, mais en équilibre, il faudrait réduire à zéro les premiers membres des formules (11).

Soient maintenant

Δ la densité du système au point (a, b, c), dans l'état naturel;

ρ la densité au point (x, y, z), dans l'état de mouvement;

υ la quantité positive ou négative qui mesure la dilatation ou la condensation du volume autour de la molécule $\mathfrak{m}$, dans le passage du premier état au second;

p', p'', p''' les pressions ou tensions supportées au point (x, y, z) dans l'état de mouvement, et du côté des coordonnées positives, par trois plans perpendiculaires aux axes des x, des y et des z;

A, F, E; F, B, D; E, D, C les projections algébriques des pressions ou tensions p, p', p''. On aura, en vertu des formules (17) et (59) des pages 219 et 233 du troisième Volume des *Exercices* (¹),

$$\rho = (1 - \upsilon)\Delta, \tag{12}$$

$$\upsilon = \frac{\partial\xi}{\partial x} + \frac{\partial\eta}{\partial y} + \frac{\partial\zeta}{\partial z}. \tag{13}$$

De plus, en prenant x, y, z pour variables indépendantes, et joignant les équations (25), (26), (27), (28), (29), (30), des pages 222 et suivantes (²), aux formules (3), (4), (5), (6), (7) du présent article, on trouvera

$$\left\{\begin{aligned}
\mathrm{A} &= \rho\left[\mathfrak{A}\left(1 + 2\frac{\partial\xi}{\partial x}\right) + 2\mathfrak{F}\frac{\partial\xi}{\partial y} + 2\mathfrak{E}\frac{\partial\xi}{\partial z}\right] \\
&\quad + \rho\left[\mathrm{L}\frac{\partial\xi}{\partial x} + \mathrm{R}\frac{\partial\eta}{\partial y} + \mathrm{Q}\frac{\partial\zeta}{\partial z} + \mathrm{U}\left(\frac{\partial\eta}{\partial z} + \frac{\partial\zeta}{\partial y}\right) + \mathrm{V}\left(\frac{\partial\zeta}{\partial x} + \frac{\partial\xi}{\partial z}\right) + \mathrm{W}\left(\frac{\partial\xi}{\partial y} + \frac{\partial\eta}{\partial x}\right)\right], \\
\mathrm{B} &= \rho\left[2\mathfrak{F}\frac{\partial\eta}{\partial x} + \mathfrak{B}\left(1 + 2\frac{\partial\eta}{\partial y}\right) + 2\mathfrak{D}\frac{\partial\eta}{\partial z}\right] \\
&\quad + \rho\left[\mathrm{R}\frac{\partial\xi}{\partial x} + \mathrm{M}\frac{\partial\eta}{\partial y} + \mathrm{P}\frac{\partial\zeta}{\partial z} + \mathrm{U}'\left(\frac{\partial\eta}{\partial z} + \frac{\partial\zeta}{\partial y}\right) + \mathrm{V}'\left(\frac{\partial\zeta}{\partial x} + \frac{\partial\xi}{\partial z}\right) + \mathrm{W}'\left(\frac{\partial\xi}{\partial y} + \frac{\partial\eta}{\partial x}\right)\right], \\
\mathrm{C} &= \rho\left[2\mathfrak{E}\frac{\partial\zeta}{\partial x} + 2\mathfrak{D}\frac{\partial\zeta}{\partial y} + \mathfrak{C}\left(1 + 2\frac{\partial\zeta}{\partial z}\right)\right] \\
&\quad + \rho\left[\mathrm{Q}\frac{\partial\xi}{\partial x} + \mathrm{P}\frac{\partial\eta}{\partial y} + \mathrm{N}\frac{\partial\zeta}{\partial z} + \mathrm{U}''\left(\frac{\partial\eta}{\partial z} + \frac{\partial\zeta}{\partial y}\right) + \mathrm{V}''\left(\frac{\partial\zeta}{\partial x} + \frac{\partial\xi}{\partial z}\right) + \mathrm{W}''\left(\frac{\partial\xi}{\partial y} + \frac{\partial\eta}{\partial x}\right)\right].
\end{aligned}\right. \tag{14}$$

$$\left\{\begin{aligned}
\mathrm{D} &= \rho\left(\mathfrak{D} + \mathfrak{E}\frac{\partial\eta}{\partial x} + \mathfrak{D}\frac{\partial\eta}{\partial y} + \mathfrak{C}\frac{\partial\eta}{\partial z} + \mathfrak{F}\frac{\partial\zeta}{\partial x} + \mathfrak{B}\frac{\partial\zeta}{\partial y} + \mathfrak{D}\frac{\partial\zeta}{\partial z}\right) \\
&\quad + \rho\left[\mathrm{U}\frac{\partial\xi}{\partial x} + \mathrm{U}'\frac{\partial\eta}{\partial y} + \mathrm{U}''\frac{\partial\zeta}{\partial z} + \mathrm{P}\left(\frac{\partial\eta}{\partial z} + \frac{\partial\zeta}{\partial y}\right) + \mathrm{W}''\left(\frac{\partial\zeta}{\partial x} + \frac{\partial\xi}{\partial z}\right) + \mathrm{V}'\left(\frac{\partial\xi}{\partial y} + \frac{\partial\eta}{\partial x}\right)\right], \\
\mathrm{E} &= \rho\left(\mathfrak{E} + \mathfrak{A}\frac{\partial\zeta}{\partial x} + \mathfrak{F}\frac{\partial\zeta}{\partial y} + \mathfrak{E}\frac{\partial\zeta}{\partial z} + \mathfrak{E}\frac{\partial\xi}{\partial x} + \mathfrak{D}\frac{\partial\xi}{\partial y} + \mathfrak{C}\frac{\partial\xi}{\partial z}\right) \\
&\quad + \rho\left[\mathrm{V}\frac{\partial\xi}{\partial x} + \mathrm{V}'\frac{\partial\eta}{\partial y} + \mathrm{V}''\frac{\partial\zeta}{\partial z} + \mathrm{W}''\left(\frac{\partial\eta}{\partial z} + \frac{\partial\zeta}{\partial y}\right) + \mathrm{Q}\left(\frac{\partial\zeta}{\partial x} + \frac{\partial\xi}{\partial z}\right) + \mathrm{U}\left(\frac{\partial\xi}{\partial y} + \frac{\partial\eta}{\partial x}\right)\right], \\
\mathrm{F} &= \rho\left(\mathfrak{F} + \mathfrak{F}\frac{\partial\xi}{\partial x} + \mathfrak{B}\frac{\partial\xi}{\partial y} + \mathfrak{D}\frac{\partial\xi}{\partial z} + \mathfrak{A}\frac{\partial\eta}{\partial x} + \mathfrak{F}\frac{\partial\eta}{\partial y} + \mathfrak{E}\frac{\partial\eta}{\partial z}\right) \\
&\quad + \rho\left[\mathrm{W}\frac{\partial\xi}{\partial x} + \mathrm{W}'\frac{\partial\eta}{\partial y} + \mathrm{W}''\frac{\partial\zeta}{\partial z} + \mathrm{V}'\left(\frac{\partial\eta}{\partial z} + \frac{\partial\zeta}{\partial y}\right) + \mathrm{U}\left(\frac{\partial\zeta}{\partial x} + \frac{\partial\xi}{\partial z}\right) + \mathrm{R}\left(\frac{\partial\xi}{\partial y} + \frac{\partial\eta}{\partial x}\right)\right].
\end{aligned}\right. \tag{15}$$

(¹) *Œuvres de Cauchy*, S. II, T. VIII, p. 260 et 273.

(²) *Ibid.*, p. 263 et suiv.

Enfin, si l'on substitue, dans les équations (14), la valeur de ρ tirée des formules (12) et (13), savoir

$$\rho=\left(1-\frac{\partial\xi}{\partial x}-\frac{\partial\eta}{\partial y}-\frac{\partial\zeta}{\partial z}\right)\Delta, \tag{16}$$

on en tirera, en regardant les déplacements ξ, η, ζ comme infiniment petits, et négligeant les infiniment petits du second ordre,

$$(17)\left\{\begin{aligned}
\mathrm{A}=&\left[\mathfrak{A}\left(1+\frac{\partial\xi}{\partial x}-\frac{\partial\eta}{\partial y}-\frac{\partial\zeta}{\partial z}\right)+2\mathfrak{F}\frac{\partial\xi}{\partial y}+2\mathfrak{E}\frac{\partial\xi}{\partial z}\right]\Delta\\
&+\left[\mathrm{L}\frac{\partial\xi}{\partial x}+\mathrm{R}\frac{\partial\eta}{\partial y}+\mathrm{Q}\frac{\partial\zeta}{\partial z}+\mathrm{U}\left(\frac{\partial\eta}{\partial z}+\frac{\partial\zeta}{\partial y}\right)+\mathrm{V}\left(\frac{\partial\zeta}{\partial x}+\frac{\partial\xi}{\partial z}\right)+\mathrm{W}\left(\frac{\partial\xi}{\partial y}+\frac{\partial\eta}{\partial x}\right)\right]\Delta,\\
\mathrm{B}=&\left[2\mathfrak{F}\frac{\partial\eta}{\partial x}+\mathfrak{B}\left(1-\frac{\partial\xi}{\partial x}+\frac{\partial\eta}{\partial y}-\frac{\partial\zeta}{\partial z}\right)+2\mathfrak{D}\frac{\partial\eta}{\partial y}\right]\Delta\\
&+\left[\mathrm{R}\frac{\partial\xi}{\partial x}+\mathrm{M}\frac{\partial\eta}{\partial y}+\mathrm{P}\frac{\partial\zeta}{\partial z}+\mathrm{U}'\left(\frac{\partial\eta}{\partial z}+\frac{\partial\zeta}{\partial y}\right)+\mathrm{V}'\left(\frac{\partial\zeta}{\partial x}+\frac{\partial\xi}{\partial z}\right)+\mathrm{W}'\left(\frac{\partial\xi}{\partial y}+\frac{\partial\eta}{\partial x}\right)\right]\Delta,\\
\mathrm{C}=&\left[2\mathfrak{E}\frac{\partial\zeta}{\partial x}+2\mathfrak{D}\frac{\partial\zeta}{\partial y}+\mathfrak{C}\left(1-\frac{\partial\xi}{\partial x}-\frac{\partial\eta}{\partial y}+\frac{\partial\zeta}{\partial z}\right)\right]\Delta\\
&+\left[\mathrm{Q}\frac{\partial\xi}{\partial x}+\mathrm{P}\frac{\partial\eta}{\partial y}+\mathrm{N}\frac{\partial\zeta}{\partial z}+\mathrm{U}''\left(\frac{\partial\eta}{\partial z}+\frac{\partial\zeta}{\partial y}\right)+\mathrm{V}''\left(\frac{\partial\zeta}{\partial x}+\frac{\partial\xi}{\partial z}\right)+\mathrm{W}''\left(\frac{\partial\xi}{\partial y}+\frac{\partial\eta}{\partial x}\right)\right]\Delta;
\end{aligned}\right.$$

$$(18)\left\{\begin{aligned}
\mathrm{D}=&\left[\mathfrak{D}\left(1-\frac{\partial\xi}{\partial x}\right)+\mathfrak{E}\frac{\partial\eta}{\partial x}+\mathfrak{F}\frac{\partial\zeta}{\partial x}+\mathfrak{B}\frac{\partial\zeta}{\partial y}+\mathfrak{C}\frac{\partial\eta}{\partial z}\right]\Delta\\
&+\left[\mathrm{U}\frac{\partial\xi}{\partial x}+\mathrm{U}'\frac{\partial\eta}{\partial y}+\mathrm{U}''\frac{\partial\zeta}{\partial z}+\mathrm{P}\left(\frac{\partial\eta}{\partial z}+\frac{\partial\zeta}{\partial y}\right)+\mathrm{W}''\left(\frac{\partial\zeta}{\partial x}+\frac{\partial\xi}{\partial z}\right)+\mathrm{V}'\left(\frac{\partial\xi}{\partial y}+\frac{\partial\eta}{\partial x}\right)\right]\Delta,\\
\mathrm{E}=&\left[\mathfrak{D}\frac{\partial\xi}{\partial y}+\mathfrak{E}\left(1-\frac{\partial\eta}{\partial y}\right)+\mathfrak{F}\frac{\partial\zeta}{\partial y}+\mathfrak{C}\frac{\partial\xi}{\partial z}+\mathfrak{A}\frac{\partial\zeta}{\partial x}\right]\Delta\\
&+\left[\mathrm{V}\frac{\partial\xi}{\partial x}+\mathrm{V}'\frac{\partial\eta}{\partial y}+\mathrm{V}''\frac{\partial\zeta}{\partial z}+\mathrm{W}''\left(\frac{\partial\eta}{\partial z}+\frac{\partial\zeta}{\partial y}\right)+\mathrm{Q}\left(\frac{\partial\zeta}{\partial x}+\frac{\partial\xi}{\partial z}\right)+\mathrm{U}\left(\frac{\partial\xi}{\partial y}+\frac{\partial\eta}{\partial x}\right)\right]\Delta,\\
\mathrm{F}=&\left[\mathfrak{D}\frac{\partial\xi}{\partial z}+\mathfrak{E}\frac{\partial\eta}{\partial z}+\mathfrak{F}\left(1-\frac{\partial\zeta}{\partial z}\right)+\mathfrak{A}\frac{\partial\eta}{\partial x}+\mathfrak{B}\frac{\partial\xi}{\partial y}\right]\Delta\\
&+\left[\mathrm{W}\frac{\partial\xi}{\partial x}+\mathrm{W}'\frac{\partial\eta}{\partial y}+\mathrm{W}''\frac{\partial\zeta}{\partial z}+\mathrm{V}'\left(\frac{\partial\eta}{\partial z}+\frac{\partial\zeta}{\partial y}\right)+\mathrm{U}\left(\frac{\partial\zeta}{\partial x}+\frac{\partial\xi}{\partial z}\right)+\mathrm{R}\left(\frac{\partial\xi}{\partial y}+\frac{\partial\eta}{\partial x}\right)\right]\Delta.
\end{aligned}\right.$$

On peut, en supposant constantes la densité Δ relative à l'état naturel du système et les quantités

$$\mathfrak{A},\ \mathfrak{B},\ \mathfrak{C},\ \mathfrak{D},\ \mathfrak{E},\ \mathfrak{F},\ \mathrm{L},\ \mathrm{M},\ \mathrm{N},\ \mathrm{P},\ \mathrm{Q},\ \mathrm{R},\ \mathrm{U},\ \mathrm{V},\ \mathrm{W},\ \mathrm{U}',\ \mathrm{V}',\ \mathrm{W}',\ \mathrm{U}'',\ \mathrm{V}'',\ \mathrm{W}'', \tag{19}$$

revenir facilement des équations (17) et (18) aux formules (11). En effet, on tire des équations (25) et (28) de la page 166 du IIIe Volume ([1])

$$(19)\quad \begin{cases} \rho\dfrac{\partial^2\xi}{\partial t^2} = \rho X + \dfrac{\partial A}{\partial x} + \dfrac{\partial F}{\partial y} + \dfrac{\partial E}{\partial z}, \\ \rho\dfrac{\partial^2\eta}{\partial t^2} = \rho Y + \dfrac{\partial F}{\partial x} + \dfrac{\partial B}{\partial y} + \dfrac{\partial D}{\partial z}, \\ \rho\dfrac{\partial^2\zeta}{\partial t^2} = \rho Z + \dfrac{\partial E}{\partial x} + \dfrac{\partial D}{\partial y} + \dfrac{\partial C}{\partial z}; \end{cases}$$

puis on en conclut, en divisant les deux membres de chaque équation par $\rho = (1-\upsilon)\Delta$,

$$(20)\quad \begin{cases} \dfrac{\partial^2\xi}{\partial t^2} = X + \dfrac{1}{(1-\upsilon)\Delta}\left(\dfrac{\partial A}{\partial x} + \dfrac{\partial F}{\partial y} + \dfrac{\partial E}{\partial z}\right), \\ \dfrac{\partial^2\eta}{\partial t^2} = Y + \dfrac{1}{(1-\upsilon)\Delta}\left(\dfrac{\partial F}{\partial x} + \dfrac{\partial B}{\partial y} + \dfrac{\partial D}{\partial z}\right), \\ \dfrac{\partial^2\zeta}{\partial t^2} = Z + \dfrac{1}{(1-\upsilon)\Delta}\left(\dfrac{\partial E}{\partial x} + \dfrac{\partial D}{\partial y} + \dfrac{\partial C}{\partial z}\right). \end{cases}$$

Or, si, dans les formules (19), on remplace les pressions A, B, C, D, E, F par leurs valeurs tirées des équations (17), (18), alors, en négligeant les infiniment petits du second ordre et réduisant en conséquence le binôme $1-\upsilon$ à l'unité, on retrouvera précisément les formules (11).

Lorsque, parmi les sommes comprises dans les équations (3), (4), (5), (6), (7), celles qui renferment des puissances impaires de $\cos\alpha$, de $\cos\beta$ ou de $\cos\gamma$ se réduisent à zéro, c'est-à-dire, en d'autres termes, lorsque les quantités

$$(21)\quad \mathfrak{D},\ \mathfrak{E},\ \mathfrak{F},\qquad U,\ V,\ W,\qquad U',\ V',\ W',\qquad U'',\ V'',\ W''$$

s'évanouissent, le système des molécules $m, m', m'', \ldots$ peut être considéré comme offrant trois axes d'élasticité rectangulaires et parallèles aux axes des x, y, z. Si, dans le même cas, on désigne par G, H, I les

([1]) *OEuvres de Cauchy*, S. II, T. VIII, p. 202 et 203.

valeurs des coefficients $\mathfrak{A}$, $\mathfrak{B}$, $\mathfrak{C}$, en sorte qu'on ait identiquement

$$\mathfrak{A} = \mathrm{G}, \quad \mathfrak{B} = \mathrm{H}, \quad \mathfrak{C} = \mathrm{I}, \tag{22}$$

les formules (11) coïncideront avec les équations (68) de la page 208 du IIIe Volume ([1]), et deviendront respectivement

$$\left\{\begin{aligned}
&(\mathrm{L}+\mathrm{G})\frac{\partial^2\xi}{\partial x^2}+(\mathrm{R}+\mathrm{H})\frac{\partial^2\xi}{\partial y^2}+(\mathrm{Q}+\mathrm{I})\frac{\partial^2\xi}{\partial z^2}+2\mathrm{R}\frac{\partial^2\eta}{\partial x\,\partial y}+2\mathrm{Q}\frac{\partial^2\zeta}{\partial z\,\partial x}+\mathrm{X}=\frac{\partial^2\xi}{\partial t^2},\\
&(\mathrm{R}+\mathrm{G})\frac{\partial^2\eta}{\partial x^2}+(\mathrm{M}+\mathrm{H})\frac{\partial^2\eta}{\partial y^2}+(\mathrm{P}+\mathrm{I})\frac{\partial^2\eta}{\partial z^2}+2\mathrm{P}\frac{\partial^2\zeta}{\partial y\,\partial z}+2\mathrm{R}\frac{\partial^2\xi}{\partial x\,\partial y}+\mathrm{Y}=\frac{\partial^2\eta}{\partial t^2},\\
&(\mathrm{Q}+\mathrm{G})\frac{\partial^2\zeta}{\partial x^2}+(\mathrm{P}+\mathrm{H})\frac{\partial^2\zeta}{\partial y^2}+(\mathrm{N}+\mathrm{I})\frac{\partial^2\zeta}{\partial z^2}+2\mathrm{Q}\frac{\partial^2\xi}{\partial z\,\partial x}+2\mathrm{P}\frac{\partial^2\eta}{\partial y\,\partial z}+\mathrm{Z}=\frac{\partial^2\zeta}{\partial t^2}.
\end{aligned}\right. \tag{23}$$

Alors aussi les formules (17), (18) s'accorderont avec les équations (49), (50) de la page 230 du IIIe Volume ([2]), et se réduiront à

$$\left\{\begin{aligned}
\mathrm{A}&=\left[(\mathrm{L}+\mathrm{G})\frac{\partial\xi}{\partial x}+(\mathrm{R}-\mathrm{G})\frac{\partial\eta}{\partial y}+(\mathrm{Q}-\mathrm{G})\frac{\partial\zeta}{\partial z}+\mathrm{G}\right]\Delta,\\
\mathrm{B}&=\left[(\mathrm{R}-\mathrm{H})\frac{\partial\xi}{\partial x}+(\mathrm{M}+\mathrm{H})\frac{\partial\eta}{\partial y}+(\mathrm{P}-\mathrm{H})\frac{\partial\zeta}{\partial z}+\mathrm{H}\right]\Delta,\\
\mathrm{C}&=\left[(\mathrm{Q}-\mathrm{I})\frac{\partial\xi}{\partial x}+(\mathrm{P}-\mathrm{I})\frac{\partial\eta}{\partial y}+(\mathrm{N}+\mathrm{I})\frac{\partial\zeta}{\partial z}+\mathrm{I}\right]\Delta;
\end{aligned}\right. \tag{24}$$

$$\left\{\begin{aligned}
\mathrm{D}&=\left[(\mathrm{P}+\mathrm{I})\frac{\partial\eta}{\partial z}+(\mathrm{P}+\mathrm{H})\frac{\partial\zeta}{\partial y}\right]\Delta,\\
\mathrm{E}&=\left[(\mathrm{Q}+\mathrm{G})\frac{\partial\zeta}{\partial x}+(\mathrm{Q}+\mathrm{I})\frac{\partial\xi}{\partial z}\right]\Delta,\\
\mathrm{F}&=\left[(\mathrm{R}+\mathrm{H})\frac{\partial\xi}{\partial y}+(\mathrm{R}+\mathrm{G})\frac{\partial\eta}{\partial x}\right]\Delta.
\end{aligned}\right. \tag{25}$$

Dans le cas particulier où l'élasticité du système que l'on considère reste la même en tous sens autour de chaque point, les conditions (41) et (45) des pages 199 et 201 du IIIe Volume ([3]) se trouvent remplies, en sorte qu'on a

$$\mathrm{G}=\mathrm{H}=\mathrm{I}, \qquad \mathrm{L}=\mathrm{M}=\mathrm{N}=3\mathrm{R}, \qquad \mathrm{P}=\mathrm{Q}=\mathrm{R}; \tag{26}$$

([1]) *OEuvres de Cauchy*, S. II, t. VIII, p. 247.

([2]) *Ibid.*, p. 271.

([3]) *Ibid.*, p. 239 et 241.

et les formules (23), (24), (25) donnent

$$
(27)\quad \left\{
\begin{aligned}
&(\mathrm{R}+\mathrm{G})\left(\frac{\partial^2\xi}{\partial x^2}+\frac{\partial^2\xi}{\partial y^2}+\frac{\partial^2\xi}{\partial z^2}\right)+2\mathrm{R}\frac{\partial\upsilon}{\partial x}+\mathrm{X}=\frac{\partial^2\xi}{\partial t^2},\\
&(\mathrm{R}+\mathrm{G})\left(\frac{\partial^2\eta}{\partial x^2}+\frac{\partial^2\eta}{\partial y^2}+\frac{\partial^2\eta}{\partial z^2}\right)+2\mathrm{R}\frac{\partial\upsilon}{\partial y}+\mathrm{Y}=\frac{\partial^2\eta}{\partial t^2},\\
&(\mathrm{R}+\mathrm{G})\left(\frac{\partial^2\zeta}{\partial x^2}+\frac{\partial^2\zeta}{\partial y^2}+\frac{\partial^2\zeta}{\partial z^2}\right)+2\mathrm{R}\frac{\partial\upsilon}{\partial z}+\mathrm{Z}=\frac{\partial^2\zeta}{\partial t^2};
\end{aligned}\right.
$$

$$
(28)\quad \left\{
\begin{aligned}
&\mathrm{A}=\left[2(\mathrm{R}+\mathrm{G})\frac{\partial\xi}{\partial x}+(\mathrm{R}-\mathrm{G})\upsilon+\mathrm{G}\right]\Delta,\\
&\mathrm{B}=\left[2(\mathrm{R}+\mathrm{G})\frac{\partial\eta}{\partial y}+(\mathrm{R}-\mathrm{G})\upsilon+\mathrm{G}\right]\Delta,\\
&\mathrm{C}=\left[2(\mathrm{R}+\mathrm{G})\frac{\partial\zeta}{\partial z}+(\mathrm{R}-\mathrm{G})\upsilon+\mathrm{G}\right]\Delta;
\end{aligned}\right.
$$

$$
(29)\quad \left\{
\begin{aligned}
&\mathrm{D}=(\mathrm{R}+\mathrm{G})\left(\frac{\partial\eta}{\partial z}+\frac{\partial\zeta}{\partial y}\right)\Delta,\\
&\mathrm{E}=(\mathrm{R}+\mathrm{G})\left(\frac{\partial\zeta}{\partial x}+\frac{\partial\xi}{\partial z}\right)\Delta,\\
&\mathrm{F}=(\mathrm{R}+\mathrm{G})\left(\frac{\partial\xi}{\partial y}+\frac{\partial\eta}{\partial x}\right)\Delta.
\end{aligned}\right.
$$

Enfin, si le système est constitué de manière que l'élasticité reste la même en tous sens autour d'une droite parallèle à l'axe des z, on aura simplement

$$
(30)\qquad \mathrm{G}=\mathrm{H},\qquad \mathrm{L}=\mathrm{M}=3\mathrm{R},\qquad \mathrm{P}=\mathrm{Q},
$$

et les formules (23), (24), (25) donneront

$$
(31)\quad \left\{
\begin{aligned}
&(3\mathrm{R}+\mathrm{G})\frac{\partial^2\xi}{\partial x^2}+(\mathrm{R}+\mathrm{G})\frac{\partial^2\xi}{\partial y^2}+(\mathrm{Q}+\mathrm{I})\frac{\partial^2\xi}{\partial z^2}+2\mathrm{R}\frac{\partial^2\eta}{\partial x\,\partial y}+2\mathrm{Q}\frac{\partial^2\zeta}{\partial z\,\partial x}+\mathrm{X}=\frac{\partial t^2}{\partial^2\xi},\\
&(\mathrm{R}+\mathrm{G})\frac{\partial^2\eta}{\partial x^2}+(3\mathrm{R}+\mathrm{G})\frac{\partial^2\eta}{\partial y^2}+(\mathrm{Q}+\mathrm{I})\frac{\partial^2\eta}{\partial z^2}+2\mathrm{Q}\frac{\partial^2\zeta}{\partial y\,\partial z}+2\mathrm{R}\frac{\partial^2\xi}{\partial x\,\partial y}+\mathrm{Y}=\frac{\partial^2\eta}{\partial t^2},\\
&(\mathrm{Q}+\mathrm{G})\left(\frac{\partial^2\zeta}{\partial x^2}+\frac{\partial^2\zeta}{\partial y^2}\right)+(\mathrm{N}+\mathrm{I})\frac{\partial^2\zeta}{\partial z^2}+2\mathrm{Q}\left(\frac{\partial^2\xi}{\partial z\,\partial x}+\frac{\partial^2\eta}{\partial y\,\partial z}\right)+\mathrm{Z}=\frac{\partial^2\zeta}{\partial t^2};
\end{aligned}\right.
$$

$$(32)\quad\begin{cases} A=\left[(3R+G)\dfrac{\partial\xi}{\partial x}+(R-G)\dfrac{\partial\eta}{\partial y}+(Q-G)\dfrac{\partial\zeta}{\partial z}+G\right]\Delta,\\[2mm] B=\left[(R-G)\dfrac{\partial\xi}{\partial x}+(3R+G)\dfrac{\partial\eta}{\partial y}+(Q-G)\dfrac{\partial\zeta}{\partial z}+G\right]\Delta,\\[2mm] C=\left[(Q-I)\left(\dfrac{\partial\xi}{\partial x}+\dfrac{\partial\eta}{\partial y}\right)+(N+I)\dfrac{\partial\zeta}{\partial z}+I\right]\Delta;\end{cases}$$

$$(33)\quad\begin{cases} D=\left[(Q+I)\dfrac{\partial\eta}{\partial z}+(Q+G)\dfrac{\partial\zeta}{\partial y}\right]\Delta,\\[2mm] E=\left[(Q+G)\dfrac{\partial\zeta}{\partial x}+(Q+I)\dfrac{\partial\xi}{\partial z}\right]\Delta,\\[2mm] F=(R+G)\left(\dfrac{\partial\xi}{\partial y}+\dfrac{\partial\eta}{\partial x}\right)\Delta.\end{cases}$$

Lorsque, dans les équations (17), (18), on pose, pour abréger,

$$(34)\quad \mathfrak{A}\Delta=\mathfrak{a},\qquad \mathfrak{B}\Delta=\mathfrak{b},\qquad \mathfrak{C}\Delta=\mathfrak{c},\qquad \mathfrak{D}\Delta=\mathfrak{d},\qquad \mathfrak{E}\Delta=\mathfrak{e},\qquad \mathfrak{F}\Delta=\mathfrak{f};$$

$$(35)\quad\begin{cases} L\,\Delta=\mathrm{a}, & M\,\Delta=\mathrm{b}, & N\,\Delta=\mathrm{c},\\ P\,\Delta=\mathrm{d}, & Q\,\Delta=\mathrm{e}, & R\,\Delta=\mathrm{f},\\ U\,\Delta=\mathrm{u}, & V\,\Delta=\mathrm{v}, & W\,\Delta=\mathrm{w},\\ U'\Delta=\mathrm{u}', & V'\Delta=\mathrm{v}', & W'\Delta=\mathrm{w}',\\ U''\Delta=\mathrm{u}'', & V''\Delta=\mathrm{v}'', & W''\Delta=\mathrm{w}'',\end{cases}$$

elles deviennent respectivement

$$(36)\quad\begin{cases} A=\mathfrak{a}\left(1+\dfrac{\partial\xi}{\partial x}-\dfrac{\partial\eta}{\partial y}-\dfrac{\partial\zeta}{\partial z}\right)+2\mathfrak{f}\dfrac{\partial\xi}{\partial y}+2\mathfrak{e}\dfrac{\partial\xi}{\partial z}\\ \qquad+\mathrm{a}\dfrac{\partial\xi}{\partial x}+\mathrm{f}\dfrac{\partial\eta}{\partial y}+\mathrm{e}\dfrac{\partial\zeta}{\partial z}+\mathrm{u}\left(\dfrac{\partial\eta}{\partial z}+\dfrac{\partial\zeta}{\partial y}\right)+\mathrm{v}\left(\dfrac{\partial\zeta}{\partial x}+\dfrac{\partial\xi}{\partial z}\right)+\mathrm{w}\left(\dfrac{\partial\xi}{\partial y}+\dfrac{\partial\eta}{\partial x}\right),\\[2mm] B=2\mathfrak{f}\dfrac{\partial\eta}{\partial x}+\mathfrak{b}\left(1-\dfrac{\partial\xi}{\partial x}+\dfrac{\partial\eta}{\partial y}-\dfrac{\partial\zeta}{\partial z}\right)+2\mathfrak{d}\dfrac{\partial\eta}{\partial z}\\ \qquad+\mathrm{f}\dfrac{\partial\xi}{\partial x}+\mathrm{b}\dfrac{\partial\eta}{\partial y}+\mathrm{d}\dfrac{\partial\zeta}{\partial z}+\mathrm{u}'\left(\dfrac{\partial\eta}{\partial z}+\dfrac{\partial\zeta}{\partial y}\right)+\mathrm{v}'\left(\dfrac{\partial\zeta}{\partial x}+\dfrac{\partial\xi}{\partial z}\right)+\mathrm{w}'\left(\dfrac{\partial\xi}{\partial y}+\dfrac{\partial\eta}{\partial x}\right),\\[2mm] C=2\mathfrak{e}\dfrac{\partial\zeta}{\partial x}+2\mathfrak{d}\dfrac{\partial\zeta}{\partial y}+\mathfrak{c}\left(1-\dfrac{\partial\xi}{\partial x}-\dfrac{\partial\eta}{\partial y}+\dfrac{\partial\zeta}{\partial z}\right)\\ \qquad+\mathrm{e}\dfrac{\partial\xi}{\partial x}+\mathrm{d}\dfrac{\partial\eta}{\partial y}+\mathrm{c}\dfrac{\partial\zeta}{\partial z}+\mathrm{u}''\left(\dfrac{\partial\eta}{\partial z}+\dfrac{\partial\zeta}{\partial y}\right)+\mathrm{v}''\left(\dfrac{\partial\zeta}{\partial x}+\dfrac{\partial\xi}{\partial z}\right)+\mathrm{w}''\left(\dfrac{\partial\xi}{\partial y}+\dfrac{\partial\eta}{\partial x}\right);\end{cases}$$

$$
(37)\quad\left\{\begin{aligned}
\mathrm{D} &= \mathfrak{d}\left(1-\frac{\partial\xi}{\partial x}\right)+\mathfrak{e}\frac{\partial\eta}{\partial x}+\mathfrak{f}\frac{\partial\zeta}{\partial x}+\mathfrak{b}\frac{\partial\zeta}{\partial y}+\mathfrak{c}\frac{\partial\eta}{\partial z}\\
&\quad+\mathrm{u}\frac{\partial\xi}{\partial x}+\mathrm{u}'\frac{\partial\eta}{\partial y}+\mathrm{u}''\frac{\partial\zeta}{\partial z}+\mathrm{d}\left(\frac{\partial\eta}{\partial z}+\frac{\partial\zeta}{\partial y}\right)+\mathrm{w}''\left(\frac{\partial\zeta}{\partial x}+\frac{\partial\xi}{\partial z}\right)+\mathrm{v}'\left(\frac{\partial\xi}{\partial y}+\frac{\partial\eta}{\partial x}\right),\\
\mathrm{E} &= \mathfrak{d}\frac{\partial\xi}{\partial y}+\mathfrak{e}\left(1-\frac{\partial\eta}{\partial y}\right)+\mathfrak{f}\frac{\partial\zeta}{\partial y}+\mathfrak{c}\frac{\partial\xi}{\partial z}+\mathfrak{a}\frac{\partial\zeta}{\partial x}\\
&\quad+\mathrm{v}\frac{\partial\xi}{\partial x}+\mathrm{v}'\frac{\partial\eta}{\partial y}+\mathrm{v}''\frac{\partial\zeta}{\partial z}+\mathrm{w}''\left(\frac{\partial\eta}{\partial z}+\frac{\partial\zeta}{\partial y}\right)+\mathrm{e}\left(\frac{\partial\zeta}{\partial x}+\frac{\partial\xi}{\partial z}\right)+\mathrm{u}\left(\frac{\partial\xi}{\partial y}+\frac{\partial\eta}{\partial x}\right),\\
\mathrm{F} &= \mathfrak{d}\frac{\partial\xi}{\partial z}+\mathfrak{e}\frac{\partial\eta}{\partial z}+\mathfrak{f}\left(1-\frac{\partial\zeta}{\partial z}\right)+\mathfrak{a}\frac{\partial\eta}{\partial x}+\mathfrak{b}\frac{\partial\xi}{\partial y}\\
&\quad+\mathrm{w}\frac{\partial\xi}{\partial x}+\mathrm{w}'\frac{\partial\eta}{\partial y}+\mathrm{w}''\frac{\partial\zeta}{\partial z}+\mathrm{v}'\left(\frac{\partial\eta}{\partial z}+\frac{\partial\zeta}{\partial y}\right)+\mathrm{u}\left(\frac{\partial\zeta}{\partial x}+\frac{\partial\xi}{\partial z}\right)+\mathrm{f}\left(\frac{\partial\xi}{\partial y}+\frac{\partial\eta}{\partial x}\right).
\end{aligned}\right.
$$

Si l'on admet que, dans l'état naturel du système des molécules m, m', m'', ..., les pressions p', p'', p''' et, par suite, leurs composantes ou les six fonctions A, B, C, D, E, F s'évanouissent, les coefficients désignés par les lettres

$$\mathfrak{A},\quad \mathfrak{B},\quad \mathfrak{C},\quad \mathfrak{D},\quad \mathfrak{E},\quad \mathfrak{F}$$

dans les formules (11), (17), (18), ou par les lettres G, H, I dans les équations (23), (24), (25), se réduiront à zéro, ainsi que les constantes représentées par

$$\mathfrak{a},\quad \mathfrak{b},\quad \mathfrak{c},\quad \mathfrak{d},\quad \mathfrak{e},\quad \mathfrak{f}$$

dans les formules (36), (37). Alors les équations (24), (25) et (23) coïncideront avec les équations (63), (64) et (68) des pages 233, 234 et 235 du IIIe Volume des *Exercices* (¹); tandis que les formules (36), (37) reproduiront les valeurs de A, B, C, D, E, F que nous avons précédemment obtenues à la page 2.

(¹) *Œuvres de Cauchy*, S. II, T. VIII, p. 274 et 275.

SUR L'ÉQUATION

A L'AIDE DE LAQUELLE ON DÉTERMINE LES INÉGALITÉS SÉCULAIRES

DES MOUVEMENTS DES PLANÈTES.

Soit

$$s = f(x, y, z, \ldots) \tag{1}$$

une fonction réelle homogène et du second degré. Soient de plus

$$\varphi(x, y, z, \ldots), \qquad \chi(x, y, z, \ldots), \qquad \psi(x, y, z, \ldots), \qquad \ldots \tag{2}$$

les dérivées partielles de $f(x, y, z, \ldots)$ prises par rapport aux variables x, y, z, ... Si l'on assujettit ces variables à l'équation de condition

$$x^2 + y^2 + z^2 + \ldots = 1, \tag{3}$$

les maxima et minima de la fonction s seront déterminés (*voir* les *Leçons sur le Calcul infinitésimal*, p. 252) par la formule

$$\frac{\varphi(x, y, z, \ldots)}{x} = \frac{\chi(x, y, z, \ldots)}{y} = \frac{\psi(x, y, z, \ldots)}{z} = \ldots. \tag{4}$$

D'ailleurs, les diverses fractions que renferme la formule (4), étant égales entre elles, seront égales au rapport

$$\frac{x\,\varphi(x, y, z, \ldots) + y\,\chi(x, y, z, \ldots) + z\,\psi(x, y, z, \ldots)}{x^2 + y^2 + z^2 + \ldots},$$

qui, en vertu de la condition (3) et du théorème des fonctions homogènes, se réduira simplement à

$$2f(x, y, z, \ldots) = 2s.$$

On aura donc encore

$$(5)\qquad \frac{\varphi(x, y, z, \ldots)}{x} = \frac{\chi(x, y, z, \ldots)}{y} = \frac{\psi(x, y, z, \ldots)}{z} = \ldots = 2s,$$

ou, ce qui revient au même,

$$(6)\quad \frac{1}{2}\varphi(x, y, z, \ldots) = sx, \quad \frac{1}{2}\chi(x, y, z, \ldots) = sy, \quad \frac{1}{2}\psi(x, y, z, \ldots) = sz, \quad \ldots.$$

Soit maintenant

$$(7)\qquad S = 0$$

l'équation que fournira l'élimination des variables $x, y, z, \ldots$ entre les formules (6). Les *maxima* et les *minima* de la fonction

$$s = f(x, y, z, \ldots)$$

ne pourront être que des racines de l'équation (7). D'ailleurs cette équation sera semblable à celle que l'on rencontre dans la théorie des inégalités séculaires des mouvements des planètes, et dont les racines, toutes réelles, jouissent de propriétés dignes de remarque. Quelques-unes de ces propriétés étaient déjà connues : nous allons les rappeler ici, et en indiquer de nouvelles.

Soit n le nombre des variables $x, y, z, \ldots$. Désignons d'ailleurs, pour plus de commodité, par

$$A_{xx}, \quad A_{yy}, \quad A_{zz}, \quad \ldots$$

les coefficients des carrés

$$x^2, \quad y^2, \quad z^2, \quad \ldots$$

dans la fonction homogène $s = f(x, y, z, \ldots)$, et par

$$A_{xy} = A_{yx}, \qquad A_{xz} = A_{zx}, \qquad \ldots, \qquad A_{yz} = A_{zy}, \qquad \ldots$$

les coefficients des doubles produits

$$2xy, \quad 2xz, \quad \ldots, \quad 2yz, \quad \ldots,$$

en sorte qu'on ait

$$(8)\quad s = A_{xx}x^2 + A_{yy}y^2 + A_{zz}z^2 + \ldots + 2A_{xy}xy + 2A_{xz}xz + \ldots + 2A_{yz}yz + \ldots.$$

Les équations (6) deviendront

$$(9)\quad \begin{cases} A_{xx}x + A_{xy}y + A_{xz}z + \ldots = sx, \\ A_{xy}x + A_{yy}y + A_{yz}z + \ldots = sy, \\ A_{xz}x + A_{yz}y + A_{zz}z + \ldots = sz, \\ \ldots\ldots\ldots\ldots\ldots\ldots\ldots\ldots, \end{cases}$$

et pourront s'écrire comme il suit :

$$(10)\quad \begin{cases} (A_{xx} - s)x + A_{xy}y + A_{xz}z + \ldots = 0, \\ A_{xy}x + (A_{yy} - s)y + A_{yz}z + \ldots = 0, \\ A_{xz}x + A_{yz}y + (A_{zz} - s)z + \ldots = 0, \\ \ldots\ldots\ldots\ldots\ldots\ldots\ldots\ldots \end{cases}$$

Cela posé, il résulte des principes établis dans le Chapitre III de l'*Analyse algébrique* (§ 2) (¹) que le premier membre de l'équation (8), ou S, sera une fonction alternée des quantités comprises dans le Tableau :

$$(11)\quad \begin{cases} A_{xx} - s, & A_{xy}, & A_{xz}, & \ldots, \\ A_{xy}, & A_{yy} - s, & A_{yz}, & \ldots, \\ A_{xz}, & A_{yz}, & A_{zz} - s, & \ldots, \\ \ldots, & \ldots, & \ldots\ldots, & \ldots, \end{cases}$$

savoir celle dont les différents termes sont représentés, aux signes près, par les produits qu'on obtient, lorsqu'on multiplie ces quantités, n à n, de toutes les manières possibles, en ayant soin de faire entrer dans chaque produit un facteur pris dans chacune des lignes horizontales du Tableau et un facteur pris dans chacune des lignes verticales. En opérant ainsi, on trouvera, par exemple, pour $n = 2$,

$$(12)\quad S = (A_{xx} - s)(A_{yy} - s) - A_{xy}^2;$$

pour $n = 3$,

$$(13)\quad \begin{cases} S = (A_{xx} - s)(A_{yy} - s)(A_{zz} - s) \\ \qquad - A_{yz}^2(A_{xx} - s) - A_{xz}^2(A_{yy} - s) - A_{xy}^2(A_{zz} - s) + 2A_{xy}A_{xz}A_{yz}; \end{cases}$$

(¹) *Œuvres de Cauchy*, S. II, T. III.

pour $n = 4$,

$$(14)\quad \left\{\begin{aligned} S = {} & (A_{xx} - s)(A_{yy} - s)(A_{zz} - s)(A_{uu} - s) \\ & - \left[\begin{aligned} & A_{zu}^2(A_{xx} - s)(A_{yy} - s) + A_{yu}^2(A_{xx} - s)(A_{zz} - s) + A_{yz}^2(A_{xx} - s)(A_{uu} - s) \\ & + A_{xu}^2(A_{yy} - s)(A_{zz} - s) + A_{xz}^2(A_{yy} - s)(A_{uu} - s) + A_{xy}^2(A_{zz} - s)(A_{uu} - s) \end{aligned}\right] \\ & + 2\left[\begin{aligned} & A_{yz}A_{yu}A_{zu}(A_{xx} - s) + A_{xz}A_{xu}A_{zu}(A_{yy} - s) \\ & + A_{xy}A_{xu}A_{yu}(A_{zz} - s) + A_{xy}A_{xz}A_{yz}(A_{uu} - s) \end{aligned}\right] \\ & + A_{xy}^2 A_{zu}^2 + A_{xz}^2 A_{yu}^2 + A_{xu}^2 A_{yz}^2 - 2[A_{xy}A_{xz}A_{yu}A_{zu} + A_{xy}A_{xu}A_{yz}A_{zu} + A_{xz}A_{xu}A_{yz}A_{yu}] \end{aligned}\right.$$

et, généralement, on obtiendra pour S une fonction de s, qui sera entière et du degré n.

Concevons à présent que l'on désigne par

$$(15)\qquad s_1, \quad s_2, \quad \ldots, \quad s_n$$

les n racines réelles ou imaginaires de l'équation (7). Soient, de plus,

$$(16)\qquad x_1, \quad y_1, \quad z_1; \quad x_2, \quad y_2, \quad z_2; \quad \ldots; \quad x_n, \quad y_n, \quad z_n$$

des systèmes de valeurs de $x, y, z, \ldots$ correspondants à ces mêmes valeurs de s, et choisis de manière à vérifier les formules (3) et (10). La première des formules (10) donnera

$$(A_{xx} - s_1)x_1 + A_{xy}y_1 + A_{xz}z_1 + \ldots = 0$$

et

$$(A_{xx} - s_2)x_2 + A_{xy}y_2 + A_{xz}z_2 + \ldots = 0;$$

puis l'on en conclura, en éliminant le coefficient A_{xx},

$$(17)\qquad (s_2 - s_1)x_1x_2 + A_{xy}(x_2y_1 - x_1y_2) + A_{xz}(x_2z_1 - x_1z_2) + \ldots = 0.$$

En raisonnant de la même manière, on tirera de la deuxième des formules (10)

$$(18)\qquad A_{xy}(y_2x_1 - y_1x_2) + (s_2 - s_1)y_1y_2 + A_{yz}(y_2z_1 - y_1z_2) + \ldots = 0,$$

de la troisième

$$(19)\qquad A_{xz}(z_2x_1 - z_1x_2) + A_{zy}(z_2y_1 - z_1y_2) + (s_2 - s_1)z_1z_2 + \ldots = 0,$$

etc. Enfin, si l'on ajoute membre à membre les équations (17), (18),

(19), etc., on trouvera

$$(x_1x_2+y_1y_2+z_1z_2+\ldots)(s_2-s_1)=0. \tag{20}$$

Donc, toutes les fois que les racines s_1, s_2 seront inégales entre elles, on aura

$$x_1x_2+y_1y_2+z_1z_2+\ldots=0; \tag{21}$$

et, si l'équation (7) n'offre pas de racines égales, les valeurs de $x, y, z, \ldots$ correspondantes à ces racines vérifieront toutes les formules comprises dans le Tableau suivant :

$$\left\{\begin{array}{llll} x_1^2+y_1^2+z_1^2+\ldots=1, & x_1x_2+y_1y_2+z_1z_2+\ldots=0, & \ldots, & x_1x_n+y_1y_n+z_1z_n+\ldots=0, \\ x_2x_1+y_2y_1+z_2z_1+\ldots=0, & x_2^2+y_2^2+z_2^2+\ldots=1, & \ldots, & x_2x_n+y_2y_n+z_2z_n+\ldots=0, \\ \ldots\ldots\ldots\ldots, & \ldots\ldots\ldots\ldots, & \ldots, & \ldots\ldots\ldots\ldots; \\ x_nx_1+y_ny_1+z_nz_1+\ldots=0, & x_nx_2+y_ny_2+z_nz_2+\ldots=0, & \ldots, & x_n^2+y_n^2+z_n^2+\ldots=1. \end{array}\right. \tag{22}$$

Soit maintenant R ce que devient la fonction S, lorsque, dans le Tableau (11), on supprime tous les termes appartenant à la première colonne horizontale, ainsi qu'à la première colonne verticale; et Q ce que devient la même fonction, quand on supprime, en outre, les termes renfermés dans les deuxièmes colonnes horizontale et verticale. Enfin, désignons par P_{uv} ce que devient S, lorsqu'on supprime dans le Tableau (11) les termes qui appartiennent à la même colonne horizontale que le binôme $A_{uu}-s$, avec ceux qui appartiennent à la même colonne verticale que $A_{vv}-s$, ou bien encore les termes compris dans la même colonne verticale que $A_{uu}-s$, et ceux qui sont renfermés dans la même colonne horizontale que $A_{vv}-s$. Les polynômes R, Q; P_{xx}, P_{xy}, P_{xz}, ...; P_{yy}, P_{yz}, ..., P_{zz} seront, ainsi que S, des fonctions entières de s. De plus, on aura évidemment

$$R=P_{xx}, \tag{23}$$

et l'on conclura des équations (10), en faisant abstraction de la première,

$$\frac{x}{P_{xx}}=-\frac{y}{P_{xy}}=-\frac{z}{P_{xz}}=-\ldots \tag{24}$$

Posons d'ailleurs, pour abréger,

$$(25) \qquad X = P_{xx} = R, \qquad Y = -P_{xy}, \qquad Z = -P_{xz}, \qquad \ldots.$$

La formule (24), combinée avec la formule (3), donnera

$$(26) \qquad \frac{x}{X} = \frac{y}{Y} = \frac{z}{Z} = \ldots = \pm \frac{1}{\sqrt{X^2 + Y^2 + Z^2 + \ldots}};$$

et, si l'on désigne par

$$(27) \quad X_1, \quad Y_1, \quad Z_1, \quad \ldots; \quad X_2, \quad Y_2, \quad Z_2, \quad \ldots; \quad X_n, \quad Y_n, \quad Z_n, \quad \ldots$$

les systèmes de valeurs de X, Y, Z, ... correspondants aux racines s_1, s_2, ..., s_n de l'équation (7), on tirera de la formule (26)

$$(28) \qquad \left\{ \begin{array}{l} \dfrac{x_1}{X_1} = \dfrac{y_1}{Y_1} = \dfrac{z_1}{Z_1} = \ldots = \pm \dfrac{1}{\sqrt{X_1^2 + Y_1^2 + Z_1^2 + \ldots}}, \\ \dfrac{x_2}{X_2} = \dfrac{y_2}{Y_2} = \dfrac{z_2}{Z_2} = \ldots = \pm \dfrac{1}{\sqrt{X_2^2 + Y_2^2 + Z_2^2 + \ldots}}, \\ \ldots\ldots\ldots\ldots\ldots\ldots\ldots\ldots\ldots\ldots\ldots\ldots, \\ \dfrac{x_n}{X_n} = \dfrac{y_n}{Y_n} = \dfrac{z_n}{Z_n} = \ldots = \pm \dfrac{1}{\sqrt{X_n^2 + Y_n^2 + Z_n^2 + \ldots}}. \end{array} \right.$$

Les valeurs de x_1, y_1, z_1, ... seront complètement déterminées, aux signes près, par la première des formules (28), à moins que la supposition $s = s_1$ ne fasse évanouir simultanément les fonctions $X = R$, Y, Z, ...; et, comme on peut faire un semblable raisonnement à l'égard de x_2, y_2, z_2, ...; ...; x_n, y_n, z_n, ..., il est clair que les expressions (16) seront, aux signes près, complètement déterminées par les formules (28), à moins que des racines de l'équation (7) ne vérifient en même temps la formule

$$(29) \qquad R = 0.$$

Ajoutons que, si les racines s_1, s_2 sont inégales, on tirera de la formule (21), combinée avec les deux premières des formules (28),

$$(30) \qquad X_1 X_2 + Y_1 Y_2 + Z_1 Z_2 + \ldots = 0.$$

En partant de la formule (30), on prouve facilement que l'équation (7) ne saurait admettre de racines imaginaires, tant que les coefficients A_{xx}, A_{xy}, A_{xz}, ...; A_{yy}, A_{yz}, ...; A_{zz}, ... restent réels. En effet, si l'équation (7) offrait alors une racine imaginaire de la forme $\lambda + \mu\sqrt{-1}$, elle en admettrait une seconde conjuguée à la première ou de la forme $\lambda - \mu\sqrt{-1}$; et, en prenant ces racines pour s_1 et s_2, on obtiendrait pour X_1 et X_2 des valeurs de la forme

$$(31) \qquad X_1 = \mathfrak{M} + \mathfrak{N}\sqrt{-1}, \qquad X_2 = \mathfrak{M} - \mathfrak{N}\sqrt{-1},$$

$\mathfrak{M}$, $\mathfrak{N}$ étant des quantités réelles. Par suite, le produit

$$(32) \qquad X_1 X_2 = \mathfrak{M}^2 + \mathfrak{N}^2$$

serait nécessairement positif ou nul; et, comme on pourrait en dire autant des produits $Y_1 Y_2$, $Z_1 Z_2$, ..., il est clair que la condition (30) ne saurait être remplie, excepté dans le cas où l'on aurait

$$(33) \qquad X_1 = X_2 = 0, \qquad Y_1 = Y_2 = 0, \qquad Z_1 = Z_2 = 0, \qquad \ldots,$$

c'est-à-dire dans le cas où chacune des racines s_1, s_2 vérifierait les équations

$$(34) \qquad P_{xx} = 0, \qquad P_{xy} = 0, \qquad P_{xz} = 0, \qquad \ldots.$$

Donc, si l'équation (7), du degré n, admettait des racines imaginaires, ces racines seraient propres à vérifier en même temps l'équation $P_{xx} = 0$, ou

$$(29) \qquad R = 0,$$

qui est de même forme, mais du degré $n - 1$. En raisonnant de la même manière, on fera voir que, si l'équation (29) admet des racines imaginaires, ces racines seront propres à vérifier en même temps l'équation

$$(35) \qquad Q = 0,$$

qui est de même forme, mais du degré $n - 2$; et ainsi de suite. Donc, si l'équation (7) offrait des racines imaginaires, ces racines devraient satisfaire à chacune des équations de la forme

$$(36)\qquad S=0,\quad R=0,\quad Q=0,\quad \ldots.$$

D'ailleurs, en prolongeant la série des équations (36), on parvient facilement à une équation du premier degré, qui coïncide avec la dernière des suivantes

$$(37)\qquad A_{xx}-s=0,\quad A_{yy}-s=0,\quad A_{zz}-s=0,\quad \ldots;$$

et cette équation du premier degré n'admet pas de racines imaginaires, mais une seule racine réelle. Donc l'équation (7) n'a pas de racines imaginaires.

Concevons à présent que l'on combine la première des équations (10) avec la formule (24). On obtiendra la suivante

$$(38)\qquad (A_{xx}-s)P_{xx}-A_{xy}P_{xy}-A_{xz}P_{xz}-\ldots=0,$$

qui devra coïncider avec l'équation (7); et, en effet, il suffit d'observer de quelle manière les polynômes S, P_{xx}, P_{xy}, P_{xz}, ... se forment à l'aide des quantités renfermées dans le Tableau (11), pour reconnaître que l'on a identiquement, c'est-à-dire quel que soit s,

$$(39)\qquad (A_{xx}-s)P_{xx}-A_{xy}P_{xy}-A_{xz}P_{xz}-\ldots=S.$$

Ajoutons que, en combinant la seconde, la troisième, etc. des équations (10) avec la formule (24), on obtiendra encore des équations identiques, savoir :

$$(40)\qquad \begin{cases} A_{xy}P_{xx}-(A_{yy}-s)P_{xy}-A_{yz}P_{xz}-\ldots=0,\\ A_{xz}P_{xx}-A_{yz}P_{xy}-(A_{zz}-s)P_{xz}-\ldots=0,\\ \ldots\ldots\ldots\ldots\ldots\ldots\ldots\ldots\ldots\ldots\ldots\ldots \end{cases}$$

Cela posé, imaginons que l'on prenne pour s une quelconque des racines de l'équation $P_{xx}=0$, ou

$$(29)\qquad R=0.$$

Les formules (39) et (40) donneront alors

$$(41)\quad \begin{cases} A_{xy}P_{xy} + A_{xz}P_{xz} + \ldots = -S, \\ (A_{yy} - s)P_{xy} + A_{yz}P_{xz} + \ldots = 0, \\ A_{yz}P_{xy} + (A_{zz} - s)P_{xz} + \ldots = 0, \\ \ldots\ldots\ldots\ldots\ldots\ldots\ldots\ldots \end{cases}$$

Le nombre des formules (41) étant égal à n, si l'on efface l'une de celles qui offrent zéro pour second membre, les autres suffiront pour déterminer, dans l'hypothèse admise, les valeurs des $n-1$ quantités

$$P_{xy}, \quad P_{xz}, \quad \ldots$$

en fonction de S et des coefficients A_{xy}, A_{xz}, ..., $A_{yy} - s$, A_{yz}, ..., $A_{zz} - s$, ... Si, pour fixer les idées, on supprime la seconde des formules (41), la valeur de P_{xy}, tirée des autres, deviendra, eu égard aux notations adoptées,

$$P_{xy} = -\frac{QS}{P_{xy}}.$$

Donc, pour chacune des valeurs de s propres à vérifier l'équation (29), on aura

$$(42)\qquad QS = -P_{xy}^2 = -Y^2,$$

et, par conséquent, les quantités Q, S seront affectées de signes contraires, si l'une et l'autre diffèrent de zéro. Cette remarque fournit une nouvelle démonstration de la réalité des racines de l'équation (7), et permet, en outre, de fixer des limites entre lesquelles ces racines se trouvent comprises, ainsi qu'on va le faire voir.

Supposons d'abord, pour plus de simplicité, que le nombre des variables $x, y, z, \ldots$ soit égal à 3. Les équations (10) deviendront

$$(43)\quad \begin{cases} (A_{xx} - s)x + A_{xy}y + A_{xz}z = 0, \\ A_{xy}x + (A_{yy} - s)y + A_{yz}z = 0, \\ A_{xz}x + A_{yz}y + (A_{zz} - s)z = 0; \end{cases}$$

et l'on tirera des deux dernières

$$(44) \qquad x = \frac{P_{xx}}{S}, \qquad y = -\frac{P_{xy}}{S}, \qquad z = -\frac{P_{xz}}{S},$$

les valeurs de P_{xx} ou R, P_{xy}, P_{xz} et S étant respectivement

$$(45) \qquad R = P_{xx} = (A_{yy} - s)(A_{zz} - s) - A_{yz}^2,$$

$$(46) \qquad \begin{cases} P_{xy} = A_{xy}(A_{zz} - s) - A_{xz}A_{yz}, \\ P_{xz} = A_{xz}(A_{yy} - s) - A_{xy}A_{yz}, \end{cases}$$

$$(47) \qquad \begin{cases} S = (A_{xx} - s)(A_{yy} - s)(A_{zz} - s) \\ \qquad - A_{yz}^2(A_{xx} - s) - A_{xz}^2(A_{yy} - s) - A_{xy}^2(A_{zz} - s) + 2A_{xy}A_{xz}A_{yz}. \end{cases}$$

Cela posé, on aura identiquement

$$(48) \qquad \begin{cases} (A_{xx} - s)R - A_{xy}P_{xy} - A_{xz}P_{xz} = S, \\ A_{xy}R - (A_{yy} - s)P_{xy} - A_{yz}P_{xz} = 0, \\ A_{xz}R - A_{yz}P_{xy} - (A_{zz} - s)P_{xz} = 0; \end{cases}$$

et, si l'on prend pour s une quelconque des racines de l'équation (29), les formules (48) donneront

$$(49) \qquad \begin{cases} A_{xy}P_{xy} + A_{xz}P_{xz} = -S, \\ (A_{yy} - s)P_{xy} + A_{yz}P_{xz} = 0, \\ A_{yz}P_{xy} + (A_{zz} - s)P_{xz} = 0. \end{cases}$$

Enfin, si l'on combine la première des formules (49) avec la troisième, on en tirera

$$(50) \qquad P_{xy} = -\frac{(A_{zz} - s)S}{A_{xy}(A_{zz} - s) - A_{xz}A_{yz}} = -\frac{(A_{zz} - s)S}{P_{xy}},$$

ou, ce qui revient au même,

$$QS = -P_{xy}^2,$$

la valeur de Q étant

$$(51) \qquad Q = A_{zz} - s.$$

Donc, à chacune des racines de l'équation (7) correspondront des valeurs de Q et de S propres à vérifier la formule (42) et, par conséquent, affectées de signes contraires. En résumé, les valeurs des polynômes

$$(52) \qquad A_{zz} - s$$

et

$$(53) \qquad \begin{cases} (A_{xx} - s)(A_{yy} - s)(A_{zz} - s) \\ - A_{yz}^2(A_{xx} - s) - A_{xz}^2(A_{yy} - s) - A_{xy}^2(A_{zz} - s) + 2A_{xy}A_{xz}A_{yz}, \end{cases}$$

correspondantes à l'une quelconque des racines de l'équation

$$(54) \qquad (A_{yy} - s)(A_{zz} - s) - A_{yz}^2 = 0,$$

seront affectées, si elles ne s'évanouissent ni l'une ni l'autre, de signes différents.

Soient maintenant s', s'' les deux racines réelles de l'équation (54), rangées dans leur ordre de grandeur, en sorte qu'on ait

$$(55) \qquad s' < s''.$$

Ces racines, qui sont toutes deux réelles, puisqu'elles se réduisent aux deux valeurs de s données par la formule

$$(56) \qquad s = \frac{A_{yy} + A_{zz}}{2} \pm \sqrt{\left(\frac{A_{yy} - A_{zz}}{2}\right)^2 + A_{yz}^2},$$

vérifieront la condition

$$(57) \qquad s' + s'' = A_{yy} + A_{zz},$$

de laquelle on tirera, en ayant égard à l'équation (54),

$$A_{zz} - s' = -(A_{yy} - s'') = -\frac{A_{yz}^2}{A_{zz} - s''}$$

ou, ce qui revient au même,

$$(58) \qquad (A_{zz} - s')(A_{zz} - s'') = -A_{yz}^2.$$

Donc les deux valeurs du binôme $A_{zz} - s$, correspondantes aux deux racines de l'équation (54), seront affectées de signes différents, si aucune d'elles ne s'évanouit; et, par suite, la racine unique A_{zz} de l'équation

$$A_{zz} - s = 0 \tag{59}$$

ou

$$Q = 0 \tag{60}$$

sera renfermée entre les deux racines de l'équation (54) ou

$$R = 0, \tag{29}$$

à moins qu'elle ne se réduise à l'une d'entre elles. Donc, attendu que la condition (55) entraîne la suivante

$$A_{zz} - s' > A_{zz} - s'', \tag{61}$$

on aura

$$A_{zz} - s' \overset{=}{<} 0 \quad \text{et} \quad A_{zz} - s'' \overset{=}{>} 0. \tag{62}$$

Cela posé, soient S′, S″ les deux valeurs du polynôme (53) ou de S correspondantes aux valeurs s', s'' de la variable s. Si aucune des deux racines s', s'' ne vérifie l'équation (60) ou l'équation (7), S′ sera une quantité affectée d'un signe contraire à celui de $A_{zz} - s'$, et S″ une quantité affectée d'un signe contraire à celui de $A_{zz} - s''$. On aura donc

$$S' \overset{=}{<} 0, \qquad S'' \overset{=}{>} 0. \tag{63}$$

D'autre part, le polynôme (53) ou S se réduit pour $s = -\infty$ à l'infini positif, et pour $s = \infty$ à l'infini négatif. Donc, si dans ce polynôme on substitue successivement, au lieu de s, les quatre valeurs

$$s = -\infty, \qquad s = s', \qquad s = s'', \qquad s = \infty, \tag{64}$$

les résultats des substitutions seront généralement affectés des signes

$$+, \quad -, \quad +, \quad -; \tag{65}$$

et, par conséquent, l'équation (7) ou

$$\left\{\begin{aligned} &(A_{xx} - s)(A_{yy} - s)(A_{zz} - s) \\ &\quad - A_{yz}^2(A_{xx} - s) - A_{xz}^2(A_{yy} - s) - A_{xy}^2(A_{zz} - s) + 2A_{xy}A_{xz}A_{yz} = 0 \end{aligned}\right. \tag{66}$$

admettra trois racines réelles, savoir une racine inférieure à s', une autre comprise entre les limites s', s'', et une troisième supérieure à s''.

Supposons maintenant que la fonction (1) renferme quatre variables x, y, z, u. Dans ce cas, la fonction S sera déterminée par la formule (14), et les fonctions R, Q par les deux suivantes :

$$(67)\quad \begin{cases} R = (A_{yy} - s)(A_{zz} - s)(A_{uu} - s) \\ \quad - A_{zu}^2(A_{yy} - s) - A_{yu}^2(A_{zz} - s) - A_{yz}^2(A_{uu} - s) + 2A_{yz}A_{yu}A_{zu}, \end{cases}$$

$$(68)\quad Q = (A_{zz} - s)(A_{uu} - s) - A_{zu}^2.$$

D'ailleurs, les fonctions (67) et (68) étant semblables, la première à la fonction (53), la seconde à la fonction (45), on prouvera, en raisonnant comme dans le cas précédent, que l'équation $R = 0$ a généralement trois racines réelles, dont l'une est comprise entre les valeurs réelles de s propres à vérifier l'équation du second degré

$$(69)\quad (A_{zz} - s)(A_{uu} - s) - A_{zu}^2 = 0,$$

tandis que les deux autres racines sont l'une inférieure et l'autre supérieure aux valeurs dont il s'agit. Cela posé, soient s', s'', s''' les trois racines de l'équation

$$(70)\quad \begin{cases} (A_{yy} - s)(A_{zz} - s)(A_{uu} - s) \\ \quad - A_{zu}^2(A_{yy} - s) - A_{yu}^2(A_{zz} - s) - A_{yz}^2(A_{uu} - s) + 2A_{yz}A_{yu}A_{zu} = 0, \end{cases}$$

rangées par ordre de grandeur, et désignons par

$$Q',\quad Q'',\quad Q''';\qquad S',\quad S'',\quad S'''$$

les valeurs de Q et de S correspondantes à ces mêmes racines. Q sera une quantité affectée du même signe que la valeur de Q correspondante à $s = -\infty$, c'est-à-dire une quantité positive, et l'on aura, par suite,

$$(71)\quad Q' > 0,\qquad Q'' < 0,\qquad Q''' > 0.$$

Donc, en ayant égard à la formule (42), on trouvera généralement

$$(72)\quad S' < 0,\qquad S'' > 0,\qquad S''' < 0.$$

D'autre part, le polynôme (14) se réduit, pour $s = -\infty$, ainsi que pour $s = \infty$, à l'infini positif. Donc, si dans ce polynôme on substitue successivement, au lieu de s, les cinq valeurs

(73) $$s = -\infty, \quad s = s', \quad s = s'', \quad s = s''', \quad s = \infty,$$

les résultats des substitutions seront généralement affectés des signes

(74) $$+, \quad -, \quad +, \quad -, \quad +.$$

Donc l'équation (7), dans le cas dont il s'agit, admettra quatre racines réelles respectivement comprises entre les limites

(75) $$-\infty, \quad s', \quad s'', \quad s''', \quad +\infty.$$

Les mêmes raisonnements, successivement étendus au cas où la fonction s renfermerait cinq, six, ... variables, fourniront évidemment la proposition suivante :

Théorème I. — *Quel que soit le nombre n des variables $x, y, z, \ldots,$ l'équation*

(7) $$S = 0$$

et les équations de même forme

(76) $$R = 0, \quad Q = 0, \quad \ldots$$

auront toutes leurs racines réelles. De plus, si l'on nomme

(77) $$s', \quad s'', \quad s''', \quad \ldots, \quad s^{(n-1)}$$

les racines de l'équation

(29) $$R = 0$$

rangées par ordre de grandeur, les racines réelles de l'équation (7) *seront respectivement comprises entre les limites*

(78) $$-\infty, \quad s', \quad s'', \quad s''', \quad \ldots, \quad s^{(n-1)}, \quad \infty.$$

D'après ce qui a été dit ci-dessus, il ne peut rester de doutes sur l'exactitude du théorème I, si ce n'est dans le cas où quelques valeurs de s vérifieraient à la fois deux des équations

(36) $$S = 0, \quad R = 0, \quad Q = 0, \quad \ldots,$$

prises consécutivement. Observons d'ailleurs que, si l'on nomme

$$(79)\qquad S', \quad S'', \quad S''', \quad \ldots, \quad S^{(n-1)}$$

les valeurs du polynôme S correspondantes aux racines s', s'', s''', ..., $s^{(n-1)}$ de l'équation (29), et

$$(80)\qquad K = S'S''\ldots S^{(n-1)}$$

le produit de toutes ces valeurs, K sera une fonction symétrique des racines s', s'', s''', ..., $s^{(n-1)}$, qui pourra être transformée en une fonction entière des coefficients A_{xx}, A_{xy}, A_{xz}, ..., A_{yy}, A_{yz}, ..., A_{zz}, ..., et s'évanouira toutes les fois que les équations (7) et (29) auront des racines communes.

Il est facile de vérifier le théorème I dans le cas où les quantités A_{xx}, A_{xy}, A_{xz}, ..., A_{yy}, A_{yz}, ..., A_{zz}, ... s'évanouissent toutes à l'exception de celles qui, dans le second membre de la formule (8), sont multipliées par la variable x ou par le carré de l'une des variables x, y, z, ... Alors, en effet, l'équation (29), réduite à

$$(81)\qquad (A_{yy}-s)(A_{zz}-s)(A_{uu}-s)\ldots = 0,$$

aura pour racines A_{yy}, A_{zz}, A_{uu}, ... Donc, si, pour fixer les idées, on suppose

$$(82)\qquad A_{yy} < A_{zz} < A_{uu}, \quad \ldots,$$

on pourra prendre

$$(83)\qquad s' = A_{yy}, \quad s'' = A_{zz}, \quad s''' = A_{uu}, \quad \ldots.$$

D'un autre côté, comme, dans l'hypothèse admise, le Tableau (11) se réduira au suivant

$$(84)\qquad \left\{\begin{array}{lllll} A_{xx}-s, & A_{xy}, & A_{xz}, & A_{xu}, & \ldots, \\ A_{xy}, & A_{yy}-s, & 0, & 0, & \ldots, \\ A_{xz}, & 0, & A_{zz}-s, & 0, & \ldots, \\ A_{xu}, & 0, & 0, & A_{uu}-s, & \ldots, \\ \ldots\ldots, & \ldots\ldots, & \ldots\ldots, & \ldots\ldots, & \ldots, \end{array}\right.$$

on aura évidemment

$$(85)\quad \begin{cases} S = (A_{yy} - s)(A_{zz} - s)(A_{uu} - s)\ldots\left(A_{xx} - s - \dfrac{A_{xy}^2}{A_{yy} - s} - \dfrac{A_{xz}^2}{A_{zz} - s} - \dfrac{A_{xu}^2}{A_{uu} - s} - \ldots\right) \\ \quad = (A_{xx} - s)(A_{yy} - s)(A_{zz} - s)(A_{uu} - s)\ldots \\ \quad\quad - A_{xy}^2(A_{zz} - s)(A_{uu} - s)\ldots - A_{xz}^2(A_{yy} - s)(A_{uu} - s)\ldots - A_{xu}^2(A_{yy} - s)(A_{zz} - s)\ldots; \end{cases}$$

puis on en conclura, en désignant par S′, S″, S‴, ... les valeurs de S correspondantes aux valeurs $s' = A_{yy}$, $s'' = A_{zz}$, $s''' = A_{uu}$ de la variable s,

$$(86)\quad \begin{cases} S' = -A_{xy}^2(A_{zz} - A_{yy})(A_{uu} - A_{yy})\ldots < 0, \\ S'' = +A_{xz}^2(A_{zz} - A_{yy})(A_{uu} - A_{zz})\ldots > 0, \\ S''' = -A_{xu}^2(A_{uu} - A_{yy})(A_{uu} - A_{zz})\ldots < 0, \\ \ldots\ldots\ldots\ldots\ldots\ldots\ldots\ldots \end{cases}$$

Enfin, il est clair que S se réduira, pour $s = -\infty$, à l'infini positif, et pour $s = \infty$, à $(-1)^n$. Donc, si dans le polynôme S on substitue successivement, au lieu de s, les $n + 1$ valeurs

$$(87)\quad -\infty, \quad s' = A_{yy}, \quad s'' = A_{zz}, \quad s''' = A_{uu}, \quad \ldots, \quad +\infty,$$

les résultats des substitutions seront alternativement positifs et négatifs. Donc l'équation (7) offrira, dans l'hypothèse admise, n racines réelles qui, prises consécutivement et deux à deux, renfermeront entre elles les racines de l'équation (29).

Dans le cas que nous venons de considérer, les quantités S′, S″, S‴, ... ne s'évanouiront jamais et, par conséquent, une même valeur de s ne pourra vérifier simultanément les équations (7) et (81), à moins que l'un des coefficients A_{xy}, A_{xz}, A_{xu}, ... ne se réduise à zéro. Donc la fonction entière de ces coefficients, désignée par K et déterminée par l'équation (80), offrira ordinairement, dans le cas dont il s'agit, une valeur distincte de zéro. Il en serait de même, à plus forte raison, si aucun des coefficients A_{xx}, A_{xy}, A_{xz}, ..., A_{yy}, A_{yz}, ..., A_{zz}, ... ne s'évanouissait. En résumé, la quantité K ne peut être identiquement nulle, et vérifier l'équation

$$(88)\quad K = 0,$$

quelles que soient les valeurs attribuées aux coefficients A_{xx}, A_{xy}, A_{xz}, ..., A_{yy}, A_{yz}, ..., A_{zz}, ...

Il est maintenant facile d'étendre le théorème I au cas où quelques valeurs de la variable s vérifieraient à la fois deux des équations (36) prises consécutivement. Admettons, pour fixer les idées, que, parmi ces équations, les deux premières, savoir $S = 0$, $R = 0$, soient les seules qui offrent des racines communes. La condition (88) sera remplie; mais elle cessera de l'être généralement si l'on attribue à l'un des coefficients renfermés dans la fonction K un accroissement infiniment petit ε. Soient ΔS, ΔR les accroissements correspondants des fonctions S et R. Les équations

$$S + \Delta S = 0, \tag{89}$$

$$R + \Delta R = 0 \tag{90}$$

n'offriront pas de racines communes, et les racines de la dernière, rangées par ordre de grandeur, seront de la forme

$$s' + \Delta s', \quad s'' + \Delta s'', \quad s''' + \Delta s''', \quad \ldots, \quad s^{(n-1)} + \Delta s^{(n-1)}, \tag{91}$$

$\Delta s'$, $\Delta s''$, $\Delta s'''$, ..., $\Delta s^{(n-1)}$ désignant des quantités infiniment petites qui s'évanouiront avec ε. D'ailleurs, on conclura du théorème I que l'équation (89) admet n racines réelles, respectivement comprises entre les limites

$$-\infty, \quad s' + \Delta s', \quad s'' + \Delta s'', \quad s''' + \Delta s''', \quad \ldots, \quad s^{(n-1)} + \Delta s^{(n-1)}, \quad \infty; \tag{92}$$

et cette conclusion subsistera pour des valeurs de ε aussi rapprochées de zéro qu'on le jugera convenable. Donc elle subsistera encore pour $\varepsilon = 0$, c'est-à-dire que les n racines de l'équation (7) seront réelles, et renfermées entre les limites (78). Seulement, dans le cas particulier dont il s'agit, quelques-unes des racines de l'équation (7) pourront se réduire à quelques-unes des quantités s', s'', s''', ..., $s^{(n-1)}$, qui généralement leur servent de limites.

On pourrait raisonner de la même manière, quelles que fussent, parmi les équations (36), celles qui, prises consécutivement, offriraient des racines communes; car cela ne peut arriver que dans le cas où les coefficients A_{xx}, A_{xy}, A_{xz}, ...; A_{yy}, A_{yz}, ...; A_{zz}, ... vérifient une ou plusieurs des conditions

$$K = 0, \quad L = 0, \quad M = 0, \quad \ldots, \tag{93}$$

L, M, ... désignant les polynômes dans lesquels se transforme K, lorsque, du système des variables $x, y, z, \ldots$, on retranche la variable x, ou les deux variables x, y, ou les trois variables x, y, z, etc. Or, pour que les conditions (93) cessent d'être vérifiées, il suffira d'attribuer à un ou à plusieurs des coefficients qu'elles renferment des accroissements infiniment petits ε, ε', ε'', ... Soient ΔR, ΔS, ΔQ, ... les accroissements correspondants et infiniment petits des fonctions S, R, Q, ... Le théorème I subsistera pour les équations

$$S + \Delta S = 0 \tag{94}$$

et

$$R + \Delta R = 0, \quad Q + \Delta Q = 0, \quad \ldots, \tag{95}$$

tandis que ε, ε', ε'', ... s'approcheront indéfiniment de zéro; et, par conséquent, il continuera de subsister pour les équations (7) et (76), au moment où ε, ε', ε'', ... s'évanouiront. Seulement alors deux des équations (36), prises consécutivement, pourront avoir des racines communes.

Si, comme on l'a déjà fait, on nomme

$$s_1, \quad s_2, \quad s_3, \quad \ldots, \quad s_{n-1}, \quad s_n \tag{15}$$

les racines de l'équation (7), et si on les suppose rangées par ordre de grandeur, deux de ces racines, prises consécutivement, par exemple s_m et s_{m+1}, ne pourront devenir égales entre elles sans coïncider avec la racine $s^{(m)}$ de l'équation $R = 0$ ou $P_{xx} = 0$. Donc, si l'équation (7) admet des racines égales, chacune d'elles vérifiera encore la formule $P_{xx} = 0$ que l'on obtient à la place de l'équation (7), lorsque du système des variables $x, y, z, \ldots$ on retranche la variable x. Pareillement, chacune des racines égales vérifiera les formules

$$P_{yy} = 0, \qquad P_{zz} = 0, \qquad \ldots,$$

que l'on obtient en retranchant du système $x, y, z, \ldots$ la variable y, ou la variable z, etc. En général, si deux, trois, quatre, etc. racines de l'équation (7) deviennent égales entre elles, chacune de ces racines fournira évidemment une valeur de s propre à vérifier, non seulement l'équation (7), mais encore toutes celles qu'on en déduit, lorsque du système $x, y, z, \ldots$ on retranche une, deux, trois, etc. variables arbitrairement choisies. Alors aussi les coefficients $A_{xx}, A_{xy}, A_{xz}, \ldots; A_{yy}, A_{yz}, \ldots; A_{zz}, \ldots$ satisferont à une ou à plusieurs des conditions (93). Mais ces conditions cesseront d'être vérifiées et, par conséquent, les racines de l'équation (7) deviendront toutes inégales, si l'on attribue aux coefficients renfermés dans les premiers membres des formules (93) des accroissements infiniment petits.

Soient encore

$$(16) \quad x_1, \; y_1, \; z_1, \; \ldots; \; x_2, \; y_2, \; z_2, \; \ldots; \; \ldots; \; x_n, \; y_n, \; z_n, \; \ldots$$

des systèmes de valeurs de $x, y, z, \ldots$ correspondants aux valeurs s_1, $s_2, \ldots, s_n$ de la variable s, et choisis de manière à vérifier les formules (3) et (10), en sorte qu'on ait

$$(96) \quad \left\{ \begin{array}{l} (A_{xx} - s_1)x_1 + A_{xy}y_1 + A_{xz}z_1 + \ldots = 0, \\ A_{xy}x_1 + (A_{yy} - s_1)y_1 + A_{yz}z_1 + \ldots = 0, \\ A_{xz}x_1 + A_{yz}y_1 + (A_{zz} - s_1)z_1 + \ldots = 0, \\ \ldots\ldots\ldots\ldots\ldots\ldots\ldots\ldots\ldots\ldots; \end{array} \right.$$

$$(96) \quad \left\{ \begin{array}{l} (A_{xx} - s_2)x_2 + A_{xy}y_2 + A_{xz}z_2 + \ldots = 0, \\ A_{xy}x_2 + (A_{yy} - s_2)y_2 + A_{yz}z_2 + \ldots = 0, \\ A_{xz}x_2 + A_{yz}y_2 + (A_{zz} - s_2)z_2 + \ldots = 0, \\ \ldots\ldots\ldots\ldots\ldots\ldots\ldots\ldots\ldots\ldots; \end{array} \right.$$

$$\ldots\ldots\ldots\ldots\ldots\ldots\ldots\ldots\ldots\ldots;$$

$$(96) \quad \left\{ \begin{array}{l} (A_{xx} - s_n)x_n + A_{xy}y_n + A_{xz}z_n + \ldots = 0, \\ A_{xy}x_n + (A_{yy} - s_n)y_n + A_{xz}z_n + \ldots = 0, \\ A_{xz}x_n + A_{yz}y_n + (A_{zz} - s_n)z_n + \ldots = 0, \\ \ldots\ldots\ldots\ldots\ldots\ldots\ldots\ldots\ldots\ldots; \end{array} \right.$$

et, de plus,

$$(97)\qquad \begin{cases} x_1^2+y_1^2+z_1^2+\ldots=1, \\ x_2^2+y_2^2+z_2^2+\ldots=1, \\ \ldots\ldots\ldots\ldots\ldots\ldots\ldots, \\ x_n^2+y_n^2+z_n^2+\ldots=1. \end{cases}$$

Si la fonction de A_{xx}, A_{xy}, A_{xz}, ...; A_{yy}, A_{yz}, ...; A_{zz}, ..., ci-dessus désignée par K, ne se réduit pas à zéro, des racines de l'équation (7) ne pourront être, ni égales entre elles, ni propres à vérifier l'équation (29); et les quantités (16), ainsi que nous l'avons fait voir, se trouveront, aux signes près, complètement déterminées par les formules (28). Ajoutons que ces quantités satisferont à toutes les équations comprises dans le Tableau (22). Cela posé, si, en désignant par

$$\xi,\quad \eta,\quad \zeta,\quad \ldots$$

de nouvelles variables dont le nombre soit n, on attribue à $x, y, z, \ldots$ les valeurs que déterminent les formules

$$(98)\qquad \begin{cases} x = x_1\xi + x_2\eta + x_3\zeta + \ldots, \\ y = y_1\xi + y_2\eta + y_3\zeta + \ldots, \\ z = z_1\xi + z_2\eta + z_3\zeta + \ldots, \\ \ldots\ldots\ldots\ldots\ldots\ldots\ldots\ldots, \end{cases}$$

on aura, en vertu des équations (22),

$$(99)\qquad x^2+y^2+z^2+\ldots=\xi^2+\eta^2+\zeta^2+\ldots;$$

puis, en vertu des équations (96), respectivement multipliées par ξ les autres par η, les autres par ζ, ..., et ajoutées entre elles,

$$(100)\qquad \begin{cases} A_{xx}x + A_{xy}y + A_{xz}z + \ldots = s_1x_1\xi + s_2x_2\eta + s_3x_3\zeta + \ldots, \\ A_{xy}x + A_{yy}y + A_{yz}z + \ldots = s_1y_1\xi + s_2y_2\eta + s_3y_3\zeta + \ldots, \\ A_{xz}x + A_{yz}y + A_{zz}z + \ldots = s_1z_1\xi + s_2z_2\eta + s_3z_3\zeta + \ldots, \\ \ldots\ldots\ldots\ldots\ldots\ldots\ldots\ldots\ldots\ldots\ldots\ldots\ldots\ldots \end{cases}$$

Enfin, en ayant égard aux formules (22), on tirera : 1° des formules (98) respectivement multipliées par x_1, y_1, z_1, ..., ou par x_2

$y_2, z_2, \ldots$, ou par $x_3, y_3, z_3, \ldots$, et ajoutées entre elles,

$$(101)\quad \begin{cases} \xi = x_1 x + y_1 y + z_1 z + \ldots, \\ \eta = x_2 x + y_2 y + z_2 z + \ldots, \\ \zeta = x_3 x + y_3 y + z_3 z + \ldots, \\ \ldots\ldots\ldots\ldots\ldots\ldots\ldots\ldots ; \end{cases}$$

2° des équations (100) respectivement multipliées pour $x, y, z, \ldots$, et ajoutées entre elles,

$$(102)\quad \begin{cases} A_{xx}x^2 + A_{yy}y^2 + A_{zz}z^2 + \ldots + 2A_{xy}xy + 2A_{xz}xz + \ldots + 2A_{yz}yz + \ldots \\ \quad = s_1\xi^2 + s_2\eta^2 + s_3\zeta^2 + \ldots . \end{cases}$$

Il suffira donc généralement de lier les variables $x, y, z, \ldots$ aux variables $\xi, \eta, \zeta, \ldots$ par les formules (98), pour que les équations (99) et (102) soient simultanément vérifiées. Cette remarque entraîne évidemment la proposition suivante, que j'ai donnée dans le dernier Volume des *Mémoires de l'Académie des Sciences* [1].

Théorème II. — *Étant donnée une fonction homogène et du second degré de plusieurs variables $x, y, z, \ldots$, on peut toujours leur substituer d'autres variables $\xi, \eta, \zeta, \ldots$ liées à $x, y, z, \ldots$ par des équations linéaires tellement choisies que la somme des carrés de $x, y, z, \ldots$ soit équivalente à la somme des carrés de $\xi, \eta, \zeta, \ldots$, et que la fonction donnée de $x, y, z, \ldots$ se transforme en une fonction de $\xi, \eta, \zeta, \ldots$ homogène et du second degré, mais qui renferme seulement les carrés de $\xi, \eta, \zeta, \ldots$.*

La démonstration du théorème II, ci-dessus indiquée, suppose à la vérité que, dans la fonction donnée, les coefficients

$$A_{xx},\quad A_{xy},\quad A_{xz},\quad \ldots;\quad A_{yy},\quad A_{yz},\quad \ldots;\quad A_{zz},\quad \ldots$$

ne satisfont pas à la condition (88). Mais, si cette condition était vérifiée, il suffirait, pour qu'elle cessât de l'être, d'attribuer à l'un des coefficients dont il s'agit un accroissement infiniment petit ε; et, comme on pourrait faire converger ε vers la limite zéro, sans que le

(1) *Œuvres de Cauchy*, S. I, T. II.

théorème II cessât de subsister, il est clair qu'il subsisterait encore au moment où ε s'évanouirait.

Dans le cas particulier où les variables x, y, z sont au nombre de trois seulement, l'équation (7) se réduit à celle qui se représente dans diverses questions de Géométrie et de Mécanique, par exemple, dans la théorie des moments d'inertie; et le théorème I fournit les règles que j'ai données dans le IIIe Volume des *Exercices* (¹) comme propres à déterminer les limites des racines de cette équation. Alors aussi les équations (22) sont semblables à celles qui existent entre les cosinus des angles que forment trois axes rectangulaires quelconques avec les axes coordonnés, supposés eux-mêmes rectangulaires, et le théorème II correspond à une proposition de Géométrie, savoir que, par le centre d'une surface du second degré, on peut mener trois plans perpendiculaires l'un à l'autre, et dont chacun la divise en deux parties symétriques.

J'observerai, en terminant cet article, que, au moment où je n'en avais encore écrit qu'une partie, M. Sturm m'a dit être parvenu à démontrer fort simplement les théorèmes I et II. Il se propose de publier incessamment le Mémoire qu'il a composé à ce sujet, et qui a été offert à l'Académie des Sciences le même jour que le présent article.

(¹) *Œuvres de Cauchy*, S. II, T. VIII, p. 103 et suiv.

SUR LA

DÉTERMINATION DU RÉSIDU INTÉGRAL

DE

QUELQUES FONCTIONS.

Soit $f(z)$ une fonction qui s'évanouisse, lorsqu'on attribue à la variable z des valeurs infinies réelles ou imaginaires. On pourra, dans un grand nombre de cas, déterminer le résidu intégral

$$\mathcal{E}((f(z))), \tag{1}$$

ou plutôt la valeur principale de ce résidu, à l'aide des théorèmes I, II, III, IV des pages 255, 258, 274 et 276 du IIe Volume (¹). Toutefois, les démonstrations que nous avons données de ces théorèmes supposent implicitement que, parmi les racines de l'équation

$$\frac{1}{f(z)} = 0, \tag{2}$$

celles dont les modules ne surpassent pas un nombre donné R sont en nombre fini [*voir* les pages 247 et 248 du IIe Volume (²)]. Or cette condition n'est pas toujours satisfaite, et il peut arriver, par exemple, que l'équation (2) offre une infinité de racines très peu différentes de zéro. Nous allons maintenant nous occuper d'étendre les théorèmes ci-dessus mentionnés au cas dont il s'agit.

Concevons que l'équation (2) offre, non seulement une infinité de

(¹) *Œuvres de Cauchy*, S. II, T. VII, p. 302, 305, 320, 322.
(²) *Ibid.*, p. 294, 295.

racines dont les modules soient très considérables, mais encore une infinité de racines dont les modules soient très petits. Supposons d'ailleurs que, en attribuant au module r de la variable

$$z = r(\cos p + \sqrt{-1}\sin p) \tag{3}$$

des valeurs infiniment petites

$$\rho,\quad \rho_1,\quad \rho_2,\quad \ldots, \tag{4}$$

on puisse les choisir de manière que le produit

$$z f(z) \tag{5}$$

devienne sensiblement égal à zéro, quel que soit d'ailleurs l'angle p, ou du moins de manière que ce produit reste toujours fini ou infiniment petit, et ne cesse d'être infiniment petit, en demeurant fini, que dans le voisinage de certaines valeurs particulières de p. La somme des résidus de $f(z)$ correspondants à celles des racines de l'équation (2) qui offriront des modules renfermés entre deux nombres finis r_0, R se trouvera représentée par la notation

$$\mathop{\mathcal{E}}_{(r_0)\ (-\pi)}^{(\mathrm{R})\ (\pi)}((f(z))), \tag{6}$$

et pourra converger vers une limite déterminée, tandis que ces deux nombres s'approcheront sans cesse, le premier de zéro, le second de l'infini positif. Or cette limite sera, dans l'hypothèse admise, ce que nous appellerons la *valeur principale* du résidu intégral $\mathcal{E}((f(z)))$. D'autre part, la formule (64) de la page 212 du 1er Volume [1] donnera

$$\mathop{\mathcal{E}}_{(r_0)\ (-\pi)}^{(\mathrm{R})\ (\pi)}((f(z))) = \frac{1}{2\pi}\int_{-\pi}^{\pi} \mathrm{R}e^{p\sqrt{-1}} f(\mathrm{R}e^{p\sqrt{-1}})\,dp - \frac{1}{2\pi}\int_{-\pi}^{\pi} r_0 e^{p\sqrt{-1}} f(r_0 e^{p\sqrt{-1}})\,dp. \tag{7}$$

Si, dans cette dernière équation, on prend successivement pour r_0 les différents termes de la série (4), l'intégrale

$$\int_{-\pi}^{\pi} r_0 e^{p\sqrt{-1}} f(r_0 e^{p\sqrt{-1}})\,dp \tag{8}$$

[1] *Œuvres de Cauchy*, S. II, T. VI, p. 265.

convergera évidemment vers une limite nulle, et l'expression (6) vers une limite correspondante, déterminée par la formule

$$(9) \qquad \underset{(0)}{\overset{(R)}{}}\mathcal{E}_{(-\pi)}^{(\pi)}((f(z))) = \frac{1}{2\pi}\int_{-\pi}^{\pi} \mathrm{R}e^{p\sqrt{-1}} f(\mathrm{R}e^{p\sqrt{-1}})\,dp,$$

qui est semblable à l'équation (16) de la page 249 du IIe Volume ([1]). Cela posé, il ne restera plus qu'à faire converger R vers la limite ∞ pour obtenir, dans l'hypothèse admise, le théorème I de la page 255 du IIe Volume ([2]).

Supposons maintenant

$$(10) \qquad f(z) = \frac{A_0}{z^m} + \frac{A_1}{z^{m-1}} + \ldots + \frac{A_{m-1}}{z} + \varpi(z),$$

et admettons que, en attribuant au module r de la variable z les valeurs infiniment petites

$$(4) \qquad \rho, \quad \rho_1, \quad \rho_2, \quad \ldots,$$

on puisse les choisir de manière que le produit

$$(11) \qquad z\varpi(z)$$

devienne sensiblement égal à zéro, quel que soit d'ailleurs le rapport $\frac{z}{r}$, ou du moins de manière que le produit reste toujours fini ou infiniment petit, et ne cesse d'être infiniment petit, en demeurant fini, que dans le voisinage de certaines valeurs particulières du rapport $\frac{z}{r}$. Alors, au lieu de la formule (9), on obtiendra la suivante

$$(12) \qquad \underset{(0)}{\overset{(R)}{}}\mathcal{E}_{(-\pi)}^{(\pi)}((\varpi(z))) = \frac{1}{2\pi}\int_{-\pi}^{\pi} \mathrm{R}e^{p\sqrt{-1}} \varpi(\mathrm{R}e^{p\sqrt{-1}})\,dp;$$

puis, en substituant à la fonction $\varpi(z)$ sa valeur tirée de l'équation (10), et raisonnant comme on l'a fait à la page 250 du IIe Volume ([3]), on retrouvera encore la formule (9) et le théorème ci-dessus

([1]) *Œuvres de Cauchy*, S. II, T. VII, p. 296.
([2]) *Ibid.*, p. 302.
([3]) *Ibid.*, p. 297.

mentionné. Seulement le résidu de $f(z)$, relatif à $z = 0$, devra être considéré comme faisant partie de la somme désignée par la notation $\mathcal{E}((f(z)))$, et comme équivalent à la constante A_{m-1}, dans le cas même où la fonction $\varpi(z)$ deviendrait infinie pour une valeur nulle de z. Par conséquent, dans l'hypothèse admise, il faudra, pour obtenir la *valeur principale* du résidu intégral $\mathcal{E}((f(z)))$, ajouter la constante A_{m-1} à la limite vers laquelle convergera l'expression (6), tandis que les nombres r_0, R s'approcheront indéfiniment, le premier de zéro, le second de l'infini positif.

On étendrait avec la même facilité les théorèmes II, III, IV des pages 258, 274 et 276 du IIe Volume ([1]) au cas où, la fonction $f(z)$ étant déterminée par la formule (10), le produit $z\,\varpi(z)$ remplit, pour des valeurs infiniment petites de la variable z, les conditions précédemment énoncées.

Pour vérifier sur une valeur particulière de la fonction $f(z)$ les remarques que l'on vient de faire, supposons

$$(13)\qquad f(z) = \frac{1}{z}\,\frac{e^{az} - e^{-az}}{e^{az} + e^{-az}}\,\frac{\sin\dfrac{b}{z}}{\cos\dfrac{b}{z}},$$

a et b désignant deux constantes. L'équation (2) aura pour racines les valeurs de z comprises dans les deux séries

$$(14)\qquad \pm\frac{\pi}{2a}\sqrt{-1},\quad \pm\frac{3\pi}{2a}\sqrt{-1},\quad \pm\frac{5\pi}{2a}\sqrt{-1},\quad \ldots,$$

$$(15)\qquad \pm\frac{2b}{\pi},\quad \pm\frac{2b}{3\pi},\quad \pm\frac{2b}{5\pi},\quad \ldots.$$

De plus, le produit (5), ou

$$(16)\qquad z\,f(z) = \frac{e^{az} - e^{-az}}{e^{az} + e^{-az}}\,\frac{\sin\dfrac{b}{z}}{\cos\dfrac{b}{z}},$$

deviendra infiniment petit : 1° pour les valeurs infiniment grandes

([1]) *OEuvres de Cauchy*, S. II, T. VII, p. 305, 320, 322.

de z, dont les modules différeront sensiblement de ceux des expressions (14); 2° pour des valeurs infiniment petites de z, choisies de manière que les modules correspondants de $\frac{1}{z}$ diffèrent sensiblement de ceux des expressions (15). Cela posé, il suit de ce qu'on a dit plus haut que le théorème I de la page 255 ou plutôt le théorème II de la page 258 du IIe Volume [1] subsistera pour la fonction (13). On aura donc

$$\mathcal{E}\left(\left(\frac{1}{z}\frac{e^{az}-e^{-az}}{e^{az}+e^{-az}}\frac{\sin\frac{b}{z}}{\cos\frac{b}{z}}\right)\right)=0, \tag{17}$$

pourvu que l'on considère le résidu intégral

$$\mathcal{E}\left(\left(\frac{1}{z}\frac{e^{az}-e^{-az}}{e^{az}+e^{-az}}\frac{\sin\frac{b}{z}}{\cos\frac{b}{z}}\right)\right)$$

comme représentant la limite vers laquelle converge l'expression

$${}_{(r_0)}^{(R)}\mathcal{E}_{(-\pi)}^{(\pi)}\left(\left(\frac{1}{z}\frac{e^{az}-e^{-az}}{e^{az}+e^{-az}}\frac{\sin\frac{b}{z}}{\cos\frac{b}{z}}\right)\right),$$

tandis que les nombres r_0, R s'approchent, le premier de zéro, le second de l'infini positif. Il est d'ailleurs facile de constater l'exactitude de la formule (17); car on a

$$\mathcal{E}\frac{\sin\frac{b}{z}}{\cos\frac{b}{z}}\frac{e^{az}-e^{-az}}{((z(e^{az}+e^{-az})))}=-\frac{4}{\pi}\left(\frac{e^{\frac{2ab}{\pi}}-e^{-\frac{2ab}{\pi}}}{e^{\frac{2ab}{\pi}}+e^{-\frac{2ab}{\pi}}}+\frac{1}{3}\frac{e^{\frac{2ab}{3\pi}}-e^{-\frac{2ab}{3\pi}}}{e^{\frac{2ab}{3\pi}}+e^{-\frac{2ab}{3\pi}}}+\ldots\right) \tag{18}$$

$$\mathcal{E}\frac{e^{az}-e^{-az}}{z(e^{az}+e^{-az})}\frac{\sin\frac{b}{z}}{\left(\left(\cos\frac{b}{z}\right)\right)}=\frac{4}{\pi}\left(\frac{e^{\frac{2ab}{\pi}}-e^{-\frac{2ab}{\pi}}}{e^{\frac{2ab}{\pi}}+e^{-\frac{2ab}{\pi}}}+\frac{1}{3}\frac{e^{\frac{2ab}{3\pi}}-e^{-\frac{2ab}{3\pi}}}{e^{\frac{2ab}{3\pi}}+e^{-\frac{2ab}{3\pi}}}+\ldots\right) \tag{19}$$

et, en combinant entre elles par voie d'addition les deux équations qui précèdent, on reproduit évidemment la formule (17).

[1] *OEuvres de Cauchy*, S. II, T. VII, p. 302 et 305.

Supposons maintenant

$$(20)\qquad f(z)=\frac{e^{az}-e^{-az}}{e^{az}+e^{-az}}\,\frac{\sin\frac{b}{z}}{\cos\frac{b}{z}}.$$

Le produit

$$(21)\qquad z\,f(z)=\frac{e^{az}-e^{-az}}{e^{az}+e^{-az}}\,\frac{z\sin\frac{b}{z}}{\cos\frac{b}{z}}$$

sera encore infiniment petit pour des valeurs infiniment petites de z, choisies de manière que les modules correspondants de $\frac{1}{z}$ diffèrent sensiblement de ceux des expressions (15). Mais ce même produit cessera de s'évanouir et deviendra généralement égal à $\pm b$ pour des valeurs infiniment grandes de z, savoir à $+b$, si la partie réelle de l'exposant az est positive, et à $-b$, si la partie réelle de l'exposant az est négative. Ajoutons que le produit

$$(22)\qquad z\,\frac{f(z)-f(-z)}{2}$$

se réduira évidemment à zéro. Cela posé, le théorème III de la page 274 du IIe Volume (¹) donnera

$$(23)\qquad \mathcal{E}\left(\left(\frac{e^{az}-e^{-az}}{e^{az}+e^{-az}}\,\frac{\sin\frac{b}{z}}{\cos\frac{b}{z}}\right)\right)=0.$$

Pour constater l'exactitude de cette dernière formule, il suffit d'observer que les résidus partiels compris dans le résidu intégral

$$(24)\qquad \mathcal{E}\left(\left(\frac{e^{az}-e^{-az}}{e^{az}+e^{-az}}\,\frac{\sin\frac{b}{z}}{\cos\frac{b}{z}}\right)\right)$$

sont, deux à deux, égaux, mais affectés de signes contraires.

(¹) *OEuvres de Cauchy*, S. II, T. VII, p. 320.

Supposons enfin

$$(25)\qquad f(z)=\frac{1}{z}\frac{e^{az}-e^{-az}}{e^{az}+e^{-az}}\left(\frac{\cos\frac{b}{z}}{\sin\frac{b}{z}}-\frac{z}{b}\right).$$

L'équation (2) aura pour racines les valeurs de z comprises dans la série (14) et dans la suivante :

$$(26)\qquad \pm\frac{b}{\pi},\quad \pm\frac{b}{2\pi},\quad \pm\frac{b}{3\pi},\quad \ldots.$$

De plus, le produit

$$(27)\qquad z f(z)=\frac{e^{az}-e^{-az}}{e^{az}+e^{-az}}\left(\frac{\cos\frac{b}{z}}{\sin\frac{b}{z}}-\frac{z}{b}\right)$$

deviendra infiniment petit : 1° pour les valeurs infiniment grandes de z dont les modules différeront sensiblement de ceux des expressions (14); 2° pour des valeurs infiniment petites de z, choisies de manière que les modules de $\frac{1}{z}$ diffèrent sensiblement de ceux des expressions (26). Cela posé, le théorème II de la page 258 du IIe Volume (¹) subsistera pour la fonction (25), en sorte qu'on aura

$$(28)\qquad \mathcal{E}\left(\left(\frac{1}{z}\frac{e^{az}-e^{-az}}{e^{az}+e^{-az}}\left(\frac{\cos\frac{b}{z}}{\sin\frac{b}{z}}-\frac{z}{b}\right)\right)\right)=0,$$

et, par suite,

$$(29)\qquad \left\{\begin{aligned} &\frac{1}{2}\frac{e^{\frac{ab}{\pi}}-e^{-\frac{ab}{\pi}}}{e^{\frac{ab}{\pi}}+e^{-\frac{ab}{\pi}}}+\frac{1}{4}\frac{e^{\frac{ab}{2\pi}}-e^{-\frac{ab}{2\pi}}}{e^{\frac{ab}{2\pi}}+e^{-\frac{ab}{2\pi}}}+\frac{1}{6}\frac{e^{\frac{ab}{3\pi}}-e^{-\frac{ab}{3\pi}}}{e^{\frac{ab}{3\pi}}+e^{-\frac{ab}{3\pi}}}+\ldots\\ &=\left(\frac{e^{\frac{2ab}{\pi}}+e^{-\frac{2ab}{\pi}}}{e^{\frac{2ab}{\pi}}-e^{-\frac{2ab}{\pi}}}-\frac{\pi}{2ab}\right)+\frac{1}{3}\left(\frac{e^{\frac{2ab}{3\pi}}+e^{-\frac{2ab}{3\pi}}}{e^{\frac{2ab}{3\pi}}-e^{-\frac{2ab}{3\pi}}}-\frac{3\pi}{2ab}\right)\\ &\qquad+\frac{1}{5}\left(\frac{e^{\frac{2ab}{5\pi}}+e^{-\frac{2ab}{5\pi}}}{e^{\frac{2ab}{5\pi}}-e^{-\frac{2ab}{5\pi}}}-\frac{5\pi}{2ab}\right)+\ldots.\end{aligned}\right.$$

(¹) *Œuvres de Cauchy*, S. II, T. VII, p. 305.

Si, pour abréger, on fait $2ab = \pi x$, la formule (29) deviendra simplement

$$(30)\quad \left\{\begin{aligned}&\frac{1}{2}\frac{e^{\frac{1}{2}x}-e^{-\frac{1}{2}x}}{e^{\frac{1}{2}x}+e^{-\frac{1}{2}x}}+\frac{1}{4}\frac{e^{\frac{1}{4}x}-e^{-\frac{1}{4}x}}{e^{\frac{1}{4}x}+e^{-\frac{1}{4}x}}+\frac{1}{6}\frac{e^{\frac{1}{6}x}-e^{-\frac{1}{6}x}}{e^{\frac{1}{6}x}+e^{-\frac{1}{6}x}}+\ldots\\ &=\left(\frac{e^{x}+e^{-x}}{e^{x}-e^{-x}}-\frac{1}{x}\right)+\frac{1}{3}\left(\frac{e^{\frac{1}{3}x}+e^{-\frac{1}{3}x}}{e^{\frac{1}{3}x}-e^{-\frac{1}{3}x}}-\frac{3}{x}\right)+\frac{1}{5}\left(\frac{e^{\frac{1}{5}x}+e^{-\frac{1}{5}x}}{e^{\frac{1}{5}x}-e^{-\frac{1}{5}x}}-\frac{5}{x}\right)+\ldots\end{aligned}\right.$$

En remplaçant dans cette dernière x par $x\sqrt{-1}$, on en tirera

$$(31)\quad \left\{\begin{aligned}&\frac{1}{2}\operatorname{tang}\frac{x}{2}+\frac{1}{4}\operatorname{tang}\frac{x}{4}+\frac{1}{6}\operatorname{tang}\frac{x}{6}+\ldots\\ &=\left(\frac{1}{x}-\cot x\right)+\frac{1}{3}\left(\frac{3}{x}-\cot\frac{x}{3}\right)+\frac{1}{5}\left(\frac{5}{x}-\cot\frac{x}{5}\right)+\ldots.\end{aligned}\right.$$

Il est bon d'observer que, pour établir directement la formule (31), il suffirait de prendre

$$(32)\quad f(z)=\frac{1}{z}\,\frac{\sin z}{\cos z}\left(\frac{\cos\dfrac{\pi x}{2z}}{\sin\dfrac{\pi x}{2z}}-\frac{2z}{\pi x}\right),$$

ou bien encore

$$(33)\quad f(z)=\frac{1}{z}\,\frac{\sin(z)^{\frac{1}{2}}}{\cos(z)^{\frac{1}{2}}}\left\{\frac{\cos\dfrac{\frac{1}{2}\pi x}{(z)^{\frac{1}{2}}}}{\sin\dfrac{\frac{1}{2}\pi x}{(z)^{\frac{1}{2}}}}-\frac{2}{\pi x}(z)^{\frac{1}{2}}\right\},$$

$(z)^{\frac{1}{2}}$ désignant l'une quelconque des deux valeurs de t propres à vérifier l'équation

$$(34)\quad t^2 - z = 0.$$

En effet, dans l'un et l'autre cas, le théorème II de la page 258 du IIe Volume ([1]) entraînera la formule

$$(35)\quad \mathcal{E}((f(z))) = 0,$$

([1]) *OEuvres de Cauchy*, S. II, T. VII, p. 305.

qui se réduira simplement à l'équation (31). Remarquons d'ailleurs que, dans le cas où la fonction $f(z)$ est déterminée par la formule (33), cette fonction devient généralement infinie pour une valeur nulle de z. Mais comme, dans le même cas, le produit $zf(z)$ s'évanouit avec z, la constante précédemment désignée par A_{m-1} et, par suite, le résidu de $f(z)$, relatif à $z=0$, doivent être censés nuls.

On pourrait faire beaucoup d'autres applications des principes ci-dessus exposés. Si, pour fixer les idées, on prenait successivement

$$f(z)=\frac{\mathrm{f}(z)}{\mathrm{F}(z)}\,\frac{\sin az}{\cos az}\,\frac{\sin\frac{b}{z}}{\cos\frac{b}{z}},\tag{36}$$

$$f(z)=\frac{\mathrm{f}(z)}{\mathrm{F}(z)}\,\frac{\cos az}{\sin az}\,\frac{\cos\frac{b}{z}}{\sin\frac{b}{z}},\tag{37}$$

$\mathrm{f}(z)$, $\mathrm{F}(z)$ désignant deux fonctions entières de z, et la fraction $\frac{\mathrm{f}(z)}{\mathrm{F}(z)}$ étant irréductible, on trouverait : 1° en supposant le degré de $\mathrm{f}(z)$ inférieur au degré de $\mathrm{F}(z)$, et la fonction $\mathrm{F}(z)$ non divisible, ou divisible une fois seulement par z,

$$\mathcal{E}\left(\left(\frac{\mathrm{f}(z)}{\mathrm{F}(z)}\,\frac{\sin az}{\cos az}\,\frac{\sin\frac{b}{z}}{\cos\frac{b}{z}}\right)\right)=0;\tag{38}$$

2° en supposant le degré du produit $z^2\,\mathrm{f}(z)$ inférieur au degré de $\mathrm{F}(z)$, et la fonction $\mathrm{f}(z)$ divisible par z,

$$\mathcal{E}\left(\left(\frac{\mathrm{f}(z)}{\mathrm{F}(z)}\,\frac{\cos az}{\sin az}\,\frac{\cos\frac{b}{z}}{\sin\frac{b}{z}}\right)\right)=0.\tag{39}$$

On trouverait de même : 1° en supposant le degré du produit $z\,\mathrm{f}(z)$, inférieur au degré de $F(z)$, et la fonction $F(z)$ non divisible par z,

$$(40)\qquad \mathcal{E}\left(\left(\frac{f(z)}{F(z)}\,\frac{1}{\cos az\cos\frac{b}{z}}\right)\right)=0;$$

2° en supposant le degré du produit $z^2 f(z)$ inférieur à celui de $F(z)$, et la fonction $f(z)$ divisible par z,

$$(41)\qquad \mathcal{E}\left(\left(\frac{f(z)}{F(z)}\,\frac{1}{\sin az\sin\frac{b}{z}}\right)\right)=0.$$

On obtient des résultats dignes de remarque en développant les formules (38), (39), (40), (41). Si, pour plus de simplicité, on prend

$$(42)\qquad \frac{f(z)}{F(z)}=\frac{\mathfrak{f}(z^2)}{z},$$

$\mathfrak{f}(z^2)$ désignant une fonction rationnelle de z, les formules dont il s'agit deviendront

$$(43)\qquad \mathcal{E}\left(\left(\frac{\sin az}{\cos az}\,\frac{\sin\frac{b}{z}}{\cos\frac{b}{z}}\,\frac{\mathfrak{f}(z^2)}{z}\right)\right)=0,$$

$$(44)\qquad \mathcal{E}\left(\left(\frac{\cos az}{\sin az}\,\frac{\cos\frac{b}{z}}{\sin\frac{b}{z}}\,\frac{\mathfrak{f}(z^2)}{z}\right)\right)=0,$$

$$(45)\qquad \mathcal{E}\left(\left(\frac{1}{\cos az\cos\frac{b}{z}}\,\frac{\mathfrak{f}(z^2)}{z}\right)\right)=0,$$

$$(46)\qquad \mathcal{E}\left(\left(\frac{1}{\sin az\sin\frac{b}{z}}\,\frac{\mathfrak{f}(z^2)}{z}\right)\right)=0,$$

et, en les développant, on trouvera

$$(47)\qquad \left\{\begin{aligned}&\frac{\mathfrak{f}\left(\frac{\pi^2}{4a^2}\right)-\mathfrak{f}\left(\frac{4b^2}{\pi^2}\right)}{1}\operatorname{tang}\frac{2ab}{\pi}+\frac{\mathfrak{f}\left(\frac{9\pi^2}{4a^2}\right)-\mathfrak{f}\left(\frac{4b^2}{9\pi^2}\right)}{3}\operatorname{tang}\frac{2ab}{3\pi}+\frac{\mathfrak{f}\left(\frac{25\pi^2}{4a^2}\right)-\mathfrak{f}\left(\frac{4b^2}{25\pi^2}\right)}{5}\operatorname{tang}\frac{2ab}{5\pi}+\dots\\&=\frac{\pi}{4}\,\mathcal{E}\operatorname{tang}az\operatorname{tang}\frac{b}{z}\,\frac{((\mathfrak{f}(z^2)))}{z},\end{aligned}\right.$$

$$(48)\quad \left\{\begin{aligned}&\frac{\mathfrak{f}\left(\frac{\pi^2}{a^2}\right)-\mathfrak{f}\left(\frac{b^2}{\pi^2}\right)}{1}\cot\frac{ab}{\pi}+\frac{\mathfrak{f}\left(\frac{4\pi^2}{a^2}\right)-\mathfrak{f}\left(\frac{b^2}{4\pi^2}\right)}{2}\cot\frac{ab}{2\pi}+\frac{\mathfrak{f}\left(\frac{9\pi^2}{a^2}\right)-\mathfrak{f}\left(\frac{b^2}{9\pi^2}\right)}{3}\cot\frac{ab}{3\pi}+\dots\\&=-\frac{\pi}{2}\mathcal{E}\cot az\cot\frac{b}{z}\frac{((\mathfrak{f}(z^2)))}{z},\end{aligned}\right.$$

$$(49)\quad \left\{\begin{aligned}&\frac{\mathfrak{f}\left(\frac{\pi^2}{4a^2}\right)-\mathfrak{f}\left(\frac{4b^2}{\pi^2}\right)}{1}\operatorname{séc}\frac{2ab}{\pi}-\frac{\mathfrak{f}\left(\frac{9\pi^2}{4a^2}\right)-\mathfrak{f}\left(\frac{4b^2}{9\pi^2}\right)}{3}\operatorname{séc}\frac{2ab}{3\pi}+\frac{\mathfrak{f}\left(\frac{25\pi^2}{4a^2}\right)-\mathfrak{f}\left(\frac{4b^2}{25\pi^2}\right)}{5}\operatorname{séc}\frac{2ab}{5\pi}-.\\&=\frac{\pi}{4}\mathcal{E}\operatorname{séc}az\operatorname{séc}\frac{b}{z}\frac{((\mathfrak{f}(z^2)))}{z},\end{aligned}\right.$$

$$(50)\quad \left\{\begin{aligned}&\frac{\mathfrak{f}\left(\frac{\pi^2}{a^2}\right)-\mathfrak{f}\left(\frac{b^2}{\pi^2}\right)}{1}\operatorname{coséc}\frac{ab}{\pi}-\frac{\mathfrak{f}\left(\frac{4\pi^2}{a^2}\right)-\mathfrak{f}\left(\frac{b^2}{4\pi^2}\right)}{2}\operatorname{coséc}\frac{ab}{2\pi}+\frac{\mathfrak{f}\left(\frac{9\pi^2}{a^2}\right)-\mathfrak{f}\left(\frac{b^2}{9\pi^2}\right)}{3}\operatorname{coséc}\frac{ab}{3\pi}+.\\&=\frac{\pi}{2}\mathcal{E}\operatorname{coséc}az\operatorname{coséc}\frac{b}{z}\frac{((\mathfrak{f}(z^2)))}{z}.\end{aligned}\right.$$

Si l'on pose dans les formules (47), (49) $a=b=\frac{\pi x}{2}$, et dans les formules (48), (50) $a=b=\pi x$, ces quatre formules donneront

$$(51)\quad \left\{\begin{aligned}&\frac{\mathfrak{f}(x^2)-\mathfrak{f}\left(\frac{1}{x^2}\right)}{1}\operatorname{tang}\frac{\pi x^2}{2}+\frac{\mathfrak{f}\left(\frac{x^2}{9}\right)-\mathfrak{f}\left(\frac{9}{x^2}\right)}{3}\operatorname{tang}\frac{\pi x^2}{6}+\frac{\mathfrak{f}\left(\frac{x^2}{25}\right)-\mathfrak{f}\left(\frac{25}{x^2}\right)}{5}\operatorname{tang}\frac{\pi x^2}{10}+\dots\\&=-\frac{\pi}{4}\mathcal{E}\operatorname{tang}\frac{\pi xz}{2}\operatorname{tang}\frac{\pi x}{2z}\frac{((\mathfrak{f}(z^2)))}{z},\end{aligned}\right.$$

$$(52)\quad \left\{\begin{aligned}&\frac{\mathfrak{f}(x^2)-\mathfrak{f}\left(\frac{1}{x^2}\right)}{1}\cot\pi x^2+\frac{\mathfrak{f}\left(\frac{x^2}{4}\right)-\mathfrak{f}\left(\frac{4}{x^2}\right)}{2}\cot\frac{\pi x^2}{2}+\frac{\mathfrak{f}\left(\frac{x^2}{9}\right)-\mathfrak{f}\left(\frac{9}{x^2}\right)}{3}\cot\frac{\pi x^2}{3}+\dots\\&=\frac{\pi}{2}\mathcal{E}\cot\pi xz\cot\frac{\pi x}{z}\frac{((\mathfrak{f}(z^2)))}{z},\end{aligned}\right.$$

$$(53)\quad \left\{\begin{aligned}&\frac{\mathfrak{f}(x^2)-\mathfrak{f}\left(\frac{1}{x^2}\right)}{1}\operatorname{séc}\frac{\pi x^2}{2}-\frac{\mathfrak{f}\left(\frac{x^2}{9}\right)-\mathfrak{f}\left(\frac{9}{x^2}\right)}{3}\operatorname{séc}\frac{\pi x^2}{6}+\frac{\mathfrak{f}\left(\frac{x^2}{25}\right)-\mathfrak{f}\left(\frac{25}{x^2}\right)}{5}\operatorname{séc}\frac{\pi x^2}{10}-\dots\\&=-\frac{\pi}{4}\mathcal{E}\operatorname{séc}\frac{\pi xz}{2}\operatorname{séc}\frac{\pi x}{2z}\frac{((\mathfrak{f}(z^2)))}{z},\end{aligned}\right.$$

$$(54)\quad \left\{\begin{aligned}&\frac{f(x^2)-f\left(\frac{1}{x^2}\right)}{1}\operatorname{coséc}\pi x^2-\frac{f\left(\frac{x^2}{4}\right)-f\left(\frac{4}{x^2}\right)}{2}\operatorname{coséc}\frac{\pi x^2}{2}+\frac{f\left(\frac{x^2}{9}\right)-f\left(\frac{9}{x^2}\right)}{3}\operatorname{coséc}\frac{\pi x^2}{3}-\ldots\\&=-\frac{\pi}{2}\mathcal{E}\operatorname{coséc}\pi x z\operatorname{coséc}\frac{\pi x}{z}\frac{((f(z^2)))}{z}.\end{aligned}\right.$$

Il importe d'observer que, dans les formules (44), (45), (46), et par conséquent dans les formules (48), (49), (50), (52), (53), (54), la fonction rationnelle et paire $f(z^2)$ doit être divisible par z^2. Ajoutons que les seconds membres des équations (47), (48), (49), (50), (51), (52), (53), (54) s'exprimeront en termes finis. Donc les séries que renferment les premiers membres de ces diverses équations pourront toujours être sommées à l'aide du calcul des résidus.

Pour appliquer la formule (51) à des valeurs particulières de la fonction $f(z^2)$, faisons successivement

$$f(z^2)=\frac{1}{1-z^2},\qquad f(z^2)=\frac{1}{1+z^2}.$$

On trouvera, dans le premier cas,

$$(55)\quad \frac{1+x^2}{1-x^2}\operatorname{tang}\frac{\pi x^2}{2}+\frac{1}{3}\frac{9+x^2}{9-x^2}\operatorname{tang}\frac{\pi x^2}{6}+\frac{1}{5}\frac{25+x^2}{25-x^2}\operatorname{tang}\frac{\pi x^2}{10}+\ldots=\frac{\pi}{4}\operatorname{tang}^2\frac{\pi x}{2}$$

et, dans le second cas,

$$(56)\quad \frac{1-x^2}{1+x^2}\operatorname{tang}\frac{\pi x^2}{2}+\frac{1}{3}\frac{9-x^2}{9+x^2}\operatorname{tang}\frac{\pi x^2}{6}+\frac{1}{5}\frac{25-x^2}{25+x^2}\operatorname{tang}\frac{\pi x^2}{10}+\ldots=\frac{\pi}{4}\left(\frac{e^{\frac{\pi x}{2}}-e^{-\frac{\pi x}{2}}}{e^{\frac{\pi x}{2}}+e^{-\frac{\pi x}{2}}}\right)^2.$$

Au reste, on déduirait immédiatement la formule (56) de la formule (55) en substituant à la variable x le produit $x\sqrt{-1}$. Ajoutons que, si, dans ces formules, on pose $x=1$ ou $x=\frac{1}{2}$, on en tirera

$$(57)\quad \frac{1}{\pi}+\frac{1}{3}\frac{4}{5}\operatorname{tang}\frac{\pi}{6}+\frac{1}{5}\frac{12}{13}\operatorname{tang}\frac{\pi}{10}+\frac{1}{7}\frac{24}{25}\operatorname{tang}\frac{\pi}{14}+\ldots=\frac{\pi}{4}\left(\frac{e^{\frac{\pi}{2}}-e^{-\frac{\pi}{2}}}{e^{\frac{\pi}{2}}+e^{-\frac{\pi}{2}}}\right)^2,$$

$$(58)\quad \frac{5}{3}\operatorname{tang}\frac{\pi}{8}+\frac{1}{3}\frac{37}{35}\operatorname{tang}\frac{\pi}{24}+\frac{1}{5}\frac{101}{99}\operatorname{tang}\frac{\pi}{40}+\frac{1}{7}\frac{197}{195}\operatorname{tang}\frac{\pi}{56}+\ldots=\frac{\pi}{4},$$

$$(59)\quad \frac{3}{5}\operatorname{tang}\frac{\pi}{8}+\frac{1}{3}\,\frac{35}{37}\operatorname{tang}\frac{\pi}{24}+\frac{1}{5}\,\frac{99}{101}\operatorname{tang}\frac{\pi}{40}+\frac{1}{7}\,\frac{195}{197}\operatorname{tang}\frac{\pi}{56}+\ldots=\frac{\pi}{4}\left(\frac{e^{\frac{\pi}{4}}-e^{-\frac{\pi}{4}}}{e^{\frac{\pi}{4}}+e^{-\frac{\pi}{4}}}\right)^2.$$

Supposons encore

$$f(z^2)=\frac{z^2}{z^4-1}=\frac{1}{z^2-\frac{1}{z^2}}.$$

On conclura des formules (51), (52), (53), (54)

$$(60)\quad \frac{1}{x^2-\frac{1}{x^2}}\operatorname{tang}\frac{\pi x^2}{2}+\frac{\frac{1}{3}}{\frac{x^2}{9}-\frac{9}{x^2}}\operatorname{tang}\frac{\pi x^2}{6}+\frac{\frac{1}{5}}{\frac{x^2}{25}-\frac{25}{x^2}}\operatorname{tang}\frac{\pi x^2}{10}+\ldots=\frac{\pi}{16}\left[\left(\frac{e^{\frac{\pi x}{2}}-e^{-\frac{\pi x}{2}}}{e^{\frac{\pi x}{2}}+e^{-\frac{\pi x}{2}}}\right)^2-\operatorname{tang}^2\frac{\pi x}{2}\right],$$

$$(61)\quad \frac{1}{x^2-\frac{1}{x^2}}\cot\pi x^2+\frac{\frac{1}{2}}{\frac{x^2}{4}-\frac{4}{x^2}}\cot\frac{\pi x^2}{2}+\frac{\frac{1}{3}}{\frac{x^2}{9}-\frac{9}{x^2}}\cot\frac{\pi x^2}{3}+\ldots=\frac{\pi}{8}\left[\cot^2\pi x-\left(\frac{e^{\pi x}+e^{-\pi x}}{e^{\pi x}-e^{-\pi x}}\right)^2\right],$$

$$(62)\quad \frac{1}{x^2-\frac{1}{x^2}}\operatorname{séc}\frac{\pi x^2}{2}-\frac{\frac{1}{3}}{\frac{x^2}{9}-\frac{9}{x^2}}\operatorname{séc}\frac{\pi x^2}{6}+\frac{\frac{1}{5}}{\frac{x^2}{25}-\frac{25}{x^2}}\operatorname{séc}\frac{\pi x^2}{10}-\ldots=\frac{\pi}{16}\left[\left(\frac{2}{e^{\frac{\pi x}{2}}+e^{-\frac{\pi x}{2}}}\right)^2-\operatorname{séc}^2\frac{\pi x}{2}\right],$$

$$(63)\quad \frac{1}{x^2-\frac{1}{x^2}}\operatorname{coséc}\pi x^2-\frac{\frac{1}{2}}{\frac{x^2}{4}-\frac{4}{x^2}}\operatorname{coséc}\frac{\pi x^2}{2}+\frac{\frac{1}{3}}{\frac{x^2}{9}-\frac{9}{x^2}}\operatorname{coséc}\frac{\pi x^2}{3}-\ldots=\frac{\pi}{8}\left[\left(\frac{2}{e^{\pi x}-e^{-\pi x}}\right)^2-\operatorname{coséc}^2\pi x\right].$$

Si, dans ces dernières équations, on remplace x^2 par $x^2\sqrt{-1}$, on obtiendra les suivantes :

$$(64)\quad \left\{\begin{aligned}&\frac{1}{x^2+\frac{1}{x^2}}\,\frac{e^{\frac{\pi x^2}{2}}-e^{-\frac{\pi x^2}{2}}}{e^{\frac{\pi x^2}{2}}+e^{-\frac{\pi x^2}{2}}}+\frac{\frac{1}{3}}{\frac{x^2}{9}+\frac{9}{x^2}}\,\frac{e^{\frac{\pi x^2}{6}}-e^{-\frac{\pi x^2}{6}}}{e^{\frac{\pi x^2}{6}}+e^{-\frac{\pi x^2}{6}}}+\frac{\frac{1}{5}}{\frac{x^2}{25}+\frac{25}{x^2}}\,\frac{e^{\frac{\pi x^2}{10}}-e^{-\frac{\pi x^2}{10}}}{e^{\frac{\pi x^2}{10}}+e^{-\frac{\pi x^2}{10}}}+\ldots\\&=\frac{\pi}{8}\,\frac{\left(e^{\frac{\pi x}{\sqrt{2}}}-e^{-\frac{\pi x}{\sqrt{2}}}\right)^2-4\sin^2\frac{\pi x}{\sqrt{2}}}{\left(e^{\frac{\pi x}{\sqrt{2}}}+e^{-\frac{\pi x}{\sqrt{2}}}+2\cos\frac{\pi x}{\sqrt{2}}\right)^2},\end{aligned}\right.$$

$$(65)\quad \left\{\begin{aligned} &\frac{1}{x^2+\frac{1}{x^2}}\,\frac{e^{\pi x^2}+e^{-\pi x^2}}{e^{\pi x^2}-e^{-\pi x^2}}+\frac{\frac{1}{2}}{\frac{x^2}{4}+\frac{4}{x^2}}\,\frac{e^{\frac{\pi x^2}{2}}+e^{-\frac{\pi x^2}{2}}}{e^{\frac{\pi x^2}{2}}-e^{-\frac{\pi x^2}{2}}}+\frac{\frac{1}{3}}{\frac{x^2}{9}+\frac{9}{x^2}}\,\frac{e^{\frac{\pi x^2}{3}}+e^{-\frac{\pi x^2}{3}}}{e^{\frac{\pi x^2}{3}}-e^{-\frac{\pi x^2}{3}}}+\ldots\\ &\quad=\frac{\pi}{4}\,\frac{\left(e^{\pi x\sqrt{2}}-e^{-\pi x\sqrt{2}}\right)^2-4\sin^2\left(\pi x\sqrt{2}\right)}{\left[e^{\pi x\sqrt{2}}+e^{-\pi x\sqrt{2}}-2\cos\left(\pi x\sqrt{2}\right)\right]^2},\end{aligned}\right.$$

$$(66)\quad \left\{\begin{aligned} &\frac{1}{x^2+\frac{1}{x^2}}\,\frac{1}{e^{\frac{\pi x^2}{2}}+e^{-\frac{\pi x^2}{2}}}-\frac{\frac{1}{3}}{\frac{x^2}{9}+\frac{9}{x^2}}\,\frac{1}{e^{\frac{\pi x^2}{6}}+e^{-\frac{\pi x^2}{6}}}+\frac{\frac{1}{5}}{\frac{x^2}{25}+\frac{25}{x^2}}\,\frac{1}{e^{\frac{\pi x^2}{10}}+e^{-\frac{\pi x^2}{10}}}-\ldots\\ &\quad=\frac{\pi}{4}\,\frac{\left(e^{\frac{\pi x}{\sqrt{2}}}-e^{-\frac{\pi x}{\sqrt{2}}}\right)\sin\frac{\pi x}{\sqrt{2}}}{\left(e^{\frac{\pi x}{\sqrt{2}}}+e^{-\frac{\pi x}{\sqrt{2}}}+2\cos\frac{\pi x}{\sqrt{2}}\right)^2},\end{aligned}\right.$$

$$(67)\quad \left\{\begin{aligned} &\frac{1}{x^2+\frac{1}{x^2}}\,\frac{1}{e^{\pi x^2}-e^{-\pi x^2}}-\frac{\frac{1}{2}}{\frac{x^2}{4}+\frac{4}{x^2}}\,\frac{1}{e^{\frac{\pi x^2}{2}}-e^{-\frac{\pi x^2}{2}}}+\frac{\frac{1}{3}}{\frac{x^2}{9}+\frac{9}{x^2}}\,\frac{1}{e^{\frac{\pi x^2}{3}}-e^{-\frac{\pi x^2}{3}}}-\ldots\\ &\quad=\frac{\pi}{2}\,\frac{2-\left(e^{\pi x\sqrt{2}}+e^{-\pi x\sqrt{2}}\right)\cos\left(\pi x\sqrt{2}\right)}{\left[e^{\pi x\sqrt{2}}+e^{-\pi x\sqrt{2}}-2\cos\left(\pi x\sqrt{2}\right)\right]^2}.\end{aligned}\right.$$

Lorsque dans l'équation (67) on écrit $\sqrt{s}$ au lieu de x, on retrouve la formule (17) de la page 273 du second Volume ([1]). Par conséquent, cette formule, que nous avions établie par un calcul contre lequel on aurait pu élever quelques objections, est parfaitement exacte; et il ne doit rester là-dessus aucun doute.

([1]) *OEuvres de Cauchy*, S. II, T. VII, p. 319.

USAGE DU CALCUL DES RÉSIDUS

POUR

L'ÉVALUATION OU LA TRANSFORMATION DES PRODUITS

COMPOSÉS

D'UN NOMBRE FINI OU INFINI DE FACTEURS.

Désignons par $f(z)$ une fonction entière de la variable z, et par

$$\alpha,\ \beta,\ \gamma,\ \ldots \tag{1}$$

les racines réelles ou imaginaires de l'équation

$$f(z) = 0. \tag{2}$$

La fonction $f(z)$ pourra être présentée sous la forme

$$f(z) = k(z-\alpha)(z-\beta)(z-\gamma)\ldots. \tag{3}$$

Soit d'ailleurs x une seconde variable distincte de z. Si, dans l'équation (3), on pose successivement $z=0$, $z=x$, on en tirera

$$f(0) = k(-\alpha)(-\beta)(-\gamma)\ldots, \tag{4}$$

$$f(x) = k(x-\alpha)(x-\beta)(x-\gamma)\ldots; \tag{5}$$

puis, en divisant la formule (5) par la formule (4), et admettant qu'aucune des racines α, β, γ, ... ne soit égale à zéro, on trouvera

$$\frac{f(x)}{f(0)} = \left(1-\frac{x}{\alpha}\right)\left(1-\frac{x}{\beta}\right)\left(1-\frac{x}{\gamma}\right)\ldots. \tag{6}$$

Soient maintenant $F(z)$ une nouvelle fonction entière de z, et

$$\lambda,\quad \mu,\quad \nu,\quad \ldots \tag{7}$$

les racines de l'équation

$$F(z) = 0. \tag{8}$$

En supposant qu'aucune de ces racines ne s'évanouisse, on trouvera encore

$$\frac{F(x)}{F(0)} = \left(1 - \frac{x}{\lambda}\right)\left(1 - \frac{x}{\mu}\right)\left(1 - \frac{x}{\nu}\right)\cdots. \tag{9}$$

Il y a plus : si, dans la formule (6), on remplace successivement la variable x par les rapports $\frac{x}{\lambda}, \frac{x}{\mu}, \frac{x}{\nu}, \ldots$, on en tirera
$$\begin{cases}
\dfrac{f\left(\dfrac{x}{\lambda}\right)}{f(o)} = \left(1 - \dfrac{x}{\alpha\lambda}\right)\left(1 - \dfrac{x}{\beta\lambda}\right)\left(1 - \dfrac{x}{\gamma\lambda}\right)\cdots, \\[2em]
\dfrac{f\left(\dfrac{x}{\mu}\right)}{f(o)} = \left(1 - \dfrac{x}{\alpha\mu}\right)\left(1 - \dfrac{x}{\beta\mu}\right)\left(1 - \dfrac{x}{\gamma\mu}\right)\cdots, \\[2em]
\dfrac{f\left(\dfrac{x}{\nu}\right)}{f(o)} = \left(1 - \dfrac{x}{\alpha\nu}\right)\left(1 - \dfrac{x}{\beta\nu}\right)\left(1 - \dfrac{x}{\gamma\nu}\right)\cdots, \\[1em]
\cdots\cdots\cdots\cdots\cdots\cdots\cdots\cdots\cdots\cdots\cdots
\end{cases}$$

$$\left\{\begin{aligned}
&\frac{f\left(\frac{x}{\lambda}\right)}{f(0)} = \left(1 - \frac{x}{\alpha\lambda}\right)\left(1 - \frac{x}{\beta\lambda}\right)\left(1 - \frac{x}{\gamma\lambda}\right)\cdots,\\
&\frac{f\left(\frac{x}{\mu}\right)}{f(0)} = \left(1 - \frac{x}{\alpha\mu}\right)\left(1 - \frac{x}{\beta\mu}\right)\left(1 - \frac{x}{\gamma\mu}\right)\cdots,\\
&\frac{f\left(\frac{x}{\nu}\right)}{f(0)} = \left(1 - \frac{x}{\alpha\nu}\right)\left(1 - \frac{x}{\beta\nu}\right)\left(1 - \frac{x}{\gamma\nu}\right)\cdots,\\
&\ldots\ldots\ldots\ldots\ldots\ldots\ldots\ldots\ldots\ldots\ldots\ldots
\end{aligned}\right. \tag{10}$$

et, par suite,

$$\left\{\begin{aligned}
&\frac{f\left(\frac{x}{\lambda}\right)}{f(0)}\,\frac{f\left(\frac{x}{\mu}\right)}{f(0)}\,\frac{f\left(\frac{x}{\nu}\right)}{f(0)}\cdots\\
&\quad = \left(1 - \frac{x}{\alpha\lambda}\right)\left(1 - \frac{x}{\beta\lambda}\right)\left(1 - \frac{x}{\gamma\lambda}\right)\cdots\left(1 - \frac{x}{\alpha\mu}\right)\left(1 - \frac{x}{\beta\mu}\right)\left(1 - \frac{x}{\gamma\mu}\right)\cdots\\
&\qquad \times\left(1 - \frac{x}{\alpha\nu}\right)\left(1 - \frac{x}{\beta\nu}\right)\left(1 - \frac{x}{\gamma\nu}\right)\cdots.
\end{aligned}\right. \tag{11}$$

De même, si, dans la formule (9), on remplace successivement la va riable x par les rapports $\frac{x}{\alpha}, \frac{x}{\beta}, \frac{x}{\gamma}, \ldots$, on en tirera

$$(12)\quad \left\{\begin{aligned} &\frac{F\left(\frac{x}{\alpha}\right)}{F(0)} = \left(1-\frac{x}{\alpha\lambda}\right)\left(1-\frac{x}{\alpha\mu}\right)\left(1-\frac{x}{\alpha\nu}\right)\cdots,\\ &\frac{F\left(\frac{x}{\beta}\right)}{F(0)} = \left(1-\frac{x}{\beta\lambda}\right)\left(1-\frac{x}{\beta\mu}\right)\left(1-\frac{x}{\beta\nu}\right)\cdots,\\ &\frac{F\left(\frac{x}{\gamma}\right)}{F(0)} = \left(1-\frac{x}{\gamma\lambda}\right)\left(1-\frac{x}{\gamma\mu}\right)\left(1-\frac{x}{\gamma\nu}\right)\cdots,\\ &\cdots\cdots\cdots\cdots\cdots\cdots\cdots\cdots\cdots\cdots \end{aligned}\right.$$

et, par suite,

$$(13)\quad \left\{\begin{aligned} &\frac{F\left(\frac{x}{\alpha}\right)}{F(0)}\,\frac{F\left(\frac{x}{\beta}\right)}{F(0)}\,\frac{F\left(\frac{x}{\gamma}\right)}{F(0)}\cdots\\ &\quad = \left(1-\frac{x}{\alpha\lambda}\right)\left(1-\frac{x}{\alpha\mu}\right)\left(1-\frac{x}{\alpha\nu}\right)\cdots\left(1-\frac{x}{\beta\lambda}\right)\left(1-\frac{x}{\beta\mu}\right)\left(1-\frac{x}{\beta\nu}\right)\cdots\\ &\qquad\qquad \times\left(1-\frac{x}{\gamma\lambda}\right)\left(1-\frac{x}{\gamma\mu}\right)\left(1-\frac{x}{\gamma\nu}\right)\cdots. \end{aligned}\right.$$

Donc, attendu que les seconds membres des formules (11) et (13) sont composés des mêmes facteurs, on aura définitivement

$$(14)\quad \frac{f\left(\frac{x}{\lambda}\right)}{f(0)}\,\frac{f\left(\frac{x}{\mu}\right)}{f(0)}\,\frac{f\left(\frac{x}{\nu}\right)}{f(0)}\cdots = \frac{F\left(\frac{x}{\alpha}\right)}{F(0)}\,\frac{F\left(\frac{x}{\beta}\right)}{F(0)}\,\frac{F\left(\frac{x}{\gamma}\right)}{F(0)}\cdots.$$

Cette dernière formule, de laquelle il résulte que les deux produits

$$\frac{f\left(\frac{x}{\lambda}\right)}{f(0)}\,\frac{f\left(\frac{x}{\mu}\right)}{f(0)}\,\frac{f\left(\frac{x}{\nu}\right)}{f(0)}\cdots,\qquad \frac{F\left(\frac{x}{\alpha}\right)}{F(0)}\,\frac{F\left(\frac{x}{\beta}\right)}{F(0)}\,\frac{F\left(\frac{x}{\gamma}\right)}{F(0)}\cdots$$

peuvent être transformés l'un dans l'autre, se déduit aisément du calcul des résidus, ainsi que nous allons le faire voir.

Supposons d'abord, pour plus de commodité, qu'aucune des équations (2) et (8) n'offre de racines égales. Faisons d'ailleurs

$$(15)\qquad P = \frac{f\left(\frac{x}{\lambda}\right)}{f(o)}\,\frac{f\left(\frac{x}{\mu}\right)}{f(o)}\,\frac{f\left(\frac{x}{\nu}\right)}{f(o)}\cdots$$

et

$$(16)\qquad Q = \frac{F\left(\frac{x}{\alpha}\right)}{F(o)}\,\frac{F\left(\frac{x}{\beta}\right)}{F(o)}\,\frac{F\left(\frac{x}{\gamma}\right)}{F(o)}\cdots.$$

Si la valeur de x est assez rapprochée de zéro pour que la partie réelle de chacun des rapports

$$\frac{f\left(\frac{x}{\lambda}\right)}{f(o)},\quad \frac{f\left(\frac{x}{\mu}\right)}{f(o)},\quad \frac{f\left(\frac{x}{\nu}\right)}{f(o)},\quad \cdots$$

reste positive, et que les coefficients de $\sqrt{-1}$, dans les logarithmes de ces rapports, fournissent une somme renfermée entre les limites $-\frac{\pi}{2}$, $+\frac{\pi}{2}$, on tirera de la formule (15)

$$(17)\qquad l(P) = l\frac{f\left(\frac{x}{\lambda}\right)}{f(o)} + l\frac{f\left(\frac{x}{\mu}\right)}{f(o)} + l\frac{f\left(\frac{x}{\nu}\right)}{f(o)} + \cdots.$$

Ajoutons que, dans tous les cas possibles, on trouvera

$$(18)\qquad l(\pm P) = l\left[\pm\frac{f\left(\frac{x}{\lambda}\right)}{f(o)}\right] + l\left[\pm\frac{f\left(\frac{x}{\mu}\right)}{f(o)}\right] + l\left[\pm\frac{f\left(\frac{x}{\nu}\right)}{f(o)}\right] + \cdots \pm i\pi\sqrt{-1}\ \text{(1)},$$

le double signe $\pm$ devant être réduit, dans chaque logarithme, au signe $+$ ou au signe $-$ suivant que la fonction, placée à la suite de ce double signe, offrira pour partie réelle une quantité positive ou négative, et $\pm i$ désignant une quantité entière convenablement choisie. Si maintenant on différentie, par rapport à x, les deux membres de la

(1) On établit sans peine la formule (18) à l'aide des principes exposés dans l'*Analyse algébrique*, Chap. IX (a)

(a) *Œuvres de Cauchy*, S. II, T. III.

formule (17) ou (18), on en conclura

$$(19)\qquad \frac{1}{P}\frac{dP}{dx}=\frac{1}{\lambda}\frac{f'\left(\frac{x}{\lambda}\right)}{f\left(\frac{x}{\lambda}\right)}+\frac{1}{\mu}\frac{f'\left(\frac{x}{\mu}\right)}{f\left(\frac{x}{\mu}\right)}+\frac{1}{\nu}\frac{f'\left(\frac{x}{\nu}\right)}{f\left(\frac{x}{\nu}\right)}+\ldots.$$

On trouvera de même

$$(20)\qquad \frac{1}{Q}\frac{dQ}{dx}=\frac{1}{\alpha}\frac{F'\left(\frac{x}{\alpha}\right)}{F\left(\frac{x}{\alpha}\right)}+\frac{1}{\beta}\frac{F'\left(\frac{x}{\beta}\right)}{F\left(\frac{x}{\beta}\right)}+\frac{1}{\gamma}\frac{F'\left(\frac{x}{\gamma}\right)}{F\left(\frac{x}{\gamma}\right)}+\ldots.$$

D'ailleurs le second membre de la formule (19) peut être représenté par l'une quelconque des deux expressions équivalentes

$$(21)\qquad \mathcal{E}\frac{1}{z}\frac{f'\left(\frac{x}{z}\right)}{f\left(\frac{x}{z}\right)}\frac{F'(z)}{((F(z)))},\quad -\mathcal{E}\frac{1}{z}\frac{f'(z)}{f(z)}\frac{F'\left(\frac{x}{z}\right)}{\left(\left(F\left(\frac{x}{z}\right)\right)\right)},$$

dont on obtient la dernière en remplaçant dans la première z par $\frac{x}{z}$, et multipliant la fonction sous le signe $\mathcal{E}$ par $\frac{d\left(\frac{x}{z}\right)}{dz}=-\frac{x}{z^2}$, conformément aux règles tracées dans le premier Volume (p. 167 et suiv.) ([1]) pour le changement de variable indépendante dans le calcul des résidus. De même, le second membre de la formule (20) peut être représenté par l'une quelconque des deux expressions équivalentes

$$(22)\qquad \mathcal{E}\frac{1}{z}\frac{F'\left(\frac{x}{z}\right)}{F\left(\frac{x}{z}\right)}\frac{f'(z)}{((f(z)))},\quad -\mathcal{E}\frac{1}{z}\frac{F'(z)}{F(z)}\frac{f'\left(\frac{x}{z}\right)}{\left(\left(f\left(\frac{x}{z}\right)\right)\right)}.$$

Cela posé, on tirera des formules (19) et (20)

$$(23)\qquad \frac{1}{P}\frac{dP}{dx}-\frac{1}{Q}\frac{dQ}{dx}=\mathcal{E}\frac{1}{z}\frac{f'\left(\frac{x}{z}\right)}{f\left(\frac{x}{z}\right)}\frac{F'(z)}{((F(z)))}+\mathcal{E}\frac{1}{z}\frac{F'(z)}{F(z)}\frac{f'\left(\frac{x}{z}\right)}{\left(\left(f\left(\frac{x}{z}\right)\right)\right)}$$

([1]) *Œuvres de Cauchy*, S. II, T. VI, p. 210 et suiv.

ou, plus simplement,

$$(24)\qquad \frac{1}{P}\frac{dP}{dx}-\frac{1}{Q}\frac{dQ}{dx}=\mathcal{E}\left(\left(\frac{f'\left(\frac{x}{z}\right)F'(z)}{z\,f\left(\frac{x}{z}\right)F(z)}\right)\right),$$

attendu que la fraction

$$(25)\qquad \frac{f'\left(\frac{x}{z}\right)F'(z)}{z\,f\left(\frac{x}{z}\right)F(z)}$$

ne deviendra pas infinie pour une valeur nulle de z. Effectivement, si l'on nomme m le degré de la fonction entière $f(z)$, la fraction (25) pourra être considérée comme le produit des deux rapports

$$(26)\qquad \frac{\frac{1}{z}f'\left(\frac{x}{z}\right)}{f\left(\frac{x}{z}\right)},\quad \frac{F'(z)}{F(z)},$$

qui, pour des valeurs nulles de z, ou des valeurs infinies de $\frac{1}{z}$, se réduiront, le premier à $\frac{mk}{k}=m$, le second à la constante finie $\frac{F'(0)}{F(0)}$. D'un autre côté, comme des valeurs infinies de z réduiront le rapport

$$(27)\qquad \frac{f'\left(\frac{x}{z}\right)}{f\left(\frac{x}{z}\right)}$$

à la constante finie $\frac{f'(0)}{f(0)}$, et les expressions (26) ainsi que le produit

$$(28)\qquad \frac{f'\left(\frac{x}{z}\right)}{f\left(\frac{x}{z}\right)}\,\frac{F'(z)}{F(z)}$$

de la fonction (25) et de la variable z à zéro, on aura, en vertu de la formule (64) de la page 23 du Ier Volume [1],

$$\mathcal{E}\left(\left(\frac{f'\left(\frac{x}{z}\right)F'(z)}{z\,f\left(\frac{x}{z}\right)F(z)}\right)\right)=0, \tag{29}$$

et, par suite, l'équation (24) donnera

$$\frac{1}{P}\frac{dP}{dx}-\frac{1}{Q}\frac{dQ}{dx}=0. \tag{30}$$

Or cette dernière, multipliée par $\frac{P}{Q}dx$, devient

$$d\left(\frac{P}{Q}\right)=0; \tag{31}$$

puis, en l'intégrant à partir de $x=0$, et observant que chacune des fonctions P, Q se réduit à l'unité pour une valeur nulle de x, on trouve

$$\frac{P}{Q}-1=0, \qquad P=Q \tag{32}$$

ou, ce qui revient au même,

$$\frac{f\left(\frac{x}{\lambda}\right)}{f(0)}\frac{f\left(\frac{x}{\mu}\right)}{f(0)}\frac{f\left(\frac{x}{\nu}\right)}{f(0)}\cdots=\frac{F\left(\frac{x}{\alpha}\right)}{F(0)}\frac{F\left(\frac{x}{\beta}\right)}{F(0)}\frac{F\left(\frac{x}{\gamma}\right)}{F(0)}\cdots \tag{14}$$

La formule (14) ainsi établie, dans le cas où les racines

$$\alpha,\quad \beta,\quad \gamma,\quad \ldots;\quad \lambda,\quad \mu,\quad \nu,\quad \ldots$$

sont toutes distinctes les unes des autres, subsistera évidemment quelque petites que soient les différences de ces mêmes racines, et par conséquent elle continuera de subsister dans le cas même ou plusieurs de ces racines deviendraient égales entre elles.

Si l'on désignait par ξ une valeur particulière de la variable x, on

[1] *Œuvres de Cauchy*, S. II, T. VI, p. 36.

tirerait de la formule (14), en posant $x=\xi$,

$$(33)\qquad \frac{f\left(\frac{\xi}{\lambda}\right)}{f(0)}\frac{f\left(\frac{\xi}{\mu}\right)}{f(0)}\frac{f\left(\frac{\xi}{\nu}\right)}{f(0)}\cdots=\frac{F\left(\frac{\xi}{\alpha}\right)}{F(0)}\frac{F\left(\frac{\xi}{\beta}\right)}{F(0)}\frac{F\left(\frac{\xi}{\gamma}\right)}{F(0)}\cdots;$$

puis, en divisant la formule (14) par la formule (33), on trouverait

$$(34)\qquad \frac{f\left(\frac{x}{\lambda}\right)}{f\left(\frac{\xi}{\lambda}\right)}\frac{f\left(\frac{x}{\mu}\right)}{f\left(\frac{\xi}{\mu}\right)}\frac{f\left(\frac{x}{\nu}\right)}{f\left(\frac{\xi}{\nu}\right)}\cdots=\frac{F\left(\frac{x}{\alpha}\right)}{F\left(\frac{\xi}{\alpha}\right)}\frac{F\left(\frac{x}{\beta}\right)}{F\left(\frac{\xi}{\beta}\right)}\frac{F\left(\frac{x}{\gamma}\right)}{F\left(\frac{\xi}{\gamma}\right)}\cdots.$$

Concevons à présent que les fonctions $f(z)$, $F(z)$ cessent d'être entières. Mais admettons qu'elles restent finies et continues, ainsi que leurs dérivées des divers ordres pour toutes les valeurs finies de z. Supposons d'ailleurs : 1° que, pour chacune des deux équations

$$(35)\qquad f(z)=0,$$

$$(36)\qquad F(z)=0,$$

les racines différentes de zéro soient inégales entre elles ; 2° que, parmi les mêmes racines, celles qui offrent des modules inférieurs à une limite finie R soient en nombre fini, et représentées, pour l'équation (35), par

$$(37)\qquad \alpha,\ \beta,\ \gamma,\ \ldots,$$

pour l'équation (36), par

$$(38)\qquad \lambda,\ \mu,\ \nu,\ \ldots.$$

Si l'on prend

$$(39)\quad \varphi(x)=\frac{f'\left(\frac{x}{\lambda}\right)}{\lambda f\left(\frac{x}{\lambda}\right)}+\frac{f'\left(\frac{x}{\mu}\right)}{\mu f\left(\frac{x}{\mu}\right)}+\frac{f'\left(\frac{x}{\nu}\right)}{\nu f\left(\frac{x}{\nu}\right)}+\ldots-\frac{F'\left(\frac{x}{\alpha}\right)}{\alpha F\left(\frac{x}{\alpha}\right)}-\frac{F'\left(\frac{x}{\beta}\right)}{\beta F\left(\frac{x}{\beta}\right)}-\frac{F'\left(\frac{x}{\gamma}\right)}{\gamma F\left(\frac{x}{\gamma}\right)}-\ldots,$$

la fonction $\varphi(x)$ restera évidemment finie et continue pour toutes les valeurs réelles ou imaginaires de x qui offriront des modules inférieurs à R. En effet, parmi ces valeurs de x, celles que renferme la suite

$$(40)\qquad \left\{\begin{array}{llll} x=\alpha\lambda, & x=\alpha\mu, & x=\alpha\nu, & \ldots, \\ x=\beta\lambda, & x=\beta\mu, & x=\beta\nu, & \ldots, \\ x=\gamma\lambda, & x=\gamma\mu, & x=\gamma\nu, & \ldots, \\ \ldots\ldots, & \ldots\ldots, & \ldots\ldots, & \ldots \end{array}\right.$$

seront les seules qui puissent rendre infinies quelques-unes des fractions comprises dans le second membre de la formule (39), en faisant évanouir leurs dénominateurs. D'ailleurs, pour chacune de ces valeurs, deux fractions deviendront infinies simultanément, mais leur différence restera finie. Ainsi, par exemple, pour $x=\alpha\lambda$, les deux fractions

$$(41)\qquad \frac{\mathrm{f}'\left(\frac{x}{\lambda}\right)}{\lambda\,\mathrm{f}\left(\frac{x}{\lambda}\right)}, \quad \frac{\mathrm{F}'\left(\frac{x}{\alpha}\right)}{\alpha\,\mathrm{F}\left(\frac{x}{\alpha}\right)}$$

deviendront infinies en même temps. Mais leur différence ou le rapport

$$(42)\qquad \frac{\frac{1}{\lambda}\,\mathrm{f}'\left(\frac{x}{\lambda}\right)\mathrm{F}\left(\frac{x}{\alpha}\right)-\frac{1}{\alpha}\,\mathrm{F}'\left(\frac{x}{\alpha}\right)\mathrm{f}\left(\frac{x}{\lambda}\right)}{\mathrm{f}\left(\frac{x}{\lambda}\right)\mathrm{F}\left(\frac{x}{\alpha}\right)}$$

conservera une valeur finie, qui, en vertu d'un théorème connu de Calcul infinitésimal, sera la même que celle du rapport

$$(43)\qquad \frac{\frac{1}{\lambda}\,\mathrm{f}''\left(\frac{x}{\lambda}\right)\mathrm{F}'\left(\frac{x}{\alpha}\right)-\frac{1}{\alpha}\,\mathrm{F}''\left(\frac{x}{\alpha}\right)\mathrm{f}'\left(\frac{x}{\lambda}\right)}{2\,\mathrm{f}'\left(\frac{x}{\lambda}\right)\mathrm{F}'\left(\frac{x}{\alpha}\right)},$$

et, par conséquent, égale à

$$(44)\qquad \frac{1}{2}\left[\frac{1}{\lambda}\,\frac{\mathrm{f}''(\alpha)}{\mathrm{f}'(\alpha)}-\frac{1}{\alpha}\,\frac{\mathrm{F}''(\lambda)}{\mathrm{F}'(\lambda)}\right].$$

Cela posé, faisons

$$(45)\qquad y=\psi(x)=e^{\int_{\xi}^{x}\varphi(x)\,dx},$$

ξ désignant une valeur particulière de la variable x. La fonction $\psi(x)$, ainsi que $\varphi(x)$, restera finie et continue pour toutes les valeurs de x dont le module sera inférieur à l'unité ; et l'on aura, pour $x=\xi$,

$$y=\psi(\xi). \tag{46}$$

De plus, la formule (45) donnera généralement

$$\frac{dy}{dx}=\psi'(x)=\varphi(x)\,e^{\int_\xi^x \varphi(x)\,dx}=y\,\varphi(x) \tag{47}$$

ou, ce qui revient au même,

$$\frac{dy}{dx}=\left[\frac{f'\left(\frac{x}{\lambda}\right)}{\lambda f\left(\frac{x}{\lambda}\right)}+\frac{f'\left(\frac{x}{\mu}\right)}{\mu f\left(\frac{x}{\mu}\right)}+\frac{f'\left(\frac{x}{\nu}\right)}{\nu f\left(\frac{x}{\nu}\right)}+\ldots-\frac{F'\left(\frac{x}{\alpha}\right)}{\alpha F\left(\frac{x}{\alpha}\right)}-\frac{F'\left(\frac{x}{\beta}\right)}{\beta F\left(\frac{x}{\beta}\right)}-\frac{F'\left(\frac{x}{\gamma}\right)}{\gamma F\left(\frac{x}{\gamma}\right)}\right]y. \tag{48}$$

Ainsi, la fonction de x, représentée par y ou $\psi(x)$, devra remplir la double condition de se réduire à l'unité pour $x=\xi$, et de vérifier, quel que soit x, l'équation différentielle linéaire (47) ou (48). Or, cette équation n'admettant pas d'intégrale singulière, la double condition dont il s'agit sera remplie tant que les modules de ξ et de x resteront inférieurs à R. Donc, puisqu'on vérifie encore cette double condition en prenant

$$y=\frac{f\left(\frac{x}{\lambda}\right)}{f\left(\frac{\xi}{\lambda}\right)}\frac{f\left(\frac{x}{\mu}\right)}{f\left(\frac{\xi}{\mu}\right)}\frac{f\left(\frac{x}{\nu}\right)}{f\left(\frac{\xi}{\nu}\right)}\cdots\frac{F\left(\frac{\xi}{\alpha}\right)}{F\left(\frac{x}{\alpha}\right)}\frac{F\left(\frac{\xi}{\beta}\right)}{F\left(\frac{x}{\beta}\right)}\frac{F\left(\frac{\xi}{\gamma}\right)}{F\left(\frac{x}{\gamma}\right)}\cdots, \tag{49}$$

les valeurs de y, fournies par les équations (45) et (49), seront nécessairement identiques, en sorte qu'on aura, pour toutes les valeurs de x et de ξ dont le module ne surpassera pas R,

$$\frac{f\left(\frac{x}{\lambda}\right)}{f\left(\frac{\xi}{\lambda}\right)}\frac{f\left(\frac{x}{\mu}\right)}{f\left(\frac{\xi}{\mu}\right)}\frac{f\left(\frac{x}{\nu}\right)}{f\left(\frac{\xi}{\nu}\right)}\cdots\frac{F\left(\frac{\xi}{\alpha}\right)}{F\left(\frac{x}{\alpha}\right)}\frac{F\left(\frac{\xi}{\beta}\right)}{F\left(\frac{x}{\beta}\right)}\frac{F\left(\frac{\xi}{\gamma}\right)}{F\left(\frac{x}{\gamma}\right)}\cdots=e^{\int_\xi^x \varphi(x)\,dx} \tag{50}$$

ou, ce qui revient au même,

$$(51)\qquad \frac{\mathrm{f}\left(\frac{x}{\lambda}\right)}{\mathrm{f}\left(\frac{\xi}{\lambda}\right)}\frac{\mathrm{f}\left(\frac{x}{\mu}\right)}{\mathrm{f}\left(\frac{\xi}{\mu}\right)}\frac{\mathrm{f}\left(\frac{x}{\nu}\right)}{\mathrm{f}\left(\frac{\xi}{\nu}\right)}\cdots=\frac{\mathrm{F}\left(\frac{x}{\alpha}\right)}{\mathrm{F}\left(\frac{\xi}{\alpha}\right)}\frac{\mathrm{F}\left(\frac{x}{\beta}\right)}{\mathrm{F}\left(\frac{\xi}{\beta}\right)}\frac{\mathrm{F}\left(\frac{x}{\gamma}\right)}{\mathrm{F}\left(\frac{\xi}{\gamma}\right)}\cdots e^{\int_\xi^x \varphi(x)\,dx}$$

Si, dans la dernière formule, on pose $\xi = 0$, elle donnera

$$(52)\qquad \frac{\mathrm{f}\left(\frac{x}{\lambda}\right)}{\mathrm{f}(0)}\frac{\mathrm{f}\left(\frac{x}{\mu}\right)}{\mathrm{f}(0)}\frac{\mathrm{f}\left(\frac{x}{\nu}\right)}{\mathrm{f}(0)}\cdots=\frac{\mathrm{F}\left(\frac{x}{\alpha}\right)}{\mathrm{F}(0)}\frac{\mathrm{F}\left(\frac{x}{\beta}\right)}{\mathrm{F}(0)}\frac{\mathrm{F}\left(\frac{x}{\gamma}\right)}{\mathrm{F}(0)}\cdots e^{\int_0^x \varphi(x)\,dx}$$

Désignons maintenant par $f(z)$ une fonction semblable à celle qui est renfermée sous le signe $\mathcal{E}$ dans la formule (29), en sorte que l'on ait

$$(53)\qquad f(z)=\frac{\mathrm{f}'\left(\frac{x}{z}\right)\mathrm{F}'(z)}{z\,\mathrm{f}\left(\frac{x}{z}\right)\mathrm{F}(z)}.$$

Supposons, de plus, que la fonction (53) ou $f(z)$ puisse être décomposée en deux parties, dont la première soit la somme de plusieurs termes réciproquement proportionnels à des puissances entières de z, et dont la seconde, multipliée par z, fournisse un produit qui s'évanouisse pour certaines valeurs infiniment petites de z. Si, en attribuant au module r de la variable z des valeurs infiniment grandes, on peut les choisir de manière que l'une des fonctions

$$(54)\qquad z\,f(z)=\frac{\mathrm{f}'\left(\frac{x}{z}\right)\mathrm{F}'(z)}{\mathrm{f}\left(\frac{x}{z}\right)\mathrm{F}(z)},$$

$$(55)\qquad z\,\frac{f(z)-f(-z)}{2}=\frac{1}{2}\left[\frac{\mathrm{f}'\left(\frac{x}{z}\right)\mathrm{F}'(z)}{\mathrm{f}\left(\frac{x}{z}\right)\mathrm{F}(z)}+\frac{\mathrm{f}'\left(-\frac{x}{z}\right)\mathrm{F}'(-z)}{\mathrm{f}\left(-\frac{x}{z}\right)\mathrm{F}(-z)}\right]$$

devienne sensiblement égale à une expression déterminée $\mathcal{F}$, quel que soit d'ailleurs le rapport $\frac{z}{r}$, ou du moins de manière que l'une des différences

$$\frac{f'\left(\frac{x}{z}\right)F'(z)}{f\left(\frac{x}{z}\right)F(z)} - \mathcal{F}, \tag{56}$$

$$\frac{1}{2}\left[\frac{f'\left(\frac{x}{z}\right)F'(z)}{f\left(\frac{x}{z}\right)F(z)} + \frac{f'\left(-\frac{x}{z}\right)F'(-z)}{f\left(-\frac{x}{z}\right)F(-z)}\right] - \mathcal{F} \tag{57}$$

reste toujours finie ou infiniment petite, et ne cesse d'être infiniment petite, en demeurant finie, que dans le voisinage de certaines valeurs particulières du rapport $\frac{z}{r}$; alors, en vertu du théorème énoncé à la page 274 du IIe Volume ([1]), et des principes établis dans l'article précédent, on aura

$$\mathcal{E}((f(z))) = \mathcal{F} \tag{58}$$

ou, ce qui revient au même,

$$\mathcal{E}\left(\left(\frac{f'\left(\frac{x}{z}\right)F(z)}{z\,f\left(\frac{x}{z}\right)F(z)}\right)\right) = \mathcal{F}, \tag{59}$$

pourvu que l'on réduise le résidu intégral compris dans l'équation (58) ou (59) à sa valeur principale. Si d'ailleurs on attribue au nombre ci-dessus désigné par R une valeur infinie, les séries (37) et (38) renfermeront toutes les racines des équations (35), (36), ou du moins toutes celles qui ne se réduiront pas à zéro. Alors, en supposant ces mêmes racines rangées d'après l'ordre de grandeur de leurs modules, et désignant par

$$X = \mathcal{E}\frac{f'\left(\frac{x}{z}\right)F'(z)}{f\left(\frac{x}{z}\right)F(z)}\frac{1}{((z))} \tag{60}$$

le résidu partiel de $f(z)$ relatif à $z = 0$, en sorte que $\frac{X}{z}$ représente le

([1]) *Œuvres de Cauchy*, S. II, T. VII. p. 320.

terme réciproquement proportionnel à z dans la fonction $f(z)$, on trouvera

$$(61)\quad \left\{\begin{aligned} \mathcal{E}\left(\left(\frac{f'\left(\frac{x}{z}\right)F'(z)}{z\,f\left(\frac{x}{z}\right)F(z)}\right)\right) &= X + \frac{f'\left(\frac{x}{\lambda}\right)}{\lambda\,f\left(\frac{x}{\lambda}\right)} + \frac{f'\left(\frac{x}{\mu}\right)}{\mu\,f\left(\frac{x}{\mu}\right)} + \frac{f'\left(\frac{x}{\nu}\right)}{\nu\,f\left(\frac{x}{\nu}\right)} + \ldots \\ &\quad - \frac{F'\left(\frac{x}{\alpha}\right)}{\alpha\,F\left(\frac{x}{\alpha}\right)} - \frac{F'\left(\frac{x}{\beta}\right)}{\beta\,F\left(\frac{x}{\beta}\right)} - \frac{F'\left(\frac{x}{\gamma}\right)}{\gamma\,F\left(\frac{x}{\gamma}\right)} - \ldots \end{aligned}\right.$$

ou, ce qui revient au même,

$$(62)\qquad \mathcal{E}\left(\left(\frac{f'\left(\frac{x}{z}\right)F'(z)}{z\,f\left(\frac{x}{z}\right)F(z)}\right)\right) = X + \varphi(x);$$

puis, en combinant l'équation (62) avec les formules (59) et (50), on en conclura

$$(63)\qquad \varphi(x) = \mathfrak{F} - X,$$

$$(64)\qquad \frac{f\left(\frac{x}{\lambda}\right)}{f\left(\frac{\xi}{\lambda}\right)}\,\frac{f\left(\frac{x}{\mu}\right)}{f\left(\frac{\xi}{\mu}\right)}\,\frac{f\left(\frac{x}{\nu}\right)}{f\left(\frac{\xi}{\nu}\right)}\cdots\frac{F\left(\frac{\xi}{\alpha}\right)}{F\left(\frac{x}{\alpha}\right)}\,\frac{F\left(\frac{\xi}{\beta}\right)}{F\left(\frac{x}{\beta}\right)}\,\frac{F\left(\frac{\xi}{\gamma}\right)}{F\left(\frac{x}{\gamma}\right)}\cdots = e^{\int_{\xi}^{x}(\mathfrak{F}-X)\,dx}$$

Donc, si, dans le produit

$$(65)\qquad \frac{f\left(\frac{x}{\lambda}\right)}{f\left(\frac{\xi}{\lambda}\right)}\,\frac{f\left(\frac{x}{\mu}\right)}{f\left(\frac{\xi}{\mu}\right)}\,\frac{f\left(\frac{x}{\nu}\right)}{f\left(\frac{\xi}{\nu}\right)}\cdots\frac{F\left(\frac{\xi}{\alpha}\right)}{F\left(\frac{x}{\alpha}\right)}\,\frac{F\left(\frac{\xi}{\beta}\right)}{F\left(\frac{x}{\beta}\right)}\cdot\frac{F\left(\frac{\xi}{\gamma}\right)}{F\left(\frac{x}{\gamma}\right)}\cdots,$$

on fait entrer toutes les fractions de la forme

$$\frac{f\left(\frac{x}{\lambda}\right)}{f\left(\frac{\xi}{\lambda}\right)} \quad \text{ou} \quad \frac{F\left(\frac{\xi}{\alpha}\right)}{F\left(\frac{x}{\alpha}\right)},$$

et correspondantes à celles des racines α, β, γ, ..., λ, μ, ν, ... qui offrent des modules inférieurs au nombre R, il suffira d'attribuer à R des valeurs de plus en plus grandes, pour que le produit (65) converge vers une limite finie équivalente à l'expression

$$(66)\qquad e^{\int_\xi^x (\mathfrak{F}-\mathrm{X})\,dx};$$

et l'on obtiendra la formule (64), en considérant le premier membre de cette formule comme composé d'une infinité de facteurs. On aura par suite

$$(67)\qquad \frac{\mathrm{f}\left(\frac{x}{\lambda}\right)}{\mathrm{f}\left(\frac{\xi}{\lambda}\right)}\frac{\mathrm{f}\left(\frac{x}{\mu}\right)}{\mathrm{f}\left(\frac{\xi}{\mu}\right)}\frac{\mathrm{f}\left(\frac{x}{\nu}\right)}{\mathrm{f}\left(\frac{\xi}{\nu}\right)}\cdots=\frac{\mathrm{F}\left(\frac{x}{\alpha}\right)}{\mathrm{F}\left(\frac{\xi}{\alpha}\right)}\frac{\mathrm{F}\left(\frac{x}{\beta}\right)}{\mathrm{F}\left(\frac{\xi}{\beta}\right)}\frac{\mathrm{F}\left(\frac{x}{\gamma}\right)}{\mathrm{F}\left(\frac{\xi}{\gamma}\right)}\cdots e^{\int_\xi^x (\mathfrak{F}-\mathrm{X})\,dx}$$

Jusqu'ici nous avons supposé que, pour chacune des équations (35), (36), les racines différentes de zéro étaient inégales entre elles. Mais la démonstration que nous avons donnée de la formule (64) ou (67) peut être facilement étendue au cas même où les équations dont il s'agit offriraient des racines égales qui ne seraient pas nulles. Supposons, par exemple, que n racines de l'équation (36) deviennent égales à λ, en sorte qu'on ait, non seulement

$$(68)\qquad \mathrm{F}(\lambda)=0,$$

mais encore

$$(69)\qquad \mathrm{F}'(\lambda)=0,\qquad \mathrm{F}''(\lambda)=0,\qquad \ldots,\qquad \mathrm{F}^{(n-1)}(\lambda)=0.$$

La somme des fractions correspondantes à ces racines dans le second membre de la formule (39) sera

$$(70)\qquad n\frac{\mathrm{f}'\left(\frac{x}{\lambda}\right)}{\lambda\,\mathrm{f}\left(\frac{x}{\lambda}\right)},$$

et la somme des termes qui, dans ce second membre, deviendront infinis pour $x = \alpha\lambda$ se réduira simplement à

$$(71)\qquad n\frac{f'\left(\frac{x}{\lambda}\right)}{\lambda f\left(\frac{x}{\lambda}\right)} - \frac{F'\left(\frac{x}{\alpha}\right)}{\alpha F\left(\frac{x}{\alpha}\right)}.$$

D'ailleurs, si l'on pose

$$(72)\qquad x = \alpha\lambda + \varepsilon,$$

ε désignant une variable infiniment petite, et si l'on développe les deux expressions

$$(73)\qquad n\frac{f'\left(\frac{x}{\lambda}\right)}{\lambda f\left(\frac{x}{\lambda}\right)} = n\frac{f'\left(\alpha + \frac{\varepsilon}{\lambda}\right)}{\lambda f\left(\alpha + \frac{\varepsilon}{\lambda}\right)}, \qquad \frac{F'\left(\frac{x}{\alpha}\right)}{\alpha F\left(\frac{x}{\alpha}\right)} = \frac{F'\left(\lambda + \frac{\varepsilon}{\alpha}\right)}{\alpha F\left(\lambda + \frac{\varepsilon}{\alpha}\right)},$$

suivant les puissances ascendantes de ε, en ayant égard aux équations (68), (69), il suffira de négliger dans les développements obtenus les termes infiniment petits pour réduire ces développements aux deux binômes

$$(74)\qquad \frac{n}{\varepsilon} + \frac{n}{1.2}\frac{f''(\alpha)}{\lambda f'(\alpha)}, \qquad \frac{n}{\varepsilon} + \frac{n}{n(n+1)}\frac{F^{(n+1)}(\lambda)}{\alpha F^{(n)}(\lambda)}.$$

Donc, pour $\varepsilon = 0$, ou, ce qui revient au même, pour $x = \alpha\lambda$, l'expression (71) sera équivalente à la différence des binômes (74), c'est-à-dire à

$$(75)\qquad n\left[\frac{1}{1.2}\frac{f''(\alpha)}{\lambda f'(\alpha)} - \frac{1}{n(n+1)}\frac{F^{(n+1)}(\lambda)}{\alpha F^{(n)}(\lambda)}\right].$$

Il est aisé d'en conclure que la fonction $\varphi(x)$, déterminée par la formule (39), restera encore finie et continue pour toutes les valeurs réelles ou imaginaires de x qui offriront des modules inférieurs à R. D'un autre côté, il suit des principes établis à la page 340 du Ier Volume ([1])

([1]) *OEuvres de Cauchy*, S. II, T. VI, p. 402.

que, dans le cas où n racines de l'équation (36) deviennent égales à λ, le résidu partiel de la fonction

$$(76)\qquad \frac{f'\left(\frac{x}{z}\right) F'(z)}{z\, f\left(\frac{x}{z}\right) F(z)},$$

correspondant à la valeur λ de z, est précisément l'expression (70). Donc l'équation (61), ou plutôt celle qui la remplacera, se réduira encore à l'équation (62), et, en la combinant avec les formules (50), (59), (62), on retrouvera les équations (63), (64), (67). Seulement, dans le premier membre de l'équation (64) ou (67), n fractions égales correspondront aux racines dont λ désignera la valeur commune, et le produit de ces n fractions sera

$$(77)\qquad \left[\frac{f\left(\frac{x}{\lambda}\right)}{f\left(\frac{\xi}{\lambda}\right)}\right]^n.$$

En résumé, l'on peut énoncer la proposition suivante :

Théorème I. — *Soient* $f(z)$, $F(z)$ *deux fonctions de* z *qui restent finies et continues, ainsi que leurs dérivées des divers ordres, pour toutes les valeurs finies de* z. *Supposons d'ailleurs que l'on ait*

$$(35)\qquad f(z) = 0,$$

$$(36)\qquad F(z) = 0,$$

et que celles de ces racines qui diffèrent de zéro, étant rangées d'après l'ordre de grandeur de leurs modules, soient représentées par

$$(37)\qquad \alpha,\quad \beta,\quad \gamma,\quad \ldots$$

pour l'équation (35), *par*

$$(38)\qquad \lambda,\quad \mu,\quad \nu,\quad \ldots$$

pour l'équation (36). *Admettons encore que, parmi les mêmes racines, celles dont le module reste inférieur à une limite finie* R *soient en nombre* *fini. Enfin, désignons par x une nouvelle variable distincte de z. Si, en attribuant au module r de la variable z des valeurs infiniment grandes, on peut les choisir de manière que l'une des expressions*

$$(54)\qquad \frac{\mathrm{f}'\left(\frac{x}{z}\right)\mathrm{F}'(z)}{\mathrm{f}\left(\frac{x}{z}\right)\mathrm{F}(z)},$$

$$(55)\qquad \frac{1}{2}\left[\frac{\mathrm{f}'\left(\frac{x}{z}\right)\mathrm{F}'(z)}{\mathrm{f}\left(\frac{x}{z}\right)\mathrm{F}(z)}+\frac{\mathrm{f}'\left(-\frac{x}{z}\right)\mathrm{F}'(-z)}{\mathrm{f}\left(-\frac{x}{z}\right)\mathrm{F}(-z)}\right]$$

devienne sensiblement égale à une expression déterminée $\mathfrak{F}$, quel que soit le rapport $\frac{z}{r}$, ou du moins de manière que l'une des différences

$$(56)\qquad \frac{\mathrm{f}'\left(\frac{x}{z}\right)\mathrm{F}'(z)}{\mathrm{f}\left(\frac{x}{z}\right)\mathrm{F}(z)}-\mathfrak{F},$$

$$(57)\qquad \frac{1}{2}\left[\frac{\mathrm{f}'\left(\frac{x}{z}\right)\mathrm{F}'(z)}{\mathrm{f}\left(\frac{x}{z}\right)\mathrm{F}(z)}+\frac{\mathrm{f}'\left(-\frac{x}{z}\right)\mathrm{F}'(-z)}{\mathrm{f}\left(-\frac{x}{z}\right)\mathrm{F}(-z)}\right]-\mathfrak{F}$$

reste toujours finie ou infiniment petite, et ne cesse d'être infiniment petite en demeurant finie que dans le voisinage de certaines valeurs particulières du rapport $\frac{z}{r}$; si, de plus, la fonction

$$(53)\qquad f(z)=\frac{\mathrm{f}'\left(\frac{x}{z}\right)\mathrm{F}'(z)}{z\,\mathrm{f}\left(\frac{x}{z}\right)\mathrm{F}(z)}$$

peut se décomposer en deux parties dont l'une soit la somme de plusieurs termes réciproquement proportionnels à des puissances entières de z, et dont l'autre s'évanouisse pour certaines valeurs infiniment petites de z; alors, en désignant par X le résidu de $f(z)$ relatif à $z=0$, en sorte *qu'on ait*

$$(60)\qquad X = \mathcal{E}\,\frac{f'\left(\frac{x}{z}\right)F'(z)}{f\left(\frac{x}{z}\right)F(z)}\,\frac{1}{((z))},$$

et par ξ *une valeur particulière de* x, *on trouvera*

$$(67)\qquad \frac{f\left(\frac{x}{\lambda}\right)}{f\left(\frac{\xi}{\lambda}\right)}\,\frac{f\left(\frac{x}{\mu}\right)}{f\left(\frac{\xi}{\mu}\right)}\,\frac{f\left(\frac{x}{\nu}\right)}{f\left(\frac{\xi}{\nu}\right)}\cdots = \frac{F\left(\frac{x}{\alpha}\right)}{F\left(\frac{\xi}{\alpha}\right)}\,\frac{F\left(\frac{x}{\beta}\right)}{F\left(\frac{\xi}{\beta}\right)}\,\frac{F\left(\frac{x}{\gamma}\right)}{F\left(\frac{\xi}{\gamma}\right)}\cdots e^{\int_\xi^x (\mathcal{F}-X)\,dx},$$

pourvu que l'on considère chacun des produits que renferme l'équation (67) *comme composé d'une infinité de facteurs.*

Corollaire I. — Si, dans la formule (67), on prend $\xi = 0$, elle donnera simplement

$$(78)\qquad \frac{f\left(\frac{x}{\lambda}\right)}{f(0)}\,\frac{f\left(\frac{x}{\mu}\right)}{f(0)}\,\frac{f\left(\frac{x}{\nu}\right)}{f(0)}\cdots = \frac{F\left(\frac{x}{\alpha}\right)}{F(0)}\,\frac{F\left(\frac{x}{\beta}\right)}{F(0)}\,\frac{F\left(\frac{x}{\gamma}\right)}{F(0)}\cdots e^{\int_0^x (\mathcal{F}-X)\,dx}$$

Corollaire II. — Si $\mathcal{F}$ et X s'évanouissent, les formules (67) et (78) deviendront respectivement

$$(79)\qquad \frac{f\left(\frac{x}{\lambda}\right)}{f\left(\frac{\xi}{\lambda}\right)}\,\frac{f\left(\frac{x}{\mu}\right)}{f\left(\frac{\xi}{\mu}\right)}\,\frac{f\left(\frac{x}{\nu}\right)}{f\left(\frac{\xi}{\nu}\right)}\cdots = \frac{F\left(\frac{x}{\alpha}\right)}{F\left(\frac{\xi}{\alpha}\right)}\,\frac{F\left(\frac{x}{\beta}\right)}{F\left(\frac{\xi}{\beta}\right)}\,\frac{F\left(\frac{x}{\gamma}\right)}{F\left(\frac{\xi}{\gamma}\right)}\cdots$$

et

$$(80)\qquad \frac{f\left(\frac{x}{\lambda}\right)}{f(0)}\,\frac{f\left(\frac{x}{\mu}\right)}{f(0)}\,\frac{f\left(\frac{x}{\nu}\right)}{f(0)}\cdots = \frac{F\left(\frac{x}{\alpha}\right)}{F(0)}\,\frac{F\left(\frac{x}{\beta}\right)}{F(0)}\,\frac{F\left(\frac{x}{\gamma}\right)}{F(0)}\cdots.$$

Si, de plus, f(0) et F(0) se réduisent à l'unité, on aura simplement

$$(81)\qquad f\left(\frac{x}{\lambda}\right)f\left(\frac{x}{\mu}\right)f\left(\frac{x}{\nu}\right)\cdots = F\left(\frac{x}{\alpha}\right)F\left(\frac{x}{\beta}\right)F\left(\frac{x}{\gamma}\right)\cdots.$$

Observons, d'ailleurs, que X devra être censé réduit à zéro, toutes les fois que l'expression (54) s'évanouira pour certaines valeurs infiniment petites de la variable z.

L'un des produits compris dans les deux membres de la formule (67) cesse de renfermer une infinité de facteurs, dès que l'une des fonctions $f(z)$, $F(z)$ devient entière. Supposons, pour fixer les idées, que la fonction $f(z)$ soit, non seulement entière, mais du premier degré et de la forme

(82) $$f(z) = 1 - z.$$

Alors les racines $\alpha, \beta, \gamma, \ldots$ se réduiront à une seule, savoir $\alpha = 1$. De plus, les fonctions (54), (55) deviendront respectivement

(83) $$-\frac{1}{1-\frac{x}{z}}\frac{F'(z)}{F(z)},$$

(84) $$-\frac{1}{2\left(1-\frac{x^2}{z^2}\right)}\left[\left(1+\frac{x}{z}\right)\frac{F'(z)}{F(z)}+\left(1-\frac{x}{z}\right)\frac{F'(-z)}{F(-z)}\right];$$

et si elles conservent des valeurs finies, z étant infinie, ces valeurs seront les mêmes que celles des fonctions suivantes :

(85) $$-\frac{F'(z)}{F(z)},$$

(86) $$-\frac{1}{2}\left[\left(1+\frac{x}{z}\right)\frac{F'(z)}{F(z)}+\left(1-\frac{x}{z}\right)\frac{F'(-z)}{F(-z)}\right].$$

Donc l'expression, représentée par $\mathcal{F}$ dans le théorème I, sera de la forme

(87) $$\mathcal{F} = -\mathcal{F}_0$$

ou

(88) $$\mathcal{F} = -\mathcal{F}_0 - x\mathcal{F}_1,$$

$\mathcal{F}_0$ désignant la limite vers laquelle convergera la fonction

(89) $$\frac{F'(z)}{F(z)}$$

ou

$$(90)\qquad \frac{1}{2}\left[\frac{F'(z)}{F(z)}+\frac{F'(-z)}{F(-z)}\right],$$

tandis que z deviendra infinie, et $\mathfrak{F}_1$ désignant la limite de la fonction

$$(91)\qquad \frac{1}{2z}\left[\frac{F'(z)}{F(z)}-\frac{F'(-z)}{F(-z)}\right].$$

Enfin, dans la formule (60), la fonction sous le signe $\mathcal{E}$ sera

$$(92)\qquad \frac{F'(z)}{(x-z)F(z)},$$

et ne deviendra infinie, pour des valeurs infiniment petites de z, que dans le cas où la fonction $F(z)$ s'évanouira pour $z=0$. Mais, dans ce dernier cas, si l'on désigne par n le nombre des racines de l'équation (36) qui se réduiront à zéro, on aura, pour des valeurs infiniment petites de z [*voir* les Leçons sur le *Calcul infinitésimal*, p. 55 (1)],

$$(93)\qquad \frac{zF'(z)}{F(z)}=n.$$

Donc la formule (60) donnera

$$(94)\qquad X=\mathcal{E}\frac{zF'(z)}{(x-z)F(z)}\frac{1}{((z))}=\frac{n}{x},$$

et l'on aura

$$(95)\qquad X-\mathfrak{F}=\frac{n}{x}+\mathfrak{F}_0$$

ou

$$(96)\qquad X-\mathfrak{F}=\frac{n}{x}+\mathfrak{F}_0+x\mathfrak{F}_1;$$

puis on en conclura

$$(97)\qquad e^{\int_\xi^x (X-\mathfrak{F})\,dx}=\left(\frac{x}{\xi}\right)^n e^{(x-\xi)\mathfrak{F}_0}$$

(1) *OEuvres de Cauchy*, S. II, T. IV.

ou

$$(98)\qquad e^{\int_\xi^x (X-\mathcal{F})\,dx} = \left(\frac{x}{\xi}\right)^n e^{(x-\xi)\left(\mathcal{F}_0+\frac{x+\xi}{2}\mathcal{F}_1\right)}.$$

Cela posé, on obtiendra évidemment, à la place du théorème I, l'une des propositions que je vais énoncer.

Théorème II. — *Soit* F(z) *une fonction de* z *qui reste finie et continue, ainsi que ses dérivées des divers ordres, pour toutes les valeurs finies de* z. *Supposons d'ailleurs que l'on ait résolu l'équation*

$$(36)\qquad F(z)=0,$$

et que ses racines, rangées d'après l'ordre de grandeur de leurs modules, soient représentées par

$$(38)\qquad \lambda,\quad \mu,\quad \nu,\quad \ldots.$$

Soit enfin x *une nouvelle variable distincte de* z. *Si, en attribuant au module* r *de la variable* z *des valeurs infiniment grandes, on peut les choisir de manière que l'expression*

$$(89)\qquad \frac{F'(z)}{F(z)}$$

devienne sensiblement égale à une constante déterminée $\mathcal{F}_0$, *quel que soit le rapport* $\frac{z}{r}$, *ou du moins de manière que la différence*

$$(99)\qquad \frac{F'(z)}{F(z)}-\mathcal{F}_0$$

reste toujours finie ou infiniment petite, et ne cesse d'être infiniment petite, en demeurant finie, que dans le voisinage de certaines valeurs particulières du rapport $\frac{z}{r}$; *alors, en désignant par* n *le nombre des racines de l'équation* (36) *qui se réduiront à zéro, on trouvera*

$$(100)\qquad \frac{F(x)}{F(\xi)}=\frac{1-\frac{x}{\lambda}}{1-\frac{\xi}{\lambda}}\,\frac{1-\frac{x}{\mu}}{1-\frac{\xi}{\mu}}\,\frac{1-\frac{x}{\nu}}{1-\frac{\xi}{\nu}}\cdots\left(\frac{x}{\xi}\right)^n e^{(x-\xi)\mathcal{F}_0}.$$

Corollaire I. — Si, après avoir multiplié par $F(\xi)$ les deux membres de la formule (100), on suppose ξ infiniment petit, on aura sensiblement, dans le second membre,

$$\frac{F(\xi)}{\xi^n} = \frac{F^{(n)}(0)}{1.2.3\ldots n}, \tag{101}$$

Par suite, en prenant $\xi = 0$, on tirera de la formule (100)

$$F(x) = x^n \left(1 - \frac{x}{\lambda}\right)\left(1 - \frac{x}{\mu}\right)\left(1 - \frac{x}{\nu}\right)\cdots e^{x\mathfrak{F}_0}\frac{F^{(n)}(0)}{1.2.3\ldots n}. \tag{102}$$

Si n se réduit à zéro ou à l'unité, l'équation (102) donnera simplement

$$F(x) = \left(1 - \frac{x}{\lambda}\right)\left(1 - \frac{x}{\mu}\right)\left(1 - \frac{x}{\nu}\right)\cdots e^{x\mathfrak{F}_0}F(0) \tag{103}$$

ou

$$F(x) = x\left(1 - \frac{x}{\lambda}\right)\left(1 - \frac{x}{\mu}\right)\left(1 - \frac{x}{\nu}\right)\cdots e^{x\mathfrak{F}_0}F'(0). \tag{104}$$

Corollaire II. — Si $\mathfrak{F}_0$ s'évanouit, les formules (100), (102), (103) et (104) donneront respectivement

$$\frac{F(x)}{F(\xi)} = \left(\frac{x}{\xi}\right)^n \frac{\lambda - x}{\lambda - \xi}\,\frac{\mu - x}{\mu - \xi}\,\frac{\nu - x}{\nu - \xi}\cdots, \tag{105}$$

$$F(x) = x^n \left(1 - \frac{x}{\lambda}\right)\left(1 - \frac{x}{\mu}\right)\left(1 - \frac{x}{\nu}\right)\cdots\frac{F^{(n)}(0)}{1.2.3\ldots n}, \tag{106}$$

$$F(x) = \left(1 - \frac{x}{\lambda}\right)\left(1 - \frac{x}{\mu}\right)\left(1 - \frac{x}{\nu}\right)\cdots F(0), \tag{107}$$

$$F(x) = x\left(1 - \frac{x}{\lambda}\right)\left(1 - \frac{x}{\mu}\right)\left(1 - \frac{x}{\nu}\right)\cdots F'(0). \tag{108}$$

THÉORÈME III. — *Les mêmes choses étant posées que dans le théorème II, si l'on peut attribuer au module r de la variable z des valeurs infiniment grandes, choisies de manière que les expressions*

$$\frac{1}{2}\left[\frac{F'(z)}{F(z)} + \frac{F'(-z)}{F(-z)}\right], \tag{90}$$

$$\frac{1}{2z}\left[\frac{F'(z)}{F(z)} - \frac{F'(-z)}{F(-z)}\right] \tag{91}$$

deviennent sensiblement égales à des constantes déterminées $\mathfrak{F}_0$, $\mathfrak{F}_1$, *quel que soit le rapport* $\frac{z}{r}$, *ou du moins de manière que les différences*

$$\frac{1}{2}\left[\frac{F'(z)}{F(z)}+\frac{F'(-z)}{F(-z)}\right]-\mathfrak{F}_0, \tag{109}$$

$$\frac{1}{2z}\left[\frac{F'(z)}{F(z)}-\frac{F'(-z)}{F(-z)}\right]-\mathfrak{F}_1 \tag{110}$$

restent toujours finies ou infiniment petites, et ne cessent d'être infiniment petites, en demeurant finies, que dans le voisinage de certaines valeurs particulières du rapport $\frac{z}{r}$; *alors, en désignant par n le nombre des racines de l'équation* (36) *qui se réduiront à zéro, on trouvera*

$$\frac{F(x)}{F(\xi)}=\frac{1-\frac{x}{\lambda}}{1-\frac{\xi}{\lambda}}\,\frac{1-\frac{x}{\mu}}{1-\frac{\xi}{\mu}}\,\frac{1-\frac{x}{\nu}}{1-\frac{\xi}{\nu}}\cdots\left(\frac{x}{\xi}\right)^n e^{(x-\xi)\left(\mathfrak{F}_0+\frac{x+\xi}{2}\mathfrak{F}_1\right)}. \tag{111}$$

Corollaire I. — Si, après avoir multiplié par $F(\xi)$ les deux membres de la formule (111), on attribue à ξ une valeur infiniment petite, on trouvera

$$F(x)=\frac{F^{(n)}(0)}{1.2.3\ldots n}x^n\left(1-\frac{x}{\lambda}\right)\left(1-\frac{x}{\mu}\right)\left(1-\frac{x}{\nu}\right)\cdots e^{x\mathfrak{F}_0+\frac{1}{2}x^2\mathfrak{F}_1}. \tag{112}$$

Lorsque n se réduit à zéro ou à l'unité, c'est-à-dire lorsque l'équation (36) n'admet pas de racines nulles, ou en admet une seulement, on tire de l'équation (112)

$$F(x)=\left(1-\frac{x}{\lambda}\right)\left(1-\frac{x}{\mu}\right)\left(1-\frac{x}{\nu}\right)\cdots e^{x\mathfrak{F}_0+\frac{1}{2}x^2\mathfrak{F}_1}\,F(0) \tag{113}$$

ou

$$F(x)=x\left(1-\frac{x}{\lambda}\right)\left(1-\frac{x}{\mu}\right)\left(1-\frac{x}{\nu}\right)\cdots e^{x\mathfrak{F}_0+\frac{1}{2}x^2\mathfrak{F}_1}\,F'(0). \tag{114}$$

Corollaire II. — Si $\mathfrak{F}_0$ et $\mathfrak{F}_1$ s'évanouissent, les équations (111), (112), (113), (114) se réduiront aux formules (105), (106), (107), (108).

Appliquons maintenant les diverses formules ci-dessus établies à quelques exemples.

Exemple I. — Supposons d'abord

$$F(z) = \sin z. \tag{115}$$

Alors l'équation (36), ou

$$\sin z = 0, \tag{116}$$

offrira une seule racine nulle et une infinité de racines réelles, les unes positives, les autres négatives, savoir

$$\left\{\begin{array}{llll} z = \pi, & z = 2\pi, & z = 3\pi, & \ldots, \\ z = -\pi, & z = -2\pi, & z = -3\pi, & \ldots; \end{array}\right. \tag{117}$$

mais elle n'admettra point de racines imaginaires [*voir* le Ier Volume, p. 297 (¹)]. De plus, l'expression (90) s'évanouira, et l'expression (91), réduite à

$$\frac{\cos z}{z \sin z}, \tag{118}$$

deviendra infiniment petite, si l'on attribue au module r de la variable z des valeurs de la forme

$$r = \frac{(2n+1)\pi}{2}, \tag{119}$$

n désignant un nombre entier infiniment grand. Cela posé, le théorème III sera évidemment applicable à la fonction $F(z) = \sin z$; et la formule (114), réduite à l'équation (108), attendu que les constantes $\mathcal{F}_0$, $\mathcal{F}_1$ s'évanouiront, donnera

$$\sin x = x\left(1-\frac{x}{\pi}\right)\left(1+\frac{x}{\pi}\right)\left(1-\frac{x}{2\pi}\right)\left(1+\frac{x}{2\pi}\right)\left(1-\frac{x}{3\pi}\right)\left(1+\frac{x}{3\pi}\right)\cdots \tag{120}$$

ou, ce qui revient au même,

$$\sin x = x\left(1-\frac{x^2}{\pi^2}\right)\left(1-\frac{x^2}{4\pi^2}\right)\left(1-\frac{x^2}{9\pi^2}\right)\cdots. \tag{121}$$

(¹) *Œuvres de Cauchy*, S. II, T. VI, p. 354.

Il est bon d'observer que l'on pourrait encore déduire la formule (120) ou (121) du théorème II et de l'équation (107), en prenant $F(z) = \frac{\sin z}{z}$.

Exemple II. — Supposons en second lieu

$$F(z) = \cos z. \tag{122}$$

Alors l'équation (36), ou

$$\cos z = 0, \tag{123}$$

admettra une infinité de racines toutes réelles et différentes de zéro, les unes positives, les autres négatives, savoir

$$\left\{\begin{array}{llll} z = \frac{\pi}{2}, & z = \frac{3\pi}{2}, & z = \frac{5\pi}{2}, & \ldots, \\ z = -\frac{\pi}{2}, & z = -\frac{3\pi}{2}, & z = -\frac{5\pi}{2}, & \ldots. \end{array}\right. \tag{124}$$

De plus, l'expression (90) s'évanouira, et l'expression (91), réduite à

$$-\frac{\sin z}{z \cos z}, \tag{125}$$

deviendra infiniment petite, si l'on attribue au module r de la variable z des valeurs de la forme

$$r = n\pi, \tag{126}$$

n désignant un nombre entier infiniment grand. Cela posé, le théorème III sera évidemment applicable à la fonction $F(z) = \cos z$: et la formule (113), réduite à l'équation (107), attendu que les constantes $\mathcal{F}_0$, $\mathcal{F}_1$ s'évanouiront, donnera

$$\cos x = \left(1 - \frac{2x}{\pi}\right)\left(1 + \frac{2x}{\pi}\right)\left(1 - \frac{2x}{3\pi}\right)\left(1 + \frac{2x}{3\pi}\right)\left(1 - \frac{2x}{5\pi}\right)\left(1 + \frac{2x}{5\pi}\right)\cdots \tag{127}$$

ou, ce qui revient au même,

$$\cos x = \left(1 - \frac{4x^2}{\pi^2}\right)\left(1 - \frac{4x^2}{9\pi^2}\right)\left(1 - \frac{4x^2}{25\pi^2}\right)\cdots. \tag{128}$$

On peut, au reste, déduire la formule (127) ou (128) de la formule (120) ou (121), en remplaçant x par $\frac{\pi}{2} - x$.

Exemple III. — Soit

$$(129) \qquad \mathrm{F}(z) = \sin z - \sin a,$$

a désignant une constante arbitrairement choisie. L'équation (36), ou

$$(130) \qquad \sin z = \sin a,$$

admettra une infinité de racines réelles, savoir

$$(131) \quad \begin{cases} z = a, & z = -a + \pi, \quad z = a + 2\pi, \quad z = -a + 3\pi, \quad \ldots, \\ & z = -a - \pi, \quad z = a - 2\pi, \quad z = -a - 3\pi, \quad \ldots. \end{cases}$$

De plus, si l'on attribue au module r de la variable z des valeurs infiniment grandes, mais sensiblement distinctes de celles qui correspondent aux racines dont il s'agit, les expressions (90), (91), ou

$$(132) \qquad \frac{\sin a \cos z}{(\sin z - \sin a)(\sin z + \sin a)},$$

$$(133) \qquad \frac{\sin z \cos z}{z(\sin z - \sin a)(\sin z + \sin a)},$$

resteront toujours finies ou infiniment petites, et la première ne cessera d'être infiniment petite, en demeurant finie, que dans le cas où le coefficient de $\sqrt{-1}$ dans z sera sensiblement nul, et le rapport $\frac{z}{r}$ sensiblement égal à ± 1. Cela posé, le théorème III sera évidemment applicable à la fonction $\mathrm{F}(z) = \sin z - \sin a$; et la formule (113), réduite à l'équation (107), attendu que les constantes $\mathcal{F}_0$, $\mathcal{F}_1$ s'évanouiront, donnera

$$(134) \quad 1 - \frac{\sin x}{\sin a} = \left(1 - \frac{x}{a}\right)\left(1 + \frac{x}{\pi + a}\right)\left(1 - \frac{x}{\pi - a}\right)\left(1 - \frac{x}{2\pi + a}\right)\left(1 + \frac{x}{2\pi - a}\right)\left(1 + \frac{x}{3\pi + a}\right)\left(1 - \frac{x}{3\pi - a}\right)\cdots$$

ou, ce qui revient au même,

$$(135) \quad \frac{\sin a - \sin x}{\sin a} = \frac{a - x}{a} \, \frac{\pi^2 - (x + a)^2}{\pi^2 - a^2} \, \frac{4\pi^2 - (x - a)^2}{4\pi^2 - a^2} \, \frac{9\pi^2 - (x + a)^2}{9\pi^2 - a^2} \cdots$$

Comme on aura d'ailleurs, en vertu de la formule (121),

$$\sin a = a \frac{\pi^2 - a^2}{\pi^2} \frac{4\pi^2 - a^2}{4\pi^2} \frac{9\pi^2 - a^2}{9\pi^2} \cdots, \tag{136}$$

on tirera des équations (135) et (136), multipliées l'une par l'autre,

$$\frac{\sin x - \sin a}{x - a} = \frac{\pi^2 - (x+a)^2}{\pi^2} \frac{4\pi^2 - (x-a)^2}{4\pi^2} \frac{9\pi^2 - (x+a)^2}{9\pi^2} \frac{25\pi^2 - (x-a)^2}{25\pi^2}. \tag{137}$$

On pourrait, au reste, déduire la formule (137) des équations (121) et (127) réunies à la suivante :

$$\sin x - \sin a = 2 \sin \frac{x-a}{2} \cos \frac{x+a}{2}. \tag{138}$$

Exemple IV. — Soit encore

$$F(z) = \cos z - \cos a. \tag{139}$$

L'équation (36), ou

$$\cos z = \cos a, \tag{140}$$

admettra une infinité de racines, savoir

$$\left\{\begin{array}{lllll} z = a, & z = a + 2\pi, & z = a + 4\pi, & z = a + 6\pi, & \ldots, \\ & z = a - 2\pi, & z = a - 4\pi, & z = a - 6\pi, & \ldots, \\ z = -a, & z = -a + 2\pi, & z = -a + 4\pi, & z = -a + 6\pi, & \ldots, \\ & z = -a - 2\pi, & z = -a - 4\pi, & z = -a - 6\pi, & \ldots. \end{array}\right. \tag{141}$$

De plus, l'expression (90) s'évanouira, et l'expression (91), réduite à

$$-\frac{\sin z}{z(\cos z - \cos a)}, \tag{142}$$

deviendra infiniment petite, si l'on attribue au module r de la variable z des valeurs infiniment grandes, mais sensiblement distinctes de celles qui correspondent aux racines de l'équation (140). Cela posé, le théorème III sera évidemment applicable à la fonction $F(z) = \cos z - \cos a$; et la formule (113), réduite à l'équation (107), attendu que les constantes $\mathcal{F}_0$, $\mathcal{F}_1$ s'évanouiront, donnera

$$(143)\quad \frac{\cos a - \cos x}{\cos a - 1} = \left(1 - \frac{x^2}{a^2}\right)\left[1 - \frac{x^2}{(2\pi - a)^2}\right]\left[1 - \frac{x^2}{(2\pi + a)^2}\right]\left[1 - \frac{x^2}{(4\pi - a)^2}\right]\left[1 - \frac{x^2}{(4\pi + a)^2}\right]$$

ou, ce qui revient au même,

$$(144)\quad \frac{\cos x - \cos a}{2\sin^2\frac{a}{2}} = \frac{a^2 - x^2}{a^2}\,\frac{(2\pi - a)^2 - x^2}{(2\pi - a)^2}\,\frac{(2\pi + a)^2 - x^2}{(2\pi + a)^2}\,\frac{(4\pi - a)^2 - x^2}{(4\pi - a)^2}\,\frac{(4\pi + a)^2 - x^2}{(4\pi + a)^2}.$$

Comme on aura d'ailleurs, en vertu de la formule (120),

$$(145)\quad \sin\frac{a}{2} = \frac{a}{2}\,\frac{2\pi - a}{2\pi}\,\frac{2\pi + a}{2\pi}\,\frac{4\pi - a}{4\pi}\,\frac{4\pi + a}{4\pi}\cdots,$$

on tirera des équations (144) et (145)

$$(146)\quad \cos x - \cos a = \frac{a^2 - x^2}{2}\,\frac{(2\pi - a)^2 - x^2}{(2\pi)^2}\,\frac{(2\pi + a)^2 - x^2}{(2\pi)^2}\,\frac{(4\pi - a)^2 - x^2}{(4\pi)^2}\,\frac{(4\pi + a)^2 - x^2}{(4\pi)^2}.$$

On pourrait, au reste, déduire la formule (146) de l'équation (121) réunie à la suivante :

$$(147)\quad \cos a - \cos x = 2\sin\frac{x - a}{2}\sin\frac{x + a}{2}.$$

Les formules (120), (127), (137), (146) subsistent pour des valeurs quelconques réelles ou imaginaires de la variable x et de la constante a.

Si, dans l'équation (121), on pose successivement $x = \frac{\pi}{2}$, $x = \frac{\pi}{4}$, on obtiendra les deux formules

$$(148)\quad \frac{\pi}{2} = \frac{2.2}{1.3}\,\frac{4.4}{3.5}\,\frac{6.6}{5.7}\,\frac{8.8}{7.9}\,\frac{10.10}{9.11}\,\frac{12.12}{11.13}\cdots,$$

$$(149)\quad \frac{\pi}{2\sqrt{2}} = \frac{4.4}{3.5}\,\frac{8.8}{7.9}\,\frac{12.12}{11.13}\cdots,$$

dont la première a été donnée par Wallis, et l'on en conclura

$$(150)\quad \sqrt{2} = \frac{1.3}{2.2}\,\frac{5.7}{6.6}\,\frac{9.11}{10.10}\cdots.$$

Si, dans les formules (121), (128), (146), on remplace x par $x\sqrt{-1}$, on en tirera

$$(151)\qquad e^{x}-e^{-x}=2x\left(1+\frac{x^2}{\pi^2}\right)\left(1+\frac{x^2}{4\pi^2}\right)\left(1+\frac{x^2}{9\pi^2}\right)\cdots,$$

$$(152)\qquad e^{x}+e^{-x}=2\left(1+\frac{4x^2}{\pi^2}\right)\left(1+\frac{4x^2}{9\pi^2}\right)\left(1+\frac{4x^2}{25\pi^2}\right)\cdots,$$

$$(153)\qquad e^{x}-2\cos a+e^{-x}=(a^2+x^2)\frac{(2\pi-a)^2+x^2}{(2\pi)^2}\,\frac{(2\pi+a)^2+x^2}{(2\pi)^2}\,\frac{(4\pi-a)^2+x^2}{(4\pi)^2}\,\frac{(4\pi+a)^2+x^2}{(4\pi)^2}\cdots.$$

Si, dans l'équation (120), on remplace la lettre x : 1° par $x+y\sqrt{-1}$; 2° par $x-y\sqrt{-1}$, y désignant une nouvelle variable indépendante de x, les deux formules qu'on obtiendra, étant multipliées l'une par l'autre, donneront

$$(154)\qquad \frac{e^{2y}-2\cos 2x+e^{-2y}}{4}=(x^2+y^2)\frac{(\pi-x)^2+y^2}{\pi^2}\,\frac{(\pi+x)^2+y^2}{\pi^2}\,\frac{(2\pi-x)^2+y^2}{(2\pi)^2}\,\frac{(2\pi+x)^2+y^2}{(2\pi)^2}\cdots.$$

En opérant de la même manière, on tirera de l'équation (127)

$$(155)\qquad \frac{e^{2y}+2\cos 2x+e^{-2y}}{4}=\frac{(\pi-2x)^2+(2y)^2}{\pi^2}\,\frac{(\pi+2x)^2+(2y)^2}{\pi^2}\,\frac{(3\pi-2x)^2+(2y)^2}{(3\pi)^2}\,\frac{(3\pi+2x)^2+(2y)^2}{(3\pi)^2}\cdots$$

Au reste, les formules (154) et (155) peuvent être aisément déduites de l'équation (153).

Si, dans l'équation (137), on remplace : 1° x par $x+y\sqrt{-1}$ et a par $a+b\sqrt{-1}$; 2° x par $x-y\sqrt{-1}$ et a par $a-b\sqrt{-1}$, les deux formules qu'on obtiendra, étant multipliées l'une par l'autre, donneront

$$(156)\qquad \left\{\begin{aligned}&\frac{[(e^{y}+e^{-y})\sin x-(e^{b}+e^{-b})\sin a]^2+[(e^{y}-e^{-y})\cos x-(e^{b}-e^{-b})\cos a]^2}{4[(x-a)^2+(y-b)]^2}\\ &=\frac{(\pi-x-a)^2+(y+b)^2}{\pi^2}\,\frac{(\pi+x+a)^2+(y+b)^2}{\pi^2}\,\frac{(2\pi-x+a)^2+(y-b)^2}{(2\pi)^2}\,\frac{(2\pi+x-a)^2+(y-b)^2}{(2\pi)^2}\end{aligned}\right.$$

En opérant de la même manière, on tirera de l'équation (146)

$$(157)\qquad \left\{\begin{aligned}&\frac{[(e^{y}+e^{-y})\cos x-(e^{b}+e^{-b})\cos a]^2+[(e^{y}-e^{-y})\sin x-(e^{b}-e^{-b})\sin a]^2}{[(x-a)^2+(y-b)^2][(x+a)^2+(y+b)^2]}\\ &=\frac{(2\pi+x-a)^2+(y-b)^2}{(2\pi)^2}\,\frac{(2\pi-x+a)^2+(y+b)^2}{(2\pi)^2}\,\frac{(2\pi-x+a)^2+(y-b)^2}{(2\pi)^2}\,\frac{(2\pi+x+a)^2+(y+b)^2}{(2\pi)^2}\end{aligned}\right.$$

Dans les applications que nous venons de faire des théorèmes II et III, les constantes, précédemment désignées par $\mathcal{F}_0$, $\mathcal{F}_1$, s'évanouissent, et les racines de l'équation (36) sont inégales entre elles. Ces mêmes racines deviendraient égales deux à deux, de manière à coïncider avec l'une des valeurs de z comprises dans les séries

$$(158)\quad \left\{\begin{array}{llll} z=0, & z=2\pi, & z=4\pi, & z=6\pi, \quad \ldots, \\ & z=-2\pi, & z=-4\pi, & z=-6\pi, \quad \ldots, \end{array}\right.$$

si l'on supposait

$$(159)\qquad F(z)=1-\cos z;$$

et alors on tirerait de la formule (106)

$$(160)\qquad 1-\cos x=\frac{x^2}{2}\left(1-\frac{x}{2\pi}\right)^2\left(1+\frac{x}{2\pi}\right)^2\left(1-\frac{x}{4\pi}\right)^2\left(1+\frac{x}{4\pi}\right)^2\cdots$$

ou, ce qui revient au même,

$$(161)\qquad 1-\cos x=\frac{x^2}{2}\left(1-\frac{x^2}{4\pi^2}\right)^2\left(1-\frac{x^2}{16\pi^2}\right)^2\cdots.$$

Au reste, on déduit immédiatement l'équation (161) de la formule (146) en faisant évanouir la constante a.

Si l'on prenait

$$(162)\qquad F(z)=e^z-1,$$

l'équation (36), réduite à

$$(163)\qquad e^z=1 \quad \text{ou} \quad z=l(1),$$

offrirait pour racines les divers logarithmes népériens de l'unité, savoir

$$(164)\quad \left\{\begin{array}{llll} z=0, & z=2\pi\sqrt{-1}, & z=4\pi\sqrt{-1}, & z=6\pi\sqrt{-1}, \quad \ldots, \\ & z=-2\pi\sqrt{-1}, & z=-4\pi\sqrt{-1}, & z=-6\pi\sqrt{-1}, \quad \ldots. \end{array}\right.$$

Alors aussi l'expression (90) deviendrait

$$(165)\qquad \frac{1}{2}\left(\frac{e^z}{e^z-1}+\frac{e^{-z}}{e^{-z}-1}\right)=\frac{1}{2};$$

et, pour faire évanouir l'expression (91), ou

$$(166)\qquad \frac{1}{2z}\left(\frac{e^z}{e^z-1}-\frac{e^{-z}}{e^{-z}-1}\right)=\frac{1}{2z}\,\frac{1+e^{-z}}{1-e^{-z}},$$

il suffirait d'attribuer au module r de la variable z des valeurs de la forme

$$(167)\qquad r=\frac{(2n+1)\pi}{2},$$

n étant un nombre entier infiniment grand. On trouverait donc, par suite,

$$(168)\qquad \mathfrak{F}_0=\tfrac{1}{2},\qquad \mathfrak{F}_1=0;$$

et l'on tirerait de la formule (114)

$$(169)\qquad e^x-1=x\left(1+\frac{x^2}{4\pi^2}\right)\left(1+\frac{x^2}{16\pi^2}\right)\left(1+\frac{x^2}{36\pi^2}\right)\cdots e^{\frac{1}{2}x}.$$

Au reste, on déduit immédiatement l'équation (169) de la formule (151), en remplaçant x par $\frac{1}{2}x$.

Si l'on prenait

$$(170)\qquad F(z)=e^{(z+a)^2}-e^{(z-a)^2},$$

a désignant une constante réelle, l'équation (36), réduite à

$$(171)\qquad e^{(z+a)^2}-e^{(z-a)^2}=0,$$

serait vérifiée toutes les fois que l'on poserait

$$(z+a)^2=(z-a)^2\pm 2n\pi\sqrt{-1}$$

ou, ce qui revient au même,

$$z=\pm\frac{n\pi}{2a}\sqrt{-1},$$

n étant un nombre entier quelconque. Par conséquent, cette équation offrirait une racine nulle et une infinité de racines imaginaires comprises dans les séries

$$(172)\quad \begin{cases} z=\dfrac{\pi}{2a}\sqrt{-1}, & z=\dfrac{2\pi}{2a}\sqrt{-1}, & z=\dfrac{3\pi}{2a}\sqrt{-1}, & \ldots, \\ z=-\dfrac{\pi}{2a}\sqrt{-1}, & z=-\dfrac{2\pi}{2a}\sqrt{-1}, & z=-\dfrac{3\pi}{2a}\sqrt{-1}, & \ldots. \end{cases}$$

De plus, l'expression (90) s'évanouirait, et l'expression (91), ou

$$(173)\qquad \frac{2}{z}\,\frac{(z+a)e^{(z+a)^2}-(z-a)e^{(z-a)^2}}{e^{(z+a)^2}-e^{-(z-a)^2}}=2+\frac{2}{z}\,\frac{1+e^{-4az}}{1-e^{-4az}},$$

se réduirait sensiblement à 2 pour les valeurs de z dont les modules seraient de la forme

$$(174)\qquad r=\frac{(2n+1)\pi}{4a},$$

n désignant un nombre entier infiniment grand. On trouverait, par suite,

$$(175)\qquad \mathcal{F}_0=0, \qquad \mathcal{F}_1=2,$$

et l'on tirerait de la formule (114)

$$(176)\quad e^{(x+a)^2}-e^{(x-a)^2}=4ax\left(1-\frac{2ax}{\pi\sqrt{-1}}\right)\left(1+\frac{2ax}{\pi\sqrt{-1}}\right)\left(1-\frac{2ax}{2\pi\sqrt{-1}}\right)\left(1+\frac{2ax}{2\pi\sqrt{-1}}\right)\ldots e^{x^2+a}$$

ou, ce qui revient au même,

$$(177)\quad e^{(x+a)^2}-e^{(x-a)^2}=4ax\left(1+\frac{4a^2x^2}{\pi^2}\right)\left(1+\frac{4a^2x^2}{4\pi^2}\right)\left(1+\frac{4a^2x^2}{9\pi^2}\right)\ldots e^{x^2+a^2}.$$

Il suffit, au reste, pour obtenir l'équation (177), de remplacer, dans la formule (151), x par $2ax$, et de multiplier ensuite les deux membres de cette formule par $e^{x^2+a^2}$.

Les diverses formules que nous avons tirées des équations (100) et suivantes coïncident avec des formules déjà connues, ou s'en déduisent facilement. Pour obtenir des formules nouvelles, supposons maintenant

$$(178)\qquad F(z)=\sin z - az\cos z,$$

a désignant une constante réelle. L'équation (36), réduite à

$$\operatorname{tang} z = az, \tag{179}$$

offrira une racine nulle et une infinité de racines réelles, deux à deux égales, mais affectées de signes contraires (*voir* le Ier Volume, p. 300) ([1]). De plus, l'expression (90) s'évanouira, et, pour faire évanouir l'expression (91), ou

$$\frac{1}{z}\frac{(1-a)\cos z + az\sin z}{\sin z - az\cos z}, \tag{180}$$

il suffira d'attribuer au module r de la variable z des valeurs infiniment grandes, mais sensiblement distinctes de celles qui correspondent aux racines de l'équation (179). Cela posé, si l'on désigne par $\pm\lambda$, $\pm\mu$, $\pm\nu$, ... les racines de cette équation, on aura, en vertu du théorème III et de la formule (108),

$$\sin x - ax\cos x = (1-a)\left(1-\frac{x^2}{\lambda^2}\right)\left(1-\frac{x^2}{\mu^2}\right)\left(1-\frac{x^2}{\nu^2}\right)\cdots. \tag{181}$$

Supposons encore

$$F(z) = (z^2+b)\sin z - az\cos z, \tag{182}$$

a, b désignant deux constantes positives, et ces constantes étant choisies de manière que l'on ait

$$b < a. \tag{183}$$

L'équation (36), réduite à

$$\operatorname{tang} z = \frac{az}{z^2+b}, \tag{184}$$

offrira une racine nulle et une infinité de racines réelles, deux à deux égales, mais affectées de signes contraires (*voir* le Ier Volume, p. 306) ([2]). De plus, l'expression (90) s'évanouira, et, pour faire évanouir l'expression (91), ou

$$\frac{1}{z}\frac{(a+2)z\sin z + (z^2+b-a)\cos z}{(z^2+b)\sin z - az\cos z}, \tag{185}$$

([1]) *Œuvres de Cauchy*, S. II, T. VI, p. 358.

([2]) *Ibid.*, p. 364.

il suffira d'attribuer au module r de la variable z des valeurs infiniment grandes, mais sensiblement distinctes de celles qui correspondent aux racines de l'équation (184). Cela posé, si l'on désigne par $\pm\lambda$, $\pm\mu$, $\pm\nu$, ... les racines de cette équation, l'on aura, en vertu du théorème III et de la formule (108),

$$(186)\quad (x^2+b)\sin x - ax\cos x = (b-a)x\left(1-\frac{x^2}{\lambda^2}\right)\left(1-\frac{x^2}{\mu^2}\right)\left(1-\frac{x^2}{\nu^2}\right)\cdots$$

Supposons enfin

$$(187)\qquad F(z) = (e^z + e^{-z})\cos z - 2.$$

L'équation (36), réduite à

$$(188)\qquad (e^z + e^{-z})\cos z = 2,$$

offrira quatre racines nulles. De plus, comme on tirera de cette équation

$$(189)\qquad \tang\frac{z}{2} = \pm\left(\frac{1-\cos z}{1+\cos z}\right)^{\frac{1}{2}} = \pm\frac{e^{\frac{z}{2}} - e^{-\frac{z}{2}}}{e^{\frac{z}{2}} + e^{-\frac{z}{2}}},$$

elle admettra encore, en vertu des principes établis dans le Ier Volume (p. 309 et 310) [1], une infinité de racines réelles qui, prises quatre à quatre, seront de la forme

$$(190)\qquad z=\zeta,\qquad z=-\zeta,\qquad z=\zeta\sqrt{-1},\qquad z=-\zeta\sqrt{-1},$$

ζ désignant une quantité réelle. D'autre part, l'expression (90) s'évanouira, et, pour faire évanouir l'expression (91), ou

$$(191)\qquad \frac{1}{z}\,\frac{(e^z - e^{-z})\cos z - (e^z + e^{-z})\sin z}{(e^z - e^{-z})\cos z - 2},$$

il suffira d'attribuer au module r de la variable z des valeurs infiniment grandes, mais sensiblement distinctes de celles qui correspondent aux racines de l'équation (188). Cela posé, si l'on désigne par $\pm\lambda$, $\pm\mu$, ... les racines réelles de cette équation, on conclura de la formule (106),

(1) *Œuvres de Cauchy*, S. II, T. VI, p. 367, 368.

en posant $n = 4$,

$$(192) \qquad 2 - (e^x + e^{-x}) \cos x = \frac{x^4}{3}\left(1 + \frac{x^4}{\lambda^4}\right)\left(1 + \frac{x^4}{\mu^4}\right)\left(1 + \frac{x^4}{\nu^4}\right)\cdots.$$

Revenons maintenant à la formule (67), et prenons pour $f(z)$ une fonction entière du degré m, qui ne s'évanouisse pas avec la variable z; en sorte qu'on ait

$$(193) \qquad f(z) = a_0 z^m + a_1 z^{m-1} + a_2 z^{m-2} + \ldots + a_{m-1} z + a_m,$$

$a_0, a_1, \ldots, a_{m-1}, a_m$ désignant des coefficients dont le premier et le dernier diffèrent de zéro. On trouvera

$$(194) \quad \left\{ \begin{aligned} \frac{f'\left(\frac{x}{z}\right)}{f\left(\frac{x}{z}\right)} &= \frac{m a_0 x^{m-1} z + (m-1) a_1 x^{m-2} z^2 + \ldots + 2 a_{m-2} x z^{m-1} + a_{m-1} z^m}{a_0 x^m + a_1 x^{m-1} z + \ldots + a_{m-1} x z^{m-1} + a_m z^m} \\ &= \frac{a_{m-1}}{a_m}\left(1 + 2\frac{a_{m-2}}{a_{m-1}}\frac{x}{z} + \ldots\right)\left(1 + \frac{a_{m-1}}{a_m}\frac{x}{z} + \ldots\right)^{-1}; \end{aligned} \right.$$

puis on en conclura, en attribuant à z des valeurs très considérables,

$$(195) \qquad \frac{f'\left(\frac{x}{z}\right)}{f\left(\frac{x}{z}\right)} = \frac{a_{m-1}}{a_m} + \frac{2 a_{m-2} a_m - a_{m-1}^2}{a_m^2}\frac{x}{z} + \ldots.$$

Cela posé, les fonctions (54), (55) deviendront respectivement

$$(196) \qquad \left(\frac{a_{m-1}}{a_m} + \frac{2 a_{m-2} a_m - a_{m-1}^2}{a_m^2}\frac{x}{z} + \ldots\right)\frac{F'(z)}{F(z)},$$

$$(197) \quad \left\{ \begin{aligned} &\frac{1}{2}\left(\frac{a_{m-1}}{a_m} + \ldots\right)\left[\frac{F'(z)}{F(z)} + \frac{F'(-z)}{F(-z)}\right] \\ &\quad + \frac{1}{2}\left(\frac{2 a_{m-2} a_m - a_{m-1}^2}{a_m^2} + \ldots\right)\frac{x}{z}\left[\frac{F'(z)}{F(z)} - \frac{F'(-z)}{F(-z)}\right]; \end{aligned} \right.$$

et, si elles conservent des valeurs finies, z étant infini, ces valeurs seront les mêmes que celles des fonctions suivantes :

$$(198) \qquad \frac{a_{m-1}}{a_m}\frac{F'(z)}{F(z)},$$

$$(199) \quad \frac{a_{m-1}}{2 a_m}\left[\frac{F'(z)}{F(z)} + \frac{F'(-z)}{F(-z)}\right] + \frac{2 a_{m-2} a_m - a_{m-1}^2}{2 a_m^2 z}\left[\frac{F'(z)}{F(z)} - \frac{F'(-z)}{F(-z)}\right] x.$$

Donc l'expression, représentée par $\mathfrak{F}$ dans le théorème I, sera de la forme

$$(87)\qquad \mathfrak{F} = -\mathfrak{F}_0$$

ou

$$(88)\qquad \mathfrak{F} = -\mathfrak{F}_0 - x\mathfrak{F}_1,$$

$\mathfrak{F}_0$ désignant la limite vers laquelle convergera généralement la fonction

$$(200)\qquad -\frac{a_{m-1}}{a_m}\frac{F'(z)}{F(z)}$$

ou

$$(201)\qquad -\frac{a_{m-1}}{2a_m}\left[\frac{F'(z)}{F(z)} + \frac{F'(-z)}{F(-z)}\right],$$

tandis que z deviendra infini, et $\mathfrak{F}_1$ désignant la limite de la fonction

$$(202)\qquad \frac{a_{m-1}^2 - 2a_{m-2}a_m}{2a_m^2 z}\left[\frac{F'(z)}{F(z)} - \frac{F'(-z)}{F(-z)}\right].$$

Enfin, dans la formule (62), la fonction sous le signe $\mathcal{L}$ deviendra

$$(203)\qquad \frac{1 + \left(1 - \frac{1}{m}\right)\frac{a_1}{a_0}\frac{z}{x} + \ldots}{1 + \frac{a_1}{a_0}\frac{z}{x} + \ldots}\;\frac{m}{x}\frac{F'(z)}{F(z)},$$

et ne pourra s'évanouir, pour $z = 0$, qu'autant que la fonction $F(z)$ s'évanouira elle-même. Mais, dans ce dernier cas, si l'on désigne par n le nombre des racines de l'équation (36) qui se réduiront à zéro, on aura, pour des valeurs infiniment petites de z,

$$(93)\qquad \frac{zF'(z)}{F(z)} = n.$$

Donc, la formule (61) donnera

$$(204)\qquad X = \frac{m}{x}\mathcal{L}\,(1 + \ldots)\frac{zF'(z)}{F(z)}\frac{1}{((z))} - \frac{mn}{x},$$

et l'on aura

$$(205)\qquad X - \mathcal{F} = \frac{mn}{x} + \mathcal{F}_0$$

ou

$$(206)\qquad X - \mathcal{F} = \frac{mn}{x} + \mathcal{F}_0 + x\mathcal{F}_1,$$

puis on en conclura

$$(207)\qquad e^{\int_\xi^x (X - \mathcal{F})\,dx} = \left(\frac{x}{\xi}\right)^{mn} e^{(x-\xi)\mathcal{F}_0}$$

ou

$$(208)\qquad e^{\int_\xi^x (X - \mathcal{F})\,dx} = \left(\frac{x}{\xi}\right)^{mn} e^{(x-\xi)\left(\mathcal{F}_0 + \frac{x+\xi}{2}\mathcal{F}_1\right)}.$$

Si, pour des valeurs infiniment grandes, mais convenablement choisies, du module r de la variable z, les expressions

$$(90)\qquad \frac{1}{2}\left[\frac{F'(z)}{F(z)} + \frac{F'(-z)}{F(-z)}\right],$$

$$(91)\qquad \frac{1}{2z}\left[\frac{F'(z)}{F(z)} - \frac{F'(-z)}{F(-z)}\right]$$

s'évanouissent, on pourra en dire autant des expressions (201), (202). Alors, les coefficients $\mathcal{F}_0$, $\mathcal{F}_1$ étant réduits à zéro, on tirera de la formule (208)

$$(209)\qquad e^{\int_\xi^x (X - \mathcal{F})\,dx} = \left(\frac{x}{\xi}\right)^{mn},$$

et l'équation (67) donnera

$$(210)\qquad \frac{f\left(\frac{x}{\lambda}\right)}{f\left(\frac{\xi}{\lambda}\right)} \frac{f\left(\frac{x}{\mu}\right)}{f\left(\frac{\xi}{\mu}\right)} \frac{f\left(\frac{x}{\nu}\right)}{f\left(\frac{\xi}{\nu}\right)} \cdots = \left(\frac{\xi}{x}\right)^{mn} \frac{F\left(\frac{x}{\alpha}\right)}{F\left(\frac{\xi}{\alpha}\right)} \frac{F\left(\frac{x}{\beta}\right)}{F\left(\frac{\xi}{\beta}\right)} \frac{F\left(\frac{x}{\gamma}\right)}{F\left(\frac{\xi}{\gamma}\right)} \cdots.$$

Si maintenant on attribue à ξ une valeur infiniment petite, on aura sensiblement

$$(211)\qquad \frac{F\left(\dfrac{\xi}{\alpha}\right)}{\xi^n} = \frac{1}{\alpha^n}\,\frac{F^{(n)}(0)}{1.2.3\ldots n},$$

$$(212)\qquad \frac{F\left(\dfrac{\xi}{\alpha}\right)F\left(\dfrac{\xi}{\beta}\right)F\left(\dfrac{\xi}{\gamma}\right)\ldots}{\xi^{mn}} = \frac{1}{(\alpha\beta\gamma\ldots)^n}\left[\frac{F^{(n)}(0)}{1.2.3\ldots n}\right]^m;$$

et, par suite, l'équation (210) deviendra

$$(213)\qquad \frac{f\left(\dfrac{x}{\lambda}\right)}{f(0)}\,\frac{f\left(\dfrac{x}{\mu}\right)}{f(0)}\,\frac{f\left(\dfrac{x}{\nu}\right)}{f(0)}\cdots = \frac{(\alpha\beta\gamma\ldots)^n}{x^{mn}}\left[\frac{1.2.3\ldots n}{F^{(n)}(0)}\right]^m F\left(\frac{x}{\alpha}\right)F\left(\frac{x}{\beta}\right)F\left(\frac{x}{\gamma}\right)\cdots$$

Lorsque la fonction $F(z)$ ne s'évanouit pas avec z, la formule (61) donne simplement $X = 0$, et l'équation (213) doit être remplacée par la suivante :

$$(214)\qquad \frac{f\left(\dfrac{x}{\lambda}\right)}{f(0)}\,\frac{f\left(\dfrac{x}{\mu}\right)}{f(0)}\,\frac{f\left(\dfrac{x}{\nu}\right)}{f(0)}\cdots = \frac{F\left(\dfrac{x}{\alpha}\right)}{F(0)}\,\frac{F\left(\dfrac{x}{\beta}\right)}{F(0)}\,\frac{F\left(\dfrac{x}{\gamma}\right)}{F(0)}\cdots$$

Si, au contraire, la fonction $F(z)$ s'évanouit avec z, mais de manière que l'équation (36) offre une seule racine égale à zéro, la formule (213) donnera

$$(215)\qquad \frac{f\left(\dfrac{x}{\lambda}\right)}{f(0)}\,\frac{f\left(\dfrac{x}{\mu}\right)}{f(0)}\,\frac{f\left(\dfrac{x}{\nu}\right)}{f(0)}\cdots = \frac{\alpha\beta\gamma\ldots}{x^m}\,\frac{F\left(\dfrac{x}{\alpha}\right)}{F'(0)}\,\frac{F\left(\dfrac{x}{\beta}\right)}{F'(0)}\,\frac{F\left(\dfrac{x}{\gamma}\right)}{F'(0)}\cdots$$

Les diverses formules que nous venons d'obtenir supposent que la fonction entière $f(z)$ ne devient pas nulle pour $z = 0$, c'est-à-dire, en d'autres termes, que la constante

$$(216)\qquad f(0) = a_m$$

diffère de zéro. Si cette constante s'évanouissait, les expressions (200) (201), (202) deviendraient infinies, ainsi que les coefficients $\mathcal{F}_0$, $\mathcal{F}_1$ et les fractions comprises dans les premiers membres des formules (213), (214), (215). Observons d'ailleurs que, α, β, γ, ... étant les racines de l'équation (35), on tirera de la formule (193)

$$(217)\qquad f(z) = a_m\left(1 - \frac{z}{\alpha}\right)\left(1 - \frac{z}{\beta}\right)\left(1 - \frac{z}{\gamma}\right)\cdots$$

et, par conséquent,

$$(218)\qquad \frac{f(z)}{f(0)} = \left(1 - \frac{z}{\alpha}\right)\left(1 - \frac{z}{\beta}\right)\left(1 - \frac{z}{\gamma}\right)\cdots.$$

Pour montrer une application des formules qui précèdent, prenons

$$(115)\qquad F(z) = \sin z.$$

Alors, ainsi qu'on l'a déjà remarqué, l'expression (90) s'évanouira, et l'expression (91) deviendra infiniment petite, si l'on attribue au module r de la variable z des valeurs de la forme $r = n\pi$, n désignant un nombre entier infiniment grand. Cela posé, on tirera de la formule (215)

$$(219)\qquad \frac{f\left(\frac{x}{\pi}\right)}{f(0)}\,\frac{f\left(-\frac{x}{\pi}\right)}{f(0)}\,\frac{f\left(\frac{x}{2\pi}\right)}{f(0)}\,\frac{f\left(-\frac{x}{2\pi}\right)}{f(0)}\cdots = \frac{\alpha\beta\gamma\ldots}{x^m}\sin\frac{x}{\alpha}\sin\frac{x}{\beta}\sin\frac{x}{\gamma}\cdots$$

ou, ce qui revient au même,

$$(220)\qquad \sin\frac{x}{\alpha}\sin\frac{x}{\beta}\sin\frac{x}{\gamma}\cdots = \frac{x^m}{\alpha\beta\gamma\ldots}\,\frac{f\left(\frac{x}{\pi}\right)f\left(-\frac{x}{\pi}\right)}{[f(0)]^2}\,\frac{f\left(\frac{x}{2\pi}\right)f\left(-\frac{x}{2\pi}\right)}{[f(0)]^2}\,\frac{f\left(\frac{x}{3\pi}\right)f\left(-\frac{x}{3\pi}\right)}{[f(0)]^2}\cdots$$

Au reste, on peut encore déduire la formule (220) : 1° de l'équation (214), en prenant $F(z) = \frac{\sin z}{z}$; 2° de l'équation (120) combinée avec la formule (217).

Dans le cas particulier où la fonction entière $f(z)$ a pour dernier terme l'unité, on trouve

$$(221)\qquad f(0) = 1,$$

$$(222)\qquad f(z) = \left(1 - \frac{z}{\alpha}\right)\left(1 - \frac{z}{\beta}\right)\left(1 - \frac{z}{\gamma}\right)\cdots;$$

et la formule (220) donne simplement

$$(223)\qquad \sin\frac{x}{\alpha}\sin\frac{x}{\beta}\sin\frac{x}{\gamma}\cdots = \frac{x^m}{\alpha\beta\gamma\ldots}\,f\left(\frac{x}{\pi}\right)f\left(-\frac{x}{\pi}\right)f\left(\frac{x}{2\pi}\right)f\left(-\frac{x}{2\pi}\right)f\left(\frac{x}{3\pi}\right)f\left(-\frac{x}{3\pi}\right)\cdots$$

Si, dans les formules (220) et (223), on remplace x par πx, on en tirera

$$(224)\quad \frac{f(x)\,f(-x)}{[f(0)]^2}\,\frac{f\left(\frac{x}{2}\right)f\left(-\frac{x}{2}\right)}{[f(0)]^2}\,\frac{f\left(\frac{x}{3}\right)f\left(-\frac{x}{3}\right)}{[f(0)]^2}\cdots=\frac{\alpha\beta\gamma\ldots}{\pi^m x^m}\sin\frac{\pi x}{\alpha}\sin\frac{\pi x}{\beta}\sin\frac{\pi x}{\gamma}\cdots$$

et

$$(225)\quad f(x)\,f(-x)\,f\left(\frac{x}{2}\right)f\left(-\frac{x}{2}\right)f\left(\frac{x}{3}\right)f\left(-\frac{x}{3}\right)\cdots=\frac{\alpha\beta\gamma\ldots}{\pi^m x^m}\sin\frac{\pi x}{\alpha}\sin\frac{\pi x}{\beta}\sin\frac{\pi x}{\gamma}\cdots.$$

Si, pour fixer les idées, on suppose

$$(226)\qquad f(x)=x^2-2x\cos\theta+1,$$

on pourra prendre

$$(227)\qquad \alpha=\cos\theta+\sqrt{-1}\sin\theta,\qquad \beta=\cos\theta-\sqrt{-1}\sin\theta,$$

et l'équation (225) donnera

$$(228)\quad \begin{cases}(1-2x^2\cos2\theta+x^4)\left[1-2\left(\frac{x}{2}\right)^2\cos2\theta+\left(\frac{x}{2}\right)^4\right]\left[1-2\left(\frac{x}{3}\right)^2\cos2\theta+\left(\frac{x}{3}\right)^4\right]\cdots\\ \quad=\dfrac{e^{2\pi x\sin\theta}-2\cos(2\pi x\cos\theta)+e^{-2\pi x\sin\theta}}{4\pi^2x^2}.\end{cases}$$

Supposons encore

$$(229)\qquad F(z)=\cos z.$$

Alors on tirera de la formule (214)

$$(230)\quad \frac{f\left(\frac{2x}{\pi}\right)}{f(0)}\,\frac{f\left(-\frac{2x}{\pi}\right)}{f(0)}\,\frac{f\left(\frac{2x}{3\pi}\right)}{f(0)}\,\frac{f\left(-\frac{2x}{3\pi}\right)}{f(0)}\cdots=\cos\frac{x}{\alpha}\cos\frac{x}{\beta}\cos\frac{x}{\gamma}\cdots.$$

Si l'on a, en particulier, $f(0)=1$, on conclura de l'équation (230), en y remplaçant x par $\frac{\pi x}{2}$,

$$(231)\quad f(x)\,f(-x)\,f\left(\frac{x}{3}\right)f\left(-\frac{x}{3}\right)f\left(\frac{x}{5}\right)f\left(-\frac{x}{5}\right)\cdots=\cos\frac{\pi x}{2\alpha}\cos\frac{\pi x}{2\beta}\cos\frac{\pi x}{2\gamma}\cdots.$$

Ainsi, par exemple, si la fonction $f(x)$ est déterminée par la formule (226), on aura

$$(232)\quad \left\{\begin{aligned} &(1-2x^2\cos 2\theta+x^4)\left[1-2\left(\frac{x}{3}\right)^2\cos 2\theta+\left(\frac{x}{3}\right)^4\right]\left[1-2\left(\frac{x}{5}\right)^2\cos 2\theta+\left(\frac{x}{5}\right)^4\right]\cdots\\ &=\frac{e^{\pi x\sin\theta}+2\cos(\pi x\cos\theta)+e^{-\pi x\sin\theta}}{4}.\end{aligned}\right.$$

Supposons encore

$$(233)\qquad F(z)=\frac{\sin(z)^{\frac{1}{2}}}{(z)^{\frac{1}{2}}}=1-\frac{z}{1.2.3}+\frac{z^2}{1.2.3.4.5}-\ldots,$$

$(z)^{\frac{1}{2}}$ désignant une quelconque des deux valeurs de t propres à vérifier la formule

$$(234)\qquad t^2-z=0.$$

Les racines λ, μ, ν, ... de l'équation (36) seront évidemment

$$(235)\qquad z=\pi^2,\qquad z=4\pi^2,\qquad z=9\pi^2,\qquad z=25\pi^2,\qquad \ldots,$$

et, par suite, la formule (214) donnera

$$(236)\qquad \frac{f\left(\frac{x}{\pi^2}\right)}{f(0)}\,\frac{f\left(\frac{x}{4\pi^2}\right)}{f(0)}\,\frac{f\left(\frac{x}{9\pi^2}\right)}{f(0)}\cdots=\frac{\sin\left(\frac{x}{\alpha}\right)^{\frac{1}{2}}}{\left(\frac{x}{\alpha}\right)^{\frac{1}{2}}}\,\frac{\sin\left(\frac{x}{\beta}\right)^{\frac{1}{2}}}{\left(\frac{x}{\beta}\right)^{\frac{1}{2}}}\,\frac{\sin\left(\frac{x}{\gamma}\right)^{\frac{1}{2}}}{\left(\frac{x}{\gamma}\right)^{\frac{1}{2}}}\cdots.$$

Si, dans cette dernière, on remplace x par $\pi^2 x$, on en tirera

$$(237)\qquad \frac{f(x)}{f(0)}\,\frac{f\left(\frac{x}{4}\right)}{f(0)}\,\frac{f\left(\frac{x}{9}\right)}{f(0)}\cdots=\frac{\sin\pi\left(\frac{x}{\alpha}\right)^{\frac{1}{2}}}{\pi\left(\frac{x}{\alpha}\right)^{\frac{1}{2}}}\,\frac{\sin\pi\left(\frac{x}{\beta}\right)^{\frac{1}{2}}}{\pi\left(\frac{x}{\beta}\right)^{\frac{1}{2}}}\,\frac{\sin\pi\left(\frac{x}{\gamma}\right)^{\frac{1}{2}}}{\pi\left(\frac{x}{\gamma}\right)^{\frac{1}{2}}}\cdots.$$

Si d'ailleurs f(0) se réduit à l'unité, on aura simplement

$$(238)\qquad f(x)\,f\left(\frac{x}{4}\right)f\left(\frac{x}{9}\right)\cdots=\frac{\sin\pi\left(\frac{x}{\alpha}\right)^{\frac{1}{2}}}{\pi\left(\frac{x}{\alpha}\right)^{\frac{1}{2}}}\,\frac{\sin\pi\left(\frac{x}{\beta}\right)^{\frac{1}{2}}}{\pi\left(\frac{x}{\beta}\right)^{\frac{1}{2}}}\,\frac{\sin\pi\left(\frac{x}{\gamma}\right)^{\frac{1}{2}}}{\pi\left(\frac{x}{\gamma}\right)^{\frac{1}{2}}}\cdots.$$

Ainsi, par exemple, en prenant successivement

$$f(x) = 1 + x, \qquad f(x) = 1 + x^2, \qquad \ldots,$$

on trouvera

(239) $$(1+x)\left(1+\frac{x}{4}\right)\left(1+\frac{x}{9}\right)\cdots = \frac{\sin \pi (x)^{\frac{1}{2}}\sqrt{-1}}{\pi (x)^{\frac{1}{2}}\sqrt{-1}},$$

(240) $$(1+x^2)\left(1+\frac{x^2}{4^2}\right)\left(1+\frac{x^2}{9^2}\right)\cdots = \frac{\sin\left[\pi\frac{1+\sqrt{-1}}{\sqrt{2}}(x)^{\frac{1}{2}}\right]\sin\left[\pi\frac{1-\sqrt{-1}}{\sqrt{2}}(x)^{\frac{1}{2}}\right]}{\pi^2 x},$$

. . . . ,

puis on en conclura, en remplaçant x par x^2,

(241) $$(1+x^2)\left(1+\frac{x^2}{2^2}\right)\left(1+\frac{x^2}{3^2}\right)\cdots = \frac{e^{\pi x} - e^{-\pi x}}{2\pi x},$$

(242) $$(1+x^4)\left(1+\frac{x^4}{2^4}\right)\left(1+\frac{x^4}{3^4}\right)\cdots = \frac{e^{\pi x\sqrt{2}} - 2\cos(\pi x\sqrt{2}) + e^{-\pi x\sqrt{2}}}{4\pi^2 x^2},$$

. . . .

La formule (241) s'accorde évidemment avec la première des équations (151).

Supposons enfin

(243) $$F(z) = \cos(z)^{\frac{1}{2}} = 1 - \frac{z}{1.2} + \frac{z^2}{1.2.3.4} - \ldots.$$

Les racines λ, μ, ν, ... de l'équation (36) seront évidemment

(244) $$z = \frac{\pi^2}{4}, \qquad z = \frac{9\pi^2}{4}, \qquad z = \frac{25\pi^2}{4}, \qquad \ldots$$

et, par suite, la formule (214) donnera

(245) $$\frac{f\left(\frac{4x}{\pi^2}\right)}{f(0)}\frac{f\left(\frac{4x}{9\pi^2}\right)}{f(0)}\frac{f\left(\frac{4x}{25\pi^2}\right)}{f(0)}\cdots = \cos\left(\frac{x}{\alpha}\right)^{\frac{1}{2}}\cos\left(\frac{x}{\beta}\right)^{\frac{1}{2}}\cos\left(\frac{x}{\gamma}\right)^{\frac{1}{2}}\cdots.$$

Si, dans cette dernière, on remplace x par $\frac{\pi^2 x}{4}$, on en tirera

(246) $$\frac{f(x)}{f(0)}\frac{f\left(\frac{x}{9}\right)}{f(0)}\frac{f\left(\frac{x}{25}\right)}{f(0)}\cdots = \cos\frac{\pi}{2}\left(\frac{x}{\alpha}\right)^{\frac{1}{2}}\cos\frac{\pi}{2}\left(\frac{x}{\beta}\right)^{\frac{1}{2}}\cos\frac{\pi}{2}\left(\frac{x}{\gamma}\right)^{\frac{1}{2}}\cdots.$$

Si d'ailleurs f(o) se réduit à l'unité, on aura simplement

$$(247)\quad f(x)\,f\left(\frac{x}{9}\right)f\left(\frac{x}{25}\right)\cdots = \cos\frac{\pi}{2}\left(\frac{x}{\alpha}\right)^{\frac{1}{2}}\cos\frac{\pi}{2}\left(\frac{x}{\beta}\right)^{\frac{1}{2}}\cos\frac{\pi}{2}\left(\frac{x}{\gamma}\right)^{\frac{1}{2}}\cdots.$$

Ainsi, par exemple, en prenant successivement

$$f(x) = 1 + x,\qquad f(x) = 1 + x^2,\qquad \ldots,$$

on trouvera

$$(248)\qquad (1+x)\left(1+\frac{x}{9}\right)\left(1+\frac{x}{25}\right)\cdots = \cos\left[\frac{\pi}{2}(x)^{\frac{1}{2}}\sqrt{-1}\right],$$

$$(249)\quad (1+x^2)\left(1+\frac{x^2}{9^2}\right)\left(1+\frac{x^2}{25^2}\right)\cdots = \cos\left[\frac{\pi}{2}\frac{1+\sqrt{-1}}{\sqrt{2}}(x)^{\frac{1}{2}}\right]\cos\left[\frac{\pi}{2}\frac{1-\sqrt{-1}}{\sqrt{2}}(x)^{\frac{1}{2}}\right],$$

puis on en conclura, en remplaçant x par x^2,

$$(250)\qquad (1+x^2)\left(1+\frac{x^2}{3^2}\right)\left(1+\frac{x^2}{5^2}\right)\cdots = \frac{e^{\frac{1}{2}\pi x} + e^{-\frac{1}{2}\pi x}}{2},$$

$$(251)\quad (1+x^4)\left(1+\frac{x^4}{3^4}\right)\left(1+\frac{x^4}{5^4}\right)\cdots = \frac{e^{\frac{1}{2}\pi x\sqrt{2}} + 2\cos\left(\frac{1}{2}\pi x\sqrt{2}\right) + e^{-\frac{1}{2}\pi x\sqrt{2}}}{4},$$

....

Concevons maintenant que les fonctions $f(z)$, $F(z)$, cessant l'une et l'autre d'être entières, soient déterminées par les formules

$$(252)\qquad f(z) = \cos(z)^{\frac{1}{2}},$$

$$(253)\qquad F(z) = \frac{\sin(z)^{\frac{1}{2}}}{(z)^{\frac{1}{2}}}.$$

Alors les racines $\alpha, \beta, \gamma, \ldots; \lambda, \mu, \nu, \ldots$ des équations (35) et (36) coïncideront avec les valeurs de z comprises dans les séries (244), (235). De plus, l'expression

$$(254)\qquad \frac{f'\left(\frac{x}{z}\right)F'(z)}{f\left(\frac{x}{z}\right)F(z)} = -\frac{\sin\left(\frac{x}{z}\right)^{\frac{1}{2}}}{4\left(\frac{x}{z}\right)^{\frac{1}{2}}\cos\left(\frac{x}{z}\right)^{\frac{1}{2}}}\left[\frac{\cos(z)^{\frac{1}{2}}}{(z)^{\frac{1}{2}}\sin(z)^{\frac{1}{2}}} - \frac{1}{z}\right]$$

s'évanouira généralement, si l'on attribue au module r de la variable z

des valeurs infiniment grandes, mais sensiblement distinctes des racines de l'équation $\sin(z)^{\frac{1}{2}} = 0$. On pourra donc prendre, dans le théorème I, $\mathcal{f} = 0$. Enfin, comme l'expression (254) s'évanouira encore, pour des valeurs infiniment petites de z tellement choisies que les valeurs correspondantes du rapport $\frac{x}{z}$ diffèrent sensiblement de celles qui vérifient l'équation $\cos\left(\frac{x}{z}\right)^{\frac{1}{2}} = 0$, on aura, d'après ce qui a été dit ci-dessus (*voir* le corollaire II du théorème I), $X = 0$; et, par suite, l'équation (78), réduite à la formule (81), donnera

$$(255)\qquad \cos\frac{x}{\pi}\cos\frac{x}{2\pi}\cos\frac{x}{3\pi}\cdots = \frac{\sin\frac{2x}{\pi}}{\frac{2x}{\pi}}\,\frac{\sin\frac{2x}{3\pi}}{\frac{2x}{3\pi}}\,\frac{\sin\frac{2x}{5\pi}}{\frac{2x}{5\pi}}\cdots.$$

Si, dans la formule (255), on remplace x par $\frac{\pi x}{2}$, on en tirera

$$(256)\qquad \cos\frac{x}{2}\cos\frac{x}{4}\cos\frac{x}{6}\cdots = \frac{\sin x}{x}\,\frac{3\sin\frac{x}{3}}{x}\,\frac{5\sin\frac{x}{5}}{x}\cdots;$$

puis, en écrivant $x\sqrt{-1}$ au lieu de x, on trouvera

$$(257)\qquad \frac{e^{\frac{1}{2}x}+e^{-\frac{1}{2}x}}{2}\,\frac{e^{\frac{1}{4}x}+e^{-\frac{1}{4}x}}{2}\,\frac{e^{\frac{1}{6}x}+e^{-\frac{1}{6}x}}{2}\cdots = \frac{e^{x}-e^{-x}}{2x}\,\frac{e^{\frac{1}{3}x}-e^{-\frac{1}{3}x}}{\frac{2}{3}x}\,\frac{e^{\frac{1}{5}x}-e^{-\frac{1}{5}x}}{\frac{2}{5}x}\cdots.$$

Ajoutons que, si l'on pose $x = 1$, on conclura des formules (256) et (257)

$$(258)\qquad \cos\frac{1}{2}\cos\frac{1}{4}\cos\frac{1}{6}\cdots = \sin 1 . 3\sin\frac{1}{3}\cdot 5\sin\frac{1}{5}\cdots$$

et

$$(259)\qquad \frac{e^{\frac{1}{2}}+e^{-\frac{1}{2}}}{2}\,\frac{e^{\frac{1}{4}}+e^{-\frac{1}{4}}}{2}\,\frac{e^{\frac{1}{6}}+e^{-\frac{1}{6}}}{2}\cdots = \frac{e^{1}-e^{-1}}{2}\,3\frac{e^{\frac{1}{3}}-e^{-\frac{1}{3}}}{2}\,5\frac{e^{\frac{1}{5}}-e^{-\frac{1}{5}}}{2}\cdots.$$

Si l'on différentiait, par rapport à x, les deux membres de l'équation (256), ou plutôt leurs logarithmes, on serait immédiatement ramené à la formule (31) du précédent article.

SUR LES

CORPS SOLIDES OU FLUIDES

DANS LESQUELS

LA CONDENSATION OU DILATATION LINÉAIRE EST LA MÊME EN TOUS SENS

AUTOUR DE CHAQUE POINT.

Concevons qu'un corps solide ou fluide vienne à changer de forme, et que par l'effet d'une cause quelconque il passe d'un premier état naturel ou artificiel à un second état distinct du premier. Rapportons tous les points de l'espace à trois axes rectangulaires, et supposons que le point matériel correspondant aux coordonnées x, y, z dans le second état du corps soit précisément celui qui, dans le premier état, avait pour coordonnées les trois différences

$$x-\xi, \quad y-\eta, \quad z-\zeta.$$

Si l'on prend x, y, z pour variables indépendantes, ξ, η, ζ seront des fonctions de x, y, z qui serviront à mesurer les déplacements du point que l'on considère parallèlement aux axes des coordonnées. Soient d'ailleurs r le rayon vecteur mené dans le second état du corps d'une molécule m à une autre molécule très voisine m', et α, β, γ les angles formés par le rayon vecteur r avec les demi-axes des coordonnées positives. Si l'on désigne par

$$\frac{r}{1+\varepsilon}$$

la distance primitive des deux molécules m, m', la valeur numérique de ε sera la mesure de ce que nous avons nommé la dilatation ou condensation *linéaire* du corps suivant la direction du rayon vecteur r, savoir, de la dilatation linéaire si ε est une quantité positive, et de la condensation ou contraction linéaire dans le cas contraire. Cela posé, on aura, en vertu des principes exposés dans le IIe Volume [p. 60 et suiv. ([1])],

$$(1)\quad \left\{\begin{aligned} \left(\frac{1}{1+\varepsilon}\right)^2 = {} & \left(\cos\alpha - \frac{\partial\xi}{\partial x}\cos\alpha - \frac{\partial\xi}{\partial y}\cos\beta - \frac{\partial\xi}{\partial z}\cos\gamma\right)^2 \\ & + \left(\cos\beta - \frac{\partial\eta}{\partial x}\cos\alpha - \frac{\partial\eta}{\partial y}\cos\beta - \frac{\partial\eta}{\partial z}\cos\gamma\right)^2 \\ & + \left(\cos\gamma - \frac{\partial\zeta}{\partial x}\cos\alpha - \frac{\partial\zeta}{\partial y}\cos\beta - \frac{\partial\zeta}{\partial z}\cos\gamma\right)^2, \end{aligned}\right.$$

puis on en conclura, en admettant que les déplacements ξ, η, ζ soient très petits,

$$(2)\quad \left\{\begin{aligned} \varepsilon = {} & \frac{\partial\xi}{\partial x}\cos^2\alpha + \frac{\partial\eta}{\partial y}\cos^2\beta + \frac{\partial\zeta}{\partial z}\cos^2\gamma \\ & + \left(\frac{\partial\eta}{\partial z} + \frac{\partial\zeta}{\partial y}\right)\cos\beta\cos\gamma + \left(\frac{\partial\zeta}{\partial x} + \frac{\partial\xi}{\partial z}\right)\cos\gamma\cos\alpha + \left(\frac{\partial\xi}{\partial y} + \frac{\partial\eta}{\partial x}\right)\cos\alpha\cos\beta. \end{aligned}\right.$$

Or on peut demander quelles conditions doivent remplir ξ, η, ζ, considérés comme fonctions de x, y, z, pour que la condensation ou dilatation linéaire du corps reste la même en tous sens autour de chaque point. Tel est l'objet dont nous allons maintenant nous occuper.

Soient ε', ε'', ε''' les dilatations linéaires mesurées parallèlement aux axes des x, y, z. On aura, en vertu de la formule (2),

$$\varepsilon' = \frac{\partial\xi}{\partial x}, \qquad \varepsilon'' = \frac{\partial\eta}{\partial y}, \qquad \varepsilon''' = \frac{\partial\zeta}{\partial z}.$$

En supposant ces dilatations linéaires égales entre elles, on obtiendra la condition

$$(3)\qquad \frac{\partial\xi}{\partial x} = \frac{\partial\eta}{\partial y} = \frac{\partial\zeta}{\partial z},$$

et par suite l'équation (2) donnera

$$(4)\quad \varepsilon = \varepsilon' + \left(\frac{\partial\eta}{\partial z} + \frac{\partial\zeta}{\partial y}\right)\cos\beta\cos\gamma + \left(\frac{\partial\zeta}{\partial x} + \frac{\partial\xi}{\partial z}\right)\cos\gamma\cos\alpha + \left(\frac{\partial\xi}{\partial y} + \frac{\partial\eta}{\partial x}\right)\cos\alpha\cos\beta.$$

([1]) *OEuvres de Cauchy*, S. II, T. VII, p. 82 et suiv.

Donc, si la dilatation linéaire ε reste constamment égale à ε', on aura, pour des valeurs quelconques de α, β, γ,

$$(5)\quad \left(\frac{\partial\eta}{\partial z}+\frac{\partial\zeta}{\partial y}\right)\cos\beta\cos\gamma+\left(\frac{\partial\zeta}{\partial x}+\frac{\partial\xi}{\partial z}\right)\cos\gamma\cos\alpha+\left(\frac{\partial\xi}{\partial y}+\frac{\partial\eta}{\partial x}\right)\cos\alpha\cos\beta=0.$$

En posant successivement, dans la formule (5), $\alpha=\frac{\pi}{2}$, $\beta=\frac{\pi}{2}$, $\gamma=\frac{\pi}{2}$, on en tire

$$(6)\quad \frac{\partial\eta}{\partial z}+\frac{\partial\zeta}{\partial y}=0,\qquad \frac{\partial\zeta}{\partial x}+\frac{\partial\xi}{\partial z}=0,\qquad \frac{\partial\xi}{\partial y}+\frac{\partial\eta}{\partial x}=0.$$

Ainsi, pour que la valeur de ε devienne indépendante des angles α, β, γ, il est nécessaire que les déplacements ξ, η, ζ, considérés comme fonctions de x, y, z, vérifient les conditions (3) et (6). Réciproquement, si ces conditions sont vérifiées, ε sera indépendant des angles α, β, γ, et l'on tirera de la formule (2)

$$(7)\quad \varepsilon=\frac{\partial\xi}{\partial x}=\frac{\partial\eta}{\partial y}=\frac{\partial\zeta}{\partial z}.$$

Il est facile de s'assurer que, dans le cas où les conditions (3) et (6) sont vérifiées, la distance ε se réduit à une fonction linéaire de x, y, z. En effet, concevons que l'on différentie la première des équations (6) par rapport à x, la deuxième par rapport à y, la troisième par rapport à z, on trouvera

$$(8)\quad \frac{\partial^2\eta}{\partial z\,\partial x}+\frac{\partial^2\zeta}{\partial x\,\partial y}=0,\qquad \frac{\partial^2\zeta}{\partial x\,\partial y}+\frac{\partial^2\xi}{\partial y\,\partial z}=0,\qquad \frac{\partial^2\xi}{\partial y\,\partial z}+\frac{\partial^2\eta}{\partial z\,\partial x}=0$$

et, par conséquent,

$$(9)\quad \frac{\partial^2\xi}{\partial y\,\partial z}=0,\qquad \frac{\partial^2\eta}{\partial z\,\partial x}=0,\qquad \frac{\partial^2\zeta}{\partial x\,\partial y}=0;$$

puis, en différentiant la première des équations (9) par rapport à x, la deuxième par rapport à y, la troisième par rapport à z, et ayant égard à la formule (7), on obtiendra les suivantes :

$$(10)\quad \frac{\partial^2\varepsilon}{\partial y\,\partial z}=0,\qquad \frac{\partial^2\varepsilon}{\partial z\,\partial x}=0,\qquad \frac{\partial^2\varepsilon}{\partial x\,\partial y}=0.$$

Au contraire, si l'on différentie deux fois de suite la première des équations (6) par rapport aux variables y et z, la deuxième par rapport aux variables z et x, la troisième par rapport aux variables x et y, et si l'on a toujours égard à la formule (7), on trouvera

$$(11) \qquad \frac{\partial^2 \varepsilon}{\partial z^2} + \frac{\partial^2 \varepsilon}{\partial y^2} = 0, \qquad \frac{\partial^2 \varepsilon}{\partial x^2} + \frac{\partial^2 \varepsilon}{\partial z^2} = 0, \qquad \frac{\partial^2 \varepsilon}{\partial y^2} + \frac{\partial^2 \varepsilon}{\partial x^2} = 0;$$

puis on en conclura

$$(12) \qquad \frac{\partial^2 \varepsilon}{\partial x^2} = 0, \qquad \frac{\partial^2 \varepsilon}{\partial y^2} = 0, \qquad \frac{\partial^2 \varepsilon}{\partial z^2} = 0.$$

Or on tire des formules (10) et (12)

$$(13) \qquad d\left(\frac{\partial \varepsilon}{\partial x}\right) = 0, \qquad d\left(\frac{\partial \varepsilon}{\partial y}\right) = 0, \qquad d\left(\frac{\partial \varepsilon}{\partial z}\right) = 0,$$

et, par conséquent,

$$(14) \qquad \frac{\partial \varepsilon}{\partial x} = a, \qquad \frac{\partial \varepsilon}{\partial y} = b, \qquad \frac{\partial \varepsilon}{\partial z} = c,$$

$$(15) \qquad d\varepsilon = a\,dx + b\,dy + c\,dz,$$

$$(16) \qquad \varepsilon = ax + by + cz + k,$$

a, b, c, k désignant des quantités constantes. On peut donc énoncer la proposition suivante :

Théorème. — *Si un corps solide ou fluide vient à changer de forme, de manière que la condensation ou dilatation linéaire reste très petite et soit la même en tous sens autour de chaque point, cette dilatation ou condensation ne pourra être qu'une fonction linéaire des coordonnées x, y, z.*

La valeur de ε étant déterminée par l'équation (16), on déduira sans peine les valeurs de ξ, η et ζ de la formule (7) combinée avec les équations (6); et, comme celles-ci donneront

$$(17) \qquad \frac{\partial^2 \xi}{\partial y^2} = \frac{\partial^2 \xi}{\partial z^2} = -\frac{\partial \varepsilon}{\partial x} = -a, \qquad \frac{\partial^2 \zeta}{\partial y\,\partial z} = 0, \qquad \ldots,$$

on trouvera

$$
(18)\quad \begin{cases}
\xi = (ax + by + cz + k)x - \frac{1}{2}a(x^2 + y^2 + z^2) + hy - gz + l, \\
\eta = (ax + by + cz + k)y - \frac{1}{2}b(x^2 + y^2 + z^2) + fz - hx + m, \\
\zeta = (ax + by + cz + k)z - \frac{1}{2}c(x^2 + y^2 + z^2) + gx - fy + n,
\end{cases}
$$

f, g, h, l, m, n désignant encore des quantités constantes.

SUR DIVERSES PROPOSITIONS

RELATIVES

A L'ALGÈBRE ET A LA THÉORIE DES NOMBRES.

Des recherches entreprises sur la résolution des équations binômes m'ont conduit à reconnaître qu'il existe des relations dignes de remarque entre les quantités désignées dans la théorie des nombres sous le nom de *racines primitives* et d'autres quantités que renferment les produits de certaines expressions algébriques. D'ailleurs, l'analyse par laquelle je suis parvenu à découvrir ces relations m'a offert le moyen de résoudre facilement certaines équations indéterminées, et m'a fourni des théorèmes qui paraissent mériter l'attention des géomètres. Je consacrerai plusieurs articles au développement des principes sur lesquels repose cette analyse; mais, comme ce développement exige la connaissance préliminaire de diverses propositions relatives à l'Algèbre et à la théorie des nombres, je commencerai par établir les propositions dont il s'agit. J'indiquerai en même temps plusieurs conséquences nouvelles que l'on peut en déduire.

Soit n un nombre entier quelconque. Je dirai que les quantités entières, positives ou négatives, h et k sont *équivalentes* suivant le *module* n, lorsque la différence $h - k$ ou $k - h$ sera divisible par n, et j'indiquerai cette *équivalence*, nommée *congruence* par M. Gauss, à l'aide de la notation

$$h \equiv k \qquad (\text{mod.}\, n),$$

employée par ce géomètre. Cela posé, si l'on vérifie la formule

$$(1) \qquad a_0 x^m + a_1 x^{m-1} + a_2 x^{m-2} + \ldots + a_{m-1} x + a_m \equiv 0 \qquad (\text{mod.}\, n),$$

dans laquelle m désigne un nombre entier et $a_0, a_1, \ldots, a_{m-1}, a_m$ des quantités entières, en attribuant à x les valeurs entières

$$x = x_1, \quad x = x_2, \quad \ldots,$$

on la vérifiera encore en prenant

$$x = x_1 \pm ni, \quad x = x_2 \pm nj, \quad \ldots,$$

i, j désignant des nombres entiers, ou, ce qui revient au même, en prenant

$$x \equiv x_1, \quad x \equiv x_2, \quad \ldots;$$

et $x_1, x_2, \ldots$ seront des *racines* de la formule (1). Mais deux quelconques de ces racines, par exemple, x_1, x_2 ne seront considérées comme distinctes que dans le cas où elles ne seront pas équivalentes suivant le module n. Ajoutons que les notations

$$\frac{h}{k}, \quad h^l k^{-m}, \quad \ldots$$

représenteront les valeurs de x propres à vérifier les formules

$$kx = h, \quad k^m x = h^l, \quad \ldots.$$

Soit maintenant p un nombre premier quelconque. Je dirai, avec M. Poinsot, que ρ est une racine primitive de l'équation

$$(2) \qquad x^n = 1,$$

et r une racine primitive de l'équivalence

$$(3) \qquad x^n \equiv 1 \quad (\text{mod.}\, p),$$

lorsque ρ^n sera la plus petite puissance de ρ qui se réduise à l'unité, et r^n la plus petite puissance de r équivalente à l'unité suivant le module p. Ces définitions étant admises, on établira sans peine, sur les racines des équations et des équivalences, les propositions suivantes, dont la plupart étaient déjà connues [1] :

[1] On peut consulter, à ce sujet, divers Mémoires d'Euler et de Lagrange; l'Ouvrage de M. Gauss, intitulé : *Disquisitiones arithmeticæ;* la *Théorie des nombres* de M. Legendre; un travail de M. Poinsot, inséré dans le tome V des *Mémoires de l'Académie des Sciences,* et les *Mémoires de Mathématiques* publiés par M. Guillaume Libri.

THÉORÈME I. — *Soient m un nombre entier, p un nombre premier, et* a_0, a_1, a_2, ..., a_m *des quantités entières. La formule*

$$(4) \qquad a_0 x^m + a_1 x^{m-1} + \ldots + a_{m-1} x + a_m \equiv 0 \qquad (\text{mod.}\, p)$$

n'admettra jamais plus de m racines distinctes.

Démonstration. — En effet, soient x_1, x_2, ..., x_m, m racines distinctes de la formule (4). On aura identiquement

$$a_0 x_1^m + a_1 x_1^{m-1} + \ldots + a_{m-1} x_1 + a_m \equiv 0 \qquad (\text{mod.}\, p).$$

En substituant la valeur de a_m, tirée de cette dernière équivalence, dans la formule (4), on trouvera

$$(5) \quad \begin{cases} a_0 x^m + a_1 x^{m-1} + \ldots + a_{m-1} x + a_m \\ \equiv a_0(x^m - x_1^m) + a_1(x^{m-1} - x_1^{m-1}) + \ldots + a_{m-1}(x - x_1) \equiv P_1(x - x_1), \end{cases}$$

P_1 désignant un polynôme qui aura pour premier terme le produit $a_0 x^{m-1}$, et qui sera équivalent à zéro pour $x = x_2$, pour $x = x_3$, etc. On trouvera de même

$$(6) \quad P_1 \equiv (x - x_2) P_2, \qquad P_2 \equiv (x - x_3) P_3, \qquad \ldots, \qquad P_m \equiv (x - x_m) P_m.$$

P_2, P_3, ..., P_{m-1}, P_m désignant des polynômes dont les premiers termes seront $a_0 x^{m-2}$, $a_0 x^{m-3}$, ..., $a_0 x$, a_0, en sorte qu'on aura simplement

$$(7) \qquad P_m = a_0.$$

D'ailleurs, en vertu des formules (5), (6), (7), on aura, quel que soit x,

$$(8) \quad a_0 x^m + a_1 x^{m-1} + \ldots + a_{m-1} x + a_m \equiv a_0 (x - x_1)(x - x_2) \ldots (x - x_m).$$

Donc l'équivalence (5) pourra s'écrire comme il suit :

$$(9) \qquad a_0 (x - x_1)(x - x_2)(x - x_3) \ldots (x - x_m) \equiv 0.$$

Or cette dernière ne peut être vérifiée qu'autant que l'on prend

$$x \equiv x_1 \quad \text{ou} \quad x \equiv x_2, \quad \ldots, \quad \text{ou} \quad x \equiv x_m.$$

Corollaire. — La formule (8) devant subsister, quel que soit x, entraîne évidemment les suivantes

$$(10)\quad \begin{cases} a_1 \equiv -a_0(x_1+x_2+\ldots+x_m) \quad (\text{mod.}\,p), \\ a_2 \equiv a_0(x_1x_2+x_1x_3+\ldots+x_1x_m+x_2x_3+\ldots+x_2x_m+\ldots+x_{m-1}x_m), \\ \ldots\ldots\ldots\ldots\ldots\ldots\ldots\ldots\ldots, \\ a_m \equiv \pm a_0x_1x_2\ldots x_m, \end{cases}$$

lorsque le nombre m ne surpasse pas le module p. Alors, en effet, si les conditions (10) n'étaient pas remplies, la formule (8), dans laquelle le second membre, développé suivant les puissances descendantes de la variable x, a pour premier terme a_0x^m, se réduirait à une équivalence d'un degré inférieur à p, et pourtant cette équivalence devrait admettre autant de racines que la division d'un nombre entier par p peut fournir de restes différents, c'est-à-dire p racines distinctes. Or cette conclusion ne s'accorderait pas avec le théorème I.

Scolie. — Lorsque l'équation (1) est du premier degré ou de la forme

$$(11)\qquad a_0x+a_1\equiv 0 \qquad (\text{mod.}\,n),$$

elle ne peut admettre qu'une seule racine, et elle en admet toujours une, représentée par la notation

$$(12)\qquad x\equiv -\frac{a_1}{a_0},$$

excepté dans le cas où la fraction $\frac{a_1}{a_0}$, réduite à sa plus simple expression, conserverait un dénominateur qui ne serait pas premier à n. En effet, l'on pourra toujours trouver des nombres entiers x et y propres à vérifier la formule

$$(13)\qquad a_0x+a_1=ny,$$

à moins que a_0 et n ne soient simultanément divisibles par un nombre qui ne diviserait pas a_1.

Théorème II. — *Supposons que la formule* (4) *admette m racines dis-*

tinctes. Soit d'ailleurs P *un polynôme qui divise exactement le premier membre de cette formule. Le nombre des racines distinctes de l'équivalence*

(14) $$P \equiv 0 \quad (\text{mod.}\, p)$$

sera précisément égal au degré du polynôme P.

Démonstration. — Soit Q la quantité qu'on obtient en divisant par P le premier membre de la formule (4). Cette formule pourra s'écrire comme il suit

(15) $$PQ \equiv 0 \quad (\text{mod.}\, p),$$

et, par conséquent, chacune des racines $x = x_1$, $x = x_2$, ..., $x = x_m$ vérifiera l'une des équivalences

(16) $$P \equiv 0, \quad Q \equiv 0 \quad (\text{mod.}\, p).$$

Soit d'ailleurs μ le degré du polynôme P. $m - \mu$ sera le degré du polynôme Q, et, comme le nombre de celles des quantités x_1, x_2, ..., x_m qui satisferont à la seconde des formules (16) ne pourra surpasser $m - \mu$, le nombre de celles qui satisferont à la première ne pourra devenir inférieur à μ. Donc ce dernier nombre sera nécessairement égal au degré μ du polynôme P.

Théorème III. — *Soit p un nombre premier quelconque. La formule*

(17) $$x^{p-1} \equiv 1 \quad (\text{mod.}\, p)$$

admettra $p - 1$ racines distinctes, respectivement équivalentes aux nombres entiers

(18) $$1, \quad 2, \quad 3, \quad \ldots, \quad p - 1.$$

Démonstration. — En effet, si l'on prend pour x un quelconque de ces nombres entiers, on trouvera

$$x^p \equiv (1 + \overline{x - 1})^p \equiv 1 + (x - 1)^p \quad (\text{mod.}\, p)$$

et, par conséquent,

$$x^p - x \equiv (x-1)^p - (x-1) \equiv (x-2)^p - (x-2) \equiv \ldots \equiv 2^p - 2 \equiv 1^p - 1 \equiv 0,$$

ou, ce qui revient au même,

$$x(x^{p-1}-1)\equiv 0;$$

et, comme x ne sera pas divisible par p, on en conclura

(19) $$x^{p-1}-1\equiv 0 \quad (\text{mod. } p).$$

Le théorème compris dans la formule (17) ou (19) est dû à Fermat.

Corollaire. — Comme, pour faire coïncider la formule (4) avec l'équivalence (17), il suffit de prendre

$$m=p-1, \quad a_0=1, \quad a_1=0, \quad a_2=0, \quad \ldots, \quad a_{m-1}=0, \quad a_m=-1$$

on aura, en vertu des formules (10) et du théorème III,

(20) $$\begin{cases} 1+2+3+\ldots+(p-1)\equiv 0 \quad (\text{mod. } p), \\ 1.2+1.3+\ldots+1(p-1)+2.3+\ldots \\ \quad +2(p-1)+\ldots+(p-2)(p-1)\equiv 0, \\ \ldots\ldots\ldots\ldots\ldots\ldots\ldots\ldots, \\ 1.2.3\ldots(p-2)(p-1)\equiv -1. \end{cases}$$

La dernière des formules (20) peut encore s'écrire ainsi qu'il suit

(21) $$1.2.3\ldots(p-2)(p-1)+1\equiv 0 \quad (\text{mod. } p),$$

et comprend le théorème de Wilson.

THÉORÈME IV. — *Soient p un nombre premier et n un diviseur de $p-1$. La formule*

(3) $$x^n\equiv 1 \quad (\text{mod. } p)$$

admettra n racines distinctes.

Démonstration. — Soit

(22) $$p-1=n\varpi.$$

Le binôme

(23) $$x^{p-1}-1=x^{n\varpi}-1$$

sera divisible par le binôme

$$x^n - 1.$$

Donc, puisque la formule (19) admet $p - 1$ racines distinctes, l'équivalence

(24) $$x^n - 1 \equiv 0 \pmod{p}$$

ou la formule (3) admettra n racines distinctes, en vertu du théorème III.

Théorème V. — *Soient m, n deux nombres entiers quelconques, ω leur plus grand commun diviseur, et q un nombre premier ou non premier. Toute racine commune des deux équations*

(25) $$x^m = 1, \qquad x^n = 1$$

vérifiera encore l'équation

(26) $$x^\omega = 1;$$

et toute racine commune aux deux équivalences

(27) $$x^m \equiv 1, \qquad x^n \equiv 1 \pmod{q}$$

vérifiera encore la formule

(28) $$x^\omega \equiv 1 \pmod{q}.$$

Démonstration. — ω étant le plus grand commun diviseur de m et de n, on pourra trouver des quantités entières u et v propres à vérifier la condition

(29) $$mu - nv = \omega.$$

Cela posé, on tirera des équations (25)

$$x^{mu} = 1 = x^{nv}$$

ou

$$x^{mu} - x^{nv} = x^{nv}(x^\omega - 1) = 0,$$

par conséquent

(30) $$x^\omega - 1 = 0;$$

et des formules (27)

$$x^{mu} \equiv 1 \equiv x^{nv} \pmod{q}$$

ou

$$x^{mu} - x^{nv} \equiv x^{nv}(x^{\omega} - 1) \equiv 0 \pmod{q},$$

par conséquent

$$(31) \qquad x^{\omega} - 1 \equiv 0 \pmod{q}.$$

Or l'équation (30) coïncide avec l'équation (26), et la formule (31) avec la formule (28).

Corollaire. — Comme toute racine non primitive de l'équation (2) ou de l'équivalence (3), dans laquelle p désigne un nombre premier, vérifiera une autre équation de la forme

$$x^m = 1$$

ou une équivalence de la forme

$$x^m \equiv 1 \pmod{p},$$

m étant $< n$, il suit du théorème V qu'une semblable racine devra encore vérifier l'équation

$$(32) \qquad x^{\omega} = 1$$

ou l'équivalence

$$(33) \qquad x^{\omega} \equiv 1 \pmod{p},$$

ω étant un nombre entier, diviseur de n, mais inférieur à n. Donc, si l'équation (2) ou l'équivalence (3) admet des racines non primitives, autres que l'unité, n ne pourra être un nombre premier.

Théorème VI. — *Soit n un nombre entier quelconque. L'équation*

$$(2) \qquad x^n = 1$$

admettra autant de racines primitives qu'il y a de nombres entiers premiers à n, mais inférieurs à n; et, si l'on suppose

$$(34) \qquad n = a^{\alpha} b^{\beta} c^{\gamma} \ldots,$$

a, b, c... étant les facteurs premiers de n, chacune des racines primitives de l'équation (2) *sera le produit de plusieurs facteurs u, v, w, ..., qui serviront de racines primitives aux équations*

$$u^{a^\alpha} = 1, \quad v^{b^\beta} = 1, \quad w^{c^\gamma} = 1, \quad \ldots. \tag{35}$$

Démonstration. — Si n est un nombre premier, toutes les racines de l'équation (2), autres que l'unité, seront primitives, en vertu du corollaire qui précède. Le nombre de ces racines primitives sera évidemment $n - 1$.

Si n est une puissance d'un nombre premier a, c'est-à-dire de la forme

$$n = a^\alpha, \tag{36}$$

alors toute racine non primitive de l'équation (2) ou

$$x^{a^\alpha} = 1 \tag{37}$$

vérifiera l'équation

$$x^{a^{\alpha-1}} = 1, \tag{38}$$

puisque tout nombre diviseur de a^α, mais inférieur à a^α, divisera nécessairement $a^{\alpha-1}$. Donc les racines non primitives de l'équation (2) seront alors en nombre égal à $a^{\alpha-1}$. Les racines restantes, dont le nombre aura pour mesure la différence

$$a^\alpha - a^{\alpha-1} = a^{\alpha-1}(a - 1) = n\left(1 - \frac{1}{a}\right), \tag{39}$$

seront toutes primitives.

Si n n'est pas un nombre premier, ni une puissance d'un nombre premier, on pourra décomposer n en deux facteurs h, k premiers entre eux, et, pour vérifier l'équation (2) ou

$$x^{hk} = 1, \tag{40}$$

il suffira de prendre

$$x = yz, \tag{41}$$

y, z étant des racines des deux équations

$$(42) \qquad y^h = 1,$$

$$(43) \qquad z^k = 1.$$

J'ajoute que, si, dans la formule (41), on substitue successivement à y toutes les racines de l'équation (42), et à z toutes les racines de l'équation (43), on obtiendra toutes les racines de l'équation (40). En effet, le nombre des racines de l'équation (42) étant égal à h, et le nombre des racines de l'équation (43) égal à k, le nombre des valeurs de x, déduites de la formule (41), sera égal au produit hk, c'est-à-dire au nombre des racines de l'équation (2) ou (40); et d'ailleurs il est facile de s'assurer que ces valeurs seront toutes distinctes les unes des autres. Car, si l'on désigne par y_1, y_2 deux racines de l'équation (42), par z_1, z_2 deux racines de l'équation (43), et si l'on suppose

$$y_1 z_1 = y_2 z_2,$$

on en conclura

$$\frac{y_2}{y_1} = \frac{z_1}{z_2},$$

$$\left(\frac{y_2}{y_1}\right)^k = \left(\frac{z_1}{z_2}\right)^k = \frac{z_1^k}{z_2^k} = 1;$$

et, comme on aura d'autre part

$$\left(\frac{y_2}{y_1}\right)^h = \frac{y_2^h}{y_1^h} = 1,$$

il est clair que le rapport $\frac{y_2}{y_1}$ sera une racine commune des deux équations

$$x^h = 1, \qquad x^k = 1;$$

par conséquent, la racine unique de l'équation

$$x = 1,$$

puisque h et k n'ont d'autre commun diviseur que l'unité. On trouverait donc alors

$$y_2 = y_1$$

et de même

$$z_2 = z_1.$$

Donc les valeurs de x fournies par l'équation (41), et correspondantes à des systèmes divers de valeurs de y et de z, seront toutes distinctes les unes des autres, et respectivement égales aux diverses racines de l'équation (40).

Enfin il est clair que le produit yz sera une racine primitive de l'équation (40), lorsque y, z seront des racines primitives des équations (41), (42). En effet, soit m le degré de la plus petite puissance de yz qui soit équivalente à l'unité. Comme le nombre m devra diviser le produit hk, on aura nécessairement

$$m = st,$$

s désignant un diviseur de h et t un diviseur de k. De plus, en élevant chaque membre de la formule

(44) $$(yz)^{st} = 1$$

à la puissance entière du degré $\frac{k}{t}$, on en tirera

$$(yz)^{sk} = 1$$

et, par conséquent,

(45) $$y^{sk} = 1.$$

Or les formules (42), (45) devant subsister simultanément, et s étant le plus grand commun diviseur des nombres h et sk, on en conclura

(46) $$y^s = 1.$$

On trouvera de même

(47) $$z^t = 1.$$

Donc la formule (44) entraîne les formules (46) et (47). D'ailleurs, si y et z sont des racines primitives des équations (42) et (43), les exposants s, t, dans les formules (46), (47), ne pourront devenir inférieurs, le premier au nombre h, le second au nombre k. Donc alors la plus petite valeur que l'on puisse attribuer à m sera $m = hk$, et, par conséquent, x sera une racine primitive de l'équation (40). Ajoutons que, si les facteurs y, z ne sont pas tous deux des racines primitives des équations qu'ils vérifient, le produit yz ne sera pas non plus une racine primitive de l'équation (40), puisqu'en supposant remplies les deux conditions $s < h$, $t < k$, ou l'une d'entre elles, on pourra des formules (46), (47) déduire immédiatement la formule (44), dans laquelle on aura $st < hk$.

Soient maintenant a, b, c, ... les facteurs premiers de n, en sorte qu'on ait

$$n = a^\alpha b^\beta c^\gamma \ldots.$$

D'après ce qu'on vient de dire, on obtiendra les racines primitives de l'équation (1) en multipliant celles de l'équation (37), qui sont en nombre égal à $a^{\alpha-1}(a-1)$, par celles de l'équation

$$x^{b^\beta c^\gamma \ldots} = 1.$$

De même, on obtiendra ces dernières en multipliant celles de l'équation

$$x^{b^\beta} = 1,$$

qui sont en nombre égal à $b^{\beta-1}(b-1)$, par les racines primitives de l'équation

$$x^{c^\gamma \ldots} = 1.$$

En continuant de la même manière, on finira par reconnaître que chaque racine primitive de l'équation (2) est le produit de plusieurs facteurs u, v, w, ..., qui servent de racines primitives aux équations (35); et, comme les produits de cette espèce seront tous distincts les uns des autres, il est clair que le nombre de ces produits ou l'expression

$$(48)\quad N = a^{\alpha-1} b^{\beta-1} c^{\gamma-1} \ldots (a-1)(b-1)(c-1)\ldots = n\left(1-\frac{1}{a}\right)\left(1-\frac{1}{b}\right)\left(1-\frac{1}{c}\right)\ldots$$

indiquera précisément le nombre des racines primitives de l'équation (2).

Si dans le produit $u, v, w, \ldots$ on faisait entrer successivement toutes les racines primitives ou non primitives des équations (35), on obtiendrait évidemment pour résultats toutes les racines primitives ou non primitives de l'équation (2).

Scolie I. — Soit ρ une racine primitive de l'équation (2). Les diverses puissances de ρ, d'un degré inférieur à n, savoir

(49) $$\rho^0 = 1, \quad \rho, \quad \rho^2, \quad \rho^3, \quad \ldots, \quad \rho^{n-1},$$

seront évidemment des racines de la même équation. De plus, ces racines seront distinctes les unes des autres. Car, si l'on suppose

$$\rho^l = \rho^m,$$

m étant inférieur à n, et l égal ou inférieur à m, on en conclura

$$\rho^{m-l} = 1;$$

par conséquent, $m - l = 0$ ou $m = l$, puisque, ρ étant racine primitive, aucune puissance de ρ, d'un degré différent de zéro, et inférieur à n, n'aura pour valeur l'unité. Donc la suite (49) comprendra toutes les racines de l'équation (2). De plus, si les nombres n et $m < n$ ont un commun diviseur $\omega > 1$, alors, en prenant

$$x = \rho^m,$$

on vérifiera, non seulement l'équation (2), mais encore la suivante

$$x^{\frac{n}{\omega}} = 1,$$

et, par conséquent, $x = \rho^m$ ne sera pas une racine primitive. Donc les seules puissances de ρ qui pourront servir de racines primitives à l'équation (2) seront celles qui offriront des exposants premiers à n. Il est d'ailleurs facile de s'assurer que, si m est premier à n, $x = \rho^m$ sera une racine primitive. Alors, en effet, si l'on désigne par

$$x^s = \rho^{ms}$$

la plus petite puissance de x qui se réduise à l'unité, le plus grand commun diviseur de ms et de n sera le même que celui de s et de n. Or, en vertu du théorème V, la puissance de ρ, dont l'exposant sera égal à ce plus grand commun diviseur, aura pour valeur l'unité; et, puisque ρ est une racine primitive, l'exposant dont il s'agit ne pourra offrir un exposant inférieur à n. Donc la plus petite valeur qu'on puisse attribuer à s doit être divisible par n, et ne saurait différer de $s = n$; d'où il résulte que $x = \rho^m$ sera, dans l'hypothèse admise, une racine primitive de l'équation (2).

Scolie II. — Puisque les diverses racines primitives de l'équation (2) sont respectivement égales aux diverses puissances de ρ dont les exposants sont premiers à p, mais inférieurs à n, l'expression (48) indique certainement combien il y a de nombres entiers premiers à n, et plus petits que n. C'est, au reste, ce qu'il serait facile de prouver directement.

Théorème VII. — *Soient p un nombre premier quelconque et n un nombre entier diviseur de $p - 1$. L'équivalence*

(2) $$x^n \equiv 1 \quad (\text{mod. } p)$$

admettra autant de racines primitives qu'il y a de nombres entiers premiers à n, mais inférieurs à n; et, si l'on suppose

(34) $$n = a^\alpha b^\beta c^\gamma \ldots,$$

$a, b, c, \ldots$ étant les facteurs premiers de n, chacune des racines primitives de l'équivalence (3) *sera le produit de plusieurs facteurs $u, v, w, \ldots$ qui serviront de racines primitives aux équivalences*

(50) $$u^{a^\alpha} \equiv 1, \quad v^{b^\beta} \equiv 1, \quad w^{c^\gamma} \equiv 1, \quad \ldots \quad (\text{mod.} p).$$

Démonstration. — Pour établir le théorème VII, il suffit de remplacer, dans la démonstration que nous avons donnée du théorème VI, le signe $=$ par le signe $\equiv$, en prenant le nombre p pour module.

Scolie I. — Soit r une racine primitive de l'équivalence (3). Les diverses puissances de r d'un degré inférieur à n, savoir

(51) $$r^0 = 1, \quad r, \quad r^2, \quad r^3, \quad \ldots, \quad r^{n-1},$$

seront évidemment des racines de la même équivalence. De plus, ces racines seront distinctes les unes des autres. Car, si l'on suppose

$$r^l \equiv r^m \qquad (\text{mod.} p),$$

m étant inférieur à n, et l égal ou inférieur à m, on en conclura

$$r^{m-l} \equiv 1 \qquad (\text{mod.} p),$$

par conséquent $m = l$. Donc la suite (51) comprendra toutes les racines de la formule (3). De plus, si les nombres n et $m < n$ ont un commun diviseur $\omega > 1$, alors, en prenant

$$x \equiv r^m \qquad (\text{mod.} p),$$

on vérifiera, non seulement la formule (3), mais la suivante

$$x^{\frac{n}{\omega}} \equiv 1 \qquad (\text{mod.} p),$$

et, par conséquent, $x \equiv r^m$ ne sera pas une racine primitive. Donc les seules puissances de r qui pourront servir de racines primitives à la formule (3) seront celles qui offriront des exposants premiers à n. Enfin, comme le nombre N des racines primitives est précisément égal au nombre des puissances de r qui offrent des exposants premiers à n, mais plus petits que n, on peut affirmer que chacune de ces puissances sera une racine primitive. C'est d'ailleurs ce qu'il serait facile de prouver directement.

Scolie II. — Lorsque n devient égal à $p - 1$, les racines primitives de l'équivalence (3) réduite à la forme

$$x^{p-1} \equiv 1 \qquad (\text{mod.} p)$$

sont ce qu'on appelle les racines primitives du nombre premier p. Cela posé, on trouvera toujours, pour un nombre premier p, autant de racines primitives qu'il y aura de nombres premiers à p, mais inférieurs à p.

Théorème VIII. — *Soient ρ une racine primitive de l'équation* (2), *r une* *racine primitive de l'équivalence* (3), *et* ω *un diviseur entier de* n. *Les deux formules*

(52) $$x^{\frac{n}{\omega}} = 1,$$

(53) $$x^{\frac{n}{\omega}} \equiv 1 \quad (\text{mod}.\, p)$$

auront pour racines les puissances de ρ *et de* r *dont les exposants seront multiples de* ω, *et pour racines primitives celles des mêmes puissances dont les exposants, divisés par* ω, *donneront pour quotients des nombres qui seront premiers à* $\frac{n}{\omega}$.

Démonstration. — En effet, dans l'hypothèse admise, les différents termes compris dans la suite

(54) $$\rho^0 = 1,\ \rho^{\omega},\ \rho^{2\omega},\ \ldots,\quad \rho^{\left(\frac{n}{\omega}-1\right)\omega} = \rho^{n-\omega},$$

et dont le nombre est $\frac{n}{\omega}$, seront autant de racines distinctes de l'équation (52), tandis que les différents termes compris dans la suite

(55) $$r^0 = 1,\ r^{\omega},\ r^{2\omega},\ \ldots,\quad r^{\left(\frac{n}{\omega}-1\right)\omega} = r^{n-\omega}$$

seront autant de racines distinctes de l'équivalence (53). De plus, m désignant un des nombres entiers $0, 1, 2, \ldots, \frac{n}{\omega} - 1$, $\rho^{m\omega}$ deviendra une racine primitive de l'équation (52), et $r^{m\omega}$ une racine primitive de l'équivalence (53), si mn est le plus petit multiple de $m\omega$ qui soit divisible par n, par conséquent si m est premier à $\frac{n}{\omega}$.

Théorème IX. — *Les mêmes choses étant posées que dans les théorèmes VI et VII, désignons par*

$$n,\quad n',\quad n'',\quad \ldots$$

les termes positifs, et par

$$-n_1,\quad -n_2,\quad \ldots$$

les termes négatifs que présente le développement du produit

(56) $$\mathrm{N} = n\left(1 - \frac{1}{a}\right)\left(1 - \frac{1}{b}\right)\left(1 - \frac{1}{c}\right)\cdots.$$

Faisons d'ailleurs

$$(57)\qquad X = \frac{(x^n - 1)(x^{n'} - 1)(x^{n''} - 1)\dots}{(x^{n_1} - 1)(x^{n_2} - 1)\dots}.$$

X *sera une fonction entière de* x, *et les deux formules*

$$(58)\qquad X = 0,$$

$$(59)\qquad X \equiv 0 \quad (\text{mod.}\, p)$$

auront pour racines, la première, les racines primitives de l'équation (2), *la seconde, les racines primitives de l'équivalence* (3).

Démonstration. — Comme, en développant le produit N, on trouvera

$$(60)\quad N = n - \frac{n}{a} - \frac{n}{b} - \frac{n}{c} - \dots + \frac{n}{ab} + \frac{n}{ac} + \dots + \frac{n}{bc} + \dots - \frac{n}{abc} - \dots,$$

on en conclura

$$(61)\qquad X = \frac{(x^n - 1)\left(x^{\frac{n}{ab}} - 1\right)\left(x^{\frac{n}{ac}} - 1\right)\dots\left(x^{\frac{n}{bc}} - 1\right)\dots}{\left(x^{\frac{n}{a}} - 1\right)\left(x^{\frac{n}{b}} - 1\right)\left(x^{\frac{n}{c}} - 1\right)\dots\left(x^{\frac{n}{abc}} - 1\right)\dots}.$$

Cela posé, soit ρ une racine primitive de l'équation (2), et r une racine primitive de l'équivalence (3). Chacun des binômes

$$(62)\qquad \left\{\begin{array}{l} x^n - 1, \quad x^{\frac{n}{a}} - 1, \quad x^{\frac{n}{b}} - 1, \quad x^{\frac{n}{c}} - 1, \quad \dots; \\ x^{\frac{n}{ab}} - 1, \quad x^{\frac{n}{ac}} - 1, \quad \dots; \quad x^{\frac{n}{bc}} - 1, \quad \dots; \quad x^{\frac{n}{abc}} - 1, \quad \dots \end{array}\right.$$

sera égal au produit de quelques-uns des facteurs linéaires

$$(63)\qquad x - 1, \quad x - \rho, \quad x - \rho^2, \quad \dots, \quad x - \rho^{n-1},$$

et de plus équivalent, suivant le module p, au produit de quelques-uns des facteurs linéaires

$$(64)\qquad x - 1, \quad x - r, \quad x - r^2, \quad \dots, \quad x - r^{n-1}.$$

D'ailleurs, m étant l'un quelconque des nombres entiers

$$0, \quad 1, \quad 2, \quad \dots, \quad n - 1,$$

le facteur linéaire $x - \rho^m$ divisera seulement le premier des bi nômes (62), si ρ^m est une racine primitive de l'équation (2). Le même facteur divisera les deux binômes

$$x^n - 1, \quad x^{\frac{n}{a}} - 1,$$

lorsque ρ^m sera une racine de l'équation $x^{\frac{n}{a}} = 1$. Il divisera les quatre binômes

$$x^n - 1, \quad x^{\frac{n}{a}} - 1, \quad x^{\frac{n}{b}} - 1, \quad x^{\frac{n}{ab}} - 1,$$

lorsque ρ^m sera une racine de l'équation $x^{\frac{n}{ab}} = 1$, ..., et généralement il divisera tous les binômes dans lesquels les exposants de x seront égaux aux termes que présente le développement du produit

$$(65)\quad \left\{\begin{array}{l} n\left(1-\frac{1}{a}\right), \text{ ou } n\left(1-\frac{1}{b}\right), \text{ ou } n\left(1-\frac{1}{c}\right), \\ \text{ou } n\left(1-\frac{1}{a}\right)\left(1-\frac{1}{b}\right), \text{ ou } n\left(1-\frac{1}{a}\right)\left(1-\frac{1}{c}\right), \ldots, \text{ ou } n\left(1-\frac{1}{b}\right)\left(1-\frac{1}{c}\right), \\ \text{ou } n\left(1-\frac{1}{a}\right)\left(1-\frac{1}{b}\right)\left(1-\frac{1}{c}\right), \ldots, \end{array}\right.$$

lorsque ρ^m sera une racine de l'équation

$$(66)\quad \left\{\begin{array}{l} x^{\frac{n}{a}} = 1, \text{ ou } x^{\frac{n}{b}} = 1, \text{ ou } x^{\frac{n}{c}} = 1, \ldots, \\ \text{ou } x^{\frac{n}{ab}} = 1, \text{ ou } x^{\frac{n}{ac}} = 1, \ldots, \text{ ou } x^{\frac{n}{bc}} = 1, \ldots, \\ \text{ou } x^{\frac{n}{abc}} = 1, \ldots, \\ \ldots\ldots\ldots\ldots\ldots\ldots\ldots\ldots, \end{array}\right.$$

c'est-à-dire lorsque le nombre m sera multiple de a, ou de b, ou de c, ..., ou de ab, ou de ac, ..., ou de bc, ..., ou de abc, ... D'ailleurs, comme, dans le développement de chacun des produits que nous venons d'indiquer, le nombre des termes positifs est précisément égal au nombre des termes négatifs, il est clair que le facteur linéaire $x - \rho^m$ divisera généralement, dans le numérateur de la fraction que renferme la formule (61), autant de binômes que dans le dénominateur. Donc, en général, ce facteur disparaîtra, si l'on réduit la fraction dont il s'agit à sa plus simple expression. On doit seulement excepter le cas où ρ^m, cessant d'être racine d'une ou de plusieurs des équations (66), deviendrait racine primitive de l'équation (2). Donc la valeur de X, déterminée par la formule (61), sera égale au produit de ceux des facteurs (63) qui répondent aux racines primitives de l'équation (2). Donc X sera une fonction entière de x, et l'équation (58) aura pour racines les racines primitives de l'équation (2).

Si, dans la fraction que renferme la formule (61), on remplaçait chacun des binômes (62) par le produit équivalent de plusieurs des facteurs (64), cette fraction, réduite à sa plus simple expression, serait le produit de ceux des mêmes facteurs qui répondent aux racines primitives de la formule (3). On en doit conclure que l'équivalence (59) aura pour racines les racines primitives de l'équivalence $x^n \equiv 1 \pmod{p}$.

Corollaire I. — Si l'on suppose que le nombre n se réduise à une puissance d'un certain nombre premier a, en sorte qu'on ait

$$n = a^\alpha, \tag{35}$$

on trouvera

$$X = \frac{x^n - 1}{x^{\frac{n}{a}} - 1} = x^{n\left(1-\frac{1}{a}\right)} + x^{n\left(1-\frac{2}{a}\right)} + \ldots + x^{\frac{n}{a}} + 1. \tag{67}$$

Par conséquent, l'équation (2) aura pour racines primitives les racines de l'équation

$$x^{n\left(1-\frac{1}{a}\right)} + x^{n\left(1-\frac{2}{a}\right)} + \ldots + x^{\frac{n}{a}} + 1 = 0, \tag{68}$$

et l'équivalence (3) aura pour racines primitives les racines de la formule

$$x^{n\left(1-\frac{1}{a}\right)} + x^{n\left(1-\frac{2}{a}\right)} + \ldots + x^{\frac{n}{a}} + 1 \equiv 0 \quad (\text{mod.}\, p). \tag{69}$$

Corollaire II. — Si n est le produit d'une puissance du nombre premier a par une puissance du nombre premier b, en sorte qu'on ait

$$n = a^\alpha b^\beta, \tag{70}$$

les racines primitives de l'équation (2) et de l'équivalence (3) se confondront avec les racines des deux formules

$$(71)\qquad \frac{(x^n-1)\left(x^{\frac{n}{ab}}-1\right)}{\left(x^{\frac{n}{a}}-1\right)\left(x^{\frac{n}{b}}-1\right)}=0,$$

$$(72)\qquad \frac{(x^n-1)\left(x^{\frac{n}{ab}}-1\right)}{\left(x^{\frac{n}{a}}-1\right)\left(x^{\frac{n}{b}}-1\right)}\equiv 0 \pmod{p}.$$

Corollaire III. — Si n est de la forme

$$(73)\qquad n=a^\alpha b^\beta c^\gamma,$$

les racines primitives de l'équation (2) et de l'équivalence (3) se confondront avec les racines des deux formules

$$(74)\qquad \frac{(x^n-1)\left(x^{\frac{n}{ab}}-1\right)\left(x^{\frac{n}{ac}}-1\right)\left(x^{\frac{n}{bc}}-1\right)}{\left(x^{\frac{n}{a}}-1\right)\left(x^{\frac{n}{b}}-1\right)\left(x^{\frac{n}{c}}-1\right)\left(x^{\frac{n}{abc}}-1\right)}=0,$$

$$(75)\qquad \frac{(x^n-1)\left(x^{\frac{n}{ab}}-1\right)\left(x^{\frac{n}{ac}}-1\right)\left(x^{\frac{n}{bc}}-1\right)}{\left(x^{\frac{n}{a}}-1\right)\left(x^{\frac{n}{b}}-1\right)\left(x^{\frac{n}{c}}-1\right)\left(x^{\frac{n}{abc}}-1\right)}\equiv 0 \pmod{p}.$$

Corollaire IV. — Soient p un nombre premier quelconque et a, b, c, ... les facteurs premiers de $p-1$, en sorte qu'on ait

$$(76)\qquad p-1=a^\alpha b^\beta c^\gamma\ldots.$$

Les racines primitives du nombre p se confondront avec les racines de l'équivalence

$$(77)\qquad \frac{(x^{p-1}-1)\left(x^{\frac{p-1}{ab}}-1\right)\left(x^{\frac{p-1}{ac}}-1\right)\cdots\left(x^{\frac{p-1}{bc}}-1\right)\cdots}{\left(x^{\frac{p-1}{a}}-1\right)\left(x^{\frac{p-1}{b}}-1\right)\left(x^{\frac{p-1}{c}}-1\right)\cdots\left(x^{\frac{p-1}{abc}}-1\right)\cdots}\equiv 0 \pmod{p}.$$

Dans les binômes que renferme le premier membre de cette équivalence, les exposants de x sont respectivement égaux aux valeurs numériques des termes que présente le développement du produit

$$(78)\quad \left\{\begin{aligned} &(p-1)\left(1-\frac{1}{a}\right)\left(1-\frac{1}{b}\right)\left(1-\frac{1}{c}\right)\cdots \\ &\quad =(p-1)-\frac{p-1}{a}-\frac{p-1}{b}-\frac{p-1}{c}+\cdots \\ &\qquad +\frac{p-1}{ab}+\frac{p-1}{ac}+\cdots+\frac{p-1}{bc}+\cdots-\frac{p-1}{abc}-\cdots. \end{aligned}\right.$$

Exemples. — Puisqu'on trouve, en prenant $p=3$, $p-1=2$, $a=2$,

$$(p-1)\left(1-\frac{1}{a}\right)=2\left(1-\frac{1}{2}\right)=2-1;$$

en prenant $p=5$, $p-1=4$, $a=2$,

$$(p-1)\left(1-\frac{1}{a}\right)=4\left(1-\frac{1}{2}\right)=4-2;$$

en prenant $p=7$, $p-1=6$, $a=2$, $b=3$,

$$(p-1)\left(1-\frac{1}{a}\right)\left(1-\frac{1}{b}\right)=6\left(1-\frac{1}{2}\right)\left(1-\frac{1}{3}\right)=6-3-2+1;$$

en prenant $p=11$, $p-1=10$, $a=2$, $b=5$,

$$(p-1)\left(1-\frac{1}{a}\right)\left(1-\frac{1}{b}\right)=10\left(1-\frac{1}{2}\right)\left(1-\frac{1}{5}\right)=10-5-2+1;$$

en prenant $p=13$, $p-1=12$, $a=2$, $b=3$,

$$(p-1)\left(1-\frac{1}{a}\right)\left(1-\frac{1}{b}\right)=12\left(1-\frac{1}{2}\right)\left(1-\frac{1}{3}\right)=12-6-4+2;$$

en prenant $p=17$, $p-1=16$, $a=2$,

$$(p-1)\left(1-\frac{1}{a}\right)=16\left(1-\frac{1}{2}\right)=16-8;$$

etc., et que l'on a d'ailleurs

$$\frac{x^2-1}{x-1}=x+1,$$

$$\frac{x^4-1}{x^2-1}=x^2+1,$$

$$\frac{(x^6-1)(x-1)}{(x^3-1)(x^2-1)}=\frac{x^3+1}{x+1}=x^2-x+1,$$

$$\frac{(x^{10}-1)(x-1)}{(x^5-1)(x^2-1)}=\frac{x^5+1}{x+1}=x^4-x^3+x^2-x+1,$$

$$\frac{(x^{12}-1)(x^2-1)}{(x^6-1)(x^4-1)}=\frac{x^6+1}{x^2+1}=x^4-x^2+1,$$

$$\frac{x^{16}-1}{x^8-1}=x^8+1,$$

................,

on peut affirmer que les racines primitives de 3 se réduisent à la racine unique de l'équivalence

(79) $$x+1\equiv 0 \quad (\text{mod.}\, 3);$$

que les racines primitives de 5 coïncident avec les racines de l'équivalence

(80) $$x^2+1\equiv 0 \quad (\text{mod.}\, 5);$$

les racines primitives de 7 avec les racines de l'équivalence

(81) $$x^2-x+1\equiv 0 \quad (\text{mod.}\, 7);$$

les racines primitives de 11 avec les racines de l'équivalence

(82) $$x^4-x^3+x^2-x+1\equiv 0 \quad (\text{mod.}\, 11);$$

les racines primitives de 13 avec les racines de l'équivalence

(83) $$x^4-x^2+1\equiv 0 \quad (\text{mod.}\, 13);$$

les racines primitives de 17 avec les racines de l'équivalence

(84) $$x^8+1\equiv 0 \quad (\text{mod.}\, 17),$$

etc.

On trouverait de même que les racines primitives des nombres 19,

23, 29, 31, 37, ... se confondent avec les racines des équivalences

$$x^6 - x^3 + 1 \equiv 0 \quad (\text{mod. } 19),$$
$$x^{10} - x^9 + x^8 - x^7 + x^6 - x^5 + x^4 - x^3 + x^2 - x + 1 \equiv 0 \quad (\text{mod. } 23),$$
$$x^{12} - x^{10} + x^8 - x^6 + x^4 - x^2 + 1 \equiv 0 \quad (\text{mod. } 29),$$
$$x^8 + x^7 - x^5 - x^4 - x^3 + x + 1 \equiv 0 \quad (\text{mod } 31),$$
$$x^{12} - x^6 + 1 \equiv 0 \quad (\text{mod. } 37),$$
$$\ldots\ldots\ldots\ldots \qquad \ldots\ldots\ldots$$

Il est d'ailleurs facile de s'assurer que les racines primitives des nombres 3, 5, 7, 11, 13, 17, 19, 23, 29, 31, 37, ... vérifient les formules qu'on vient d'obtenir. En effet, ces racines primitives, lorsqu'on représente chacune d'elles par un nombre renfermé entre les limites 0, p, sont respectivement

pour $p = 3$, ..., 2,
» $p = 5$, ..., 2, 3,
» $p = 7$, ..., 3, 5,
» $p = 11$, ..., 2, 6, 7, 8,
» $p = 13$, ..., 2, 6, 7, 11,
» $p = 17$, ..., 3, 5, 6, 7, 10, 11, 12, 14,
» $p = 19$, ..., 2, 3, 10, 13, 14, 15,
» $p = 23$, ..., 5, 7, 10, 11, 14, 15, 17, 19, 20, 21,
» $p = 29$, ..., 2, 3, 8, 10, 11, 14, 15, 18, 19, 21, 26, 27,
» $p = 31$, ..., 3, 11, 12, 13, 17, 21, 22, 24,
» $p = 37$, ..., 2, 5, 13, 15, 17, 18, 19, 20, 22, 24, 32, 35.

Elles deviendraient

pour $p = 3$, ..., -1,
» $p = 5$, ..., -2, 2,
» $p = 7$, ..., -2, 3,
» $p = 11$, ..., -5, -4, -3, 2,
» $p = 13$, ..., -6, -2, 2, 6,
» $p = 17$, ..., -7, -6, -5, -3, 3, 5, 6, 7,
» $p = 19$, ..., -9, -6, -5, -4, 2, 3,
» $p = 23$, ..., -9, -8, -6, -4, -3, -2, 5, 7, 10, 11,
» $p = 29$, ..., -14, -11, -10, -8, -3, -2, 2, 3, 8, 10, 11, 14,
» $p = 31$, ..., -14, -10, -9, -7, 3, 11, 12, 13,
» $p = 37$, ..., -18, -17, -15, -13, -5, -2, 2, 5, 13, 15, 17, 18,

si on les représentait par des quantités comprises entre les limites $-\frac{p}{2}$, $+\frac{p}{2}$. On aura d'ailleurs évidemment

$$2+1\equiv 0 \quad (\text{mod. } 3),$$
$$2^2+1\equiv 3^2+1\equiv 0 \quad (\text{mod. } 5),$$
$$3^2-3+1\equiv 5^2-5+1\equiv 0 \quad (\text{mod. } 7),$$
$$\ldots\ldots\ldots\ldots \quad \ldots\ldots$$

Il est bon d'observer que le produit (78) sera un nombre pair, si l'un des facteurs a, b, c, ... est impair, ou si $p-1$ est divisible par 4. Donc ce produit sera toujours pair, excepté dans le cas où l'on supposerait $n=3$. De plus, les différents termes compris dans le second membre de la formule (78) seront pairs eux-mêmes, si $p-1$ est divisible par 4. Il suit de ces observations que l'équation (77), réduite à sa forme la plus simple, aura pour premier terme une puissance paire de x, si p n'est pas égal à 3, et ne renfermera que des puissances paires de x, si $p-1$ est divisible par 4. D'ailleurs le dernier terme de cette équation sera la valeur du rapport

$$\frac{(x^n-1)\left(x^{\frac{n}{ab}}-1\right)\left(x^{\frac{n}{ac}}-1\right)\cdots\left(x^{\frac{n}{bc}}-1\right)\cdots}{\left(x^{\frac{n}{a}}-1\right)\left(x^{\frac{n}{b}}-1\right)\left(x^{\frac{n}{c}}-1\right)\cdots\left(x^{\frac{n}{abc}}-1\right)\cdots},$$

correspondante à $x=0$, c'est-à-dire l'unité. Donc, si l'on excepte le cas où l'on aurait $p=3$, les racines primitives du nombre p donneront l'unité pour produit; et ces racines pourront être considérées comme deux à deux égales, mais affectées de signes contraires, toutes les fois que le nombre p, divisé par 4, donnera 1 pour reste.

Théorème X. — *Soient*

$$\xi_1, \quad \xi_2, \quad \ldots, \quad \xi_{m-1}, \quad \xi_m$$

les racines de l'équation

$$(85) \qquad a_0x^m+a_1x^{m-1}+\ldots+a_{m-1}x+a_m=0,$$

dans laquelle a_0, a_1, ..., a_{m-1}, a_m *désignent des quantités entières,* p *un nombre premier supérieur ou égal à m, et supposons que l'équivalence*

$$(4) \qquad a_0 x^m + a_1 x^{m-1} + \ldots + a_{m-1} x + a_m \equiv 0 \qquad (\text{mod. } p)$$

admette m racines distinctes représentées par

$$x_1, \quad x_2, \quad \ldots, \quad x_{m-1}, \quad x_m.$$

Soient d'ailleurs

$$F(\xi_1, \xi_2, \ldots, \xi_{m-1}, \xi_m)$$

une fonction entière et symétrique de $\xi_1, \xi_2, \ldots, \xi_{m-1}, \xi_m$, *à coefficients entiers ou rationnels, et* U *la valeur entière ou fractionnaire de cette même fonction. L'équation*

$$(86) \qquad F(\xi_1, \xi_2, \ldots, \xi_{m-1}, \xi_m) = U$$

entraînera l'équivalence

$$(87) \qquad F(x_1, x_2, \ldots, x_{m-1}, x_m) \equiv U \qquad (\text{mod. } p).$$

Démonstration. — Les fonctions symétriques de $\xi_1, \xi_2, \ldots, \xi_{m-1}, \xi_m$ et de $x_1, x_2, \ldots, x_{m-1}, x_m$, représentées par

$$F(\xi_1, \xi_2, \ldots, \xi_{m-1}, \xi_m) \quad \text{et} \quad F(x_1, x_2, \ldots, x_{m-1}, x_m),$$

peuvent être considérées, la première comme une fonction entière des sommes

$$(88) \qquad \left\{ \begin{array}{l} \xi_1 + \xi_2 + \ldots + \xi_m = -\dfrac{a_1}{a_0}, \\ \xi_1\xi_2 + \xi_1\xi_3 + \ldots + \xi_1\xi_m + \xi_2\xi_3 + \ldots + \xi_2\xi_m + \ldots + \xi_{m-1}\xi_m = \dfrac{a_2}{a_0}, \\ \ldots\ldots\ldots\ldots\ldots\ldots\ldots\ldots\ldots\ldots\ldots\ldots\ldots\ldots, \\ \xi_1\xi_2 \ldots \xi_{m-1}\xi_m = \pm \dfrac{a_m}{a_0}, \end{array} \right.$$

la seconde comme une fonction semblable des quantités que l'on déduit de ces mêmes sommes en écrivant partout ξ au lieu de x, quantités qui vérifient les formules (10) et, par conséquent, les suivantes

$$(89)\quad \begin{cases} x_1+x_2+\ldots+x_m \equiv -\dfrac{a_1}{a_0} \pmod{p}, \\ x_1x_2+x_1x_3+\ldots+x_1x_m+x_2x_3+\ldots+x_2x_m+\ldots+x_{m-1}x_m \equiv \dfrac{a_2}{a_0}, \\ \ldots\ldots\ldots\ldots\ldots\ldots\ldots\ldots\ldots\ldots, \\ x_1x_2\ldots x_{m-1}x_m \equiv \pm\dfrac{a_m}{a_0}. \end{cases}$$

Or il suit évidemment de cette remarque qu'en omettant les multiples de p on trouvera pour la fonction

$$F(x_1, x_2, \ldots, x_{m-1}, x_m)$$

une valeur numérique entière ou fractionnaire précisément égale à celle de la fonction

$$F(\xi_1, \xi_2, \ldots, \xi_{m-1}, \xi_m).$$

Corollaire I. — Si, après avoir posé l'équation identique

$$(90)\quad a_0x^m+a_1x^{m-1}+\ldots+a_{m-1}x+a_m = a_0(x-\xi_1)(x-\xi_2)\ldots(x-\xi_m),$$

on différentie par rapport à x les logarithmes des deux membres, on trouvera

$$(91)\quad \begin{cases} \dfrac{ma_0x^{m-1}+(m-1)a_1x^{m-2}+\ldots+2a_{m-2}x+a_{m-1}}{a_0x^m+a_1x^{m-1}+\ldots+a_{m-2}x^2+a_{m-1}x+a_m} \\ = \dfrac{1}{x-\xi_1}+\dfrac{1}{x-\xi_2}+\ldots+\dfrac{1}{x-\xi_m}, \end{cases}$$

puis on en conclura, en supposant $x > 1$,

$$(92)\quad \begin{cases} \dfrac{ma_0x^{m-1}+(m-1)a_1x^{m-2}+\ldots+2a_{m-2}x+a_{m-1}}{a_0x^m+a_1x^{m-1}+\ldots+a_{m-2}x^2+a_{m-1}x+a_m} \\ = \dfrac{1}{x}+(\xi_1+\xi_2+\ldots+\xi_m)\dfrac{1}{x^2}+(\xi_1^2+\xi_2^2+\ldots+\xi_m^2)\dfrac{1}{x^3} \\ \quad +(\xi_1^3+\xi_2^3+\ldots+\xi_m^3)\dfrac{1}{x^4}+\ldots. \end{cases}$$

Donc, si l'on représente par

$$(93)\quad \frac{1}{x}+\frac{s_1}{x^2}+\frac{s_2}{x^3}+\frac{s_3}{x^4}+\ldots$$

le développement du premier membre de la formule (92) suivant les puissances ascendantes de $\frac{1}{x}$, on aura

$$(94)\quad \begin{cases} \xi_1+\xi_2+\ldots+\xi_m=s_1, \\ \xi_1^2+\xi_2^2+\ldots+\xi_m^2=s_2, \\ \xi_1^3+\xi_2^3+\ldots+\xi_m^3=s_3, \\ \ldots\ldots\ldots\ldots\ldots\ldots\ldots, \end{cases}$$

et généralement, l étant un nombre entier quelconque,

$$\xi_1^l+\xi_2^l+\ldots+\xi_m^l=s_l.$$

Cela posé, il résulte du théorème X que l'on aura encore

$$(95)\qquad x_1^l+x_2^l+\ldots+x_m^l\equiv s_l \quad (\text{mod. } p).$$

Corollaire II. — Le théorème X pourrait devenir inexact, ainsi que les formules (10) et (89), si le degré m de l'équivalence

$$(4)\qquad a_0x^m+a_1x^{m-1}+\ldots+a_{m-1}x+a_m\equiv 0 \quad (\text{mod. } p)$$

devenait supérieur à son module p, ou si ce module cessait d'être un nombre premier.

Corollaire III. — Si l'on réduit le polynôme

$$a_0x^m+a_1x^{m-1}+\ldots+a_{m-1}x+a_m$$

au binôme

$$x^m-1,$$

les formules (85) et (4) deviendront respectivement

$$(96)\qquad x^m=1,$$

$$(97)\qquad x^m\equiv 1 \quad (\text{mod. } p).$$

On trouvera d'ailleurs

$$\frac{m}{x}+\frac{s_1}{x^2}+\frac{s_2}{x^3}+\frac{s_3}{x^4}+\ldots=\frac{mx^{m-1}}{x^m-1}=\frac{m}{x}+\frac{m}{x^{m+1}}+\frac{m}{x^{2m+1}}+\ldots$$

et, par conséquent,

$$(98)\quad \begin{cases} s_1 = 0, & s_2 = 0, & \ldots, & s_{m-1} = 0, & s_m = m, \\ s_{m+1} = 0, & s_{m+2} = 0, & \ldots, & s_{2m-1} = 0, & s_{2m} = m, \\ s_{2m+1} = 0, & s_{2m+2} = 0, & \ldots, & s_{3m-1} = 0, & s_{3m} = m, \\ \ldots\ldots\ldots, & \ldots\ldots\ldots, & \ldots, & \ldots\ldots\ldots, & \ldots\ldots\ldots \end{cases}$$

On aura donc

$$(99)\qquad s_l = m$$

toutes les fois que l sera multiple de m, et

$$(100)\qquad s_l = 0$$

dans le cas contraire. Cela posé, on déduira immédiatement des formules (99) et (100) les propositions suivantes :

Théorème XI. — *La somme des puissances du degré l, pour les racines de l'équation* (96), *est égale au nombre m ou à zéro, suivant que l est ou n'est pas multiple de m.*

Théorème XII. — *Si l'équivalence binôme*

$$(97)\qquad x^m \equiv 1 \quad (\text{mod. } p)$$

admet m racines distinctes, la somme de leurs puissances du degré l sera équivalente, suivant le module p, au nombre m ou à zéro, suivant que l sera ou ne sera pas multiple de m.

Concevons maintenant que, p étant un nombre premier, n un diviseur de $p-1$, $a, b, c, \ldots$ les facteurs premiers de n, et X une fonction de x déterminée par la formule (57), on réduise l'équation (85) ou l'équivalence (4) à l'équation (58) ou à l'équivalence (59). On trouvera, eu égard à la formule (61),

$$(101)\quad \begin{cases} a_0 x^m + a_1 x^{m-1} + \ldots + a_{m-1} x + a_m \\ = \dfrac{(x^n - 1)\left(x^{\frac{n}{ab}} - 1\right)\left(x^{\frac{n}{ac}} - 1\right)\ldots\left(x^{\frac{n}{bc}} - 1\right)\ldots}{\left(x^{\frac{n}{a}} - 1\right)\left(x^{\frac{n}{b}} - 1\right)\left(x^{\frac{n}{c}} - 1\right)\ldots\left(x^{\frac{n}{abc}} - 1\right)\ldots}; \end{cases}$$

puis on tirera : 1° de l'équation (101), en différentiant les logarithmes des deux membres,

$$(102)\quad \left\{\begin{aligned}
&\frac{ma_0x^{m-1}+(m-1)a_1x^{m-2}+\ldots+a_{m-1}}{a_0x^m+a_1x^{m-1}+\ldots+a_{m-1}x+a_m}\\
&\quad=\frac{nx^{n-1}}{x^n-1}-\frac{\frac{n}{a}x^{\frac{n}{a}-1}}{x^{\frac{n}{a}}-1}-\frac{\frac{n}{b}x^{\frac{n}{b}-1}}{x^{\frac{n}{b}}-1}-\frac{\frac{n}{c}x^{\frac{n}{c}-1}}{x^{\frac{n}{c}}-1}-\ldots\\
&\quad+\frac{\frac{n}{ab}x^{\frac{n}{ab}-1}}{x^{\frac{n}{ab}}-1}+\frac{\frac{n}{ac}x^{\frac{n}{ac}-1}}{x^{\frac{n}{ac}}-1}+\ldots+\frac{\frac{n}{bc}x^{\frac{n}{bc}-1}}{x^{\frac{n}{bc}}-1}+\ldots-\frac{\frac{n}{abc}x^{\frac{n}{abc}-1}}{x^{\frac{n}{abc}}-1}-\ldots;
\end{aligned}\right.$$

2° de la formule (102), en développant les deux membres suivant les puissances ascendantes de $\frac{1}{x}$,

$$(103)\quad \left\{\begin{aligned}
\frac{m}{x}+\frac{s_1}{x^2}+\frac{s_2}{x^3}+\frac{s_3}{x^4}+\ldots=\;& n\left(\frac{1}{x}+\frac{1}{x^{n+1}}+\frac{1}{x^{2n+1}}+\ldots\right)\\
&-\frac{n}{a}\left(\frac{1}{x}+\frac{1}{x^{\frac{n}{a}+1}}+\frac{1}{x^{2\frac{n}{a}+1}}+\ldots\right)\\
&-\frac{n}{b}\left(\frac{1}{x}+\frac{1}{x^{\frac{n}{b}+1}}+\frac{1}{x^{2\frac{n}{b}+1}}+\ldots\right)\\
&-\frac{n}{c}\left(\frac{1}{x}+\frac{1}{x^{\frac{n}{c}+1}}+\frac{1}{x^{2\frac{n}{c}+1}}+\ldots\right)\\
&-\ldots\ldots\ldots\ldots\ldots\ldots\ldots\ldots\ldots\ldots\\
&+\frac{n}{ab}\left(\frac{1}{x}+\frac{1}{x^{\frac{n}{ab}+1}}+\frac{1}{x^{2\frac{n}{ab}+1}}+\ldots\right)\\
&+\frac{n}{ac}\left(\frac{1}{x}+\frac{1}{x^{\frac{n}{ac}+1}}+\frac{1}{x^{2\frac{n}{ac}+1}}+\ldots\right)\\
&+\ldots\ldots\ldots\ldots\ldots\ldots\ldots\ldots\ldots\ldots\\
&+\frac{n}{bc}\left(\frac{1}{x}+\frac{1}{x^{\frac{n}{bc}+1}}+\frac{1}{x^{2\frac{n}{bc}+1}}+\ldots\right)\\
&+\ldots\ldots\ldots\ldots\ldots\ldots\ldots\ldots\ldots\ldots\\
&-\frac{n}{abc}\left(\frac{1}{x}+\frac{2}{x^{\frac{n}{abc}+1}}+\frac{1}{x^{2\frac{n}{abc}+1}}+\ldots\right)\\
&-\ldots\ldots\ldots\ldots\ldots\ldots\ldots\ldots\ldots\ldots
\end{aligned}\right.$$

Par suite, on aura

$$s_l = 0, \tag{100}$$

si l n'est divisible par aucun des nombres entiers

$$n,\quad \frac{n}{a},\quad \frac{n}{b},\quad \frac{n}{c},\quad \ldots;\quad \frac{n}{ab},\quad \frac{n}{ac},\quad \ldots;\quad \frac{n}{bc},\quad \ldots;\quad \frac{n}{abc},\quad \ldots, \tag{104}$$

c'est-à-dire par aucun des termes renfermés dans le développement du produit (56). Mais, si le contraire arrive, alors, en nommant ω le plus grand des nombres (104) qui divise l, on trouvera

$$\left\{\begin{array}{lll}
\text{Pour } \omega = n, & s_l = n\left(1-\frac{1}{a}\right)\left(1-\frac{1}{b}\right)\left(1-\frac{1}{c}\right)\cdots = \mathrm{N}, \\
\text{» } \omega = \frac{n}{a}, & s_l = -\frac{n}{a}\left(1-\frac{1}{b}\right)\left(1-\frac{1}{c}\right)\cdots\cdots = \frac{\mathrm{N}}{1-a}, \\
\text{» } \omega = \frac{n}{b}, & s_l = -\frac{n}{b}\left(1-\frac{1}{a}\right)\left(1-\frac{1}{c}\right)\cdots\cdots = \frac{\mathrm{N}}{1-b}, \\
\text{» } \omega = \frac{n}{c}, & s_l = -\frac{n}{c}\left(1-\frac{1}{a}\right)\left(1-\frac{1}{b}\right)\cdots\cdots = \frac{\mathrm{N}}{1-c}, \\
\text{» } \ldots\ldots, & \ldots\ldots\ldots\ldots\ldots\ldots, \\
\text{» } \omega = \frac{n}{ab}, & s_l = \frac{n}{ab}\left(1-\frac{1}{c}\right)\cdots\cdots = \frac{\mathrm{N}}{(1-a)(1-b)}, \\
\text{» } \omega = \frac{n}{ac}, & s_l = \frac{n}{ac}\left(1-\frac{1}{b}\right)\cdots\cdots = \frac{\mathrm{N}}{(1-a)(1-c)}, \\
\text{» } \ldots\ldots, & \ldots\ldots\ldots\ldots\ldots\ldots, \\
\text{» } \omega = \frac{n}{bc}, & s_l = \frac{n}{bc}\left(1-\frac{1}{a}\right)\cdots\cdots = \frac{\mathrm{N}}{(1-b)(1-c)}, \\
\text{» } \ldots\ldots, & \ldots\ldots\ldots\ldots\ldots\ldots, \\
\text{» } \omega = \frac{n}{abc}, & s_l = -\frac{n}{abc}\cdots\cdots = \frac{\mathrm{N}}{(1-a)(1-b)(1-c)}, \\
\text{» } \ldots\ldots, & \ldots\ldots\ldots\ldots\ldots\ldots
\end{array}\right. \tag{105}$$

Cela posé, on déduira immédiatement des formules (100) et (105) les propositions suivantes :

THÉORÈME XIII. — *Soient n un nombre entier quelconque, $a, b, c, \ldots$ les facteurs premiers de n, et faisons*

$$\mathrm{N} = n\left(1-\frac{1}{a}\right)\left(1-\frac{1}{b}\right)\left(1-\frac{1}{c}\right)\cdots. \tag{56}$$

La somme des puissances du degré l, pour les racines primitives de l'équation

(2) $$x^n = 1,$$

sera nulle, si le degré l n'est divisible par aucun des termes que renferme le développement du produit (56), *c'est-à-dire par aucun des nombres* (104). *Mais, si, parmi ces nombres, on trouve un ou plusieurs diviseurs de l, il suffira de considérer le plus grand de ces diviseurs, puis de remplacer, dans son expression sous forme fractionnaire, les nombres n, a, b, c, ... par les nombres* N, $1-a$, $1-b$, $1-c$, ... *pour obtenir la somme dont il s'agit.*

Théorème XIV. — *Les mêmes choses étant posées que dans le théorème XIII, et p étant un nombre premier qui, divisé par n, donne* 1 *pour reste, la somme des puissances du degré l, pour les racines primitives de l'équivalence*

(3) $$x^n \equiv 1 \quad (\text{mod.}\, p),$$

sera équivalente à zéro, suivant le module p, si l n'est divisible par aucun des nombres (104). *Mais, si, parmi ces nombres, on trouve un ou plusieurs diviseurs de l, il suffira de considérer le plus grand de ces diviseurs, puis de remplacer, dans son expression sous forme fractionnaire, les nombres n, a, b, c, ... par* N, $1-a$, $1-b$, $1-c$, ... *pour obtenir une fraction équivalente à la somme dont il s'agit.*

Corollaire I. — Lorsque, dans le nombre n, chacun des facteurs premiers $a, b, c, \ldots$ se trouve simplement élevé à la première puissance, on a

(106) $$n = abc\ldots,$$

et le plus petit terme de la suite (104), ou $\frac{n}{abc\ldots}$, se réduit à l'unité. Alors aussi la dernière des équations (105) donnera

(107) $$s_l = \pm 1,$$

le double signe devant être réduit au signe + ou au signe — suivant que le nombre des facteurs $a, b, c, \ldots$ sera pair ou impair; et la formule (107) subsistera toutes les fois que l sera premier à n. On pourra donc prendre $l = 1$, et par conséquent *la somme des racines primitives sera équivalente à* ± 1.

Corollaire II. — Lorsque, dans le nombre n, un ou plusieurs des facteurs $a, b, c, \ldots$ sont élevés au carré ou à des puissances supérieures, le dernier terme de la suite (104), savoir $\frac{n}{abc\ldots}$, surpasse l'unité, et, si l'on désigne par l un nombre entier inférieur à ce terme, on aura

$$s_l = 0. \tag{100}$$

Donc alors, en prenant $l = 1$, on trouvera

$$s_1 = 0. \tag{108}$$

Ajoutons que, dans le cas dont il s'agit, l'équation (100) subsistera toutes les fois que le nombre entier l sera premier à n, ou même à $\frac{n}{abc\ldots}$.

En remplaçant, dans le théorème XIV, n par $p - 1$, on en déduira immédiatement la proposition dont voici l'énoncé :

Théorème XV. — *Soient p un nombre premier quelconque, et $a, b, c, \ldots$ les facteurs premiers de $p - 1$. La somme des puissances du degré l, pour les racines primitives du nombre p, sera équivalente à zéro, si l n'est divisible par aucun des nombres*

$$\left\{\begin{array}{l} p-1, \quad \frac{p-1}{a}, \quad \frac{p-1}{b}, \quad \frac{p-1}{c}, \quad \ldots, \\ \frac{p-1}{ab}, \quad \frac{p-1}{ac}, \quad \ldots, \quad \frac{p-1}{bc}, \quad \ldots, \quad \frac{p-1}{abc}, \quad \ldots. \end{array}\right. \tag{109}$$

Mais, si, parmi ces nombres, on trouve un ou plusieurs diviseurs de l, il suffira de considérer le plus grand de ces diviseurs, puis de remplacer, dans son expression sous forme fractionnaire, $p - 1$ par le produit

$$(p-1)\left(1-\frac{1}{a}\right)\left(1-\frac{1}{b}\right)\left(1-\frac{1}{c}\right)\cdots,$$

a par $1 - a$, *b par* $1 - b$, *c* par $1 - c$, *etc. pour obtenir une fraction équivalente à la somme dont il s'agit.*

Corollaire I. — Lorsque, dans le nombre $p - 1$, chacun des facteurs $a, b, c, \ldots$ se trouve simplement élevé à la première puissance, la somme des racines primitives du nombre p est équivalente à ± 1, savoir à $+1$ quand les facteurs $a, b, c, \ldots$ sont en nombre pair, et à -1 quand ils sont en nombre impair. La même somme est équivalente à zéro, lorsqu'un ou plusieurs des facteurs $a, b, c, \ldots$ se trouvent, dans le nombre $p-1$, élevés au carré ou à une puissance supérieure. C'est, au reste, ce que l'on savait déjà. Mais on peut ajouter que, si l'on désigne par l un nombre premier à $p - 1$, ou même à $\frac{p-1}{abc\ldots}$, la somme des puissances du degré l, pour les racines primitives du nombre p, sera toujours équivalente à la somme de ces racines.

Pour montrer une application du théorème XV, supposons $p = 19$. Dans ce cas, le nombre

$$p - 1 = 18 = 2.3^2$$

aura pour facteurs premiers 2 et 3. On pourra donc supposer $a = 2$, $b = 3$, et la suite (104) renfermera seulement quatre termes, savoir

$$18, \qquad \frac{18}{2} = 9, \qquad \frac{18}{3} = 6, \qquad \frac{18}{2.3} = 3.$$

On trouvera d'ailleurs

$$(p-1)\left(1 - \frac{1}{a}\right)\left(1 - \frac{1}{b}\right) = 18 \times \frac{1}{2} \times \frac{2}{3} = 6,$$

$$1 - a = -1, \qquad 1 - b = -2.$$

Donc, en vertu du théorème XV, la somme des puissances du degré l, pour les racines primitives de 19, sera équivalente à zéro, suivant le module 19, si l n'est pas divisible par 3. La même somme deviendra équivalente à 6, si l est divisible par 18, à $\frac{6}{-1} = -6$, si l est divisible par $\frac{18}{2} = 9$, à $\frac{6}{-2} = -3$, si l est divisible par $\frac{18}{3} = 6$, enfin à

$$\frac{6}{(-1)(-2)} = 3,$$

si l est divisible par 3. Effectivement, les racines primitives du nombre 19 sont

$$2, \quad 3, \quad 10, \quad 13, \quad 14, \quad 15,$$

et l'on trouve

$$2 + 3 + 10 + 13 + 14 + 15 \equiv 6 \pmod{19},$$
$$2^2 + 3^2 + 10^2 + 13^2 + 14^2 + 15^2 \equiv 0,$$
$$2^4 + 3^4 + 10^4 + 13^4 + 14^4 + 15^4 \equiv 0,$$
$$2^5 + 3^5 + 10^5 + 13^5 + 14^5 + 15^5 \equiv 0,$$
$$\dots\dots\dots\dots,$$
$$2^3 + 3^3 + 10^3 + 13^3 + 14^3 + 15^3 \equiv 3,$$
$$2^{15} + 3^{15} + 10^{15} + 13^{15} + 14^{15} + 15^{15} \equiv 3,$$
$$\dots\dots\dots\dots,$$
$$2^6 + 3^6 + 10^6 + 13^6 + 14^6 + 15^6 \equiv -3,$$
$$2^{12} + 3^{12} + 10^{12} + 13^{12} + 14^{12} + 15^{12} \equiv -3,$$
$$\dots\dots\dots\dots,$$
$$2^9 + 3^9 + 10^9 + 13^9 + 14^9 + 15^9 \equiv -6,$$
$$\dots\dots\dots\dots,$$
$$2^{18} + 3^{18} + 10^{18} + 13^{18} + 14^{18} + 15^{18} \equiv 6,$$
$$\dots\dots\dots\dots$$

Théorème XVI. — *Supposons, comme dans le théorème X, que l'on désigne par a_0, a_1, ..., a_{m-1}, a_m des quantités entières, par*

$$\xi_1, \quad \xi_2, \quad \dots, \quad \xi_{m-1}, \quad \xi_m$$

les racines de l'équation

$$a_0 x^m + a_1 x^{m-1} + \dots + a_{m-1} x + a_m = 0, \tag{85}$$

par p un nombre premier supérieur ou égal à m, et que l'équivalence

$$a_0 x^m + a_1 x^{m-1} + \dots + a_{m-1} x + a_m \equiv 0 \pmod{p} \tag{4}$$

admette m racines distinctes représentées par

$$x_1, \quad x_2, \quad \dots, \quad x_{m-1}, \quad x_m.$$

Soient d'ailleurs

$$\Phi(\xi_1, \xi_2, \dots, \xi_m)$$

une fonction entière à coefficients entiers ou rationnels, mais non symé-

trique, des racines de l'équation (85), *ou de plusieurs d'entre elles, et* M *le nombre des valeurs distinctes que cette fonction peut acquérir en vertu d'échanges opérés entre les racines* $\xi_1, \xi_2, \ldots, \xi_m$. *Désignons par*

$$\upsilon_1, \quad \upsilon_2, \quad \ldots, \quad \upsilon_M$$

ces mêmes valeurs, et par

$$u_1, \quad u_2, \quad \ldots, \quad u_M$$

les quantités dans lesquelles elles se transforment, quand aux racines ξ_1, $\xi_2, \ldots, \xi_m$ *de l'équation* (85) *on substitue les racines* $x_1, x_2, \ldots, x_m$ *de l'équivalence* (4). *Enfin soit*

$$(110) \qquad u^M + A_1 u^{M-1} + A_2 u^{M-2} + \ldots + A_{M-1} u + A_M = 0$$

l'équation qui a pour racines $\upsilon_1, \upsilon_2, \ldots, \upsilon_M$. *Les coefficients* $A_1, A_2, \ldots$, A_M *seront entiers ou rationnels, et l'équivalence*

$$(111) \qquad u^M + A_1 u^{M-1} + A_2 u^{M-2} + \ldots + A_{M-1} u + A_M \equiv 0 \qquad (\text{mod.} p)$$

aura pour racines $u_1, u_2, \ldots, u_M$.

Démonstration. — Comme, dans l'hypothèse admise, on aura identiquement

$$(112) \quad (u - \upsilon_1)(u - \upsilon_2)\ldots(u - \upsilon_M) = u^M + A_1 u^{M-1} + \ldots + A_{M-1} u + A_M$$

et, par suite,

$$(113) \quad \begin{cases} A_1 = -(\upsilon_1 + \upsilon_2 + \ldots + \upsilon_M), \\ A_2 = \upsilon_1\upsilon_2 + \upsilon_1\upsilon_3 + \ldots + \upsilon_1\upsilon_M + \upsilon_2\upsilon_3 + \ldots + \upsilon_2\upsilon_M + \ldots + \upsilon_{M-1}\upsilon_M, \\ \ldots\ldots\ldots\ldots\ldots\ldots\ldots\ldots\ldots\ldots\ldots\ldots, \\ A_M = \pm \upsilon_1\upsilon_2\ldots\upsilon_{M-1}\upsilon_M, \end{cases}$$

il est clair que A_1, A_2, A_M seront des fonctions symétriques de ξ_1, $\xi_2, \ldots, \xi_m$ à coefficients entiers ou rationnels, et par conséquent des fonctions entières des rapports $\frac{a_1}{a_0}, \frac{a_2}{a_0}, \ldots, \frac{a_m}{a_0}$. Donc $A_1, A_2, \ldots, A_M$ se réduiront à des quantités entières ou rationnelles. De plus, si, dans les seconds membres des équations (113), on remplace $\upsilon_1, \upsilon_2, \ldots, \upsilon_M$ par

$u_1, u_2, \ldots, u_M$, ces seconds membres, qui étaient des fonctions symétriques des racines de l'équation (85), se transformeront en des fonctions semblables des racines de l'équivalence (4). Or il suit évidemment de cette remarque, qu'en omettant les multiples de p, on aura encore

$$(114)\quad \begin{cases} A_1 \equiv -(u_1 + u_2 + \ldots + u_M) \quad (\text{mod.}\, p), \\ A_2 \equiv u_1 u_2 + u_1 u_3 + \ldots + u_1 u_M + u_2 u_3 + \ldots + u_2 u_M + \ldots + u_{M-1} u_M, \\ \ldots\ldots\ldots\ldots\ldots\ldots\ldots\ldots, \\ A_M \equiv \pm\, u_1 u_2 \ldots u_{M-1} u_M. \end{cases}$$

Donc la formule

$$(115)\quad (u-u_1)(u-u_2)\ldots(u-u_M) \equiv u^M + A_1 u^{M-1} + \ldots + A_{M-1} u + A_M \quad (\text{mod.}\, p)$$

subsistera, quel que soit u, et l'équivalence

$$(116)\qquad (u-u_1)(u-u_2)\ldots(u-u_M) \equiv 0 \qquad (\text{mod.}\, p),$$

qui a pour racines $u_1, u_2, \ldots, u_M$, pourra être présentée sous la forme

$$(117)\quad u^M + A_1 u^{M-1} + A_2 u^{M-2} + \ldots + A_{M-1} u + A_M \equiv 0 \qquad (\text{mod.}\, p).$$

Au reste, le théorème XVI est compris, comme cas particulier, dans un théorème plus général, que l'on démontrerait de la même manière, et dont voici l'énoncé :

Théorème XVII. — *Soient*

$$(118)\qquad \begin{cases} a_0 x^m + a_1 x^{m-1} + \ldots + a_{m-1} x + a_m = 0, \\ b_0 y^{m'} + b_1 y^{m'-1} + \ldots + b_{m'-1} y + b_{m'} = 0, \\ c_0 z^{m''} + c_1 z^{m''-1} + \ldots + c_{m''-1} z + c_{m''} = 0, \\ \ldots\ldots\ldots\ldots\ldots\ldots \end{cases}$$

diverses équations algébriques, la première du degré m, la deuxième du degré m′, la troisième du degré m″, ... et dans lesquelles

$$a_0,\ a_1,\ \ldots,\ a_{m-1},\ a_m;\quad b_0,\ b_1,\ \ldots,\ b_{m'-1},\ b_{m'};\quad c_0,\ c_1,\ \ldots,\ c_{m''-1},\ c_{m''};\quad \ldots$$

désignent des quantités entières, ou même des quantités rationnelles. Soient d'ailleurs

$$\xi_1,\ \xi_2,\ \ldots,\ \xi_{m-1},\ \xi_m;\quad \eta_1,\ \eta_2,\ \ldots,\ \eta_{m'-1},\ \eta_{m'};\quad \zeta_1,\ \zeta_2,\ \ldots,\ \zeta_{m''-1},\ \zeta_{m''};\quad \ldots$$

les racines de ces diverses équations, et

$$(119)\qquad \Phi(\xi_1,\ \xi_2,\ \ldots,\ \xi_m;\ \eta_1,\ \eta_2,\ \ldots,\ \eta_{m'};\ \zeta_1,\ \zeta_2,\ \ldots,\ \zeta_{m''};\ \ldots)$$

une fonction entière de ces racines, à coefficients entiers ou rationnels. Représentons par M *le nombre des valeurs distinctes que la fonction* (119) *peut acquérir, en vertu d'échanges opérés entre les racines de chacune des équations* (118), *par*

$$(120)\qquad \upsilon_1,\quad \upsilon_2,\quad \ldots,\quad \upsilon_M$$

ces mêmes valeurs; et soit

$$(121)\qquad u^M + A_1 u^{M-1} + A_2 u^{M-2} + \ldots + A_{M-1} u + A_M = 0$$

l'équation qui a pour racines $\upsilon_1,\ \upsilon_2,\ \ldots,\ \upsilon_M$. *Enfin supposons que, p étant un nombre premier supérieur ou égal au plus grand des nombres* m, m', m'', $\ldots$, *les équivalences*

$$(122)\qquad \begin{cases} a_0 x^m + a_1 x^{m-1} + \ldots + a_{m-1} x + a_m \equiv 0 & (\text{mod. } p), \\ b_0 y^{m'} + b_1 y^{m'-1} + \ldots + b_{m'-1} y + b_{m'} \equiv 0, \\ c_0 z^{m''} + c_1 z^{m''-1} + \ldots + c_{m''-1} z + c_{m''} \equiv 0, \\ \ldots\ldots\ldots\ldots\ldots\ldots\ldots\ldots\ldots\ldots \end{cases}$$

admettent, la première m *racines distinctes* $x_1,\ x_2,\ \ldots,\ x_m$, *la deuxième* m' *racines distinctes* $y_1,\ y_2,\ \ldots,\ y_{m'}$, *la troisième* m'' *racines distinctes* $z_1,\ z_2,\ \ldots,\ z_{m''}$; *et soient*

$$(123)\qquad u_1,\quad u_2,\quad \ldots,\quad u_M$$

les quantités dans lesquelles se transforment $\upsilon_1,\ \upsilon_2,\ \ldots,\ \upsilon_M$, *quand, aux racines des formules* (118), *on substitue les racines des formules* (122). *L'équivalence*

$$(124)\qquad u^M + A_1 u^{M-1} + A_2 u^{M-2} + \ldots + A_{M-1} u + A_M \equiv 0 \qquad (\text{mod. } p)$$

aura pour racines $u_1,\ u_2,\ \ldots,\ u_M$.

Corollaire. — Si l'expression (119) devenait une fonction symétrique des racines de chacune des équations (118), elle aurait pour valeur une quantité entière ou rationnelle U, et les formules (121), (124) se réduiraient, la première à

$$(125) \qquad u - \mathrm{U} = 0,$$

la seconde à

$$(126) \qquad u - \mathrm{U} \equiv 0 \quad (\text{mod. } p).$$

Alors, en écrivant F au lieu de Φ, on conclurait du théorème XVII que l'équation

$$(127) \qquad \mathrm{F}(\xi_1, \xi_2, \ldots, \xi_m; \eta_1, \eta_2, \ldots, \eta_{m'}; \zeta_1, \zeta_2, \ldots, \zeta_{m''}; \ldots) = \mathrm{U}$$

entraîne l'équivalence

$$(128) \qquad \mathrm{F}(x_1, x_2, \ldots, x_m; y_1, y_2, \ldots, y_{m'}; z_1, z_2, \ldots, z_{m''}; \ldots) \equiv \mathrm{U} \quad (\text{mod. } p).$$

Dans le cas particulier où les équations (118) se réduisent à une seule, la formule (128) se confond avec l'équivalence (87).

Nous remarquerons, en terminant cet article, que le théorème III fournit un moyen facile de résoudre l'équivalence binôme du premier degré

$$(129) \qquad kx \equiv h \quad (\text{mod. } n),$$

ou, ce qui revient au même, de calculer la valeur de x déterminée par la formule

$$(130) \qquad x \equiv \frac{h}{k} \quad (\text{mod. } n),$$

n étant un nombre entier quelconque, et h, k désignant deux quantités entières, dont la seconde ne soit pas multiple de n. En effet, nommons $a, b, c, \ldots$ les facteurs premiers de n, en sorte qu'on ait

$$n = a^\alpha b^\beta c^\gamma \ldots.$$

En vertu du théorème III, les binômes

$$1 - k^{a-1}, \quad 1 - k^{b-1}, \quad 1 - k^{c-1}, \quad \ldots$$

seront divisibles, le premier par a, le deuxième par b, le troisième par $c, \ldots$; par conséquent, le produit

$$(1 - k^{a-1})^\alpha (1 - k^{b-1})^\beta (1 - k^{c-1})^\gamma \ldots$$

sera divisible par $n = a^\alpha b^\beta c^\gamma \ldots$. Donc, si l'on fait, pour abréger,

$$(131) \qquad (1 - k^{a-1})^\alpha (1 - k^{b-1})^\beta (1 - k^{c-1})^\gamma \ldots = 1 - k\mathrm{K},$$

on aura

$$(132) \qquad 1 - k\mathrm{K} \equiv 0 \quad (\mathrm{mod.}\ n)$$

ou

$$(133) \qquad \mathrm{K} \equiv \frac{1}{k} \quad (\mathrm{mod.}\ n)$$

et, par suite,

$$(134) \qquad x \equiv k\mathrm{K} \quad (\mathrm{mod.}\ n).$$

Or, la quantité K, que détermine la formule (131), étant évidemment une quantité entière, la valeur $k\mathrm{K}$ de x sera entière elle-même et fournira la solution de l'équivalence (129). Cette remarque est due à M. Binet. Lorsque le nombre n se trouve réduit à un nombre premier p, l'équation (131) donne simplement

$$(135) \qquad \mathrm{K} \equiv k^{p-2} \quad (\mathrm{mod.}\ p).$$

Donc alors on vérifie l'équivalence

$$(136) \qquad kx \equiv h \quad (\mathrm{mod.}\ p)$$

en prenant

$$(137) \qquad x \equiv hk^{p-2} \quad (\mathrm{mod.}\ p).$$

SUR LA

RÉSOLUTION DES ÉQUIVALENCES

DONT

LES MODULES SE RÉDUISENT A DES NOMBRES PREMIERS.

§ I. — *Considérations générales.*

Soit p un nombre premier quelconque, et considérons l'équivalence

$$(1) \qquad a_0 x_m + a_1 x^{m-1} + a_2 x^{m-2} + \ldots + a_{m-1} x + a_m \equiv 0 \qquad (\text{mod. } p),$$

dans laquelle m désigne un nombre entier, et $a_0, a_1, a_2, \ldots, a_{m-1}, a_m$ des quantités entières, ou même des quantités rationnelles qui aient pour valeurs numériques des fractions dont les dénominateurs ne soient pas des multiples de p. Il est clair : 1° qu'en multipliant la formule (1) par le produit de ces dénominateurs, on réduira les coefficients des diverses puissances de x à des quantités entières; 2° qu'après cette réduction on pourra supprimer tous les termes dans lesquels les coefficients seraient divisibles par p. On obtiendra ainsi une nouvelle équivalence d'un degré égal ou inférieur à m, dans laquelle tous les coefficients seront entiers; et si, dans cette nouvelle équivalence, tous les termes étaient divisibles par x ou par une puissance entière de x, la division du premier membre par cette puissance ne changerait ni le nombre ni les valeurs des racines distinctes et non divisibles par p. On saura donc déterminer ces racines dans tous les cas possibles, si l'on parvient à résoudre l'équivalence (1), dans le cas où a_0, $a_1, a_2, \ldots, a_{m-1}, a_m$ représentent des quantités entières dont la première et la dernière ne sont pas divisibles par p. D'ailleurs, si, dans le cas dont il s'agit, on nomme $A_1, A_2, \ldots, A_{m-1}, A_m$ des quantités entières déterminées par les formules

$$(2)\quad \frac{a_1}{a_0} \equiv A_1, \quad \frac{a_2}{a_0} \equiv A_2, \quad \ldots, \quad \frac{a_{m-1}}{a_0} \equiv A_{m-1}, \quad \frac{a_m}{a_0} \equiv A_m \quad (\text{mod. } p),$$

on pourra réduire l'équivalence (1) à la suivante

$$(3)\quad x^m + A_1 x^{m-1} + A_2 x^{m-2} + \ldots + A_{m-1} x + A_m \equiv 0 \quad (\text{mod. } p),$$

A_m n'étant pas divisible par p. Enfin, comme on a, pour toute valeur entière de x non divisible par p,

$$(4)\quad x^{p-1} \equiv 1 \quad (\text{mod. } p)$$

et, par conséquent,

$$(5)\quad x^{k(p-1)} \equiv 1,$$

k étant un nombre entier quelconque, on pourra évidemment, dans l'équivalence (3), substituer, à ceux des exposants m, $m-1$, ... qui seraient supérieurs à $p-2$, les restes de leur division par $p-1$. Donc on peut, dans la formule (3), supposer le degré m inférieur à $p-1$.

Concevons maintenant que, les quantités $a_0, a_1, \ldots, a_{m-1}, a_m$ étant entières, et le nombre m inférieur à $p-1$, ou seulement à p, l'on fasse, pour abréger,

$$(6)\quad a_0 x^m + a_1 x^{m-1} + a_2 x^{m-2} + \ldots + a_{m-1} x + a_m = f(x).$$

L'équivalence (1) pourra s'écrire comme il suit

$$(7)\quad f(x) \equiv 0 \quad (\text{mod. } p),$$

et, si l'on désigne par r une racine quelconque de cette équivalence, on aura identiquement

$$(8)\quad f(x) = f(r) + (x-r) f'(r) + (x-r)^2 \frac{f''(r)}{1.2} + \ldots + (x-r)^m \frac{f^{(m)}(r)}{1.2.3\ldots m}.$$

D'ailleurs $F(x)$ désignant une nouvelle fonction entière de x à coefficients entiers, nous dirons que l'équivalence (7) peut être présentée sous la forme

$$(9)\qquad F(x) \equiv 0 \qquad (\text{mod. } p),$$

si l'on a, quel que soit x,

$$f(x) \equiv F(x) \qquad (\text{mod. } p).$$

Cela posé, s'il arrive que la quantité r soit une racine, non seulement de l'équivalence (7), mais encore de chacune des suivantes

$$(10)\qquad f'(x) \equiv 0, \quad f''(x) \equiv 0, \quad \ldots, \quad f^{(i-1)}(x) \equiv 0 \qquad (\text{mod. } p),$$

en sorte qu'on ait tout à la fois

$$(11)\qquad f(r) \equiv 0 \qquad (\text{mod. } p)$$

et

$$(12)\qquad f'(r) \equiv 0, \quad f''(r) \equiv 0, \quad \ldots, \quad f^{(i-1)}(r) \equiv 0 \qquad (\text{mod. } p),$$

la lettre i désignant un nombre entier, l'équation (8) donnera, pour une valeur quelconque de x,

$$f(x) \equiv (x-r)^i \left[\frac{f^{(i)}(r)}{1.2.3\ldots i} + (x-r)\frac{f^{(i+1)}(r)}{1.2.3\ldots i(i+1)} + \ldots + (x-r)^{m-i}\frac{f^{(m)}(r)}{1.2.3\ldots m} \right] \qquad (\text{mod. } p)$$

ou, ce qui revient au même,

$$(13)\qquad f(x) \equiv (x-r)^i \varphi(x) \qquad (\text{mod. } p),$$

$\varphi(x)$ désignant une fonction entière, à coefficients entiers (1), et du degré $m-i$, déterminée par la formule

$$(14)\qquad \varphi(x) \equiv \frac{f^{(i)}(r)}{1.2.3\ldots i} + (x-r)\frac{f^{(i+1)}(r)}{1.2.3\ldots i(i+1)} + \ldots + (x-r)^{m-i}\frac{f^{(m)}(r)}{1.2.3\ldots m}.$$

(1) Il est aisé de reconnaître que les coefficients des diverses puissances de $x-r$, dans le second membre de l'équation (8), savoir

$$f(r), \quad \frac{f'(r)}{1}, \quad \frac{f''(r)}{1.2}, \quad \ldots, \quad \frac{f^{(m)}(r)}{1.2.3\ldots m} = a_0,$$

se réduisent toujours à des quantités entières, et que ces quantités sont divisibles par p, quand les fractions qui les représentent offrent des numérateurs divisibles par p.

Par conséquent, on pourra présenter l'équivalence (7) sous la forme

(15) $$(x - r)^i \varphi(x) \equiv 0 \quad (\text{mod. } p)$$

et considérer cette équivalence comme offrant un nombre i de racines égales à r. Les autres racines devant nécessairement vérifier la formule

(16) $$\varphi(x) \equiv 0 \quad (\text{mod. } p),$$

dont le degré est $m - i$, il est clair que, dans l'hypothèse admise, l'équivalence (7) admettra au plus $m - i + 1$ racines distinctes dont l'une sera la quantité r.

Réciproquement, si l'équivalence (7) peut être présentée sous la forme

(15) $$(x - r)^i \varphi(x) \equiv 0 \quad (\text{mod. } p),$$

$\varphi(x)$ désignant une fonction entière de x, à coefficients entiers et du degré $m - i$, on en conclura que les conditions (12) sont remplies. Alors, en effet, on aura identiquement

(13) $$\mathrm{f}(x) \equiv (x - r)^i \varphi(x) \quad (\text{mod. } p)$$

ou, ce qui revient au même,

(17) $$\mathrm{f}(x) = (x - r)^i \varphi(x) + \chi(x),$$

$\chi(x)$ étant une fonction entière et à coefficients entiers, qui devra vérifier, quel que soit x, la formule

(18) $$\chi(x) \equiv 0 \quad (\text{mod. } p).$$

D'ailleurs, la fonction $\chi(x)$ étant, ainsi que les fonctions $\mathrm{f}(x)$ et $(x - r)^i \varphi(x)$, d'un degré m inférieur à p, la formule (18) ne pourra subsister, quel que soit x, à moins que les coefficients des diverses puissances de x dans le premier membre ne soient divisibles par p. Car, dans le cas contraire, cette formule offrirait l'exemple d'une équivalence qui admettrait plus de racines distinctes que son degré ne renferme d'unités. On aura donc nécessairement

(19) $$\chi(x) = p\,\psi(x),$$

$\chi(x)$ désignant une fonction entière de x à coefficients entiers, et la formule (17) donnera

$$\mathrm{f}(x) = (x-r)^i\,\varphi(x) + p\,\psi(x). \tag{20}$$

Or, en différentiant cette dernière équation i fois de suite par rapport à x, et posant après les différentiations $x = r$, on retrouvera précisément les formules (12). On peut donc énoncer la proposition suivante :

Théorème I. — *Pour que l'équivalence* (7) *d'un degré m inférieur à p puisse être présentée sous la forme* (15), *i désignant un nombre entier et $\varphi(x)$ une fonction entière, à coefficients entiers, du degré $m - i$, il est nécessaire et il suffit que les conditions* (11) *et* (12) *soient vérifiées.*

Scolie. — Le théorème I ne subsisterait plus si le degré m du polynôme $\mathrm{f}(x)$ devenait supérieur ou même égal à p. Supposons en effet que, le nombre m étant égal à p, la lettre r désignant une quantité entière, la lettre i un nombre supérieur à l'unité, et l'expression $\varphi(x)$ une fonction entière de x du degré $p - i$, l'on prenne

$$\mathrm{f}(x) = (x-r)^i\,\varphi(x) + x^p - x. \tag{21}$$

Comme on aura, quel que soit x (en vertu du théorème de Fermat),

$$x^p - x \equiv 0 \quad (\mathrm{mod.}\,p) \tag{22}$$

et, par suite,

$$\mathrm{f}(x) \equiv (x-r)^i\,\varphi(x),$$

l'équivalence (7) pourra être présentée sous la forme (15), tandis que la valeur de $\mathrm{f}'(r)$ tirée de la formule (21) sera

$$\mathrm{f}'(r) = pr^{p-1} - 1 \equiv -1 \quad (\mathrm{mod.}\,p).$$

Nous avons remarqué ci-dessus que, dans le cas où l'équivalence (7), d'un degré m inférieur à p, admet i racines égales à r, le nombre des racines distinctes de cette équivalence ne peut surpasser $m - i + 1 < m$. Ce cas n'est pas le seul dans lequel le nombre des racines distinctes de l'équivalence (7) devienne inférieur au degré m, et il peut même arriver que cette équivalence soit complètement insoluble. Ainsi, en particulier, puisque toute valeur entière de x, non divisible par 3, vérifie la formule

$$x^2 \equiv 1 \pmod{3},$$

il est clair que

$$x^2 \equiv 2 \pmod{3}$$

n'a point de racines.

Nous allons maintenant rechercher le nombre des racines distinctes de l'équivalence (7), nombre qui, comme on vient de le voir, peut devenir inférieur à m, ou même se réduire à zéro; et, pour y parvenir, nous commencerons par résoudre le problème suivant :

Problème. — *Étant données deux fonctions entières et à coefficients entiers*

$$f(x), \quad f_1(x),$$

dont les degrés m et $l \leqq m$ ne surpassent pas le nombre premier p, et le nombre des racines distinctes de l'équivalence

$$(7) \qquad f(x) \equiv 0 \pmod{p}$$

étant supposé précisément égal au degré m de cette équivalence, on demande une nouvelle fonction entière et à coefficients entiers $\varphi(x)$ tellement choisie que le degré de cette fonction coïncide avec le nombre des valeurs distinctes de x propres à vérifier simultanément les deux formules

$$(23) \qquad f(x) \equiv 0, \qquad f_1(x) \equiv 0 \pmod{p},$$

et que chacune de ces valeurs vérifie encore l'équivalence

$$(24) \qquad \varphi(x) \equiv 0 \pmod{p}.$$

Solution. — Si, dans chacune des fonctions $f(x)$, $f_1(x)$, le coefficient de la plus haute puissance de x ne se réduisait pas à l'unité, on pourrait, en supposant ce coefficient divisible par p, supprimer le terme qui le contient, ou, dans le cas contraire, substituer aux coefficients des différents termes, à l'aide de formules semblables aux formules (2), de nouveaux coefficients dont le premier serait l'unité, sans altérer ni le nombre ni les valeurs des racines distinctes de chacune des équivalences (23). Par conséquent, dans le théorème ci-dessus énoncé, on pourra toujours supposer les fonctions $f(x)$, $f_1(x)$ réduites à la forme

$$(25)\qquad f(x) = x^m + A_1 x^{m-1} + A_2 x^{m-2} + \ldots + A_{m-1} x + A_m,$$

$$(26)\qquad f_1(x) = x^l + B_1 x^{l-1} + B_2 x^{l-2} + \ldots + B_{l-1} x + B_l,$$

$A_1, A_2, \ldots, A_{m-1}, A_m$; $B_1, B_2, \ldots, B_{l-1}, B_l$ désignant des quantités entières. Soient maintenant Q le quotient et R le reste de la division du polynôme $f(x)$ par le polynôme $f_1(x)$. Q et R seront des fonctions entières et à coefficients entiers, l'une du degré $m - l$, l'autre d'un degré inférieur ou tout au plus égal à $l - 1$, en sorte qu'on trouvera

$$(27)\qquad R = c_0 x^{l-1} + c_1 x^{l-2} + \ldots + c_{l-2} x + c_{l-1},$$

$c_0, c_1, \ldots, c_{l-2}, c_{l-1}$ désignant des quantités entières. De plus, comme on aura généralement

$$(28)\qquad f(x) = Q\, f_1(x) + R,$$

on en conclura

$$(29)\qquad f(x) \equiv Q\, f_1(x) \pmod{p}$$

si les quantités

$$c_0,\quad c_1,\quad \ldots,\quad c_{l-2},\quad c_{l-1}$$

sont toutes divisibles par p, c'est-à-dire si elles vérifient les conditions

$$(30)\qquad c_0 \equiv 0,\qquad c_1 \equiv 0,\qquad \ldots,\qquad c_{l-2} \equiv 0,\qquad c_{l-1} \equiv 0 \pmod{p}.$$

Dans ce cas particulier, l'équivalence (7) du degré m pourra être présentée sous la forme

$$(31)\qquad Q\, f_1(x) \equiv 0 \pmod{p},$$

et, comme le nombre de ses racines distinctes sera précisément égal au nombre m, on conclura du théorème II de l'article précédent que l'équivalence

$$(32)\qquad f_1(x) \equiv 0 \pmod{p}$$

admet à son tour autant de racines distinctes que son degré l renferme d'unités. Alors aussi toutes les racines de la formule (32) vérifieront en même temps la formule (31) ou (7), et, par conséquent, on pourra prendre

$$(33) \qquad \varphi(x) = f_1(x).$$

Si les conditions (30) ne sont pas toutes remplies, alors, en désignant par c_{l-k-1} le premier des coefficients

$$c_0, \quad c_1, \quad \ldots, \quad c_{l-2}, \quad c_{l-1}$$

qui ne sera pas multiple de p, et par $C_1, C_2, \ldots, C_{k-1}, C_k$ des quantités entières déterminées à l'aide des formules

$$(34) \qquad \frac{c_{l-k}}{c_{l-k-1}} \equiv C_1, \qquad \frac{c_{l-k+1}}{c_{l-k-1}} \equiv C_2, \qquad \ldots, \qquad \frac{c_{l-1}}{c_{l-k-1}} \equiv C_k \qquad (\text{mod.}\, p),$$

on trouvera

$$(35) \qquad R \equiv c_{l-k-1}(x^k + C_1 x^{k-1} + C_2 x^{k-2} + \ldots + C_{k-1} x + C_k) \qquad (\text{mod.}\, p);$$

puis, en faisant, pour abréger,

$$(36) \qquad f_2(x) = x^k + C_1 x^{k-1} + C_2 x^{k-2} + \ldots + C_{k-1} x + C_k,$$

on tirera des formules (28) et (35)

$$(37) \qquad f(x) \equiv Q\, f_1(x) + c_{l-k-1}\, f_2(x) \qquad (\text{mod.}\, p).$$

Or il résulte évidemment de la formule (37) que toute valeur de x, propre à vérifier simultanément les équivalences (23), vérifiera encore la suivante :

$$(38) \qquad f_2(x) \equiv 0 \qquad (\text{mod.}\, p).$$

Soient maintenant Q_1 le quotient et R_1 le reste de la division du polynôme $f_1(x)$ par le polynôme $f_2(x)$. Q_1 et R_1 seront des fonctions entières, l'une du degré $l-k$, l'autre d'un degré inférieur ou tout au plus égal à $k-1$, en sorte qu'on trouvera

$$(39) \qquad R_1 = d_0 x^{k-1} + d_1 x^{k-2} + \ldots + d_{k-2} x + d_{k-1},$$

$d_0, d_1, d_2, \ldots, d_{k-2}, d_{k-1}$ désignant des quantités entières. De plus, comme on aura généralement

$$(40) \qquad f_1(x) = Q_1 f_2(x) + R_1,$$

on en conclura

$$(41) \qquad f_1(x) \equiv Q_1 f_2(x) \quad (\text{mod.}\, p),$$

si les quantités

$$d_0, \quad d_1, \quad \ldots, \quad d_{k-2}, \quad d_{k-1}$$

sont toutes divisibles par p, c'est-à-dire si elles vérifient les conditions

$$(42) \quad d_0 \equiv 0, \quad d_1 \equiv 0, \quad \ldots, \quad d_{k-2} \equiv 0, \quad d_{k-1} \equiv 0 \quad (\text{mod.}\, p).$$

Dans ce cas, on tire de la formule (37)

$$(43) \qquad f(x) \equiv (QQ_1 + c_{l-k-1}) f_2(x).$$

Par conséquent, l'équivalence (7) pourra être présentée sous la forme

$$(44) \qquad (QQ_1 + c_{l-k-1}) f_2(x) \equiv 0 \quad (\text{mod.}\, p);$$

et, comme elle offre, par hypothèse, autant de racines distinctes que son degré m renferme d'unités, l'équivalence

$$(38) \qquad f_2(x) \equiv 0 \quad (\text{mod.}\, p)$$

jouira encore de la même propriété (*voir* le théorème II de l'article précédent). D'ailleurs, en vertu des formules (41) et (43), toute valeur de x propre à vérifier l'équivalence (38) sera évidemment une racine commune aux deux équivalences (23). Donc, si les conditions (42) sont remplies, on pourra prendre

$$(45) \qquad \varphi(x) = f_2(x).$$

Si les conditions (42) ne sont pas toutes remplies, alors, en désignant par d_{k-h-1} le premier des coefficients

$$d_0, \quad d_1, \quad \ldots, \quad d_{k-2}, \quad d_{k-1}$$

qui ne sera pas multiple de p, et par $D_1, D_2, \ldots, D_{h-1}, D_h$ des quantités entières déterminées à l'aide des formules

$$(46)\quad \frac{d_{k-h}}{d_{k-h-1}} \equiv D_1, \quad \frac{d_{k-h+1}}{d_{k-h-1}} \equiv D_2, \quad \ldots, \quad \frac{d_{k-1}}{d_{k-h-1}} \equiv D_h \quad (\text{mod.}\, p),$$

on trouvera

$$(47)\quad R_1 \equiv d_{k-h-1}(x^h + D_1 x^{h-1} + D_2 x^{h-2} + \ldots + D_{h-1}x + D_h) \quad (\text{mod.}\, p);$$

puis, en faisant, pour abréger,

$$(48)\quad f_3(x) = x^h + D_1 x^{h-1} + D_2 x^{h-2} + \ldots + D_{h-1}x + D_h,$$

on tirera des formules (40) et (47)

$$(49)\quad f_1(x) \equiv Q_1 f_2(x) + d_{k-h-1} f_3(x) \quad (\text{mod.}\, p).$$

Or il résulte évidemment de la formule (49) que toute valeur entière de x propre à vérifier simultanément les formules (32) et (38) vérifiera encore la suivante :

$$(50)\quad f_3(x) \equiv 0 \quad (\text{mod.}\, p).$$

En continuant de la même manière, on déduira successivement des fonctions données $f(x)$, $f_1(x)$ une suite de nouvelles fonctions

$$(51)\quad f_2(x), \quad f_3(x), \quad \ldots,$$

dont la dernière sera précisément la valeur cherchée de $\varphi(x)$. Pour obtenir ces nouvelles fonctions, il suffit d'opérer comme si l'on se proposait de trouver le plus grand commun diviseur algébrique des deux polynômes $f(x)$, $f_1(x)$, de supprimer dans le reste de chaque division tous les termes dont les coefficients sont des multiples de p, de réduire ensuite le coefficient de la plus haute puissance de x à l'unité, et les autres coefficients à des nombres entiers à l'aide de formules semblables aux équivalences (34), (46), etc., enfin de s'arrêter au moment où cette réduction ne peut plus s'effectuer, c'est-à-dire au moment où l'on obtient un reste dont tous les coefficients sont des multiples de p. Si l'on désigne par R_{i-1} ce dernier reste, ce sera le reste précédent

R_{i-2}, ou plutôt la fonction $f_i(x)$, qui fournira la valeur cherchée de $\varphi(x)$, en sorte qu'on pourra prendre

$$(52) \qquad \varphi(x) = f_i(x).$$

Si tous les restes successivement obtenus offraient des coefficients non divisibles par p, en sorte que le dernier reste, représenté par une quantité constante, fût lui-même non divisible par p, on pourrait affirmer que les équations (23) n'ont pas de racines communes.

Le problème ci-dessus énoncé étant ainsi résolu, il sera facile de trouver, pour l'équivalence (7) dont le degré, par hypothèse, est inférieur à p, le nombre des racines distinctes et non divisibles par p. En effet, puisque, en vertu du théorème de Fermat, tous les termes de la suite

$$(53) \qquad 1, \quad 2, \quad 3, \quad \ldots, \quad p-1$$

vérifieront la formule

$$(54) \qquad x^{p-1} - 1 \equiv 0 \quad (\text{mod.}\, p),$$

les racines dont il s'agit se confondront évidemment avec les racines communes aux deux équivalences (7) et (54). Cela posé, il suffira d'opérer comme dans le problème précédent, en substituant aux deux fonctions $f(x)$, $f_1(x)$ les deux fonctions $x^{p-1} - 1$, $f(x)$, pour obtenir une équivalence nouvelle

$$(55) \qquad \varphi(x) \equiv 0 \quad (\text{mod.}\, p),$$

qui sera vérifiée par ces mêmes racines et seulement par elles. Le degré de cette nouvelle équivalence représentera donc le nombre des racines de la formule (7) distinctes et non divisibles par p.

Si à l'équivalence (54) on substituait l'équivalence (22), la formule (55), obtenue par la méthode que nous venons d'indiquer, fournirait les racines distinctes de la formule (7), dans le cas même où l'on supposerait le premier membre de cette formule divisible par x

ou par une puissance de x, c'est-à-dire dans le cas même où cette formule admettrait des racines divisibles par p.

Si l'équivalence (7) n'admettait point de racines, les équivalences (7) et (22) n'auraient point de racines communes, et l'on en serait averti par le calcul même, conformément à la remarque que nous avons faite ci-dessus.

Si la formule (7) n'admet qu'une seule racine distincte de zéro, l'équivalence (55), déduite de la considération des formules (7) et (54), sera du premier degré seulement, et fera connaître la racine dont il s'agit.

Pour montrer une application des principes que nous venons d'établir, cherchons combien l'équivalence

$$(56) \qquad x^3 - x + 1 \equiv 0 \qquad (\text{mod.} 7)$$

admet de racines distinctes, ou, ce qui revient au même, combien il y a de racines communes entre cette équivalence et la suivante :

$$(57) \qquad x^6 - 1 \equiv 0 \qquad (\text{mod.} 7).$$

On trouvera, en effectuant la division de $x^6 - 1$ par $x^3 - x + 1$,

$$x^6 - 1 \equiv (x^3 - x + 1)(x^3 + x - 1) + x^2 - 2x;$$

puis, en effectuant la division de $x^3 - x + 1$ par $x^2 - 2x$,

$$\begin{aligned} x^3 - x + 1 &\equiv (x^2 - 2x)(x + 2) + 3x + 1 \\ &\equiv (x^2 - 2x)(x + 2) + 3(x + \tfrac{1}{3}) \end{aligned}$$

ou, ce qui revient au même,

$$x^3 - x + 1 \equiv (x^2 - 2x)(x + 2) + 3(x - 2).$$

Enfin $x^2 - 2x$ sera exactement divisible par $x - 2$, ou, en d'autres termes, le reste de la division de $x^2 - 2x$ par $x - 2$ sera équivalent à zéro, puisqu'on aura

$$x^2 - 2x = (x - 2)x.$$

Donc la formule (56) n'admettra qu'une seule racine distincte de zéro, et fournie par l'équivalence $x - 2 \equiv 0$ (mod. 7) ou

$$x \equiv 2 \quad (\text{mod. } 7), \tag{58}$$

ce qui est exact.

Dans l'exemple que nous venons de choisir, on pourrait simplifier le calcul en observant que le polynôme $x^2 - 2x$ est évidemment le produit des deux facteurs x, $x - 2$, et que le second de ces deux facteurs est le seul qui divise le polynôme

$$x^3 - x + 1 \equiv (x - 2)(x^2 + 2x + 3).$$

On doit immédiatement en conclure que la formule (57) a pour racine unique le nombre 2.

Cherchons encore combien l'équivalence

$$x^3 + x + 1 \equiv 0 \quad (\text{mod. } 11) \tag{59}$$

admet de racines distinctes, ou, ce qui revient au même, combien il y a de racines communes entre cette équivalence et la suivante :

$$x^{10} - 1 \equiv 0 \quad (\text{mod. } 11). \tag{60}$$

Dans ce cas, on trouvera successivement

$$\begin{aligned} x^{10} - 1 &\equiv (x^3 + x + 1)(x^7 - x^5 - x^4 + x^3 + 2x^2 - 3) - 2x^2 + 3x + 2 \\ &\equiv (x^3 + x + 1)(x^7 - x^5 - x^4 + x^3 + 2x^2 - 3) - 2(x^2 + 4x - 1), \end{aligned}$$

$$\begin{aligned} x^3 + x + 1 &\equiv (x^2 + 4x - 1)(x - 4) + 18x - 3 \\ &\equiv (x^2 + 4x - 1)(x - 4) + 18(x - 2), \end{aligned}$$

$$x^2 + 4x - 1 \equiv (x - 2)(x + 6).$$

Donc la formule (59) aura encore pour racine unique le nombre 2.

La méthode exposée dans ce paragraphe ne diffère pas de celle que M. Libri a donnée dans le Tome I de ses *Mémoires*. Lorsqu'on applique cette méthode à la recherche de l'équivalence de condition qui doit être vérifiée pour que deux équivalences aient au moins une racine commune, on se trouve précisément ramené à la formule (16) de la page 164 du Volume I des *Exercices* [1].

[1] *Œuvres de Cauchy*, S. II, T. VI, p. 207.

§ II. — *Sur la résolution des équivalences binômes.*

Supposons que la formule (7) du paragraphe précédent se réduise à une équivalence binôme ou de la forme

$$x^m + \mathrm{K} \equiv 0 \quad (\mathrm{mod.}\, p),$$

K désignant une quantité entière non divisible par p.

Si l'on écrit $-$ A au lieu de $+$ K, cette équivalence deviendra

$$x^m - \mathrm{A} \equiv 0 \quad (\mathrm{mod.}\, p)$$

ou, ce qui revient au même,

(1) $$x^m \equiv \mathrm{A} \quad (\mathrm{mod.}\, p).$$

Soit d'ailleurs r une racine primitive de l'équivalence

(2) $$x^{p-1} \equiv 1 \quad (\mathrm{mod.}\, p).$$

La quantité $\mathrm{A} = -\mathrm{K}$, n'étant pas divisible par p, sera équivalente, suivant le module p, à l'un des termes de la suite

(3) $$1, \quad r, \quad r^2, \quad \ldots, \quad r^{p-2}$$

(*voir* le théorème VII de l'article précédent, scolies I et II), en sorte qu'on pourra supposer

(4) $$\mathrm{A} \equiv r^i \quad (\mathrm{mod.}\, p),$$

l'exposant i étant l'un des nombres

(5) $$0, \quad 1, \quad 2, \quad \ldots, \quad p-2.$$

Il y a plus; si, deux de ces nombres étant représentés par i et par j, l'on suppose

$$y \equiv i, \qquad z \equiv j \quad (\mathrm{mod.}\, p-1)$$

ou, ce qui revient au même,

$$y = i + (p-1)v, \qquad z = j + (p-1)w,$$

v, w désignant des nombres entiers quelconques, on trouvera

$$r^y = r^{(p-1)v} r^i \equiv r^i, \qquad r^z = r^{(p-1)w} r^j \equiv r^j \qquad (\text{mod.}\, p-1);$$

et comme, i, j étant inférieurs à $p-1$, les deux puissances r^i, r^j ne pourront devenir équivalentes suivant le module p qu'autant que l'on aura $i=j$, il est clair que la formule

$$(6) \qquad r^y \equiv r^z \qquad (\text{mod.}\, p)$$

entraînera toujours la suivante :

$$(7) \qquad y \equiv z \qquad (\text{mod.}\, p-1).$$

Cela posé, comme l'équivalence (1) n'admettra point de racines divisibles par p, on pourra supposer encore

$$(8) \qquad x \equiv r^u \qquad (\text{mod.}\, p),$$

puis on tirera des formules (1), (4), (8)

$$(9) \qquad r^{mu} \equiv r^i \qquad (\text{mod.}\, p)$$

et, par conséquent,

$$(10) \qquad mu \equiv i \qquad (\text{mod.}\, p-1)$$

ou, ce qui revient au même,

$$(11) \qquad mu = i + (p-1)v,$$

v désignant un nombre entier. Donc, pour que l'équivalence (1) soit résoluble, il sera nécessaire et il suffira qu'on puisse satisfaire par des valeurs entières de u et de v à l'équation (11); par conséquent, il sera nécessaire et il suffira que le plus grand commun diviseur de m et de $p-1$ divise i. Soit n ce plus grand commun diviseur. La formule

$$(12) \qquad r^{\frac{i}{n}(p-1)} \equiv 1 \qquad (\text{mod.}\, p),$$

qui peut être remplacée par la suivante

$$(13) \qquad A^{\frac{p-1}{n}} \equiv 1 \qquad (\text{mod.}\, p),$$

sera ou ne sera pas vérifiée, suivant que i sera divisible ou non divisible par n. Donc la formule (13) exprimera la condition nécessaire et suffisante pour que l'équivalence (1) puisse être résolue.

Supposons maintenant que la condition (13) se trouve remplie, et désignons par υ une valeur particulière de l'inconnue u que détermine la formule (10). La valeur générale de la même inconnue sera

$$u = \upsilon \pm \frac{p-1}{n} h, \tag{14}$$

h désignant un nombre entier quelconque, et ce nombre pourra être choisi de manière que u soit positif, mais inférieur à $\frac{p-1}{n}$. Cela posé, concevons que υ représente la plus petite valeur de u. Les nombres

$$\upsilon, \quad \upsilon + \frac{p-1}{n}, \quad \upsilon + 2\frac{p-1}{n}, \quad \ldots, \quad \upsilon + (n-1)\frac{p-1}{n} \tag{15}$$

seront les valeurs de u inférieures à $p-1$, et la formule (1) admettra les racines

$$r^{\upsilon}, \quad r^{\upsilon + \frac{p-1}{n}}, \quad r^{\upsilon + 2\frac{p-1}{n}}, \quad \ldots, \quad r^{\upsilon + (n-1)\frac{p-1}{n}}, \tag{16}$$

qui seront toutes distinctes les unes des autres. Donc le nombre de ces racines distinctes sera précisément n.

Lorsqu'on suppose $m = 2$ et $p > 2$, on trouve $n = 2$, attendu que $p-1$ est nécessairement pair. Alors la condition (13) se réduit à

$$A^{\frac{p-1}{2}} \equiv 1 \quad (\text{mod.}\, p). \tag{17}$$

D'ailleurs, p étant un nombre premier impair et A un nombre entier non divisible par p, on aura généralement

$$A^{p-1} \equiv 1 \quad (\text{mod.}\, p) \tag{18}$$

ou, ce qui revient au même,

$$\left(A^{\frac{p-1}{2}} - 1\right)\left(A^{\frac{p-1}{2}} + 1\right) \equiv 0 \quad (\text{mod.}\, p)$$

et, par conséquent,

$$(17) \qquad A^{\frac{p-1}{2}} \equiv 1 \quad (\text{mod.}\, p)$$

ou

$$(19) \qquad A^{\frac{p-1}{2}} \equiv -1 \quad (\text{mod.}\, p).$$

Donc l'équivalence

$$(20) \qquad x^2 \equiv A \quad (\text{mod.}\, p)$$

aura deux racines distinctes ou n'en aura aucune, suivant que l'expression

$$(21) \qquad A^{\frac{p-1}{2}}$$

sera équivalente, suivant le module p, à $+1$ ou à -1.

Si l'on suppose $m = 3$, le plus grand commun diviseur n des nombres m et $p-1$ sera 3 ou 1, suivant que p, divisé par 3, donnera pour reste 1 ou -1. Dans le premier cas, la condition (13) deviendra

$$(22) \qquad A^{\frac{p-1}{3}} \equiv 1 \quad (\text{mod.}\, p).$$

Dans le second cas, cette condition, réduite à la formule (18), sera toujours vérifiée. Cela posé, on conclura des principes ci-dessus établis que l'équivalence

$$(23) \qquad x^3 \equiv A \quad (\text{mod.}\, p)$$

admet toujours une racine, mais une seule, lorsque $p-1$ n'est pas divisible par 3. Dans le cas contraire, l'équivalence (23) admettra trois racines distinctes ou n'en admettra aucune, suivant que la condition (22) sera ou ne sera pas satisfaite.

Soit encore $m = 4$. On trouvera $n = 4$ ou $n = 2$, suivant que $p-1$ sera divisible par 4 ou simplement par 2. Donc, si $p-1$ est divisible par 4, l'équivalence

$$(24) \qquad x^4 \equiv A \quad (\text{mod.}\, p)$$

admettra deux racines ou n'en admettra aucune, suivant que la condition

$$(25)\qquad A^{\frac{p-1}{4}} \equiv 1 \qquad (\text{mod.}\, p)$$

sera ou ne sera pas remplie. Mais, si $p - 1$ est divisible simplement par 2, l'équivalence (24) admettra deux racines distinctes ou n'en admettra aucune, suivant que la valeur de A satisfera ou non à la condition (17), c'est-à-dire suivant que cette valeur vérifiera la formule (17) ou la formule (19).

Soit enfin $m = 6$. On trouvera $n = 6$ ou $n = 2$, suivant que $p - 1$ sera divisible ou non divisible par 3. Dans le premier cas, la condition (13) donnera

$$(26)\qquad A^{\frac{p-1}{6}} \equiv 1 \qquad (\text{mod.}\, p).$$

Dans le second cas, cette condition se trouvera réduite à la formule (17). Donc, en vertu des principes ci-dessus établis, si $p - 1$ n'est pas divisible par 3, l'équivalence

$$(27)\qquad x^6 \equiv A \qquad (\text{mod.}\, p)$$

admettra deux racines distinctes ou n'en admettra aucune, suivant que la valeur de A vérifiera la formule (17) ou la formule (19). Mais, si $p - 1$ devient divisible par 3, l'équivalence (27) admettra six racines distinctes ou n'en admettra aucune, suivant que la condition (26) sera ou ne sera pas vérifiée.

Généralement, si l'on suppose $m = n$, n étant un diviseur de $p - 1$, l'équivalence (1), réduite à la forme

$$(28)\qquad x^n \equiv A \qquad (\text{mod.}\, p),$$

admettra n racines distinctes, respectivement équivalentes aux quantités (16), ou n'en admettra aucune, suivant que la condition (13) sera ou ne sera pas vérifiée.

Si l'on suppose $A = 1$ ou, ce qui revient au même, $i = 0$, on trouvera $\upsilon = 0$. Dans ce cas, la condition (13) sera toujours vérifiée, et l'équivalence (1), réduite à la forme

$$(29) \qquad x^m \equiv 1 \pmod{p},$$

n'admettra point d'autre racine que l'unité, si m est premier à $p-1$. Mais, si le contraire arrive, en nommant toujours n le plus grand commun diviseur de m et de $p-1$, on obtiendra, pour racines de l'équivalence (29), les différents termes de la suite

$$(30) \qquad r^0 = 1, \quad r^{\frac{p-1}{n}}, \quad r^{2\frac{p-1}{n}}, \quad \ldots, \quad r^{(n-1)\frac{p-1}{n}},$$

qui seront en même temps racines de l'équivalence $x^n \equiv 1 \pmod{p}$. On arriverait directement aux mêmes conclusions en ayant égard au théorème V de l'article précédent.

Si, pour fixer les idées, on prend successivement $m=2$, $m=3$, $m=4$, ... (p étant >2), on reconnaîtra : 1° que l'équivalence

$$(31) \qquad x^2 \equiv 1 \pmod{p}$$

admet toujours deux racines distinctes, savoir $+1$ et -1; 2° que l'équivalence

$$(32) \qquad x^3 \equiv 1 \pmod{p}$$

admet deux racines distinctes de l'unité, lorsque $p-1$ est divisible par 3, et la seule racine 1 dans le cas contraire; 3° que l'équivalence

$$(33) \qquad x^4 \equiv 1 \pmod{p}$$

admet les seules racines $+1$ et -1, lorsque $\frac{p-1}{2}$ est impair, et, de plus, deux autres racines distinctes, lorsque $\frac{p-1}{2}$ est un nombre pair; ....

Il est bon d'observer que, si A diffère de l'unité, il suffira de multiplier par r^υ les quantités (30) pour reproduire les diverses racines de la formule (1).

Observons encore que, étant donnée une équivalence complète du second degré

$$(34) \qquad a_0 x^2 + a_1 x + a_2 \equiv 0 \pmod{p},$$

dans laquelle a_0, a_1, a_2 sont des nombres entiers, et p un nombre premier impair qui ne divise point a_0, il suffira de poser

$$(35) \qquad x \equiv y - \frac{a_1}{2a_0} \qquad (\text{mod.}\, p),$$

et de diviser ensuite par a_0 les deux membres de la formule (34), pour la réduire à l'équivalence binôme

$$(36) \qquad y^2 - A \equiv 0 \qquad (\text{mod.}\, p),$$

A désignant un nombre entier choisi de manière que l'on ait

$$(37) \qquad A \equiv \frac{a_1^2 - 4a_0a_2}{4a_0^2} \qquad (\text{mod.}\, p).$$

D'ailleurs, l'équivalence (36) admettra deux racines distinctes ou n'en admettra aucune, suivant que la valeur de A vérifiera la condition (17) ou (19). Donc, par suite, l'équivalence (34) admettra deux racines distinctes, si l'on a

$$(38) \qquad (a_1^2 - 4a_0a_2)^{\frac{p-1}{2}} \equiv (4a_0^2)^{\frac{p-1}{2}} \qquad (\text{mod.}\, p)$$

ou, ce qui revient au même,

$$(39) \qquad (a_1^2 - 4a_0a_2)^{\frac{p-1}{2}} \equiv 1 \qquad (\text{mod.}\, p),$$

tandis que la même équivalence n'admettra point de racines dans le cas contraire.

Concevons, pour fixer les idées, que l'équivalence (34) coïncide avec la suivante :

$$(40) \qquad x^2 + x - 1 \equiv 0 \qquad (\text{mod.}\, 11).$$

La condition (39), ou

$$(41) \qquad 5^5 \equiv 1 \qquad (\text{mod.}\, 11),$$

sera remplie. Donc l'équivalence (40) admettra deux racines distinctes, qui se confondront nécessairement avec deux des racines de la formule

$$x^{10} - 1 \equiv 0 \qquad (\text{mod.}\, 11).$$

On trouvera effectivement

$$x^{10}-1 \equiv (x^2+x-1)(x^8-x^7+2x^6-3x^5+5x^4+3x^3+2x^2+x+1) \quad (\text{mod. } 11).$$

D'ailleurs, il suffira de poser

$$(42) \qquad x \equiv y - \tfrac{1}{2} \equiv y+5 \quad (\text{mod. } 11),$$

pour réduire la formule (40) à l'équivalence binôme

$$y^2+29 \equiv 0 \quad (\text{mod. } 11)$$

ou, ce qui revient au même, à la suivante

$$(43) \qquad y^2 \equiv -29 \equiv 4 \quad (\text{mod. } 11);$$

et, comme on tirera de cette dernière

$$(44) \qquad y \equiv \pm 2,$$

la formule (42) donnera

$$(45) \qquad x \equiv 5 \pm 2.$$

Donc

$$(46) \qquad x \equiv 5-2 \equiv 3 \quad \text{et} \quad x \equiv 5+2 \equiv 7 \quad (\text{mod. } 11)$$

seront les deux racines de l'équivalence (40), ce qui est exact.

La méthode par laquelle nous avons déterminé ci-dessus le nombre des racines distinctes d'une équivalence binôme ou d'une équivalence du second degré était déjà connue, et peut se déduire, comme l'a remarqué M. Libri, des principes exposés dans le premier paragraphe. Ainsi, en particulier, si n est un diviseur de $p-1$, en sorte qu'on ait

$$(47) \qquad p-1 = n\varpi,$$

la division de $x^{p-1}-1$ ou $x^{n\varpi}-1$ par $x^n - \mathrm{A}$ donnera pour quotient

$$x^{n(\varpi-1)} + \mathrm{A}x^{n(\varpi-2)} + \ldots + \mathrm{A}^{\varpi-2}x^n + \mathrm{A}^{\varpi-1},$$

et pour reste $\mathrm{A}^{\varpi}-1$. Donc, en vertu des principes que nous venons de rappeler, l'équivalence (28) admettra n racines réelles ou n'en admettra aucune, suivant que la condition

$$(48) \qquad A^{\varpi} - 1 \equiv 0 \pmod{p}$$

sera ou ne sera pas vérifiée. Or la condition (48) ne diffère pas de celle que présente la formule (13).

Ajoutons que, pour ramener la résolution de l'équivalence (1) à la résolution de l'équivalence (10), qui est du premier degré seulement, il suffit de connaître la valeur de i déterminée par la formule (4). On y parviendra sans peine, quel que soit A, si l'on a formé une Table dans laquelle, aux nombres

$$(5) \qquad 0, \quad 1, \quad 2, \quad 3, \quad \ldots, \quad p-2,$$

correspondent les diverses puissances de r dont les degrés sont indiqués par ces mêmes nombres, ou plutôt les restes qu'on obtient en divisant les puissances dont il s'agit par le nombre premier p. On peut placer dans la première colonne de la Table ces restes qui, rangés dans un ordre convenable, seront respectivement égaux aux nombres

$$1, \quad 2, \quad 3, \quad \ldots, \quad p-1;$$

puis, en considérant chacun de ces derniers nombres comme une valeur particulière de A, écrire à sa suite la valeur correspondante de i, qui représentera ce qu'on nomme l'*indice* de A, ou d'un nombre équivalent à A, dans le système dont la *base* est r. Cela posé, il est clair que, relativement à un nombre premier p, il existe autant de systèmes d'indices qu'il y a de racines primitives ou de nombres entiers, premiers à p et inférieurs à p. Dans chacun de ces systèmes, les indices jouissent de propriétés analogues à celles des logarithmes. En effet, soient i, j, h les indices de deux nombres entiers A, B et de leur produit AB, en sorte qu'on ait

$$(49) \qquad A \equiv r^i, \qquad B \equiv r^j, \qquad AB \equiv r^h \pmod{p},$$

r désignant une racine primitive de p. On tirera des équivalences (49)

$$(50) \qquad r^h \equiv r^{i+j} \pmod{p}$$

et, par suite [attendu que la formule (6) entraîne toujours la formule (7)],

$$(51)\qquad h \equiv i + j \pmod{p-1}.$$

Donc, si l'on représente l'indice de A, à l'aide de la lettre caractéristique I, par la notation I(A), on aura

$$(52)\qquad \mathrm{I}(\mathrm{AB}) \equiv \mathrm{I}(\mathrm{A}) + \mathrm{I}(\mathrm{B}) \pmod{p-1}.$$

On trouvera de même

$$\mathrm{I}(\mathrm{ABC}) \equiv \mathrm{I}(\mathrm{AB}) + \mathrm{I}(\mathrm{C}) = \mathrm{I}(\mathrm{A}) + \mathrm{I}(\mathrm{B}) + \mathrm{I}(\mathrm{C}) \pmod{p-1}$$

et généralement

$$(53)\qquad \mathrm{I}(\mathrm{ABCD}\ldots) \equiv \mathrm{I}(\mathrm{A}) + \mathrm{I}(\mathrm{B}) + \mathrm{I}(\mathrm{C}) + \mathrm{I}(\mathrm{D}) + \ldots \pmod{p-1},$$

quel que soit le nombre des facteurs A, B, C, D, ... Si, ce nombre étant désigné par m, les facteurs A, B, C, D, ... deviennent équivalents à une même quantité x, la formule (53) donnera

$$(54)\qquad \mathrm{I}(x^m) \equiv m\,\mathrm{I}(x) \pmod{p-1}.$$

On peut donc énoncer la proposition suivante :

L'indice du produit de plusieurs nombres est équivalent à la somme de leurs indices, suivant le module $p-1$.

L'indice d'une puissance du degré m est équivalent, suivant le module $p-1$, à l'indice de la racine multiplié par m.

En vertu de la dernière proposition, l'équivalence (1) entraînera la formule

$$(55)\qquad m\,\mathrm{I}(x) \equiv \mathrm{I}(\mathrm{A}) \pmod{p-1},$$

de laquelle on tirera

$$(56)\qquad \mathrm{I}(x) \equiv \frac{\mathrm{I}(\mathrm{A})}{m} \pmod{p-1}.$$

L'équivalence (56), dans laquelle $\mathrm{I}(x)$ est précisément la plus petite des valeurs positives de u, propres à vérifier la formule (10), montre comment, à l'aide d'une Table d'indices, on peut résoudre l'équivalence (1). (*Voir*, pour plus de détails, l'Ouvrage de M. Gauss, intitulé : *Disquisitiones arithmeticæ*.)

Observons enfin que toute équivalence du second degré, étant réductible à une équivalence binôme, pourra encore être résolue, si le module p est un nombre premier, à l'aide d'une Table d'indices dans laquelle on aurait pris pour base l'une quelconque des racines primitives de p.

En terminant ce paragraphe, nous ferons remarquer, avec M. Gauss, qu'il est facile de résoudre l'équivalence (1), toutes les fois que, la condition (13) étant remplie, les nombres m et $\frac{p-1}{n}$ sont premiers entre eux. Alors, en effet, on pourra trouver deux quantités entières v, w propres à vérifier la formule

$$(57)\qquad mw - \frac{p-1}{n}v = 1;$$

et comme on aura par suite, eu égard à la condition (13),

$$(58)\qquad A \equiv A^{1+\frac{p-1}{n}v} \equiv A^{mw} \quad (\text{mod.}\, p),$$

il est clair qu'on résoudra l'équivalence (1), ou

$$(59)\qquad x^m \equiv A^{mw} \quad (\text{mod.}\, p),$$

en prenant

$$(60)\qquad x \equiv A^w \quad (\text{mod.}\, p).$$

Considérons, pour fixer les idées, l'équivalence

$$(61)\qquad x^6 \equiv 3 \quad (\text{mod.}\, 23).$$

Dans ce cas, on trouvera $n = 2$, et la condition (13), réduite à

$$3^{11} \equiv 1 \quad (\text{mod.}\, 23)$$

sera remplie. De plus, les exposants 11, 6 étant premiers entre eux, on pourra choisir v, w de manière à vérifier la formule

$$11v + 1 = 6w,$$

à laquelle on satisfait en prenant $v = 1$, $w = 2$. Par suite, on résoudra la formule (61) en supposant

$$x \equiv 3^2 \equiv 9 \quad (\text{mod. } 23), \tag{62}$$

ce qui est exact. Ajoutons que, le nombre n étant égal à 2, l'équivalence (61) admettra seulement deux racines distinctes, savoir

$$x \equiv 9, \qquad x \equiv -9 \equiv 14 \quad (\text{mod. } 23). \tag{63}$$

En général, lorsque le carré de n ne divise pas $p-1$, l'équivalence (1) peut toujours être résolue par la méthode que nous venons d'indiquer, et les formules (57), (60) donnent

$$x \equiv A^{\frac{1}{m}\left(1+\frac{p-1}{n}v\right)} \quad (\text{mod. } p), \tag{64}$$

v étant choisi de manière que la quantité

$$\frac{1}{m}\left(1+\frac{p-1}{n}v\right)$$

soit entière. Par suite, si $p-1$ n'est divisible qu'une fois par le nombre 2, on vérifiera l'équivalence

$$x^2 \equiv A \quad (\text{mod. } p), \tag{20}$$

lorsqu'elle sera résoluble, en prenant

$$x \equiv A^{\frac{1}{2}\left(1+\frac{p-1}{2}\right)} \equiv A^{\frac{p+1}{4}} \quad (\text{mod. } p). \tag{65}$$

De même, si $p-1$ n'est pas divisible, ou s'il est divisible une seule fois par le nombre 3, on vérifiera l'équivalence

$$x^3 \equiv A \quad (\text{mod. } p), \tag{23}$$

supposée résoluble, en prenant, dans le premier cas,

$$x \equiv A^{\frac{1}{3}[1+2(p-1)]} \equiv A^{\frac{2p-1}{3}} \quad (\text{mod. } p), \tag{66}$$

et, dans le second cas,

$$x \equiv A^{\frac{1}{3}\left(1+\frac{p-1}{3}\right)} \equiv A^{\frac{p+2}{9}} \quad (\text{mod. } p), \tag{67}$$

ou bien

(68) $$x \equiv A^{\frac{1}{3}\left(1+2\frac{p-1}{3}\right)} \equiv A^{\frac{2p+1}{9}} \quad (\text{mod.}\, p),$$

selon que $p - 1$ divisé par 9 donnera pour reste 6 ou 3, etc. Ainsi, par exemple, on résoudra la formule

(69) $$x^3 \equiv 12 \quad (\text{mod.}\, 23),$$

en prenant

(70) $$x \equiv 12^{\frac{1}{3}(1+44)} \equiv 12^{15} \equiv 8^{10}.3^{15} \equiv 3^5 \equiv 13 \quad (\text{mod.}\, 23).$$

Toutes les fois que le nombre n se réduit à l'unité, la formule (64) donne

(71) $$x \equiv A^{\frac{1+(p-1)v}{m}} \quad (\text{mod.}\, p),$$

v étant choisi de manière que la quantité

$$\frac{1+(p-1)v}{m}$$

soit entière, et cette formule détermine la racine unique de l'équivalence (1). Mais, lorsque le nombre n surpasse l'unité, $p - 1$ n'étant pas divisible par n^2, l'équivalence (1) admet plusieurs racines, dont une seule est déterminée par la formule (64); et, pour les obtenir toutes, il suffit de multiplier le second membre de cette formule par les diverses racines de l'équivalence (29) ou, ce qui revient au même, de la suivante :

(72) $$x^n \equiv 1 \quad (\text{mod.}\, p).$$

D'ailleurs, si l'on suppose $n = 2$, la formule (72), réduite à

(31) $$x^2 \equiv 1 \quad (\text{mod.}\, p),$$

aura pour racines -1 et $+1$. Donc, si $p - 1$ est divisible une seule fois par le nombre 2, l'équivalence

(20) $$x^2 \equiv A \quad (\text{mod.}\, p)$$

admettra les deux racines

$$(73)\qquad x \equiv A^{\frac{p+1}{4}}, \qquad x \equiv -A^{\frac{p+1}{4}} \qquad (\mathrm{mod.}\,p).$$

Ainsi, par exemple, on résoudra la formule

$$(74)\qquad x^2 \equiv 3 \qquad (\mathrm{mod.}\,11),$$

en prenant

$$(75)\qquad x \equiv 3^3 \equiv 5 \qquad \text{ou} \qquad x \equiv -5 \equiv 6 \qquad (\mathrm{mod.}\,11),$$

et la formule

$$(76)\qquad x^2 \equiv -3 \qquad (\mathrm{mod.}\,31),$$

en prenant

$$(77)\qquad x \equiv 3^8 \equiv 20 \qquad \text{ou} \qquad x \equiv -20 \equiv 11 \qquad (\mathrm{mod.}\,31).$$

D'autre part, si l'on a $n = 3$, la formule (72), réduite à

$$(32)\qquad x^3 \equiv 1 \qquad (\mathrm{mod.}\,p),$$

donnera

$$(78)\qquad x \equiv 1 \qquad (\mathrm{mod.}\,p)$$

ou

$$(79)\qquad x^2 + x + 1 \equiv 0 \qquad (\mathrm{mod.}\,p),$$

par conséquent

$$(80)\qquad (2x+1)^2 \equiv -3 \qquad (\mathrm{mod.}\,p);$$

et comme, en supposant $p - 1$ divisible une seule fois par le nombre 2, on tirera de la formule (80)

$$(81)\qquad 2x + 1 \equiv \pm(-3)^{\frac{p+1}{4}} \qquad (\mathrm{mod.}\,p),$$

il est clair que, dans cette hypothèse, les trois racines de l'équivalence (32) seront respectivement

$$(82)\qquad x \equiv 1, \qquad x \equiv \frac{-1-(-3)^{\frac{p+1}{4}}}{2}, \qquad x \equiv \frac{-1+(-3)^{\frac{p+1}{4}}}{2} \qquad (\mathrm{mod.}\,p)$$

Donc, si $p - 1$ est divisible une seule fois par chacun des nombres 2 et 3, l'équivalence

$$(23) \qquad x^3 \equiv A \pmod{p}$$

admettra trois racines qui seront respectivement

$$(83) \quad x \equiv A^{\frac{p+2}{9}}, \quad x \equiv \frac{-1-(-3)^{\frac{p+1}{4}}}{2} A^{\frac{p+2}{9}}, \quad x \equiv \frac{-1+(-3)^{\frac{p+1}{4}}}{2} A^{\frac{p+2}{9}} \pmod{p},$$

ou bien

$$(84) \quad x \equiv A^{\frac{2p+1}{9}}, \quad x \equiv \frac{-1-(-3)^{\frac{p+1}{4}}}{2} A^{\frac{2p+1}{9}}, \quad x \equiv \frac{-1+(-3)^{\frac{p+1}{4}}}{2} A^{\frac{2p+1}{9}} \pmod{p},$$

selon que $p - 1$, divisé par 9, donnera pour reste 6 ou 3. Ainsi, par exemple, les trois racines de l'équivalence

$$(85) \qquad x^3 \equiv 4 \pmod{31}$$

seront

$$(86) \qquad \left\{ \begin{aligned} & x \equiv 4^7 \equiv 16, \\ & x \equiv \frac{-1-3^8}{2} 16 \equiv 5.16 \equiv -13 \\ & x \equiv \frac{-1+3^8}{2} 16 \equiv -6.16 \equiv -3 \end{aligned} \right\} \pmod{31}.$$

Si, la condition (13) étant remplie, les nombres m, $\frac{p-1}{n}$ cessent d'être premiers entre eux, et si l'on désigne par ω leur plus grand commun diviseur, le nombre $\frac{m}{\omega}$ sera premier à $\frac{p-1}{n}$, pourvu qu'il soit premier à ω, et l'on pourra, dans cette hypothèse, trouver deux quantités entières v, w propres à vérifier l'équation

$$(87) \qquad \frac{m}{\omega} w - \frac{p-1}{n} v = 1.$$

On aura, par suite, eu égard à la condition (13),

$$(88) \qquad A \equiv A^{1+\frac{p-1}{n}v} \equiv A^{\frac{m}{\omega}w},$$

et il est clair qu'on résoudra l'équivalence (1) en choisissant x de manière à vérifier la formule

$$(89)\qquad x^{\omega} \equiv A^{w} \qquad (\text{mod.}\, p),$$

de laquelle on tire

$$x^m \equiv (x^{\omega})^{\frac{m}{\omega}} \equiv A^{\frac{m}{\omega}} \equiv A \qquad (\text{mod.}\, p).$$

D'ailleurs l'équivalence (89) sera du nombre de celles qui peuvent être résolues. En effet, ω, divisant à la fois m et $\frac{p-1}{n}$, par conséquent m et $p-1$, sera diviseur de n. Donc la formule (13) entraînera les suivantes :

$$(90)\qquad A^{\frac{p-1}{\omega}} \equiv \left(A^{\frac{p-1}{n}}\right)^{\frac{n}{\omega}} \equiv 1^{\frac{n}{\omega}} = 1 \qquad (\text{mod.}\, p),$$

$$(91)\qquad (A^{w})^{\frac{p-1}{\omega}} \equiv A^{\frac{p-1}{\omega}} \equiv 1 \qquad (\text{mod.}\, p).$$

Or la formule (91), semblable à la formule (13), exprime précisément la condition à laquelle A^{w} doit satisfaire pour qu'on puisse résoudre l'équivalence (89).

Il est bon d'observer que, ω étant diviseur de n, ω^2 sera diviseur de $p-1$. Donc il est toujours facile, dans l'hypothèse admise, de réduire l'équivalence (1) du degré m à une autre équivalence dont le degré ω soit la racine d'un carré qui divise $p-1$. Lorsque $p-1$ n'offre pas de diviseurs carrés dont les racines divisent l'exposant m, le nombre ω coïncide avec l'unité, et la formule (89) ou (60) fournit une racine de l'équivalence (1).

§ III. — *Sur la résolution des équivalences du troisième et du quatrième degré.*

Étant donnée une équivalence du troisième ou du quatrième degré, on peut, à l'aide de la méthode exposée dans le premier paragraphe, décider si cette équivalence admet autant de racines distinctes que son degré renferme d'unités. Dans le cas contraire, on pourra toujours, à l'aide de la même méthode; ou s'assurer que l'équivalence proposée n'a point de racines, ou la réduire à une équivalence de degré moindre. Pour cette raison, nous nous bornerons, dans ce qui va suivre, à considérer les équivalences du troisième ou du quatrième degré qui admettent trois ou quatre racines distinctes.

Considérons d'abord une équivalence complète du troisième degré ou de la forme

(1) $$a_0 x^3 + a_1 x^2 + a_2 x + a_3 \equiv 0 \pmod{p},$$

p désignant un nombre premier et a_0, a_1, a_2, a_3 des quantités entières dont la première ne soit pas divisible par p, ou même des quantités rationnelles. Si l'on fait

(2) $$x \equiv y - \frac{a_1}{3a_0} \pmod{p},$$

la formule (1) deviendra

(3) $$y^3 + By + C \equiv 0 \pmod{p},$$

B, C étant des quantités rationnelles que l'on pourra réduire à des quantités entières. D'un autre côté, si l'on désigne par

$$\eta_1, \quad \eta_2, \quad \eta_3$$

les racines de l'équation

(4) $$y^3 + By + C = 0,$$

et par ρ une racine primitive de la suivante

(5) $$x^3 = 1,$$

ρ_1, ρ_2 seront les deux racines de

(6) $$x^2 + x + 1 = 0,$$

et l'expression

(7) $$\left(\frac{\eta_1 + \rho\eta_2 + \rho^2\eta_3}{3}\right)^3,$$

considérée comme fonction des racines des équations (4), (5), n'aura, comme l'on sait, que deux valeurs distinctes, savoir

$$(8)\qquad v_1=\left(\frac{\eta_1+\rho\eta_2+\rho^2\eta_3}{3}\right)^3,\qquad v_2=\left(\frac{\eta_1+\rho^2\eta_2+\rho\eta_3}{3}\right)^3,$$

qui serviront elles-mêmes de racines à la réduite

$$(9)\qquad u^2+Cu-\frac{B^2}{27}=0.$$

Cela posé, concevons que l'équivalence (3) admette trois racines distinctes

$$y_1,\quad y_2,\quad y_3,$$

et que le nombre $p-1$ soit divisible par 3. L'équivalence

$$(10)\qquad x^3\equiv 1\qquad(\text{mod. } p)$$

offrira elle-même trois racines distinctes, dont la première sera l'unité, les deux dernières étant propres à vérifier la formule

$$(11)\qquad x^2+x+1\equiv 0\qquad(\text{mod. } p).$$

Si l'on nomme r l'une de ces deux dernières, l'autre sera représentée par r^2, et si l'on fait

$$(12)\quad u_1\equiv\left(\frac{y_1+ry_2+r^2y_3}{3}\right)^3,\qquad u_2\equiv\left(\frac{y_1+r^2y_2+ry_3}{3}\right)^3\qquad(\text{mod. } p),$$

u_1, u_2 seront, en vertu du théorème XVII de la page 294, les deux racines de l'équivalence du second degré

$$(13)\qquad u^2+Cu-\frac{B^3}{27}\equiv 0\qquad(\text{mod. } p).$$

Comme on aura d'ailleurs

$$(14)\left\{\begin{aligned}&\eta_1+\eta_2+\eta_3=0,\\&(\eta_1+\rho\eta_2+\rho^2\eta_3)(\eta_1+\rho^2\eta_2+\rho\eta_3)=\eta_1^2+\eta_2^2+\eta_3^2-\eta_1\eta_2-\eta_1\eta_3-\eta_2\eta_3\\&\qquad=-3(\eta_1\eta_2+\eta_1\eta_3+\eta_2\eta_3)=-3B,\end{aligned}\right.$$

le corollaire I du théorème XVII de la page 294 donnera

$$(15)\quad\left\{\begin{aligned}&y_1+y_2+y_3\equiv 0\qquad(\text{mod. } p),\\&(y_1+ry_2+r^2y_3)(y_1+r^2y_2+ry_3)\equiv -3B\qquad(\text{mod. } p).\end{aligned}\right.$$

A l'aide de ces formules, on réduira la résolution de l'équivalence (1) ou (3) à la résolution de deux équivalences du deuxième degré, et d'une équivalence binôme du troisième degré. En effet, supposons

$$(16)\qquad \frac{y_1+ry_2+r^2y_3}{3}=v_1,\qquad \frac{y_1+r^2y_2+ry_3}{3}=v_2.$$

Il suffira, pour déterminer v_1, de résoudre : 1° les équivalences du deuxième degré (11) et (13); 2° l'équivalence binôme du troisième degré

$$(17)\qquad v_1^3\equiv u_1 \quad (\text{mod. } p),$$

après quoi l'on déterminera v_2, si B n'est pas divisible par p, à l'aide de la formule $9v_1v_2\equiv -3\text{B}$, ou

$$(18)\qquad v_2\equiv -\frac{\text{B}}{3v_1} \quad (\text{mod.} p),$$

et y_1, y_2, y_3 à l'aide des formules

$$y_1+y_2+y_3\equiv 0,\quad y_1+ry_2+r^2y_3\equiv 3v_1,\quad y_1+r^2y_2+ry_3\equiv 3v_2 \quad (\text{mod.} p),$$

desquelles on tire

$$(19)\quad y_1\equiv v_1+v_2,\quad y_2\equiv r^2v_1+rv_2,\quad y_3\equiv rv_1+r^2v_2 \quad (\text{mod.} p).$$

Si B devenait divisible par p, l'une des racines de l'équivalence (13) serait équivalente à zéro, et, en désignant par u_1 l'autre racine, on devrait à la formule (17) joindre la suivante

$$v_2\equiv 0 \quad (\text{mod.} p).$$

Il importe d'observer qu'en vertu des formules (12) on aura

$$(20)\qquad u_1-u_2\equiv \frac{r-r^2}{3^5}(y_1-y_2)(y_1-y_3)(y_2-y_3).$$

Donc, puisque chacune des équivalences (3), (10) admet, par hypothèse, trois racines distinctes, et qu'en conséquence aucune des différences $r-r^2$, y_1-y_2, y_1-y_3, y_2-y_3 n'est équivalente à zéro suivant le module p, la différence u_1-u_2 ne sera pas non plus équivalente à zéro, et la formule (13) offrira encore deux racines distinctes. Cela posé, la condition (38) du § II donnera

$$(21)\qquad \left(\frac{C^2}{4}+\frac{B^3}{27}\right)^{\frac{p-1}{2}} \equiv 1 \pmod{p}.$$

De même, l'équivalence (17) devant être résoluble, et $p-1$ étant divisible par 3, on tirera de la formule (13) du § II

$$(22)\qquad u_1^{\frac{p-1}{3}} \equiv 1 \pmod{p}$$

et, par suite, si B n'est pas divisible par p,

$$(23)\qquad u_1^{\frac{p-1}{3}} + u_2^{\frac{p-1}{3}} \equiv u_1^{\frac{p-1}{3}} + \left(-\frac{B^3}{27u_1}\right)^{\frac{p-1}{3}} \equiv u_1^{\frac{p-1}{3}} + \frac{\left(-\frac{B}{3}\right)^{p-1}}{u_1^{\frac{p-1}{3}}} \equiv 1+1 \equiv 2 \pmod{p}.$$

D'autre part, on aura, en vertu du théorème X de la page 282,

$$(24)\qquad u_1^{\frac{p-1}{3}} + u_2^{\frac{p-1}{3}} \equiv \upsilon_1^{\frac{p-1}{3}} + \upsilon_2^{\frac{p-1}{3}};$$

υ_1, υ_2 désignant les deux racines de l'équation (9), dont les valeurs seront

$$(25)\qquad \upsilon_1 = -\frac{C}{2} - \left(\frac{C^2}{4}+\frac{B^3}{27}\right)^{\frac{1}{2}}, \qquad \upsilon_2 = -\frac{C}{2} + \left(\frac{C^2}{4}+\frac{B^3}{27}\right)^{\frac{1}{2}}.$$

Donc la formule (23) pourra être réduite à

$$(26)\qquad \left[-\frac{C}{2} - \left(\frac{C^2}{4}+\frac{B^3}{27}\right)^{\frac{1}{2}}\right]^{\frac{p-1}{3}} + \left[-\frac{C}{2} + \left(\frac{C^2}{4}+\frac{B^3}{27}\right)^{\frac{1}{2}}\right]^{\frac{p-1}{3}} \equiv 2 \pmod{p}$$

ou, ce qui revient au même, à

$$(27)\quad \begin{cases} \left(\frac{C}{2}\right)^{\frac{p-1}{3}} + \frac{(p-1)(p-4)}{3.6}\left(\frac{C}{2}\right)^{\frac{p-7}{3}}\left(\frac{C^2}{4}+\frac{B^3}{27}\right) \\ \qquad + \frac{(p-1)(p-4)(p-7)(p-10)}{3.6.9.12}\left(\frac{C}{2}\right)^{\frac{p-13}{3}}\left(\frac{C^2}{4}+\frac{B^3}{27}\right)^2 + \ldots \equiv 1 \pmod{p}. \end{cases}$$

Ainsi, lorsque, $p-1$ étant divisible par 3, et B non divisible par p, l'équivalence (3) admet trois racines distinctes, les valeurs des quantités B, C vérifient les conditions (21), (27). Réciproquement, si ces conditions sont vérifiées, $p-1$ étant toujours divisible par 3, et B non divisible par p, chacune des équivalences (1) et (3) admettra trois racines distinctes. En effet, eu égard à la condition (21), l'équivalence (13) sera résoluble. Désignons par u_1, u_2 ses deux racines, et faisons

$$u_1^{\frac{p-1}{3}} \equiv z.$$

La condition (27) ou (23) donnera

$$z + \frac{1}{z} \equiv 2 \quad (\text{mod.}\, p)$$

ou, ce qui revient au même,

$$(z-1)^2 \equiv 0 \quad (\text{mod.}\, p)$$

et, par conséquent,

$$z \equiv 1 \quad (\text{mod.}\, p).$$

Donc la condition (22) sera elle-même remplie, et l'équation (17) sera résoluble. Cela posé, les formules (18) et (19) fourniront évidemment des valeurs de y_1, y_2, y_3 propres à vérifier l'équivalence (3).

Si, les conditions (21), (27) étant remplies, le nombre $p-1$ n'est divisible ni par 4, ni par 9, la résolution des équivalences (11), (13), (17), dont les deux premières peuvent s'écrire comme il suit

$$(28) \qquad (2x+1)^3 \equiv -3 \quad (\text{mod.}\, p),$$

$$(29) \qquad \left(u + \frac{C}{2}\right)^2 \equiv \frac{C^2}{4} + \frac{B^3}{27} \quad (\text{mod.}\, p)$$

et, par conséquent, la résolution des équivalences (1) ou (3) s'effectuera sans peine à l'aide des formules (67), (68), (69) du paragraphe précédent.

Pour montrer une application des principes que nous venons d'exposer, considérons l'équivalence

$$(30) \qquad x^3 - 3x^2 + 15x - 1 \equiv 0 \quad (\text{mod.}\, 31).$$

Dans ce cas, le nombre $p-1=30$ sera multiple de 3, sans être divisible ni par 4, ni par 9, et l'on vérifiera la formule (11) ou (28) [*voir* les formules (77) du § II], en prenant $2x+1=\pm 11$, par conséquent $x=\frac{-1\pm 11}{2}$. On pourra donc supposer

$$r=\frac{-1-11}{2}=-6. \tag{31}$$

De plus, si l'on fait

$$x=y+\frac{3}{3}=y+1, \tag{32}$$

la formule (30) deviendra

$$y^3+12y+12\equiv 0 \quad (\text{mod.}\, 31). \tag{33}$$

En comparant cette dernière à l'équivalence (3), on trouvera

$$B=12, \qquad C=12, \tag{34}$$

$$\frac{C}{2}=6, \qquad \frac{C^2}{4}+\frac{B^3}{27}\equiv 6^2+4^3\equiv 5+2\equiv 7 \quad (\text{mod.}\, 31). \tag{35}$$

Cela posé, les conditions (21), (27) donneront

$$7^{15}\equiv 1 \quad (\text{mod.}\, 31) \tag{36}$$

et

$$6^{10}+\frac{10.9}{1.2}6^8.7+\frac{10.9.8.7}{1.2.3.4}6^6.7^2+\frac{10.9.8.7}{1.2.3.4}6^4.7^3+\frac{10.9}{1.2}6^2.7^4+7^5\equiv 1 \quad (\text{mod.}\, 31)$$

ou, ce qui revient au même, attendu que l'on aura $6^3\equiv -1$, $7^3\equiv 2$, $\frac{10.9}{1.2}\equiv 2.7$ et $\frac{10.9.8.7}{1.2.3.4}\equiv -7$,

$$-6+2.6^2.7^2-2+2.6.7+2^2.6^2.7^2+2.7^2\equiv 1 \quad (\text{mod.}\, 31). \tag{37}$$

Or, les formules (36), (37) étant vérifiées, on doit en conclure que l'équivalence (30) ou (33) admettra trois racines distinctes. Effectivement, la formule (13) ou (29) deviendra

$$(u+6)^2\equiv 7 \quad (\text{mod.}\, 31), \tag{38}$$

et l'on en tirera [*voir* les formules (73) du § II]

(39) $$u+6 \equiv \pm 7^8 \equiv \pm 10 \quad (\text{mod.}\, 31).$$

On pourra donc supposer

(40) $$u_1 = 10 - 6 = 4,$$

et l'équivalence (17), réduite à

(41) $$v_1^3 \equiv 4 \quad (\text{mod.}\, 31),$$

aura pour racines [*voir* les formules (86) du § II] les trois quantités 16, -3, -13. Cela posé, on pourra prendre

(42) $$v_1 \equiv 16, \quad r v_1 \equiv -3, \quad r^2 v_1 \equiv -13 \quad (\text{mod.}\, 31);$$

et, comme on tirera de la formule (18)

(43) $$v_2 \equiv -\frac{12}{3 v_1} \equiv -\frac{1}{4} \equiv -8 \quad (\text{mod.}\, 31),$$

on trouvera encore

(44) $$v_2 \equiv -8, \quad r v_2 \equiv -14, \quad r^2 v_2 \equiv -9 \quad (\text{mod.}\, 31).$$

Donc enfin les formules (19) donneront

(45) $$y_1 \equiv 16 - 8 \equiv 8, \quad y_2 \equiv -13 - 14 \equiv 4, \quad y_3 \equiv -3 - 9 \equiv -12 \quad (\text{mod.}\, 31).$$

Ainsi l'équivalence (33) aura pour racines

(46) $$y \equiv 8, \quad y \equiv 4, \quad y \equiv -12 \quad (\text{mod.}\, 31),$$

ce qui est exact. Les racines correspondantes de l'équivalence (30), calculées à l'aide de la formule (32), seront évidemment

(47) $$x \equiv 11, \quad x \equiv -9 \quad (\text{mod.}\, 31).$$

Considérons maintenant une équivalence complète du quatrième degré ou de la forme

(48) $$a_0 x^4 + a_1 x^3 + a_2 x^2 + a_3 x + a_4 \equiv 0 \quad (\text{mod.}\, p),$$

p désignant un nombre premier, et a_0, a_1, a_2, a_3, a_4 des quantités entières dont la première ne soit pas divisible par p, ou même des quantités rationnelles. Si l'on fait

$$(49)\qquad x \equiv y - \frac{a_1}{4a_0} \quad (\text{mod.}\, p),$$

l'équivalence (48) deviendra

$$(50)\qquad y^4 + By^2 + Cy + D \equiv 0 \quad (\text{mod.}\, p),$$

B, C, D étant des quantités rationnelles que l'on pourra réduire à des quantités entières. D'un autre côté, si l'on désigne par

$$\eta_1,\quad \eta_2,\quad \eta_3,\quad \eta_4$$

les racines de l'équation

$$(51)\qquad y^4 + By^2 + Cy + D = 0,$$

l'expression

$$\left(\frac{\eta_1 - \eta_2 + \eta_3 - \eta_4}{2}\right)^2,$$

considérée comme fonction de ces racines, n'aura, comme l'on sait, que trois valeurs distinctes, savoir

$$(52)\qquad \begin{cases} \upsilon_1 = \left(\dfrac{\eta_1 - \eta_2 + \eta_3 - \eta_4}{2}\right)^2, \\ \upsilon_2 = \left(\dfrac{\eta_1 - \eta_2 - \eta_3 + \eta_4}{2}\right)^2, \\ \upsilon_3 = \left(\dfrac{\eta_1 + \eta_2 - \eta_3 - \eta_4}{2}\right)^2, \end{cases}$$

qui serviront de racines à la réduite

$$(53)\qquad u^3 + 2Bu^2 + (B^2 - 4D)u - C^2 = 0.$$

Cela posé, concevons que l'équation (51) admette quatre racines distinctes

$$y_1,\quad y_2,\quad y_3,\quad y_4,$$

et faisons

$$(54)\qquad \left\{\begin{aligned} u_1 &\equiv \left(\frac{y_1-y_2+y_3-y_4}{2}\right)^2\\ u_2 &\equiv \left(\frac{y_1-y_2-y_3+y_4}{2}\right)^2\\ u_3 &\equiv \left(\frac{y_1+y_2-y_3-y_4}{2}\right)^2 \end{aligned}\right\} \pmod{p},$$

u_1, u_2, u_3 seront, en vertu du théorème XVI de la page 292, les trois racines de l'équivalence du troisième degré

$$(55)\qquad u^3+2Bu^2+(B^2-4D)u-C^2\equiv 0 \pmod{p}.$$

Comme on aura d'ailleurs

$$(56)\qquad \left\{\begin{aligned} &\eta_1+\eta_2+\eta_3+\eta_4=0,\\ &(\eta_1-\eta_2+\eta_3-\eta_4)(\eta_1-\eta_2-\eta_3+\eta_4)(\eta_1+\eta_2-\eta_3-\eta_4)=-8C, \end{aligned}\right.$$

on trouvera encore

$$(57)\qquad \left\{\begin{aligned} &y_1+y_2+y_3+y_4\equiv 0 \pmod{p},\\ &(y_1-y_2+y_3-y_4)(y_1-y_2-y_3+y_4)(y_1+y_2-y_3-y_4)\equiv -8C. \end{aligned}\right.$$

A l'aide de ces formules, on réduira la résolution de l'équivalence (48) ou (50) à la résolution de deux équivalences binômes du deuxième degré et d'une équivalence du troisième. En effet, supposons

$$(58)\qquad \left\{\begin{aligned} v_1 &\equiv \frac{y_1-y_2+y_3-y_4}{2}\\ v_2 &\equiv \frac{y_1-y_2-y_3+y_4}{2}\\ v_3 &\equiv \frac{y_1+y_2-y_3-y_4}{2} \end{aligned}\right\} \pmod{p}.$$

Il suffira, pour déterminer v_1, v_2, de résoudre : 1° l'équivalence (55), qui est du troisième degré; 2° les deux équivalences du deuxième degré

$$(59)\qquad v_1^2\equiv u_1,\qquad v_2^2\equiv u_2 \pmod{p},$$

après quoi l'on déterminera v_3, si C n'est pas divisible par p, à l'aide de la formule $8v_1v_2v_3 \equiv -8C$, ou

$$v_3 \equiv -\frac{C}{v_1 v_2} \pmod{p}, \tag{60}$$

et y_1, y_2, y_3, y_4 à l'aide des formules

$$\left\{\begin{array}{ll} y_1 + y_2 + y_3 + y_4 \equiv 0 & \pmod{p}, \\ y_1 - y_2 + y_3 - y_4 \equiv 2v_1, & \\ y_1 - y_2 - y_3 + y_4 \equiv 2v_2, & \\ y_1 + y_2 - y_3 - y_4 \equiv 2v_3, & \end{array}\right. \tag{61}$$

desquelles on tire

$$\left.\begin{array}{ll} y_1 \equiv \dfrac{v_1 + v_2 + v_3}{2}, & y_2 \equiv \dfrac{-v_1 - v_2 + v_3}{2} \\ y_3 \equiv \dfrac{v_1 - v_2 - v_3}{2}, & y_4 \equiv \dfrac{-v_1 + v_2 - v_3}{2} \end{array}\right\} \pmod{p}. \tag{62}$$

Si C devenait divisible par p, l'une des racines de l'équivalence (55) s'évanouirait, et, en désignant les deux autres par u_1, u_2, on devrait aux formules (59) joindre, non plus la formule (60), mais la suivante :

$$v_3 \equiv 0 \pmod{p}.$$

Il est bon d'observer que l'on a, en vertu des formules (54),

$$\left.\begin{array}{l} u_1 - u_2 \equiv (y_1 - y_2)(y_3 - y_4) \\ u_1 - u_3 \equiv (y_1 - y_4)(y_3 - y_2) \\ u_2 - u_3 \equiv (y_1 - y_3)(y_4 - y_2) \end{array}\right\} \pmod{p}. \tag{63}$$

On peut en conclure que, si l'équivalence (50) admet quatre racines distinctes l'une de l'autre, l'équivalence (55) admettra elle-même trois racines distinctes. Si l'on fait d'ailleurs

$$u + \frac{2B}{3} \equiv U \pmod{p}, \tag{64}$$

et de plus

$$(65)\qquad E \equiv -\left(\frac{1}{3}B^2+4D\right),\qquad F \equiv -\left(\frac{2}{27}B^3-\frac{8}{3}BD+C^2\right)\qquad (\text{mod.}\,p),$$

l'équivalence (55) deviendra

$$(66)\qquad U^3+EU+F\equiv 0\qquad (\text{mod.}\,p).$$

Supposons maintenant $p-1$ divisible par 3. On pourra déterminer les trois racines de l'équivalence (66), correspondantes aux trois valeurs de u qui vérifient la formule (55), en suivant la méthode par laquelle nous avons résolu l'équivalence (4), et, comme les trois racines de l'équivalence (66) seront distinctes l'une de l'autre, si l'équivalence (50) offre elle-même trois racines distinctes, il est clair que les quantités E, F satisferont alors généralement aux conditions que l'on déduit des formules (21) et (27), en y remplaçant B par E et C par F. On aura donc, en admettant que l'équivalence (50) offre quatre racines distinctes,

$$(67)\qquad \left(\frac{F^2}{4}+\frac{E^3}{27}\right)^{\frac{p-1}{2}}\equiv 1\qquad (\text{mod.}\,p)$$

et

$$(68)\quad \left\{\begin{aligned}&\left(\frac{F}{2}\right)^{\frac{p-1}{3}}+\frac{(p-1)(p-4)}{3.6}\left(\frac{F}{2}\right)^{\frac{p-7}{3}}\left(\frac{F^2}{4}+\frac{E^3}{27}\right)\\&\quad+\frac{(p-1)(p-4)(p-7)(p-10)}{3.6.9.12}\left(\frac{F}{2}\right)^{\frac{p-13}{3}}\left(\frac{F^2}{4}+\frac{E^3}{27}\right)^2+\ldots\equiv 1\qquad (\text{mod.}\,p).\end{aligned}\right.$$

On doit toutefois excepter le cas où le coefficient E deviendrait divisible par p. De plus, chacune des formules (59) devant être résoluble, on aura encore, si C n'est pas équivalent à zéro,

$$(69)\qquad u_1^{\frac{p-1}{2}}\equiv 1,\qquad u_2^{\frac{p-1}{2}}\equiv 1\qquad (\text{mod.}\,p)$$

et, par conséquent,

$$(70)\qquad u_3^{\frac{p-1}{2}}\equiv\left(\frac{C^2}{u_1u_2}\right)^{\frac{p-1}{2}}\equiv 1\qquad (\text{mod.}\,p).$$

Cela posé, concevons que l'élimination de u entre les équations

$$(71) \qquad u^3+2Bu^2+(B^2-4D)u-C^2=0, \qquad V=u^{\frac{p-1}{2}}$$

produise une autre équation de la forme

$$(72) \qquad V^3+GV^2+HV+I=0.$$

On aura identiquement

$$(73) \qquad V^3+GV^2+HV+I=\left(V-u_1^{\frac{p-1}{2}}\right)\left(V-u_2^{\frac{p-1}{2}}\right)\left(V-u_3^{\frac{p-1}{2}}\right)$$

et, par suite,

$$(74) \qquad \begin{cases} G=-\left(u_1^{\frac{p-1}{2}}+u_2^{\frac{p-1}{2}}+u_3^{\frac{p-1}{2}}\right), \\ H=\ u_1^{\frac{p-1}{2}}u_2^{\frac{p-1}{2}}+u_1^{\frac{p-1}{2}}u_3^{\frac{p-1}{2}}+u_2^{\frac{p-1}{2}}u_3^{\frac{p-1}{2}}, \\ I=-u_1^{\frac{p-1}{2}}u_2^{\frac{p-1}{2}}u_3^{\frac{p-1}{2}}=-C^{2\frac{p-1}{2}}=-C^{p-1}; \end{cases}$$

puis on conclura des formules (74), combinées avec les formules (69), (70),

$$(75) \qquad G\equiv-3, \qquad H\equiv 3 \qquad (\text{mod.}\,p)$$

et

$$(76) \qquad C^{p-1}\equiv 1 \qquad (\text{mod.}\,p).$$

Donc, en définitive, les conditions (67), (68), (75) doivent être vérifiées toutes les fois que, $p-1$ étant divisible par 3, et C, E non divisibles par p, l'équivalence (48) ou (50) offre quatre racines distinctes. Quant à la condition (76), il est inutile d'en faire mention, puisque, dans le cas dont il s'agit, elle sera toujours remplie. Donc, si les conditions (67), (68), (75) sont vérifiées, $p-1$ étant divisible par 3, et C, E non divisibles par p, l'équivalence (50) et, par suite, l'équivalence (48) offriront quatre racines distinctes. En effet, les conditions (67), (68) étant vérifiées, chacune des équivalences (55), (66) offrira trois racines distinctes l'une de l'autre. Désignons par u_1, u_2, u_3

celles de ces racines qui appartiendront à l'équivalence (55). Les quantités

$$(77)\qquad u_1^{\frac{p-1}{2}},\quad u_2^{\frac{p-1}{2}},\quad u_3^{\frac{p-1}{2}}$$

seront les trois racines de l'équivalence

$$(78)\qquad V^3 + GV^2 + HV + I \equiv 0,$$

qui, en vertu de la dernière des formules (74), deviendra

$$(79)\qquad V^3 + GV^2 + HV - C^{p-1} \equiv 0.$$

De plus, les conditions (75), (76) étant remplies, la formule (78) deviendra

$$V^3 - 3V^2 + 3V - 1 \equiv 0$$

ou, ce qui revient au même,

$$(80)\qquad (V-1)^3 \equiv 0,$$

et ses trois racines seront équivalentes à l'unité. Donc les quantités (77) vérifieront les conditions (69), (70), et les formules (59) seront résolubles. Cela posé, les formules (60) et (62) fourniront évidemment des valeurs de y_1, y_2, y_3, y_4 propres à vérifier l'équivalence (50).

Si, les conditions (67), (68), (75), (76) étant remplies, le nombre $p-1$ n'est divisible ni par 4, ni par 9, la résolution des équivalences (66), (69) et, par suite, la résolution des équivalences (50), (51) s'effectueront sans peine à l'aide des formules (67), (68), (69) du paragraphe précédent.

Concevons, pour fixer les idées, qu'il s'agisse de résoudre l'équivalence

$$(81)\qquad x^4 + 4x^3 + 6x^2 + 13x + 7 \equiv 0 \quad (\text{mod. } 31).$$

Alors, en posant

$$(82)\qquad x = y - \tfrac{4}{4} = y - 1,$$

on obtiendra la formule

$$(83)\qquad y^4 + 9y - 3 \equiv 0 \quad (\text{mod. } 31);$$

puis, en comparant cette formule à l'équivalence (50), on trouvera

(84) $$B = 0, \quad C = 9, \quad D = -3.$$

Cela posé, l'équivalence (55) deviendra

(85) $$u^3 + 12u + 12 \equiv 0;$$

elle se confondra donc avec l'équivalence (33), dont les racines étaient 8, 4 et -12, en sorte qu'on pourra prendre

(86) $$u_1 \equiv 8, \quad u_2 \equiv 4, \quad u_3 \equiv -12 \quad (\text{mod. } 31).$$

Or, les valeurs précédentes de u_1, u_2, u_3 vérifieront les conditions (69), (70), ou

(87) $$8^{15} \equiv 1, \quad 4^{15} \equiv 1, \quad (-12)^{15} \equiv 1 \quad (\text{mod. } 31).$$

On pourra donc résoudre les équivalences (59) ou

(88) $$v_1^2 \equiv 8, \quad v_2^2 \equiv 4 \quad (\text{mod. } 31).$$

On tirera effectivement de ces dernières, en ayant égard aux formules (73) du § II, et à la condition $2^5 \equiv 1$,

(89) $$v_1 \equiv \pm 8^8 \equiv \pm 2^{24} \equiv \pm 2^4 \equiv \pm 16, \quad v_2 \equiv \pm 4^8 \equiv \pm 2^{16} = \pm 2.$$

Par conséquent, on pourra supposer

(90) $$v_1 = 16, \quad v_2 = 2.$$

Les valeurs de v_1, v_2 étant ainsi fixées, l'équivalence (60) donnera

(91) $$v_3 \equiv -\frac{9}{32} \equiv -9 \equiv 22 \quad (\text{mod. } 31);$$

et l'on tirera des formules (62)

(92) $$y_1 \equiv 20 \equiv -11, \quad y_2 \equiv 2, \quad y_3 \equiv -4, \quad y_4 \equiv -18 \equiv 13 \quad (\text{mod. } 31).$$

Telles seront les quatre racines de l'équivalence (83). Les racines correspondantes de l'équivalence (81), calculées à l'aide de la formule (82), seront respectivement

(93) $$x \equiv -12, \quad x \equiv 1, \quad x \equiv -5, \quad x \equiv 12.$$

Les équivalences (88) étant résolubles, et le nombre $C = 9$ n'étant pas divisible par 31, on peut affirmer que, dans l'exemple précédent, les conditions (75), (76) se vérifient, ou, en d'autres termes, que l'équivalence produite par l'élimination de u entre les suivantes

(94) $$u^3 + 12u + 11 \equiv 0, \qquad V \equiv u^{15} \qquad (\text{mod. } 31)$$

se réduit à la formule

(95) $$V^3 - 3V^2 + 3V - 1 \equiv 0 \qquad (\text{mod. } 31).$$

C'est, au reste, ce dont il est facile de s'assurer directement.

SUR L'ÉQUILIBRE

ET LE

MOUVEMENT INTÉRIEUR DES CORPS

CONSIDÉRÉS

COMME DES MASSES CONTINUES.

§ I. — *Formules générales.*

Dans la recherche des équations d'équilibre ou de mouvement des corps solides ou fluides, on peut considérer ces corps comme des masses continues, ou bien les regarder comme des systèmes de points matériels qui s'attirent ou se repoussent à de très petites distances. Dans la première hypothèse, il faut d'abord établir la théorie des pressions ou tensions exercées en un point donné d'un corps solide contre les divers plans qu'on peut faire passer par ce même point. J'ai développé cette théorie dans le Tome II des *Exercices de Mathématiques* (¹), et j'ai fait connaître les relations qui existent, dans le cas d'équilibre d'un corps solide ou fluide, entre les pressions ou tensions et les forces accélératrices. Si, pour fixer les idées, on désigne par x, y, z les coordonnées rectangulaires d'un point quelconque; par ρ la densité d'un corps au point (x, y, z); par p', p'', p''' les pressions ou tensions que supportent en ce point et du côté des coordonnées positives trois plans respectivement perpendiculaires aux axes coordonnés; par A, F, E; F, B, D; E, D, C les projections algébriques des pressions p', p'', p''' sur ces mêmes axes; enfin, par X, Y, Z les projections algébriques de la force accélératrice appliquée au point (x, y, z); les relations dont il

(¹) *OEuvres de Cauchy*, S. II, T. VII.

s'agit seront exprimées par les formules

$$(1)\quad \begin{cases} \dfrac{\partial A}{\partial x}+\dfrac{\partial F}{\partial y}+\dfrac{\partial E}{\partial z}+\rho X=0, \\[2ex] \dfrac{\partial F}{\partial x}+\dfrac{\partial B}{\partial y}+\dfrac{\partial D}{\partial z}+\rho Y=0, \\[2ex] \dfrac{\partial E}{\partial x}+\dfrac{\partial D}{\partial y}+\dfrac{\partial C}{\partial z}+\rho Z=0, \end{cases}$$

dans lesquelles x, y, z sont prises pour variables indépendantes. Si les diverses particules du corps, au lieu d'offrir un état d'équilibre, sont en mouvement, alors, en désignant par $\mathfrak{X}$, $\mathfrak{Y}$, $\mathfrak{Z}$ les projections algébriques de la force accélératrice qui serait capable de produire à elle seule le mouvement effectif d'une particule, et prenant x, y, z, t pour variables indépendantes, on obtiendra, à la place des équations (1), celles qui suivent :

$$(2)\quad \begin{cases} \dfrac{\partial A}{\partial x}+\dfrac{\partial F}{\partial y}+\dfrac{\partial E}{\partial z}+\rho X=\rho\mathfrak{X}, \\[2ex] \dfrac{\partial F}{\partial x}+\dfrac{\partial B}{\partial y}+\dfrac{\partial D}{\partial z}+\rho Y=\rho\mathfrak{Y}, \\[2ex] \dfrac{\partial E}{\partial x}+\dfrac{\partial D}{\partial y}+\dfrac{\partial C}{\partial z}+\rho Z=\rho\mathfrak{Z}. \end{cases}$$

Enfin, si l'on nomme ξ, η, ζ les déplacements de la particule qui, au bout d'un temps t, coïncide avec le point (x, y, z), mesurés parallèlement aux axes coordonnés, on trouvera, en supposant ces déplacements très petits,

$$\mathfrak{X}=\frac{\partial^2\xi}{\partial t^2},\qquad \mathfrak{Y}=\frac{\partial^2\eta}{\partial t^2},\qquad \mathfrak{Z}=\frac{\partial^2\zeta}{\partial t^2},$$

et, par conséquent, les équations (2) deviendront

$$(3)\quad \begin{cases} \dfrac{\partial A}{\partial x}+\dfrac{\partial F}{\partial y}+\dfrac{\partial E}{\partial z}+\rho X=\rho\dfrac{\partial^2\xi}{\partial t^2}, \\[2ex] \dfrac{\partial F}{\partial x}+\dfrac{\partial B}{\partial y}+\dfrac{\partial D}{\partial z}+\rho Y=\rho\dfrac{\partial^2\eta}{\partial t^2}, \\[2ex] \dfrac{\partial E}{\partial x}+\dfrac{\partial D}{\partial y}+\dfrac{\partial C}{\partial z}+\rho Z=\rho\dfrac{\partial^2\zeta}{\partial t^2}. \end{cases}$$

Les formules (1), (2), (3) sont les véritables équations d'équilibre ou de mouvement intérieur des corps considérés comme des masses continues; et pour en déduire, par exemple, les lois de l'équilibre ou du mouvement des corps solides élastiques, il suffit de chercher comment, dans ces derniers, les pressions ou tensions A, B, C, D, E, F doivent s'exprimer à l'aide des déplacements ξ, η, ζ. Nous ferons, à ce sujet, les remarques suivantes.

Soient, au bout du temps t, α, β, γ les angles que forme avec les demi-axes des coordonnées positives une droite menée par le point (x, y, z), et représentons par ε la dilatation ou condensation linéaire ε, mesurée suivant cette droite. On aura, en supposant que les déplacements ξ, η, ζ soient très petits,

$$(4)\quad \left\{\begin{aligned} \varepsilon = {} & \frac{\partial\xi}{\partial x}\cos^2\alpha + \frac{\partial\eta}{\partial y}\cos^2\beta + \frac{\partial\zeta}{\partial z}\cos^2\gamma \\ & + \left(\frac{\partial\eta}{\partial z} + \frac{\partial\zeta}{\partial y}\right)\cos\beta\cos\gamma + \left(\frac{\partial\zeta}{\partial x} + \frac{\partial\xi}{\partial z}\right)\cos\gamma\cos\alpha + \left(\frac{\partial\xi}{\partial y} + \frac{\partial\eta}{\partial x}\right)\cos\alpha\cos\beta. \end{aligned}\right.$$

Donc, le système des dilatations ou condensations linéaires, mesurées dans toutes les directions possibles autour du point (x, y, z), sera complètement déterminé, lorsqu'on connaîtra les valeurs des six quantités

$$(5)\qquad \frac{\partial\xi}{\partial x},\quad \frac{\partial\eta}{\partial y},\quad \frac{\partial\zeta}{\partial z},\quad \frac{\partial\eta}{\partial z} + \frac{\partial\zeta}{\partial y},\quad \frac{\partial\zeta}{\partial x} + \frac{\partial\xi}{\partial z},\quad \frac{\partial\xi}{\partial y} + \frac{\partial\eta}{\partial x},$$

qui, dans la formule (4), servent de coefficients aux carrés et aux produits des cosinus des angles α, β, γ. Cela posé, admettons, comme nous l'avons déjà fait dans le IIIe Volume (p. 167) [1], que, dans un corps élastique, la pression ou tension exercée contre un plan passant par un point donné (x, y, z) dépende uniquement des condensations ou dilatations linéaires autour de ce point, en sorte que, le système de ces condensations ou dilatations étant connu, on puisse en déduire le système entier des pressions ou tensions exercées contre les divers plans

[1] *Œuvres de Cauchy*, S. II, T. VIII, p. 204.

qui renferment le point (x, y, z) (1). Les pressions ou tensions

$$(6) \qquad \mathrm{A},\ \mathrm{B},\ \mathrm{C},\ \mathrm{D},\ \mathrm{E},\ \mathrm{F}$$

devront être des fonctions des seules quantités

$$\frac{\partial\xi}{\partial x},\quad \frac{\partial\eta}{\partial y},\quad \frac{\partial\zeta}{\partial z},\qquad \frac{\partial\eta}{\partial z}+\frac{\partial\zeta}{\partial y},\qquad \frac{\partial\zeta}{\partial x}+\frac{\partial\xi}{\partial z},\qquad \frac{\partial\xi}{\partial y}+\frac{\partial\eta}{\partial x},$$

et même des fonctions linéaires, si, en considérant les quantités dont il s'agit comme infiniment petites du premier ordre, on néglige, dans les développements de A, B, C, D, E, F, suivant les puissances ascendantes de ces quantités, les infiniment petits du second ordre et des ordres supérieurs. Donc alors, en admettant que les pressions s'évanouissent dans l'état naturel, on trouvera

$$(7)\quad \left\{\begin{aligned} \mathrm{A} &= \mathrm{a}_1\frac{\partial\xi}{\partial x}+\mathrm{a}_2\frac{\partial\eta}{\partial y}+\mathrm{a}_3\frac{\partial\zeta}{\partial z}+\mathrm{a}_4\left(\frac{\partial\eta}{\partial z}+\frac{\partial\zeta}{\partial y}\right)+\mathrm{a}_5\left(\frac{\partial\zeta}{\partial x}+\frac{\partial\xi}{\partial z}\right)+\mathrm{a}_6\left(\frac{\partial\xi}{\partial y}+\frac{\partial\eta}{\partial x}\right),\\ \mathrm{B} &= \mathrm{b}_1\frac{\partial\xi}{\partial x}+\mathrm{b}_2\frac{\partial\eta}{\partial y}+\mathrm{b}_3\frac{\partial\zeta}{\partial z}+\mathrm{b}_4\left(\frac{\partial\eta}{\partial z}+\frac{\partial\zeta}{\partial y}\right)+\mathrm{b}_5\left(\frac{\partial\zeta}{\partial x}+\frac{\partial\xi}{\partial z}\right)+\mathrm{b}_6\left(\frac{\partial\xi}{\partial y}+\frac{\partial\eta}{\partial x}\right),\\ \mathrm{C} &= \mathrm{c}_1\frac{\partial\xi}{\partial x}+\mathrm{c}_2\frac{\partial\eta}{\partial y}+\mathrm{c}_3\frac{\partial\zeta}{\partial z}+\mathrm{c}_4\left(\frac{\partial\eta}{\partial z}+\frac{\partial\zeta}{\partial y}\right)+\mathrm{c}_5\left(\frac{\partial\zeta}{\partial x}+\frac{\partial\xi}{\partial z}\right)+\mathrm{c}_6\left(\frac{\partial\xi}{\partial y}+\frac{\partial\eta}{\partial x}\right),\end{aligned}\right.$$

$$(8)\quad \left\{\begin{aligned} \mathrm{D} &= \mathrm{d}_1\frac{\partial\xi}{\partial x}+\mathrm{d}_2\frac{\partial\eta}{\partial y}+\mathrm{d}_3\frac{\partial\zeta}{\partial z}+\mathrm{d}_4\left(\frac{\partial\eta}{\partial z}+\frac{\partial\zeta}{\partial y}\right)+\mathrm{d}_5\left(\frac{\partial\zeta}{\partial x}+\frac{\partial\xi}{\partial z}\right)+\mathrm{d}_6\left(\frac{\partial\xi}{\partial y}+\frac{\partial\eta}{\partial x}\right),\\ \mathrm{E} &= \mathrm{e}_1\frac{\partial\xi}{\partial x}+\mathrm{e}_2\frac{\partial\eta}{\partial y}+\mathrm{e}_3\frac{\partial\zeta}{\partial z}+\mathrm{e}_4\left(\frac{\partial\eta}{\partial z}+\frac{\partial\zeta}{\partial y}\right)+\mathrm{e}_5\left(\frac{\partial\zeta}{\partial x}+\frac{\partial\xi}{\partial z}\right)+\mathrm{e}_6\left(\frac{\partial\xi}{\partial y}+\frac{\partial\eta}{\partial x}\right),\\ \mathrm{F} &= \mathrm{f}_1\frac{\partial\xi}{\partial x}+\mathrm{f}_2\frac{\partial\eta}{\partial y}+\mathrm{f}_3\frac{\partial\zeta}{\partial z}+\mathrm{f}_4\left(\frac{\partial\eta}{\partial z}+\frac{\partial\zeta}{\partial y}\right)+\mathrm{f}_5\left(\frac{\partial\zeta}{\partial x}+\frac{\partial\xi}{\partial z}\right)+\mathrm{f}_6\left(\frac{\partial\xi}{\partial y}+\frac{\partial\eta}{\partial x}\right),\end{aligned}\right.$$

a_1, b_1, c_1, d_1, a_2, b_2, ... étant des coefficients qui seront déterminés en chaque point du corps, mais pourront varier avec x, y, z. Les équations (7) et (8) coïncident avec celles que M. Poisson a données

(1) Nous avons indiqué ce principe, dans le IIIe Volume des *Exercices*, comme propre à fournir les équations d'équilibre ou de mouvement intérieur d'un corps solide dont l'élasticité reste la même en tous sens; mais rien n'empêche d'étendre le même principe au cas où l'élasticité varie dans le passage d'une direction à une autre.

dans son dernier Mémoire sur les corps élastiques (¹). Chacune de ces équations, prise à part, est de la même forme que l'une des équations (5), (6) des pages 10 et 11 du présent Volume, et renferme six coefficients dépendants de la nature du corps. Mais il n'arrive plus ici, comme pour les équations (5), (6) des pages 10 et 11, que quelques-uns des coefficients qui servent à déterminer la pression A soient égaux à quelques-uns de ceux qui servent à déterminer chacune des autres pressions B, C, D, E, F; et les trente-six coefficients a_1, b_1, c_1, d_1, e_1, f_1, a_2, b_2, c_2, ... sont tous distincts les uns des autres.

Si l'élasticité du corps redevient la même en tous sens, les équations (7), (8) se réduiront à celles que j'ai données dans le IIIᵉ Volume [p. 210 (²)]. Alors, en effet, comme je l'ai déjà remarqué [IIIᵉ Volume, p. 167 (³)], trois directions perpendiculaires entre elles devront, en chaque point du corps élastique, correspondre simultanément aux trois pressions ou tensions principales et aux trois condensations ou dilatations principales. De plus, si l'on nomme ε', ε'', ε''' les dilatations ou condensations principales, et ϖ', ϖ'', ϖ''' les tensions principales prises avec le signe $+$, ou les pressions principales prises avec le signe $-$, ϖ', ϖ'', ϖ''' seront des fonctions de ε', ε'', ε''', qui devront conserver les mêmes formes quand on échangera entre eux les axes des x,

(¹) Pour établir les formules (7) et (8) qu'il regarde comme applicables aux corps solides élastiques, dont les molécules sont très peu écartées des positions qu'elles occupaient dans l'état naturel, M. Poisson part de ce principe, que les pressions A, B, C, D, E, F, relatives au point (x, y, z), dépendent uniquement des déplacements relatifs des molécules dans le voisinage de ce point et, par conséquent, des neuf quantités

$$\frac{\partial\xi}{\partial x},\ \frac{\partial\xi}{\partial y},\ \frac{\partial\xi}{\partial z},\ \frac{\partial\eta}{\partial x},\ \frac{\partial\eta}{\partial y},\ \frac{\partial\eta}{\partial z},\ \frac{\partial\zeta}{\partial x},\ \frac{\partial\zeta}{\partial y},\ \frac{\partial\zeta}{\partial z};$$

puis, en considérant ces quantités comme infiniment petites du premier ordre, et négligeant les infiniment petits du second ordre, il réduit les valeurs de A, B, C, D, E, F à des fonctions linéaires des quantités dont il s'agit. Enfin, il ramène ces fonctions à la forme sous laquelle elles se présentent dans les équations (7), (8), en admettant que les pressions s'évanouissent dans l'état naturel du corps, et en observant que cet état continue de subsister, quand on imprime à tous les points un mouvement commun de rotation autour de l'un des axes coordonnés.

(²) *Œuvres de Cauchy*, S. II, T. VIII, p. 250.

(³) *Ibid.*, p. 204.

y, z. Ces mêmes fonctions deviendront linéaires, si, en considérant les quantités ε', ε'', ε''' comme infiniment petites du premier ordre, on néglige, dans les développements des pressions, les infiniment petits des ordres supérieurs; et alors, en supposant les pressions nulles dans l'état naturel, on aura nécessairement

$$(9)\qquad \begin{cases} \varpi' = \mathrm{H}\varepsilon' + \mathrm{K}\varepsilon'' + \mathrm{K}\varepsilon''', \\ \varpi'' = \mathrm{K}\varepsilon' + \mathrm{H}\varepsilon'' + \mathrm{K}\varepsilon''', \\ \varpi''' = \mathrm{K}\varepsilon' + \mathrm{K}\varepsilon'' + \mathrm{H}\varepsilon''', \end{cases}$$

H, K désignant deux coefficients qui pourront varier avec x, y, z. Si maintenant on fait, pour abréger,

$$(10)\qquad \upsilon = \varepsilon' + \varepsilon'' + \varepsilon''',$$

υ représentera la dilatation ou condensation du volume, et, en posant d'ailleurs

$$k = \mathrm{H} - \mathrm{K},$$

on réduira les équations (9) aux formules (74) de la page 179 du IIIe Volume (¹), c'est-à-dire à

$$(11)\qquad \varpi' = k\varepsilon' + \mathrm{K}\upsilon, \qquad \varpi'' = k\varepsilon'' + \mathrm{K}\upsilon, \qquad \varpi''' = k\varepsilon''' + \mathrm{K}\upsilon.$$

Enfin, en raisonnant comme dans le IIIe Volume [p. 177 et suiv. (²)], on déduira des formules (11) les valeurs générales de A, B, C, D, E, F, savoir

$$(12)\qquad \mathrm{A} = k\frac{\partial\xi}{\partial x} + \mathrm{K}\upsilon, \qquad \mathrm{B} = k\frac{d\eta}{dy} + \mathrm{K}\upsilon, \qquad \mathrm{C} = k\frac{\partial\zeta}{\partial z} + \mathrm{K}\upsilon,$$

$$(13)\qquad \mathrm{D} = \frac{1}{2}k\left(\frac{\partial\eta}{\partial z} + \frac{\partial\zeta}{\partial y}\right), \qquad \mathrm{E} = \frac{1}{2}k\left(\frac{\partial\zeta}{\partial x} + \frac{\partial\xi}{\partial z}\right), \qquad \mathrm{F} = \frac{1}{2}k\left(\frac{\partial\xi}{\partial y} + \frac{\partial\eta}{\partial x}\right),$$

et, en substituant ces valeurs dans les formules (1) ou (3), on obtiendra des équations propres à déterminer l'équilibre ou le mouvement des corps élastiques dont l'élasticité reste la même dans tous les sens. Or ces équations, qui renferment deux coefficients k, K dépendants de la nature du corps, sont précisément les formules (72), (73) de la

(¹) *Œuvres de Cauchy*, S. II, T. VIII, p. 217.
(²) *Ibid.*, p. 215.

page 179 du IIIe Volume (¹). Elles comprennent, comme cas particuliers, d'autres équations qui renferment un seul coefficient, savoir, celles que l'on trouve dans un Mémoire de M. Navier, présenté à l'Académie le 14 mai 1821, et dans le premier Mémoire de M. Poisson sur les corps élastiques, et celles que j'avais données moi-même dans le Mémoire présenté à l'Académie le 30 septembre 1822.

On ne doit pas oublier que, pour établir les équations (7), (8), (12), (13), nous avons considéré les corps élastiques comme des masses continues. Si on les regarde comme des systèmes de points matériels qui s'attirent ou se repoussent à de très petites distances, les équations (7), (8), (12), (13) ne changeront pas de forme. Seulement les trente-six coefficients renfermés dans les équations (7), (8) se réduiront aux quinze coefficients que comprennent les formules (5), (6) des pages 10 et 11, et les deux coefficients, renfermés dans les équations (12), (13) seront liés l'un à l'autre par la condition

$$k = 2K, \tag{14}$$

en sorte que les équations (12), (13) se réduiront aux formules (48) de la page 229 du IIIe Volume (²). Or ce qui pourrait faire croire que dans la théorie des corps élastiques il convient d'opérer les diverses réductions dont nous venons de parler, c'est que les expériences faites sur des corps dont l'élasticité reste à peu près la même en tous sens paraissent s'accorder spécialement avec les formules qu'on obtient quand on suppose vérifiée la condition (14).

Nous allons maintenant rechercher les formules qui devront remplacer les équations (7), (8), si l'on considère un corps élastique passant d'un état dans lequel les pressions ne seraient pas nulles à un second état distinct du premier. Pour y parvenir, nous suivrons une méthode semblable à celle dont M. Poisson s'est servi pour établir les formules (7), (8), et nous supposerons que les pressions A, B, C, D, E, F, relatives au second état du corps élastique, dépendent en chaque

(¹) *Œuvres de Cauchy*, S. II, T. VIII, p. 217.
(²) *Ibid.*, p. 270.

point (x, y, z) des déplacements relatifs des particules situées dans le voisinage de ce même point. Or, si l'on désigne toujours par ξ, η, ζ ces déplacements mesurés parallèlement aux axes coordonnés dans le passage du premier état au second, les déplacements relatifs de la particule qui coïncide dans le second état avec le point

$$(x + \Delta x, y + \Delta y, z + \Delta z),$$

par rapport à la particule qui coïncide avec le point (x, y, z), seront les trois quantités

$$\Delta\xi, \quad \Delta\eta, \quad \Delta\zeta.$$

D'ailleurs, si l'on nomme r le rayon vecteur mené du point (x, y, z) au point $(x + \Delta x, y + \Delta y, z + \Delta z)$, et α, β, γ les angles formés par ce rayon vecteur avec les demi-axes des coordonnées positives, on aura

$$(15) \qquad \Delta x = r\cos\alpha, \qquad \Delta y = r\cos\beta, \qquad \Delta z = r\cos\gamma;$$

et les trois quantités $\Delta\xi$, $\Delta\eta$, $\Delta\zeta$ seront, dans le voisinage du point (x, y, z), sensiblement déterminées par les formules

$$(16) \quad \left\{ \begin{aligned} \Delta\xi &= \frac{\partial\xi}{\partial x}\Delta x + \frac{\partial\xi}{\partial y}\Delta y + \frac{\partial\xi}{\partial z}\Delta z = r\left(\frac{\partial\xi}{\partial x}\cos\alpha + \frac{\partial\xi}{\partial y}\cos\beta + \frac{\partial\xi}{\partial z}\cos\gamma\right), \\ \Delta\eta &= \frac{\partial\eta}{\partial x}\Delta x + \frac{\partial\eta}{\partial y}\Delta y + \frac{\partial\eta}{\partial z}\Delta z = r\left(\frac{\partial\eta}{\partial x}\cos\alpha + \frac{\partial\eta}{\partial y}\cos\beta + \frac{\partial\eta}{\partial z}\cos\gamma\right), \\ \Delta\zeta &= \frac{\partial\zeta}{\partial x}\Delta x + \frac{\partial\zeta}{\partial y}\Delta y + \frac{\partial\zeta}{\partial z}\Delta z = r\left(\frac{\partial\zeta}{\partial x}\cos\alpha + \frac{\partial\zeta}{\partial y}\cos\beta + \frac{\partial\zeta}{\partial z}\cos\gamma\right). \end{aligned} \right.$$

Donc les déplacements relatifs des diverses molécules dans le voisinage du point (x, y, z) dépendront principalement des neuf quantités

$$\frac{\partial\xi}{\partial x}, \quad \frac{\partial\xi}{\partial y}, \quad \frac{\partial\xi}{\partial z}, \quad \frac{\partial\eta}{\partial x}, \quad \frac{\partial\eta}{\partial y}, \quad \frac{\partial\eta}{\partial z}, \quad \frac{\partial\zeta}{\partial x}, \quad \frac{\partial\zeta}{\partial y}, \quad \frac{\partial\zeta}{\partial z},$$

qui serviront de coefficients aux cosinus des angles α, β, γ dans les valeurs des rapports

$$\frac{\Delta\xi}{r}, \quad \frac{\Delta\eta}{r}, \quad \frac{\Delta\zeta}{r}.$$

Donc, en adoptant l'hypothèse ci-dessus mentionnée, on devra regarder les pressions A, B, C, D, E, F comme des fonctions de ces six quantités. Enfin, si, en considérant ces quantités comme infiniment petites du premier ordre, on néglige dans les développements des pressions A, B, C, D, E, F les infiniment petits d'un ordre supérieur au premier, les fonctions dont il s'agit seront remplacées par des fonctions linéaires, en sorte qu'on pourra supposer

$$(17)\quad \begin{cases} A = \mathfrak{a} + a_1\frac{\partial\xi}{\partial x} + a_2\frac{\partial\eta}{\partial y} + a_3\frac{\partial\zeta}{\partial z} + a_4\left(\frac{\partial\eta}{\partial z}+\frac{\partial\zeta}{\partial y}\right) + a_5\left(\frac{\partial\zeta}{\partial x}+\frac{\partial\xi}{\partial z}\right) + a_6\left(\frac{\partial\xi}{\partial y}+\frac{\partial\eta}{\partial x}\right) \\ \qquad + a_7\left(\frac{\partial\eta}{\partial z}-\frac{\partial\zeta}{\partial y}\right) + a_8\left(\frac{\partial\zeta}{\partial x}-\frac{\partial\xi}{\partial z}\right) + a_9\left(\frac{\partial\xi}{\partial y}-\frac{\partial\eta}{\partial x}\right), \\ B = \mathfrak{b} + b_1\frac{\partial\xi}{\partial x} + b_2\frac{\partial\eta}{\partial y} + b_3\frac{\partial\zeta}{\partial z} + b_4\left(\frac{\partial\eta}{\partial z}+\frac{\partial\zeta}{\partial y}\right) + b_5\left(\frac{\partial\zeta}{\partial x}+\frac{\partial\xi}{\partial z}\right) + b_6\left(\frac{\partial\xi}{\partial y}+\frac{\partial\eta}{\partial x}\right) \\ \qquad + b_7\left(\frac{\partial\eta}{\partial z}-\frac{\partial\zeta}{\partial y}\right) + b_8\left(\frac{\partial\zeta}{\partial x}-\frac{\partial\xi}{\partial z}\right) + b_9\left(\frac{\partial\xi}{\partial y}-\frac{\partial\eta}{\partial x}\right), \\ C = \mathfrak{c} + c_1\frac{\partial\xi}{\partial x} + c_2\frac{\partial\eta}{\partial y} + c_3\frac{\partial\zeta}{\partial z} + c_4\left(\frac{\partial\eta}{\partial z}+\frac{\partial\zeta}{\partial y}\right) + c_5\left(\frac{\partial\zeta}{\partial x}+\frac{\partial\xi}{\partial z}\right) + c_6\left(\frac{\partial\xi}{\partial y}+\frac{\partial\eta}{\partial x}\right) \\ \qquad + c_7\left(\frac{\partial\eta}{\partial z}-\frac{\partial\zeta}{\partial y}\right) + c_8\left(\frac{\partial\zeta}{\partial x}-\frac{\partial\xi}{\partial z}\right) + c_9\left(\frac{\partial\xi}{\partial y}-\frac{\partial\eta}{\partial x}\right); \end{cases}$$

$$(18)\quad \begin{cases} D = \mathfrak{d} + d_1\frac{\partial\xi}{\partial x} + d_2\frac{\partial\eta}{\partial y} + d_3\frac{\partial\zeta}{\partial z} + d_4\left(\frac{\partial\eta}{\partial z}+\frac{\partial\zeta}{\partial y}\right) + d_5\left(\frac{\partial\zeta}{\partial x}+\frac{\partial\xi}{\partial z}\right) + d_6\left(\frac{\partial\xi}{\partial y}+\frac{\partial\eta}{\partial x}\right) \\ \qquad + d_7\left(\frac{\partial\eta}{\partial z}-\frac{\partial\zeta}{\partial y}\right) + d_8\left(\frac{\partial\zeta}{\partial x}-\frac{\partial\xi}{\partial z}\right) + d_9\left(\frac{\partial\xi}{\partial y}-\frac{\partial\eta}{\partial x}\right), \\ E = \mathfrak{e} + e_1\frac{\partial\xi}{\partial x} + e_2\frac{\partial\eta}{\partial y} + e_3\frac{\partial\zeta}{\partial z} + e_4\left(\frac{\partial\eta}{\partial z}+\frac{\partial\zeta}{\partial y}\right) + e_5\left(\frac{\partial\zeta}{\partial x}+\frac{\partial\xi}{\partial z}\right) + e_6\left(\frac{\partial\xi}{\partial y}+\frac{\partial\eta}{\partial x}\right) \\ \qquad + e_7\left(\frac{\partial\eta}{\partial z}-\frac{\partial\zeta}{\partial y}\right) + e_8\left(\frac{\partial\zeta}{\partial x}-\frac{\partial\xi}{\partial z}\right) + e_9\left(\frac{\partial\xi}{\partial y}-\frac{\partial\eta}{\partial x}\right), \\ F = \mathfrak{f} + f_1\frac{\partial\xi}{\partial x} + f_2\frac{\partial\eta}{\partial y} + f_3\frac{\partial\zeta}{\partial z} + f_4\left(\frac{\partial\eta}{\partial z}+\frac{\partial\zeta}{\partial y}\right) + f_5\left(\frac{\partial\zeta}{\partial x}+\frac{\partial\xi}{\partial z}\right) + f_6\left(\frac{\partial\xi}{\partial y}+\frac{\partial\eta}{\partial x}\right) \\ \qquad + f_7\left(\frac{\partial\eta}{\partial z}-\frac{\partial\zeta}{\partial y}\right) + f_8\left(\frac{\partial\zeta}{\partial x}-\frac{\partial\xi}{\partial z}\right) + f_9\left(\frac{\partial\xi}{\partial y}-\frac{\partial\eta}{\partial x}\right). \end{cases}$$

Pour découvrir les relations qui peuvent exister entre les soixante coefficients que renferment ces dernières formules, il suffit d'observer que le premier état du corps continuera de subsister, si, dans le passage du premier état au second, on a déplacé tous les points, en les faisant tourner simultanément autour de l'un des axes coordonnés.

Supposons, pour fixer les idées, que, dans le passage du premier état au second, le corps ait tourné autour de l'axe des z; et soient, dans le second état du corps $\mathfrak{r}$, τ les coordonnées polaires du point (x, y, z) projeté sur le plan des x, y, en sorte qu'on ait

$$(19) \qquad x = \mathfrak{r} \cos\tau, \qquad y = \mathfrak{r} \sin\tau.$$

Désignons d'ailleurs par i l'accroissement qu'a reçu l'angle τ dans le passage du premier état au second. On aura évidemment

$$(20) \qquad \left\{ \begin{array}{l} \xi = \mathfrak{r}\cos\tau - \mathfrak{r}\cos(\tau - i) = x(1 - \cos i) - y \sin i, \\ \eta = \mathfrak{r}\sin\tau - \mathfrak{r}\sin(\tau - i) = y(1 - \cos i) + x \sin i, \end{array} \right.$$

puis on en conclura, en considérant i comme infiniment petit du premier ordre, et négligeant les infiniment petits d'un ordre supérieur au premier,

$$(21) \qquad \xi = -iy, \qquad \eta = ix.$$

D'autre part, les valeurs de A, B, C, D, E, F relatives au premier état du corps, ou celles qu'on déduit des formules (17), (18), en remplaçant ξ, η, ζ par zéro, savoir

$$\mathfrak{a}, \quad \mathfrak{b}, \quad \mathfrak{c}, \quad \mathfrak{d}, \quad \mathfrak{e}, \quad \mathfrak{f},$$

devront coïncider avec celles qu'on obtient dans le second état du corps, lorsque, aux axes rectangulaires des x, y, on substitue de nouveaux axes coordonnés qui forment avec le demi-axe des x positifs les angles i et $\frac{\pi}{2} + i$. Il en résulte immédiatement que les formules (7), (8) de la page 43, et les formules (13), (14) de la page 44, subsisteront si l'on y remplace les pressions $\mathcal{A}$, $\mathcal{B}$, $\mathcal{C}$, $\mathcal{D}$, $\mathcal{E}$, $\mathcal{F}$ par $\mathfrak{a}$, $\mathfrak{b}$, $\mathfrak{c}$, $\mathfrak{d}$, $\mathfrak{e}$, $\mathfrak{f}$, pourvu que l'on y pose en même temps

$$(22) \qquad \left\{ \begin{array}{lll} \alpha_1 = i, & \alpha_2 = \frac{\pi}{2} + i, & \alpha_3 = \frac{\pi}{2}, \\ \beta_1 = \frac{\pi}{2} - i, & \beta_2 = i, & \beta_3 = \frac{\pi}{2}, \\ \gamma_1 = \frac{\pi}{2}, & \gamma_2 = \frac{\pi}{2}, & \gamma_3 = 0, \end{array} \right.$$

ou, ce qui revient au même,

$$(23)\quad \begin{cases} \cos\alpha_1 = \cos i, & \cos\alpha_2 = -\sin i, & \cos\alpha_3 = 0, \\ \cos\beta_1 = \sin i, & \cos\beta_2 = \cos i, & \cos\beta_3 = 0, \\ \cos\gamma_1 = 0, & \cos\gamma_2 = 0, & \cos\gamma_3 = 1. \end{cases}$$

On trouvera, en conséquence,

$$(24)\quad \begin{cases} A = \mathfrak{a}\cos^2 i + \mathfrak{b}\sin^2 i - 2\mathfrak{f}\sin i\cos i, \\ B = \mathfrak{a}\sin^2 i + \mathfrak{b}\cos^2 i + 2\mathfrak{f}\sin i\cos i, \\ C = \mathfrak{c}, \end{cases}$$

$$(25)\quad \begin{cases} D = \mathfrak{d}\cos i + \mathfrak{e}\sin i, \\ E = -\mathfrak{d}\sin i + \mathfrak{e}\cos i, \\ F = (\mathfrak{a} - \mathfrak{b})\sin i\cos i + \mathfrak{f}(\cos^2 i - \sin^2 i); \end{cases}$$

puis on en conclura, en négligeant les infiniment petits du second ordre,

$$(26)\quad A = \mathfrak{a} - 2i\mathfrak{f}, \quad B = \mathfrak{b} + 2i\mathfrak{f}, \quad C = \mathfrak{c},$$

$$(27)\quad D = \mathfrak{d} + i\mathfrak{e}, \quad E = \mathfrak{e} - i\mathfrak{d}, \quad F = \mathfrak{f} + i(\mathfrak{a} - \mathfrak{b}).$$

D'ailleurs on tirera des équations (17), (18), réunies aux formules (21),

$$(28)\quad A = \mathfrak{a} - 2i\mathrm{a}_9, \quad B = \mathfrak{b} - 2i\mathrm{b}_9, \quad C = \mathfrak{c} - 2i\mathrm{c}_9,$$

$$(29)\quad D = \mathfrak{d} - 2i\mathrm{d}_9, \quad E = \mathfrak{e} - 2i\mathrm{e}_9, \quad F = \mathfrak{f} - 2i\mathrm{f}_9;$$

et, comme ces dernières valeurs de A, B, C, D, E, F devront s'accorder avec celles que fournissent les équations (26), (27), on aura nécessairement

$$(30)\quad \mathrm{a}_9 = \mathfrak{f}, \quad \mathrm{b}_9 = -\mathfrak{f}, \quad \mathrm{c}_9 = 0,$$

$$(31)\quad \mathrm{d}_9 = -\tfrac{1}{2}\mathfrak{e}, \quad \mathrm{e}_9 = \tfrac{1}{2}\mathfrak{d}, \quad \mathrm{f}_9 = \tfrac{1}{2}(\mathfrak{b} - \mathfrak{a}).$$

On trouvera de même : 1° en supposant que, dans le passage du premier état au second, le corps ait tourné autour de l'axe des y,

$$(32)\quad \mathrm{a}_8 = -\mathfrak{e}, \quad \mathrm{b}_8 = 0, \quad \mathrm{c}_8 = \mathfrak{e},$$

$$(33)\quad \mathrm{d}_8 = \tfrac{1}{2}\mathfrak{f}, \quad \mathrm{e}_8 = \tfrac{1}{2}(\mathfrak{a} - \mathfrak{c}), \quad \mathrm{f}_8 = -\tfrac{1}{2}\mathfrak{d};$$

2° en supposant que, dans le passage du premier état au second, le corps ait tourné autour de l'axe des x,

$$\mathrm{a}_7 = 0, \qquad \mathrm{b}_7 = \mathfrak{d}, \qquad \mathrm{c}_7 = -\mathfrak{d}, \tag{34}$$

$$\mathrm{d}_7 = \tfrac{1}{2}(\mathfrak{c} - \mathfrak{b}), \qquad \mathrm{e}_7 = -\tfrac{1}{2}\mathfrak{f}, \qquad \mathrm{f}_7 = \tfrac{1}{2}\mathfrak{e}. \tag{35}$$

En vertu des formules (30), (31), (32), (33), (34), (35), les coefficients compris dans les équations (17), (18) se réduiront à quarante-deux, et ces équations deviendront respectivement

$$(36)\quad \left\{\begin{aligned}
\mathrm{A} &= \mathfrak{a} + \mathfrak{e}\left(\frac{\partial\xi}{\partial z} - \frac{\partial\zeta}{\partial x}\right) + \mathfrak{f}\left(\frac{\partial\xi}{\partial y} - \frac{\partial\eta}{\partial x}\right)\\
&\quad + \mathrm{a}_1\frac{\partial\xi}{\partial x} + \mathrm{a}_2\frac{\partial\eta}{\partial y} + \mathrm{a}_3\frac{\partial\zeta}{\partial z} + \mathrm{a}_4\left(\frac{\partial\eta}{\partial z} + \frac{\partial\zeta}{\partial y}\right) + \mathrm{a}_5\left(\frac{\partial\zeta}{\partial x} + \frac{\partial\xi}{\partial z}\right) + \mathrm{a}_6\left(\frac{\partial\xi}{\partial y} + \frac{\partial\eta}{\partial x}\right),\\
\mathrm{B} &= \mathfrak{b} + \mathfrak{f}\left(\frac{\partial\eta}{\partial x} - \frac{\partial\xi}{\partial y}\right) + \mathfrak{d}\left(\frac{\partial\eta}{\partial z} - \frac{\partial\zeta}{\partial y}\right)\\
&\quad + \mathrm{b}_1\frac{\partial\xi}{\partial x} + \mathrm{b}_2\frac{\partial\eta}{\partial y} + \mathrm{b}_3\frac{\partial\zeta}{\partial z} + \mathrm{b}_4\left(\frac{\partial\eta}{\partial z} + \frac{\partial\zeta}{\partial y}\right) + \mathrm{b}_5\left(\frac{\partial\zeta}{\partial x} + \frac{\partial\xi}{\partial z}\right) + \mathrm{b}_6\left(\frac{\partial\xi}{\partial y} + \frac{\partial\eta}{\partial x}\right),\\
\mathrm{C} &= \mathfrak{c} + \mathfrak{d}\left(\frac{\partial\zeta}{\partial y} - \frac{\partial\eta}{\partial z}\right) + \mathfrak{e}\left(\frac{\partial\zeta}{\partial x} - \frac{\partial\xi}{\partial z}\right)\\
&\quad + \mathrm{c}_1\frac{\partial\xi}{\partial x} + \mathrm{c}_2\frac{\partial\eta}{\partial y} + \mathrm{c}_3\frac{\partial\zeta}{\partial z} + \mathrm{c}_4\left(\frac{\partial\eta}{\partial z} + \frac{\partial\zeta}{\partial y}\right) + \mathrm{c}_5\left(\frac{\partial\zeta}{\partial x} + \frac{\partial\xi}{\partial z}\right) + \mathrm{c}_6\left(\frac{\partial\xi}{\partial y} + \frac{\partial\eta}{\partial x}\right);
\end{aligned}\right.$$

$$(37)\quad \left\{\begin{aligned}
\mathrm{D} &= \mathfrak{d} + \tfrac{1}{2}(\mathfrak{c} - \mathfrak{b})\left(\frac{\partial\eta}{\partial z} - \frac{\partial\zeta}{\partial y}\right) - \tfrac{1}{2}\mathfrak{f}\left(\frac{\partial\xi}{\partial z} - \frac{\partial\zeta}{\partial x}\right) - \tfrac{1}{2}\mathfrak{e}\left(\frac{\partial\xi}{\partial y} - \frac{\partial\eta}{\partial x}\right)\\
&\quad + \mathrm{d}_1\frac{\partial\xi}{\partial x} + \mathrm{d}_2\frac{\partial\eta}{\partial y} + \mathrm{d}_3\frac{\partial\zeta}{\partial z} + \mathrm{d}_4\left(\frac{\partial\eta}{\partial z} + \frac{\partial\zeta}{\partial y}\right) + \mathrm{d}_5\left(\frac{\partial\zeta}{\partial x} + \frac{\partial\xi}{\partial z}\right) + \mathrm{d}_6\left(\frac{\partial\xi}{\partial y} + \frac{\partial\eta}{\partial x}\right),\\
\mathrm{E} &= \mathfrak{e} + \tfrac{1}{2}(\mathfrak{a} - \mathfrak{c})\left(\frac{\partial\zeta}{\partial x} - \frac{\partial\xi}{\partial z}\right) - \tfrac{1}{2}\mathfrak{d}\left(\frac{\partial\eta}{\partial x} - \frac{\partial\xi}{\partial y}\right) - \tfrac{1}{2}\mathfrak{f}\left(\frac{\partial\eta}{\partial z} - \frac{\partial\zeta}{\partial y}\right)\\
&\quad + \mathrm{e}_1\frac{\partial\xi}{\partial x} + \mathrm{e}_2\frac{\partial\eta}{\partial y} + \mathrm{e}_3\frac{\partial\zeta}{\partial z} + \mathrm{e}_4\left(\frac{\partial\eta}{\partial z} + \frac{\partial\zeta}{\partial y}\right) + \mathrm{e}_5\left(\frac{\partial\zeta}{\partial x} + \frac{\partial\xi}{\partial z}\right) + \mathrm{e}_6\left(\frac{\partial\xi}{\partial y} + \frac{\partial\eta}{\partial x}\right),\\
\mathrm{F} &= \mathfrak{f} + \tfrac{1}{2}(\mathfrak{b} - \mathfrak{a})\left(\frac{\partial\xi}{\partial y} - \frac{\partial\eta}{\partial x}\right) - \tfrac{1}{2}\mathfrak{e}\left(\frac{\partial\zeta}{\partial y} - \frac{\partial\eta}{\partial z}\right) - \tfrac{1}{2}\mathfrak{d}\left(\frac{\partial\zeta}{\partial x} - \frac{\partial\xi}{\partial z}\right)\\
&\quad + \mathrm{f}_1\frac{\partial\xi}{\partial x} + \mathrm{f}_2\frac{\partial\eta}{\partial y} + \mathrm{f}_3\frac{\partial\zeta}{\partial z} + \mathrm{f}_4\left(\frac{\partial\eta}{\partial z} + \frac{\partial\zeta}{\partial y}\right) + \mathrm{f}_5\left(\frac{\partial\zeta}{\partial x} + \frac{\partial\xi}{\partial z}\right) + \mathrm{f}_6\left(\frac{\partial\xi}{\partial y} + \frac{\partial\eta}{\partial x}\right).
\end{aligned}\right.$$

Ajoutons que, si le premier état du corps est un état d'équilibre, dans lequel les forces accélératrices soient nulles, les pressions $\mathfrak{a}$, $\mathfrak{b}$, $\mathfrak{c}$, $\mathfrak{d}$,

$\mathfrak{e}$, $\mathfrak{f}$, relatives à cet état, devront vérifier les conditions

$$(38)\quad \left\{\begin{aligned} &\frac{\partial \mathfrak{a}}{\partial x}+\frac{\partial \mathfrak{f}}{\partial y}+\frac{\partial \mathfrak{e}}{\partial z}=0,\\ &\frac{\partial \mathfrak{f}}{\partial x}+\frac{\partial \mathfrak{b}}{\partial y}+\frac{\partial \mathfrak{d}}{\partial z}=0,\\ &\frac{\partial \mathfrak{e}}{\partial x}+\frac{\partial \mathfrak{d}}{\partial y}+\frac{\partial \mathfrak{c}}{\partial z}=0,\end{aligned}\right.$$

que l'on déduit des équations (1) en y remplaçant A, B, C, D, E, F par $\mathfrak{a}$, $\mathfrak{b}$, $\mathfrak{c}$, $\mathfrak{d}$, $\mathfrak{e}$, $\mathfrak{f}$, et X, Y, Z par zéro. On peut remarquer d'ailleurs que ces conditions seront toujours remplies, lorsque les pressions $\mathfrak{a}$, $\mathfrak{b}$, $\mathfrak{c}$, $\mathfrak{d}$, $\mathfrak{e}$, $\mathfrak{f}$ relatives au premier état du corps se réduiront à des quantités constantes, c'est-à-dire, indépendantes de la position du point (x, y, z).

Il est bon d'observer que les équations (36), (37) comprennent, comme cas particuliers, les formules qui se trouvent inscrites sous les mêmes numéros, aux pages 172, 173, et qui se déduisent de ces équations lorsqu'on pose

$$(39)\quad \left\{\begin{array}{llllll} a_1=a+\mathfrak{a}, & b_1=f-\mathfrak{b}, & c_1=e-\mathfrak{c}, & d_1=u-\mathfrak{d}, & e_1=v, & f_1=w,\\ a_2=f-\mathfrak{a}, & b_2=b+\mathfrak{b}, & c_2=d-\mathfrak{c}, & d_2=u', & e_2=v'-\mathfrak{e}, & f_2=w',\\ a_3=e-\mathfrak{a}, & b_3=d-\mathfrak{b}, & c_3=c+\mathfrak{c}, & d_3=u'', & e_3=v'', & f_3=w''-\mathfrak{f},\\ a_4=u, & b_4=u'+\mathfrak{d}, & c_4=u''+\mathfrak{d}, & d_4=d+\dfrac{\mathfrak{b}+\mathfrak{c}}{2}, & e_4=w''+\dfrac{\mathfrak{f}}{2}, & f_4=v'+\dfrac{\mathfrak{e}}{2};\\ a_5=v+\mathfrak{e}, & b_5=v', & c_5=w''+\mathfrak{e}, & d_5=w''+\dfrac{\mathfrak{f}}{2}, & e_5=e+\dfrac{\mathfrak{c}+\mathfrak{a}}{2}, & f_5=u+\dfrac{\mathfrak{d}}{2},\\ a_6=w+\mathfrak{f}, & b_6=w'+\mathfrak{f}, & c_6=w'', & d_6=v'+\dfrac{\mathfrak{e}}{2}, & e_6=u+\dfrac{\mathfrak{d}}{2}, & f_6=f+\dfrac{\mathfrak{a}+\mathfrak{b}}{2}\end{array}\right.$$

Ainsi les valeurs de A, B, C, D, E, F, déterminées généralement par les formules (36), (37), conservent les mêmes formes, quand, au lieu de considérer les corps comme des masses continues, on les regarde comme des systèmes de points matériels qui s'attirent ou qui se repoussent à de très petites distances. Seulement, les quarante-deux coefficients renfermés dans les équations dont il s'agit se réduisent alors à vingt et un, et vérifient les conditions

$$(40)\quad \left\{\begin{aligned} & b_3 + \mathfrak{b} = c_2 + \mathfrak{c} = d_4 - \frac{\mathfrak{b}+\mathfrak{c}}{2}, \\ & c_1 + \mathfrak{c} = a_3 + \mathfrak{a} = e_5 - \frac{\mathfrak{c}+\mathfrak{a}}{2}, \\ & a_2 + \mathfrak{a} = b_1 + \mathfrak{b} = f_6 - \frac{\mathfrak{a}+\mathfrak{b}}{2}; \end{aligned}\right.$$

$$(41)\quad \left\{\begin{aligned} & d_1 + \mathfrak{d} = a_4 = e_6 - \tfrac{1}{2}\mathfrak{d} = f_5 - \tfrac{1}{2}\mathfrak{d}, \quad d_2 + \mathfrak{d} = b_4, \quad d_3 + \mathfrak{d} = c_4, \\ & e_1 + \mathfrak{e} = a_5, \quad e_2 + \mathfrak{e} = b_5 = f_4 - \tfrac{1}{2}\mathfrak{e}, \quad d_6 = \tfrac{1}{2}\mathfrak{e}, \quad e_3 + \mathfrak{e} = c_5, \\ & f_1 + \mathfrak{f} = a_6, \quad f_2 + \mathfrak{f} = b_6, \quad f_3 + \mathfrak{f} = c_6 = d_5 - \tfrac{1}{2}\mathfrak{f} = e_4 - \tfrac{1}{2}\mathfrak{f}. \end{aligned}\right.$$

Soient maintenant

$$(42)\qquad \mathcal{A},\quad \mathcal{B},\quad \mathcal{C},\quad \mathcal{D},\quad \mathcal{E},\quad \mathcal{F}$$

ce que deviennent les pressions A, B, C, D, E, F lorsque, dans le second état du corps, on fait tourner les axes coordonnés des x et y autour de l'origine, de manière à substituer au demi-axe des x positives celui qui, partant de l'origine, se dirige vers le point correspondant aux coordonnées x, y. Supposons d'ailleurs que l'on désigne toujours par $\imath$ et τ les coordonnées polaires de ce dernier point. $\mathcal{A}$, $\mathcal{F}$, $\mathcal{E}$; $\mathcal{F}$, $\mathcal{B}$, $\mathcal{D}$; $\mathcal{E}$, $\mathcal{D}$, $\mathcal{C}$ seront les projections algébriques sur les nouveaux axes coordonnés des pressions ou tensions que supportent dans le second état du corps trois plans menés par le point (x, y, z), et perpendiculaires, le premier au rayon vecteur $\imath$, le troisième à l'axe des z, le deuxième à la droite d'intersection du premier et du troisième. Or ces nouvelles pressions ou tensions seront évidemment liées aux pressions ou tensions A, B, C, D, E, F par les formules qu'on obtient lorsque, dans les équations (24), (25), on remplace l'angle i par l'angle τ, et $\mathfrak{a}$, $\mathfrak{b}$, $\mathfrak{c}$, $\mathfrak{d}$, $\mathfrak{e}$, $\mathfrak{f}$ par $\mathcal{A}$, $\mathcal{B}$, $\mathcal{C}$, $\mathcal{D}$, $\mathcal{E}$, $\mathcal{F}$; de sorte qu'on aura

$$(43)\quad \left\{\begin{aligned} & A = \mathcal{A}\cos^2\tau + \mathcal{B}\sin^2\tau - 2\mathcal{F}\sin\tau\cos\tau, \\ & B = \mathcal{A}\sin^2\tau + \mathcal{B}\cos^2\tau + 2\mathcal{F}\sin\tau\cos\tau, \\ & C = \mathcal{C}; \end{aligned}\right.$$

$$(44)\quad \left\{\begin{aligned} & D = \mathcal{D}\cos\tau + \mathcal{E}\sin\tau, \\ & E = -\mathcal{D}\sin\tau + \mathcal{E}\cos\tau, \\ & F = (\mathcal{A} - \mathcal{B})\sin\tau\cos\tau + \mathcal{F}(\cos^2\tau - \sin^2\tau), \end{aligned}\right.$$

ou, ce qui revient au même,

$$(45)\quad \begin{cases} A = \dfrac{\mathcal{A} + \mathcal{B}}{2} + \dfrac{\mathcal{A} - \mathcal{B}}{2} \cos 2\tau - \mathcal{F} \sin 2\tau, \\ B = \dfrac{\mathcal{A} + \mathcal{B}}{2} - \dfrac{\mathcal{A} - \mathcal{B}}{2} \cos 2\tau + \mathcal{F} \sin 2\tau, \\ C = \mathcal{C}; \end{cases}$$

$$(46)\quad \begin{cases} D = \quad \mathcal{D} \cos \tau + \mathcal{E} \sin \tau, \\ E = - \mathcal{D} \sin \tau + \mathcal{E} \cos \tau, \\ F = \dfrac{\mathcal{A} - \mathcal{B}}{2} \sin 2\tau + \mathcal{F} \cos 2\tau. \end{cases}$$

Ajoutons que des formules (45) et (46) on tirera

$$(47)\quad A + B = \mathcal{A} + \mathcal{B}, \qquad A - B = (\mathcal{A} - \mathcal{B}) \cos 2\tau - 2\mathcal{F} \sin 2\tau$$

et, par suite,

$$(48)\quad \begin{cases} \mathcal{A} = \dfrac{A + B}{2} + \dfrac{A - B}{2} \cos 2\tau + F \sin 2\tau, \\ \mathcal{B} = \dfrac{A + B}{2} - \dfrac{A - B}{2} \cos 2\tau - F \sin 2\tau, \\ \mathcal{C} = C; \end{cases}$$

$$(49)\quad \begin{cases} \mathcal{D} = D \cos \tau - E \sin \tau, \\ \mathcal{E} = D \sin \tau + E \cos \tau, \\ \mathcal{F} = - \dfrac{A - B}{2} \sin 2\tau + F \cos 2\tau. \end{cases}$$

Désignons à présent par $j\imath$ et par i les accroissements que reçoivent le rayon vecteur $\imath$ et l'angle τ, tandis que le corps passe du premier état au second. On aura

$$(50)\quad \begin{cases} \xi = \imath \cos \tau - \imath(1 - j) \cos(\tau - i), \\ \eta = \imath \sin \tau - \imath(1 - j) \sin(\tau - i); \end{cases}$$

puis on en conclura, en considérant les quantités i, j comme infiniment petites du premier ordre, et négligeant les infiniment petits d'un ordre supérieur au premier,

$$(51)\quad \xi = - i\imath \sin \tau + j\imath \cos \tau, \qquad \eta = i\imath \cos \tau + j\imath \sin \tau$$

ou, ce qui revient au même,

$$(52)\qquad \xi = -iy + jx, \qquad \eta = ix + jy.$$

D'autre part, en considérant ι et τ comme des fonctions de x, y, on trouvera, eu égard aux formules (19),

$$(53)\qquad \iota^2 = x^2 + y^2, \qquad \operatorname{tang}\tau = \frac{y}{x},$$

et, par suite,

$$(54)\qquad \iota\, d\iota = x\,dx + y\,dy, \qquad d\tau = \frac{x\,dy - y\,dx}{x^2 + y^2},$$

ou, ce qui revient au même,

$$(55)\qquad d\iota = \cos\tau\,dx + \sin\tau\,dy, \qquad d\tau = \frac{\cos\tau\,dy - \sin\tau\,dx}{\iota}.$$

On aura donc

$$(56)\qquad \frac{\partial\iota}{\partial x} = \cos\tau, \qquad \frac{\partial\iota}{\partial y} = \sin\tau, \qquad \frac{\partial\tau}{\partial x} = -\frac{1}{\iota}\sin\tau, \qquad \frac{\partial\tau}{\partial y} = \frac{1}{\iota}\cos\tau;$$

et, si l'on suppose i, j, ζ immédiatement exprimés en fonctions de τ, ι et z, on trouvera encore

$$(57)\qquad \left\{ \begin{aligned} \frac{\partial i}{\partial x} &= \frac{\partial i}{\partial\iota}\cos\tau - \frac{1}{\iota}\frac{\partial i}{\partial\tau}\sin\tau, & \frac{\partial i}{\partial y} &= \frac{\partial i}{\partial\iota}\sin\tau + \frac{1}{\iota}\frac{\partial i}{\partial\tau}\cos\tau, \\ \frac{\partial j}{\partial x} &= \frac{\partial j}{\partial\iota}\cos\tau - \frac{1}{\iota}\frac{\partial j}{\partial\tau}\sin\tau, & \frac{\partial j}{\partial y} &= \frac{\partial j}{\partial\iota}\sin\tau + \frac{1}{\iota}\frac{\partial j}{\partial\tau}\cos\tau, \end{aligned} \right.$$

$$(58)\qquad \frac{\partial\zeta}{\partial x} = \frac{\partial\zeta}{\partial\iota}\cos\tau - \frac{1}{\iota}\frac{\partial\zeta}{\partial\tau}\sin\tau, \qquad \frac{\partial\zeta}{\partial y} = \frac{\partial\zeta}{\partial\iota}\sin\tau + \frac{1}{\iota}\frac{\partial\zeta}{\partial\tau}\cos\tau.$$

Cela posé, les formules (52) donneront

$$(59)\qquad \left\{ \begin{aligned} \frac{\partial\xi}{\partial x} &= j - y\frac{\partial i}{\partial x} + x\frac{\partial j}{\partial x}, & \frac{\partial\xi}{\partial y} &= -i - y\frac{\partial i}{\partial y} + x\frac{\partial j}{\partial y}, \\ \frac{\partial\eta}{\partial x} &= i + x\frac{\partial i}{\partial x} + y\frac{\partial j}{\partial x}, & \frac{\partial\eta}{\partial y} &= j + x\frac{\partial i}{\partial y} + y\frac{\partial j}{\partial y}; \end{aligned} \right.$$

et l'on conclura de ces dernières, combinées avec les équations (19) et (57),

$$(60)\quad \left\{\begin{aligned} \frac{\partial\xi}{\partial x} &= j + \frac{1}{2}\left(\frac{\partial i}{\partial\tau} + \iota\frac{\partial j}{\partial\iota}\right) - \frac{1}{2}\left[\left(\frac{\partial i}{\partial\tau} - \iota\frac{\partial j}{\partial\iota}\right)\cos 2\tau + \left(\frac{\partial j}{\partial\tau} + \iota\frac{\partial i}{\partial\iota}\right)\sin 2\tau\right],\\ \frac{\partial\eta}{\partial y} &= j + \frac{1}{2}\left(\frac{\partial i}{\partial\tau} + \iota\frac{\partial j}{\partial\iota}\right) + \frac{1}{2}\left[\left(\frac{\partial i}{\partial\tau} - \iota\frac{\partial j}{\partial\iota}\right)\cos 2\tau + \left(\frac{\partial j}{\partial\tau} + \iota\frac{\partial i}{\partial\iota}\right)\sin 2\tau\right]; \end{aligned}\right.$$

$$(61)\quad \left\{\begin{aligned} \frac{\partial\xi}{\partial y} + \frac{\partial\eta}{\partial x} &= \left(\frac{\partial j}{\partial\tau} + \iota\frac{\partial i}{\partial\iota}\right)\cos 2\tau - \left(\frac{\partial i}{\partial\tau} - \iota\frac{\partial j}{\partial\iota}\right)\sin 2\tau,\\ \frac{\partial\xi}{\partial y} - \frac{\partial\eta}{\partial x} &= -2i + \frac{\partial j}{\partial\tau} - \iota\frac{\partial i}{\partial\iota}. \end{aligned}\right.$$

On trouvera d'ailleurs

$$(62)\quad \left\{\begin{aligned} \frac{\partial\xi}{\partial z} &= -y\frac{\partial i}{\partial z} + x\frac{\partial j}{\partial z} = \iota\left(-\frac{\partial i}{\partial z}\sin\tau + \frac{\partial j}{\partial z}\cos\tau\right),\\ \frac{\partial\eta}{\partial z} &= x\frac{\partial i}{\partial z} + y\frac{\partial j}{\partial z} = \iota\left(\frac{\partial i}{\partial z}\cos\tau + \frac{\partial j}{\partial z}\sin\tau\right). \end{aligned}\right.$$

Enfin, si l'on substitue dans les équations (36) et (37) les valeurs de

$$\frac{\partial\zeta}{\partial x},\quad \frac{\partial\zeta}{\partial y},\quad \frac{\partial\xi}{\partial x},\quad \frac{\partial\eta}{\partial y},\quad \frac{\partial\xi}{\partial y} + \frac{\partial\eta}{\partial x},\quad \frac{\partial\xi}{\partial y} - \frac{\partial\eta}{\partial x},\quad \frac{\partial\xi}{\partial z},\quad \frac{\partial\eta}{\partial z},$$

tirées des formules (58), (60), (61), (62), on obtiendra de nouvelles valeurs de A, B, C, D, E, F, qui, substituées elles-mêmes dans les formules (48), (49), fourniront le moyen d'exprimer les pressions $\mathcal{A}$, $\mathcal{B}$, $\mathcal{C}$, $\mathcal{D}$, $\mathcal{E}$, $\mathcal{F}$ en fonctions des quantités

$$(63)\qquad i,\quad j,\quad \iota,\quad \tau,$$

et des coefficients différentiels

$$(64)\qquad \frac{\partial i}{\partial\iota},\quad \frac{\partial i}{\partial\tau},\quad \frac{\partial i}{\partial z};\quad \frac{\partial j}{\partial\iota},\quad \frac{\partial j}{\partial\tau},\quad \frac{\partial j}{\partial z};\quad \frac{\partial\zeta}{\partial\iota},\quad \frac{\partial\zeta}{\partial\tau},\quad \frac{\partial\zeta}{\partial z}.$$

Si, après avoir obtenu, comme on vient de le dire, les valeurs de $\mathcal{A}$, $\mathcal{B}$, $\mathcal{C}$, $\mathcal{D}$, $\mathcal{E}$, $\mathcal{F}$, exprimées en fonctions des quantités (63) et (64), on cherche ce qu'elles deviendraient dans le cas où l'on déplacerait, en le faisant tourner autour de l'origine, le demi-axe polaire, à partir duquel se compte l'angle τ, il suffira d'observer que, en vertu d'un semblable déplacement, la variable τ serait augmentée ou diminuée d'une quantité constante. Donc, pour déterminer les valeurs que prendraient $\mathcal{A}$, $\mathcal{B}$, $\mathcal{C}$, $\mathcal{D}$, $\mathcal{E}$, $\mathcal{F}$ après le déplacement dont il s'agit, il suffirait de remplacer, dans les formules (58), (60), (61), (62), (48) et (49), l'angle τ renfermé sous les signes sin et cos par l'angle $\tau + \delta$, δ désignant une constante positive ou négative. Or il faudrait évidemment que les valeurs de $\mathcal{A}$, $\mathcal{B}$, $\mathcal{C}$, $\mathcal{D}$, $\mathcal{E}$, $\mathcal{F}$, ainsi trouvées, conservassent la même forme, quel que fût l'angle δ, pour que le corps, dans son premier état, pût être considéré comme offrant la même élasticité en tous sens autour d'un axe quelconque parallèle à l'axe des z. Il reste à examiner quelles sont les relations que doivent avoir entre eux les quarante-deux coefficients

$$(65)\qquad \left\{\begin{array}{lllllll}
\mathfrak{a}, & a_1, & a_2, & a_3, & a_4, & a_5, & a_6,\\
\mathfrak{b}, & b_1, & b_2, & b_3, & b_4, & b_5, & b_6,\\
\mathfrak{c}, & \mathfrak{c}_1, & c_2, & c_3, & c_4, & c_5, & c_6,\\
\mathfrak{d}, & d_1, & d_2, & d_3, & d_4, & d_5, & d_6,\\
\mathfrak{e}, & e_1, & e_2, & e_3, & e_4, & e_5, & e_6,\\
\mathfrak{f}, & f_1, & f_2, & f_3, & f_4, & f_5, & f_6,
\end{array}\right.$$

pour satisfaire à la condition que nous venons d'indiquer.

Afin de résoudre plus facilement la question dont il s'agit, attribuons d'abord à δ la valeur particulière π, et supposons, en conséquence, que les valeurs de $\mathcal{A}$, $\mathcal{B}$, $\mathcal{C}$, $\mathcal{D}$, $\mathcal{E}$, $\mathcal{F}$, déduites des formules (58), (60), (61), (62), (36), (37), (48) et (49), conservent les mêmes formes, tandis qu'on y substitue l'angle $\tau + \pi$ à l'angle π. Il est clair que, après cette substitution, les valeurs des quantités

$$(66)\qquad A,\quad B,\quad C,\quad F,\quad \frac{\partial\xi}{\partial x},\quad \frac{\partial\eta}{\partial y},\quad \frac{\partial\xi}{\partial y}+\frac{\partial\eta}{\partial x},\quad \frac{\partial\xi}{\partial y}-\frac{\partial\zeta}{\partial x},$$

fournies par les équations (45), (46), (60), (61), n'auront pas changé, tandis que les valeurs des quantités

$$(67)\qquad D,\quad E,\quad \frac{\partial\zeta}{\partial x},\quad \frac{\partial\zeta}{\partial y},\quad \frac{\partial\xi}{\partial z},\quad \frac{\partial\eta}{\partial z},$$

fournies par les équations (46), (58), (62), auront simplement changé de signe. Donc les formules (36), (37) continueront de subsister lorsqu'on y changera seulement les signes des quantités (67). Donc ces formules entraîneront les suivantes :

$$\left\{\begin{aligned} A &= \mathfrak{a} + a_1\frac{\partial\xi}{\partial x} + a_2\frac{\partial\eta}{\partial y} + a_3\frac{\partial\zeta}{\partial z} + a_6\left(\frac{\partial\xi}{\partial y} + \frac{\partial\eta}{\partial x}\right) + \mathfrak{f}\left(\frac{\partial\xi}{\partial y} - \frac{\partial\eta}{\partial x}\right),\\ B &= \mathfrak{b} + b_1\frac{\partial\xi}{\partial x} + b_2\frac{\partial\eta}{\partial y} + b_3\frac{\partial\zeta}{\partial z} + b_6\left(\frac{\partial\xi}{\partial y} + \frac{\partial\eta}{\partial x}\right) + \mathfrak{f}\left(\frac{\partial\eta}{\partial x} - \frac{\partial\xi}{\partial y}\right),\\ C &= \mathfrak{c} + c_1\frac{\partial\xi}{\partial x} + c_2\frac{\partial\eta}{\partial y} + c_3\frac{\partial\zeta}{\partial z} + c_6\left(\frac{\partial\xi}{\partial y} + \frac{\partial\eta}{\partial x}\right); \end{aligned}\right. \tag{68}$$

$$\left\{\begin{aligned} D &= d_4\left(\frac{\partial\eta}{\partial z} + \frac{\partial\zeta}{\partial y}\right) + d_5\left(\frac{\partial\zeta}{\partial x} + \frac{\partial\xi}{\partial z}\right) + \frac{\mathfrak{c}-\mathfrak{b}}{2}\left(\frac{\partial\eta}{\partial z} - \frac{\partial\zeta}{\partial y}\right) - \frac{\mathfrak{f}}{2}\left(\frac{\partial\xi}{\partial z} - \frac{\partial\zeta}{\partial x}\right),\\ E &= e_4\left(\frac{\partial\eta}{\partial z} + \frac{\partial\zeta}{\partial y}\right) + e_5\left(\frac{\partial\zeta}{\partial x} + \frac{\partial\xi}{\partial z}\right) + \frac{\mathfrak{a}-\mathfrak{c}}{2}\left(\frac{\partial\zeta}{\partial x} - \frac{\partial\xi}{\partial z}\right) - \frac{\mathfrak{f}}{2}\left(\frac{\partial\eta}{\partial z} - \frac{\partial\zeta}{\partial y}\right),\\ F &= \mathfrak{f} + f_1\frac{\partial\xi}{\partial x} + f_2\frac{\partial\eta}{\partial y} + f_3\frac{\partial\zeta}{\partial z} + f_6\left(\frac{\partial\xi}{\partial y} + \frac{\partial\eta}{\partial x}\right) + \frac{\mathfrak{b}-\mathfrak{a}}{2}\left(\frac{\partial\xi}{\partial y} - \frac{\partial\eta}{\partial x}\right); \end{aligned}\right. \tag{69}$$

$$\left\{\begin{aligned} 0 &= a_4\left(\frac{\partial\eta}{\partial z} + \frac{\partial\zeta}{\partial y}\right) + a_5\left(\frac{\partial\zeta}{\partial x} + \frac{\partial\xi}{\partial z}\right) + \mathfrak{e}\left(\frac{\partial\xi}{\partial z} - \frac{\partial\zeta}{\partial x}\right),\\ 0 &= b_4\left(\frac{\partial\eta}{\partial z} + \frac{\partial\zeta}{\partial y}\right) + b_5\left(\frac{\partial\zeta}{\partial x} + \frac{\partial\xi}{\partial z}\right) + \mathfrak{d}\left(\frac{\partial\eta}{\partial z} - \frac{\partial\zeta}{\partial y}\right),\\ 0 &= c_4\left(\frac{\partial\eta}{\partial z} + \frac{\partial\zeta}{\partial y}\right) + c_5\left(\frac{\partial\zeta}{\partial x} + \frac{\partial\xi}{\partial z}\right) + \mathfrak{d}\left(\frac{\partial\zeta}{\partial y} - \frac{\partial\eta}{\partial z}\right) + \mathfrak{e}\left(\frac{\partial\zeta}{\partial x} - \frac{\partial\xi}{\partial z}\right); \end{aligned}\right. \tag{70}$$

$$\left\{\begin{aligned} 0 &= \mathfrak{d} + d_1\frac{\partial\xi}{\partial x} + d_2\frac{\partial\eta}{\partial y} + d_3\frac{\partial\zeta}{\partial z} + d_6\left(\frac{\partial\xi}{\partial y} + \frac{\partial\eta}{\partial x}\right) - \frac{\mathfrak{e}}{2}\left(\frac{\partial\xi}{\partial y} - \frac{\partial\eta}{\partial x}\right),\\ 0 &= \mathfrak{e} + e_1\frac{\partial\xi}{\partial x} + e_2\frac{\partial\eta}{\partial y} + e_3\frac{\partial\zeta}{\partial z} + e_6\left(\frac{\partial\xi}{\partial y} + \frac{\partial\eta}{\partial x}\right) - \frac{\mathfrak{d}}{2}\left(\frac{\partial\eta}{\partial x} - \frac{\partial\xi}{\partial y}\right),\\ 0 &= f_4\left(\frac{\partial\eta}{\partial z} + \frac{\partial\zeta}{\partial y}\right) + f_5\left(\frac{\partial\zeta}{\partial x} + \frac{\partial\xi}{\partial z}\right) - \frac{\mathfrak{e}}{2}\left(\frac{\partial\zeta}{\partial y} - \frac{\partial\eta}{\partial z}\right) - \frac{\mathfrak{d}}{2}\left(\frac{\partial\zeta}{\partial x} - \frac{\partial\xi}{\partial z}\right). \end{aligned}\right. \tag{71}$$

Or les équations (70), (71) devant subsister pour des valeurs quelconques de ξ, η, ζ, et, par conséquent, pour des valeurs quelconques des quantités

$$\frac{\partial\xi}{\partial x},\ \frac{\partial\eta}{\partial y},\ \frac{\partial\zeta}{\partial z},\ \frac{\partial\eta}{\partial z}+\frac{\partial\zeta}{\partial y},\ \frac{\partial\zeta}{\partial x}+\frac{\partial\xi}{\partial z},\ \frac{\partial\xi}{\partial y}+\frac{\partial\eta}{\partial x};\ \frac{\partial\eta}{\partial z}-\frac{\partial\zeta}{\partial y},\ \frac{\partial\zeta}{\partial x}-\frac{\partial\xi}{\partial z},\ \frac{\partial\xi}{\partial y}-\frac{\partial\eta}{\partial x},$$

on en conclura immédiatement

$$(72) \qquad \mathfrak{a}_4 = \mathfrak{a}_5 = 0, \qquad \mathfrak{b}_4 = \mathfrak{b}_5 = 0, \qquad \mathfrak{c}_4 = \mathfrak{c}_5 = 0,$$

$$(73) \quad \mathfrak{d} = \mathfrak{d}_1 = \mathfrak{d}_2 = \mathfrak{d}_3 = \mathfrak{d}_6 = 0, \qquad \mathfrak{e} = \mathfrak{e}_1 = \mathfrak{e}_2 = \mathfrak{e}_3 = \mathfrak{e}_6 = 0, \qquad \mathfrak{f}_4 = \mathfrak{f}_5 = 0.$$

Concevons à présent que l'on attribue à δ la valeur particulière $\frac{\pi}{2}$, et supposons que les valeurs de $\mathcal{A}$, $\mathcal{B}$, $\mathcal{C}$, $\mathcal{D}$, $\mathcal{E}$, $\mathcal{F}$ doivent encore conserver les mêmes formes quand on substitue l'angle $\tau + \frac{\pi}{2}$ à l'angle τ. Cette nouvelle substitution, opérée dans les formules (45), (46), (58), (60), (61), (62), aura pour effet de changer les valeurs de

$$(74) \quad \mathrm{A},\ \mathrm{B},\ \mathrm{D},\quad \mathrm{E},\quad \mathrm{F},\quad \frac{\partial\zeta}{\partial x},\ \frac{\partial\zeta}{\partial y},\ \frac{\partial\xi}{\partial x},\ \frac{\partial\eta}{\partial y},\quad \frac{\partial\xi}{\partial y}+\frac{\partial\eta}{\partial x},\quad \frac{\partial\xi}{\partial z},\ \frac{\partial\eta}{\partial z}$$

en celles de

$$(75) \quad \mathrm{B},\ \mathrm{A},\ \mathrm{E},\ -\mathrm{D},\ -\mathrm{F},\ -\frac{\partial\zeta}{\partial y},\ \frac{\partial\zeta}{\partial x},\ \frac{\partial\eta}{\partial y},\ \frac{\partial\xi}{\partial x},\ -\left(\frac{\partial\xi}{\partial y}+\frac{\partial\eta}{\partial x}\right),\ -\frac{\partial\eta}{\partial z},\ \frac{\partial\xi}{\partial z}.$$

Donc les formules (68), (69) devront continuer de subsister quand on y remplacera les quantités (74) par les quantités (75), et l'on aura nécessairement

$$(76) \quad \begin{cases} \mathrm{A} = \mathfrak{b} + \mathfrak{b}_2\dfrac{\partial\xi}{\partial x} + \mathfrak{b}_1\dfrac{\partial\eta}{\partial y} + \mathfrak{b}_3\dfrac{\partial\zeta}{\partial z} - \mathfrak{b}_6\left(\dfrac{\partial\xi}{\partial y}+\dfrac{\partial\eta}{\partial x}\right) + \mathfrak{f}\left(\dfrac{\partial\xi}{\partial y}-\dfrac{\partial\eta}{\partial x}\right), \\ \mathrm{B} = \mathfrak{a} + \mathfrak{a}_2\dfrac{\partial\xi}{\partial x} + \mathfrak{a}_1\dfrac{\partial\eta}{\partial y} + \mathfrak{a}_3\dfrac{\partial\zeta}{\partial z} - \mathfrak{a}_6\left(\dfrac{\partial\xi}{\partial y}+\dfrac{\partial\eta}{\partial x}\right) + \mathfrak{f}\left(\dfrac{\partial\eta}{\partial x}-\dfrac{\partial\xi}{\partial y}\right), \\ \mathrm{C} = \mathfrak{c} + \mathfrak{c}_2\dfrac{\partial\xi}{\partial x} + \mathfrak{c}_1\dfrac{\partial\eta}{\partial y} + \mathfrak{c}_3\dfrac{\partial\zeta}{\partial z} - \mathfrak{c}_6\left(\dfrac{\partial\xi}{\partial y}+\dfrac{\partial\eta}{\partial x}\right); \end{cases}$$

$$(77) \quad \begin{cases} \mathrm{D} = \quad \mathfrak{e}_5\left(\dfrac{\partial\eta}{\partial z}+\dfrac{\partial\zeta}{\partial y}\right) - \mathfrak{e}_4\left(\dfrac{\partial\zeta}{\partial x}+\dfrac{\partial\xi}{\partial z}\right) + \dfrac{\mathfrak{c}-\mathfrak{a}}{2}\left(\dfrac{\partial\eta}{\partial z}-\dfrac{\partial\zeta}{\partial y}\right) + \dfrac{\mathfrak{f}}{2}\left(\dfrac{\partial\xi}{\partial z}-\dfrac{\partial\zeta}{\partial x}\right), \\ \mathrm{E} = -\mathfrak{d}_5\left(\dfrac{\partial\eta}{\partial z}+\dfrac{\partial\zeta}{\partial y}\right) + \mathfrak{d}_4\left(\dfrac{\partial\zeta}{\partial x}+\dfrac{\partial\xi}{\partial z}\right) + \dfrac{\mathfrak{b}-\mathfrak{c}}{2}\left(\dfrac{\partial\zeta}{\partial x}-\dfrac{\partial\xi}{\partial z}\right) + \dfrac{\mathfrak{f}}{2}\left(\dfrac{\partial\eta}{\partial z}-\dfrac{\partial\zeta}{\partial y}\right), \\ \mathrm{F} = -\mathfrak{f} - \mathfrak{f}_2\dfrac{\partial\xi}{\partial x} - \mathfrak{f}_1\dfrac{\partial\eta}{\partial y} - \mathfrak{f}_3\dfrac{\partial\zeta}{\partial z} + \mathfrak{f}_6\left(\dfrac{\partial\xi}{\partial y}+\dfrac{\partial\eta}{\partial x}\right) - \dfrac{\mathfrak{b}-\mathfrak{a}}{2}\left(\dfrac{\partial\xi}{\partial y}-\dfrac{\partial\eta}{\partial x}\right). \end{cases}$$

Or, ces dernières valeurs de A, B, C, D, E, F devant s'accorder avec celles que fournissent les formules (68), (69), quels que soient les déplacements ξ, η, ζ, on en conclura

$$(78)\qquad \mathfrak{a}=\mathfrak{b},\quad \mathfrak{a}_1=\mathfrak{b}_2,\quad \mathfrak{a}_2=\mathfrak{b}_1,\quad \mathfrak{a}_3=\mathfrak{b}_3,\quad \mathfrak{a}_6=-\mathfrak{b}_6,\quad \mathfrak{c}_1=\mathfrak{c}_2,\quad \mathfrak{c}_6=0,$$

$$(79)\qquad \mathfrak{d}_4=\mathfrak{e}_5,\quad \mathfrak{d}_5=-\mathfrak{e}_4,\quad \mathfrak{f}=0,\quad \mathfrak{f}_1=-\mathfrak{f}_2,\quad \mathfrak{f}_3=0.$$

Par suite, les formules (68), (69) pourront être réduites à

$$(80)\qquad \begin{cases} A=\mathfrak{a}+\mathfrak{a}_1\dfrac{\partial\xi}{\partial x}+\mathfrak{a}_2\dfrac{\partial\eta}{\partial y}+\mathfrak{a}_3\dfrac{\partial\zeta}{\partial z}+\mathfrak{a}_6\left(\dfrac{\partial\xi}{\partial y}+\dfrac{\partial\eta}{\partial x}\right), \\ B=\mathfrak{a}+\mathfrak{a}_2\dfrac{\partial\xi}{\partial x}+\mathfrak{a}_1\dfrac{\partial\eta}{\partial y}+\mathfrak{a}_3\dfrac{\partial\zeta}{\partial z}-\mathfrak{a}_6\left(\dfrac{\partial\xi}{\partial y}+\dfrac{\partial\eta}{\partial x}\right), \\ C=\mathfrak{c}+\mathfrak{c}_2\left(\dfrac{\partial\xi}{\partial y}+\dfrac{\partial\eta}{\partial x}\right)+\mathfrak{c}_3\dfrac{\partial\zeta}{\partial z}; \end{cases}$$

$$(81)\qquad \begin{cases} D=\mathfrak{d}_4\left(\dfrac{\partial\eta}{\partial z}+\dfrac{\partial\zeta}{\partial y}\right)+\mathfrak{d}_5\left(\dfrac{\partial\zeta}{\partial x}+\dfrac{\partial\xi}{\partial z}\right)+\dfrac{\mathfrak{c}-\mathfrak{a}}{2}\left(\dfrac{\partial\eta}{\partial z}-\dfrac{\partial\zeta}{\partial y}\right), \\ E=-\mathfrak{d}_5\left(\dfrac{\partial\eta}{\partial z}+\dfrac{\partial\zeta}{\partial y}\right)+\mathfrak{d}_4\left(\dfrac{\partial\zeta}{\partial x}+\dfrac{\partial\xi}{\partial z}\right)+\dfrac{\mathfrak{c}-\mathfrak{a}}{2}\left(\dfrac{\partial\xi}{\partial z}-\dfrac{\partial\zeta}{\partial x}\right), \\ F=\mathfrak{f}_1\left(\dfrac{\partial\xi}{\partial x}-\dfrac{\partial\eta}{\partial y}\right)+\mathfrak{f}_6\left(\dfrac{\partial\xi}{\partial y}+\dfrac{\partial\eta}{\partial x}\right), \end{cases}$$

et l'on en tirera

$$(82)\qquad \begin{cases} \dfrac{A+B}{2}=\mathfrak{a}+\dfrac{\mathfrak{a}_1+\mathfrak{a}_2}{2}\left(\dfrac{\partial\xi}{\partial x}+\dfrac{\partial\eta}{\partial y}\right)+\mathfrak{a}_3\dfrac{\partial\zeta}{\partial z}, \\ \dfrac{A-B}{2}=\dfrac{\mathfrak{a}_1-\mathfrak{a}_2}{2}\left(\dfrac{\partial\xi}{\partial x}-\dfrac{\partial\eta}{\partial y}\right)+\mathfrak{a}_6\left(\dfrac{\partial\xi}{\partial y}+\dfrac{\partial\eta}{\partial x}\right). \end{cases}$$

Concevons enfin que l'on attribue à δ la valeur $\frac{\pi}{4}$, et supposons que les valeurs de $\mathcal{A}$, $\mathcal{B}$, $\mathcal{C}$, $\mathcal{D}$, $\mathcal{E}$, $\mathcal{F}$ doivent encore conserver les mêmes formes quand on substitue l'angle $\tau+\frac{\pi}{4}$ à l'angle τ. Cette dernière substitution, opérée dans les formules (45), (46), (47), (58), (60), (61), (62), aura pour effet de changer les valeurs de

$$(83)\qquad F,\quad \frac{A-B}{2},\quad \frac{\partial\xi}{\partial y}+\frac{\partial\eta}{\partial x},\quad \frac{\partial\xi}{\partial x}-\frac{\partial\eta}{\partial y}$$

en celles de

$$(84)\qquad \frac{A-B}{2},\quad -F,\quad \frac{\partial\xi}{\partial x}-\frac{\partial\eta}{\partial y},\quad -\left(\frac{\partial\xi}{\partial y}+\frac{\partial\eta}{\partial x}\right),$$

et les valeurs de

$$D,\ E,\ \frac{\partial\zeta}{\partial x},\ \frac{\partial\zeta}{\partial y},\ \frac{\partial\xi}{\partial z},\ \frac{\partial\eta}{\partial z}\tag{85}$$

en celles de

$$\frac{D+E}{\sqrt{2}},\ \frac{E-D}{\sqrt{2}},\ \frac{1}{\sqrt{2}}\left(\frac{\partial\zeta}{\partial x}-\frac{\partial\zeta}{\partial y}\right),\ \frac{1}{\sqrt{2}}\left(\frac{\partial\zeta}{\partial y}+\frac{\partial\zeta}{\partial x}\right),\ \frac{1}{\sqrt{2}}\left(\frac{\partial\xi}{\partial z}-\frac{\partial\eta}{\partial z}\right),\ \frac{1}{\sqrt{2}}\left(\frac{\partial\eta}{\partial z}+\frac{\partial\xi}{\partial z}\right).\tag{86}$$

Donc les formules (80), (81), (82) continueront de subsister quand on y remplacera les quantités (83) et (85) par les quantités (84) et (86), de sorte qu'on aura

$$\left\{\begin{aligned} \frac{A-B}{2} &= -f_1\left(\frac{\partial\xi}{\partial y}+\frac{\partial\eta}{\partial x}\right)+f_6\left(\frac{\partial\xi}{\partial x}-\frac{\partial\eta}{\partial y}\right),\\ F &= \frac{a_1-a_2}{2}\left(\frac{\partial\xi}{\partial y}+\frac{\partial\eta}{\partial x}\right)-a_6\left(\frac{\partial\xi}{\partial x}-\frac{\partial\eta}{\partial y}\right);\end{aligned}\right.\tag{87}$$

$$\left\{\begin{aligned} D+E = {}& (d_4-d_5)\left(\frac{\partial\eta}{\partial z}+\frac{\partial\zeta}{\partial y}\right)\\ &+(d_4+d_5)\left(\frac{\partial\zeta}{\partial x}+\frac{\partial\xi}{\partial z}\right)+\frac{\mathfrak{c}-\mathfrak{a}}{2}\left(\frac{\partial\eta}{\partial z}-\frac{\partial\zeta}{\partial y}+\frac{\partial\xi}{\partial z}-\frac{\partial\zeta}{\partial x}\right),\\ E-D = {}& -(d_4+d_5)\left(\frac{\partial\eta}{\partial z}-\frac{\partial\zeta}{\partial y}\right)\\ &+(d_4-d_5)\left(\frac{\partial\zeta}{\partial x}+\frac{\partial\xi}{\partial z}\right)-\frac{\mathfrak{c}-\mathfrak{a}}{2}\left(\frac{\partial\eta}{\partial z}-\frac{\partial\zeta}{\partial y}-\frac{\partial\xi}{\partial z}+\frac{\partial\zeta}{\partial x}\right).\end{aligned}\right.\tag{88}$$

Pour faire coïncider les valeurs précédentes de $\frac{A-B}{2}$ et F avec celles que fournissent les équations (81), (82), il est nécessaire d'assujettir les coefficients $\frac{a_1-a_2}{2}$, a_6, f_1, f_6 aux deux conditions

$$\frac{a_1-a_2}{2}=f_6,\qquad a_6=-f_1.\tag{89}$$

Quant aux formules (88), elles s'accordent avec les deux premières des formules (81), quels que soient d'ailleurs les coefficients d_4, d_5, $\mathfrak{a}$ et $\mathfrak{c}$.

En vertu des formules (89), les équations (80), (81) se réduisent à

$$(90)\quad \begin{cases} \mathrm{A} = \mathfrak{a} + \mathrm{a}_2\left(\dfrac{\partial\xi}{\partial x} + \dfrac{\partial\eta}{\partial y}\right) + \mathrm{a}_3\dfrac{\partial\zeta}{\partial z} + 2\mathrm{f}_6\dfrac{\partial\xi}{\partial x} - \mathrm{f}_1\left(\dfrac{\partial\xi}{\partial y} + \dfrac{\partial\eta}{\partial x}\right), \\ \mathrm{B} = \mathfrak{a} + \mathrm{a}_2\left(\dfrac{\partial\xi}{\partial x} + \dfrac{\partial\eta}{\partial y}\right) + \mathrm{a}_3\dfrac{\partial\zeta}{\partial z} + 2\mathrm{f}_6\dfrac{\partial\eta}{\partial y} + \mathrm{f}_1\left(\dfrac{\partial\xi}{\partial y} + \dfrac{\partial\eta}{\partial x}\right), \\ \mathrm{C} = \mathfrak{c} + \mathrm{c}_2\left(\dfrac{\partial\xi}{\partial x} + \dfrac{\partial\eta}{\partial y}\right) + \mathrm{c}_3\dfrac{\partial\zeta}{\partial z}; \end{cases}$$

$$(91)\quad \begin{cases} \mathrm{D} = \mathrm{d}_4\left(\dfrac{\partial\eta}{\partial z} + \dfrac{\partial\zeta}{\partial y}\right) + \mathrm{d}_5\left(\dfrac{\partial\zeta}{\partial x} + \dfrac{\partial\xi}{\partial z}\right) + \dfrac{\mathfrak{c} - \mathfrak{a}}{2}\left(\dfrac{\partial\eta}{\partial z} - \dfrac{\partial\zeta}{\partial y}\right), \\ \mathrm{E} = -\mathrm{d}_5\left(\dfrac{\partial\eta}{\partial z} + \dfrac{\partial\zeta}{\partial y}\right) + \mathrm{d}_4\left(\dfrac{\partial\zeta}{\partial x} + \dfrac{\partial\xi}{\partial z}\right) + \dfrac{\mathfrak{c} - \mathfrak{a}}{2}\left(\dfrac{\partial\xi}{\partial z} - \dfrac{\partial\zeta}{\partial x}\right), \\ \mathrm{F} = \mathrm{f}_1\left(\dfrac{\partial\xi}{\partial x} - \dfrac{\partial\eta}{\partial y}\right) + \mathrm{f}_6\left(\dfrac{\partial\xi}{\partial y} + \dfrac{\partial\eta}{\partial x}\right). \end{cases}$$

Cela posé, les formules (48), (49) donneront

$$(92)\quad \begin{cases} \mathcal{A} = \mathfrak{a} + (\mathrm{a}_2 + \mathrm{f}_6)\left(\dfrac{\partial\xi}{\partial x} + \dfrac{\partial\eta}{\partial y}\right) + \mathrm{a}_3\dfrac{\partial\zeta}{\partial z} + \mathrm{f}_6\left[\left(\dfrac{\partial\xi}{\partial x} - \dfrac{\partial\eta}{\partial y}\right)\cos 2\tau + \left(\dfrac{\partial\xi}{\partial y} + \dfrac{\partial\eta}{\partial x}\right)\sin 2\tau\right] \\ \qquad - \mathrm{f}_1\left[\left(\dfrac{\partial\xi}{\partial y} + \dfrac{\partial\eta}{\partial x}\right)\cos 2\tau - \left(\dfrac{\partial\xi}{\partial x} - \dfrac{\partial\eta}{\partial y}\right)\sin 2\tau\right], \\ \mathcal{B} = \mathfrak{a} + (\mathrm{a}_2 + \mathrm{f}_6)\left(\dfrac{\partial\xi}{\partial x} + \dfrac{\partial\eta}{\partial y}\right) + \mathrm{a}_3\dfrac{\partial\zeta}{\partial z} - \mathrm{f}_6\left[\left(\dfrac{\partial\xi}{\partial x} - \dfrac{\partial\eta}{\partial y}\right)\cos 2\tau + \left(\dfrac{\partial\xi}{\partial y} + \dfrac{\partial\eta}{\partial x}\right)\sin 2\tau\right] \\ \qquad + \mathrm{f}_1\left[\left(\dfrac{\partial\xi}{\partial y} + \dfrac{\partial\eta}{\partial x}\right)\cos 2\tau - \left(\dfrac{\partial\xi}{\partial x} - \dfrac{\partial\eta}{\partial y}\right)\sin 2\tau\right], \\ \mathcal{C} = \mathfrak{c} + \mathrm{c}_2\left(\dfrac{\partial\xi}{\partial x} + \dfrac{\partial\eta}{\partial y}\right) + \mathrm{c}_3\dfrac{\partial\zeta}{\partial z}; \end{cases}$$

$$(93)\quad \begin{cases} \mathcal{D} = \mathrm{d}_4\left[\left(\dfrac{\partial\eta}{\partial z} + \dfrac{\partial\zeta}{\partial y}\right)\cos\tau - \left(\dfrac{\partial\zeta}{\partial x} + \dfrac{\partial\xi}{\partial z}\right)\sin\tau\right] + \mathrm{d}_5\left[\left(\dfrac{\partial\zeta}{\partial x} + \dfrac{\partial\xi}{\partial z}\right)\cos\tau + \left(\dfrac{\partial\eta}{\partial z} + \dfrac{\partial\zeta}{\partial y}\right)\sin\tau\right] \\ \qquad + \dfrac{\mathfrak{c} - \mathfrak{a}}{2}\left[\left(\dfrac{\partial\eta}{\partial z} - \dfrac{\partial\zeta}{\partial y}\right)\cos\tau - \left(\dfrac{\partial\xi}{\partial z} - \dfrac{\partial\zeta}{\partial x}\right)\sin\tau\right], \\ \mathcal{E} = \mathrm{d}_4\left[\left(\dfrac{\partial\eta}{\partial z} + \dfrac{\partial\zeta}{\partial y}\right)\sin\tau + \left(\dfrac{\partial\zeta}{\partial x} + \dfrac{\partial\xi}{\partial z}\right)\cos\tau\right] + \mathrm{d}_5\left[\left(\dfrac{\partial\zeta}{\partial x} + \dfrac{\partial\xi}{\partial z}\right)\sin\tau - \left(\dfrac{\partial\eta}{\partial z} + \dfrac{\partial\zeta}{\partial y}\right)\cos\tau\right] \\ \qquad + \dfrac{\mathfrak{c} - \mathfrak{a}}{2}\left[\left(\dfrac{\partial\eta}{\partial z} - \dfrac{\partial\zeta}{\partial y}\right)\sin\tau + \left(\dfrac{\partial\xi}{\partial z} - \dfrac{\partial\zeta}{\partial x}\right)\cos\tau\right], \\ \mathcal{F} = \mathrm{f}_1\left[\left(\dfrac{\partial\xi}{\partial x} - \dfrac{\partial\eta}{\partial y}\right)\cos 2\tau + \left(\dfrac{\partial\xi}{\partial y} + \dfrac{\partial\eta}{\partial x}\right)\sin 2\tau\right] + \mathrm{f}_6\left[\left(\dfrac{\partial\xi}{\partial x} - \dfrac{\partial\eta}{\partial y}\right)\cos 2\tau + \left(\dfrac{\partial\xi}{\partial y} + \dfrac{\partial\eta}{\partial x}\right)\sin 2\tau\right]. \end{cases}$$

On tirera d'ailleurs des équations (58), (60), (61) et (62)

$$\frac{\partial\zeta}{\partial x}\cos\tau+\frac{\partial\zeta}{\partial y}\sin\tau=\frac{\partial\zeta}{\partial\iota},\qquad \frac{\partial\zeta}{\partial y}\cos\tau-\frac{\partial\zeta}{\partial x}\sin\tau=\frac{1}{\iota}\frac{\partial\zeta}{\partial\tau},\tag{94}$$

$$\frac{\partial\xi}{\partial x}+\frac{\partial\eta}{\partial y}=2j+\frac{\partial i}{\partial\tau}+\iota\frac{\partial j}{\partial\iota},\tag{95}$$

$$\left\{\begin{aligned}&\left(\frac{\partial\xi}{\partial x}-\frac{\partial\eta}{\partial y}\right)\cos2\tau+\left(\frac{\partial\xi}{\partial y}+\frac{\partial\eta}{\partial x}\right)\sin2\tau=-\frac{\partial i}{\partial\tau}+\iota\frac{\partial j}{\partial\iota},\\&\left(\frac{\partial\xi}{\partial y}+\frac{\partial\eta}{\partial x}\right)\cos2\tau-\left(\frac{\partial\xi}{\partial x}-\frac{\partial\eta}{\partial y}\right)\sin2\tau=\frac{\partial j}{\partial\tau}+\iota\frac{\partial i}{\partial\iota},\end{aligned}\right.\tag{96}$$

$$\frac{\partial\xi}{\partial z}\cos\tau+\frac{\partial\eta}{\partial z}\sin\tau=\iota\frac{\partial j}{\partial z},\qquad \frac{\partial\eta}{\partial z}\cos\tau-\frac{\partial\xi}{\partial z}\sin\tau=\iota\frac{\partial i}{\partial z}.\tag{97}$$

Donc les équations (92), (93) pourront être remplacées par les suivantes :

$$\left\{\begin{aligned}&\mathcal{A}=\mathfrak{a}+\mathrm{a}_2\left(2j+\frac{\partial i}{\partial\tau}+\iota\frac{\partial j}{\partial\iota}\right)+2\mathrm{f}_6\left(j+\iota\frac{\partial j}{\partial\iota}\right)+\mathrm{a}_3\frac{\partial\zeta}{\partial z}-\mathrm{f}_1\left(\frac{\partial j}{\partial\tau}+\iota\frac{\partial i}{\partial\iota}\right),\\&\mathcal{B}=\mathfrak{a}+\mathrm{a}_2\left(2j+\frac{\partial i}{\partial\tau}+\iota\frac{\partial j}{\partial\iota}\right)+2\mathrm{f}_6\left(j+\frac{\partial i}{\partial\tau}\right)+\mathrm{a}_3\frac{\partial\zeta}{\partial z}+\mathrm{f}_1\left(\frac{\partial j}{\partial\tau}+\iota\frac{\partial i}{\partial\iota}\right),\\&\mathcal{C}=\mathfrak{c}+\mathrm{c}_2\left(2j+\frac{\partial i}{\partial\tau}+\iota\frac{\partial j}{\partial\iota}\right)+\mathrm{c}_3\frac{\partial\zeta}{\partial z};\end{aligned}\right.\tag{98}$$

$$\left\{\begin{aligned}&\mathcal{D}=\mathrm{d}_4\left(\iota\frac{\partial i}{\partial z}+\frac{1}{\iota}\frac{\partial\zeta}{\partial\tau}\right)+\mathrm{d}_5\left(\iota\frac{\partial j}{\partial z}+\frac{\partial\zeta}{\partial\iota}\right)+\frac{\mathfrak{c}-\mathfrak{a}}{2}\left(\iota\frac{\partial i}{\partial z}-\frac{1}{\iota}\frac{\partial\zeta}{\partial\tau}\right),\\&\mathcal{E}=\mathrm{d}_4\left(\iota\frac{\partial j}{\partial z}+\frac{\partial\zeta}{\partial\iota}\right)-\mathrm{d}_5\left(\iota\frac{\partial i}{\partial z}+\frac{1}{\iota}\frac{\partial\zeta}{\partial\tau}\right)+\frac{\mathfrak{c}-\mathfrak{a}}{2}\left(\iota\frac{\partial j}{\partial z}-\frac{\partial\zeta}{\partial\iota}\right),\\&\mathcal{F}=-\mathrm{f}_1\left(\frac{\partial i}{\partial\tau}-\iota\frac{\partial j}{\partial\iota}\right)+\mathrm{f}_6\left(\frac{\partial j}{\partial\tau}+\iota\frac{\partial i}{\partial\iota}\right).\end{aligned}\right.\tag{99}$$

Comme ces dernières valeurs de $\mathcal{A}$, $\mathcal{B}$, $\mathcal{C}$, $\mathcal{D}$, $\mathcal{E}$, $\mathcal{F}$ ne changent pas de forme, quand on remplace l'angle τ par $\tau+\delta$, δ désignant une quantité constante, il en résulte que les conditions (72), (73), (78), (79) et (89) sont les seules auxquelles il faille assujettir les quarante-deux coefficients $\mathfrak{a}$, $\mathfrak{b}$, $\mathfrak{c}$, $\mathfrak{d}$, $\mathfrak{e}$, $\mathfrak{f}$; a_1, b_1, c_1, d_1, e_1, f_1; a_2, b_2, ..., pour que le corps, dans son premier état, puisse être considéré comme offrant la même élasticité en tous sens autour d'un axe quelconque parallèle à l'axe des z. Lorsque ces conditions sont vérifiées, les valeurs des pressions

$$\mathrm{A},\quad \mathrm{B},\quad \mathrm{C},\quad \mathrm{D},\quad \mathrm{E},\quad \mathrm{F}$$

se réduisent à celles que fournissent les équations (90), (91).

Si, pour plus de simplicité, on écrit dans ces équations

$$\mathrm{a},\quad \mathrm{c},\quad \mathrm{a}',\quad \mathrm{a}'',\quad \mathrm{c}',\quad \mathrm{c}'',\quad \mathrm{d}',\quad \mathrm{d}'',\quad \mathrm{f}',\quad \mathrm{f}''$$

au lieu de

$$\mathfrak{a},\quad \mathfrak{c},\quad \mathrm{a}_2,\quad \mathrm{a}_3,\quad \mathrm{c}_2,\quad \mathrm{c}_3,\quad \mathrm{d}_4,\quad \mathrm{d}_5,\quad \mathrm{f}_1,\quad \mathrm{f}_6,$$

on trouvera

$$(100)\quad \begin{cases} \mathrm{A} = \mathrm{a} + (\mathrm{a}' + 2\mathrm{f}'')\dfrac{\partial\xi}{\partial x} + \mathrm{a}'\dfrac{\partial\eta}{\partial y} + \mathrm{a}''\dfrac{\partial\zeta}{\partial z} - \mathrm{f}'\left(\dfrac{\partial\xi}{\partial y} + \dfrac{\partial\eta}{\partial x}\right), \\ \mathrm{B} = \mathrm{a} + \mathrm{a}'\dfrac{\partial\xi}{\partial x} + (\mathrm{a}' + 2\mathrm{f}'')\dfrac{\partial\eta}{\partial y} + \mathrm{a}''\dfrac{\partial\zeta}{\partial z} + \mathrm{f}'\left(\dfrac{\partial\xi}{\partial y} + \dfrac{\partial\eta}{\partial x}\right), \\ \mathrm{C} = \mathrm{c} + \mathrm{c}'\dfrac{\partial\xi}{\partial x} + \mathrm{c}'\dfrac{\partial\eta}{\partial y} + \mathrm{c}''\dfrac{\partial\zeta}{\partial z}; \end{cases}$$

$$(101)\quad \begin{cases} \mathrm{D} = \mathrm{d}'\left(\dfrac{\partial\eta}{\partial z} + \dfrac{\partial\zeta}{\partial y}\right) + \mathrm{d}''\left(\dfrac{\partial\zeta}{\partial x} + \dfrac{\partial\xi}{\partial z}\right) + \dfrac{\mathrm{c} - \mathrm{a}}{2}\left(\dfrac{\partial\eta}{\partial z} - \dfrac{\partial\zeta}{\partial y}\right), \\ \mathrm{E} = -\mathrm{d}''\left(\dfrac{\partial\eta}{\partial z} + \dfrac{\partial\zeta}{\partial y}\right) + \mathrm{d}\left(\dfrac{\partial\zeta}{\partial x} + \dfrac{\partial\xi}{\partial z}\right) + \dfrac{\mathrm{c} - \mathrm{a}}{2}\left(\dfrac{\partial\xi}{\partial z} - \dfrac{\partial\zeta}{\partial x}\right), \\ \mathrm{F} = \mathrm{f}'\left(\dfrac{\partial\xi}{\partial x} - \dfrac{\partial\eta}{\partial y}\right) + \mathrm{f}''\left(\dfrac{\partial\xi}{\partial y} + \dfrac{\partial\eta}{\partial x}\right). \end{cases}$$

Il est bon d'observer que les équations (90), (91) ou (100) et (101) renferment seulement dix coefficients dépendants de la nature du corps, savoir

$$\mathrm{a},\quad \mathrm{c},\quad \mathrm{a}',\quad \mathrm{a}'',\quad \mathrm{c}',\quad \mathrm{c}'',\quad \mathrm{d}',\quad \mathrm{d}'',\quad \mathrm{f}',\quad \mathrm{f}''.$$

Si l'on combine les formules (40), (41) avec les conditions (72), (73), (78), (79) et (89), on trouvera

$$(102)\qquad \mathrm{a}_3 + \mathfrak{a} = \mathrm{c}_2 + \mathfrak{c} = \mathrm{d}_4 - \frac{\mathfrak{a} + \mathfrak{c}}{2}, \qquad \mathrm{a}_2 + \mathfrak{a} = \mathrm{f}_6 - \mathfrak{a},$$

$$(103)\qquad \mathrm{f}_1 = 0, \qquad \mathrm{d}_5 = 0;$$

puis, en écrivant a et c au lieu de $\mathfrak{a}$, $\mathfrak{c}$, et posant

$$(104)\quad \mathrm{a}_3 + \mathrm{a} = \mathrm{c}_2 + \mathrm{c} = \mathrm{d}_4 - \frac{\mathrm{a} + \mathrm{c}}{2} = \mathrm{d}, \qquad \mathrm{a}_2 + \mathrm{a} = \mathrm{f}_6 - \mathrm{a} = \mathrm{f}, \qquad \mathrm{c}_3 - \mathrm{c} = \mathrm{k},$$

on tirera des équations (90), (91),

$$(105)\quad \left\{\begin{aligned} A &= a + (3f + a)\frac{\partial\xi}{\partial x} + (f - a)\frac{\partial\eta}{\partial y} + (d - a)\frac{\partial\zeta}{\partial z},\\ B &= a + (f - a)\frac{\partial\xi}{\partial x} + (3f + a)\frac{\partial\eta}{\partial y} + (d - a)\frac{\partial\zeta}{\partial z}.\\ C &= c + (d - c)\frac{\partial\xi}{\partial x} + (d - c)\frac{\partial\eta}{\partial y} + (k + c)\frac{\partial\zeta}{\partial z},\end{aligned}\right.$$

$$(106)\quad \left\{\begin{aligned} D &= (d + c)\frac{\partial\eta}{\partial z} + (d + a)\frac{\partial\zeta}{\partial y},\\ E &= (d + a)\frac{\partial\zeta}{\partial x} + (d + c)\frac{\partial\xi}{\partial z},\\ F &= (f + a)\left(\frac{\partial\xi}{\partial y} + \frac{\partial\eta}{\partial x}\right).\end{aligned}\right.$$

Ces dernières formules ne renferment que cinq coefficients dépendants de la nature du corps, savoir

$$a,\quad c,\quad d,\quad f,\quad k.$$

Elles sont d'ailleurs comprises, comme cas particuliers, dans les équations (24), (25) de la page 170, et se déduisent de ces équations lorsque, en supposant

$$(107)\qquad G = H,\qquad P = Q,\qquad L = M = 3R,$$

on prend

$$a = G\Delta,\qquad c = I\Delta,\qquad d = Q\Delta,\qquad f = R\Delta,\qquad k = N\Delta.$$

Il suit, du reste, des principes exposés dans le IIIe Volume (p. 199 et 201) [1] que les conditions (107) sont précisément celles auxquelles il faut assujettir les quantités

$$G,\quad H,\quad L,\quad M,\quad P,\quad Q,\quad R,$$

pour que l'élasticité du corps reste la même en tous sens autour d'un axe quelconque parallèle à l'axe des z.

Si l'on veut que le corps, dans son premier état, puisse être considéré comme offrant la même élasticité en tous sens autour d'un point

(1) *Œuvres de Cauchy*, S. II, T. VIII, p. 239 et 240.

quelconque, et par conséquent autour d'un axe quelconque parallèle ou non parallèle à l'axe des z, il faudra que les valeurs de A, B, C, D, E, F, fournies par les équations (90), (91), ou (100) et (101), ne changent pas de forme après un échange opéré entre les axes des x, y, z. Or, si l'on remplace l'axe des y par l'axe des z, et réciproquement, on devra, dans les formules (100), (101), échanger entre elles les quantités B et C, E et F, y et z, η et ζ. On aura donc, par suite,

$$(108)\quad \begin{cases} A = a + a'\left(\dfrac{\partial\xi}{\partial x} + \dfrac{\partial\zeta}{\partial z}\right) + a''\dfrac{\partial\eta}{\partial y} + 2f''\dfrac{\partial\xi}{\partial x} - f'\left(\dfrac{\partial\xi}{\partial z} + \dfrac{\partial\zeta}{\partial x}\right), \\ B = c + c'\left(\dfrac{\partial\xi}{\partial x} + \dfrac{\partial\zeta}{\partial z}\right) + c''\dfrac{\partial\eta}{\partial y}, \\ C = a + a'\left(\dfrac{\partial\xi}{\partial x} + \dfrac{\partial\zeta}{\partial z}\right) + a''\dfrac{\partial\eta}{\partial y} + 2f''\dfrac{\partial\zeta}{\partial z} + f'\left(\dfrac{\partial\xi}{\partial z} + \dfrac{\partial\zeta}{\partial x}\right); \end{cases}$$

$$(109)\quad \begin{cases} D = d'\left(\dfrac{\partial\eta}{\partial z} + \dfrac{\partial\zeta}{\partial y}\right) + d''\left(\dfrac{\partial\eta}{\partial x} + \dfrac{\partial\xi}{\partial y}\right) - \dfrac{c-a}{2}\left(\dfrac{\partial\eta}{\partial z} - \dfrac{\partial\zeta}{\partial y}\right), \\ E = f'\left(\dfrac{\partial\xi}{\partial x} - \dfrac{\partial\zeta}{\partial z}\right) + f''\left(\dfrac{\partial\xi}{\partial z} + \dfrac{\partial\zeta}{\partial x}\right), \\ F = -d''\left(\dfrac{\partial\eta}{\partial z} + \dfrac{\partial\zeta}{\partial y}\right) + d'\left(\dfrac{\partial\xi}{\partial y} + \dfrac{\partial\eta}{\partial x}\right) + \dfrac{c-a}{2}\left(\dfrac{\partial\xi}{\partial y} - \dfrac{\partial\eta}{\partial x}\right). \end{cases}$$

Pour que ces dernières valeurs de A, B, C, D, E, F s'accordent avec celles que fournissent les équations (100), (101), il suffit d'assujettir les coefficients

$$a,\quad c,\quad a',\quad a'',\quad c',\quad c'',\quad d',\quad d'',\quad f',\quad f''$$

aux conditions

$$(110)\quad a = c,\qquad a' = a'' = c',\qquad c'' = c' + 2f'',\qquad d' = f'',\qquad d'' = f' = 0.$$

Cela posé, si l'on désigne par l la valeur commune des deux quantités a, c, par K la valeur commune des trois quantités a', a'', c', et par $\frac{1}{2}k$ la valeur commune des deux quantités d', f'', on trouvera, en ayant égard à la formule (10),

$$(111)\quad A = k\frac{\partial\xi}{\partial x} + K\upsilon + l,\qquad B = k\frac{\partial\eta}{\partial y} + K\upsilon + l,\qquad C = k\frac{\partial\zeta}{\partial z} + K\upsilon + l,$$

$$(112)\quad D = \frac{1}{2}k\left(\frac{\partial\eta}{\partial z} + \frac{\partial\zeta}{\partial y}\right),\qquad E = \frac{1}{2}k\left(\frac{\partial\zeta}{\partial x} + \frac{\partial\xi}{\partial z}\right),\qquad F = \frac{1}{2}k\left(\frac{\partial\xi}{\partial y} + \frac{\partial\eta}{\partial x}\right).$$

Les formules (111), (112) pourraient être établies directement par la méthode à l'aide de laquelle nous avons obtenu les formules (12) et (13). En supposant l constant, c'est-à-dire indépendant de x, y, z, on déduit de ces deux systèmes de formules les mêmes équations d'équilibre ou de mouvement intérieur des corps élastiques. Ajoutons que l'on peut tirer les formules (111), (112) des équations (67) de la page 178 du IIIe Volume des *Exercices* (1), en posant dans ces équations $R = K\upsilon + l$.

(1) *Œuvres de Cauchy*, S. II, T. VIII, p. 216.

EXERCICES

DE

MATHÉMATIQUES,

PAR M. AUGUSTIN-LOUIS CAUCHY,

INGÉNIEUR EN CHEF DES PONTS ET CHAUSSÉES, PROFESSEUR A L'ÉCOLE ROYALE POLYTECHNIQUE, PROFESSEUR ADJOINT A LA FACULTÉ DES SCIENCES, MEMBRE DE L'ACADÉMIE DES SCIENCES, CHEVALIER DE LA LÉGION D'HONNEUR.

CINQUIÈME ANNÉE.

A PARIS,

CHEZ DE BURE FRÈRES, LIBRAIRES DU ROI ET DE LA BIBLIOTHÈQUE DU ROI,

RUE SERPENTE, N.° 7.

1830.

SUR LA TRANSFORMATION ET LA RÉDUCTION

D'UNE

CERTAINE CLASSE D'INTÉGRALES.

Considérations générales.

Considérons une masse M concentrée sur une surface plane ou comprise sous un volume donné. Si l'on rapporte les divers points de cette surface ou de ce volume à deux axes rectangulaires des x, y, ou à trois axes rectangulaires des x, y, z, la masse M sera représentée par une intégrale double ou triple relative aux variables x, y ou x, y, z, et dans laquelle la fonction sous le signe $\int$ sera précisément la densité correspondante au point (x,y) ou (x,y,z). Supposons maintenant que la surface ou le volume donné s'étendent indéfiniment dans l'espace. La masse M pourra conserver une valeur finie, si la densité devient sensiblement nulle à de très grandes distances de l'origine des coordonnées; et, si l'on désigne cette densité par $f(x,y)$ ou par $f(x,y,z)$, on aura

$$(1) \qquad \mathrm{M} = \int_{-\infty}^{\infty}\int_{-\infty}^{\infty} f(x,y)\,dx\,dy,$$

ou

$$(2) \qquad \mathrm{M} = \int_{-\infty}^{\infty}\int_{-\infty}^{\infty}\int_{-\infty}^{\infty} f(x,y,z)\,dx\,dy\,dz.$$

Concevons enfin que la densité $f(x,y)$ ou $f(x,y,z)$ se réduise à une expression de la forme

$$\mathrm{f}(\xi, \rho),$$

ξ, ρ^2 désignant deux fonctions entières et homogènes de x, y, z du premier et du second degré. Les intégrales (1) et (2) deviendront

$$(3) \qquad M = \int_{-\infty}^{\infty}\int_{-\infty}^{\infty} f(\xi, \rho)\, dx\, dy,$$

$$(4) \qquad M = \int_{-\infty}^{\infty}\int_{-\infty}^{\infty}\int_{-\infty}^{\infty} f(\xi, \rho)\, dx\, dy\, dz.$$

Or ces dernières intégrales peuvent subir diverses transformations qui conduisent à des résultats dignes de remarque, et que je vais exposer dans les paragraphes suivants.

§ 1. — *Sur la transformation de l'intégrale* $\int_{-\infty}^{\infty}\int_{-\infty}^{\infty} f(\xi, \rho)\, dx\, dy$, *dans laquelle* ξ, ρ^2 *désignent des fonctions entières et homogènes de* x, y, *du premier et du second degré.*

Désignons par a, b, A, B, C des constantes réelles dont les trois dernières soient tellement choisies que le trinôme

$$(1) \qquad Ax^2 + By^2 + 2Cxy$$

reste positif pour toutes les valeurs réelles possibles des variables x, y; et considérons l'intégrale

$$(2) \qquad S = \int_{-\infty}^{\infty}\int_{-\infty}^{\infty} f(\xi, \rho)\, dx\, dy,$$

ξ, ρ^2 étant deux fonctions de x, y, z, déterminées par les formules

$$(3) \qquad \xi = ax + by,$$

$$(4) \qquad \rho = (Ax^2 + By^2 + 2Cxy)^{\frac{1}{2}}.$$

On pourra regarder les variables x, y comme propres à représenter des coordonnées rectangulaires, et leur substituer des coordonnées polaires p, r qui soient liées avec elles par les équations

$$(5) \qquad x = r\cos p, \qquad y = r\sin p.$$

Cela posé, si l'on fait, pour abréger,

$$u = \cos p, \qquad v = \sin p, \tag{6}$$

$$\mathrm{P} = au + bv, \tag{7}$$

$$\mathrm{Q} = (\mathrm{A}u^2 + \mathrm{B}v^2 + 2\mathrm{C}uv)^{\frac{1}{2}}, \tag{8}$$

on trouvera

$$\xi = \mathrm{P}r, \qquad \rho = \mathrm{Q}r. \tag{9}$$

De plus, en vertu des règles connues, on devra, dans l'intégrale (2), remplacer le produit $dx\,dy$ par $r\,dp\,dr$, et cette intégrale deviendra

$$\mathrm{S} = \int_0^{2\pi}\int_0^{\infty} \mathrm{f}(\mathrm{P}r, \mathrm{Q}r)\,r\,dp\,dr. \tag{10}$$

En comparant la formule (2) à la formule (10), on en conclura

$$\int_{-\infty}^{\infty}\int_{-\infty}^{\infty} \mathrm{f}(\xi, \rho)\,dx\,dy = \int_0^{2\pi}\int_0^{\infty} \mathrm{f}(\mathrm{P}r, \mathrm{Q}r)\,r\,dp\,dr. \tag{11}$$

Si l'on suppose en particulier

$$a = 1, \qquad b = 0, \tag{12}$$

$$\mathrm{A} = \mathrm{B} = 1, \qquad \mathrm{C} = 0, \tag{13}$$

on aura

$$\xi = x, \qquad \rho = (x^2 + y^2)^{\frac{1}{2}}, \tag{14}$$

$$\mathrm{P} = \cos p, \qquad \mathrm{Q} = 1, \tag{15}$$

et la formule (11) donnera

$$\int_{-\infty}^{\infty}\int_{-\infty}^{\infty} \mathrm{f}\left[x, (x^2 + y^2)^{\frac{1}{2}}\right] dx\,dy = \int_0^{\pi}\int_0^{\infty} \mathrm{f}(r\cos p, r)\,r\,dp\,dr. \tag{16}$$

Supposons maintenant que, les conditions (13) étant remplies, on attribue aux quantités a, b des valeurs α, β qui vérifient la formule

$$\alpha^2 + \beta^2 = 1. \tag{17}$$

On pourra concevoir qu'aux coordonnées rectangulaires x, y on substitue deux autres coordonnées rectangulaires ξ, η dont la première ξ serait déterminée par l'équation

$$\xi = \alpha x + \beta y, \tag{18}$$

et considérer α, β comme représentant les cosinus des angles formés par le demi-axe des ξ positives avec les demi-axes des x et des y positives. Alors on aura nécessairement

$$x^2 + y^2 = \xi^2 + \eta^2. \tag{19}$$

Par suite, la seconde des formules (14) donnera

$$\rho = (\xi^2 + \eta^2)^{\frac{1}{2}}, \tag{20}$$

et l'on tirera de l'équation (2) : 1°

$$S = \int_{-\infty}^{\infty} \int_{-\infty}^{\infty} \mathrm{f}\left[\xi, (\xi^2 + \eta^2)^{\frac{1}{2}}\right] d\xi \, d\eta;$$

2° en ayant égard à la formule (16),

$$S = \int_0^{\pi} \int_0^{\infty} \mathrm{f}(r \cos p, r) \, dp \, dr. \tag{21}$$

On aura donc, en admettant que la condition (17) soit remplie,

$$\int_{-\infty}^{\infty} \int_{-\infty}^{\infty} \mathrm{f}\left[\alpha x + \beta y, (x^2 + y^2)^{\frac{1}{2}}\right] dx \, dy = \int_0^{2\pi} \int_0^{\infty} \mathrm{f}(r \cos p) \, r \, dp \, dr. \tag{22}$$

On trouvera de même, en désignant par k une nouvelle constante et remplaçant $\mathrm{f}(\xi, \rho)$ par $\mathrm{f}(k\xi, \rho)$,

$$\left\{ \begin{aligned} & \int_{-\infty}^{\infty} \int_{-\infty}^{\infty} \mathrm{f}\left[k(\alpha x + \beta y), (x^2 + y^2)^{\frac{1}{2}}\right] dx \, dy \\ & \quad = \int_0^{2\pi} \int_0^{\infty} \mathrm{f}(k r \cos p, r) \, r \, dp \, dr \end{aligned} \right. \tag{23}$$

D'ailleurs, pour faire coïncider le premier membre de l'équation (23) avec l'intégrale

$$\int_{-\infty}^{\infty}\int_{-\infty}^{\infty} \mathrm{f}\left[ax+by,\,(x^2+y^2)^{\frac{1}{2}}\right] dx\,dy,$$

il suffira de choisir α, β, k de manière à vérifier les formules

$$(24) \qquad k\alpha = a, \qquad k\beta = b,$$

et alors l'équation (17) donnera

$$(25) \qquad \frac{a^2+b^2}{k^2} = 1.$$

On satisfait à l'équation (25) en prenant

$$k = \pm(a^2+b^2)^{\frac{1}{2}}.$$

Si, pour fixer les idées, on suppose

$$(26) \qquad k = (a^2+b^2)^{\frac{1}{2}},$$

on tirera des formules (23) et (24)

$$(27) \qquad \left\{\begin{aligned} &\int_{-\infty}^{\infty}\int_{-\infty}^{\infty} \mathrm{f}\left[ax+by,\,(x^2+y^2)^{\frac{1}{2}}\right] dx\,dy \\ &\quad = \int_0^{\pi}\int_0^{\infty} \mathrm{f}\left[(a^2+b^2)^{\frac{1}{2}} r\cos p,\, r\right] r\,dp\,dr. \end{aligned}\right.$$

Cette dernière équation subsiste, quelles que soient les valeurs réelles attribuées aux constantes a, b.

Concevons à présent que les coefficients A, B, C cessent de vérifier les conditions (13). On aura évidemment

$$(28) \qquad \rho^2 = \mathrm{A}x^2+\mathrm{B}y^2+2\mathrm{C}xy = \mathrm{A}\left(x+\frac{\mathrm{C}}{\mathrm{A}}y\right)^2 + \frac{\mathrm{AB}-\mathrm{C}^2}{\mathrm{A}}y^2.$$

D'autre part, le polynôme (1), qui est précisément égal à ρ^2, devant rester positif pour toutes les valeurs réelles de x, y, le dernier membre de la formule (28) jouira de la même propriété, d'où il suit qu'on aura encore

(29) $$A > 0, \qquad AB - C^2 > 0.$$

Cela posé, si l'on fait, pour abréger,

(30) $$\Omega = (AB - C^2)^{\frac{1}{2}}$$

et

(31) $$\mathrm{x} = A^{\frac{1}{2}}\left(x + \frac{C}{A}y\right), \qquad \mathrm{y} = \frac{\Omega}{A^{\frac{1}{2}}}y,$$

les nouvelles variables x, y seront réelles en même temps que x, y, et la formule (28) donnera

(32) $$\rho^2 = \mathrm{x}^2 + \mathrm{y}^2.$$

Alors aussi, en remplaçant, dans l'intégrale (2), x par x et y par y, on trouvera

(33) $$S = \frac{1}{\Omega}\int_{-\infty}^{\infty}\int_{-\infty}^{\infty} f(\xi, \rho)\, d\mathrm{x}\, d\mathrm{y},$$

tandis que les formules (31) donneront

$$dx = \frac{d\mathrm{x}}{A^{\frac{1}{2}}}, \qquad dy = A^{\frac{1}{2}}\frac{d\mathrm{y}}{\Omega}.$$

De plus, on tirera des formules (31)

(34) $$y = \frac{A^{\frac{1}{2}}}{\Omega}\mathrm{y}, \qquad x = \frac{1}{A^{\frac{1}{2}}}\left(\mathrm{x} - \frac{C}{\Omega}\mathrm{y}\right),$$

et, par suite,

(35) $$\xi = ax + by = \mathrm{a}\mathrm{x} + \mathrm{b}\mathrm{y},$$

les valeurs de a, b, c étant

(36) $$\mathrm{a} = \frac{1}{A^{\frac{1}{2}}}a, \qquad \mathrm{b} = \frac{A^{\frac{1}{2}}}{\Omega}\left(b - \frac{C}{A}a\right);$$

puis on en conclura

(37) $$(\mathrm{a}^2 + \mathrm{b}^2)^{\frac{1}{2}} = K,$$

la valeur de K étant

$$K = \left(\frac{Ba^2 + Ab^2 - 2Cab}{AB - C^2} \right)^{\frac{1}{2}}. \tag{38}$$

Cela posé, la formule (33), jointe à l'équation (27), donnera

$$S = \frac{1}{\Omega} \int_{-\infty}^{\infty} \int_{-\infty}^{\infty} \mathfrak{f}\left[ax + by, (x^2 + y^2)^{\frac{1}{2}}\right] dx\, dy$$

$$= \frac{1}{\Omega} \int_0^{2\pi} \int_0^{\infty} \mathfrak{f}\left[(a^2 + b^2)^{\frac{1}{2}} r \cos p, r\right] r\, dp\, dr,$$

ou, ce qui revient au même,

$$S = \frac{1}{\Omega} \int_0^{2\pi} \int_0^{\infty} \mathfrak{f}(Kr \cos p, r) r\, dp\, dr. \tag{39}$$

En comparant cette dernière équation à la formule (10), on trouvera

$$\int_0^{2\pi} \int_0^{\infty} \mathfrak{f}(Pr, Qr) r\, dp\, dr = \frac{1}{\Omega} \int_0^{\pi} \int_0^{\infty} \mathfrak{f}(Kr \cos p, r) r\, dp\, dr, \tag{40}$$

les valeurs de P, Q, Ω et K étant déterminées par les formules (6), (7), (8), (30) et (38).

Si l'on remplace, dans le premier membre de l'équation (40), r par $\frac{r}{Q}$, on en tirera

$$\int_0^{2\pi} \int_0^{\infty} \mathfrak{f}\left(\frac{P}{Q} r, r\right) \frac{r\, dp\, dr}{Q^2} = \frac{1}{\Omega} \int_0^{2\pi} \int_0^{\infty} \mathfrak{f}(Kr \cos p, r) r\, dp\, dr; \tag{41}$$

puis, en posant, pour abréger,

$$\int_0^{\infty} \mathfrak{f}(Kr, r) r\, dr = f(K), \tag{42}$$

on trouvera

$$\int_0^{2\pi} f\left(\frac{P}{Q}\right) \frac{dp}{Q^2} = \frac{1}{\Omega} \int_0^{2\pi} f(K \cos p)\, dp. \tag{43}$$

On arriverait encore au même résultat en prenant

$$\mathfrak{f}(\xi, \rho) = e^{-\rho} f\left(\frac{\xi}{\rho}\right) \tag{44}$$

ou bien

$$\mathrm{f}(\xi, \rho) = e^{-\rho^2} f\left(\frac{\xi}{\rho}\right), \tag{45}$$

etc. Ainsi, par exemple, en adoptant la valeur de $\mathrm{f}(\xi, \rho)$ donnée par la formule (44), on réduirait l'équation (41) à

$$\int_0^{2\pi}\int_0^{\infty} re^{-r} f\left(\frac{\mathrm{P}}{\mathrm{Q}}\right)\frac{dp\,dr}{\mathrm{Q}^2} = \frac{1}{\Omega}\int_0^{2\pi}\int_0^{\infty} re^{-r} f(\mathrm{K}\cos p)\,dp\,dr,$$

puis, en divisant les deux membres par la quantité

$$\int_0^{\infty} re^{-r}\,dr = 1,$$

on retrouverait l'équation (43).

Si, dans l'équation (43), on remet au lieu de P, Q, Ω, K leurs valeurs respectives, on obtiendra la formule

$$\left\{\begin{aligned} &\int_0^{2\pi} f\left[\frac{a\cos p + b\sin p}{(\mathrm{A}\cos^2 p + \mathrm{B}\sin^2 p + 2\mathrm{C}\sin p\cos p)^{\frac{1}{2}}}\right]\frac{dp}{\mathrm{A}\cos^2 p + \mathrm{B}\sin^2 p + 2\mathrm{C}\sin p\cos p} \\ &\quad = \frac{1}{(\mathrm{AB}-\mathrm{C}^2)^{\frac{1}{2}}}\int_0^{2\pi} f\left[\frac{(\mathrm{A}a^2 + \mathrm{B}b^2 - 2\mathrm{C}ab)^{\frac{1}{2}}\cos p}{(\mathrm{AB}-\mathrm{C}^2)^{\frac{1}{2}}}\right]dp, \end{aligned}\right. \tag{46}$$

de laquelle on peut en déduire plusieurs autres par des différentiations relatives aux constantes a, b, A, B, C, D. Si, dans la même formule, on pose

$$b = 0, \qquad \mathrm{C} = 0, \tag{47}$$

si de plus on divise chacun de ses membres par 2, on trouvera

$$\int_0^{\pi} f\left[\frac{a\cos p}{(\mathrm{A}\cos^2 p + \mathrm{B}\sin^2 p)^{\frac{1}{2}}}\right]\frac{dp}{\mathrm{A}\cos^2 p + \mathrm{B}\sin^2 p} = \frac{2}{\mathrm{A}^{\frac{1}{2}}\mathrm{B}^{\frac{1}{2}}}\int_0^{\pi} f\left(\frac{a\cos p}{\mathrm{A}^{\frac{1}{2}}}\right)dp; \tag{48}$$

et l'on en conclura, en prenant $\cos p = x$,

$$\int_{-1}^{1} f\left\{\frac{ax}{[(\mathrm{A}-\mathrm{B})x^2 + \mathrm{B}]^{\frac{1}{2}}}\right\}\frac{1}{(\mathrm{A}-\mathrm{B})x^2 + \mathrm{B}}\,\frac{dx}{\sqrt{1-x^2}} = \frac{1}{\mathrm{A}^{\frac{1}{2}}\mathrm{B}^{\frac{1}{2}}}\int_{-1}^{1} f\left(\frac{ax}{\mathrm{A}^{\frac{1}{2}}}\right)\frac{dx}{\sqrt{1-x^2}}. \tag{49}$$

Enfin, si, dans l'équation (46), on pose

$$\text{(50)} \qquad B = C = 1,$$

elle donnera simplement

$$\text{(51)} \qquad \int_0^{2\pi} f(a\cos p + b\sin p)\,dp = \int_0^{2\pi} f[(a^2+b^2)^{\frac{1}{2}}\cos p]\,dp.$$

Les équations (46), (48), (49), (51) paraissent dignes de remarque, et fournissent les moyens de transformer les unes dans les autres un grand nombre d'intégrales définies.

§ II. — *Sur la transformation de l'intégrale* $\int_{-\infty}^{\infty}\int_{-\infty}^{\infty}\int_{-\infty}^{\infty} \mathrm{f}(\xi, \rho)\,dx\,dy\,dz$, *dans laquelle* ξ, ρ^2 *désignent deux fonctions entières et homogènes de* x, y, z, *du premier et du second degré.*

Désignons par a, b, c, A, B, C, D, E, F des constantes réelles dont les six dernières soient tellement choisies que le polynôme

$$\text{(1)} \qquad Ax^2 + By^2 + Cz^2 + 2Dyz + 2Ezx + 2Fxy$$

reste positif pour toutes les valeurs réelles possibles des variables x, y, z; et considérons l'intégrale triple

$$\text{(2)} \qquad S = \int_{-\infty}^{\infty}\int_{-\infty}^{\infty}\int_{-\infty}^{\infty} \mathrm{f}(\xi, \rho)\,dx\,dy\,dz,$$

ξ, ρ^2 étant deux fonctions déterminées par les formules

$$\text{(3)} \qquad \xi = ax + by + cz,$$

$$\text{(4)} \qquad \rho = (Ax^2 + By^2 + Cz^2 + 2Dyz + 2Ezx + 2Fxy)^{\frac{1}{2}}.$$

On pourra regarder les variables x, y, z comme propres à représenter des coordonnées rectangulaires, et leur substituer des coordonnées polaires p, q, r, qui soient liées avec elles par les équations

$$\text{(5)} \qquad x = r\cos p, \qquad y = r\sin p\cos q, \qquad z = r\sin p\sin q.$$

Cela posé, si l'on fait, pour abréger,

$$(6)\qquad u=\cos p,\qquad v=\sin p\cos q,\qquad w=\sin p\sin q,$$

$$(7)\qquad P=au+bv+cw,$$

$$(8)\qquad Q=(Au^2+Bv^2+Cw^2+2Dvw+2Ewu+2Fuv)^{\frac{1}{2}},$$

on trouvera

$$(9)\qquad \xi=Pr,\qquad \rho=Qr.$$

De plus, en vertu des règles connues, on devra, dans l'intégrale (2), remplacer le produit $dx\,dy\,dz$ par $r^2\sin p\,dp\,dq\,dr$, et cette intégrale deviendra

$$(10)\qquad S=\int_0^{\pi}\int_0^{2\pi}\int_{-\infty}^{\infty} f(Pr,Qr)\,r^2\sin p\,dp\,dq\,dr.$$

En comparant la formule (2) à la formule (10), on en conclura

$$(11)\qquad \int_{-\infty}^{\infty}\int_{-\infty}^{\infty}\int_{-\infty}^{\infty} f(\xi,\rho)\,dx\,dy\,dz=\int_0^{\pi}\int_0^{2\pi}\int_0^{\infty} f(Pr,Qr)\,r^2\sin p\,dp\,dq\,dr.$$

Si l'on suppose en particulier

$$(12)\qquad a=1,\qquad b=c=0$$

et

$$(13)\qquad A=B=C=1,\qquad D=E=F=0,$$

on aura

$$(14)\qquad \xi=x,\qquad \rho=(x^2+y^2+z^2)^{\frac{1}{2}},$$

$$(15)\qquad P=\cos p,\qquad Q=1,$$

et la formule (11) donnera

$$(16)\qquad \int_{-\infty}^{\infty}\int_{-\infty}^{\infty}\int_{-\infty}^{\infty} f\left[x,(x^2+y^2+z^2)^{\frac{1}{2}}\right]dx\,dy\,dz=2\pi\int_0^{\pi}\int_0^{\infty} f(r\cos p,r)\,r^2\sin p\,dp\,dr.$$

Supposons maintenant que, les conditions (13) étant remplies, on attribue aux quantités a, b, c des valeurs α, β, γ qui vérifient la formule

$$\alpha^2+\beta^2+\gamma^2=1. \tag{17}$$

On pourra concevoir qu'aux coordonnées rectangulaires x, y, z on substitue trois autres coordonnées rectangulaires ξ, η, ζ, dont la première ξ soit déterminée par l'équation

$$\xi=\alpha x+\beta y+\gamma z, \tag{18}$$

et considérer α, β, γ comme représentant les cosinus des angles formés par le demi-axe des ξ positives avec les demi-axes des x, y, z positives. Alors on aura nécessairement

$$x^2+y^2+z^2=\xi^2+\eta^2+\zeta^2. \tag{19}$$

Par suite, la seconde des formules (14) donnera

$$\rho=(\xi^2+\eta^2+\zeta^2)^{\frac{1}{2}}, \tag{20}$$

et l'on tirera de l'équation (2) : 1°

$$\mathrm{S}=\int_{-\infty}^{\infty}\int_{-\infty}^{\infty}\int_{-\infty}^{\infty}\mathrm{f}\left[\xi,(\xi^2+\eta^2+\zeta^2)^{\frac{1}{2}}\right]d\xi\,d\eta\,d\zeta;$$

2° en ayant égard à la formule (16),

$$\mathrm{S}=2\pi\int_0^{\pi}\int_0^{\infty}\mathrm{f}(r\cos p, r)\,r^2\sin p\,dp\,dr. \tag{21}$$

On aura donc, en admettant que la condition (17) soit remplie,

$$\left\{\begin{aligned}&\int_{-\infty}^{\infty}\int_{-\infty}^{\infty}\int_{-\infty}^{\infty}\mathrm{f}\left[\alpha x+\beta y+\gamma z,(x^2+y^2+z^2)^{\frac{1}{2}}\right]dx\,dy\,dz\\&\quad=2\pi\int_0^{\pi}\int_0^{\infty}\mathrm{f}(r\cos p, r)\,r^2\sin p\,dp\,dr.\end{aligned}\right. \tag{22}$$

On trouvera de même, en désignant par k une nouvelle constante, et remplaçant $f(\xi, \rho)$ par $f(k\xi, \rho)$,

$$(23)\quad \left\{ \begin{aligned} &\int_{-\infty}^{\infty}\int_{-\infty}^{\infty}\int_{-\infty}^{\infty} f\left[k(\alpha x + \beta y + \gamma z), (x^2 + y^2 + z^2)^{\frac{1}{2}}\right] dx\, dy\, dz \\ &= 2\pi \int_0^{\pi}\int_0^{\infty} f(kr\cos p, r) r^2 \sin p\, dp\, dr. \end{aligned} \right.$$

D'ailleurs, pour faire coïncider le premier membre de l'équation (23) avec l'intégrale

$$\int_{-\infty}^{\infty}\int_{-\infty}^{\infty}\int_{-\infty}^{\infty} f\left[ax + by + cz, (x^2 + y^2 + z^2)^{\frac{1}{2}}\right] dx\, dy\, dz,$$

il suffira de choisir α, β, γ, k de manière à vérifier les formules

$$(24)\qquad k\alpha = a, \qquad k\beta = b, \qquad k\gamma = c,$$

et alors l'équation (17) donnera

$$(25)\qquad \frac{a^2 + b^2 + c^2}{k^2} = 1.$$

On satisfait à l'équation (25) en prenant

$$k = \pm(a^2 + b^2 + c^2)^{\frac{1}{2}}.$$

Si, pour fixer les idées, on suppose

$$(26)\qquad k = (a^2 + b^2 + c^2)^{\frac{1}{2}},$$

on tirera des formules (23) et (24)

$$(27)\quad \left\{ \begin{aligned} &\int_{-\infty}^{\infty}\int_{-\infty}^{\infty}\int_{-\infty}^{\infty} f\left[ax + by + cz, (x^2 + y^2 + z^2)^{\frac{1}{2}}\right] dx\, dy\, dz \\ &= 2\pi \int_0^{\pi}\int_0^{\infty} f\left[(a^2 + b^2 + c^2)^{\frac{1}{2}} r\cos p, r\right] r^2 \sin p\, dp\, dr. \end{aligned} \right.$$

Cette dernière équation subsiste, quelles que soient les valeurs réelles attribuées aux constantes a, b, c.

Concevons à présent que les coefficients A, B, C, D, E, F cessent de vérifier les conditions (13). On aura évidemment

$$\begin{aligned}&Ax^2+By^2+Cz^2+2Dyz+2Ezx+2Fxy\\&=A\left(x+\frac{F}{A}y+\frac{E}{A}z\right)^2+\frac{(AB-F^2)y^2+2(AD-EF)yz+(AC-E^2)z^2}{A}\end{aligned}$$

et

$$\begin{aligned}&(AB-F^2)y^2+2(AD-EF)yz+(AC-E^2)z^2\\&=(AB-F^2)\left(y+\frac{AD-EF}{AB-F^2}z\right)^2+\frac{A(ABC-AD^2-BE^2-CF^2+2DEF)z^2}{AB-F^2}.\end{aligned}$$

Par suite, l'équation qui détermine la valeur de ρ^2, savoir

$$\rho^2=Ax^2+By^2+Cz^2+2Dyz+2Ezx+2Fxy, \tag{28}$$

pourra être présentée sous la forme

$$\rho^2=G\left(x+\frac{F}{A}y+\frac{E}{A}z\right)^2+H\left(y+\frac{AD-EF}{AB-F^2}z\right)^2+Iz^2, \tag{29}$$

les valeurs de G, H, I étant

$$G=A,\qquad H=\frac{AB-F^2}{A},\qquad I=\frac{ABC-AD^2-BE^2-CF^2+DEF}{AB-F^2}. \tag{30}$$

D'autre part, le polynôme (1), qui est précisément égal à ρ^2, devant rester positif pour toutes les valeurs réelles de x, y, z, on aura nécessairement

$$C>0,\qquad H>0,\qquad I>0, \tag{31}$$

ou, ce qui revient au même,

$$A>0,\qquad AB-F^2>0,\qquad ABC-AD^2-BE^2-CF^2+2DEF>0. \tag{32}$$

Cela posé, si l'on prend

$$\mathrm{x}=G^{\frac{1}{2}}\left(x+\frac{F}{A}y+\frac{E}{A}z\right),\qquad \mathrm{y}=H^{\frac{1}{2}}\left(y+\frac{AD-EF}{AB-F^2}z\right),\qquad \mathrm{z}=I^{\frac{1}{2}}z, \tag{33}$$

les nouvelles variables x, y, z seront réelles en même temps que x,

y, z, et la valeur positive de ρ, déduite de la formule (29), sera

$$(34)\qquad \rho = (\mathrm{x}^2 + \mathrm{y}^2 + \mathrm{z}^2)^{\frac{1}{2}}.$$

Alors aussi, en remplaçant, dans l'intégrale (2), x par x, y par y, z par z, on trouvera

$$(35)\qquad \mathrm{S} = \frac{1}{(\mathrm{GHI})^{\frac{1}{2}}} \int_{-\infty}^{\infty} \int_{-\infty}^{\infty} \int_{-\infty}^{\infty} \mathrm{f}(\xi, \rho)\, d\mathrm{x}\, d\mathrm{y}\, d\mathrm{z},$$

attendu que les formules (33) donneront

$$dx = \frac{d\mathrm{x}}{\mathrm{G}^{\frac{1}{2}}}, \qquad dy = \frac{d\mathrm{y}}{\mathrm{H}^{\frac{1}{2}}}, \qquad dz = \frac{d\mathrm{z}}{\mathrm{I}^{\frac{1}{2}}}.$$

Donc, en faisant, pour abréger, $\Omega = (\mathrm{GHI})^{\frac{1}{2}}$, ou, ce qui revient au même,

$$(36)\qquad \Omega = (\mathrm{ABC} - \mathrm{AD}^2 - \mathrm{BE}^2 - \mathrm{CF}^2 + 2\mathrm{DEF})^{\frac{1}{2}},$$

on aura encore

$$(37)\qquad \mathrm{S} = \frac{1}{\Omega} \int_{-\infty}^{\infty} \int_{-\infty}^{\infty} \int_{-\infty}^{\infty} \mathrm{f}(\xi, \rho)\, d\mathrm{x}\, d\mathrm{y}\, d\mathrm{z}.$$

De plus, on tirera des formules (33)

$$(38)\qquad z = \frac{\mathrm{z}}{\mathrm{I}^{\frac{1}{2}}}, \qquad y = \frac{\mathrm{y}}{\mathrm{H}^{\frac{1}{2}}} - \frac{\mathrm{AD} - \mathrm{EF}}{\mathrm{AB} - \mathrm{F}^2} \frac{\mathrm{z}}{\mathrm{I}^{\frac{1}{2}}}, \qquad x = \frac{\mathrm{x}}{\mathrm{G}^{\frac{1}{2}}} - \frac{\mathrm{F}}{\mathrm{A}} \frac{\mathrm{y}}{\mathrm{H}^{\frac{1}{2}}} + \frac{\mathrm{FD} - \mathrm{BE}}{\mathrm{AB} - \mathrm{F}^2} \frac{\mathrm{z}}{\mathrm{I}^{\frac{1}{2}}},$$

et par suite

$$(39)\qquad \xi = ax + by + cz = \mathrm{a}\mathrm{x} + \mathrm{b}\mathrm{y} + \mathrm{c}\mathrm{z},$$

les valeurs de a, b, c étant

$$(40)\qquad \mathrm{a} = \frac{1}{\mathrm{G}^{\frac{1}{2}}} a, \quad \mathrm{b} = \frac{1}{\mathrm{H}^{\frac{1}{2}}}\left(b - \frac{\mathrm{F}}{\mathrm{A}} a\right), \quad \mathrm{c} = \frac{1}{\mathrm{I}^{\frac{1}{2}}}\left(c - \frac{\mathrm{AD} - \mathrm{EF}}{\mathrm{AB} - \mathrm{F}^2} b + \frac{\mathrm{FD} - \mathrm{BE}}{\mathrm{AB} - \mathrm{F}^2} a\right);$$

puis on en conclura

$$(41)\qquad (\mathrm{a}^2 + \mathrm{b}^2 + \mathrm{c}^2)^{\frac{1}{2}} = \mathrm{K},$$

la valeur de K étant

$$(42)\quad K = \left[\frac{(BC - D^2)a^2 + (CA - E^2)b^2 + (AB - F^2)c^2 + 2(EF - AD)bc + 2(FD - BE)ca + 2(DE - CF)ab}{ABC - AD^2 - DE^2 - CF^2 + 2DEF}\right]^{\frac{1}{2}}$$

Enfin on tirera de la formule (37), jointe aux équations (39), (34) et (27),

$$\begin{aligned} S &= \frac{1}{\Omega}\int_{-\infty}^{\infty}\int_{-\infty}^{\infty}\int_{-\infty}^{\infty} \mathrm{f}\left[ax + by + cz, (x^2 + y^2 + z^2)^{\frac{1}{2}}\right] dx\, dy\, dz \\ &= \frac{2\pi}{\Omega}\int_0^{\pi}\int_0^{\infty} \mathrm{f}\left[(a^2 + b^2 + c^2)^{\frac{1}{2}} r\cos p, r\right] r^2 \sin p\, dp\, dr, \end{aligned}$$

ou, ce qui revient au même,

$$(43)\qquad S = \frac{2\pi}{\Omega}\int_0^{\pi}\int_0^{\infty} \mathrm{f}(Kr\cos p, r)\, r^2 \sin p\, dp\, dr.$$

Or, en comparant cette dernière équation à la formule (10), on trouvera

$$(44)\qquad \left\{\begin{aligned} &\int_0^{\pi}\int_0^{2\pi}\int_0^{\infty} \mathrm{f}(Pr, Qr)\, r^2 \sin p\, dp\, dq\, dr \\ &\quad = \frac{2\pi}{\Omega}\int_0^{\pi}\int_0^{\infty} \mathrm{f}(Kr\cos p, r)\, r^2 \sin p\, dp\, dr, \end{aligned}\right.$$

les valeurs de P, Q, Ω et K étant déterminées par les formules (6), (7), (8), (36) et (42).

Si l'on remplace, dans le premier membre de l'équation (44), r par $\frac{r}{Q}$, on en tirera

$$(45)\qquad \left\{\begin{aligned} &\int_0^{\pi}\int_0^{2\pi}\int_0^{\infty} \mathrm{f}\left(\frac{P}{Q} r, r\right) r^2 \sin p \frac{dp\, dq\, dr}{Q^3} \\ &\quad = \frac{2\pi}{\Omega}\int_0^{\pi}\int_0^{\infty} \mathrm{f}(Kr\cos p, r)\, r^2 \sin p\, dp\, dr; \end{aligned}\right.$$

puis, en posant, pour abréger,

$$(46)\qquad \int_0^{\infty} \mathrm{f}(Kr, r)\, r^2\, dr = f(K),$$

on trouvera

$$(47)\qquad \int_0^\pi\int_0^{2\pi} f\left(\frac{P}{Q}\right)\frac{\sin p\,dp\,dq}{Q^3}=\frac{2\pi}{\Omega}\int_0^\pi f(K\cos p)\sin p\,dp.$$

On arriverait encore au même résultat en prenant

$$(48)\qquad \mathrm{f}(\xi,\rho)=e^{-\rho}f\left(\frac{\xi}{\rho}\right)$$

ou bien

$$(49)\qquad \mathrm{f}(\xi,\rho)=e^{-\rho^2}f\left(\frac{\xi}{\rho}\right),$$

etc.

Ainsi, par exemple, en adoptant la valeur de $\mathrm{f}(\xi,\rho)$ donnée par la formule (49), on réduirait l'équation (45) à

$$\int_0^\pi\int_0^{2\pi}\int_0^\infty r^2e^{-r^2}f\left(\frac{P}{Q}\right)\frac{\sin p\,dp\,dq\,dr}{Q^3}$$
$$=\frac{2\pi}{\Omega}\int_0^\pi\int_0^\infty r^2e^{-r^2}f(K\cos p)\sin p\,dp\,dr;$$

puis, en divisant les deux membres par la quantité

$$\int_0^\infty r^2e^{-r^2}dr=\tfrac{1}{4}\pi^{\frac{1}{2}},$$

on retrouverait l'équation (47).

Si, dans les formules (8), (36) et (42), on suppose

$$(50)\qquad A=B=C=1,\qquad D=E=F=0,$$

on trouvera

$$Q=1,\qquad \Omega=1,\qquad K=(a^2+b^2+c^2)^{\frac{1}{2}},$$

et l'on tirera de l'équation (47), jointe à l'équation (7),

$$(51)\qquad \left\{\begin{aligned}&\int_0^\pi\int_0^{2\pi} f(a\cos p+b\sin p\cos q+c\sin p\sin q)\,dp\,dq\\ &\quad=2\pi\int_0^\pi f\left[(a^2+b^2+c^2)^{\frac{1}{2}}\cos p\right]\sin p\,dp.\end{aligned}\right.$$

Cette dernière formule a été donnée pour la première fois par M. Poisson dans un Mémoire lu à l'Académie le 19 juillet 1819.

Si, dans les formules (7), (8), (36) et (42), on suppose

$$(52) \qquad b = c = 0, \qquad B = C, \qquad D = C, \qquad D = E = F = 0,$$

on trouvera

$$P = a\cos p, \qquad Q = (A\cos^2 p + B\sin^2 p)^{\frac{1}{2}},$$

$$\Omega = A^{\frac{1}{2}}B,$$

$$K = \left(\frac{a^2}{A} + \frac{b^2 + c^2}{B}\right)^{\frac{1}{2}},$$

et, par suite, l'équation (47) donnera

$$(53) \quad \left\{ \begin{aligned} &\int_0^{\pi} f\left[\frac{a\cos p}{(A\cos^2 p + B\sin^2 p)^{\frac{1}{2}}}\right] \frac{\sin p\, dp}{(A\cos^2 p + B\sin^2 p)^{\frac{1}{2}}} \\ &= \frac{1}{A^{\frac{1}{2}}B}\int_0^{\pi} f\left(\frac{a\cos p}{A^{\frac{1}{2}}}\right)\sin p\, dp, \end{aligned} \right.$$

puis on en conclura, en posant $\cos p = x$,

$$(54) \quad \int_{-1}^{1} f\left\{\frac{ax}{[(A - B)x^2 + B]^{\frac{1}{2}}}\right\} \frac{dx}{[(A - B)x^2 + B]^{\frac{1}{2}}} = \frac{1}{A^{\frac{1}{2}}B}\int_{-1}^{1} f\left(\frac{ax}{A^{\frac{1}{2}}}\right) dx.$$

Nous reviendrons dans un autre article sur le parti qu'on peut tirer de ces diverses équations pour transformer les intégrales définies, et en particulier celles que l'on désigne sous le nom de *fonctions elliptiques*.

APPLICATION DES FORMULES

QUI REPRÉSENTENT

LE MOUVEMENT D'UN SYSTÈME DE MOLÉCULES SOLLICITÉES PAR DES FORCES D'ATTRACTION OU DE RÉPULSION MUTUELLE

A LA THÉORIE DE LA LUMIÈRE.

Considérations générales.

J'ai donné le premier, dans le IIIe et le IVe Volume des *Exercices* (¹), les équations générales d'équilibre et de mouvement d'un système de molécules sollicitées par des forces d'attraction ou de répulsion mutuelle, en admettant que ces forces fussent représentées par des fonctions des distances entre les molécules; et j'ai prouvé que ces équations, qui renferment un grand nombre de coefficients dépendants de la nature du système, se réduisaient, dans le cas où l'élasticité redevenait la même en tous sens, à d'autres formules qui ne renferment qu'un seul coefficient, et qui avaient été primitivement obtenues par M. Navier. Si l'on désigne par $\mathfrak{m}$ la molécule qui coïncide, au bout d'un temps quelconque t, avec le point (x, y, z); par ξ, η, ζ les déplacements de cette molécule mesurés parallèlement aux axes des x, y, z, que nous supposons rectangulaires; et si l'on fait abstraction des coefficients qui s'évanouissent, lorsque les masses m, m', m'', ... des diverses molécules sont deux à deux égales entre elles, et distribuées symétriquement de part et d'autre d'un point (x, y, z) sur des droites menées par ce point; les équations du mouvement du système seront

(¹) *Œuvres de Cauchy*, S. II, T. VIII et IX.

celles qui se trouvent inscrites, sous le n° 11, à la page 166. Nous montrerons, dans un autre article, comment on peut trouver les intégrales générales des équations dont il s'agit, et en déduire les lois de la propagation du son dans les corps solides. Mais, pour établir la théorie de la lumière, nous n'aurons pas besoin de recourir aux intégrales générales, et il suffira de considérer, parmi les mouvements que peut prendre le système, ceux dans lesquels les déplacements restent les mêmes pour toutes les molécules situées dans un plan parallèle à un plan donné. Or, dans la recherche des phénomènes que doivent présenter les mouvements de cette espèce, on peut substituer aux équations ci-dessus mentionnées d'autres équations différentielles beaucoup plus simples. La formation de ces dernières sera l'objet du paragraphe suivant.

§ I. — *Équations différentielles du mouvement d'un système dans lequel les molécules situées à la même distance d'un plan donné éprouvent les mêmes déplacements.*

Concevons que, par l'origine O, on mène un plan OO′O″ perpendiculaire au demi-axe OD qui forme avec les demi-axes des x, y et z positives les angles λ, μ et ν. L'équation de ce plan sera

$$x\cos\lambda + y\cos\mu + z\cos\nu = 0. \tag{1}$$

De plus, si l'on considère un point (x, y, z) situé, non plus dans le plan OO′O″, mais en dehors, et si l'on nomme ι la distance du point (x, y, z) au plan OO′O″, cette distance étant prise avec le signe $+$ ou avec le signe $-$, suivant qu'elle se mesure à partir du plan dans le même sens que le demi-axe OD ou en sens inverse, on aura

$$\iota = x\cos\lambda + y\cos\mu + z\cos\nu. \tag{2}$$

Si l'on pose, pour abréger,

$$a = \cos\lambda, \qquad b = \cos\mu, \qquad c = \cos\nu, \tag{3}$$

on aura simplement

$$(4) \qquad \iota = ax + by + cz.$$

Cela posé, soient, au bout du temps t, $\mathfrak{m}$ la molécule qui coïncide avec le point (x, y, z) et ξ, η, ζ ses déplacements mesurés parallèlement aux axes coordonnés. Si ces déplacements restent les mêmes pour toutes les molécules situées dans un plan parallèle à celui que représente l'équation (1), ξ pourra être regardé comme fonction des seules variables ι, t; et, comme on tirera de l'équation (2)

$$\frac{\partial \iota}{\partial x} = a, \qquad \frac{\partial \iota}{\partial y} = b, \qquad \frac{\partial \iota}{\partial z} = c,$$

on trouvera

$$\frac{\partial \xi}{\partial x} = \frac{\partial \xi}{\partial \iota}\frac{\partial \iota}{\partial x} = a\frac{\partial \xi}{\partial \iota}, \qquad \cdots\cdot$$

On aura donc

$$(5) \qquad \left\{\begin{array}{lll} \dfrac{\partial \xi}{\partial x} = a\dfrac{\partial \xi}{\partial \iota}, & \dfrac{\partial \xi}{\partial y} = b\dfrac{\partial \xi}{\partial \iota}, & \dfrac{\partial \xi}{\partial z} = c\dfrac{\partial \xi}{\partial \iota}, \\ \dfrac{\partial^2 \xi}{\partial x^2} = a^2\dfrac{\partial^2 \xi}{\partial \iota^2}, & \dfrac{\partial^2 \xi}{\partial y^2} = b^2\dfrac{\partial^2 \xi}{\partial \iota^2}, & \dfrac{\partial^2 \xi}{\partial z^2} = c^2\dfrac{\partial^2 \xi}{\partial \iota^2}, \\ \dfrac{\partial^2 \xi}{\partial y\,\partial z} = bc\dfrac{\partial^2 \xi}{\partial \iota^2}, & \dfrac{\partial^2 \xi}{\partial z\,\partial x} = ca\dfrac{\partial^2 \xi}{\partial \iota^2}, & \dfrac{\partial^2 \xi}{\partial x\,\partial y} = ab\dfrac{\partial^2 \xi}{\partial \iota^2}, \\ \ldots\ldots\ldots\ldots, & \ldots\ldots\ldots\ldots, & \ldots\ldots\ldots\ldots \end{array}\right.$$

Les mêmes équations subsisteraient encore si l'on y remplaçait ξ par η ou par ζ. Donc, si, dans les formules (11) de la page 166, on suppose les coefficients $\mathfrak{A}$, $\mathfrak{B}$, $\mathfrak{C}$, $\mathfrak{D}$, $\mathfrak{E}$, $\mathfrak{F}$, L, R, ... constants, et les forces accélératrices X, Y, Z réduites à zéro, on tirera

$$(6) \qquad \left\{\begin{array}{l} \dfrac{\partial^2 \xi}{\partial t^2} = \mathcal{L}\dfrac{\partial^2 \xi}{\partial \iota^2} + \mathcal{R}\dfrac{\partial^2 \eta}{\partial \iota^2} + \mathcal{Q}\dfrac{\partial^2 \zeta}{\partial \iota^2}, \\ \dfrac{\partial^2 \eta}{\partial t^2} = \mathcal{R}\dfrac{\partial^2 \xi}{\partial \iota^2} + \mathcal{M}\dfrac{\partial^2 \eta}{\partial \iota^2} + \mathcal{P}\dfrac{\partial^2 \zeta}{\partial \iota^2}, \\ \dfrac{\partial^2 \zeta}{\partial t^2} = \mathcal{Q}\dfrac{\partial^2 \xi}{\partial \iota^2} + \mathcal{P}\dfrac{\partial^2 \eta}{\partial \iota^2} + \mathcal{N}\dfrac{\partial^2 \zeta}{\partial \iota^2}, \end{array}\right.$$

les valeurs $\mathcal{L}$, $\mathcal{M}$, $\mathcal{N}$, $\mathcal{P}$, $\mathcal{Q}$, $\mathcal{R}$ étant

$$(7)\quad \left\{\begin{aligned} \mathcal{L} &= \mathfrak{A}a^2 + \mathfrak{B}b^2 + \mathfrak{C}c^2 + 2\mathfrak{D}bc + 2\mathfrak{E}ca + 2\mathfrak{F}ab \\ &\quad + \mathrm{L}a^2 + \mathrm{R}b^2 + \mathrm{Q}c^2 + 2\mathrm{U}bc + 2\mathrm{V}ca + 2\mathrm{W}ab, \\ \mathcal{M} &= \mathfrak{A}a^2 + \mathfrak{B}b^2 + \mathfrak{C}c^2 + 2\mathfrak{D}bc + 2\mathfrak{E}ca + 2\mathfrak{F}ab \\ &\quad + \mathrm{R}a^2 + \mathrm{M}b^2 + \mathrm{P}c^2 + 2\mathrm{U}'bc + 2\mathrm{V}'ca + 2\mathrm{W}'ab, \\ \mathcal{N} &= \mathfrak{A}a^2 + \mathfrak{B}b^2 + \mathfrak{C}c^2 + 2\mathfrak{D}bc + 2\mathfrak{E}ca + 2\mathfrak{F}ab \\ &\quad + \mathrm{Q}a^2 + \mathrm{P}b^2 + \mathrm{N}c^2 + 2\mathrm{U}''bc + 2\mathrm{V}''ca + 2\mathrm{W}''ab; \end{aligned}\right.$$

$$(8)\quad \left\{\begin{aligned} \mathcal{P} &= \mathrm{U}a^2 + \mathrm{U}'b^2 + \mathrm{U}''c^2 + 2\mathrm{P}bc + 2\mathrm{W}''ca + 2\mathrm{V}'ab, \\ \mathcal{Q} &= \mathrm{V}a^2 + \mathrm{V}'b^2 + \mathrm{V}''c^2 + 2\mathrm{W}''bc + 2\mathrm{Q}ca + 2\mathrm{U}ab, \\ \mathcal{R} &= \mathrm{W}a^2 + \mathrm{W}'b^2 + \mathrm{W}''c^2 + 2\mathrm{V}'bc + 2\mathrm{U}ca + 2\mathrm{R}ab. \end{aligned}\right.$$

Soient maintenant OA une nouvelle droite menée par l'origine, $\mathcal{A}$, $\mathcal{B}$, $\mathcal{C}$ les cosinus des angles que forme cette droite, prolongée dans un certain sens OA, avec les demi-axes des coordonnées positives; et prenons

$$(9)\qquad \mathscr{s} = \mathcal{A}\xi + \mathcal{B}\eta + \mathcal{C}\zeta.$$

On aura

$$(10)\qquad \mathcal{A}^2 + \mathcal{B}^2 + \mathcal{C}^2 = 1.$$

De plus, le rapport

$$\frac{\mathcal{A}\xi + \mathcal{B}\eta + \mathcal{C}\zeta}{\sqrt{\xi^2 + \eta^2 + \zeta^2}}$$

représentera évidemment le cosinus de l'angle formé par la nouvelle droite avec la direction suivant laquelle se mesure le déplacement absolu de la molécule $\mathfrak{m}$. Par conséquent, la valeur de $\mathscr{s}$, déterminée par la formule (9), représentera le déplacement de cette molécule mesuré parallèlement à la droite OA, et sera positive si ce déplacement se compte dans le même sens que la direction OA, mais négative dans le cas contraire. D'ailleurs, si l'on combine par voie d'addition les formules (6), après avoir multiplié les deux membres de la première par $\mathcal{A}$, de la seconde par $\mathcal{B}$, de la troisième par $\mathcal{C}$, et si l'on choisit $\mathcal{A}$, $\mathcal{B}$, $\mathcal{C}$ ou plutôt les rapports $\frac{\mathcal{B}}{\mathcal{A}}$, $\frac{\mathcal{C}}{\mathcal{A}}$ de manière que les trois fractions

$$(11)\qquad \frac{\mathcal{L}\mathcal{A}+\mathfrak{R}\mathcal{B}+\mathfrak{Q}\mathcal{C}}{\mathcal{A}},\quad \frac{\mathfrak{R}\mathcal{A}+\mathcal{M}\mathcal{B}+\mathfrak{P}\mathcal{C}}{\mathcal{B}},\quad \frac{\mathfrak{Q}\mathcal{A}+\mathfrak{P}\mathcal{B}+\mathcal{N}\mathcal{C}}{\mathcal{C}}$$

deviennent égales entre elles, on trouvera, en désignant par s^2 la valeur commune de ces trois rapports,

$$(12)\qquad \frac{\partial^2 \mathfrak{z}}{\partial t^2}=s^2\frac{\partial^2 \mathfrak{z}}{\partial \mathfrak{r}^2}.$$

Or il existe trois valeurs de s^2 propres à vérifier la formule

$$(13)\qquad \frac{\mathcal{L}\mathcal{A}+\mathfrak{R}\mathcal{B}+\mathfrak{Q}\mathcal{C}}{\mathcal{A}}=\frac{\mathfrak{R}\mathcal{A}+\mathcal{M}\mathcal{B}+\mathfrak{P}\mathcal{C}}{\mathcal{B}}=\frac{\mathfrak{Q}\mathcal{A}+\mathfrak{P}\mathcal{B}+\mathcal{N}\mathcal{C}}{\mathcal{C}}=s^2,$$

et, par conséquent, les équations

$$(14)\qquad \begin{cases} (\mathcal{L}-s^2)\mathcal{A}+\mathfrak{R}\mathcal{B}+\mathfrak{Q}\mathcal{C}=0,\\ \mathfrak{R}\mathcal{A}+(\mathcal{M}-s^2)\mathcal{B}+\mathfrak{P}\mathcal{C}=0,\\ \mathfrak{Q}\mathcal{A}+\mathfrak{P}\mathcal{B}+(\mathcal{N}-s^2)\mathcal{C}=0,\end{cases}$$

desquelles on tire

$$(15)\qquad \begin{cases} (\mathcal{L}-s^2)(\mathcal{M}-s^2)(\mathcal{N}-s^2)\\ \quad -\mathfrak{P}^2(\mathcal{L}-s^2)-\mathfrak{Q}^2(\mathcal{M}-s^2)-\mathfrak{R}^2(\mathcal{N}-s^2)+2\mathfrak{P}\mathfrak{Q}\mathfrak{R}=0.\end{cases}$$

De plus, à ces trois valeurs de s^2 correspondent trois systèmes de valeurs pour les rapports $\frac{\mathcal{B}}{\mathcal{A}}$, $\frac{\mathcal{C}}{\mathcal{A}}$, et, par conséquent, trois droites OA', OA'', OA''' avec lesquelles on peut faire coïncider successivement la droite OA. Enfin, il résulte de la forme des équations (13) et (14) que ces trois droites se confondent avec les trois axes de la surface du second degré représentée par l'équation

$$(16)\qquad \mathcal{L}x^2+\mathcal{M}y^2+\mathcal{N}z^2+2\mathfrak{P}yz+2\mathfrak{Q}zx+2\mathfrak{R}xy=1;$$

et l'on peut ajouter que, dans le cas où cette surface est un ellipsoïde, les trois valeurs de $\frac{1}{s^2}$ sont précisément les trois demi-axes. Donc, à l'aide de la formule (12), on pourra déterminer, au bout du temps t, les trois déplacements de la molécule $\mathfrak{m}$ mesurés parallèlement aux trois axes de l'ellipsoïde, et, par suite, à trois droites perpendiculaires entre elles. Si l'on désigne ces trois déplacements par

$$\mathfrak{s}', \quad \mathfrak{s}'', \quad \mathfrak{s}''', \tag{17}$$

et les valeurs correspondantes de s, $\mathcal{A}$, $\mathcal{B}$, $\mathcal{C}$ par

$$s', \quad \mathcal{A}', \quad \mathcal{B}', \quad \mathcal{C}'; \qquad s'', \quad \mathcal{A}'', \quad \mathcal{B}'', \quad \mathcal{C}''; \qquad s''', \quad \mathcal{A}''', \quad \mathcal{B}''', \quad \mathcal{C}''', \tag{18}$$

on pourra supposer que les quantités s', s'', s''' restent positives; et le déplacement $\mathfrak{s}'$, déterminé en fonction de $\mathfrak{r}$ et t par la formule

$$\frac{\partial^2 \mathfrak{s}'}{\partial t^2} = s'^2 \frac{\partial^2 \mathfrak{s}'}{\partial \mathfrak{r}^2}, \tag{19}$$

se mesurera dans une direction parallèle à celle de la droite OA′, représentée par l'équation

$$\frac{x}{\mathcal{A}'} = \frac{y}{\mathcal{B}'} = \frac{z}{\mathcal{C}'}. \tag{20}$$

De même, le déplacement $\mathfrak{s}''$, déterminé par la formule

$$\frac{\partial^2 \mathfrak{s}''}{\partial t^2} = s''^2 \frac{\partial^2 \mathfrak{s}''}{\partial \mathfrak{r}^2}, \tag{21}$$

se mesurera dans une direction parallèle à celle de la droite OA″, représentée par l'équation

$$\frac{x}{\mathcal{A}''} = \frac{y}{\mathcal{B}''} = \frac{z}{\mathcal{C}''}, \tag{22}$$

et le déplacement $\mathfrak{s}'''$, déterminé par la formule

$$\frac{\partial^2 \mathfrak{s}'''}{\partial t^2} = s'''^2 \frac{\partial^2 \mathfrak{s}'''}{\partial \mathfrak{r}^2}, \tag{23}$$

se mesurera dans une direction parallèle à celle de la droite OA‴, représentée par l'équation

$$\frac{x}{\mathcal{A}'''} = \frac{y}{\mathcal{B}'''} = \frac{z}{\mathcal{C}'''}. \tag{24}$$

Lorsque, à l'aide des formules (19), (21), (23), on aura calculé les valeurs de $\text{ȣ}'$, $\text{ȣ}''$, $\text{ȣ}'''$, on en déduira facilement celles de ξ, η, ζ; et, pour y parvenir, il suffira de recourir aux équations

$$(25)\qquad \left\{\begin{aligned} \text{ȣ}' &= \mathcal{A}'\,\xi + \mathcal{B}'\,\eta + \mathcal{C}'\,\zeta,\\ \text{ȣ}'' &= \mathcal{A}''\,\xi + \mathcal{B}''\,\eta + \mathcal{C}''\,\zeta,\\ \text{ȣ}''' &= \mathcal{A}'''\,\xi + \mathcal{B}'''\,\eta + \mathcal{C}'''\,\zeta,\end{aligned}\right.$$

desquelles on tirera

$$(26)\qquad \left\{\begin{aligned} \xi &= \mathcal{A}'\text{ȣ}' + \mathcal{A}''\text{ȣ}'' + \mathcal{A}'''\text{ȣ}''',\\ \eta &= \mathcal{B}'\text{ȣ}' + \mathcal{B}''\text{ȣ}'' + \mathcal{B}'''\text{ȣ}''',\\ \zeta &= \mathcal{C}'\text{ȣ}' + \mathcal{C}''\text{ȣ}'' + \mathcal{C}'''\text{ȣ}''',\end{aligned}\right.$$

en ayant égard aux conditions

$$(27)\qquad \left\{\begin{aligned} \mathcal{A}'^2 + \mathcal{B}'^2 + \mathcal{C}'^2 &= 1,\\ \mathcal{A}''^2 + \mathcal{B}''^2 + \mathcal{C}''^2 &= 1,\\ \mathcal{A}'''^2 + \mathcal{B}'''^2 + \mathcal{C}'''^2 &= 1,\\ \mathcal{A}''\mathcal{A}''' + \mathcal{B}''\mathcal{B}''' + \mathcal{C}''\mathcal{C}''' &= 0,\\ \mathcal{A}'''\mathcal{A}' + \mathcal{B}'''\mathcal{B}' + \mathcal{C}'''\mathcal{C}' &= 0,\\ \mathcal{A}'\mathcal{A}'' + \mathcal{B}'\mathcal{B}'' + \mathcal{C}'\mathcal{C}'' &= 0,\end{aligned}\right.$$

que vérifient nécessairement les cosinus $\mathcal{A}'$, $\mathcal{B}'$, $\mathcal{C}'$; $\mathcal{A}''$, $\mathcal{B}''$, $\mathcal{C}''$; $\mathcal{A}'''$, $\mathcal{B}'''$, $\mathcal{C}'''$ des angles formés avec les demi-axes des coordonnées positives par trois autres axes OA′, OA″, OA‴ qui se coupent à angles droits.

Observons encore que, si, au bout du temps t, l'on nomme ω la vitesse absolue de la molécule m qui coïncide avec le point (x, y, z), les projections algébriques de cette vitesse sur les axes coordonnés seront, en vertu de ce qui a été dit dans le IIIe Volume (p. 166) (1), respectivement égales à

$$(28)\qquad \frac{\partial\xi}{\partial t},\quad \frac{\partial\eta}{\partial t},\quad \frac{\partial\zeta}{\partial t},$$

en sorte qu'on aura

$$(29)\qquad \omega^2 = \left(\frac{\partial\xi}{\partial t}\right)^2 + \left(\frac{\partial\eta}{\partial t}\right)^2 + \left(\frac{\partial\zeta}{\partial t}\right)^2.$$

(1) *Œuvres de Cauchy*, S. II, t. VIII, p. 202, 203.

Si, au lieu de projeter la vitesse ω sur les axes des x, y, z, on la projette sur les droites OA′, OA″, OA‴, on trouvera pour projections algébriques, non plus les quantités (28), mais les suivantes

$$(30)\qquad \frac{\partial 8'}{\partial t},\quad \frac{\partial 8''}{\partial t},\quad \frac{\partial 8'''}{\partial t},$$

et, par conséquent, on aura encore

$$(31)\qquad \omega^2 = \left(\frac{\partial 8'}{\partial t}\right)^2 + \left(\frac{\partial 8''}{\partial t}\right)^2 + \left(\frac{\partial 8'''}{\partial t}\right)^2.$$

Il suit de ce qui a été dit dans le IIIe Volume (p. 213 et suiv.) (¹) que, en divisant les coefficients

$$(32)\qquad \mathfrak{A},\ \mathfrak{F},\ \mathfrak{E};\quad \mathfrak{F},\ \mathfrak{B},\ \mathfrak{D};\quad \mathfrak{E},\ \mathfrak{D},\ \mathfrak{C}$$

par la densité naturelle du système de molécules que l'on considère, on obtient pour quotient les projections algébriques des pressions ou tensions supportées dans l'état naturel, et du côté des coordonnées positives, par trois plans perpendiculaires aux axes des x, y, z. Si ces pressions ou tensions s'évanouissent, on pourra en dire autant des coefficients (32), et les formules (7) se réduiront à

$$(33)\qquad \begin{cases} \mathcal{L} = \mathrm{L}a^2 + \mathrm{R}b^2 + \mathrm{Q}c^2 + 2\mathrm{U}bc + 2\mathrm{V}ca + 2\mathrm{W}ab, \\ \mathcal{M} = \mathrm{R}a^2 + \mathrm{M}b^2 + \mathrm{P}c^2 + 2\mathrm{U}'bc + 2\mathrm{V}'ca + 2\mathrm{W}'ab, \\ \mathcal{N} = \mathrm{Q}a^2 + \mathrm{P}b^2 + \mathrm{N}c^2 + 2\mathrm{U}''bc + 2\mathrm{V}''ca + 2\mathrm{W}''ab, \end{cases}$$

les valeurs de $\mathcal{P}$, $\mathcal{Q}$, $\mathcal{R}$ étant toujours

$$(8)\qquad \begin{cases} \mathcal{P} = \mathrm{U}a^2 + \mathrm{U}'b^2 + \mathrm{U}''c^2 + 2\mathrm{P}bc + 2\mathrm{W}''ca + 2\mathrm{V}'ab, \\ \mathcal{Q} = \mathrm{V}a^2 + \mathrm{V}'b^2 + \mathrm{V}''c^2 + 2\mathrm{W}''bc + 2\mathrm{Q}ca + 2\mathrm{U}ab, \\ \mathcal{R} = \mathrm{W}a^2 + \mathrm{W}'b^2 + \mathrm{W}''c^2 + 2\mathrm{V}'bc + 2\mathrm{U}ca + 2\mathrm{R}ab. \end{cases}$$

Dans le cas où le système des molécules proposé offre trois axes d'élasticité rectangulaires entre eux et respectivement parallèles aux

(¹) *Œuvres de Cauchy*, S. II, T. VIII, p. 233 et suiv.

axes des x, y, z, les coefficients

$$\mathfrak{D},\ \mathfrak{E},\ \mathfrak{F};\quad U,\ V,\ W;\quad U',\ V',\ W',\quad U'',\ V'',\ W'' \tag{34}$$

s'évanouissent; et, en écrivant G, H, I au lieu de $\mathfrak{A}$, $\mathfrak{B}$, $\mathfrak{C}$, on réduit les formules (11) de la page 166 aux formules (68) de la page 208 du IIIe Volume ([1]). Alors aussi les équations (7) et (8) donnent simplement

$$\left\{\begin{aligned} \mathcal{L} &= (L+G)a^2+(R+H)b^2+(Q+I)c^2,\\ \mathcal{M} &= (R+G)a^2+(M+H)b^2+(P+I)c^2,\\ \mathcal{N} &= (Q+G)a^2+(P+H)b^2+(N+I)c^2, \end{aligned}\right. \tag{35}$$

$$\mathcal{P} = 2Pbc,\qquad \mathcal{Q} = 2Qca,\qquad \mathcal{R} = 2Rab. \tag{36}$$

Si, de plus, les pressions relatives à l'état naturel s'évanouissent, on aura

$$G = H = I = 0, \tag{37}$$

et les valeurs de $\mathcal{L}$, $\mathcal{M}$, $\mathcal{N}$ se réduiront à

$$\left\{\begin{aligned} \mathcal{L} &= La^2+Rb^2+Qc^2,\\ \mathcal{M} &= Ra^2+Mb^2+Pc^2,\\ \mathcal{N} &= Qa^2+Pb^2+Nc^2, \end{aligned}\right. \tag{38}$$

Lorsque le système proposé offre la même élasticité en tous sens autour d'un axe quelconque parallèle à l'axe des z, les coefficients G, H, P, Q, R, L, M vérifient les conditions (107) de la page 367, savoir

$$G = H,\qquad P = Q,\qquad L = M = 3R, \tag{39}$$

et les formules (35), (36) deviennent

$$\left\{\begin{aligned} \mathcal{L} &= (3R+H)a^2+(R+H)b^2+(Q+I)c^2,\\ \mathcal{M} &= (R+H)a^2+(3R+H)b^2+(Q+I)c^2,\\ \mathcal{N} &= (Q+H)(a^2+b^2)+(N+I)c^2, \end{aligned}\right. \tag{40}$$

$$\mathcal{P} = 2Qbc,\qquad \mathcal{Q} = 2Qca,\qquad \mathcal{R} = 2Rab. \tag{41}$$

(1) *OEuvres de Cauchy*, S. II, T. VIII, p. 247.

Si, de plus, on suppose nulles les pressions relatives à l'état naturel, les formules (40) se réduiront à

$$(42)\quad \begin{cases} \mathfrak{L} = 3\mathrm{R}a^2 + \mathrm{R}b^2 + \mathrm{Q}c^2, \\ \mathfrak{M} = \mathrm{R}a^2 + 3\mathrm{R}b^2 + \mathrm{Q}c^2, \\ \mathfrak{N} = \mathrm{Q}(a^2 + b^2) + \mathrm{N}c^2. \end{cases}$$

Enfin, si le système proposé offre la même élasticité en tous sens autour d'un point quelconque, on trouvera

$$(43)\qquad \mathrm{G} = \mathrm{H} = \mathrm{I}, \qquad \mathrm{P} = \mathrm{Q} = \mathrm{R}, \qquad \mathrm{L} = \mathrm{M} = \mathrm{N} = 3\mathrm{R},$$

et, en ayant égard à l'équation

$$(44)\qquad a^2 + b^2 + c^2 = 1,$$

on tirera des formules (35), (36)

$$(45)\quad \mathfrak{L} = 2\mathrm{R}a^2 + \mathrm{R} + \mathrm{I}, \qquad \mathfrak{M} = 2\mathrm{R}b^2 + \mathrm{R} + \mathrm{I}, \qquad \mathfrak{N} = 2\mathrm{R}c^2 + \mathrm{R} + \mathrm{I},$$

$$(46)\quad \mathfrak{P} = 2\mathrm{R}bc, \qquad \mathfrak{Q} = 2\mathrm{R}ca, \qquad \mathfrak{R} = 2\mathrm{R}ab;$$

puis, en supposant les pressions nulles dans l'état naturel, on réduira les équations (45) à

$$(47)\quad \mathfrak{L} = 2\mathrm{R}a^2 + \mathrm{R}, \qquad \mathfrak{M} = 2\mathrm{R}b^2 + \mathrm{R}, \qquad \mathfrak{N} = 2\mathrm{R}c^2 + \mathrm{R}.$$

Lorsqu'on adopte les valeurs de $\mathfrak{L}$, $\mathfrak{M}$, $\mathfrak{N}$, $\mathfrak{P}$, $\mathfrak{Q}$, $\mathfrak{R}$ fournies par les équations (45), (46), la formule (15) se réduit à

$$(48)\qquad (\mathrm{R} + \mathrm{I} - s^2)^2(3\mathrm{R} + \mathrm{I} - s^2) = 0;$$

et, par conséquent, des trois valeurs de s généralement représentées par s', s'', s''', deux deviennent égales entre elles, en sorte qu'on peut prendre

$$(49)\qquad s'^2 = s''^2 = \mathrm{R} + \mathrm{I}, \qquad s'''^2 = 3\mathrm{R} + \mathrm{I}.$$

Nous avons précédemment supposé, et nous supposerons généralement dans ce qui va suivre, que la surface représentée par l'équation (16) est un ellipsoïde. Or on peut s'assurer qu'il en sera effectivement ainsi, toutes les fois que, les valeurs de $\mathcal{L}$, $\mathcal{M}$, $\mathcal{N}$, $\mathcal{P}$, $\mathcal{Q}$, $\mathcal{R}$ étant déterminées pour les formules (35), (36), les coefficients G, H, I seront positifs ou nuls, et les coefficients L, M, N, P, Q, R positifs. Alors, en effet, l'équation (16) pouvant être présentée sous la forme

$$(50)\quad \left\{\begin{aligned}&(\mathrm{G}a^2+\mathrm{H}b^2+\mathrm{I}c^2)(x^2+y^2+z^2)+\mathrm{L}a^2x^2+\mathrm{M}b^2y^2+\mathrm{N}c^2z^2\\&\qquad+\mathrm{P}(bz+cy)^2+\mathrm{Q}(cx+az)^2+\mathrm{R}(ay+bx)^2=1,\end{aligned}\right.$$

le polynôme que renferme le premier membre restera évidemment positif pour des valeurs quelconques de x, y, z, et ne deviendra jamais nul, d'où il est aisé de conclure que la surface représentée par l'équation (16) n'offrira pas de rayon vecteur infini, et sera un ellipsoïde. Il y a plus; on peut, dans tous les cas, présenter sous une forme très simple les conditions qui doivent être remplies pour que la surface (16) soit un ellipsoïde. En effet, si l'on nomme r le rayon vecteur mené, dans l'état naturel du corps, de la molécule $\mathfrak{m}$ à une molécule voisine m, α, β, γ les angles formés par ce rayon vecteur avec les demi-axes des coordonnées positives, et $\mathfrak{m}m\,\mathfrak{f}(r)$ l'attraction ou la répulsion mutuelle des deux masses $\mathfrak{m}$ et m, on tirera des formules (7) et (8), réunies aux équations (3), (4), (5), (6), (7) des pages 163, 164,

$$(51)\quad \left\{\begin{aligned}\mathcal{L}&=\mathbf{S}\left\{\frac{mr}{2}(a\cos\alpha+b\cos\beta+c\cos\gamma)^2[\cos^2\alpha\, f(r)\pm\mathfrak{f}(r)]\right\},\\ \mathcal{M}&=\mathbf{S}\left\{\frac{mr}{2}(a\cos\alpha+b\cos\beta+c\cos\gamma)^2[\cos^2\beta\, f(r)\pm\mathfrak{f}(r)]\right\},\\ \mathcal{N}&=\mathbf{S}\left\{\frac{mr}{2}(a\cos\alpha+b\cos\beta+c\cos\gamma)^2[\cos^2\gamma\, f(r)\pm\mathfrak{f}(r)]\right\}\end{aligned}\right.$$

et

$$(52)\quad \left\{\begin{aligned}\mathcal{P}&=\mathbf{S}\left[\frac{mr}{2}(a\cos\alpha+b\cos\beta+c\cos\gamma)^2\cos\beta\cos\gamma\, f(r)\right],\\ \mathcal{Q}&=\mathbf{S}\left[\frac{mr}{2}(a\cos\alpha+b\cos\beta+c\cos\gamma)^2\cos\gamma\cos\alpha\, f(r)\right],\\ \mathcal{R}&=\mathbf{S}\left[\frac{mr}{2}(a\cos\alpha+b\cos\beta+c\cos\gamma)^2\cos\alpha\cos\beta\, f(r)\right],\end{aligned}\right.$$

le signe $\mathbf{S}$ indiquant une somme de termes semblables, mais relatifs aux diverses molécules m, m', ..., le double signe $\pm$ devant être réduit au signe + ou au signe —, suivant que la masse $\mathfrak{m}$ sera attirée ou repoussée par la molécule m, et la fonction $f(r)$ étant déterminée en fonction de r par la formule

$$(53) \qquad f(r) = \pm [r \mathfrak{f}'(r) - \mathfrak{f}(r)].$$

Cela posé, l'équation (16) deviendra

$$(54) \qquad \mathrm{S}\left\{\frac{mr}{2}(a\cos\alpha + b\cos\beta + c\cos\gamma)^2 [(\mathrm{x}\cos\alpha + \mathrm{y}\cos\beta + \mathrm{z}\cos\gamma)^2 f(r) \pm (\mathrm{x}^2 + \mathrm{y}^2 + \mathrm{z}^2)\,\mathfrak{f}(r)]\right\} = 1$$

Si, maintenant, on nomme δ et τ les angles que forme le rayon vecteur r : 1° avec la perpendiculaire au plan représenté par l'équation (1); 2° avec le rayon vecteur $\sqrt{\mathrm{x}^2 + \mathrm{y}^2 + \mathrm{z}^2}$ mené de l'origine au point (x, y, z), on trouvera

$$(55) \qquad \cos\delta = a\cos\alpha + b\cos\beta + c\cos\gamma,$$

$$(56) \qquad \cos\tau = \frac{\mathrm{x}\cos\alpha + \mathrm{y}\cos\beta + \mathrm{z}\cos\gamma}{\sqrt{\mathrm{x}^2 + \mathrm{y}^2 + \mathrm{z}^2}};$$

puis, en posant, pour abréger,

$$(57) \qquad \mathrm{r} = \sqrt{\mathrm{x}^2 + \mathrm{y}^2 + \mathrm{z}^2},$$

on tirera de la formule (56)

$$(58) \qquad \mathrm{x}\cos\alpha + \mathrm{y}\cos\beta + \mathrm{z}\cos\gamma = \mathrm{r}\cos\tau.$$

Par suite, la formule (16) ou (54) donnera

$$(59) \qquad \mathrm{r}^2\,\mathrm{S}\left\{\frac{mr}{2}\cos^2\delta[\cos^2\tau f(r) \pm \mathfrak{f}(r)]\right\} = 1,$$

ou, ce qui revient au même,

$$(60) \qquad \mathrm{r}^2 = \frac{1}{\mathrm{S}\left\{\frac{mr}{2}\cos^2\delta[\cos^2\tau f(r) \pm \mathfrak{f}(r)]\right\}}.$$

Or la surface représentée par la formule (16) sera un ellipsoïde, si le rayon vecteur r mené de l'origine à un point quelconque (x, y, z) de cette même surface conserve constamment une valeur réelle et finie, c'est-à-dire, en d'autres termes, si l'on a pour toutes les directions possibles de ce rayon vecteur

$$(61)\qquad \mathrm{S}\left\{\frac{mr}{2}\cos^2\delta[\cos^2\tau f(r) \pm \mathfrak{f}(r)]\right\} > 0.$$

Si l'on suppose que les pressions s'évanouissent dans l'état naturel, le polynôme

$$(62)\qquad \mathfrak{A}a^2 + \mathfrak{B}b^2 + \mathfrak{C}c^2 + 2\mathfrak{D}bc + 2\mathfrak{E}ca + 2\mathfrak{F}ab = \mathrm{S}\left[\pm\frac{mr}{2}\cos^2\delta\,\mathfrak{f}(r)\right]$$

s'évanouira en même temps que les coefficients $\mathfrak{A}$, $\mathfrak{B}$, $\mathfrak{C}$, $\mathfrak{D}$, $\mathfrak{E}$, $\mathfrak{F}$, et par conséquent la condition (61) se trouvera réduite à

$$(63)\qquad \mathrm{S}\left[\frac{mr}{2}\cos^2\delta\cos^2\tau f(r)\right] > 0.$$

§ II. — *Propagation des ondes planes dans un système de molécules sollicitées par des forces d'attraction ou de répulsion mutuelle. Surface des ondes.*

Concevons que les valeurs initiales des déplacements et des vitesses de la molécule m mesurés parallèlement aux axes, c'est-à-dire les valeurs initiales des quantités

$$\xi,\quad \eta,\quad \zeta,\quad \frac{\partial\xi}{\partial t},\quad \frac{\partial\eta}{\partial t},\quad \frac{\partial\zeta}{\partial t},$$

soient connues et représentées par certaines fonctions de ι. On en déduira sans peine les valeurs initiales des quantités

$$\mathfrak{s}',\quad \mathfrak{s}'',\quad \mathfrak{s}''',\quad \frac{\partial\mathfrak{s}'}{\partial t},\quad \frac{\partial\mathfrak{s}''}{\partial t},\quad \frac{\partial\mathfrak{s}'''}{\partial t};$$

et dès lors on pourra facilement déterminer les fonctions arbitraires introduites par l'intégration des équations aux différences partielles (19), (21), (23) du § I. Or ces trois équations sont toutes renfermées dans la formule (12), § I, de laquelle on les tire en attribuant successivement à s les trois valeurs particulières s', s'', s'''. D'ailleurs, si l'on désigne par $\mathfrak{f}_0(\iota)$, $\mathfrak{f}_1(\iota)$ les valeurs initiales de $\mathfrak{s}$ et de $\frac{\partial\mathfrak{s}}{\partial t}$, la valeur générale de 8, donnée par la formule (12), § I, sera

$$(1) \qquad 8 = \frac{f_0(\imath - st) + f_0(\imath + st)}{2} + \int_0^t \frac{f_1(\imath - st) + f_1(\imath + st)}{2} dt.$$

Cela posé, concevons qu'au premier instant 8 et $\frac{\partial 8}{\partial t}$ n'aient de valeurs sensibles que dans le voisinage du plan représenté par l'équation (1) du § I, ou

$$(2) \qquad \imath = 0,$$

et que $f_0(\imath)$, $f_1(\imath)$ s'évanouissent, par exemple, pour toutes les valeurs de $\imath$ situées hors des limites

$$(3) \qquad \imath = -i, \qquad \imath = i,$$

i désignant une longueur très petite. Il est clair qu'au bout du temps t les fonctions

$$f_0(\imath - st), \quad f_1(\imath - st)$$

s'évanouiront pour toutes les valeurs de $\imath$ situées hors des limites

$$(4) \qquad \imath = st - i, \qquad \imath = st + i,$$

c'est-à-dire, pour tous les points situés hors de la couche très mince dont l'épaisseur $2i$ sera divisée en parties égales par le plan que représentera l'équation

$$(5) \qquad \imath = st$$

ou

$$(6) \qquad ax + by + cz = st;$$

et les fonctions

$$f_0(\imath + st), \quad f_1(\imath + st)$$

pour toutes les valeurs de $\imath$ situées hors des limites

$$(7) \qquad \imath = -st - i, \qquad \imath = -st + i,$$

c'est-à-dire, pour toutes les valeurs de $\imath$ situées hors de la couche très mince dont l'épaisseur $2i$ sera divisée en deux parties égales par le plan que représentera l'équation

$$(8)\qquad \mathrm{t} = -st$$

ou

$$(9)\qquad ax + by + cz = -st.$$

Donc le déplacement 8 et la vitesse $\frac{d8}{dt}$, mesurés parallèlement à la droite OA, s'évanouiront constamment hors des deux couches ci-dessus mentionnées; et, comme, au bout du temps t, il existera deux couches de cette espèce pour chacune des trois valeurs de 8 désignées par $8'$, $8''$, $8'''$, nous devons en conclure que le mouvement, qui n'était d'abord sensible que dans le voisinage du plan OO′O″, représenté par l'équation (1), se propagera dans l'espace de manière à produire six ondes planes indéfinies qui offriront toutes la même épaisseur $2i$, et resteront comprises entre des plans parallèles à OO′O″. Ces ondes, considérées deux à deux, auront des vitesses de propagation égales, mais dirigées en sens contraires, savoir, dans le sens des t positives et dans le sens des t négatives. De plus, ces vitesses, mesurées suivant une droite perpendiculaire au plan OO′O″, pour trois ondes qui se mouvront dans un même sens, seront constantes en vertu de la formule (5) ou (8), et respectivement égales aux trois valeurs de s que détermine la formule (15) du § I, c'est-à-dire, aux quantités s', s'', s'''. Les points situés hors des ondes planes dont il s'agit seront en repos, puisque les valeurs de

$$8',\quad 8'',\quad 8''',\quad \frac{\partial 8'}{\partial t},\quad \frac{\partial 8''}{\partial t},\quad \frac{\partial 8'''}{\partial t},$$

correspondantes à ces mêmes points, s'évanouiront. Mais, pour les points renfermés dans l'épaisseur d'une onde plane, l'un des trois déplacements $8'$, $8''$, $8'''$ et l'une des trois vitesses $\frac{d8'}{dt}$, $\frac{d8''}{dt}$, $\frac{d8'''}{dt}$ cesseront de s'évanouir. Ainsi, en particulier, dans l'onde plane qui se propage avec la vitesse s', le déplacement $8'$ mesuré parallèlement à la droite OA′

acquerra une valeur différente de zéro, ainsi que la vitesse $\frac{d8'}{dt}$; et, comme les déplacements ou les vitesses mesurés parallèlement aux droites OA″, OA‴ continueront de s'évanouir, on peut affirmer que, dans l'intérieur de la même onde, le déplacement absolu et la vitesse absolue d'une molécule $\mathfrak{m}$ seront dirigés suivant une droite parallèle à l'axe OA′, et représentés par les valeurs numériques des quantités $8'$, $\frac{d8'}{dt}$. Pareillement, dans l'onde plane qui se propage avec la vitesse s'' ou s''', le déplacement absolu et la vitesse absolue d'une molécule seront dirigés suivant une droite parallèle à l'axe OA″ ou OA‴, et représentés par les valeurs numériques de $8''$, $\frac{d8''}{dt}$ ou de $8'''$, $\frac{d8'''}{dt}$.

En résumant ce qui précède, on obtient la proposition suivante :

Théorème I. — *Si, dans un corps homogène, les déplacements et les vitesses des molécules sont nuls au premier instant, pour tous les points situés hors d'une couche plane très mince dont l'épaisseur $2i$ est divisée en deux parties égales par un certain plan* OO′O″, *et restent les mêmes pour tous les points de la couche qui se trouvent situés à la même distance de ce plan, la propagation du mouvement, de chaque côté du plan* OO′O″, *donnera généralement naissance à trois ondes renfermées entre des plans parallèles. Chacune de ces ondes offrira une épaisseur égale à $2i$. De plus, les vitesses de propagation des trois ondes, mesurées suivant une perpendiculaire au plan* OO′O″, *seront constantes et respectivement égales aux quotients qu'on obtient en divisant l'unité par les demi-axes de l'ellipsoïde que représente la formule* (16) *du* § I. *Enfin les déplacements absolus ainsi que les vitesses absolues des molécules dans les trois ondes se mesureront suivant trois directions respectivement parallèles aux trois axes de l'ellipsoïde.*

Le théorème I suppose que la surface représentée par l'équation (16) du § I est un ellipsoïde. Si la même équation devenait propre à représenter un système de deux hyperboloïdes conjugués, ou si elle ne pouvait plus être vérifiée par des valeurs réelles de x, y, z, quelques-unes des trois vitesses de propagation s', s'', s''', ou même ces trois vitesses à la fois deviendraient imaginaires; et, dans le dernier cas, la propagation des ondes planes deviendrait impossible.

Si deux ou trois axes de l'ellipsoïde ci-dessus mentionné devenaient égaux, les ondes planes qui se propageraient dans le même sens, avec des vitesses réciproquement proportionnelles à ces axes, coïncideraient, et la vitesse absolue de chaque molécule renfermée dans une onde plane serait, au bout d'un temps quelconque, parallèle aux droites suivant lesquelles les vitesses initiales se projetaient sur le plan mené par les deux axes égaux de l'ellipsoïde, ou même, si l'ellipsoïde se changeait en une sphère, aux directions de ces vitesses initiales.

Concevons maintenant qu'au premier instant plusieurs ondes planes, peu inclinées les unes sur les autres, et sur un certain plan OO′O″, se rencontrent et se superposent en un certain point O. Le temps venant à croître, chacune de ces ondes se propagera dans l'espace, en donnant naissance, de chaque côté du plan qui divisait primitivement l'épaisseur de l'onde en parties égales, à trois ondes semblables renfermées entre des plans parallèles, mais douées de vitesses de propagation différentes. Par conséquent, le système d'ondes planes que l'on considérait au premier instant se subdivisera en trois autres systèmes, et le point de rencontre des ondes qui feront partie d'un même système se déplacera suivant une certaine droite, avec une vitesse de propagation distincte de celle des ondes planes. Soient x, y, z les coordonnées de ce point de rencontre, et faisons, pour abréger,

$$(10)\qquad \left\{\begin{aligned} F(a, b, c, s) = {} & (\mathfrak{L} - s^2)(\mathfrak{M} - s^2)(\mathfrak{N} - s^2) - \mathfrak{P}^2(\mathfrak{L} - s^2) \\ & - \mathfrak{Q}^2(\mathfrak{M} - s^2) - \mathfrak{R}^2(\mathfrak{N} - s^2) + 2\mathfrak{P}\mathfrak{Q}\mathfrak{R}. \end{aligned}\right.$$

Pour calculer, au bout du temps t, les valeurs de x, y, z, on devra, dans l'équation (6) ou (9), considérer s comme une fonction de a, b, c, déterminée par la formule (15) du § I, ou, ce qui revient au même, par la suivante

$$(11)\qquad F(a, b, c, s) = 0,$$

et joindre à l'équation (6) ou (9) celles qu'on en déduit en attribuant aux trois paramètres a, b, c, ou seulement à l'un d'entre eux, des accroissements infiniment petits (¹). Donc, les coordonnées x, y, z du point de rencontre des ondes planes qui feront partie d'un même système seront déterminées par l'équation (6) jointe aux formules

$$(12) \qquad x = t\frac{\partial s}{\partial a}, \qquad y = t\frac{\partial s}{\partial b}, \qquad z = t\frac{\partial s}{\partial c},$$

ou par l'équation (9) jointe aux formules

$$(13) \qquad x = -t\frac{\partial s}{\partial a}, \qquad y = -t\frac{\partial s}{\partial b}, \qquad z = -t\frac{\partial s}{\partial c},$$

suivant que les ondes dont il s'agit se propageront d'un côté ou d'un autre par rapport au plan $OO'O''$. De plus, comme, au bout du temps t, les formules (12) ou (13) suffiront pour fixer les valeurs de x, y, z, il est clair que ces formules devront entraîner l'équation (6) ou (9). Or c'est ce dont il est facile de s'assurer directement. En effet, si, dans la formule (10), on substitue les valeurs de $\mathcal{L}$, $\mathfrak{M}$, $\mathfrak{N}$, $\mathfrak{P}$, $\mathfrak{Q}$, $\mathfrak{R}$ données par les équations (7), (8) du § I, on obtiendra pour $F(a, b, c, s)$ une fonction homogène de a, b, c, s. Donc la formule (11) donnera pour s une fonction homogène de a, b, c, du premier degré, en sorte qu'on

(¹) Dans les formules (6) ou (9) et (11), les trois paramètres a, b, c, étant les cosinus des angles compris entre une certaine droite et les demi-axes des coordonnées positives, sont liés entre eux par l'équation

$$a^2 + b^2 + c^2 = 1.$$

Mais on doit observer que le plan représenté par l'équation (6) ou (9) ne se déplacera point si les valeurs a, b, c, s varient dans un même rapport, et qu'alors ces valeurs continueront de satisfaire à la formule (11), en cessant de vérifier la condition

$$a^2 + b^2 + c^2 = 1.$$

Il en résulte qu'en prenant pour s une fonction de a, b, c déterminée par la formule (11) on peut, dans l'équation (6) ou (9), supposer les trois paramètres a, b, c indépendants l'un de l'autre. Dans cette hypothèse on établit facilement les formules (12) ou (13); et, comme $\frac{\partial s}{\partial a}$, $\frac{\partial s}{\partial b}$, $\frac{\partial s}{\partial c}$ sont des fonctions homogènes de a, b, c d'un degré nul, il est clair que ces formules déterminent les rapports $\frac{x}{t}$, $\frac{y}{t}$, $\frac{z}{t}$ en fonctions des rapports $\frac{b}{a}$, $\frac{c}{a}$, quelle que soit la valeur du trinôme $a^2 + b^2 + c^2$, par conséquent dans le cas où ce trinôme même se réduit à l'unité.

aura identiquement

$$a\frac{\partial s}{\partial a}+b\frac{\partial s}{\partial b}+c\frac{\partial s}{\partial c}=s. \tag{14}$$

D'ailleurs, en ayant égard à l'équation (14), et combinant entre elles, par voie d'addition, les formules (12) et (13) respectivement multipliées par a, b, c, on reproduit évidemment l'équation (6) ou (9).

Il est important d'observer que, s étant une fonction homogène du premier degré en a, b, c, les dérivées $\frac{\partial s}{\partial a}$, $\frac{\partial s}{\partial b}$, $\frac{\partial s}{\partial c}$ seront des fonctions homogènes d'un degré nul, ou, en d'autres termes, que ces dérivées dépendront uniquement des rapports $\frac{b}{a}$, $\frac{c}{a}$. Cela posé, concevons que, entre les formules (12) ou (13), on élimine les rapports dont il s'agit. L'équation produite par cette élimination sera de la forme

$$\Pi\left(\frac{x}{t}, \frac{y}{t}, \frac{z}{t}\right)=0, \tag{15}$$

et représentera une certaine surface courbe, qui sera touchée, au bout du temps t, par les plans tracés de manière à diviser en parties égales les épaisseurs très petites des ondes ci-dessus mentionnées. Cette surface courbe sera donc l'enveloppe de l'espace traversé par les plans dont il s'agit. Nous la nommerons, pour abréger, *surface des ondes*.

Si, au bout du temps t, l'on désigne par a', b', c' les cosinus des angles que forme le rayon vecteur mené de l'origine à la surface des ondes, avec les demi-axes des coordonnées positives, et par $\mathfrak{r}'$ ce même rayon vecteur, les valeurs de x, y, z correspondantes à l'extrémité du rayon $\mathfrak{r}'$ seront déterminées par les formules

$$x=a'\mathfrak{r}', \qquad y=b'\mathfrak{r}', \qquad z=c'\mathfrak{r}'. \tag{16}$$

Par suite, l'équation (15) donnera

$$\Pi\left(a'\frac{\mathfrak{r}'}{t}, b'\frac{\mathfrak{r}'}{t}, c'\frac{\mathfrak{r}'}{t}\right)=0; \tag{17}$$

et l'on en déduira, pour $\mathfrak{r}'$, une valeur générale de la forme

$$\mathfrak{r}'=t\,\varpi(a', b', c'). \tag{18}$$

Donc, le temps venant à croître, le rayon vecteur r' croîtra proportionnellement au temps ou, en d'autres termes, la vitesse avec laquelle l'extrémité du rayon r' se déplacera dans l'espace sera une vitesse constante pour une direction donnée de ce rayon, et la surface des ondes acquerra des dimensions de plus en plus grandes, sans cesser d'être semblable à elle-même.

Il existe des relations dignes de remarque entre la surface des ondes et celle dont les coordonnées x, y, z vérifient l'équation

$$F(x, y, z, t) = 0. \tag{19}$$

En effet, désignons par r le rayon vecteur mené de l'origine à cette dernière surface de manière à former, avec les demi-axes des coordonnées positives, les angles λ, μ, ν, dont les cosinus sont a, b, c. Les coordonnées x, y, z de l'extrémité du rayon r étant liées à ce rayon par les formules

$$x = ar, \qquad y = br, \qquad z = cr, \tag{20}$$

l'équation (19) donnera

$$F(ar, br, cr, t) = 0, \tag{21}$$

ou, ce qui revient au même, attendu que $F(x, y, z, t)$ est une fonction homogène de x, y, z, t,

$$F\left(a, b, c, \frac{t}{r}\right) = 0. \tag{22}$$

Or, les diverses valeurs de $\frac{t}{r}$ déduites de l'équation (22) coïncideront évidemment avec les diverses valeurs de s déduites de la formule (11). D'autre part, si, dans l'équation (6) ou (9), qui représente le plan tangent à la surface des ondes, on pose

$$s = \frac{t}{r}, \tag{23}$$

on trouvera

$$ax + by + cz = \pm \frac{t^2}{r}. \tag{24}$$

Enfin, il est clair que la formule (22) représentera un plan mené perpendiculairement au rayon vecteur r par un point situé sur ce rayon vecteur à la distance $\frac{t^2}{\mathrm{r}}$ de l'origine des coordonnées. On peut donc énoncer la proposition suivante :

THÉORÈME II. — *Construisez la surface représentée par l'équation* (19), *et, après avoir mené de l'origine à cette surface un rayon vecteur* r, *portez sur ce rayon vecteur, à partir de l'origine, une longueur égale au rapport qui existe entre le carré du temps et ce même rayon. Menez enfin, par l'extrémité de cette longueur, un plan perpendiculaire à sa direction. Ce plan sera le plan tangent à la surface des ondes. Par conséquent, cette dernière surface sera l'enveloppe de l'espace que traverseront les divers plans qu'on peut construire en opérant comme on vient de le dire.*

Nous observerons encore que, en vertu des formules (16) et (20), l'équation (24) peut être réduite à

$$\mathrm{r}\mathrm{r}'(aa' + bb' + cc') = \pm t^2 \tag{25}$$

ou bien à

$$x\mathrm{x} + y\mathrm{y} + z\mathrm{z} = \pm t^2. \tag{26}$$

D'ailleurs, si l'on nomme γ l'angle compris entre les rayons vecteurs menés de l'origine à deux points correspondants (x, y, z), $(\mathrm{x}, \mathrm{y}, \mathrm{z})$ des deux surfaces représentées par les équations (15) et (19), on aura

$$\cos\gamma = aa' + bb' + cc'. \tag{27}$$

Donc, l'équation (25) donnera

$$\mathrm{r}\mathrm{r}'\cos\gamma = \pm t^2. \tag{28}$$

Or il résulte évidemment de la formule (28) qu'en multipliant les rayons vecteurs r et r' par le cosinus de l'angle aigu compris entre eux, ou, ce qui revient au même, le premier de ces rayons vecteurs par la projection du second sur le premier, on obtiendra toujours un produit égal au carré du temps.

La fonction $F(a, b, c, s)$, déterminée par l'équation (10), est du sixième degré par rapport à s, et du troisième degré par rapport à s^2. Donc, la formule (11) fournira généralement trois valeurs de s^2, auxquelles répondront trois nappes différentes de la surface des ondes. Soit

$$s^2 = \mathfrak{F}(a, b, c) \tag{29}$$

l'une de ces valeurs. L'équation (19) donnera, pour t^2, une valeur correspondante, savoir

$$t^2 = \mathfrak{F}(\mathrm{x}, \mathrm{y}, \mathrm{z}), \tag{30}$$

et $\mathfrak{F}(\mathrm{x}, \mathrm{y}, \mathrm{z})$ sera une fonction homogène du second degré. De plus, celle des trois nappes de la surface des ondes à laquelle se rapportera la valeur $\mathfrak{F}(a, b, c)$ de s^2 sera l'enveloppe de l'espace que traverse le plan mobile dont les coordonnées x, y, z satisfont à l'équation (26) quand on considère x, y, z comme des paramètres variables assujettis à vérifier la condition (30). Cela posé, faisons, pour abréger,

$$\left\{\begin{aligned} \Phi(\mathrm{x}, \mathrm{y}, \mathrm{z}) &= \frac{1}{2}\frac{\partial \mathfrak{F}(\mathrm{x}, \mathrm{y}, \mathrm{z})}{\partial \mathrm{x}}, \\ \mathrm{X}(\mathrm{x}, \mathrm{y}, \mathrm{z}) &= \frac{1}{2}\frac{\partial \mathfrak{F}(\mathrm{x}, \mathrm{y}, \mathrm{z})}{\partial \mathrm{y}}, \\ \Psi(\mathrm{x}, \mathrm{y}, \mathrm{z}) &= \frac{1}{2}\frac{\partial \mathfrak{F}(\mathrm{x}, \mathrm{y}, \mathrm{z})}{\partial \mathrm{z}}. \end{aligned}\right. \tag{31}$$

Puisque, en différentiant, par rapport aux paramètres x, y, z, les formules (26), (30), on obtiendra les suivantes

$$x\,d\mathrm{x} + y\,d\mathrm{y} + z\,d\mathrm{z} = 0, \tag{32}$$

$$\Phi(\mathrm{x}, \mathrm{y}, \mathrm{z})\,d\mathrm{x} + \mathrm{X}(\mathrm{x}, \mathrm{y}, \mathrm{z})\,d\mathrm{y} + \Psi(\mathrm{x}, \mathrm{y}, \mathrm{z})\,d\mathrm{z} = 0, \tag{33}$$

et que, en égalant à zéro, dans l'équation (33), les coefficients des différentielles $d\mathrm{x}$, $d\mathrm{y}$, après avoir éliminé $d\mathrm{z}$ à l'aide de la formule (32), on trouvera

$$\frac{\Phi(\mathrm{x}, \mathrm{y}, \mathrm{z})}{x} = \frac{\mathrm{X}(\mathrm{x}, \mathrm{y}, \mathrm{z})}{y} = \frac{\Psi(\mathrm{x}, \mathrm{y}, \mathrm{z})}{z}; \tag{34}$$

il est clair que l'équation de la nappe ci-dessus mentionnée sera fournie par l'élimination des paramètres x, y, z entre les formules (26), (30) et (34). Comme on aura d'ailleurs, en vertu du théorème des fonctions homogènes,

$$(35)\qquad \mathrm{x}\,\Phi(\mathrm{x},\mathrm{y},\mathrm{z})+\mathrm{y}\,\mathrm{X}(\mathrm{x},\mathrm{y},\mathrm{z})+\mathrm{z}\,\Psi(\mathrm{x},\mathrm{y},\mathrm{z})=\mathcal{F}(\mathrm{x},\mathrm{y},\mathrm{z}),$$

on tirera de l'équation (34), jointe aux formules (26) et (30),

$$(36)\qquad \frac{\Phi(\mathrm{x},\mathrm{y},\mathrm{z})}{x}=\frac{\mathrm{X}(\mathrm{x},\mathrm{y},\mathrm{z})}{y}=\frac{\Psi(\mathrm{x},\mathrm{y},\mathrm{z})}{z}=\frac{\mathcal{F}(\mathrm{x},\mathrm{y},\mathrm{z})}{x\mathrm{x}+y\mathrm{y}+z\mathrm{z}}=\pm 1,$$

et, par conséquent,

$$(37)\qquad \Phi(\mathrm{x},\mathrm{y},\mathrm{z})=x,\qquad \mathrm{X}(\mathrm{x},\mathrm{y},\mathrm{z})=y,\qquad \Psi(\mathrm{x},\mathrm{y},\mathrm{z})=z,$$

ou

$$(38)\qquad \Phi(\mathrm{x},\mathrm{y},\mathrm{z})=-x,\qquad \mathrm{X}(\mathrm{x},\mathrm{y},\mathrm{z})=-y,\qquad \Psi(\mathrm{x},\mathrm{y},\mathrm{z})=-z.$$

Donc, pour obtenir l'équation de la nappe dont il s'agit, il suffira de substituer, dans la formule (30), les valeurs de x, y, z exprimées en fonctions de x, y, z, à l'aide des formules (37) ou (38). Observons, au reste, que les fonctions homogènes $\mathcal{F}(\mathrm{x},\mathrm{y},\mathrm{z})$, $\mathcal{F}(\mathrm{x},\mathrm{y},\mathrm{z},t)$ étant de degré pair, et les fonctions dérivées $2\Phi(\mathrm{x},\mathrm{y},\mathrm{z})$, $2\mathrm{X}(\mathrm{x},\mathrm{y},\mathrm{z})$, $2\Psi(\mathrm{x},\mathrm{y},\mathrm{z})$ de degré impair, les valeurs de x, y, z changeront de signe avec x, y, z, de sorte qu'on arrivera au même résultat en partant des équations (37) ou des équations (38), et qu'on pourra réduire la formule (36) à la suivante :

$$(39)\qquad \frac{\Phi(\mathrm{x},\mathrm{y},\mathrm{z})}{x}=\frac{\mathrm{X}(\mathrm{x},\mathrm{y},\mathrm{z})}{y}=\frac{\Psi(\mathrm{x},\mathrm{y},\mathrm{z})}{z}=1.$$

Pour montrer une application des principes que nous venons d'établir, supposons que, en résolvant la formule (11), on obtienne pour s^2 une valeur de la forme

$$(40)\qquad s^2=\mathfrak{a}a^2+\mathfrak{b}b^2+\mathfrak{c}c^2+2\mathfrak{d}bc+2\mathfrak{e}ca+2\mathfrak{f}ab.$$

L'équation (30) deviendra

$$(41)\qquad t^2 = \mathfrak{a}\mathrm{x}^2 + \mathfrak{b}\mathrm{y}^2 + \mathfrak{c}\mathrm{z}^2 + 2\mathfrak{d}\mathrm{yz} + 2\mathfrak{e}\mathrm{zx} + 2\mathfrak{f}\mathrm{xy},$$

et, par suite, les formules (37) donneront

$$(42)\qquad \mathfrak{a}\mathrm{x} + \mathfrak{f}\mathrm{y} + \mathfrak{e}\mathrm{z} = x,\qquad \mathfrak{f}\mathrm{x} + \mathfrak{b}\mathrm{y} + \mathfrak{d}\mathrm{z} = y,\qquad \mathfrak{e}\mathrm{x} + \mathfrak{d}\mathrm{y} + \mathfrak{c}\mathrm{z} = z.$$

Or, en substituant, dans l'équation (41), ou plutôt dans la suivante

$$(43)\qquad t^2 = x\mathrm{x} + y\mathrm{y} + z\mathrm{z},$$

les valeurs de x, y, z tirées des formules (42), savoir

$$\mathrm{x} = \frac{(\mathfrak{bc} - \mathfrak{d}^2)x + (\mathfrak{de} - \mathfrak{cf})y + (\mathfrak{fd} - \mathfrak{be})z}{\mathfrak{abc} - \mathfrak{ad}^2 - \mathfrak{be}^2 - \mathfrak{cf}^2 + 2\mathfrak{def}},$$

$$\mathrm{y} = \frac{(\mathfrak{de} - \mathfrak{cf})x + (\mathfrak{ca} - \mathfrak{e}^2)y + (\mathfrak{ef} - \mathfrak{ad})z}{\mathfrak{abc} - \mathfrak{ad}^2 - \mathfrak{be}^2 - \mathfrak{cf}^2 + 2\mathfrak{def}},$$

$$\mathrm{z} = \frac{(\mathfrak{fd} - \mathfrak{be})x + (\mathfrak{ef} - \mathfrak{ad})y + (\mathfrak{ab} - \mathfrak{f}^2)z}{\mathfrak{abc} - \mathfrak{ad}^2 - \mathfrak{be}^2 - \mathfrak{cf}^2 + 2\mathfrak{def}},$$

on trouvera

$$(44)\qquad \frac{(\mathfrak{bc} - \mathfrak{d}^2)x^2 + (\mathfrak{ca} - \mathfrak{e}^2)y^2 + (\mathfrak{ab} - \mathfrak{f}^2)z^2 + 2(\mathfrak{ef} - \mathfrak{ad})yz + 2(\mathfrak{fd} - \mathfrak{be})zx + 2(\mathfrak{de} - \mathfrak{cf})xy}{\mathfrak{abc} - \mathfrak{ad}^2 - \mathfrak{be}^2 - \mathfrak{cf}^2 + 2\mathfrak{def}} = t^2$$

Telle est l'équation qui représentera une nappe de la surface des ondes, si la valeur de s^2, correspondante à cette nappe, est donnée par la formule (40). Si l'équation (41) appartient à un ellipsoïde, la nappe représentée par l'équation (44) sera un second ellipsoïde, et les rayons vecteurs menés de l'origine à deux points correspondants de ces ellipsoïdes seront tellement liés entre eux que le produit de ces rayons vecteurs par l'angle aigu qu'ils comprennent sera égal au carré du temps.

Si, dans la formule (40), on substitue la valeur de s tirée de l'équation (6) ou (9), on trouvera

$$(45)\qquad (\mathfrak{a}a^2 + \mathfrak{b}b^2 + \mathfrak{c}c^2 + 2\mathfrak{d}bc + 2\mathfrak{e}ca + 2\mathfrak{f}ab)t^2 = (ax + by + cz)^2.$$

Or, au lieu d'éliminer x, y, z entre les formules (41), (42), on pourrait éliminer a, b, c entre l'équation (45) et ses dérivées prises successivement par rapport à chacune des trois quantités a, b, c. En opérant ainsi, on obtiendrait l'équation

$$(46)\quad \left\{\begin{aligned} &\left(\mathfrak{a}-\frac{x^2}{t^2}\right)\left(\mathfrak{b}-\frac{y^2}{t^2}\right)\left(\mathfrak{c}-\frac{z^2}{t^2}\right)\\ &\quad-\left(\mathfrak{a}-\frac{x^2}{t^2}\right)\left(\mathfrak{d}-\frac{yz}{t^2}\right)^2-\left(\mathfrak{b}-\frac{y^2}{t^2}\right)\left(\mathfrak{e}-\frac{zx}{t^2}\right)^2-\left(\mathfrak{c}-\frac{z^2}{t^2}\right)\left(\mathfrak{f}-\frac{xy}{t^2}\right)^2\\ &\qquad\qquad+2\left(\mathfrak{d}-\frac{yz}{t^2}\right)\left(\mathfrak{e}-\frac{zx}{t^2}\right)\left(\mathfrak{f}-\frac{xy}{t^2}\right)=0,\end{aligned}\right.$$

qui coïncide effectivement avec la formule (44).

Si la valeur de s^2, déterminée par la formule (40), se réduisait à

$$(47)\qquad s^2=\mathfrak{a}a^2+\mathfrak{b}b^2+\mathfrak{c}c^2,$$

l'équation (44), qui représente, au bout du temps t, la surface de l'onde, deviendrait

$$(48)\qquad \frac{x^2}{\mathfrak{a}}+\frac{y^2}{\mathfrak{b}}+\frac{z^2}{\mathfrak{c}}=t^2.$$

Supposons maintenant que $\mathfrak{F}(a, b, c)$ désigne seulement une valeur approchée de s^2, et que l'on trouve, en poussant plus loin l'approximation, ou même en ne négligeant rien,

$$(49)\qquad s^2=\mathfrak{F}(a, b, c)+\mathfrak{f}(a, b, c).$$

Pour obtenir la nappe de la surface des ondes à laquelle correspondra la valeur précédente de s^2, il faudra substituer, non plus dans la formule (30), les valeurs de x, y, z fournies par les équations (37), mais dans la formule

$$(50)\qquad t^2=\mathfrak{F}(\mathrm{x}', \mathrm{y}', \mathrm{z}')+\mathfrak{f}(\mathrm{x}', \mathrm{y}', \mathrm{z}'),$$

les valeurs de x', y', z' fournies par les équations

$$(51)\quad \left\{\begin{aligned} &\Phi(\mathrm{x}', \mathrm{y}', \mathrm{z}')+\varphi(\mathrm{x}', \mathrm{y}', \mathrm{z}')=x,\\ &\mathrm{X}(\mathrm{x}', \mathrm{y}', \mathrm{z}')+\chi(\mathrm{x}', \mathrm{y}', \mathrm{z}')=y,\\ &\Psi(\mathrm{x}', \mathrm{y}', \mathrm{z}')+\psi(\mathrm{x}', \mathrm{y}', \mathrm{z}')=z.\end{aligned}\right.$$

en faisant, pour abréger,

$$(52)\quad \begin{cases} \varphi(x, y, z) = \dfrac{1}{2}\dfrac{\partial f(x, y, z)}{\partial x}, \\ \chi(x, y, z) = \dfrac{1}{2}\dfrac{\partial f(x, y, z)}{\partial y}, \\ \psi(x, y, z) = \dfrac{1}{2}\dfrac{\partial f(x, y, z)}{\partial z}. \end{cases}$$

Supposons maintenant que, les quantités $f(x, y, z)$ et $x'-x$, $y'-y$, $z'-z$ étant considérées comme infiniment petites du premier ordre, on néglige les infiniment petits du second ordre. En ayant égard au théorème des fonctions homogènes, on tirera des équations (51), respectivement multipliées par x', y', z',

$$(53)\qquad x x' + y y' + z z' = \mathfrak{F}(x', y', z') + f(x', y', z'),$$

ou, à très peu près,

$$(54)\qquad x x' + y y' + z z' = \mathfrak{F}(x', y', z') + f(x, y, z).$$

Comme on aura d'ailleurs, en vertu des formules (35) et (37),

$$(55)\qquad x x + y y + z z = \mathfrak{F}(x, y, z),$$

on trouvera encore

$$\begin{aligned} & x(x'-x) + y(y'-y) + z(z'-z) \\ &\quad = \mathfrak{F}(x', y', z') - \mathfrak{F}(x, y, z) + f(x, y, z) \\ &\quad = 2[(x'-x)\,\Phi(x, y, z) + (y'-y)\,X(x, y, z) + (z'-z)\,\Psi(x, y, z)] + f(x, y, z) \\ &\quad = 2[x(x'-x) + y(y'-y) + z(z'-z)] + f(x, y, z), \end{aligned}$$

ou, ce qui revient au même,

$$(56)\qquad x(x'-x) + y(y'-y) + z(z'-z) = -f(x, y, z),$$

et, par conséquent,

$$(57)\quad x x' + y y' + z z' = x x + y y + z z - f(x, y, z) = \mathfrak{F}(x, y, z) - f(x, y, z).$$

Cela posé, les formules (50) et (53) donneront

$$(58)\qquad t^2 = \mathfrak{F}(x, y, z) - f(x, y, z).$$

Telle est l'équation qui représentera, sans erreur sensible, une nappe de la surface des ondes, cette nappe étant relative à la valeur de s^2 que détermine la formule (49).

Au reste, les méthodes que nous venons d'indiquer comme propres à fournir les diverses nappes de la surface (15) seraient évidemment applicables dans le cas même où l'on désignerait par $\mathcal{F}(a, b, c, s)$, non plus une fonction homogène du sixième degré, déterminée par l'équation (10), mais une fonction homogène de degré quelconque.

Revenons maintenant à la formule (10). Cette formule se trouvera réduite à l'équation (48) du § I, si l'élasticité du système de molécules que l'on considère reste la même en tous sens autour d'un point quelconque. Par suite, les trois valeurs de s, représentées par s', s'', s''', se réduiront à celles que déterminent les formules (49) du § I, savoir

$$(59) \qquad s'^2 = s''^2 = \mathrm{R} + \mathrm{I} = (\mathrm{R} + \mathrm{I})(a^2 + b^2 + c^2),$$

$$(60) \qquad s'''^2 = 3\mathrm{R} + \mathrm{I} = (3\mathrm{R} + \mathrm{I})(a^2 + b^2 + c^2).$$

Donc alors, quelle que soit la direction du plan OO′O″ qui, au premier moment, divise en deux parties égales l'épaisseur d'une onde plane, la propagation du mouvement de chaque côté du plan OO′O″ donnera seulement naissance à deux ondes planes dont les vitesses de propagation seront

$$(61) \qquad (\mathrm{R} + \mathrm{I})^{\frac{1}{2}}, \quad (3\mathrm{R} + \mathrm{I})^{\frac{1}{2}},$$

et la surface des ondes se réduira au système de deux surfaces sphériques qui seront, au bout du temps t, représentées par les équations

$$(62) \qquad \frac{x^2 + y^2 + z^2}{\mathrm{R} + \mathrm{I}} = t^2,$$

$$(63) \qquad \frac{x^2 + y^2 + z^2}{3\mathrm{R} + \mathrm{I}} = t^2.$$

Alors aussi les formules (13), (45) et (46) du § I donneront

$$(64) \qquad \left\{ \begin{aligned} 2\mathrm{R}(a\mathcal{A} + b\mathcal{B} + c\mathcal{C})\frac{a}{\mathcal{A}} &= 2\mathrm{R}(a\mathcal{A} + b\mathcal{B} + c\mathcal{C})\frac{b}{\mathcal{B}} \\ &= 2\mathrm{R}(a\mathcal{A} + b\mathcal{B} + c\mathcal{C})\frac{c}{\mathcal{C}} = s^2 - \mathrm{R} - \mathrm{I}. \end{aligned} \right.$$

D'ailleurs, si, dans la formule (64), on pose $s^2 = R + I$, on en conclura

$$(a\mathcal{A} + b\mathcal{B} + c\mathcal{C})\frac{a}{\mathcal{A}} = (a\mathcal{A} + b\mathcal{B} + c\mathcal{C})\frac{b}{\mathcal{B}} = (a\mathcal{A} + b\mathcal{B} + c\mathcal{C})\frac{c}{\mathcal{C}} = 0,$$

et, par conséquent,

$$a\mathcal{A} + b\mathcal{B} + c\mathcal{C} = 0, \tag{65}$$

attendu que les quantités a, b, c, liées entre elles par la condition

$$a^2 + b^2 + c^2 = 1,$$

ne peuvent s'évanouir simultanément. Si l'on pose, au contraire, $s^2 = 3R + I$, on tirera de la formule (64)

$$\frac{a}{\mathcal{A}} = \frac{b}{\mathcal{B}} = \frac{c}{\mathcal{C}} = \frac{1}{a\mathcal{A} + b\mathcal{B} + c\mathcal{C}},$$

et, par suite,

$$\frac{\mathcal{A}}{a} = \frac{\mathcal{B}}{b} = \frac{\mathcal{C}}{c} = \pm\frac{\sqrt{\mathcal{A}^2 + \mathcal{B}^2 + \mathcal{C}^2}}{\sqrt{a^2 + b^2 + c^2}} = \pm 1. \tag{66}$$

De plus, comme deux racines égales de l'équation (11) correspondent à la première des ondes planes ci-dessus mentionnées, cette onde plane pourra être considérée comme produite par la superposition de deux autres ondes de même espèce. Cela posé, il résulte évidemment des formules (65), (66) que les déplacements et les vitesses absolues des molécules se mesureront, dans la première onde, suivant des droites parallèles au plan $OO'O''$, et dans la deuxième onde, suivant des droites perpendiculaires au même plan.

Si la quantité I, c'est-à-dire la pression supportée par un plan quelconque dans l'état naturel s'évanouissait, les vitesses de propagation de la première et de la deuxième onde deviendraient respectivement

$$\sqrt{R}, \quad \sqrt{3R}, \tag{67}$$

et la surface des ondes se réduirait au système des deux surfaces sphériques représentées par les équations

$$(68)\qquad \frac{x^2+y^2+z^2}{R}=t^2,$$

$$(69)\qquad \frac{x^2+y^2+z^2}{3R}=t^2.$$

En général, lorsque de la formule (10), combinée avec les formules (33) et (8) ou (38) et (36) du § I, on a déduit les trois valeurs de s^2 relatives au cas où les coefficients

$$(70)\qquad \mathfrak{A},\ \mathfrak{B},\ \mathfrak{C},\ \mathfrak{D},\ \mathfrak{E},\ \mathfrak{F}\quad \text{ou}\quad G,\ H,\ I$$

des formules (7) ou (35) (§ I) s'évanouissent, il suffit évidemment d'ajouter à ces valeurs le polynôme

$$(71)\qquad \mathfrak{A}a^2+\mathfrak{B}b^2+\mathfrak{C}c^2+2\mathfrak{D}bc+2\mathfrak{E}ca+2\mathfrak{F}ab$$

ou

$$(72)\qquad Ga^2+Hb^2+Ic^2,$$

pour trouver ce qu'elles deviennent dans le cas contraire. On sait d'ailleurs que les coefficients (70) représentent les projections algébriques des pressions supportées dans l'état naturel par des plans perpendiculaires aux axes coordonnés.

Supposons maintenant que l'élasticité du système reste la même en tous sens autour d'un axe quelconque parallèle à l'axe des z. Alors, en admettant que les pressions s'évanouissent dans l'état naturel, on tirera de la formule (10), jointe aux équations (41), (42) du § I,

$$(73)\quad \left\{\begin{aligned} F(a,b,c,s)=&(3Ra^2+Rb^2+Qc^2-s^2)(Ra^2+3Rb^2+Qc^2-s^2)(Qa^2+Qb^2+Nc^2-s^2)\\ &-4Q^2b^2c^2(3Ra^2+Rb^2+Qc^2-s^2)-4Q^2c^2a^2(Ra^2+3Rb^2+Qc^2-s^2)\\ &-4R^2a^2b^2(Qa^2+Qb^2+Nc^2-s^2)+16Q^2Ra^2b^2c^2.\end{aligned}\right.$$

D'autre part, on aura identiquement

$$\begin{aligned}&(3Ra^2+Rb^2+Qc^2-s^2)(Ra^2+3Rb^2+Qc^2-s^2)-4R^2a^2b^2\\ &=(Ra^2+Rb^2+Qc^2-s^2)(3Ra^2+3Rb^2+Qc^2-s^2),\end{aligned}$$

et

$$b^2(3Ra^2+Rb^2+Qc^2-s^2)+a^2(Ra^2+3Rb^2+Qc^2-s^2)-4Ra^2b^2$$
$$=(Ra^2+Rb^2+Qc^2-s^2)(a^2+b^2).$$

Donc, la formule (73) pouvant être réduite à

$$(74)\quad \begin{cases} F(a,b,c,s) \\ \quad =(Ra^2+Rb^2+Qc^2-s^2)[(3Ra^2+3Rb^2+Qc^2-s^2)(Qa^2+Qb^2+Nc^2-s^2)-4Q^2c^2(a^2+b^2)], \end{cases}$$

l'équation (11) se décomposera en deux autres, savoir,

$$(75)\qquad Ra^2+Rb^2+Qc^2-s^2=0$$

et

$$(76)\quad (3Ra^2+3Rb^2+Qc^2-s^2)(Qa^2+Qb^2+Nc^2-s^2)-4Q^2c^2(a^2+b^2)=0.$$

Ajoutons que l'équation (76), pouvant être présentée sous la forme

$$(77)\quad \begin{cases} (Qa^2+Qb^2+Qc^2-s^2)(3Ra^2+3Rb^2+Nc^2-s^2) \\ \qquad +[(N-Q)(3R-Q)-4Q^2]c^2(a^2+b^2)=0, \end{cases}$$

sera elle-même décomposable en deux autres, savoir,

$$(78)\qquad Q(a^2+b^2+c^2)-s^2=0$$

et

$$(79)\qquad 3R(a^2+b^2)+Nc^2-s^2=0,$$

si les coefficients N, Q, R vérifient la condition

$$(80)\qquad (N-Q)(3R-Q)=4Q^2.$$

Alors on pourra prendre

$$(81)\qquad s'^2=Q(a^2+b^2+c^2)=Q,$$
$$(82)\qquad s''^2=R(a^2+b^2)+Qc^2,$$
$$(83)\qquad s'''^2=3R(a^2+b^2)+Nc^2,$$

et, par suite, les trois nappes de la surface des ondes se réduiront aux surfaces de la sphère représentée par l'équation

$$\frac{x^2+y^2+z^2}{Q}=t^2, \tag{84}$$

et des deux ellipsoïdes représentés par les deux équations

$$\frac{x^2+y^2}{R}+\frac{z^2}{Q}=t^2, \tag{85}$$

$$\frac{x^2+y^2}{3R}+\frac{z^2}{N}=t^2. \tag{86}$$

Alors aussi, en posant successivement $s=s'$, $s=s''$, $s=s'''$, on tirera des formules (14) du § Ier

$$\frac{\mathcal{A}'}{a}=\frac{\mathcal{B}'}{b}=-\frac{2Q}{3R-Q}\frac{c\mathcal{C}'}{a^2+b^2}, \tag{87}$$

$$a\mathcal{A}''+b\mathcal{B}''=0, \qquad \mathcal{C}''=0, \tag{88}$$

$$\frac{\mathcal{A}'''}{a}=\frac{\mathcal{B}'''}{b}=\frac{2Q}{N-Q}\frac{\mathcal{C}'''}{c}, \tag{89}$$

puis on conclura des équations (87), (88), (89), combinées avec les formules (20), (22), (24) du § Ier, que, dans les trois ondes planes, parallèles à un même plan $OO'O''$, et dont les vitesses de propagation seront s', s'', s''', les déplacements absolus des molécules se mesureront parallèlement aux trois droites représentées par les formules

$$\frac{x}{a}=\frac{y}{b}=-\frac{2Q}{3R-Q}\frac{cz}{a^2+b^2}=-\frac{N-Q}{2Q}\frac{cz}{a^2+b^2}, \tag{90}$$

$$ax+by=0, \qquad z=0, \tag{91}$$

$$\frac{x}{a}=\frac{y}{b}=\frac{2Q}{N-Q}\frac{z}{c}=\frac{3R-Q}{2Q}\frac{z}{c}. \tag{92}$$

Or il résulte des équations (91) que, dans les ondes planes dont la vitesse de propagation sera s'', les droites suivant lesquelles se mesureront les déplacements des molécules resteront toujours parallèles au plan $OO'O''$ et perpendiculaires à l'axe des z. Au contraire, il suit des formules (90) et (92) que, dans les ondes planes dont les vitesses de propagation seront s'' et s''', les droites suivant lesquelles se mesureront les déplacements des molécules resteront toujours comprises dans des plans parallèles à l'axe des z et perpendiculaires au plan $OO'O''$.

Si, la condition (80) étant vérifiée, ainsi que les conditions (39) du § Ier, on ne supposait pas les pressions nulles dans l'état naturel, il faudrait aux formules (81), (82), (83) substituer les suivantes

$$s'^2 = (R+H)(a^2+b^2)+(Q+I)c^2, \tag{93}$$

$$s''^2 = (R+H)(a^2+b^2)+(Q+I)c^2, \tag{94}$$

$$s'''^2 = (3R+H)(a^2+b^2)+(N+I)c^2; \tag{95}$$

et par conséquent les trois nappes de la surface des ondes coïncideraient avec les surfaces des trois ellipsoïdes représentés par les équations

$$\frac{x^2+y^2}{Q+H}+\frac{z^2}{Q+I}=t^2, \tag{96}$$

$$\frac{x^2+y^2}{R+H}+\frac{z^2}{Q+I}=t^2, \tag{97}$$

$$\frac{x^2+y^2}{3R+H}+\frac{z^2}{N+I}=t^2. \tag{98}$$

Quant aux déplacements absolus des molécules dans les ondes planes dont les vitesses de propagation seraient s', s'', s''', ils se mesureraient toujours suivant des droites parallèles à celles que représentent les formules (90), (91), (92).

Il est important d'observer que la condition (80) se trouve remplie, en même temps que les conditions (43) du § Ier, dans le cas où l'élasticité du système que l'on considère est la même en tous sens autour d'un point quelconque. Alors aussi on a

$$3R-Q=N-Q=2Q, \tag{99}$$

et la formule (92), réduite à

$$\frac{x}{a}=\frac{y}{b}=\frac{z}{c}, \tag{100}$$

montre que, dans la troisième onde, les déplacements absolus des molecules se mesurent suivant des droites perpendiculaires au plan OO′O″. Ajoutons que, si la condition (99) n'est pas rigoureusement mais sensiblement vérifiée, il en sera de même de la formule (100), et que par suite les déplacements absolus des molécules dans la troisième onde se mesureront suivant des droites sensiblement, mais non exactement perpendiculaires au plan OO′O″.

On pourrait demander si le cas où l'on suppose la condition (80) vérifiée est le seul dans lequel les deux valeurs de s^2, fournies par l'équation (76), se réduisent à des fonctions rationnelles de a, b, c. Pour répondre à cette question, il suffira d'observer qu'on tire généralement de l'équation (76)

$$(101)\quad \left\{ \begin{aligned} s^2 = {} & \frac{(3R+Q)(a^2+b^2)+(N+Q)c^2}{2} \\ & \pm \tfrac{1}{2}\sqrt{(3R-Q)^2(a^2+b^2)^2+2[8Q^2-(3R-Q)(N-Q)](a^2+b^2)c^2+(N-Q)^2c^4} \end{aligned} \right.$$

Or la valeur précédente de s^2 deviendra une fonction rationnelle de a, b, c, si la quantité comprise sous le radical est un carré parfait, ou, ce qui revient au même, si l'on a

$$(102)\qquad 8Q^2-(3R-Q)(N-Q)=\pm(3R-Q)(N-Q);$$

et suivant qu'on réduira le double signe $\pm$ au signe $+$ ou au signe $-$, la formule (102) reproduira la condition (80) ou la suivante

$$(103)\qquad Q=0.$$

Donc, si le coefficient Q n'est pas nul, l'équation (76) ne pourra fournir une valeur rationnelle de s^2, à moins que les trois quantités Q, R, N ne satisfassent à la condition (80). Remarquons d'ailleurs que, si, les pressions étant nulles dans l'état naturel du système que l'on considère, le coefficient Q s'évanouissait, les valeurs de s^2 déterminées par les formules (75), (76) deviendraient

$$(104)\qquad s^2=Nc^2,$$

$$(105)\qquad s^2=R(a^2+b^2),$$

$$(106)\qquad s^2=3R(a^2+b^2).$$

Alors aussi les trois nappes de la surface des ondes disparaîtraient et se trouveraient remplacées par des points et des cercles. En effet, on tirerait des formules (37) ou (38) et (30) : 1° en supposant $\mathfrak{F}(x, y, z) = Nz^2$,

$$x = 0, \quad y = 0, \quad \frac{z^2}{N} = t^2; \tag{107}$$

2° en supposant $\mathfrak{F}(x, y, z) = R(x^2 + y^2)$,

$$\frac{x^2 + y^2}{R} = t^2, \quad z = 0; \tag{108}$$

3° en supposant $\mathfrak{F}(x, y, z) = 3R(x^2 + y^2)$,

$$\frac{x^2 + y^2}{3R} = t^2, \quad z = 0. \tag{109}$$

Donc, au bout du temps t, les ondes planes douées de la vitesse de propagation $\pm N^{\frac{1}{2}}c$ passeraient toutes par l'un des deux points situés sur l'axe des z à la distance $N^{\frac{1}{2}}t$ de l'origine des coordonnées, tandis que les plans tracés de manière à diviser en parties égales les épaisseurs des ondes douées de la vitesse de propagation $R^{\frac{1}{2}}(a^2 + b^2)^{\frac{1}{2}}$ ou $3^{\frac{1}{2}}R^{\frac{1}{2}}(a^2 + b^2)^{\frac{1}{2}}$ toucheraient les circonférences de cercles représentées par les équations (108) ou (109). Enfin l'on tirerait des formules (14), (41) et (42) du § Ier : 1° en supposant $s^2 = Nc^2$,

$$\mathcal{A} = 0, \quad \mathcal{B} = 0, \quad \mathcal{C} = \pm 1; \tag{110}$$

2° en supposant $s^2 = R(a^2 + b^2)$,

$$a\mathcal{A} + b\mathcal{B} = 0, \quad \mathcal{C} = 0; \tag{111}$$

3° en supposant $s^2 = 3R(a^2 + b^2)$,

$$\frac{\mathcal{A}}{a} = \frac{\mathcal{B}}{b}, \quad \mathcal{C} = 0. \tag{112}$$

Par suite, dans les ondes planes dont les vitesses de propagation seraient données par les formules (104), (105) et (106), les déplacements absolus des molécules se mesureraient parallèlement aux droites représentées par les équations

(113) $$x = 0, \qquad y = 0,$$

(114) $$ax + by = 0, \qquad z = 0,$$

(115) $$\frac{x}{a} = \frac{y}{b}, \qquad z = 0.$$

Or ces trois droites se confondent, la première avec l'axe des z, la seconde avec la perpendiculaire menée à cet axe dans le plan OO′O″ que représente l'équation (2), et la troisième avec une perpendiculaire au plan des deux premières.

Si, les pressions n'étant pas nulles dans l'état naturel, le coefficient Q s'évanouissait, il faudrait aux formules (104), (105), (106) substituer les suivantes

(116) $$s^2 = H(a^2 + b^2) + (N + I)c^2,$$

(117) $$s^2 = (R + H)(a^2 + b^2) + Ic^2,$$

(118) $$s^2 = (3R + H)(a^2 + b^2) + Ic^2;$$

et, par conséquent, les trois nappes de la surface des ondes coïncideraient avec les surfaces des trois ellipsoïdes représentés par les équations

(119) $$\frac{x^2 + y^2}{H} + \frac{z^2}{N + I} = t^2,$$

(120) $$\frac{x^2 + y^2}{R + H} + \frac{z^2}{I} = t^2,$$

(121) $$\frac{x^2 + y^2}{3R + H} + \frac{z^2}{I} = t^2.$$

Quant aux déplacements absolus des molécules dans les ondes planes, ils se mesureraient toujours suivant des droites parallèles à celles que représentent les formules (113), (114) et (115).

Lorsque, l'élasticité du système restant la même en tous sens autour de l'axe des z, les valeurs de s^2 fournies par l'équation (76) sont des fonctions irrationnelles de a, b, c, chacune de ces valeurs est de la forme

$$s^2 = \mathfrak{F}\left[(a^2+b^2)^{\frac{1}{2}}, c\right]. \tag{122}$$

Or, en substituant l'équation (122) avec la suivante

$$t^2 = \mathfrak{F}\left[(\mathrm{x}^2+\mathrm{y}^2)^{\frac{1}{2}}, \mathrm{z}\right] \tag{123}$$

aux formules (29), (30), et posant d'ailleurs

$$\Phi(\mathrm{x}, \mathrm{z}) = \frac{1}{2}\frac{\partial \mathfrak{F}(\mathrm{x}, \mathrm{z})}{\partial \mathrm{x}}, \qquad \Psi(\mathrm{x}, \mathrm{z}) = \frac{1}{2}\frac{\partial \mathfrak{F}(\mathrm{x}, \mathrm{z})}{\partial \mathrm{z}}, \tag{124}$$

on reconnaîtra sans peine que, pour obtenir, dans l'hypothèse admise, l'équation propre à représenter une nappe de la surface des ondes, il suffit d'éliminer x, y, z, non plus entre les formules (30) et (37) ou (38), mais entre l'équation (123) et les formules

$$\left\{\begin{aligned} x &= \frac{\mathrm{x}}{\sqrt{\mathrm{x}^2+\mathrm{y}^2}}\,\Phi\left[(\mathrm{x}^2+\mathrm{y}^2)^{\frac{1}{2}}, \mathrm{z}\right], \\ y &= \frac{\mathrm{y}}{\sqrt{\mathrm{x}^2+\mathrm{y}^2}}\,\Phi\left[(\mathrm{x}^2+\mathrm{y}^2)^{\frac{1}{2}}, \mathrm{z}\right], \\ z &= \Psi\left[(\mathrm{x}^2+\mathrm{y}^2)^{\frac{1}{2}}, \mathrm{z}\right], \end{aligned}\right. \tag{125}$$

ou

$$\left\{\begin{aligned} x &= -\frac{\mathrm{x}}{\sqrt{\mathrm{x}^2+\mathrm{y}^2}}\,\Phi\left[(\mathrm{x}^2+\mathrm{y}^2)^{\frac{1}{2}}, \mathrm{z}\right], \\ y &= -\frac{\mathrm{y}}{\sqrt{\mathrm{x}^2+\mathrm{y}^2}}\,\Phi\left[(\mathrm{x}^2+\mathrm{y}^2)^{\frac{1}{2}}, \mathrm{z}\right], \\ z &= -\Psi\left[(\mathrm{x}^2+\mathrm{y}^2)^{\frac{1}{2}}, \mathrm{z}\right]. \end{aligned}\right. \tag{126}$$

Or, dans cette élimination, on pourra évidemment aux équations (125) ou (126) substituer les formules

$$(x^2+y^2)^{\frac{1}{2}} = \Phi\left[(\mathrm{x}^2+\mathrm{y}^2)^{\frac{1}{2}}, \mathrm{z}\right], \qquad z = \Psi\left[(\mathrm{x}^2+\mathrm{y}^2)^{\frac{1}{2}}, \mathrm{z}\right], \tag{127}$$

ou

$$(x^2+y^2)^{\frac{1}{2}} = -\Phi\left[(\mathrm{x}^2+\mathrm{y}^2)^{\frac{1}{2}}, \mathrm{z}\right], \qquad z = -\Psi\left[(\mathrm{x}^2+\mathrm{y}^2)^{\frac{1}{2}}, \mathrm{z}\right]; \tag{128}$$

et, comme on tirera de ces dernières, combinées avec la formule (123), une équation de la forme

$$(129)\qquad \Pi\left[\frac{(x^2+y^2)^{\frac{1}{2}}}{t}, \frac{z}{t}\right]=0,$$

il est clair que, dans la surface des ondes, les deux nappes correspondantes aux valeurs de s^2 déterminées par la formule (76) seront des surfaces de révolution autour de l'axe des z. Cette conclusion, qu'il était aisé de prévoir, s'étend au cas même où, les pressions n'étant pas nulles dans l'état naturel, on devrait modifier les deux valeurs de s^2 ci-dessus mentionnées, en ajoutant à chacune d'elles le trinôme

$$(130)\qquad \mathrm{H}(a^2+b^2)+\mathrm{I}c^2.$$

Quant à la troisième nappe de la surface des ondes, elle coïncidera toujours avec l'ellipsoïde (85) ou (97), qui est pareillement de révolution autour de l'axe des z.

La section méridienne, faite par le plan des x, z dans la surface de révolution que représente la formule (129), a pour équation

$$(131)\qquad \Pi\left(\frac{x}{t}, \frac{z}{t}\right)=0.$$

Or on peut obtenir directement l'équation (131); et, pour y parvenir, il suffit évidemment d'éliminer les deux variables x, z entre les formules

$$(132)\qquad t^2=\mathfrak{F}(\mathrm{x}, \mathrm{z})$$

et

$$(133)\qquad x=\Phi(\mathrm{x}, \mathrm{z}), \qquad z=\Psi(\mathrm{x}, \mathrm{z}),$$

ou

$$(134)\qquad x=-\Phi(\mathrm{x}, \mathrm{z}), \qquad z=-\Psi(\mathrm{x}, \mathrm{z}).$$

L'équation (131) étant ainsi trouvée, on en déduira immédiatement la formule (129), en remplaçant x par $(x^2+y^2)^{\frac{1}{2}}$.

Concevons à présent que le système proposé n'offre plus la même élasticité en tous sens autour de l'axe des z, mais seulement trois axes d'élasticité rectangulaires entre eux. Si l'on admet en outre que les pressions soient nulles dans l'état naturel, la fonction $F(a, b, c, s)$ sera déterminée par la formule (10), jointe aux équations (36), (38) du § I, c'est-à-dire, en d'autres termes, par la formule

$$(135)\quad \left\{\begin{aligned} F(a,b,c,s) = {} & (La^2+Rb^2+Qc^2-s^2)(Ra^2+Mb^2+Pc^2-s^2)(Qa^2+Pb^2+Nc^2-s^2) \\ & -4P^2b^2c^2(La^2+Rb^2+Qc^2-s^2)-4Q^2c^2a^2(Ra^2+Mb^2+Pc^2-s^2) \\ & -4R^2a^2b^2(Qa^2+Pb^2+Nc^2-s^2)+16PQRa^2b^2c^2. \end{aligned}\right.$$

Cela posé, la formule (11) deviendra

$$(136)\quad \left\{\begin{aligned} & (La^2+Rb^2+Qc^2-s^2)(Ra^2+Mb^2+Pc^2-s^2)(Qa^2+Pb^2+Nc^2-s^2) \\ & -4P^2b^2c^2(La^2+Rb^2+Qc^2-s^2)-4Q^2c^2a^2(Ra^2+Mb^2+Pc^2-s^2) \\ & -4R^2a^2b^2(Qa^2+Pb^2+Nc^2-s^2)+16PQRa^2b^2c^2=0. \end{aligned}\right.$$

Si, dans cette dernière, on fait successivement $a=0$, $b=0$, $c=0$, on obtiendra les trois suivantes

$$(137)\quad (Rb^2+Qc^2-s^2)[(Mb^2+Pc^2-s^2)(Nc^2+Pb^2-s^2)-4P^2b^2c^2]=0,$$

$$(138)\quad (Pc^2+Ra^2-s^2)[(Nc^2+Qa^2-s^2)(La^2+Qc^2-s^2)-4Q^2c^2a^2]=0,$$

$$(139)\quad (Qa^2+Pb^2-s^2)[(La^2+Rb^2-s^2)(Mb^2+Ra^2-s^2)-4R^2a^2b^2]=0,$$

qui détermineront les vitesses de propagation des ondes renfermées entre des plans perpendiculaires à l'axe des x, ou à l'axe des y, ou à l'axe des z. Soient d'ailleurs

$$(29)\qquad s^2=\mathfrak{F}(a, b, c)$$

l'une des valeurs de s^2 déduites de la formule (136), et $\Phi(a,b,c)$, $X(a,b,c)$, $\Psi(a,b,c)$ les demi-dérivées de $\mathfrak{F}(a,b,c)$ prises par rapport aux trois quantités a, b, c. On vérifiera les équations (137), (138), (139) en posant successivement

$$(140)\qquad s^2=\mathfrak{F}(0, b, c),$$

$$(141)\qquad s^2=\mathfrak{F}(a, 0, c),$$

$$(142)\qquad s^2=\mathfrak{F}(a, b, 0);$$

et les plans qui diviseront en parties égales les épaisseurs des ondes dont les vitesses de propagation seront déterminées par la formule (140) ou (141) ou (142), toucheront, au bout du temps t, la surface cylindrique dont l'équation sera produite par l'élimination de y et z, ou de z et x, ou de x et y entre les formules

$$(143) \qquad t^2 = \mathcal{F}(0, y, z), \qquad \frac{X(0, y, z)}{y} = \frac{\Psi(0, y, z)}{z} = \pm 1,$$

ou

$$(144) \qquad t^2 = \mathcal{F}(x, 0, z), \qquad \frac{\Psi(x, 0, z)}{z} = \frac{\Phi(x, 0, z)}{x} = \pm 1,$$

ou

$$(145) \qquad t^2 = \mathcal{F}(x, y, 0), \qquad \frac{\Phi(x, y, 0)}{x} = \frac{X(x, y, 0)}{y} = \pm 1.$$

D'ailleurs, la fonction homogène $\mathcal{F}(x, y, z)$ étant de degré pair, et les fonctions dérivées $2\Phi(x, y, z)$, $2X(x, y, z)$, $2\Psi(x, y, z)$ de degré impair, les valeurs de x, y, z tirées des formules (143), (144), (145) changeront de signe avec x, y, z. Il en résulte que, avant d'effectuer l'élimination dont il s'agit, on pourra remplacer le double signe $\pm$ par le signe $+$, et réduire les formules (143), (144), (145) à celles qui suivent :

$$(146) \qquad t^2 = \mathcal{F}(0, y, z), \qquad X(0, y, z) = y, \qquad \Psi(0, y, z) = z,$$

$$(147) \qquad t^2 = \mathcal{F}(x, 0, z), \qquad \Psi(x, 0, z) = z, \qquad \Phi(x, 0, z) = x,$$

$$(148) \qquad t^2 = \mathcal{F}(x, y, 0), \qquad \Phi(x, y, 0) = x, \qquad X(x, y, 0) = y.$$

J'ajoute que les surfaces cylindriques dont les équations seront produites par l'élimination de y et z, ou de z et x, ou de x et y, entre les formules (146), ou (147), ou (148), couperont les plans coordonnés suivant des courbes comprises dans la surface des ondes, c'est-à-dire dans la surface (15). En effet, pour obtenir les sections faites dans cette dernière surface par le plan des y, z, il faudra éliminer x, y, z entre les formules (30) et (37), après avoir posé dans la première des formules (37) $x = 0$. D'ailleurs, si l'on différentie, par rapport à la quantité a, l'équation (136), après y avoir remplacé s^2 par $\mathcal{F}(a, b, c)$, on obtiendra la formule

$$\begin{aligned}
&\{[\mathrm{R}a^2+\mathrm{M}b^2+\mathrm{P}c^2-\mathcal{F}(a,b,c)][\mathrm{Q}a^2+\mathrm{P}b^2+\mathrm{N}c^2-\mathcal{F}(a,b,c)]-4\mathrm{P}^2b^2c^2\}[\mathrm{L}a-\Phi(a,b,c)]\\
+&\{[\mathrm{Q}a^2+\mathrm{P}b^2+\mathrm{N}c^2-\mathcal{F}(a,b,c)][\mathrm{L}a^2+\mathrm{R}b^2+\mathrm{Q}c^2-\mathcal{F}(a,b,c)]-4\mathrm{Q}^2c^2a^2\}[\mathrm{R}a-\Phi(a,b,c)]\\
+&\{[\mathrm{L}a^2+\mathrm{R}b^2+\mathrm{Q}c^2-\mathcal{F}(a,b,c)][\mathrm{R}a^2+\mathrm{M}b^2+\mathrm{P}c^2-\mathcal{F}(a,b,c)]-4\mathrm{R}^2a^2b^2\}[\mathrm{Q}a-\Phi(a,b,c)]\\
-&4a\{\mathrm{Q}^2c^2[\mathrm{R}a^2+\mathrm{M}b^2+\mathrm{P}c^2-\mathcal{F}(a,b,c)]+\mathrm{R}^2b^2[\mathrm{Q}a^2+\mathrm{P}b^2+\mathrm{N}c^2-\mathcal{F}(a,b,c)]-4\mathrm{PQR}b^2c^2\}=0
\end{aligned}$$

dont l'inspection suffit pour montrer qu'on vérifiera l'équation

$$\Phi(a, b, c) = 0$$

en prenant $a = 0$, et par conséquent l'équation

$$\Phi(\mathrm{x}, \mathrm{y}, \mathrm{z}) = x = 0, \tag{149}$$

en prenant

$$\mathrm{x} = 0. \tag{150}$$

Or, en vertu de la formule (150), l'équation (30) et les deux dernières des équations (37) se réduiront aux formules (146). Donc les sections faites par le plan des y, z dans la première des surfaces cylindriques ci-dessus mentionnées appartiendront en même temps à la surface des ondes; et il est clair qu'on pourra en dire autant des sections faites dans la seconde surface cylindrique par le plan des z, x, ou dans la troisième par le plan des x, y. En d'autres termes, les courbes qui, dans les trois plans coordonnés, seront représentées par les équations résultantes de l'élimination de y et z entre les formules (146), ou de z et x entre les formules (147), ou de x et y entre les formules (148), appartiendront à la surface des ondes. Il reste à savoir de quelle nature sont ces mêmes courbes. C'est ce que nous allons maintenant examiner.

L'équation (137) se décompose en deux autres, savoir

$$s^2 = \mathrm{R}b^2 + \mathrm{Q}c^2 \tag{151}$$

et

$$(\mathrm{M}b^2 + \mathrm{P}c^2 - s^2)(\mathrm{N}c^2 + \mathrm{P}b^2 - s^2) - 4\mathrm{P}^2b^2c^2 = 0. \tag{152}$$

Ajoutons que l'équation (152) pourra être présentée sous la forme

$$[(M-P)b^2+P(b^2+c^2)-s^2][(N-P)c^2+P(b^2+c^2)-s^2]-4P^2b^2c^2=0$$

ou sous la suivante

$$(153)\quad [P(b^2+c^2)-s^2][Mb^2+Nc^2-s^2]+[(M-P)(N-P)-4P^2]b^2c^2=0,$$

et sera elle-même décomposable en deux autres, savoir

$$(154)\qquad s^2=P(b^2+c^2),$$

$$(155)\qquad s^2=Mb^2+Nc^2,$$

si les coefficients P, M, N vérifient la condition

$$(156)\qquad (M-P)(N-P)=4P^2.$$

Alors, en prenant successivement pour $\mathcal{F}(0, b, c)$ les valeurs de s^2 déterminées par les formules (154), (151) et (155), on tirera des formules (146)

$$(157)\qquad \frac{y^2+z^2}{P}=t^2,$$

$$(158)\qquad \frac{y^2}{R}+\frac{z^2}{Q}=t^2,$$

$$(159)\qquad \frac{y^2}{M}+\frac{z^2}{N}=t^2;$$

et ces trois dernières équations représenteront trois sections faites dans la surface des ondes par le plan des y, z. Or ces trois sections seront évidemment un cercle et deux ellipses. De même, en supposant que les coefficients Q, N, L vérifient la condition

$$(160)\qquad (N-Q)(L-Q)=4Q^2,$$

on déduira des formules (138) et (147) les trois équations

$$(161)\qquad \frac{z^2+x^2}{Q}=t^2,$$

$$(162)\qquad \frac{z^2}{P}+\frac{x^2}{R}=t^2,$$

$$(163)\qquad \frac{z^2}{N}+\frac{x^2}{L}=t^2,$$

propres à représenter un cercle et deux ellipses suivant lesquelles la surface des ondes sera coupée par le plan des z, x. Enfin, en supposant que les coefficients R, L, M vérifient la condition

$$(L - R)(M - R) = 4R^2, \tag{164}$$

on déduira des formules (139) et (148) les trois équations

$$\frac{x^2 + y^2}{R} = t^2, \tag{165}$$

$$\frac{x^2}{Q} + \frac{y^2}{P} = t^2, \tag{166}$$

$$\frac{x^2}{L} + \frac{y^2}{M} = t^2, \tag{167}$$

propres à représenter un cercle et deux ellipses suivant lesquelles la surface des ondes sera coupée par le plan des x, y.

Lorsque l'élasticité du système est la même en tous sens autour d'un axe quelconque parallèle à l'axe des z, on a

$$P = Q, \qquad L = M = 3R,$$

et des trois conditions (156), (160), (164) les deux premières coïncident avec la formule (80), tandis que la dernière se trouve satisfaite d'elle-même. Ces trois conditions se transformeraient en trois équations identiques, si l'élasticité du système était la même en tous sens autour d'un point quelconque.

Les conditions (156), (160), (164) étant supposées remplies, on pourra présenter l'équation (136) sous une forme qui mérite d'être remarquée. En effet, comme on a généralement

$$\begin{aligned}
La^2 + Rb^2 + Qc^2 &= La^2 + Mb^2 + Nc^2 - (M - R)b^2 - (N - Q)c^2, \\
Ra^2 + Mb^2 + Pc^2 &= La^2 + Mb^2 + Nc^2 - (N - P)c^2 - (L - R)a^2, \\
Qa^2 + Pb^2 + Nc^2 &= La^2 + Mb^2 + Nc^2 - (L - Q)a^2 - (M - P)b^2,
\end{aligned}$$

on tirera de l'équation (136), en développant son premier membre suivant les puissances de

$$La^2 + Mb^2 + Nc^2 - s^2$$

et en ayant égard aux conditions (156), (160), (164),

$$(168)\left\{\begin{aligned}&(La^2+Mb^2+Nc^2-s^2)^3\\&-[(2L-Q-R)a^2+(2M-R-P)b^2+(2N-P-Q)c^2](La^2+Mb^2+Nc^2-s^2)^2\\&+\left\{\begin{aligned}&[(L-Q)(L-R)a^2+(L-R)(M-P)b^2+(L-Q)(N-P)c^2]a^2\\&+[(M-R)(L-Q)a^2+(M-R)(M-P)b^2+(M-P)(N-Q)c^2]b^2\\&+[(N-Q)(L-R)a^2+(N-P)(M-R)b^2+(N-P)(N-Q)c^2]c^2\end{aligned}\right\}(La^2+Mb^2+Nc^2-s^2)\\&+[16PQR-(L-Q)(M-R)(N-P)-(L-R)(M-P)(N-Q)]a^2b^2c^2=0.\end{aligned}\right.$$

De plus, on aura évidemment

$$(169)\left\{\begin{aligned}&La^2+Mb^2+Nc^2-s^2-[(2L-Q-R)a^2+(2M-R-P)b^2+(2N-P-Q)c^2]\\&=(Q+R)a^2+(R+P)b^2+(P+Q)c^2-s^2-(La^2+Mb^2+Nc^2),\end{aligned}\right.$$

$$(170)\left\{\begin{aligned}&[(L-Q)(L-R)a^2+(L-R)(M-P)b^2+(L-Q)(N-P)c^2]a^2\\&+[(M-R)(L-Q)a^2+(M-R)(M-P)b^2+(M-P)(N-Q)c^2]b^2\\&+[(N-Q)(L-R)a^2+(N-P)(M-R)b^2+(N-P)(N-Q)c^2]c^2\\&=(La^2+Mb^2+Nc^2)^2-[(Q+R)a^2+(R+P)b^2+(P+Q)c^2](La^2+Mb^2+Nc^2)\\&\quad+(QRa^2+RPb^2+PQc^2)(a^2+b^2+c^2),\end{aligned}\right.$$

et par suite

$$\begin{aligned}&(La^2+Mb^2+Nc^2-s^2)^2-[(2L-Q-R)a^2+(2M-R-P)b^2+(2N-P-Q)c^2](La^2+Mb^2+Nc^2-s^2)\\&+[(L-Q)(L-R)a^2+(L-R)(M-P)b^2+(L-Q)(N-P)c^2]a^2\\&+[(M-R)(L-Q)a^2+(M-R)(M-P)b^2+(M-P)(N-Q)c^2]b^2\\&+[(N-Q)(L-R)a^2+(N-P)(M-R)b^2+(N-P)(N-Q)c^2]c^2\\&=s^4-[(Q+R)a^2+(R+P)b^2+(P+Q)c^2]s^2+(QRa^2+RPb^2+PQc^2)(a^2+b^2+c^2).\end{aligned}$$

Donc l'équation (136) ou (168) pourra être réduite à

$$(171)\left\{\begin{aligned}&(La^2+Mb^2+Nc^2-s^2)\left\{\begin{aligned}&s^4-[(Q+R)a^2+(R+P)b^2+(P+Q)c^2]s^2\\&+(QRa^2+RPb^2+PQc^2)(a^2+b^2+c^2)\end{aligned}\right\}\\&+[16PQR-(L-Q)(M-R)(N-P)-(L-R)(M-P)(N-Q)]a^2b^2c^2=0.\end{aligned}\right.$$

Lorsque les coefficients L, M, N, P, Q, R vérifient, non seulement les conditions (156), (160), (164), mais encore la suivante

$$(172)\quad (L-Q)(M-R)(N-P)+(L-R)(M-P)(N-Q)=16PQR,$$

l'équation (171) se décompose en deux autres, savoir :

$$(173)\qquad s^2 = \mathrm{L}a^2 + \mathrm{M}b^2 + \mathrm{N}c^2$$

et

$$(174)\qquad \left\{\begin{aligned} & s^4 - [(\mathrm{Q}+\mathrm{R})a^2 + (\mathrm{R}+\mathrm{P})b^2 + (\mathrm{P}+\mathrm{Q})c^2]s^2 \\ & \quad + (\mathrm{QR}a^2 + \mathrm{RP}b^2 + \mathrm{PQ}c^2)(a^2+b^2+c^2) = 0. \end{aligned}\right.$$

Par suite, l'une des trois nappes de la surface des ondes coïncide avec l'ellipsoïde auquel appartient l'équation

$$(175)\qquad \frac{x^2}{\mathrm{L}} + \frac{y^2}{\mathrm{M}} + \frac{z^2}{\mathrm{N}} = t^2.$$

Cette même nappe, successivement coupée par les trois plans coordonnés, donne pour sections les trois ellipses que représentent les formules (159), (163), (167). Quant aux deux autres nappes, elles correspondent aux deux valeurs de s^2 déterminées par la formule (174).

Il est bon d'observer qu'on tire des conditions (156), (160), (164)

$$(176)\qquad (\mathrm{L}-\mathrm{Q})(\mathrm{M}-\mathrm{R})(\mathrm{N}-\mathrm{P}) \times (\mathrm{L}-\mathrm{R})(\mathrm{M}-\mathrm{P})(\mathrm{N}-\mathrm{Q}) = 64\mathrm{P}^2\mathrm{Q}^2\mathrm{R}^2,$$

et de cette dernière formule, combinée avec l'équation (172),

$$(177)\qquad [(\mathrm{L}-\mathrm{Q})(\mathrm{M}-\mathrm{R})(\mathrm{N}-\mathrm{P}) - (\mathrm{L}-\mathrm{R})(\mathrm{M}-\mathrm{P})(\mathrm{N}-\mathrm{Q})] = 0.$$

Donc les conditions (156), (160), (164), (172) entraînent la suivante :

$$(178)\qquad (\mathrm{L}-\mathrm{Q})(\mathrm{M}-\mathrm{R})(\mathrm{N}-\mathrm{P}) = (\mathrm{L}-\mathrm{R})(\mathrm{M}-\mathrm{P})(\mathrm{N}-\mathrm{Q}) = 8\mathrm{PQR}.$$

Remarquons aussi que l'équation (174) peut être présentée sous la forme

$$(179)\qquad \left\{\begin{aligned} & \left[s^2 - \frac{(\mathrm{Q}+\mathrm{R})a^2 + (\mathrm{R}+\mathrm{P})b^2 + (\mathrm{P}+\mathrm{Q})c^2}{2}\right]^2 \\ & = \frac{(\mathrm{Q}-\mathrm{R})^2a^4 + (\mathrm{R}-\mathrm{P})^2b^4 + (\mathrm{P}-\mathrm{Q})^2c^4 + 2(\mathrm{P}-\mathrm{Q})(\mathrm{P}-\mathrm{R})b^2c^2 + 2(\mathrm{Q}-\mathrm{R})(\mathrm{Q}-\mathrm{P})c^2a^2 + 2(\mathrm{R}-\mathrm{P})(\mathrm{R}-\mathrm{Q})a^2b^2}{4}, \end{aligned}\right.$$

et qu'on en tire par conséquent

$$(180)\qquad \left\{\begin{aligned} s^2 = {} & \tfrac{1}{2}[(\mathrm{Q}+\mathrm{R})a^2 + (\mathrm{R}+\mathrm{P})b^2 + (\mathrm{P}+\mathrm{Q})c^2] \\ & \pm \tfrac{1}{2}\sqrt{(\mathrm{Q}-\mathrm{R})^2a^4 + (\mathrm{R}-\mathrm{P})^2b^4 + (\mathrm{P}-\mathrm{Q})^2c^4 + 2(\mathrm{P}-\mathrm{Q})(\mathrm{P}-\mathrm{R})b^2c^2 + 2(\mathrm{Q}-\mathrm{R})(\mathrm{Q}-\mathrm{P})c^2a^2 + 2(\mathrm{R}-\mathrm{P})(\mathrm{R}-\mathrm{Q})a^2b^2} \end{aligned}\right.$$

Concevons maintenant que l'on désigne par θ, ι, $\varkappa$ les logarithmes népériens des rapports $\frac{M-P}{2P}$, $\frac{N-Q}{2Q}$, $\frac{L-R}{2R}$, en sorte qu'on ait

(181) $$M-P=2Pe^{\theta}, \qquad N-Q=2Qe^{\iota}, \qquad L-R=2Re^{\varkappa}.$$

Les conditions (156), (160), (164) donneront

(182) $$N-P=2Pe^{-\theta}, \qquad L-Q=2Qe^{-\iota}, \qquad M-R=2Re^{-\varkappa}.$$

On trouvera par suite

(183) $$M=P(1+2e^{\theta}), \qquad N=Q(1+2e^{\iota}), \qquad L=R(1+2e^{\varkappa})$$

et

(184) $$N=P(1+2e^{-\theta}), \qquad L=Q(1+2e^{-\iota}), \qquad M=R(1+2e^{-\varkappa}).$$

Si le système offrait la même élasticité en tous sens autour d'un point quelconque, les formules (183), (184) devraient s'accorder avec la suivante

(185) $$L=M=N=3P=3Q=3R,$$

et l'on aurait en conséquence

(186) $$\theta=0, \qquad \iota=0, \qquad \varkappa=0.$$

J'ajoute que, si les quantités θ, ι, $\varkappa$ ont des valeurs numériques différentes de zéro, mais très petites, on trouvera, en considérant ces valeurs comme infiniment petites du premier ordre, et négligeant les infiniment petits du troisième ordre,

(187) $$\theta+\iota+\varkappa=0.$$

En effet, on tirera des formules (183), (184)

$$\begin{aligned} LMN &= PQR(1+2e^{\theta})(1+2e^{\iota})(1+2e^{\varkappa}) \\ &= PQR(1+2e^{-\theta})(1+2e^{-\iota})(1+2e^{-\varkappa}), \end{aligned}$$

ou, ce qui revient au même,

(188) $$(1+2e^{\theta})(1+2e^{\iota})(1+2e^{\varkappa})=(1+2e^{-\theta})(1+2e^{-\iota})(1+2e^{-\varkappa}),$$

puis on en conclura, en prenant les logarithmes népériens des deux membres de l'équation (188),

$$(189)\quad \mathrm{l}(1+2e^{\theta})+\mathrm{l}(1+2e^{\iota})+\mathrm{l}(1+2e^{\varkappa})=\mathrm{l}(1+2e^{-\theta})+\mathrm{l}(1+2e^{-\iota})+\mathrm{l}(1+2e^{-\varkappa}).$$

D'ailleurs, en négligeant les infiniment petits du troisième ordre, on trouvera

$$(190)\quad \left\{\begin{array}{l} \mathrm{l}(1+2e^{\theta}) = \mathrm{l}(3+2\theta+\theta^2)=\mathrm{l}(3)+\mathrm{l}\left(1+\dfrac{2\theta+\theta^2}{3}\right)=\mathrm{l}(3)+\dfrac{2}{3}\theta+\dfrac{1}{9}\theta^2, \\ \dots\dots\dots\dots\dots\dots\dots\dots\dots\dots\dots\dots, \\ \mathrm{l}(1+2e^{-\theta})=\mathrm{l}(3)-\dfrac{2}{3}\theta+\dfrac{1}{9}\theta^2, \\ \dots\dots\dots\dots\dots\dots\dots\dots\dots\dots\dots\dots, \end{array}\right.$$

et par suite on réduira la formule (189) à

$$(191)\quad \frac{2}{3}(\theta+\iota+\varkappa)+\frac{1}{9}(\theta^2+\iota^2+\varkappa^2)=-\frac{2}{3}(\theta+\iota+\varkappa)+\frac{1}{9}(\theta^2+\iota^2+\varkappa^2).$$

Or la formule (191) coïncide avec l'équation (187).

De ce qu'on vient de dire, il résulte que si, θ, ι, $\varkappa$ étant infiniment petits du premier ordre, on pose

$$(192)\qquad \theta+\iota+\varkappa=\varsigma,$$

ς sera une quantité infiniment petite du troisième, pourvu que les coefficients L, M, N, P, Q, R vérifient les conditions (156), (160), (164). D'autre part, en admettant que ces conditions soient remplies, on tirera des formules (181), (182)

$$(193)\quad \left\{\begin{array}{l} (\mathrm{M}-\mathrm{P})(\mathrm{N}-\mathrm{Q})(\mathrm{L}-\mathrm{R})=8\mathrm{PQR}e^{\theta+\iota+\varkappa}=8\mathrm{PQR}e^{\varsigma}, \\ (\mathrm{N}-\mathrm{P})(\mathrm{L}-\mathrm{Q})(\mathrm{M}-\mathrm{R})=8\mathrm{PQR}e^{-\theta-\iota-\varkappa}=8\mathrm{PQR}e^{-\varsigma}, \end{array}\right.$$

$$(194)\quad \left\{\begin{array}{l} (\mathrm{L}-\mathrm{Q})(\mathrm{M}-\mathrm{R})(\mathrm{N}-\mathrm{P})+(\mathrm{L}-\mathrm{R})(\mathrm{M}-\mathrm{P})(\mathrm{N}-\mathrm{Q}) \\ \qquad =8\mathrm{PQR}(e^{\varsigma}+e^{-\varsigma})=16\mathrm{PQR}\left(1+\dfrac{\varsigma^2}{2}+\dots\right), \end{array}\right.$$

et par suite, en négligeant les puissances de ς supérieures à la seconde,

$$(195)\quad (\mathrm{L}-\mathrm{Q})(\mathrm{M}-\mathrm{R})(\mathrm{N}-\mathrm{P})+(\mathrm{L}-\mathrm{R})(\mathrm{M}-\mathrm{P})(\mathrm{N}-\mathrm{Q})=16\mathrm{PQR}+8\mathrm{PQR}\varsigma^2.$$

Donc alors la formule (172) sera sensiblement vérifiée, et la différence entre ses deux membres sera une quantité infiniment petite du même ordre que ς^2, c'est-à-dire du sixième ordre. Donc, en négligeant seulement les infiniment petits du sixième ordre, on pourra remplacer l'équation (171) par le système des deux équations (173) et (174).

Lorsque les quatre conditions (156), (160), (164), (172) sont toutes remplies, on tire des formules (172) et (194)

$$e^{\varsigma}+e^{-\varsigma}=2,$$

et par suite

$$e^{\varsigma}=1, \qquad \varsigma=0,$$

ou, ce qui revient au même,

$$\theta+\iota+\varkappa=0. \tag{187}$$

Donc alors l'équation (187) se trouve rigoureusement vérifiée.

Puisque, dans le cas où θ, ι, $\varkappa$ s'évanouissent, les formules (183), (184) se réduisent à la formule (185), il est clair que, pour des valeurs infiniment petites de θ, ι, $\varkappa$, les différences

$$\mathrm{R}-\mathrm{Q},\quad \mathrm{P}-\mathrm{R},\quad \mathrm{Q}-\mathrm{P},\quad \mathrm{M}-\mathrm{N},\quad \mathrm{N}-\mathrm{L},\quad \mathrm{L}-\mathrm{M} \tag{196}$$

seront elles-mêmes infiniment petites, et les rapports

$$\frac{\mathrm{P}}{\mathrm{Q}},\ \frac{\mathrm{P}}{\mathrm{R}},\ \frac{\mathrm{Q}}{\mathrm{R}},\ \frac{\mathrm{Q}}{\mathrm{P}},\ \frac{\mathrm{R}}{\mathrm{P}},\ \frac{\mathrm{R}}{\mathrm{Q}},\ \frac{\mathrm{L}}{\mathrm{M}},\ \frac{\mathrm{L}}{\mathrm{N}},\ \frac{\mathrm{M}}{\mathrm{N}},\ \frac{\mathrm{M}}{\mathrm{L}},\ \frac{\mathrm{N}}{\mathrm{L}},\ \frac{\mathrm{N}}{\mathrm{M}} \tag{197}$$

infiniment peu différents de l'unité. D'ailleurs, si l'on égale entre elles les valeurs de P, Q, R ou de L, M, N tirées 1° des formules (183), 2° des formules (184), on en conclura, en négligeant les infiniment petits du second ordre et ayant égard à la formule (187),

$$\frac{\mathrm{M}}{\mathrm{N}}=\frac{1+2e^{\theta}}{1+2e^{-\theta}}=\frac{3+2\theta}{3-2\theta}=1+\frac{4}{3}\theta,\qquad \frac{\mathrm{N}}{\mathrm{L}}=1+\frac{4}{3}\iota,\quad \frac{\mathrm{L}}{\mathrm{M}}=1+\frac{4}{3}\varkappa, \tag{198}$$

$$\frac{\mathrm{Q}}{\mathrm{R}}=\frac{1+2e^{\varkappa}}{1+2e^{-\iota}}=1+\frac{2}{3}(\varkappa+\iota)=1-\frac{2}{3}\theta,\qquad \frac{\mathrm{R}}{\mathrm{P}}=1-\frac{2}{3}\iota,\quad \frac{\mathrm{P}}{\mathrm{Q}}=1-\frac{2}{3}\varkappa, \tag{199}$$

et par suite

$$(200)\qquad M - N = \tfrac{4}{3}\theta N, \qquad N - L = \tfrac{4}{3}\iota L, \qquad L - M = \tfrac{4}{3}\varkappa M,$$

$$(201)\qquad R - Q = \tfrac{2}{3}\theta R, \qquad P - R = \tfrac{2}{3}\iota P, \qquad Q - P = \tfrac{2}{3}\varkappa Q.$$

Les formules (200), (201) montrent que, dans l'hypothèse admise, les différences (196) seront infiniment petites du premier ordre. De plus, en négligeant les infiniment petits du second ordre, on tirera des formules (201)

$$(202)\qquad \theta = \frac{3}{2}\,\frac{R - Q}{P}, \qquad \iota = \frac{3}{2}\,\frac{P - R}{Q}, \qquad \varkappa = \frac{3}{2}\,\frac{Q - P}{R},$$

et de ces dernières, combinées avec les équations (183),

$$(203)\qquad L = 3(Q + R - P), \qquad M = 3(R + P - Q), \qquad N = 3(P + Q - R).$$

Supposons maintenant que, les quantités θ, ι, $\varkappa$, et par suite les différences (196), étant regardées comme infiniment petites du premier ordre, on cherche l'équation propre à représenter les deux nappes de la surface des ondes qui correspondent aux valeurs de s^2 déterminées par la formule (180). Concevons d'ailleurs que, dans le calcul, on néglige les infiniment petits du second ordre. Si l'on pose, pour abréger,

$$(204)\qquad \mathfrak{F}(a, b, c) = \tfrac{1}{2}[(Q + R)\,a^2 + (R + P)\,b^2 + (P + Q)\,c^2]$$

et

$$(205)\qquad \mathrm{f}(a, b, c) = \tfrac{1}{2}\sqrt{(Q-R)^2 a^4 + (R-P)^2 b^4 + (P-Q)^2 c^4 + 2(P-Q)(P-R)\,b^2c^2 + 2(Q-R)(Q-P)\,c^2a^2 + 2(R-P)(R-Q)\,a^2b^2}$$

la formule (180) deviendra

$$(206)\qquad s^2 = \mathfrak{F}(a, b, c) \pm \mathrm{f}(a, b, c),$$

et l'équation cherchée se réduira, en vertu de ce qui a été dit plus haut, à la formule (58) ou plutôt à la suivante

$$(207)\qquad t^2 = \mathfrak{F}(\mathrm{x}, \mathrm{y}, \mathrm{z}) \mp \mathrm{f}(\mathrm{x}, \mathrm{y}, \mathrm{z}),$$

les valeurs de x, y, z étant déterminées par les formules (37), qui, dans le cas présent, donneront

$$(208) \qquad \frac{Q+R}{2}\mathrm{x}=x, \qquad \frac{R+P}{2}\mathrm{y}=y, \qquad \frac{P+Q}{2}\mathrm{z}=z,$$

et par conséquent

$$(209) \qquad \mathrm{x}=\frac{2}{Q+R}x, \qquad \mathrm{y}=\frac{2}{R+P}y, \qquad \mathrm{z}=\frac{2}{P+Q}z.$$

En d'autres termes, il suffira, pour obtenir l'équation dont il s'agit, de substituer les valeurs précédentes de x, y, z dans la formule

$$(210)\left\{\begin{aligned} t^2 &= \tfrac{1}{2}[(Q+R)\mathrm{x}^2+(R+P)\mathrm{y}^2+(P+Q)\mathrm{z}^2] \\ &\pm \tfrac{1}{2}\sqrt{(Q-R)^2\mathrm{x}^4+(R-P)^2\mathrm{y}^4+(P-Q)^2\mathrm{z}^4+2(P-Q)(P-R)\mathrm{y}^2\mathrm{z}^2+2(Q-R)(Q-P)\mathrm{z}^2\mathrm{x}^2+2(R-P)(R-Q)\mathrm{x}^2\mathrm{y}^2}\end{aligned}\right.$$

qu'on peut encore écrire comme il suit :

$$(211)\left\{\begin{aligned} & t^4-[(Q+R)\mathrm{x}^2+(R+P)\mathrm{y}^2+(P+Q)\mathrm{z}^2]\,t^2 \\ & \qquad +(QR\mathrm{x}^2+RP\mathrm{y}^2+PQ\mathrm{z}^2)(\mathrm{x}^2+\mathrm{y}^2+\mathrm{z}^2)=0.\end{aligned}\right.$$

L'équation cherchée sera donc

$$(212)\left\{\begin{aligned} & t^4-4\left[\frac{x^2}{Q+R}+\frac{y^2}{R+P}+\frac{z^2}{P+Q}\right]t^2 \\ & \quad +16\left[\frac{QRx^2}{(Q+R)^2}+\frac{RPy^2}{(R+P)^2}+\frac{PQz^2}{(P+Q)^2}\right]\left[\frac{x^2}{(Q+R)^2}+\frac{y^2}{(R+P)^2}+\frac{z^2}{(P+Q)^2}\right]=0.\end{aligned}\right.$$

Il importe d'observer que, en négligeant les infiniment petits du second ordre, on réduira l'équation identique

$$\frac{2}{Q+R}=\frac{1}{2}\left(\frac{1}{Q}+\frac{1}{R}\right)-\frac{(Q-R)^2}{2QR(Q+R)}$$

à la formule

$$\frac{2}{Q+R}=\frac{1}{2}\left(\frac{1}{Q}+\frac{1}{R}\right),$$

et qu'on aura de même, sans erreur sensible,

$$\frac{2}{R+P}=\frac{1}{2}\left(\frac{1}{R}+\frac{1}{P}\right), \qquad \frac{2}{P+Q}=\frac{1}{2}\left(\frac{1}{P}+\frac{1}{Q}\right).$$

Par suite la fonction

$$(213) \quad \begin{cases} \hat{\mathcal{F}}(\mathrm{x},\mathrm{y},\mathrm{z}) = \dfrac{1}{2}[(Q+R)\mathrm{x}^2 + (R+P)\mathrm{y}^2 + (P+Q)\mathrm{z}^2] \\[2mm] \qquad = 2\left(\dfrac{x^2}{Q+R} + \dfrac{y^2}{R+P} + \dfrac{z^2}{P+Q}\right) \end{cases}$$

pourra être réduite à

$$(214) \quad \begin{cases} \hat{\mathcal{F}}(\mathrm{x},\mathrm{y},\mathrm{z}) = \dfrac{1}{2}\left[(Q+R)\dfrac{x^2}{QR} + (R+P)\dfrac{y^2}{RP} + (P+Q)\dfrac{z^2}{PQ}\right] \\[2mm] \qquad = \hat{\mathcal{F}}\left(\dfrac{x}{Q^{\frac12}R^{\frac12}}, \dfrac{y}{R^{\frac12}P^{\frac12}}, \dfrac{z}{P^{\frac12}Q^{\frac12}}\right). \end{cases}$$

D'autre part, la fonction f(x, y, z) étant, ainsi que les différences (196), infiniment petite du premier ordre, on pourra, dans cette fonction, substituer aux valeurs de x, y, z, déterminées par les formules (209), d'autres valeurs qui n'en diffèrent qu'infiniment peu, par exemple les suivantes :

$$(215) \quad \mathrm{x} = \frac{x}{Q^{\frac12}R^{\frac12}}, \qquad y = \frac{y}{R^{\frac12}P^{\frac12}}, \qquad z = \frac{z}{P^{\frac12}Q^{\frac12}}.$$

On aura donc encore, en négligeant les infiniment petits du second ordre,

$$(216) \quad f(\mathrm{x},\mathrm{y},\mathrm{z}) = f\left(\frac{x}{Q^{\frac12}R^{\frac12}}, \frac{y}{R^{\frac12}P^{\frac12}}, \frac{z}{P^{\frac12}Q^{\frac12}}\right).$$

Cela posé, la formule (207) deviendra

$$(217) \quad t^2 = \hat{\mathcal{F}}\left(\frac{x}{Q^{\frac12}R^{\frac12}}, \frac{y}{R^{\frac12}P^{\frac12}}, \frac{z}{P^{\frac12}Q^{\frac12}}\right) \mp f\left(\frac{x}{Q^{\frac12}R^{\frac12}}, \frac{y}{R^{\frac12}P^{\frac12}}, \frac{z}{P^{\frac12}Q^{\frac12}}\right),$$

et, puisque l'équation (206) fournit les deux valeurs de s^2 qui vérifient la formule (174), il est clair que les deux nappes correspondantes de la surface des ondes pourront être représentées, non seulement par l'équation (217), mais aussi par celle qu'on déduit de la formule (174), en y écrivant t au lieu de s, et

$$\frac{x}{Q^{\frac{1}{2}}R^{\frac{1}{2}}}, \quad \frac{y}{R^{\frac{1}{2}}P^{\frac{1}{2}}}, \quad \frac{z}{P^{\frac{1}{2}}Q^{\frac{1}{2}}}$$

au lieu de a, b, c, c'est-à-dire par l'équation

$$(218) \quad \left\{ \begin{array}{l} t^4 - \left[(Q+R)\dfrac{x^2}{QR} + (R+P)\dfrac{y^2}{RP} + (P+Q)\dfrac{z^2}{PQ}\right] t^2 \\ \qquad + (x^2+y^2+z^2)\left(\dfrac{x^2}{QR} + \dfrac{y^2}{RP} + \dfrac{z^2}{PQ}\right) = 0, \end{array} \right.$$

ou

$$(219) \quad \left\{ \begin{array}{l} (x^2+y^2+z^2)(Px^2+Qy^2+Rz^2) \\ \quad - [P(Q+R)x^2+Q(R+P)y^2+R(P+Q)z^2]t^2 + PQRt^4 = 0. \end{array} \right.$$

Si l'on coupe successivement la surface à laquelle appartient l'équation (219) par les plans des yz, des zx, des xy, les sections ainsi obtenues seront, comme on devait s'y attendre, les trois cercles et les trois ellipses représentés par les formules (157), (161), (165) et (158), (162), (166).

Si, dans l'équation (219), on supposait $P = Q$, elle se décomposerait en deux autres, et ces deux dernières seraient précisément les formules (84), (85).

Cherchons à présent les directions suivant lesquelles se mesurent les vitesses et les déplacements des molécules dans les trois systèmes d'ondes planes correspondants aux trois valeurs de s^2 que détermine la formule (136). Chacune de ces directions sera parallèle à une droite représentée par une équation de la forme

$$(220) \qquad \frac{x}{\mathcal{A}} = \frac{y}{\mathcal{B}} = \frac{z}{\mathcal{C}},$$

les cosinus $\mathcal{A}$, $\mathcal{B}$, $\mathcal{C}$ étant déterminés par les formules (14), (56) et (38) du § I, ou, ce qui revient au même, par les suivantes :

$$(221) \quad \left\{ \begin{array}{l} (La^2+Rb^2+Qc^2-s^2)\mathcal{A} + 2Rab\mathcal{B} + 2Qca\mathcal{C} = 0, \\ 2Rab\mathcal{A} + (Ra^2+Mb^2+Pc^2-s^2)\mathcal{B} + 2Pbc\mathcal{C} = 0, \\ 2Qca\mathcal{A} + 2Pbc\mathcal{B} + (Qa^2+Pb^2+Nc^2-s^2)\mathcal{C} = 0. \end{array} \right.$$

Si les conditions (156), (160), (164) et (172) sont remplies, l'équation (136) pourra être remplacée, comme on l'a dit, par le système des équations (173), (174). Or, si l'on substitue, dans les formules (221), la valeur de s^2 fournie par l'équation (173), elles donneront

$$(222)\quad \begin{cases} b[2\mathrm{R}a\mathcal{B} - (\mathrm{M}-\mathrm{R})b\mathcal{A}] + c[2\mathrm{Q}a\mathcal{C} - (\mathrm{N}-\mathrm{Q})c\mathcal{A}] = 0, \\ c[2\mathrm{P}b\mathcal{C} - (\mathrm{N}-\mathrm{P})c\mathcal{B}] + a[2\mathrm{R}b\mathcal{A} - (\mathrm{L}-\mathrm{R})a\mathcal{B}] = 0, \\ a[2\mathrm{Q}c\mathcal{A} - (\mathrm{L}-\mathrm{Q})a\mathcal{C}] + b[2\mathrm{P}c\mathcal{B} - (\mathrm{M}-\mathrm{P})b\mathcal{C}] = 0, \end{cases}$$

et il est clair qu'on vérifiera celles-ci, en choisissant les cosinus $\mathcal{A}$, $\mathcal{B}$, $\mathcal{C}$ de manière à vérifier les trois équations

$$(223)\quad \frac{\mathcal{B}}{\mathcal{C}} = \frac{2\mathrm{P}}{\mathrm{N}-\mathrm{P}}\frac{b}{c}, \qquad \frac{\mathcal{C}}{\mathcal{A}} = \frac{2\mathrm{Q}}{\mathrm{L}-\mathrm{Q}}\frac{c}{a}, \qquad \frac{\mathcal{A}}{\mathcal{B}} = \frac{2\mathrm{R}}{\mathrm{M}-\mathrm{R}}\frac{a}{b},$$

dont les deux premières, eu égard aux conditions (156), (160), (164), (172), (178), entraînent la troisième, ainsi que les trois suivantes :

$$(224)\quad \frac{\mathcal{B}}{\mathcal{C}} = \frac{\mathrm{M}-\mathrm{P}}{2\mathrm{P}}\frac{b}{c}, \qquad \frac{\mathcal{C}}{\mathcal{A}} = \frac{\mathrm{N}-\mathrm{Q}}{2\mathrm{Q}}\frac{c}{a}, \qquad \frac{\mathcal{A}}{\mathcal{B}} = \frac{\mathrm{L}-\mathrm{R}}{2\mathrm{R}}\frac{a}{b}.$$

Observons d'ailleurs que, en vertu des formules (181) et (182), les équations (223) et (224) pourront être réduites à

$$(225)\quad \frac{\mathcal{B}}{\mathcal{C}} = \frac{b}{c}e^{\theta}, \qquad \frac{\mathcal{C}}{\mathcal{A}} = \frac{c}{a}e^{\iota}, \qquad \frac{\mathcal{A}}{\mathcal{B}} = \frac{a}{b}e^{\varkappa},$$

et que ces dernières s'accordent entre elles, eu égard à l'équation (193).

Lorsque, les conditions (156), (160), (164) étant remplies, les différences (196) sont considérées comme infiniment petites du premier ordre, alors, en négligeant les quantités infiniment petites du troisième ordre, on obtient encore les équations (225). Alors aussi, les valeurs des exponentielles e^{θ}, e^{ι}, $e^{\varkappa}$ étant très voisines de l'unité, les valeurs de $\mathcal{A}$, $\mathcal{B}$, $\mathcal{C}$, que fournissent les équations (225), diffèrent très peu de celles que détermine la formule

$$(226)\quad \frac{\mathcal{A}}{a} = \frac{\mathcal{B}}{b} = \frac{\mathcal{C}}{c} = \pm\frac{\sqrt{\mathcal{A}^2+\mathcal{B}^2+\mathcal{C}^2}}{\sqrt{a^2+b^2+c^2}} = \pm 1.$$

On doit en conclure que, dans l'hypothèse admise, toute onde plane qui se propage avec une vitesse déterminée par l'équation (173) renferme des molécules dont les déplacements se mesurent suivant des droites sensiblement perpendiculaires au plan de l'onde.

Il reste à trouver les valeurs de $\mathcal{A}$, $\mathcal{B}$, $\mathcal{C}$ qui correspondent aux valeurs de s^2 déterminées par la formule (174). Or, si l'on élimine $\mathcal{C}$ entre les deux premières des équations (221), on en conclura

$$\begin{aligned} &\frac{\mathcal{A}}{2ac[2\mathrm{RP}b^2 - \mathrm{Q}(\mathrm{R}a^2 + \mathrm{M}b^2 + \mathrm{P}c^2 - s^2)]} \\ &= \frac{\mathcal{B}}{2bc[2\mathrm{QR}a^2 - \mathrm{P}(\mathrm{L}a^2 + \mathrm{R}b^2 + \mathrm{Q}c^2 - s^2)]}, \end{aligned}$$

ou, ce qui revient au même,

$$(227)\qquad \left\{\begin{aligned} &\mathrm{P}\left[s^2 - \left(\mathrm{L} - \frac{2\mathrm{QR}}{\mathrm{P}}\right)a^2 - \mathrm{R}b^2 - \mathrm{Q}c^2\right]\frac{\mathcal{A}}{a} \\ &= \mathrm{Q}\left[s^2 - \mathrm{R}a^2 - \left(\mathrm{M} - \frac{2\mathrm{RP}}{\mathrm{Q}}\right)b^2 - \mathrm{P}c^2\right]\frac{\mathcal{B}}{b}; \end{aligned}\right.$$

et, comme l'équation (227) devra subsister encore après un échange opéré entre les axes des y et z, on aura nécessairement

$$(228)\qquad \left\{\begin{aligned} &\mathrm{P}\left[s^2 - \left(\mathrm{L} - \frac{2\mathrm{QR}}{\mathrm{P}}\right)a^2 - \mathrm{R}b^2 - \mathrm{Q}c^2\right]\frac{\mathcal{A}}{a} \\ &= \mathrm{Q}\left[s^2 - \mathrm{R}a^2 - \left(\mathrm{M} - \frac{2\mathrm{RP}}{\mathrm{Q}}\right)b^2 - \mathrm{P}c^2\right]\frac{\mathcal{B}}{b} \\ &= \mathrm{R}\left[s^2 - \mathrm{Q}a^2 - \mathrm{P}b^2 - \left(\mathrm{N} - \frac{2\mathrm{PQ}}{\mathrm{R}}\right)c^2\right]\frac{\mathcal{C}}{c}. \end{aligned}\right.$$

Cette dernière formule, jointe à l'équation (10) du § I, suffirait à la détermination générale des valeurs de $\mathcal{A}$, $\mathcal{B}$, $\mathcal{C}$ correspondantes aux valeurs de s^2 qui vérifient la formule (136). Mais, si l'on suppose remplies les conditions (156), (160), (164), alors, en considérant les différences (196) comme infiniment petites du premier ordre, et négligeant les infiniment petits du second ordre, on tirera des formules (203)

$$L - \frac{2QR}{P} = Q + R - P + 2\left(Q + R - P - \frac{QR}{P}\right)$$

$$= Q + R - P + 2\,\frac{(P-R)(Q-P)}{P},$$

c'est-à-dire, à très peu près,

(229) $$\left\{\begin{array}{l} L - \dfrac{2QR}{P} = Q + R - P. \\ \text{On trouvera pareillement} \\ M - \dfrac{2RP}{Q} = R + P - Q, \\ N - \dfrac{2PQ}{R} = P + Q - R. \end{array}\right.$$

Cela posé, la formule (228) deviendra

(230) $$\left\{\begin{array}{l} P[s^2 + P - P(b^2+c^2) - Q(c^2+a^2) - R(a^2+b^2)]\,\dfrac{\mathcal{A}}{a} \\ = Q[s^2 + Q - P(b^2+c^2) - Q(c^2+a^2) - R(a^2+b^2)]\,\dfrac{\mathcal{B}}{b} \\ = R[s^2 + R - P(b^2+c^2) - Q(c^2+a^2) - R(a^2+b^2)]\,\dfrac{\mathcal{C}}{c}. \end{array}\right.$$

D'ailleurs, si l'on nomme s'^2, s''^2 les deux valeurs de s^2 qui vérifient l'équation (174), on aura évidemment

(231) $$s'^2 + s''^2 = P(b^2+c^2) + Q(c^2+a^2) + R(a^2+b^2).$$

Donc, la formule (230) donnera

(232) $$P(P - s''^2)\frac{\mathcal{A}'}{a} = Q(Q - s''^2)\frac{\mathcal{B}'}{b} = R(R - s''^2)\frac{\mathcal{C}'}{c}$$

et

(233) $$P(P - s'^2)\frac{\mathcal{A}''}{a} = Q(Q - s'^2)\frac{\mathcal{B}''}{b} = R(R - s'^2)\frac{\mathcal{C}''}{c},$$

$\mathcal{A}'$, $\mathcal{B}'$, $\mathcal{C}'$ étant les valeurs des cosinus $\mathcal{A}$, $\mathcal{B}$, $\mathcal{C}$ pour $s = s'$, et $\mathcal{A}''$, $\mathcal{B}''$, $\mathcal{C}''$ les valeurs des mêmes cosinus pour $s = s''$.

Si, en considérant un système qui offre trois axes d'élasticité rectangulaires, on ne supposait pas les pressions nulles dans l'état naturel, il faudrait aux valeurs de s^2, que détermine la formule (136), ajouter le polynôme (72). Alors, en admettant que les conditions (156), (160), (164), (172) fussent remplies, on obtiendrait, à la place des équations (173), (174), les deux formules

$$s^2 = (\mathrm{L}+\mathrm{G})a^2 + (\mathrm{M}+\mathrm{H})b^2 + (\mathrm{N}+\mathrm{I})c^2, \tag{234}$$

$$\left\{\begin{aligned}&(s^2 - \mathrm{G}a^2 - \mathrm{H}b^2 - \mathrm{I}c^2)^2\\ &\quad - [(\mathrm{Q}+\mathrm{R})a^2 + (\mathrm{R}+\mathrm{P})b^2 + (\mathrm{P}+\mathrm{Q})c^2](s^2 - \mathrm{G}a^2 - \mathrm{H}b^2 - \mathrm{I}c^2)\\ &\qquad + (\mathrm{QR}a^2 + \mathrm{RP}b^2 + \mathrm{PQ}c^2)(a^2+b^2+c^2) = 0,\end{aligned}\right. \tag{235}$$

dont la dernière peut s'écrire ainsi qu'il suit

$$\left\{\begin{aligned}&\left[s^2 - \frac{(\mathrm{Q}+\mathrm{R}+2\mathrm{G})a^2 + (\mathrm{R}+\mathrm{P}+2\mathrm{H})b^2 + (\mathrm{P}+\mathrm{Q}+2\mathrm{I})c^2}{2}\right]^2\\ &= \frac{(\mathrm{Q}-\mathrm{R})^2a^4 + (\mathrm{R}-\mathrm{P})^2b^4 + (\mathrm{P}-\mathrm{Q})^2c^4 + 2(\mathrm{P}-\mathrm{Q})(\mathrm{P}-\mathrm{R})b^2c^2 + 2(\mathrm{Q}-\mathrm{R})(\mathrm{Q}-\mathrm{P})c^2a^2 + 2(\mathrm{R}-\mathrm{P})(\mathrm{R}-\mathrm{Q})a^2b^2}{4};\end{aligned}\right. \tag{236}$$

et l'une des trois nappes de la surface des ondes coïnciderait avec l'ellipsoïde représenté, non par l'équation (175), mais par la suivante

$$\frac{x^2}{\mathrm{L}+\mathrm{G}} + \frac{y^2}{\mathrm{M}+\mathrm{H}} + \frac{z^2}{\mathrm{N}+\mathrm{I}} = t^2. \tag{237}$$

Alors aussi, en supposant remplies les conditions (156), (160), (164), regardant d'ailleurs les différences (196) comme infiniment petites du premier ordre, et négligeant les infiniment petits du second ordre, on déduirait des formules (58), (236) une équation propre à représenter les deux autres nappes de la surface des ondes, et, pour obtenir cette équation analogue à la formule (212), il suffirait d'éliminer x, y, z entre les formules

$$\left\{\begin{aligned}&\left[t^2 - \frac{(\mathrm{Q}+\mathrm{R}+2\mathrm{G})\mathrm{x}^2 + (\mathrm{R}+\mathrm{P}+2\mathrm{H})\mathrm{y}^2 + (\mathrm{P}+\mathrm{Q}+2\mathrm{I})\mathrm{z}^2}{2}\right]^2\\ &= \frac{(\mathrm{Q}-\mathrm{R})^2\mathrm{x}^4 + (\mathrm{R}-\mathrm{P})^2\mathrm{y}^4 + (\mathrm{P}-\mathrm{Q})^2\mathrm{z}^4 + 2(\mathrm{P}-\mathrm{Q})(\mathrm{P}-\mathrm{R})\mathrm{y}^2\mathrm{z}^2 + 2(\mathrm{Q}-\mathrm{R})(\mathrm{Q}-\mathrm{P})\mathrm{z}^2\mathrm{x}^2 + 2(\mathrm{R}-\mathrm{P})(\mathrm{R}-\mathrm{Q})\mathrm{x}^2\mathrm{y}^2}{4},\end{aligned}\right. \tag{238}$$

$$\mathrm{x} = \frac{2}{\mathrm{Q}+\mathrm{R}+2\mathrm{G}}x, \qquad \mathrm{y} = \frac{2}{\mathrm{R}+\mathrm{P}+2\mathrm{H}}y, \qquad \mathrm{z} = \frac{2}{\mathrm{P}+\mathrm{Q}+2\mathrm{I}}z. \tag{239}$$

Par conséquent, l'équation dont il s'agit serait

$$(240)\quad \left\{\begin{aligned}&\left[t^2-2\left(\frac{x^2}{Q+R+2G}+\frac{y^2}{R+P+2H}+\frac{z^2}{P+Q+2I}\right)\right]^2\\ &=4\left\{\begin{aligned}&\frac{(Q-R)^2x^4}{(Q+R+2G)^2}+\frac{(R-P)^2y^4}{(R+P+2H)^2}+\frac{(P-Q)^2z^4}{(P+Q+2I)^2}\\ &+\frac{2(P-Q)(P-R)y^2z^2}{(R+P+2H)^2(P+Q+2I)^2}+\frac{2(Q-R)(Q-P)z^2x^2}{(P+Q+2I)^2(Q+R+2G)^2}+\frac{2(R-P)(R-Q)x^2y^2}{(Q+R+2G)^2(R+P+2H)^2}\end{aligned}\right\}\end{aligned}\right.$$

Quant aux déplacements absolus des molécules dans les ondes planes, ils se mesureraient toujours suivant des droites parallèles à celles que représente l'équation (220), quand on y substitue successivement les valeurs des cosinus $\mathcal{A}$, $\mathcal{B}$, $\mathcal{C}$ tirées des formules (223) et (228) ou (230).

Nous remarquerons, en terminant ce paragraphe, que, si l'on suppose

$$(241)\qquad a=\pm 1,\qquad b=0,\qquad c=0,$$

on tirera des formules (7), (8) du § I

$$(242)\qquad \mathcal{L}=L+\mathfrak{A},\qquad \mathcal{M}=R+\mathfrak{A},\qquad \mathcal{N}=Q+\mathfrak{A},$$

$$(243)\qquad \mathcal{P}=U,\qquad \mathcal{Q}=V,\qquad \mathcal{R}=W.$$

Or, des formules (242), (243), jointes à l'équation (10), il résulte que, pour les trois systèmes d'ondes planes renfermées entre des plans perpendiculaires à l'axe des x, les vitesses de propagation se réduisent aux trois valeurs positives de s déterminées par la formule

$$(244)\quad \left\{\begin{aligned}&(L+\mathfrak{A}-s^2)(R+\mathfrak{A}-s^2)(Q+\mathfrak{A}-s^2)\\ &\quad -U^2(L+\mathfrak{A}-s^2)-V^2(R+\mathfrak{A}-s^2)-W^2(Q+\mathfrak{A}-s^2)+2UVW=0.\end{aligned}\right.$$

Pareillement, pour les trois systèmes d'ondes planes renfermées entre des plans perpendiculaires à l'axe des y ou à l'axe des z, les vitesses de propagation se réduisent aux trois valeurs positives de s déterminées par la formule

$$(245)\quad \left\{\begin{aligned}&(R+\mathfrak{B}-s^2)(M+\mathfrak{B}-s^2)(P+\mathfrak{B}-s^2)\\ &\quad -U'^2(R+\mathfrak{B}-s^2)-V'^2(M+\mathfrak{B}-s^2)-W'^2(P+\mathfrak{B}-s^2)+2U'V'W'=0,\end{aligned}\right.$$

ou par la suivante :

$$(246)\quad \begin{cases} (Q+\mathfrak{C}-s^2)(P+\mathfrak{C}-s^2)(N+\mathfrak{C}-s^2) \\ \quad -U''^2(Q+\mathfrak{C}-s^2)-V''^2(P+\mathfrak{C}-s^2)-W''^2(N+\mathfrak{C}-s^2)+2U''V''W''=0. \end{cases}$$

Dans le cas où le système de molécules que l'on considère offre trois axes d'élasticité rectangulaires entre eux et respectivement parallèles aux axes des x, y, z, les coefficients

$$U,\quad V,\quad W;\quad U',\quad V',\quad W';\quad U'',\quad V'',\quad W''$$

s'évanouissent, et en écrivant G, H, I au lieu de $\mathfrak{A}$, $\mathfrak{B}$, $\mathfrak{C}$, on tire des formules (244), (245), (246)

$$(247)\qquad (L+G-s^2)(R+G-s^2)(Q+G-s^2)=0,$$

$$(248)\qquad (R+H-s^2)(M+H-s^2)(P+H-s^2)=0,$$

$$(249)\qquad (Q+I-s^2)(P+I-s^2)(N+I-s^2)=0.$$

Donc alors les vitesses de propagation sont respectivement : 1° pour les trois systèmes d'ondes planes renfermées entre des plans perpendiculaires à l'axe des x,

$$(250)\qquad \sqrt{L+G},\quad \sqrt{R+G},\quad \sqrt{Q+G};$$

2° pour les trois systèmes d'ondes planes renfermées entre des plans perpendiculaires à l'axe des y,

$$(251)\qquad \sqrt{R+H},\quad \sqrt{M+H},\quad \sqrt{P+H};$$

3° pour les trois systèmes d'ondes planes renfermées entre des plans perpendiculaires à l'axe des z,

$$(252)\qquad \sqrt{Q+I},\quad \sqrt{P+I},\quad \sqrt{N+I}.$$

Parmi les neuf vitesses que nous venons de calculer, une seule contient dans son expression la lettre L ou M ou N. Au contraire, deux de ces vitesses renferment l'un quelconque des coefficients P, Q, R; et, si l'on veut que ces deux vitesses deviennent toujours égales entre elles, il faudra nécessairement supposer

$$(253)\qquad C=H=I.$$

§ III. — *Application des principes établis dans les paragraphes précédents à la théorie de la lumière.*

Plusieurs illustres géomètres ou physiciens, parmi lesquels on doit distinguer Huygens, Euler, Young et Fresnel, ont supposé la sensation de la lumière produite par les vibrations des molécules d'un fluide impondérable qu'ils ont désigné sous le nom d'*éther* ou de *fluide éthéré*. Nous adopterons cette hypothèse, et nous supposerons de plus que les molécules de l'éther sont sollicitées par des forces d'attraction ou de répulsion mutuelle. Cette nouvelle supposition nous fournira le moyen d'assigner les lois suivant lesquelles la lumière se propage dans l'espace ou dans un milieu transparent. En effet, soient

$\mathfrak{m}$ la molécule d'éther qui coïncide, au bout du temps t, avec le point (x, y, z);

r le rayon vecteur mené primitivement de la molécule $\mathfrak{m}$ à une autre molécule m;

α, β, γ les angles formés par ce rayon vecteur avec les demi-axes des coordonnées positives;

ξ, η, ζ les déplacements de la molécule $\mathfrak{m}$ mesurés parallèlement aux axes rectangulaires des x, y, z.

Admettons d'ailleurs : 1° que l'état primitif du fluide éthéré soit un état d'équilibre dans lequel les molécules soient uniquement soumises aux actions qu'elles exercent l'une sur l'autre; 2° que, dans cet état d'équilibre, l'attraction ou la répulsion mutuelle des deux molécules $\mathfrak{m}$, m soit représentée par le produit

$$\mathfrak{m} m \, \mathrm{f}(r),$$

et devienne insensible pour des valeurs sensibles de r; 3° que, dans une première approximation, l'on néglige non seulement les produits, les carrés et les puissances supérieures de ξ, η, ζ et de leurs dérivées prises par rapport aux variables indépendantes x, z, y, t, mais encore tous les termes qui s'évanouiraient, si, dans l'état naturel du fluide éthéré, les masses $m, m', m'', \ldots$ des diverses molécules étaient deux à deux égales entre elles et distribuées symétriquement de part et d'autre du point (x, y, z) sur des droites menées par ce point. Les équations différentielles du mouvement de la lumière se réduiront à celles qui sont inscrites, sous le n° 11, à la page 166. Cela posé, concevons que les déplacements et les vitesses des molécules éthérées soient nulles au premier instant pour tous les points situés hors d'une couche plane très mince, dont l'épaisseur $2i$ est divisée en deux parties égales par un certain plan $OO'O''$, et restent les mêmes pour tous les points de la couche qui se trouvent situés à la même distance de ce plan. En vertu du théorème Ier (§ Ier), la propagation du mouvement de chaque côté du plan $OO'O''$ donnera généralement naissance à trois ondes lumineuses renfermées entre des plans parallèles. Chacune de ces ondes offrira une épaisseur égale à $2i$. De plus, les vitesses de propagation des trois ondes, mesurées suivant une perpendiculaire au plan $OO'O''$, seront constantes, et respectivement égales aux quantités qu'on obtient en divisant l'unité par les demi-axes de l'ellipsoïde que représente la formule (16) du § Ier. Enfin les déplacements absolus, ainsi que les vitesses absolues des molécules d'éther dans les trois ondes, se mesureront suivant trois directions respectivement parallèles aux trois axes de l'ellipsoïde.

Considérons maintenant un grand nombre d'ondes planes, qui, au premier instant, se superposent dans le voisinage d'un certain point O, et qui soient renfermées entre des plans peu inclinés les uns sur les autres et sur le plan $OO'O''$. Admettons d'ailleurs que les vibrations des molécules de l'éther, étant, dans ces diverses ondes, dirigées suivant des droites parallèles, soient assez petites pour rester insensibles dans chaque onde prise séparément, mais deviennent sensibles par la superposition ci-dessus mentionnée. Le temps venant à croître, l'une quelconque des ondes primitives se propagera dans l'espace, et se subdivisera, de chaque côté du plan qui divisait son épaisseur en parties égales, en trois ondes semblables, renfermées entre des plans parallèles, mais douées de vitesses de propagation différentes (*voir* la page 406). Par conséquent le système d'ondes planes, que l'on considérait au premier instant, se subdivisera en trois autres systèmes, et le point de rencontre des ondes qui feront partie d'un même système se déplacera suivant une certaine droite, avec une vitesse de propagation distincte de celles des ondes planes. Ce point de rencontre est celui dans lequel on suppose que la lumière peut être perçue par l'œil, et la série des positions que prend le même point, tandis que les ondes se déplacent, constitue ce qu'on nomme un *rayon lumineux*. La *vitesse de la lumière*, mesurée dans le sens de ce rayon, doit être soigneusement distinguée non seulement de la vitesse de propagation des ondes planes, mais encore de la vitesse propre des molécules éthérées. Enfin l'on nomme *rayons polarisés* ceux qui correspondent à des ondes planes dans lesquelles les vibrations des molécules restent constamment parallèles à une droite donnée.

Pour plus de généralité, nous dirons que, dans un rayon lumineux, la lumière est polarisée parallèlement à une droite ou à un plan donné, lorsque les vibrations des molécules éthérées seront constamment parallèles à cette droite ou à ce plan; et nous appellerons *plan de polarisation* le plan qui renfermera la direction du rayon lumineux et celle des vitesses propres des molécules éthérées.

Cela posé, il résulte des principes ci-dessus établis que, en partant d'un point donné de l'espace, un rayon de lumière, dans lequel les vitesses propres des molécules ont des directions quelconques, se subdivisera généralement en trois rayons de lumière polarisée parallèlement aux trois axes d'un certain ellipsoïde. Mais chacun de ces rayons polarisés ne pourra plus être divisé par l'action du fluide éthéré dans lequel la lumière se propage. Il y a plus, les trois rayons se réduiront à deux ou même à un seul, si les vibrations initiales des molécules de l'éther sont parallèles à l'un des plans principaux de l'ellipsoïde ou à l'un de ses axes, et dès lors il est facile de comprendre pourquoi les rayons polarisés ne se subdivisent pas à l'infini.

Observons encore que le mode de polarisation dépend tout à la fois de la constitution du fluide éthéré, c'est-à-dire de la distribution de ses molécules dans l'espace ou dans un corps transparent, et de la direction du plan $OO'O''$ qui divisait primitivement l'épaisseur d'une onde en parties égales. En effet, les quantités $\mathcal{L}$, $\mathcal{M}$, $\mathcal{N}$, $\mathcal{P}$, $\mathcal{Q}$, $\mathcal{R}$, à l'aide desquelles on peut déterminer la grandeur et la direction des axes de l'ellipsoïde représenté par l'équation (16) du § Ier, dépendent en général, non seulement des valeurs que prennent dans un milieu donné les coefficients

$$\mathfrak{A},\ \mathfrak{B},\ \mathfrak{C},\ \mathfrak{D},\ \mathfrak{E},\ \mathfrak{F};\ L,\ M,\ N,\ P,\ Q,\ R;\ U,\ V,\ W,\ U',\ V',\ W',\ U'',\ V'',\ W'';$$

[*voir* les équations (7) et (8) du § Ier], mais encore des coefficients a, b, c, c'est-à-dire des cosinus des angles formés avec les demi-axes des coordonnées positives par la perpendiculaire au plan $OO'O''$.

Nous avons supposé, dans ce qui précède, que la surface représentée par l'équation (16) du § Ier était un ellipsoïde. Alors les vitesses de propagation des ondes planes, parallèles à un plan donné $OO'O''$, sont toutes réelles et se confondent avec trois valeurs positives de s propres à vérifier l'équation (15) (§ Ier). Mais la distribution des molécules éthérées dans un corps pourrait être telle que les racines de l'équation (15) (§ Ier), et par suite les vitesses de propagation des ondes planes fussent imaginaires. Dans ce cas, l'ellipsoïde (16) du § Ier disparaîtrait, et, la propagation des ondes planes ne pouvant plus s'effectuer, le corps proposé deviendrait ce qu'on nomme un *corps opaque*.

[Publication brusquement interrompue, à la suite des événements politiques de juillet 1830.]

FIN DU TOME IX DE LA SECONDE SÉRIE.

TABLE DES MATIÈRES

DU TOME NEUVIÈME.

SECONDE SÉRIE.

MÉMOIRES DIVERS ET OUVRAGES.

III. — MÉMOIRES PUBLIÉS EN CORPS D'OUVRAGES.

Exercices de Mathématiques (anciens Exercices).

Année 1829.

Exercices de Mathématiques (anciens Exercices).

Année 1830.

FIN DE LA TABLE DES MATIÈRES DU TOME IX DE LA SECONDE SÉRIE.

15897 Paris. — Imprimerie Gauthier-Villars et fils, quai des Grands-Augustins, 55.

Printed in the United States
By Bookmasters